Seidel, Werkstofftechnik

W0073698

# Lernbücher der Technik

herausgegeben von Dipl.-Gewerbelehrer Manfred Mettke, Oberstudiendirektor a. D.

Bisher liegen vor:

*Bauckholt*, Grundlagen und Bauelemente der Elektrotechnik

*Felderhoff/Freyer*, Elektrische und elektronische Messtechnik

*Felderhoff/Busch*, Leistungselektronik

*Fischer/Hoffmann/Spindler*, Werkstoffe in der Elektrotechnik

*Freyer*, Nachrichten-Übertragungstechnik

*Freyer/Bauckholt*, Mathematik für Elektrotechniker
Band 1: Grundstufe
Band 2: Aufbaustufe

*Knies/Schierack*, Elektrische Anlagentechnik

*Schaaf*, Mikrocomputertechnik

*Seidel*, Werkstofftechnik

# Werkstofftechnik

## Werkstoffe – Eigenschaften – Prüfung – Anwendung

von Wolfgang Seidel

7., aktualisierte Auflage

mit 424 Bildern sowie zahlreichen Tabellen,
Beispielen, Übungen und Testaufgaben

**Autoren**

Dipl.-Ing. Wolfgang Seidel
Chemnitz

Dr.-Ing. Frank Hahn
TU Chemnitz, Fakultät für Maschinenbau                                Kapitel 11, 12

Prof. Dr.-Ing. Bernd Thoden
FH Oldenburg/Ostfriesland/Wilhelmshaven, FB Ingenieurwissenschaften    Kapitel 9

Bibliografische Information der Deutschen Nationalbibliothek
Die Deutsche Nationalbibliothek verzeichnet diese Publikation in der Deutschen
Nationalbibliografie; detaillierte bibliografische Daten sind im Internet über
http://dnb.d-nb.de abrufbar.

ISBN-10: 3-446-40789-8
ISBN-13: 978-3-446-40789-3

© 2007 Carl Hanser Verlag München Wien
http://www.hanser.de
Satz: Satzherstellung Dr. Steffen Naake, Chemnitz
Lektorat: Christine Fritzsch
Herstellung: Renate Roßbach
Druck und Binden: Druckhaus „Thomas Müntzer" GmbH, Bad Langensalza

Printed in Germany

# Vorwort des Herausgebers

## Was können Sie mit diesem Buch lernen?

Wenn Sie dieses Lernbuch durcharbeiten, dann erwerben Sie umfassende Kenntnisse über Werkstoffe, die Sie bei der Entwicklung von Projekten und für die Lösung produktionstechnischer Aufgaben benötigen.

Der Umfang dessen, was wir Ihnen anbieten, orientiert sich an
- den Studienplänen der Fachhochschulen und Berufsakademien für Technik,
- den Lehrplänen der Fachschulen für Technik in den Bundesländern.

Jeder Problemkreis wird in praxisgerechter, dem Stand der Technik entsprechender Form aufgearbeitet.
Das heißt, Sie können dabei stets folgenden Fragen nachgehen:
- Welches werkstofftechnologische Problem stellt sich dar?
- Welche Struktur und Eigenschaften der Werkstoffe liegen vor?
- Wo liegen die Lösungsmöglichkeiten und Grenzen?
- Welche Prüfverfahren sind einzusetzen?

## Wer kann mit diesem Buch lernen?

Jeder, der
- sich weiterbilden möchte,
- elementare Kenntnisse in der Mathematik und den Naturwissenschaften besitzt,
- grundlegende Kenntnisse in der Mechanik erworben hat.

Das können sein:
- Studenten an Fachhochschulen und Berufsakademien und Ingenieure,
- Studenten an Fachschulen für Technik und Techniker,
- Schüler an beruflichen Gymnasien, Berufsoberschulen und Berufsfachschulen,
- Facharbeiter, Gesellen und Meister während und nach der Berufsausbildung,
- Umschüler und Rehabilitanden,
- Teilnehmer an Fort- und Weiterbildungskursen,
- Autodidakten

vor allem im Bereich der Maschinenbautechnik.

## Wie können Sie mit diesem Buch arbeiten?

Ganz gleich, ob Sie mit diesem Buch in Schule, Betrieb, Lehrgang oder zu Hause im „stillen Kämmerlein" arbeiten, es wird Ihnen endlich Freude machen.

*Warum?*

Ganz einfach, weil Ihnen hierzu, unseres Wissens, zum ersten Male in der technischen Literatur ein Buch vorgelegt wird, das bei der Gestaltung die Gesetze des menschlichen Lernens zur Grundlage machte. Deshalb werden Sie in jedem Kapitel zuerst mit dem bekanntgemacht, was Sie am Ende können sollen: mit den Lernzielen.

– Ein Lernbuch also! –

Danach beginnen Sie, sich mit dem Lerninhalt, dem Lernstoff, auseinanderzusetzen. Schrittweise dargestellt, ausführlich beschrieben in der linken Spalte des Buches und umgesetzt in die technisch-wissenschaftliche Darstellung auf der rechten Seite des Buches. Die eindeutige Zuordnung des behandelten Stoffes in beiden Spalten macht das Lernen viel leichter, umblättern ist nicht mehr nötig. Zur Vertiefung stellt Ihnen der Autor Beispiele vor.

– Ein unterrichtsbegleitendes Lehrbuch. –

Jetzt können und sollten Sie sofort die Übungsaufgaben durcharbeiten, um das Gelernte so abzusichern, festzumachen. Den wesentlichen Lösungsgang und das Ergebnis der Übungen hat der Autor am Ende des Buches für Sie aufgeschrieben.

– Also auch ein Arbeitsbuch mit Lösungen. –

Sie wollen sicher sein, daß Sie richtig und vollständig gelernt haben. Deshalb bietet Ihnen der Autor nun einen lernzielorientierten Test an, zur Lernerfolgskontrolle. Ob Sie richtig geantwortet haben, sagt Ihnen die Testauflösung am Ende des Buches.

– Ein lernzielorientierter Test mit Lösungen. –

Trotz intensiven Lernens über Beispiele und Übungen und der Bestätigung des Gelernten im Test als erste Wiederholung verliert sich ein Teil des Wissens und Könnens wieder, wenn Sie nicht bereit sind, am Anfang oft und dann in immer längeren Zeiträumen zu wiederholen!

Das will Ihnen der Autor erleichtern.

Er hat die jeweils rechten Spalten des Buches auch noch so geschrieben, daß hier die wichtigsten Lerninhalte als Satz, stichwortartig, als Formel oder als Skizze zusammengefaßt sind. Sie brauchen deshalb beim Wiederholen und auch Nachschlagen meistens nur die rechten Buchspalten zu lesen.

– Schließlich noch Repetitorium! –

Diese Arbeit ist notwendigerweise mit dem Aufsuchen der entsprechenden Kapitel oder gar dem Suchen von bestimmten Begriffen verbunden. Dafür verwenden Sie bitte das Inhaltsverzeichnis am Anfang und das Sachwortverzeichnis am Ende des Buches.

– Selbstverständlich mit Inhalts- und Sachwortverzeichnis. –

Sicherlich werden Sie durch die intensive Arbeit mit dem Buch „Ihre Bemerkungen zur Sache" unterbringen wollen, um es so zum individuellen Arbeitsmittel zu machen, das Sie auch später gern benutzen. Deshalb haben wir für Ihre Notizen auf den Seiten Platz gelassen.

– Am Ende ist „Ihr" Buch entstanden. –

Möglich wurde dieses Lernbuch für Sie durch die Bereitschaft des Autors und die intensive Unterstützung durch den Verlag und seine Mitarbeiter. Beiden sollten wir herzlich danken.

Nun darf ich Ihnen viel Freude und Erfolg beim Lernen wünschen!

*Manfred Mettke*

# Vorwort

Die Eigenschaften von Bauteilen für Maschinen, Anlagen, Geräte, Fahrzeuge, Apparate usw. hängen sehr wesentlich davon ab, ob der richtige Werkstoff verwendet wird. Für technische Berufe sind deshalb Kenntnisse über Werkstoffe unerlässlich.

Das vorliegende Lernbuch folgt dem Wunsch, angehenden Technikern, Studenten technischer Fachrichtungen und Teilnehmern von Weiterbildungsveranstaltungen das Studium werkstofftechnischer Grundlagen nach einer bewährten didaktischen Konzeption zu ermöglichen. In leicht erlernbarer Form werden die chemischen und physikalischen Grundlagen metallischer und nichtmetallischer Stoffe, die daraus abzuleitenden Eigenschaften und deren Prüfung sowie die Verarbeitbarkeit und die Anwendungsmöglichkeiten der Werkstoffe behandelt. Werkstoffgruppen, einzelne Werkstoffe und Verfahren zur Veredlung und zur Ermittlung von Eigenschaften werden *exemplarisch* vorgestellt.

Vordergründig wird der Zusammenhang zwischen Struktur und Eigenschaften und deren mögliche Beeinflussung (Wärmebehandlung, Veredlung usw.) deutlich gemacht. Eine unendlich scheinende Vielfalt wird mit dieser innewohnenden Ordnung überschaubar. Neben wichtigen Konstruktionswerkstoffen werden die Themen Korrosion und Korrosionsschutz sowie Schmierstoffe behandelt.

In der vorliegenden 7., aktualisierten Auflage wurden, entsprechend dem Stand der Normung, Korrekturen vorgenommen und das Kapitel Kunststoffe durch Herrn Dr.-Ing. Hahn gründlich überarbeitet. Der Dank gilt allen Beteiligten, die das Erscheinen dieser Auflage in kurzer Zeit ermöglichten.

Chemnitz, im Herbst 2006                                         *Wolfgang Seidel*

# Inhaltsverzeichnis

# Verwendete Formelzeichen und Abkürzungen

| | | |
|---|---|---|
| $A$ | Anode | — |
| $A$ | Fläche | $mm^2$ |
| $A$ | Bruchdehnung | % |
| $A_g$ | Gleichmaßdehnung | % |
| $A_i$ | Haltepunkt (-temperatur) | °C, K |
| $A_s$ | momentane Eindruckoberfläche (Martenshärte) | $mm^2$ |
| $A_v$ | Kerbschlagarbeit | J |
| DMS | Dehnungsmessstreifen | — |
| $D$ | Kugeldurchmesser (Brinellhärteprüfung) | mm |
| $E$ | Elastizitätsmodul | $N/mm^2$ |
| ETB | Erweichungstemperaturbereich | — |
| $F$ | Kraft | N |
| $F_m$ | Höchstzugkraft | N |
| $F_0$ | Prüfvorkraft (Rockwellhärteprüfung) | N |
| $F_1$ | Prüfzusatzkraft (Rockwellhärteprüfung) | N |
| FBM | Fließbruchmechanik | — |
| $G$ | Schubmodul (Gleitmodul) | $N/mm^2$ |
| $HB$ | Härte nach Brinell | — |
| $HM$ | Martenshärte | $N/mm^2$ |
| $HR$, $HRC$ | Härte nach Rockwell | — |
| $HV$ | Härte nach Vickers | — |
| $I$ | Intensität der austretenden Strahlung (Durchstrahlungsprüfung) | — |
| $J$ | J-Integral | N/mm |
| K | Katode | — |
| $K, K_1$ | Spannungsintensitätsfaktor | $N \cdot mm^{-2} \cdot mm^{1/2}$ |
| $K_c$ | kritischer Spannungsintensitätsfaktor | $N \cdot mm^{-2} \cdot mm^{1/2}$ |
| KG | Kristallgemisch | — |
| KKs | katodischer Korrosionsschutz | — |
| $KT$ | Kristallisationstemperaturbereich | °C |
| $L$ | augenblickliche Länge der Zugprobe während des Versuches | mm |
| $L_u$ | Messlänge der Zugprobe nach dem Bruch | mm |
| $L_0$ | Anfangsmesslänge einer Zugprobe | mm |
| LEBM | linear elastische Bruchmechanik | — |
| $M_b$ | Biegemoment | $N \cdot m$ |
| Mk | Mischkristall | — |
| $N$ | Schwingspielzahl | — |
| $N_G$ | Grenzlastspielzahl | — |
| NiP | Nickelschicht (stromlos) | — |
| $O$ | Oberfläche | $mm^2$ |
| PD | Packungsdichte | — |
| $R$ | elektrischer Widerstand | $\Omega$ |
| $R$ | gemessene Normalspannung | $N/mm^2$ |
| $R_{eH}$ | obere Streckgrenze | $N/mm^2$ |
| $R_{eL}$ | untere Streckgrenze | $N/mm^2$ |
| $R_m$ | Zugfestigkeit | $N/mm^2$ |
| $R_{p\,0,2}$ | 0,2-Dehngrenze | $N/mm^2$ |
| $RT$ | Raumtemperatur | °C |
| $S_u$ | kleinster Querschnitt der Zugprobe nach dem Bruch im Bereich der Brucheinschnürung | $mm^2$ |
| $S_0$ | Anfangsquerschnitt einer Zugprobe | $mm^2$ |
| SB | Schmelztemperaturbereich | — |
| $T$ | Temperatur | °C |
| $T_s$ | Schmelztemperatur | °C |

| | | |
|---|---|---|
| $T_g$ | Glasübergangstemperatur | °C |
| $T_ü$ | Übergangstemperatur | °C |
| $T_z$ | Zersetzungstemperatur | °C |
| SEW | Stahl-Eisen-Werkstoffblatt | – |
| SpRK | Spannungsrisskorrosion | – |
| $W$ | Widerstandsmoment | mm³ |

| | | |
|---|---|---|
| $W$ | Energie | J |
| $W_1$ | Fallarbeit (Kerbschlagbiegeversuch) | J |
| $W_2$ | Steigarbeit (Kerbschlagbiegeversuch) | J |
| $Y$ | Geometriefaktor | – |
| $Z$ | Brucheinschnürung | % |

| | | |
|---|---|---|
| $a$ | Anrisslänge | mm |
| $a$ | Probendicke einer Flachzugprobe | mm |
| $a, b, c$ | Gitterkonstante | $10^{-10}$ m |
| $b$ | Probenbreite einer Flachzugprobe | mm |
| $c$ | Konzentration | Masse-% |
| $d$ | Netzebenenabstand | $10^{-10}$ m |
| $d$ | Durchmesser des Härteeindrucks (Brinellhärteprüfung) | mm |
| $d_0$ | Ausgangsdurchmesser einer Zugprpbe in der Messlänge | mm |
| $d_1, d_2$ | Diagonalenlängen (Vickershärteprüfung) | mm |
| $e$ | Änderung der Thermospannung | V/K |
| $f$ | Durchbiegung | mm |
| $g, g_n$ | Fallbeschleunigung | m/s |
| $h$ | bleibende Eindringtiefe | mm |
| hex, hp | hexagonal primitives Gitter | – |
| hdP | hexagonales Gitter dichtester Packung | – |
| $k_f$ | Fließspannung | N/mm² |
| kfz | kubisch-flächenzentriertes Gitter | – |
| kp | kubisch-primitives Gitter | – |
| krz | kubisch-raumzentriertes Gitter | – |
| $n$ | Polymerisationsgrad | – |

| | | |
|---|---|---|
| $n$ | Anzahl der Atome je Elementarzelle | – |
| $p$ | Druck, Flächenpressung | N/mm² |
| $s$ | Durchbiegung (Kerbschlagbiegeversuch) | mm |
| $t_b$ | bleibende Eindringtiefe | mm |
| $t_H$ | Haltezeit | s, min |
| $v$ | Kerbaufweitung | mm |
| $v$ | Prüfgeschwindigkeit | mm/s |
| $v_A$ | Abkühlgeschwindigkeit | K/s |
| $\alpha, \beta, \gamma$ | Achsenwinkel | °, ′, ″ |
| $\alpha, \beta, \ldots$ | Gittermodifikationen (verschiedene Gitterarten) | – |
| $\alpha, \beta, \ldots$ | verschiedene Phasen (z. B. Mischkristallarten) | – |
| $\beta_K$ | Kerbwirkzahl | – |
| $\delta$ | Rissöffnung | mm |
| $\varepsilon$ | Dehnung | – |
| $\dot{\varepsilon}$ | Dehnungsgeschwindigkeit | $s^{-1}$ |
| $\varepsilon_B$ | Bruchdehnung (bei Kunststoffen) | % |
| $\eta$ | dynamische Viskosität | N · s/m² (Pa · s) |
| $\vartheta$ | Temperatur | °C |
| $\lambda$ | Wellenlänge | $10^{-10}$ m |
| $\lambda$ | Wärmeleitfähigkeit | W/(m · K) |
| $\nu$ | kinematische Viskosität | mm²/s |
| $\nu$ | Querkontraktionszahl bzw. Poisson'sche Zahl | – |

| | | | | | |
|---|---|---|---|---|---|
| $\varrho$ | spezifischer elektrischer Widerstand | $\Omega \cdot mm^2/m$ | $\sigma_a$ | Spannungsamplitude | $N/mm^2$ |
| | | | $\sigma_O$ | Oberspannung | $N/mm^2$ |
| $\sigma$ | Normalspannung | $N/mm^2$ | $\sigma_U$ | Unterspannung | $N/mm^2$ |
| $\sigma_D$ | Dauerfestigkeit | $N/mm^2$ | $\sigma_w$ | wahre Spannung | $N/mm^2$ |
| $\sigma_{nD}$ | Gestaltfestigkeit | $N/mm^2$ | $\tau$ | Tangentialspannung | $N/mm^2$ |
| $\sigma_M$ | Zugfestigkeit (bei Kunststoffen) | $N/mm^2$ | $\varphi$ | Umformgrad, Verformungsgrad | — |
| $\sigma_m$ | Mittelspannung | $N/mm^2$ | | | |

Symbole für Elemente und chemische Verbindungen sowie Werkstoffbezeichnungen sind in dieser Übersicht nicht enthalten.

# 1 Struktur und Eigenschaften der Metalle

## 1.0 Überblick

Die *Gebrauchseigenschaften* der metallischen Werkstoffe bestimmen neben dem Preis deren praktische Anwendung. Die chemische Zusammensetzung und die Struktur der Festkörper haben in hohem Maße Einfluss auf die technisch nutzbaren Eigenschaften. Die Beschreibung der Zusammenhänge zwischen Struktur und Eigenschaften bildet die Grundlage für das Verständnis aller folgenden Themenkreise, die metallische Stoffe zum Gegenstand haben. Die Ausführungen lassen außerdem prinzipielle Schlussfolgerungen auch für nichtmetallische Stoffe zu. Struktur und Eigenschaften lassen sich technologisch gezielt verändern.

Themenkreis 1 „Struktur und Eigenschaften der Metalle" beantwortet folgende Fragen:
- Wie sind die Atome in metallischen Stoffen im festen Zustand räumlich angeordnet? (Wesen der Gitterstruktur = Kristallaufbau)
- Weshalb bestimmen Gittertyp und Gitterfehler wichtige Eigenschaften?
- Wie entsteht die Gitterstruktur (Vorgänge bei der Kristallisation)?
- Was bewirkt eine mechanische Beanspruchung des kristallinen Stoffes?
- Welche Vorgänge im Gitter werden durch Zufuhr von Wärmeenergie ausgelöst?

Die Eigenschaften entscheiden darüber, für welche *Beanspruchungen* der jeweilige Werkstoff eingesetzt werden kann. Außerdem ist wichtig, das günstigste Verfahren für die *Formgebung* auszuwählen. Die Kenntnisse über das Werkstoffverhalten ermöglichen in vielen Fällen einen modernen *Veredlungsprozess*, der die mechanische, thermische oder auch chemische Beanspruchbarkeit erhöht.

Die Auswahl der theoretischen Grundlagen, der Verfahren und Beispiele erfolgt nach den Bedürfnissen des Maschinenbaus. Alle Aussagen sind jedoch ebenso zutreffend für ähnliche Industriezweige wie Anlagen-, Apparate-, Kran-, Brücken- und Schiffbau, Fahrzeugbau und andere metallverarbeitende Branchen.

## 1.1 Metallbindung und Gitterstruktur

**Lernziele**

Der Lernende kann ...
- die Wechselwirkungen zwischen Atomen in einem Festkörper erläutern,
- die Besonderheiten der Metallbindung nennen,
- Ideal- und Realkristall beschreiben,
- den Zusammenhang Kristallstruktur/Werkstoffeigenschaften an wesentlichen Merkmalen erklären.

### 1.1.0 Übersicht

*Metalle* bzw. *Legierungen* (metallische Stoffe) haben von allen Stoffgruppen mit Abstand die größte Bedeutung im Maschinenbau und in artverwandten Industriezweigen. Dementsprechend werden im Lernbuch die Struktur und die Eigenschaften der metallischen Stoffe berücksichtigt.

Neben allgemein hoher Festigkeit und plastischer Verformbarkeit mit dabei auftretendem Anstieg der *Streckgrenze* (*Verfestigungsvermögen*) zeichnen sich Metalle durch hervorragende elektrische und thermische *Leitfähigkeit* aus. Die kristalline Struktur der Metalle reflektiert Licht. Ein „blankes" Metallstück oder eine Bruchfläche weist stets den charakteristischen *metallischen Glanz* auf. Die meisten Eigenschaften werden durch die Art der chemischen Bindung, die *Metallbindung*, bestimmt. Einige Metalle sind *ferromagnetisch*. Ein massives Stück Metall erscheint als homogener Stoff. Fertigt man jedoch einen Schliff an, d. h., wird durch Schleifen und Polieren eine möglichst ideal ebene und saubere Fläche angearbeitet und durch geeignete Chemikalien angeätzt, so erkennt man bei einer Betrachtung im Auflicht-mikroskop die *Gefügestruktur*. Im Schliffquerschnitt, d. h. in dem optischen Ausschnitt, der durch das Mikroskop vergrößert zu sehen ist, erkennt man *Körner* (Kristallite) verschiedener Art und Orientierung, *Korngrenzen* und dazwischenliegende *Korngrenzensubstanz*. Art und Größe der Kristallite bestimmen sehr stark die Eigenschaften der metallischen Stoffe. Die chemische Zusammensetzung allein ist für die Beurteilung der Werkstoffe nicht ausreichend. Die Entstehung und der Aufbau des Gefüges spielen in diesem Kapitel eine große Rolle. Röntgen- und Elektronenstrahlen liefern Beugungserscheinungen an der Gitterstruktur, sodass mit entsprechenden Untersuchungsmethoden der Gittertyp und „Maße", wie die *Gitterkonstan-te*, ermittelt werden können.

In diesem Kapitel sollen Kristalleigenschaften, insbesondere durch eine Gegenüberstellung idealer und realer Struktur, deutlich gemacht werden.

homogen = einheitlich, gleiche Beschaffenheit

## 1.1.1    Wechselwirkung zwischen Atomen

**Aufbau der Atome:**
Jedes Atom besteht aus einem Kern (*Atom-kern*) und einer ihn umschließenden Hül-le (*Elektronenhülle*). Bild 1.1–1 zeigt ei-ne Modellvorstellung in stark vereinfachter Form. Wissenschaftler nennen Atomkern und Elektronenhüllen zwei *Energiebereiche* des Atoms. Im Kern existieren die positiv gela-denen *Protonen* und die elektrisch neutralen *Neutronen*.

Atomkern: Protonen ( + ) und Neutronen
Atomhülle: Elektronen ( − )

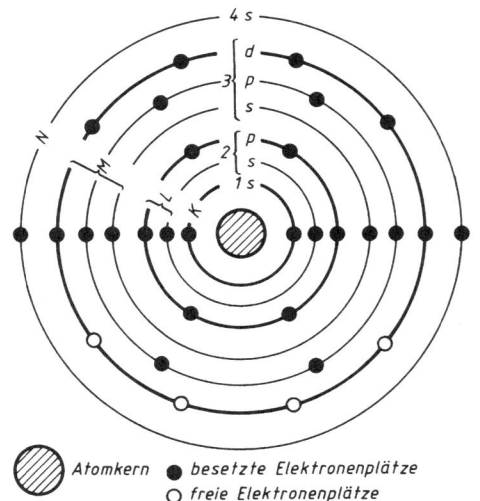

Bild 1.1–1 Atomaufbau (schematisch)

**Ursachen der Wechselwirkungen:**
Die Grundeigenschaften der Elemente hängen von der Anzahl und der Anordnung der Elektronen ab. Sie nehmen zunächst energiearme Zustände ein. Der Energiegehalt eines Elektrons lässt sich in seiner relativen Lage zum Kern durch die *Haupt-* und *Nebenquantenbahnen* (auch *Elektronenschalen* genannt) beschreiben.

Hauptquantenbahnen    1, 2, 3, 4 usw.
  (Elektronenschalen)   oder
                        K, L, M, N usw.

Nebenquantenbahnen   s, p, d, f
  (Unterschalen)

**Chemische Bindung:**
Bei Elektronenabgabe bzw. -aufnahme entstehen Atomrümpfe mit elektropositiver bzw. elektronegativer Ladung (*Ionen*).
Ladungsunterschiede lassen elektrostatische Kräfte entstehen, die für die *Bindung* (= Zusammenhalt des Stoffes durch das sich auf bauende Kraftfeld) zwischen den Ionen verantwortlich sind. Nach der Art der Zusammenlagerung werden typische Bindungsarten unterschieden, die durch verschiedene Zwischenformen nahezu stufenlos ineinander übergehen.

---

Bildung von Ionen:
- *Elektronenabgabe*: Atomrumpf elektropositiv (*Kation*)
  Anzahl der Protonen > Anzahl der Elektronen
- *Elektronenaufnahme*: Atom elektronegativ (*Anion*)
  Anzahl der Elektronen > Anzahl der Protonen

---

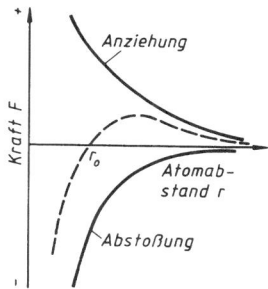

Bild 1.1–2   Kraftwirkungen zwischen zwei Atomen (schematisch)
$r_0$ Bindungslänge, die sich bei einer resultierenden Kraft (gestrichelte Kurve) $F_{ges} = 0$ einstellt. Es herrscht Gleichgewicht zwischen Anziehung und Abstoßung.

Mit steigender *Kernladungszahl* (= Anzahl der Protonen) und damit zunehmender Anzahl von Elektronen werden auch energiereichere Schalen besetzt. Zu einer hohen Stabilität kommt es, wenn Haupt- und Nebenquantenbahnen vollständig besetzt sind (bei den Edelgasen: Helium, Neon, Argon, Krypton, Xenon, Radon. Man spricht von *Edelgaskonfiguration*. Edelgase sind reaktionsträge und ermöglichen keine stabilen chemischen Verbindungen. Alle anderen Elemente streben einen möglichst stabilen Zustand an.

Konfiguration = bestimmte Gruppierung von Teilchen (Elektronen)
Edelgaskonfiguration = Edelgaszustand

Jede Schale kann nur eine bestimmte Anzahl von Elektronen enthalten:
1. Schale: $2 \cdot 1^2 = 2$
2. Schale: $2 \cdot 2^2 = 8$
3. Schale: $2 \cdot 3^2 = 18$    usw.

---

Werkstoffeigenschaften werden fast ausschließlich durch die Atomhülle bestimmt.

Infolge dieses Strebens geben teilweise besetzte Schalen leicht Elektronen ab (trifft für Metalle zu) oder nehmen von anderen Atomen Elektronen auf. Die Differenz zwischen der Normalzahl der Elektronen in der äußeren Schale und dem stabilen Zustand abgeschlossener Schalen bezeichnet man als *Wertigkeit (Valenz)* des Elements. Sie drückt aus, welches gegenseitige Bindungsvermögen der Elemente miteinander besteht. Bei sehr stabilen Bindungen spricht man von *Hauptvalenzbindungen.*

Die *Ionenbindung* entsteht durch den Übergang von Elektronen. Sie ist zwischen einem elektropositiven und einem elektronegativen Element möglich. Die meisten anorganischen Stoffe haben diese Bindungsart. Die Ionenbindung wird auch *Elektrovalenz* genannt.

> **Ursache der chemischen Bindung:**
> Jedes Atom hat das Bestreben, die äußere Elektronenschale in einen stabilen Zustand, den so genannten Edelgaszustand (= *Edelgaskonfiguration*) zu bringen. Dies geschieht durch Elektronenabgabe oder -aufnahme. Damit wird das Atom zum positiven oder negativen Ion. Das elektrostatische Feld, welches ein Ion umgibt und dessen Kraftwirkung auf seine unmittelbare Umgebung erklären das Bindungsbestreben.

> *Wertigkeit* (Valenz) = gegenseitiges Bindungsvermögen der Elemente

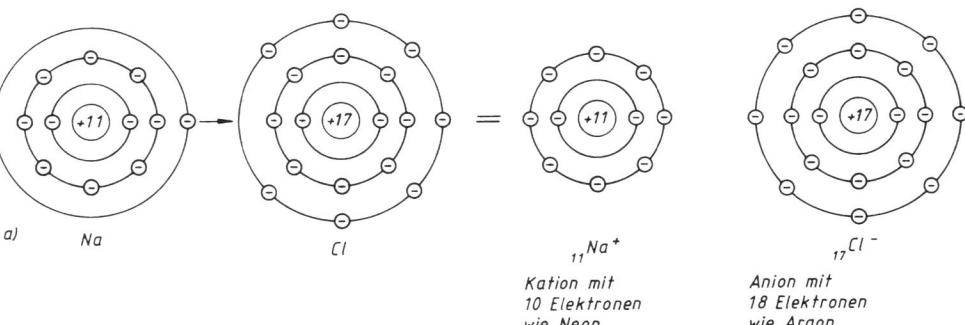

Die *Atombindung* kommt dadurch zustande, dass Elektronenpaare durch zwei Atome gemeinsam benutzt werden. Es ist die typische Bindungsart organischer Stoffe.

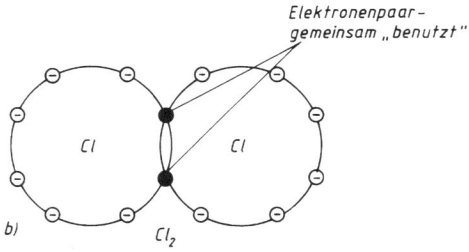

Bild 1.1–3 Chemische Bindungen
a) Entstehung der Ionenbeziehung (Elektrovalenz) am Beispiel von NaCl (Kochsalz)
b) Die Atombindung (Elektronenpaarbindung) liegt in einfacher Form beim Chlor-Molekül $Cl_2$ vor.

> **Hauptvalenzbindungen:**
> - *Ionenbindung* (Elektrovalenz), z. B. Alkalimetallverbindungen, Halogenverbindungen
> - *Atombindung* (Elektronenpaarbindung), z. B. organische Verbindungen
> - Atombindung mit teilweisem Ionencharakter (*polarisierte Bindung*)
> - *Metallbindung*

Der Vergleich lässt erkennen, dass die Grundeigenschaften der Stoffe durch die Art der chemischen Bindung bestimmt werden. Je nach dem chemischen Charakter sind folgende Kombinationen möglich:

- Nichtmetall + Nichtmetall → Atombindung, nicht leitend

- Nichtmetall + Metall → Ionenbindung, schwach leitend

- Metall + Metall → Metallbindung, gut leitend

Tabelle 1.1–1 Vergleich der Grenzfälle Atombindung und Ionenbindung

|  | Nichtmetall + Nichtmetall | Metall + Nichtmetall |
|---|---|---|
| Art der Bindung | Atombindung | Ionenbindung |
| Prinzip | Elektronenpaar | Abgabe und Aufnahme von Elektronen |
| Thermisches Verhalten | niedrige Schmelz- und Siedepunkte | hohe Schmelz- und Siedepunkte |
| Elektrische Eigenschaften | Isolator | Ionenleiter |
| Beispiel | $CH_4$ | NaCl |

Für die *Metallbindung* ist charakteristisch:
- Metalle besitzen durchweg wenig Außenelektronen (Valenzelektronen). Edelgaskonfiguration wird durch das Abstoßen von Valenzelektronen erreicht.
- Zwischen den Metallionen (+) und den „freien" Elektronen (man spricht auch von Elektronengas, Elektronenwolke) besteht eine intensive Kraftwirkung, es entsteht das *Metallgitter*.
- hohe Festigkeit, gute Verformbarkeit, sehr gute Leitfähigkeit für Wärme und Elektrizität, teilweise hohe Schmelz- und Verdampfungstemperaturen.

Wir merken uns über die Metallbindung:

> - Metalle haben wenige Elektronen auf der äußeren Schale des Atoms.
> - Elektronen werden abgegeben (Streben nach Edelgaskonfiguration).

Beispiel: $\cdot \dot{A}l \cdot \; \rightarrow \; Al^{3+} \; + \; 3\,e^-$

$\qquad\qquad$ Ion $\;\leftrightarrow\;$ Elektronengas

$\qquad\qquad$ + $\qquad\qquad$ −

$\qquad\qquad\qquad$ Gitterstruktur

Die beschriebenen Bindungsarten sind Grenzfälle. Die tatsächlich vorhandenen Bindungen sind häufig Übergänge und Zwischenformen.

Für die Werkstoffe des Maschinenbaus ist die Metallbindung von herausragender Bedeutung.

Daneben benötigen Sie Kenntnisse über die Zwischenform der *intermetallischen Verbindungen* (z. B. Carbide, Nitride). Sie sollen hier zunächst nur genannt werden:

Carbide = Metall-Kohlenstoff-Verbindungen
Beispiele: $Fe_3C$, $Mo_2C$, TiC, VC
Nitride = Metall-Stickstoff-Verbindungen
Beispiele: $Fe_4N$, $Mo_2N$, TiN, AlN

> Wichtige Eigenschaften der metallischen Stoffe:
> - gute Festigkeitseigenschaften,
> - plastisch formbar, verfestigend,
> - gute thermische und elektrische Leitfähigkeit,
> - Reflexionsfähigkeit für Licht (metallischer Glanz).

Außer den Hauptvalenzbindungen können auch schwache Bindungen zwischen den einzelnen Molekülen auftreten. Ein Austausch von Elektronen bzw. die Bildung gemeinsamer Elektronenpaare wie bei den Hauptvalenzbindungen findet nicht statt. Diese Nebenvalenzbindungen (auch Van-der-Waals-Bindungen) beruhen auf der Bildung von Ladungsschwerpunkten (Dipole) in den Molekülen. Der positive Ladungsschwerpunkt eines Moleküls zieht den negativen Ladungsschwerpunkt des benachbarten Moleküls an. Es handelt sich um elektrostatische Anziehung. Die Dipole entstehen durch:

- gemeinsame Elektronenpaare mit Verschiebung zum elektronegativeren Bindungspartner (Dipol-Dipol-Kräfte)
- Bildung starker Ladungsschwerpunkte durch gemeinsame Elektronenpaare von Wasserstoff mit einem anderen elektronegativeren Element wie z. B. Sauerstoff (Wasserstoffbrückenbindung, Bild 1.1–3c)
- die induzierenden Kräfte eines permanenten Dipols, welche Ladungsverschiebung im benachbarten polarisierbaren Molekül zur Folge haben (Induktionskräfte)
- rein statistisch bedingte Elektronenkonzentration auf einer Seite der Atomhülle eines Moleküls, die wiederum Ladungsverschiebungen im benachbarten Molekül zur Folge haben

In Polymerwerkstoffen sind die Nebenvalenzbindungen für den Zusammenhalt der Makromoleküle untereinander verantwortlich (siehe Kapitel 11).

### Übung 1.1–1
Welcher Energiebereich des Atoms ist für die meisten Eigenschaften der Stoffe bestimmend?

### Übung 1.1–2
Nennen Sie die wichtigsten Arten der chemischen Bindung!

### Übung 1.1–3
Wodurch ist die Metallbindung charakterisiert?

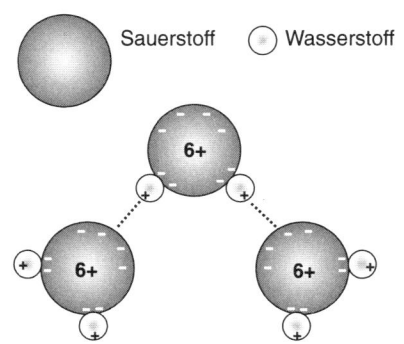

Bild 1.1-3c Prinzip der Wasserstoffbrückenbindung – positive und negative Ladungsschwerpunkte der Wassermoleküle ziehen sich an

## 1.1.2 Kristallstruktur der Metalle

### 1.1.2.1 Der kristalline Zustand (Idealkristall)

Metalle sind so genannte *echte Festkörper*, d. h., die Atome sind regelmäßig im Raum angeordnet. Zwischen den Atomen (eigentlich Ionen mit dazwischenliegendem Elektronengas) herrschen große Bindungskräfte. Diesen geordneten Atomverband nennt man *Kristall*.

Nicht nur bei Metallen liegen Kristalle vor. Das Wort krystallos (griech. Eis) führt uns z. B. zur Struktur des Eises und der Schneeflocken. Die Kristallstruktur ist demzufolge auch äußerlich, mit bloßem Auge, durch ihre regelmäßigen Flächen und symmetrischen Anordnungen erkennbar. Viele Mineralien, Salze, Metallkristalle in Hohlräumen gegossener Metallblöcke usw. machen durch Glanz und Schönheit auf sich aufmerksam.

> *Kristalle* sind Anordnungen von Atomen, Ionen, Molekülen oder Molekülgruppen, deren Abstände sich periodisch im Raum wiederholen.
> Entsprechend den wirkenden Kräften stellt sich jeweils eine bestimmte *Bindungslänge* (Atomabstand) ein.
> *Kristallstruktur = Gitterstruktur*

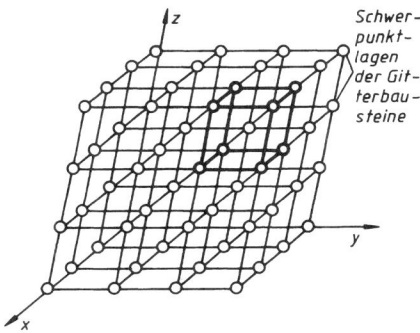

Bild 1.1–4 Einfache Gitterstruktur im schiefwinkligen Koordinatensystem. Die Elementarzelle ist hervorgehoben.

Flüssigkeiten und „unechte" Festkörper (z. B. Fensterglas, viele Kunststoffe usw.) sind *amorph* (= gestaltlos). Ihre Atome unterscheiden sich in ihrer Ordnung und Beweglichkeit von der beschriebenen Kristallstruktur. Oft ist der Unterschied nur graduell. Man spricht bei Festkörpern von einer vorliegenden *Fernordnung*, bei Flüssigkeiten und Gläsern von einer existierenden *Nahordnung*, z. B.

- $(H_2O)_n$ geordnetes Großmolekül des Wassers
- teilweise Kristallinität bei Kunststoffen (organische Hochpolymere)

Kristalle zeigen beim Bestrahlen mit Röntgenstrahlen Interferenzerscheinungen, da die Wellenlängen in der Größenordnung der Atomabstände liegen.

> *kristallin* = geordnet (Gitter)
> *amorph* = ungeordnet, gestaltlos

> *Nahordnung*: Bausteine in kleinen Bereichen geordnet (z. B. in Flüssigkeiten)
> *Fernordnung*: Bausteine endlos in Gittern geordnet (Kristallstruktur)

Die Methoden zum Nachweis und zum Ausmessen der Kristalle nennt man *Röntgenfeinstrukturanalyse*. Grundlage bietet die *Bragg'sche Gleichung* (Bild 1.1–5).

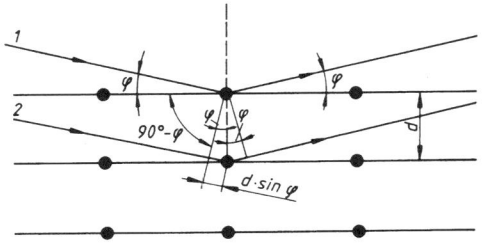

Bild 1.1–5  Beugung von Röntgenstrahlen am Gitter
*1* und *2* parallele Strahlen

Gleichung nach Bragg

$$2d \cdot \sin \varphi = n \cdot \lambda$$

$\varphi$  Glanzwinkel
$d$  Netzebenenabstand
$\lambda$  Wellenlänge
$n$  Beugungsordnung (1, 2 bis $n$)

*Gitterstruktur* (Kristallstruktur) ist durch Röntgenstrahlen nachweisbar, da Interferenzen (Beugungserscheinungen) durch die geringe Wellenlänge möglich sind (*Röntgenfeinstrukturanalyse*).

Begriffe, mit denen sich das Raumgitter beschreiben lässt:

- *Gittergerade*    Gerade, auf der in regelmäßigen Abständen Atome liegen

- *Gitterebene*,    Ebene, die regelmäßig mit
  Netzebene    Atomen besetzt ist

- *Raumgitter*    räumliche, vollständige
  Bild 1.1–4    Betrachtung der Atomanordnung (*Idealkristall*)

- *Elementarzelle*   kleinste Volumeneinheit
  Bilder 1.1–4    des Raumgitters mit allen
  und 1.1–7    Symmetriemerkmalen des Kristallsystems; durch Wiederholung, d. h. periodische Verschiebung der eigenen Kanten, kann man sich die Entstehung des Raumgitters vorstellen.

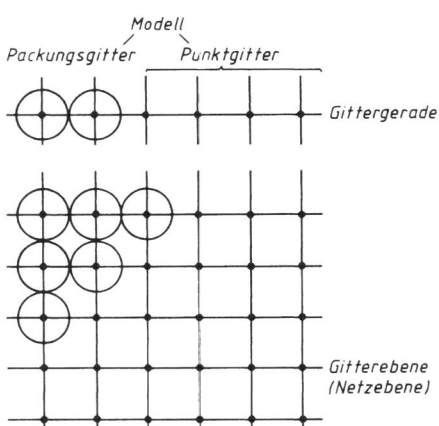

Bild 1.1–6  Begriffe für die Beschreibung von Gitterstrukturen

Die Elementarzelle (Bild 1.1–7) dient der näheren Beschreibung des Gitters. Die Achsabschnitte $a$, $b$ und $c$ werden als *Gitterkonstanten* oder *Gitterparameter* bezeichnet. Bei den meisten Metallen liegt ihre Größe bei 0,25 bis 0,5 nm, d. h., auf einen Millimeter kommen 2 bis 4 Millionen Atome. Die Achsenwinkel $\alpha$, $\beta$ und $\gamma$ können von 90 Grad abweichen, wie die Übersicht über die möglichen Kristallsysteme (Tabelle 1.1–2) zeigt.

1 nm = 1 Nanometer = $10^{-9}$ m

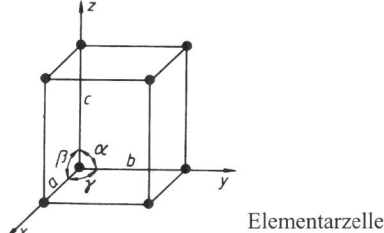

Elementarzelle

Bild 1.1–7  Kenngrößen für die Beschreibung eines Gittertyps:
$x$, $y$, $z$ Achsen
$\alpha$, $\beta$, $\gamma$ Achsenwinkel
$a$, $b$, $c$ Gitterkonstanten oder Gitterparameter

> Ein *Kristallsystem* verkörpert die Gesamtheit von Bausteinanordnungen in einem Raumgitter mit gemeinsamen geometrischen Merkmalen, gekennzeichnet durch die *Gitterparameter* $a$, $b$, $c$ und die *Achsenwinkel* $\alpha$, $\beta$, $\gamma$.

Tabelle 1.1–2  Kristallsysteme

| Kristallsystem | Gitterkonstanten/Achsenwinkel | Gestalt der Elementarzelle (Vergleich) |
|---|---|---|
| *Triklin* | $a \neq b \neq c$<br>$\alpha \neq \beta \neq \gamma \neq 90°$ | allseitig schiefer Ziegelstein |
| *Monoklin* | $a \neq b \neq c$<br>$\alpha = \gamma = 90°$<br>$\beta \neq 90°$ | in einer Richtung schiefer Ziegelstein |
| *Orthorhombisch* | $a \neq b \neq c$<br>$\alpha = \beta = \gamma = 90°$ | normaler Ziegelstein |
| *Tetragonal* | $a = b \neq c$<br>$\alpha = \beta = \gamma = 90°$ | in einer Richtung gestreckter Würfel |
| *Rhomboedrisch* | $a = b = c$<br>$\alpha = \beta = \gamma \neq 90°$ | allseitig schiefer Würfel |
| *Hexagonal* | $a_1 = a_2 \neq c$<br>$\alpha = \beta = 90°$<br>$\gamma = 120°$ | ein Stück Sechskantmaterial, gerade abgeschnitten |
| *Kubisch* | $a = b = c$<br>$\alpha = \beta = \gamma = 90°$ | Würfel |

### 1.1.2.2   Gittertypen

Die meisten Metalle kristallisieren kubisch oder *hexagonal*. In diesem Abschnitt werden die wichtigsten Gittertypen im Überblick behandelt.

Die Anzahl der Atome je Elementarzelle und die Packungsdichte sind zwei Kenngrößen, die anschaulich machen, wie dicht die „Kugeln" (grobe Modellvorstellung für die Atome) räumlich angeordnet sind.

$n$ = Anzahl der Atome je Elementarzelle (Eckatome und in Flächen des einfachen geometrischen Grundkörpers eingelagerte Atome gehören nicht nur einer Elementarzelle an)

Beispiel:   krz = kubisch-raumzentriert

$$n = 8 \cdot \frac{1}{8} + 1 \cdot 1 = 2$$

Jedes Eckatom gehört im Raumgitter gleichzeitig 8 Elementarzellen an.
In der Mitte des Würfels ist ein Atom eingelagert.

$$PD = \frac{\text{„Kugel"-Volumen in einer Elementarzelle}}{\text{Volumen der Elementarzelle}}$$

*PD* Packungsdichte

a) *Kubisch-primitives Gitter* kp

Beispiel:

$$n = 8 \cdot \frac{1}{8} = 1$$
$$PD = 0{,}52$$

Polonium Po

(technisch ohne Bedeutung)

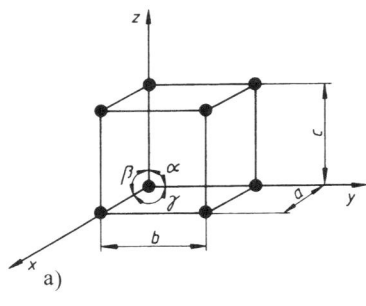

a)

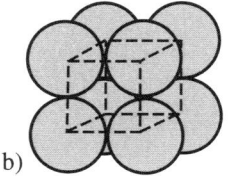

b)

Bild 1.1–8  Kubisch-primitives Gitter (kp)
a) Punktgitter (Atome punktförmig dargestellt)
b) Packungsgitter (Atom-Kugelpackung)

b) *Kubisch-raumzentriertes Gitter* krz

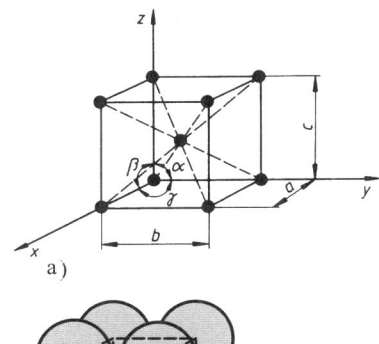

Beispiele:

$n = 2$    Chrom        Cr
$PD = 0,68$    Vanadium    V
    Molybdän    Mo
    Wolfram    W
    $\alpha$-Eisen    $\alpha$-Fe

Das krz-Gitter kann man sich als zwei ineinander gestellte kp-Gitter vorstellen; zusätzlich zu den Eckatomen befindet sich noch ein Atom in der Würfelmitte.

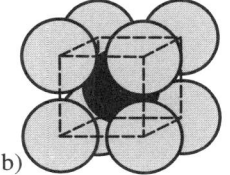

Bild 1.1–9  Kubisch-raumzentriertes Gitter (krz)
a) Punktgitter
b) Packungsgitter

c) *Kubisch-flächenzentriertes Gitter* kfz

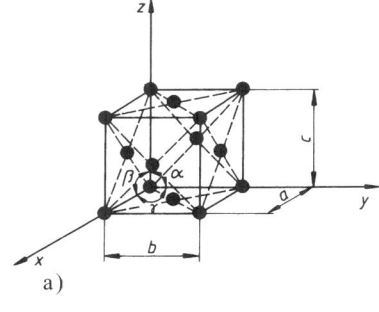

Beispiele:

$n = 4$    Nickel        Ni
$PD = 0,74$    Kupfer        Cu
    Aluminium    Al
    Gold        Au
    Silber        Ag
    $\beta$-Cobalt    $\beta$-Co
    $\gamma$-Eisen    $\gamma$-Fe

$$n = 8 \cdot \frac{1}{8} + 6 \cdot \frac{1}{2} = 4$$

Beim kfz-Gitter befindet sich zusätzlich zu den Eckatomen im Schnittpunkt der Flächendiagonalen (im Zentrum der Flächen) noch je ein Atom.

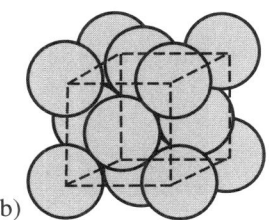

Bild 1.1–10  Kubisch-flächenzentriertes Gitter (kfz)
a) Punktgitter
b) Packungsgitter

d) *Hexagonal primitives Gitter* hp
Beispiel: Graphit C
Ausgesprochenes Schichtgitter. Während
die Bindung der Atome innerhalb einer
Schicht stark ist, ist der Zusammenhalt
zwischen den Schichten infolge ihres relativ großen Abstandes ziemlich schwach.
Dadurch gute Spaltbarkeit des Graphits
parallel zu den Schichtebenen.

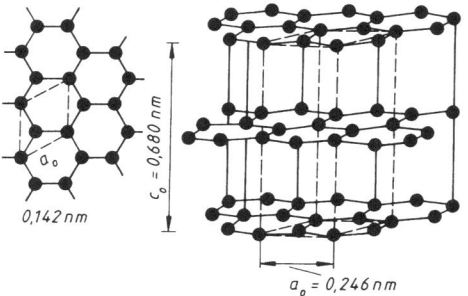

Bild 1.1–11   Hexagonal-primitives Gitter (hex) –
Punktgitter
$n = 10^{-9}$ (Nano);    1 nm $= 10^{-9}$ m

e) *Hexagonal dichteste Packung* hdP

|         |           |               |
|---------|-----------|---------------|
| $n = 6$ | Beispiele: |              |
|         | Zink      | Zn            |
| $PD = 0{,}74$ | Cadmium   | Cd      |
|         | Magnesium | Mg            |
|         | $\alpha$-Cobalt | $\alpha$-Co |
|         | $\alpha$-Titan  | $\alpha$-Ti |

Es liegt die dichteste Kugelanordnung im
Raum vor. Die Elementarzelle besitzt eine
sechseckige Basisfläche. Die Kugelschichten
liegen so aufeinander, dass sie sich untereinander berühren, alle Lücken ausfüllen und
eine ideal dichte Anordnung ergeben. Bezeichnet man die beiden Kugelschichten mit
A und B, so ergibt sich für das hdP-Gitter
diese Stapelfolge:

⋮
A
B ⎱ Stapelfolge
A ⎰ hdP
B
⋮

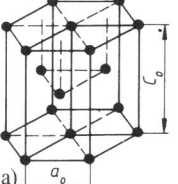

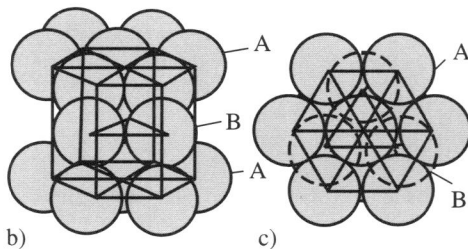

Bild 1.1–12   Hexagonal dichteste Packung (hdP)
a) Punktgitter
b) Packungsgitter (Ansicht von vorn)
c) Packungsgitter (Ansicht von oben)

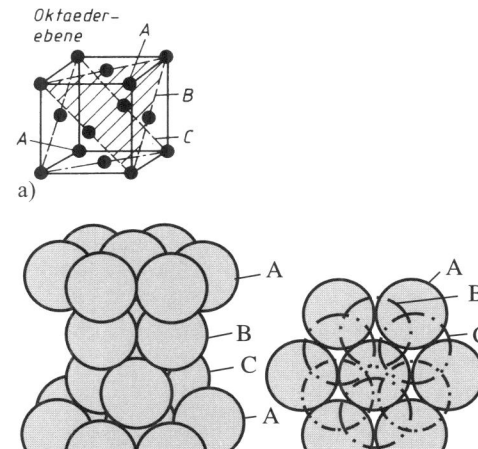

*Anmerkung*: Bild 1.1–13 zeigt, dass sich das ebenfalls ideal dicht gepackte kfz-Gitter nur durch die Stapelfolge vom hdP-Gitter unterscheidet.

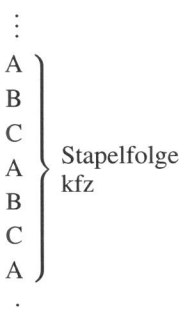

Bild 1.1–13  Stapelfolge beim kfz-Gitter
a) Punktgitter
b) Packungsgitter (Ansicht von vorn)
c) Packungsgitter (Ansicht von oben)

Einige Metalle haben in verschiedenen Temperaturbereichen des kristallinen Zustandes zwei oder mehrere unterschiedliche Gittertypen. Diese Erscheinung nennt man *Polymorphie* (= Vielgestaltigkeit). So hat z. B. Zinn bei der Erstarrung bei 232 °C ein tetragonales Gitter, das sich bei 13 °C in kubisches Gitter (Diamantgittertyp) umwandelt. Diese Umwandlung verläuft erst unterhalb $-20$ °C mit nennenswerter Geschwindigkeit. Sie ist mit einer erheblichen Volumenzunahme ($\approx 20$ %) verbunden.

> *Polymorphe Metalle* haben (temperaturabhängig) verschiedene Gitterstrukturen. Man spricht auch von *allotropen Modifikationen*.

Beispiele:  Eisen  Fe
            Titan  Ti
            Cobalt Co
            Zinn   Sn
            Mangan Mn

Das Zinn zerfällt dabei zu einem grauen Pulver. Diese Erscheinung trägt den überlieferten Namen *Zinnpest*.
Ein anderes Beispiel ist Eisen. Es erstarrt zunächst krz als $\delta$-Fe, wandelt sich in das kfz-Gitter $\gamma$-Fe und schließlich wieder in eine krz-Struktur $\alpha$-Fe um. Die genannte $\gamma$-$\alpha$-Umwandlung ermöglicht weitreichende und technisch wichtige Eigenschaftsänderungen, wie die Wärmebehandlungsverfahren *Härten* und *Normalglühen*.

Nicht nur Metalle können polymorph sein. Es gibt eine große Zahl kristalliner Substanzen, die ihre Kristallstrukturen in Abhängigkeit von Temperatur und Druck ändern, auch Nichtmetalle und chemische Verbindungen.

Beispiele:  P        Phosphor
            S        Schwefel
            C        Kohlenstoff
            $NH_4NO_3$  Ammoniumnitrat
            $SiO_2$     Siliciumdioxid

**Übung 1.1–4**
Wann spricht man von „echten" Festkörpern?

**Übung 1.1–5**
Was ist eine Elementarzelle?

**Übung 1.1–6**
Welche Größen bestimmen einen Gittertyp eindeutig?

**Übung 1.1–7**
Beschreiben Sie die Struktur eines kfz-Gitters!

**Übung 1.1–8**
Erklären Sie den Begriff Stapelfolge!

**Übung 1.1–9**
Was versteht man unter einem polymorphen Metall?

*Beachten Sie*: Griechische Buchstaben werden in der Metallkunde mit unterschiedlicher Bedeutung verwendet!
a) Gittermodifikationen reiner Metalle, z. B. $\alpha$-Fe, $\gamma$-Fe, $\delta$-Fe
b) Mischkristallarten bei Legierungen
(s. Abschnitt 2.2.2)

### 1.1.2.3    Realstruktur

Die bisherige Beschreibung der Anordnung der Atome als Idealkristall enthält bedeutende Fehler. Abgesehen davon, dass die Atome bzw. Metallionen in Wirklichkeit keine Kugelgestalt haben und sich nicht in Ruhelage befinden, berücksichtigt der *Realkristall*
a) die endliche Begrenzung (d. h., es ist eine Oberfläche des Kristalls vorhanden – Begriff *Kristallit*),
b) die Existenz gestörter Bereiche (d. h., die Ordnung ist in bestimmten, kleinen Volumeneinheiten gestört – Begriffe *Fehlordnung*, *Gitterbaufehler* oder *Defekte*).

| | |
|---|---|
| *Idealkristall* | idealisiertes Modell, mathematisch beschreibbar, existiert in Wirklichkeit nicht |
| *Realkristall* | gestörter Kristall (Kristall mit Fehlordnung), die Abweichungen vom idealen Aufbau (Gitterfehler oder Defekte) werden berücksichtigt; Kristallwachstum unregelmäßig, unreine Kristallsubstanz |

*Leerstellen* (Gitterlücken) sind nicht besetzte Gitterplätze. Ihre Anzahl vergrößert sich z. B. bei plastischer Verformung und mit zunehmender Temperatur. Das Gitter wird in der Umgebung der Leerstelle deformiert. Ist ein Atom zusätzlich in das Gitter „eingezwängt", so nennt man es *Zwischengitteratom*(-platz). Das ist nicht bei jedem Gittertyp möglich. In der Umgebung des Atoms wird das Gitter aufgeweitet.

Ein gezüchteter Realkristall, der nur noch *einen* Defekt auf $10^{19}$ Bausteine aufweist, enthält aber immerhin noch $10^{13}$ Gitterfehler je 1 cm$^3$. Veranschaulichen Sie sich die Größenverhältnisse mit den Gitterparametern bekannter Gittertypen! Denken Sie daran, dass Sie ein dreidimensionales geometrisches Gebilde betrachten!

*Fremdatome* können gleiche Gitterplätze wie Atome des Wirtsgitters (substituiert = ersetzt, ausgetauscht) oder Zwischengitterplätze (eingelagert) einnehmen. Die unterschiedlichen Atomdurchmesser führen zu Gittereinengung oder -aufweitung (Prinzip der Mischkristallbildung bei Legierungen; s. Abschnitt 2.1.1)

Wirtsgitter = Grundgitter (= Matrix)

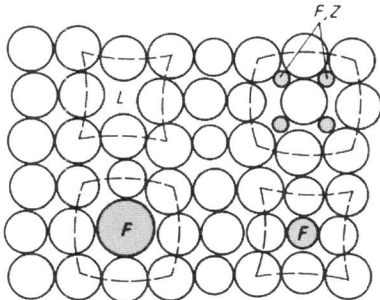

Bild 1.1–14  Punktförmige Gitterdefekte
L Leerstelle, Z Zwischengitterplatz, F Fremdatom

*Versetzungen* sind Liniendefekte, die in großer Dichte im Gitter vorkommen und die Werkstoffeigenschaften in hohem Maße beeinflussen.
*Stufenversetzungen* kann man leicht durch „Herausnehmen" eines Teiles der Netzebene (Gitterebene) deutlich machen (Bild 1.1–15).
*Schraubenversetzungen* unterscheiden sich vor allem in ihrer Geometrie von den Stufenversetzungen.
Versetzungen entstehen durch temperaturabhängige Leerstellenkonzentrationen und durch das Ausscheiden von Fremdatomen.

Versetzungen haben folgende Eigenschaften:
a) Sie haben einen *Richtungssinn* (+, −); ziehen sich an oder stoßen sich ab.
b) Sie können sich bewegen; bei der Deformation der Metalle und Legierungen wird das *plastische Verhalten* (= Fließverhalten) durch ein massenhaftes Wandern von Versetzungen bewirkt. Ein versetzungsfreier Idealkristall wäre nicht plastisch formbar, er würde bei genügend hoher mechanischer Belastung spröde brechen.
c) Versetzungen bilden die Ursache für *Eigenspannungen* und *Verfestigung* (s. angegebene, hohe Versetzungsdichte nach einer plastischen Deformation).

(s. Tabelle 1.1–3)

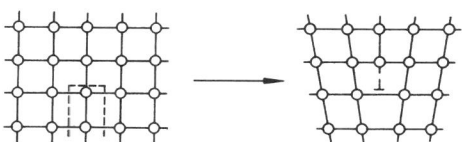

Bild 1.1–15  Vorstellung über die Bildung einer Stufenversetzung (ebene Darstellung)

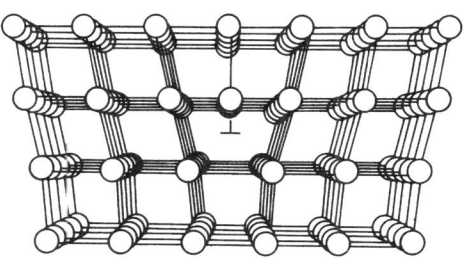

Bild 1.1–16  Stufenversetzung in einem primitiven Gitter (räumliche Anordnung der Atome angedeutet)

Tabelle 1.1–3  Versetzungsdichte bei Metallen (in cm/cm$^3$ = cm$^{-2}$)

| | |
|---|---|
| Normal | $10^7 \ldots 10^8$ cm$^{-2}$ |
| Nach plastischer Deformation | bis $10^{12}$ cm$^{-2}$ |

Zu den zweidimensionalen Defekten gehören die *Korngrenzen* und *Stapelfehler*.
Ein *Kristallit* (auch Korn genannt) ist in sich noch in *Subkörner* unterteilt, d. h. Bereiche, deren Gitterorientierung bis zu etwa $10°$ voneinander abweichen. Diese *Kleinwinkelkorngrenzen* (Subkorngrenzen) werden durch aneinandergereihte Versetzungen gebildet (Bild 1.1–17).

*Großwinkelkorngrenzen* (normale Korngrenzen) trennen Kristallite gleicher oder verschiedener Atomarten voneinander (Bild 1.1–18). Die Gitterorientierung der Bereiche schließt größere Winkel ein, und die Abstände der Kristallite betragen mehrere Atomabstände. *Phasengrenzen* trennen stofflich sehr verschiedene Gitterbereiche voneinander.

Im vorliegenden Fall (2 Atomarten, d. h. zwei stofflich sehr verschiedene Gitterbereiche) ist die Korngrenze zugleich Phasengrenze.
Betrachtet man eine präparierte Probe eines metallischen Werkstoffes mit einem Auflichtmikroskop, so erkennt man das *Gefüge*. Einzelheiten mikroskopischer Untersuchungen werden im Abschnitt 12.7.1 behandelt.
Das Gefüge besteht aus vielen Körnern (Kristalliten), Korngrenzen (Großwinkelkorngrenzen) und einer mehr oder weniger deutlich sichtbaren Korngrenzensubstanz (Ablagerungen).
Die Entstehung des Gefüges bei der Erstarrung einer Metallschmelze wird im Abschnitt 1.2.4 ausführlich beschrieben.
Nebenstehend: Kurzfassung der Technik des Mikroskopierens.

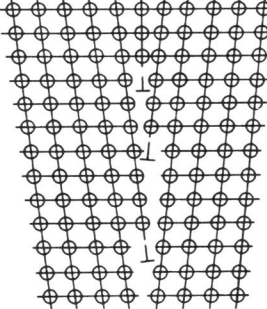

Bild 1.1–17   Kleinwinkelkorngrenze

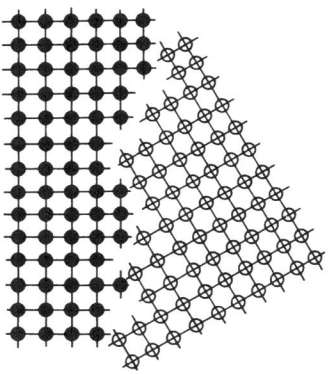

Bild 1.1–18   Großwinkelkorngrenze

massives Stück Metall

↓

Probe abtrennen

↓

Schleifen, Polieren

↓

Ätzen

↓

Betrachtung
im Auflichtmikroskop

↓

Anordnung einzelner Kristalle
(Gefüge) wird sichtbar

Einen Sonderfall bilden die *Zwillingsgrenzen*. Hier liegen die Atome auf Gitterplätzen, die beiden Kristallzwillingen gemeinsam sind.

Zwei Kristallite sind spiegelsymmetrisch angeordnet (Bild 1.1–19a). Man findet Zwillingsgrenzen vorwiegend innerhalb eines Korns.

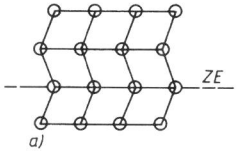

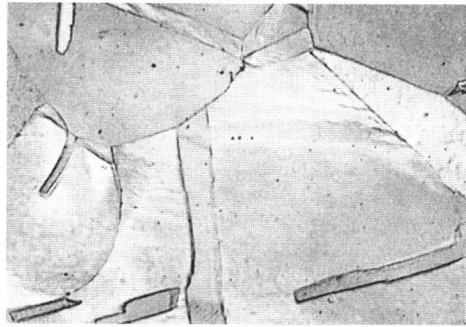

Bild 1.1–19 Zwillingsstruktur
a) Gitterstruktur eines Zwillings
(ZE Zwillingsebene)
b) mikroskopische Aufnahme von verformtem Reinkupfer. Die Streifen im Gefüge (durch Parallelen begrenzt) markieren die Zwillingsstruktur.
Vergrößerung: 200 : 1

Von einem *Stapelfehler* spricht man, wenn z.B. die Schichtfolge der Gitterebene wie folgt ausfällt:

$$\cdots \underbrace{A\,B\,C}_{kfz}\underbrace{A\,B\,A\,B\,A}_{hdP}\underbrace{B\,C\,A\,B\,C\,A}_{kfz}\cdots$$

Innerhalb eines Kugelstapels existieren die kubisch-flächenzentrierte und die hexagonale Struktur dichtester Packung nebeneinander.

Tabelle 1.1–4  Gitterbaufehler (Defekte)

| Art des Defekts | Beispiele | |
|---|---|---|
| Punktdefekte | Leerstelle (L) Zwischengitterplatz (Z) Fremdbausteine | |
| Liniendefekte | Versetzungen | |
| | Stufenversetzungen Schraubenversetzungen | } als Spezialfälle |
| Flächendefekte | Korngrenzen Zwillingsgrenzen Stapelfehler Phasengrenzflächen | |

**Übung 1.1–10**
Was ist ein Realkristall?

**Übung 1.1–11**
Wie verändern Gitterlücken (Leerstellen) und Zwischengitterplätze die Struktur des Gitters in ihrer Umgebung?

**Übung 1.1–12**
Welche Eigenschaften haben Versetzungen
im Gitter?

**Übung 1.1–13**
Erklären Sie den Begriff Stapelfehler!

## 1.1.2.4    Gitterstruktur und technische Eigenschaften

Physikalische und technische Eigenschaften
werden sowohl vom Grundgitter des Kristalls
als auch von der Art, Anzahl und Anordnung
der Gitterfehler und gitterfremden Bausteine
bestimmt.
In diesem Kapitel soll besonders auf das
*Fließverhalten* eingegangen werden.
Die plastische Verformbarkeit der Metalle
wird durch das Wandern von Versetzungen
in bevorzugten Gleitebenen ermöglicht. Eine
Mindestspannung (Fließgrenze, Streckgrenze) löst die Versetzungsbewegung aus. Der
Widerstand gegen Fließen ist niedrig, wenn
eine hohe Anzahl von *Gleitebenen* und *Gleitrichtungen* vorliegt. Bei hoher Packungsdichte und großer Symmetrie trifft das zu. Aluminium, Kupfer, Silber – aber auch Stahl
bei über 900 °C – sind sehr gut bis hervorragend plastisch verformbar; durchweg liegt
kfz-Gitter vor!

**Hinweise:**
Der Begriff Spannung wird hier bereits verwendet. Er wird im Abschnitt 1.3.1 'Mechanische Beanspruchung' definiert und erläutert.
Die Messung der Mindestspannung, die überschritten werden muss, wenn der Werkstoff
fließen soll, wird beim Zugversuch (Abschnitt 12.2) beschrieben.

Fließgrenze = allgemein gültiger Begriff
Streckgrenze = Fließgrenze bei Zugbeanspruchung

*Gitterstruktur* und *Fehlordnung* beeinflus-
sen
- Leitfähigkeit für Elektrizität und
  Wärme
- Wärmedehnung
- Verformbarkeit (Fließverhalten)
- Festigkeitseigenschaften
- Diffusionsvorgänge

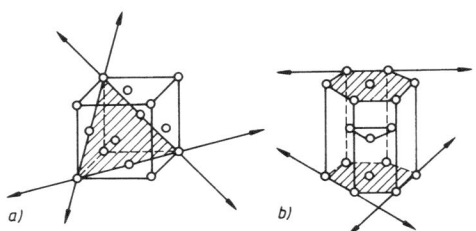

Bild 1.1–20   Bevorzugte Gleitebenen und
-richtungen
a) kfz-Gitter   b) hex-Gitter

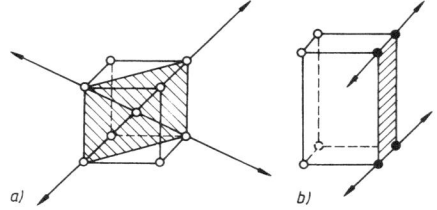

Bild 1.1–21   Bevorzugte Gleitebenen und
-richtungen
a) krz-Gitter   b) tp-Gitter (tetragonal primitiv)

Bei *plastischer Verformung* „fließt" der
metallische Werkstoff. Das geschieht
durch Bewegen (Wandern) von Versetzungen.

Gitterdeformationen, hervorgerufen durch Gitterdefekte und Fremdatome, blockieren die Bewegung der Versetzungen – sie verhindern die Ausbildung von Gleitebenen (Ebenen dichtester Kugelpackung). Man benötigt eine hohe Mindestspannung zur Auslösung des Fließvorganges, *Verformungswiderstand* und *Festigkeit* sind angestiegen.

Eigenschaften, die in einer bestimmten Richtung gemessen werden, wie z. B. Elastizitätsmodul, elektrische Leitfähigkeit, können an einem Kristall recht unterschiedliche Werte annehmen. Tabelle 1.1–5 und Bild 1.1–22 zeigen für die genannten Größen, dass es darauf ankommt, in welcher Richtung zur Hauptachse des Gitters gemessen wird.
Die Richtungsabhängigkeit der Eigenschaften bezeichnet man als *Anisotropie*.
Anisotrop sind:
a) Elementarzelle, Raumgitter, Kristallit (Korn)
b) *Einkristall*: So bezeichnet man gezüchtete große Kristallite, die für bestimmte technische Anwendungen eine einheitliche Gitterorientierung über größere Bereiche, z. B. in einem Werkstück, besitzen.
Eine besondere Art von Einkristallen sind *Whisker*. Das sind haarförmige Kristalle, die bis in die Nähe der theoretischen Festigkeit, also sehr hoch, belastet werden können.
c) *Vielkristall mit Textur*:
Kristallite sind durch Korngrenzen getrennt, haben jedoch eine nahezu einheitliche Gitterorientierung.
Begriff Textur:
siehe nächste Seite

*Anwendungsbeispiele*:
1. In der Halbleitertechnik benötigt man u. a. hochreines Silicium. Die großtechnische Herstellung erfolgt im *Zonenschmelzverfahren*. Man erhält *Einkristallstäbe* mit hohem Reinheitsgrad.

Gleitebenen } ermöglichen das
Gleitrichtungen } Fließen.

*Kaltverformung* erhöht die Anzahl der Versetzungen (höhere Versetzungsdichte). Das Fließen wird erschwert, d. h., der Widerstand gegen Formänderung erhöht sich (Kaltverfestigung der Metalle).

*Elektrische Leitfähigkeit*

$$\varkappa = \frac{l}{R \cdot A} \quad \text{in} \quad \frac{\text{m}}{\Omega \cdot \text{mm}^2}$$

$l$ Länge des Leiters
$R$ Ohm'scher Widerstand
$A$ Querschnitt des Leiters

Tabelle 1.1–5  Anisotropie der elektrischen Leitfähigkeit (Beispiele)

| Gittertyp | | $\varkappa_\parallel$ | $\varkappa_\perp$ |
|---|---|---|---|
| Mg | hex | 28,6 | 23,7 |
| Sn | tetr | 11,1 | 7,6 |
| Zn | hex | 17,9 | 18,6 |

bei 0 °C
$\varkappa_\parallel$ parallel zur Hauptachse
$\varkappa_\perp$ senkrecht zur Hauptachse des Gitters

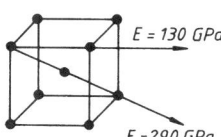

Bild 1.1–22  Richtungsabhängigkeit des Elastizitätsmoduls im krz-Gitter (*E* ist eine mechanische Werkstoffkenngröße, erläutert in Abschnitt 12.2.2)

2. Bleche für den Bau elektrischer Maschinen (Dynamo- und Transformatorenbleche) erhalten z. T. eine *Textur.* Sie werden so zugeschnitten und eingebaut, dass die Magnetisierungsrichtung mit der Richtung der geringsten Leistungsverluste übereinstimmt. Damit kann man bereits im metallurgischen Bereich auf günstigste Leistungsparameter von Transformatoren, Motoren, Generatoren usw. Einfluss nehmen.

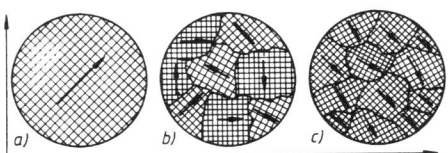

Bild 1.1–23   Anisotropie und Quasiisotropie
a) anisotroper Einkristall
b) quasiisotroper Vielkristall
c) anisotroper Vielkristall (Textur)

Textur: Körner (Kristallite) sind so ausgerichtet, dass ihre Kristallachsen annähernd parallel sind. Solche Vielkristalle sind *anisotrop.*

Ursachen (gewollt oder ungewollt):
• Umformvorgänge, Deformationen (z. B. Zieh- und Walztexturen)
• Kristallisation aus der Schmelze unter bestimmten Bedingungen
• bestimmte Glühbehandlungen
• elektrolytische Abscheidung
Vielfach tritt die *Anisotropie* bestimmter Kristallbereiche störend auf, z. B. als unkontrollierbare unerwünschte Formänderung bei spanloser Formgebung.

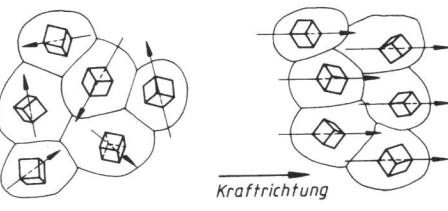

Bild 1.1–24   Entstehung einer Verformungstextur (schematisch)

*Isotropie* ist die völlige Richtungsunabhängigkeit der Eigenschaften. Die übergroße Mehrzahl aller metallischen Werkstoffe ist nahezu isotrop, da die unterschiedliche Gitterorientierung im Mittelwert jeglichen Richtungseinfluss aufhebt. Man spricht von der *Quasiisotropie.* Dieser Zustand wird in der Technik im allgemeinen angestrebt.
Beim Schmelzen erfolgt meist sprungartig der Übergang von Anisotropie zur Isotropie.

Chemische und physikalische Eigenschaften eines metallischen Werkstoffes sind unter gewissen Voraussetzungen von der Richtung abhängig, in der sie gemessen werden bzw. der Werkstoff beansprucht wird.
*isotrop*        = richtungsunabhängig
*anisotrop*    = richtungsabhängig,
                       z. B. Elementarzelle
                       Gitter (ungestört)
                       Kristallit (= Korn)
                       Einkristall
                       Whisker
                       Texturen
*quasiisotrop* = nahezu richtungsunabhängig,
                       z. B. Mehrzahl aller Werkstoffe (polykristalline Struktur ohne Textur)

Einige Stoffe besitzen noch im flüssigen Zustand eine Molekülanordnung, die dem kristallinen Zustand nahe kommt. Man spricht hier von *Flüssigkristallen* (Anwendung: z. B. Flüssigkristallanzeigen, Displays).
Metalle sind nicht in jedem Fall kristallin. Beispielsweise können durch extrem rasche Abkühlung oder bei Abscheidungen aus der Gasphase *amorphe Strukturen* (metallische Gläser) auftreten.

> *Flüssigkristalle* sind flüssige Stoffe mit einer dem kristallinen Zustand nahe kommenden Molekülanordnung (Einsatz in Digitalanzeigen, in der medizinischen Diagnostik).

**Übung 1.1–14**
Was sind Gleitebenen?

**Übung 1.1–15**
Wie nennt man die Richtungsabhängigkeit vieler Eigenschaften?

**Übung 1.1–16**
Wie entstehen Texturen?

**Übung 1.1–17**
Was ist ein Einkristall?

**Übung 1.1–18**
Weshalb liegt bei metallischen Werkstoffen meist Quasiisotropie vor?

# 1.2 Kristallisation

**Lernziele**

Der Lernende kann ...
- Phasenumwandlungen beschreiben (thermische Analyse),
- den Kristallisationsvorgang erklären,
- den Gefügeaufbau metallischer Stoffe erläutern,
- Zusammenhänge zwischen Erstarrungsbedingungen, Kornstruktur und Werkstoffeigenschaften nennen.

## 1.2.0 Übersicht

Metalle können in vier Zuständen auftreten, als Plasma, Gas, Flüssigkeit und Festkörper. Physikalisch unterscheiden sich diese Zustände vor allem dadurch, dass die „Bausteine" zunehmend „strenger" geordnet sind.
Während sich im *Plasma* sowohl die Atomkerne als auch die Elektronen unabhängig voneinander bewegen können, ist in der Kristallstruktur des *echten Festkörpers* ein maximales Ordnungsprinzip verwirklicht. Die Werkstofftechnik befasst sich vorwiegend mit dem festen Zustand. Wichtig ist zu wissen, wie ein Werkstoff aus dem gasförmigen oder flüssigen

Zustand entstanden ist. Dieses Kapitel wird sich daher mit dem Begriff der *Phase* und den wichtigsten *Phasenumwandlungen* befassen. Als Untersuchungsmethode steht uns das klassische Verfahren der *thermischen Analyse* zur Verfügung. In herkömmlicher Weise werden Phasenumwandlungen an *Temperatur-Zeit-Verläufen* besprochen.

Die auftretenden Veränderungen werden am Übergang flüssig–fest ausführlich gezeigt. Sie lernen kennen, dass sich beim Abkühlen einer Schmelze zunächst *Keime* bilden und dass durch Anlagerung weiterer Atome in strenger Gitterorientierung ein *Kristallwachstum* einsetzt. Wenn alle Atome der Schmelze „aufgebraucht" sind, d. h. in Kristalle eingebaut sind, ist die Erstarrung abgeschlossen. Es ist das Gefüge des Festkörpers entstanden. Die reale Erstarrung in einer Form wird, exemplarisch für alle metallischen Gusswerkstoffe, im Abschnitt 5.7 behandelt. Gießtechnische Einflussfaktoren bleiben hier unberücksichtigt.

## 1.2.1 Phasenumwandlungen

Die Bezeichnung eines Stoffzustandes durch seinen Aggregatzustand (gasförmig, flüssig, fest) ist für unsere Betrachtungen nicht ausreichend. Für das Verständnis der Werkstoffeigenschaften sind der Begriff *Phase* und die Einteilung in *ein-* und *mehrphasige Stoffsysteme* zweckmäßig.

Man bezeichnet Stoffe in verschiedenen Zuständen, die in sich *homogen* sind und durch eine Grenzfläche voneinander getrennt sind, als *Phasen*. Homogen bedeutet, dass hinsichtlich der Zusammensetzung und atomaren Anordnung eine einheitliche Substanz vorliegt. Streng genommen haben Bereiche der gleichen Phase die gleichen chemischen und physikalischen Eigenschaften.

Liegt ein Stoff vor (z. B. ein Metall), so bestimmen die *Zustandsgrößen* Druck und Temperatur, ob eine feste, flüssige oder gasförmige Phase einzeln oder ob zwei Phasen im *Gleichgewicht* nebeneinander vorliegen.

Ruhelage der Atome gibt es nur bei $T = 0$ K ($= -273,15$ °C). Mit zunehmender Erwärmung schwingen die Atome mehr um ihre Lage im Gitter. Die Wärmeenergie wandelt sich in eine *innere Energie* (Schwingungsenergie) um. Mit wachsender Schwingungsweite vergrößert sich der Abstand der Mittellagen der Atome. Sie kennen es bereits aus Erfahrung: Erwärmung dehnt die Körper aus, Abkühlung lässt sie schrumpfen.

---

*Phasen* = homogene Bestandteile eines stofflichen Systems; abgegrenzte Volumina mit in sich (annähernd) gleichen chemischen und physikalischen Eigenschaften

Ein stoffliches System kann auch aus *einer Phase* bestehen.

---

Arten von Phasen
- gasförmige, flüssige, feste Phasen z. B. Wasserdampf, Wasser, Eis
- Lösungsphasen z. B. Salzlösung, Mischkristalle (Abschnitt 2.1.1)
- Verbindungsphasen z. B. TiC Titancarbid (Abschnitt 2.1.3)

---

Druck und Temperatur sind wichtige *Zustandsgrößen*. (s. Abschnitt 2.2.1)

---

*(Gitter-) Schwingungsenergie* = innere Energie

Sie steigt mit zunehmender Temperatur.

Wird die *Schmelztemperatur* erreicht, steigt die Temperatur trotz weiterer Zufuhr von Wärmeenergie zunächst nicht weiter an (Bild 1.2–1). Diese Energie wird benötigt, um die Bindungskräfte zu überwinden, d. h. die Kristallstruktur aufzulösen und die Atome in willkürliche Anordnung und unbestimmte Bewegung zu bringen. Diese beim Schmelzen „verbrauchte" Energie heißt *Schmelzwärme* $W_s$. Um ihren Betrag erhöht sich der Wärmeinhalt des metallischen Körpers. Analog sind die Vorgänge beim Übergang flüssig–gasförmig. Der Energiebetrag der *Verdampfungswärme* ist erforderlich, um die Gasphase zu erzielen.

Schmelzwärme und Verdampfungswärme werden bei der Abkühlung wieder frei und halten die Temperatur konstant, bis die *Phasenumwandlung* abgeschlossen ist. Man nennt diese Enthalpien *latente Wärme* (lat.: verborgene Wärme).

*Enthalpie* ist der Wärmeinhalt eines stofflichen Systems bei konstantem Druck. Sieht man von speziellen technologischen Verfahren ab, kann man sagen, dass Schmelzen und Erstarren metallischer Werkstoffe bei atmosphärischem Druck, also bei angenähert konstantem Druck erfolgen.

Diese Vorgänge sind reversibel (umkehrbar). Bild 1.2–2 zeigt die Erwärmungs- und Abkühlkurve eines reinen Metalles. Schmelz- und Erstarrungspunkt sind ein und dieselbe Temperatur $T_s$.

Voraussetzung für die Gültigkeit der hier angegebenen Kurven ist angenähertes *Gleichgewicht*, d. h. sehr langsames Erwärmen bzw. Abkühlen.

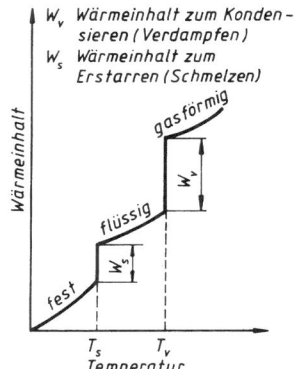

Bild 1.2–1   Wärmeinhalt eines reinen Stoffes in Abhängigkeit von der Temperatur

*Schmelztemperatur*:
Übergang (= Phasenumwandlung)
fest–flüssig

*Erstarrungstemperatur*:
Übergang flüssig–fest    (Kristallisation)

Enthalpiearten:
- *Schmelzwärme* = Schmelzenergie
- *Verdampfungswärme* = Verdampfungsenergie
- *latente Wärme* = „verborgene" Energie

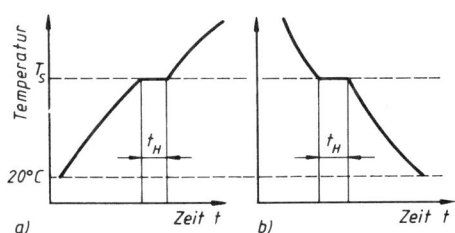

Bild 1.2–2   Temperatur-Zeit-Kurven eines reinen Metalles
a) Erwärmung
b) Abkühlung
$T_s$ (Haltepunkt) Schmelz- und Erstarrungstemperatur, $t_H$ Haltezeit

Gleichgewicht bedeutet allgemein: Zeitliche Konstanz aller messbaren Eigenschaften. Hier ist das thermodynamische Gleichgewicht gemeint:
- keine Veränderungen (kein Stoff- oder Energieumsatz)
- konstante Temperatur (angenähert: <u>Sehr</u> langsame Änderung der Temperatur)

s. a. Abschnitt 2.2.1

*Gleichgewicht* liegt vor, wenn unter gegebenen äußeren Bedingungen keine Veränderung (Stoff- oder Energieumsatz) erfolgt (s. a. Abschnitt 2.2.1).
Sehr langsames Erwärmen bzw. Abkühlen kommt dem theoretischen Gleichgewichtszustand nahe.

## 1.2.2    Thermische Analyse

Alle möglichen Phasenumwandlungen, sowohl bei Erwärmung als auch bei Abkühlung, werden in der Werkstofftechnik vorwiegend anhand von Temperatur-Zeit-Kurven diskutiert und gegenübergestellt. Es lohnt sich, einen bewährten, simplen Versuch zu besprechen: die *thermische Analyse*.
Die Temperatur wird mithilfe eines *Thermoelements* gemessen. Bild 1.2–3 erläutert die Versuchsanordnung. Das Prinzip dieser Art der Temperaturmessung beruht auf der Tatsache, dass in einem aus zwei Metallen bestehenden geschlossenen Kreis eine Thermospannung induziert wird, wenn die beiden Kontaktstellen (Lötstellen) auf verschiedene Temperaturen gebracht werden (auch *Seebeck-Effekt* genannt). Die *Thermospannung* ist temperaturabhängig. Das Verhalten der Metalle zueinander lässt sich in einer *thermoelektrischen Spannungsreihe* der Metalle beschreiben. Für praktische Messungen benutzt man genormte Metallpaarungen (Thermoelementpaarungen = dünne Drähte).
Die Temperaturmessung mit dem Thermoelement ist technisch weit verbreitet. Die Anwendung ist im Bereich von $-250$ bis $+1\,300\,°C$ möglich. Anlagen der metallurgischen Industrie, der Wärmebehandlungstechnik, Verzinkereien usw. arbeiten häufig mit diesem Messprinzip.
Beim vorliegenden Versuch befindet sich das zu untersuchende Metall in einem Schmelztiegel. Das Thermoelement wird in die Schmelze eingetaucht.

*Thermische Analyse*:
Exakte Messungen zur Ermittlung des Temperatur–Zeit-Verlaufes metallischer Stoffe. Die Geschwindigkeit, mit der die Temperatur geändert wird, ist gering (= gleichgewichtsnah!).

Zweck der thermischen Analyse:
- Ermittlung von Umwandlungstemperaturen (Phasenumwandlungen)
- Aufstellung von Zustandsdiagrammen (s. Abschnitt 2.2.2)

Thermoelektrische Spannungsreihe (Auswahl)
$e$ in $10^{-5}$ V/K (Spannungsänderung je Kelvin, bezogen auf Platin Pt)

| Co | Ni | Na | Pt | Al | Fb | Cu | Fe | Sb |
|---|---|---|---|---|---|---|---|---|
| $-1,6$ | $-1,5$ | $-0,2$ | $0,0$ | $+0,4$ | $+0,45$ | $+0,75$ | $+1,8$ | $+4,7$ |

Genormte *Thermoelementpaarungen* (Beispiele)

| Paarung | Einsetzbar bis |
|---|---|
| Cu/CuNi 45 | $400\,°C$ |
| NiCr 10/NiAl 12 | $900\,°C$ |
| Pt/PtRh 10 | $1\,300\,°C$ |

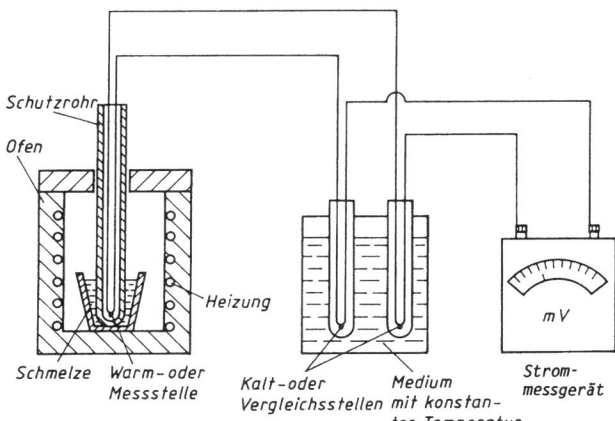

Der Laborofen ermöglicht eine sehr langsame Abkühlung (bzw. Erwärmung). Die Vergleichsstelle wird während des Versuches auf konstanter Temperatur gehalten (z. B. Eis-Wasser-Gemisch bei 0 °C). Am Strommessgerät (Galvanometer) wird die Thermospannung abgelesen. Die Zeit wird mit einer Stoppuhr gemessen.

Bild 1.2–3  Temperaturmessung mit einem Thermoelement (Versuchsaufbau der thermischen Analyse)

## 1.2.3  Übergang gasförmig–kristallin

Bei ausreichender Unterkühlung und geringem Gasdruck gelingt es, aus der Gasphase (Metalldampf) auf der Oberfläche eines Festkörpers eine kristalline Schicht zu erzeugen. Der flüssige Zustand wird dabei nicht durchlaufen. Man spricht von *Sublimation*. Das *Aufdampfen* wird technisch zur Herstellung dünner Metallfolien und zum Beschichten von Werkstücken angewendet. (Die Bilder 1.2–4 und 1.2–5 zeigen vereinfacht die Katodenzerstäubung und die Verdampfung im Hochvakuum.)

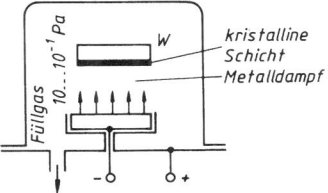

Bild 1.2–4  Prinzip der Katodenzerstäubung (Metalldampf kristallisiert auf dem Werkstück W)

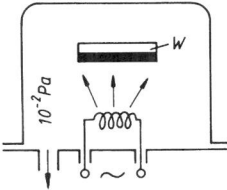

Bild 1.2–5  Prinzip der thermischen Verdampfung im Hochvakuum (W Werkstück)

## 1.2.4  Übergang flüssig–kristallin

Beim langsamen Abkühlen einer Metallschmelze erhält man zunächst einen kontinuierlichen Temperatur–Zeit-Verlauf (Bild 1.2–6). Im Schmelztiegel liegt unverändert Schmelze vor (*1*). Kühlt man weiter ab, so bleibt die Temperaturanzeige eine gewisse Zeit (*Haltezeit* $t_H$) auf einem Wert stehen. Diese charakteristische Temperatur (z. B. bei Pb 327 °C) ist die *Erstarrungstemperatur* (= Schmelztemperatur) des Metalles. Man nennt diese Temperatur *Haltepunkt*.

Erstarrungs-/Schmelztemperaturen einiger Metalle in °C

| | | |
|---|---|---|
| Hg | Quecksilber | −38,9 |
| Sn | Zinn | 232 |
| Pb | Blei | 327 |
| Zn | Zink | 419 |
| Al | Aluminium | 660 |
| Cu | Kupfer | 1 083 |
| Fe | Eisen | 1 536 |
| W | Wolfram | 3 387 |

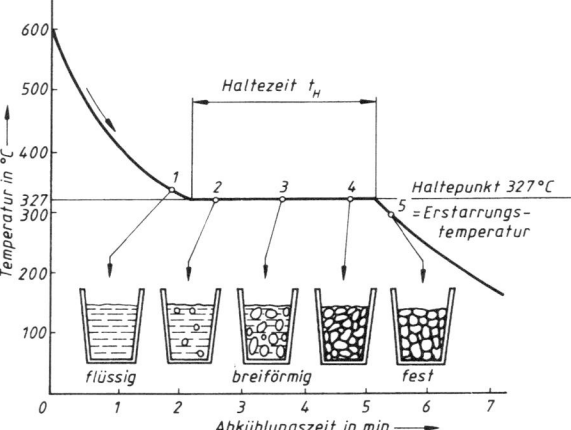

Die Temperatur bleibt konstant, weil durch die Erstarrung die Schmelzwärme (latente Wärme) wieder freigesetzt wird. Bild 1.2–7 zeigt schematisch, dass von (b) über (c) nach (d) die Menge der sich aus der Schmelze bildenden Kristalle in dem kleinen Tiegel zunimmt. Ist die Erstarrung abgeschlossen, kann die Temperatur weiter sinken. Bei weiterer Abkühlung liegen nur noch Kristalle vor (e).

Wird die Schmelze *unterkühlt*, d. h. zu schnell abgekühlt, wird der richtige Haltepunkt erst nach Unterschreiten von $T_s$ (Bild 1.2–8b) oder überhaupt nicht erreicht (Bild 1.2–8c). Bei reinen Metallen und bei kristallinen nichtmetallischen Stoffen erhält man, stets wiederholbar, bei genügend langsamer Abkühlung diesen Haltepunkt, die *Erstarrungstemperatur $T_s$*.

Bild 1.2–6  Abkühlkurve von reinem Blei (Pb) unter Gleichgewichtsbedingungen (bei sehr langsamer Abkühlung)

Die Punkte *1* bis *5* und die eingezeichneten Pfeile in Richtung der skizzierten Schmelztiegel bedeuten:

*1* flüssig, d. h. 100 % Schmelze
*2* Erstarrung hat bereits begonnen; eine kleine Menge fester (kristalliner) Substanz befindet sich in der Schmelze
*3* ca. 50 % flüssig, ca. 50 % fest
*4* geringe Restmenge Schmelze
*5* nach Abschluss der Erstarrung: Es liegt kristallines Gefüge vor

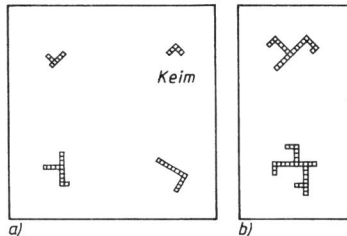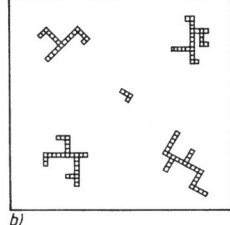

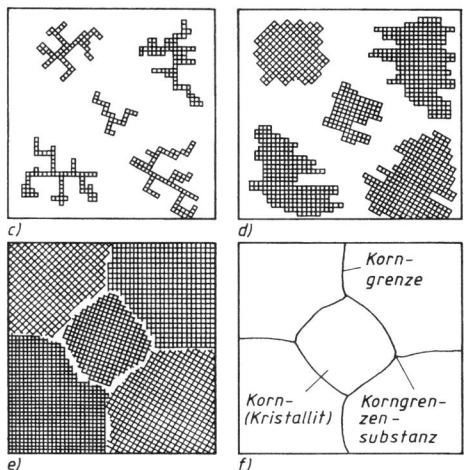

So erhalten Sie einen Haltepunkt bei 0 °C, wenn Sie diesen Versuch mit Wasser im Eisbereiter Ihres Kühlschrankes durchführen. Die Erstarrungspunkte eignen sich gut für die Eichung von Temperaturmessgeräten. Wenn man mehrere Fixpunkte ermittelt, ergibt sich eine zuverlässige Eichkurve.

Bild 1.2–7 Schematische Darstellung der Erstarrung einer Metallschmelze

*Erstarrungsvorgang (Kristallisation)*:
Bild 1.2–7
Wird bei der Abkühlung der Schmelze der Haltepunkt erreicht, so entstehen kleine Bereiche, in denen sich die Atome zum Gitter ordnen. Diese ersten Anfänge des kristallinen Zustandes nennt man *Keime*. Dieser der Biologie recht treffend entlehnte Begriff wird für jede Art der Phasenumwandlung verwendet. Von den Keimen ausgehend, wachsen die Kristalle nach allen Richtungen, d. h., die Atome der Schmelze lagern sich an. Stoßen die Kristalle aneinander und ist die Schmelze „aufgezehrt", so ist die Erstarrung beendet. Im Normalfall liegt nun ein polykristallines, quasiisotropes Gefüge vor. Es wird aus den *Kristalliten* (Körner), den *Korngrenzen* und der *Korngrenzensubstanz* (Verunreinigungen, Einlagerungen) gebildet. Man unterscheidet *homogene Keimbildung* (Eigenkeimbildung) und *heterogene Keimbildung* (s. Übersicht folgende Seite). Die Anzahl der Keime ist, ebenso wie die Geschwindigkeit, mit der der Kristallisationsprozess abläuft (Kristallisationsgeschwindigkeit), technisch sehr wichtig. Diese Parameter bestimmen die Korngröße des Gefüges und damit in erheblichem Maße die mechanischen Eigenschaften des Stoffes (Bild 1.2–10).

*Haltepunkte* sind leicht messbare Temperaturen bei Phasenumwandlungen beliebiger Stoffe,

z. B.  0 °C Kristallisation von Wasser
     419 °C Schmelzen von reinem Zink
Voraussetzung: Gleichgewicht.

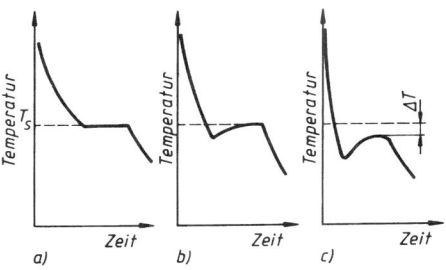

Bild 1.2–8 Abkühlkurven eines reinen Metalles
a) Gleichgewicht
b) beschleunigte Abkühlung
c) stark beschleunigte Abkühlung
$T_s$  Erstarrungstemperatur
$\Delta T$  Temperaturdifferenz (thermische Hysterese)

Rasche Abkühlung oder extrem rasche Erwärmung (Erhitzung) verschieben Umwandlungstemperaturen (Haltepunkte) zu niedrigeren bzw. höheren Werten, da die Bedingung Gleichgewicht nicht mehr erfüllt ist.

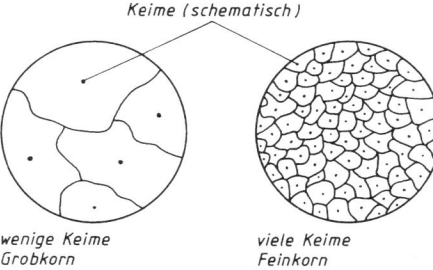

Bild 1.2–9   Einfluss der Keimzahl auf die Korngröße

Bild 1.2–11 zeigt, dass mit zunehmender Unterkühlung (= Temperaturdifferenz zwischen $T_s$ und der vorhandenen Temperatur)

a) die *Anzahl n der Keime* stetig zunimmt,
b) die *Beweglichkeit der Atome* stetig abnimmt (diese Größe lernen Sie noch als *Diffusionskoeffizient D* kennen),
c) durch die Tendenzen von $n$ und $D$ die *Kristallisationsgeschwindigkeit* steigt.

Praktisch wird ein feinkörniges Gefüge angestrebt. Dazu muss die Keimzahl möglichst hoch sein. Das erreicht man durch eine rasche Abkühlung (z. B. Gießen in Metallformen; rasche Wärmeableitung – Druckguss, Schleuderguss) und/oder durch *Impfen* der Schmelze (Beeinflussung der Keimbildung durch Zugabe geeigneter Substanzen).

Langsames Abkühlen (z. B. Gießen in Sandformen; längeres Warmhalten aus gießtechnischen Gründen) begünstigt die Bildung von Grobkorn. Diese Teile haben eine geringere Festigkeit. An dieser Stelle sei auch darauf hingewiesen, dass eine zu hohe Erwärmung der Schmelze (Schmelzüberhitzung) vor dem Abguss zu grobem Korn bei der Erstarrung führt. Ebenso ist ein längeres Halten dicht unterhalb der Erstarrungstemperatur unbedingt zu vermeiden.

*Keime* sind erste Anfänge des Endzustandes (bei der Umwandlung flüssig–kristallin: des festen Zustandes).

Man unterscheidet:
- *homogene Keimbildung* (Eigenkeimbildung)
  gilt für den absolut reinen Stoff
- *heterogene Keimbildung*
  Fremdsubstanzen (Verunreinigungen, Begleitelemente, Legierungselemente) steuern ihre Oberflächenenergie zur Keimbildung bei; erleichtern sie damit!

Im Streben nach niedrigstem Energieniveau sind die Kristallite bei noch ausreichender Atombeweglichkeit stets bestrebt, zu möglichst wenigen, also großen Körnern zusammenzubacken.

Es besteht ein direkter Zusammenhang zwischen der Korngröße und den mechanischen Eigenschaften der metallischen Werkstoffe (Bild 1.2–10). Je feiner das Korn (kleiner Korndurchmesser bzw. kleine Kornfläche), desto geringer ist die Dicke $s$ der Korngrenzensubstanz.

Der Vergleich der Korngrößen im nebenstehenden Bild gilt für eine konstante chemische Zusammensetzung.

Prüfen Sie die Logik dieses Vergleichs!

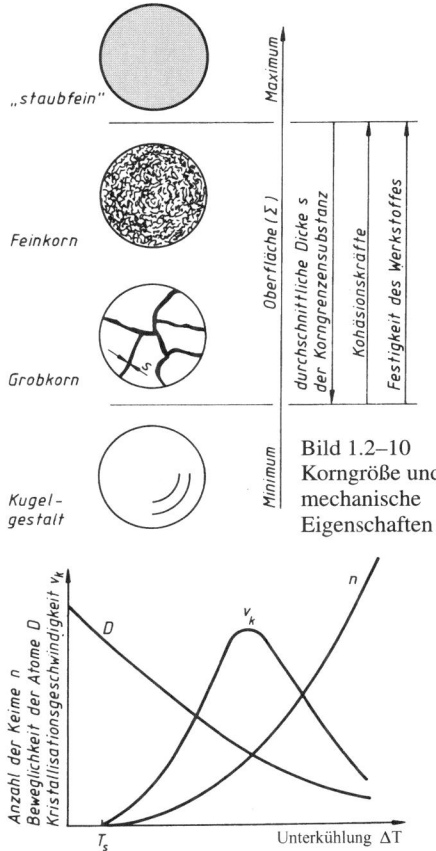

Bild 1.2–10
Korngröße und
mechanische
Eigenschaften

Mit zunehmender Unterkühlung sinkt die Beweglichkeit der Atome (ausgedrückt durch den Diffusionskoeffizienten $D$; s. a. Abschnitt 1.4.2) und die Zahl der sich bildenden Keime $n$ (Bild 1.2–11) steigt. Daraus ergibt sich, dass bei einer mittleren Unterkühlung ein Maximum der Kristallisationsgeschwindigkeit liegt. Einflüsse gießtechnischer Art werden hier nicht betrachtet.

Bild 1.2–11 Einfluss der Unterkühlung
$n$  Zahl der Keime (Keimzahl)
$D$  Diffusionskoeffizient ($\hat{=}$ Beweglichkeit der Atome)
$v_k$  Kristallisationsgeschwindigkeit

*Feinkörniges Gefüge* erhält man durch
- rasche Abkühlung der Schmelze,
- Impfen der Schmelze, d. h. Zugabe von keimbildungsfördernden Substanzen.

*Grobkörniges Gefüge* bildet sich
- bei Schmelzüberhitzung (vor der Erstarrung),
- bei langsamer Abkühlung der Schmelze,
- beim Glühen bzw. Halten dicht unterhalb der Erstarrungstemperatur.

Festigkeit, Härte, Sprödigkeit usw. sind mechanische Eigenschaften. Nicht nur beim Gießen entsteht ein Gefüge mit einer bestimmten Korngröße. Auch beim Erwärmen nach einer Kaltumformung (Rekristallisationsglühen, s. Abschnitt 4.2.1) und bei anderen Wärmebehandlungsverfahren (z. B. Normalglühen von Eisenlegierungen, s. Abschnitt 4.2.1) entstehen neue Gefüge. Dabei führen besonders hohe Temperaturen („Überhitzen") und zu lange Glühzeiten („Überzeiten") zu unerwünschtem Grobkorn.

Für metallische Werkstoffe gleicher chemischer Zusammensetzung gilt:
*Feinkorn* – hohe Festigkeit
*Grobkorn* – verringerte Festigkeit, erhöhte Sprödigkeit

Wärmebehandlung metallischer Werkstoffe, z. B. Glühen, bei hohen Temperaturen oder bzw. und bei zu langer Dauer führt zur Kornvergröberung.
Merke:  „Überhitzen" und „Überzeiten" führen zu grobkörnigem Gefüge! Nachteilig!

Bestimmte Erstarrungsbedingungen führen dazu, dass der Kristall rasch, spießförmig in die Schmelze hineinwächst (Bild 1.2–12). Die Äste bzw. Verzweigungen der Kristalle bezeichnet man als *dendritisches Gefüge*.

Bild 1.2–12  Dendritenstruktur (1 : 1)

**Übung 1.2–1**
Was ist eine Phase und welche Arten kennen Sie?

**Übung 1.2–2**
Wie entstehen die Haltepunkte bei der Abkühlung oder Erwärmung reiner Stoffe (z. B. Metalle)?

**Übung 1.2–3**
Wie funktioniert ein Thermoelement?

**Übung 1.2–4**
Welche praktische Bedeutung hat eine Kristallisation aus der Gasphase („Bedampfen")?

**Übung 1.2–5**
Erklären Sie den Erstarrungsprozess einer Schmelze unter Gleichgewichtsbedingungen!

**Übung 1.2–6**
Weshalb strebt man meist ein feinkörniges Gefüge an? Wie wird es erzielt?

# 1.3 Elastische und plastische Verformung

**Lernziele**

Der Lernende kann ...
- eine mechanische Beanspruchung fester Körper definieren und erläutern,
- Vorgänge bei der Kaltumformung metallischer Werkstoffe durch Walzen, Pressen, Ziehen usw. erklären,
- elastische und plastische Verformung unterscheiden,
- Eigenschaftsänderungen des Werkstoffes bei plastischer Verformung, insbesondere die Verfestigung, begründen,
- wichtige Einflussfaktoren des technologischen Umformprozesses nennen.

## 1.3.0 Übersicht

Die mechanische Beanspruchung (= Wirken von Spannungen) führt zu *elastischen* oder *plastischen* (bleibenden) *Verformungen* der Festkörper. Im Extremfall tritt der *Bruch* des beanspruchten Teiles ein. Den äußeren Kräften setzt der Werkstoff einen inneren Widerstand, die *Festigkeit*, entgegen.
Kalt umgeformte metallische Werkstoffe weisen andere Eigenschaften auf als im Gusszustand oder nach Glühbehandlung. Diese Eigenschaftsänderungen und deren Ursachen sind Hauptgegenstand dieses Kapitels.

## 1.3.1 Mechanische Beanspruchung

Wirken Kräfte bzw. Momente auf feste Körper, so spricht man von *mechanischer Beanspruchung*. Als Maß verwendet man die spezifische Größe *Spannung*.
Man unterscheidet *Normalspannungen* $\sigma$ und *Tangentialspannungen* $\tau$. Eine Normalspannung wirkt stets senkrecht auf die Querschnittsebene des beanspruchten Bauteils. Tangentialspannungen wirken in einer Ebene und trachten nach gegenseitiger Verschiebung zweier Werkstoffbereiche.

*Normalspannungen*:    Zug- und Druckspannungen
                      Biegespannungen
*Tangentialspannungen*: Scher- und Schubspannungen
                      Torsionsspannungen

*Beachten Sie*:
Nennspannungen bezeichnet man mit den griechischen Buchstaben $\sigma$ und $\tau$, gemessene Normalspannungen (Werkstoffkennwerte) werden mit $R$ (resistance – Widerstand) ge-

$$\text{Spannung} = \frac{\text{Beanspruchungsgröße}}{\text{Querschnittsgröße}}$$

Einheit: $1\ \text{N/mm}^2 = 1\ \text{MPa}$ (Megapascal)

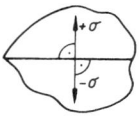
Normalspannung

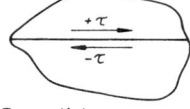
Tangentialspannung

Bild 1.3–1  Normal- und Tangentialspannung

$$\sigma_{z(d)} = \frac{\pm F}{S} = \frac{\text{Normalkraft}}{\text{Querschnittsfläche}}$$

Zug-(Druck-)Spannung

kennzeichnet. In deutschsprachiger Literatur und in der Normung der Werkstoffprüfverfahren existiert keine Einheitlichkeit.

$$\sigma_b = \frac{M_b}{W} = \frac{\text{Biegemoment}}{\text{Widerstandsmoment}}$$

Biegespannung

Jede Spannung (Ursache) verursacht zeitweilig oder bleibend eine Änderung von Maß und Form (Wirkung).
Begriffe gleicher Bedeutung:

$$\tau_a = \frac{F}{S} = \frac{\text{Scherkraft}}{\text{Scherfläche}}$$

Scherspannung

*Verformung*    in der Werkstofftechnik umfassend angewendet

*Deformation*   gleiche Anwendung; teils für unerwünschte Verformung

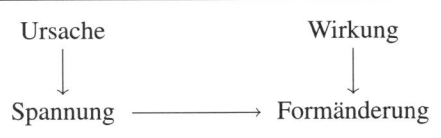

Ursache                Wirkung
   ↓                      ↓
Spannung  ⟶  Formänderung

*Formänderung*  messbarer Betrag; häufig in der Festigkeitslehre (elastische Verformung)

*Umformung*     in der Umformtechnik für gewünschte Verformung

## 1.3.2  Elastische Verformung

Ein Werkstoff verhält sich rein *elastisch*, wenn die bei Beanspruchung eingetretene Formänderung nach Entlastung wieder null wird. Das Teil federt in seine Ausgangsform zurück. Elastische Formänderungen können somit nur auftreten, solange Spannungen wirken. Alle Maschinenteile, wie Federn, Wellen, Zahnräder; alle Bauteile überhaupt, dürfen sich nur elastisch verformen. Die Funktion der Teile erfordert eine Begrenzung der Formänderung, z. B. der Durchbiegung einer Getriebewelle, oder eine möglichst volle Nutzung des elastischen Bereichs, z. B. bei Federn.
Man kann sich die Wirkung der Spannung auf die Gitterstruktur so vorstellen, dass sich Atomabstände geringfügig ändern. Die Kräfte genügen jedoch nicht, Atomwanderungen zu erzwingen oder gar Bindungen aufzuheben. Bei Entlastung wird unverzüglich die Ausgangslage wieder eingenommen.

$f = f_{el}$ = elastische Formänderung (Bild 1.3–2) = Betrag der Durchbiegung des Stabes am Kraftangriffspunkt

*Elastische Verformung* tritt nur auf, solange eine Spannung wirkt (Maschinenteile, Federn usw.).

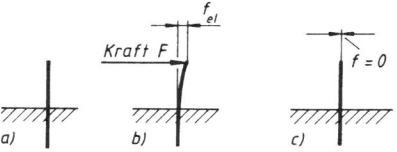

Bild 1.3–2 Elastische Verformung
a) Teil vor der Krafteinwirkung
b) Teil während der Krafteinwirkung
c) Teil nach Entlastung

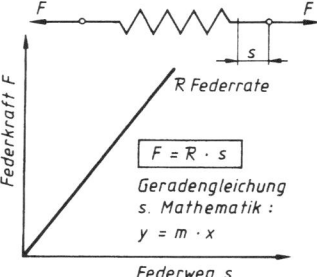

Bild 1.3–3  Lineare Federkennlinie

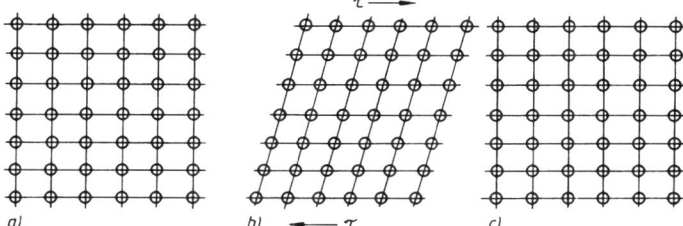

Bild 1.3–4 Gitterstruktur bei elastischer Formänderung (schematisch)
a) vor der Krafteinwirkung
b) während der Krafteinwirkung
c) nach Entlastung

## 1.3.3 Plastische Verformung

Bleibt nach Belastung ein bestimmter Formänderungsbetrag zurück, dann liegt eine *plastische* oder *bleibende Verformung* vor. Das Teil federt zwar bei Entlastung zurück, erreicht jedoch nicht wieder die Ausgangsform.

> *Plastische Verformung* bleibt auch noch bestehen, wenn keine Spannung mehr wirkt (gewollter Vorgang bei allen Verfahren der Umformtechnik).

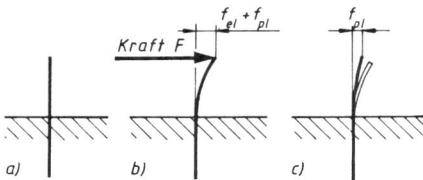

Bild 1.3–5 Plastische (bleibende) Verformung
a) Teil vor der Krafteinwirkung
b) Teil während der Krafteinwirkung
c) Teil nach Entlastung

An Bauteilen von Maschinen, Anlagen, Fahrzeugen usw. darf keine plastische Formänderung eintreten, da Funktion und Sicherheit sofort gefährdet wären. Grundlage für die richtige *Dimensionierung* (Wahl der Abmessungen) beanspruchter Teile durch den Konstrukteur ist deshalb die elementare Forderung, dass im Bauteil vorhandene Spannungen stets kleiner oder höchstens gleich gegenüber den zulässigen Spannungen sein müssen.

Für alle Verfahren der Umformtechnik ist es erforderlich, entsprechend der gewünschten Formänderung die mechanische Beanspruchung des Werkstoffes durch geeignete Werkzeuge so hoch zu wählen, dass *Plastizität* (Fließverhalten) erzielt wird.

Bild 1.3–6 zeigt schematisch am Beispiel des Walzens, dass die Kornstruktur in Walzrichtung gestreckt wird. Durch plastische Verformung bildet sich eine *Walztextur* aus.

$f_{pl}$ = plastische Formänderung = bleibender Betrag der Durchbiegung des Stabes am Kraftangriffspunkt

Voraussetzungen für die Haltbarkeit der Bauteile:

$$\sigma_{vorh} \leqq \sigma_{zul} \qquad \tau_{vorh} \leqq \tau_{zul}$$

vorh  vorhanden
zul  zulässig

Zulässige Spannungen liegen deutlich unter der Fließgrenze des Werkstoffes. Sie werden branchenbezogen festgelegt.

Fertigungsverfahren der Umformtechnik
(Beispiele)

Druckumformen:     Walzen, Gesenkformen
Zugdruckumformen:  Tiefziehen, Drücken
Zugumformen:       Längen, Weiten
Biegeumformung:    Biegen

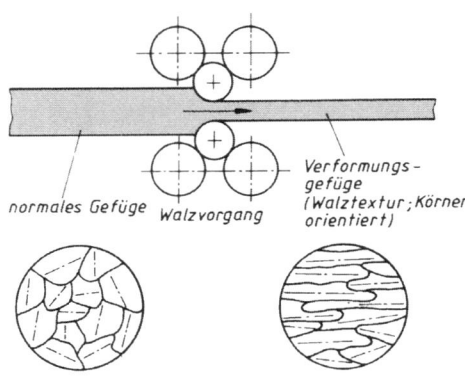

Bild 1.3–6  Kornstreckung durch Walzen
(Walztextur)

**Fließvorgang**
Wird durch die äußeren Kräfte im Werkstoff
eine Grenzspannung, die so genannte *Fließspannung* (= Fließgrenze), überschritten, so
wird ein vielfaches Wandern von Versetzungen eingeleitet. Entsprechend der Geometrie
des jeweiligen Metallgittertyps erfolgt das in
bevorzugten Ebenen und Richtungen (*Gleitebenen und -richtungen*).

Bild 1.3–7 zeigt vereinfacht die Wirkung
einer Schubspannung $\tau$ an einem Gitteraus-
schnitt. Die Stufenversetzung bewegt sich
(gleitet).

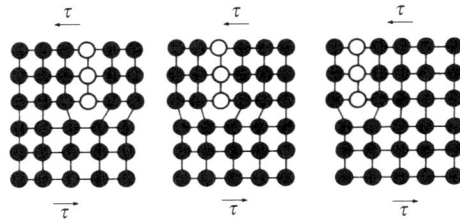

Bild 1.3–7  Gleiten von Stufenversetzungen

Fließspannung beim Vielkristall:

$$\sigma_F = \sigma_0 + \Delta\sigma_v + \Delta\sigma_{KG}$$ reine Metalle

Die Fließspannung erhöht sich beim realen
Werkstoff (polykristallin, quasiisotrop) durch
bereits vorhandene Versetzungen. Sie behindern die Bewegung neuer Versetzungen. Die
Korngrenzen sind ein weiteres Hindernis.
Dadurch vergrößert sich der Spannungswert
recht erheblich.
Wird die Gesamtspannung $\sigma_F$ aufgebracht
und überschritten, wird ein *Fließen*, d. h.
ein Umformen des betreffenden Werkstoffes,
möglich.
Die Spannung $\sigma_0$ (= Spannung, die erforderlich ist, Versetzungen zu erzeugen und zu bewegen) wird maßgeblich von der Temperatur
und von der *Formänderungsgeschwindigkeit*
(Verformungsgeschwindigkeit) beeinflusst.

$\sigma_0$     Spannung, die Versetzungen erzeugt
und bewegt
$\Delta\sigma_v$   Spannungsanteil zur Überwindung
bereits vorhandener Versetzungen
$\Delta\sigma_{KG}$ Spannungsanteil zur Überwindung
von Korngrenzen

Der *Verformungswiderstand* eines metallischen Werkstoffes steigt mit sinkender
Temperatur und zunehmender Formänderungsgeschwindigkeit.

**Verfestigung**
Durch den Stau von Versetzungen in gleichen
Gleitebenen bilden sich weitreichende Span-
nungsfelder. Man spricht auch von „liegen
gebliebenen" Versetzungen. Eine Erhöhung
des Verformungswiderstandes ist die Folge.

Bei der *Kaltumformung* verfestigt sich der
metallische Werkstoff; physikalische und
chemische Eigenschaften ändern sich teilweise ebenfalls.

Zugversuch und Härtemessung (Kapitel 12) liefern Werkstoffkennwerte, die die Änderung der mechanischen Eigenschaften mit zunehmender Kaltumformung verdeutlichen. Bild 1.3–8 zeigt diesen Sachverhalt für Blech aus Reinkupfer.

Mit zunehmender Verformung sinkt die Bruchdehnung $A$, und Härte $HB$ sowie Zugfestigkeit $R_m$ steigen an.

Durch die Kaltumformung ändern sich auch andere, physikalische und chemische Eigenschaften, z. B. die

- elektrische Leitfähigkeit (sinkt bei Cu und Al bis zu 5 %)
- Korrosionsbeständigkeit (Beständigkeit gegen chemischen Angriff, ändert sich bei kaltverformter, z. B. kalibrierter Randschicht)

Das Verhalten der Werkstoffe bei Zugbeanspruchung vom unbelasteten Zustand bis zum Bruch wird ausführlich beim Zugversuch (Kapitel 12) beschrieben. Je nach Werkstoff kann der Übergang von elastischer zu plastischer Verformung kontinuierlich (z. B. bei Aluminium, Kupfer, hochlegierten Stählen) oder diskontinuierlich (z. B. bei allgemeinen Baustählen) sein. Bei Stählen folgt einer charakteristischen Spannung, der *Streckgrenze*, ein typischer Gleitvorgang, die so genannte *Lüdersdehnung*.

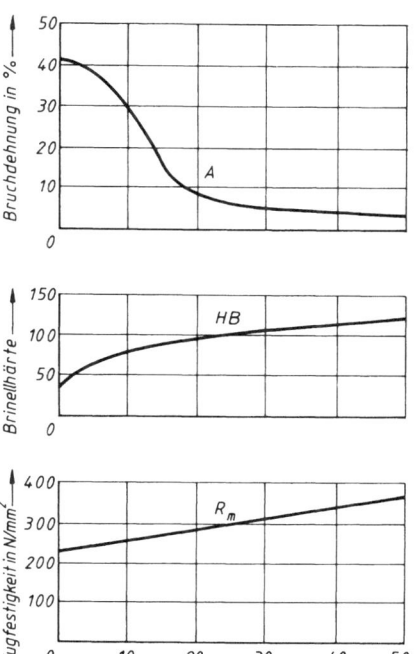

Bild 1.3–8 Einfluss des Verformungsgrades beim Walzen auf mechanische Eigenschaften

*Abszisse*: Verformung (prozentuale Dickenabnahme des Bleches)
*Ordinate*: Bruchdehnung $A$
Brinellhärte $HB$
Zugfestigkeit $R_m$

Diese Größen werden im Kapitel 12 erklärt.

**Bruch**

Tritt der Bruch bei zügig aufgebrachter Überbeanspruchung ohne merkliche plastische Formänderung ein, so ist es ein *Trenn-* oder *Sprödbruch* (Bild 1.3–9). Den Werkstoff bezeichnet man als spröde.

Tritt die Werkstofftrennung erst nach erheblicher plastischer Formänderung ein, so spricht man von *Verformungs-* oder *Duktilbruch* (Bild 1.3–9). Eine Zwischenstellung nimmt der *Mischbruch* ein. Diese Werkstoffe sind mehr oder weniger zäh.

Bild 1.3–9 Materialbruch – Gefüge zerstörter Stahlproben
links Sprödbruch,          rechts Verformungsbruch

Im Kapitel 12 wird eine Möglichkeit beschrieben, wie man die Zähigkeit von Werkstoffen bestimmen kann.

Rissbildung und Rissausbreitung werden wissenschaftlich in der *Bruchmechanik* näher untersucht.

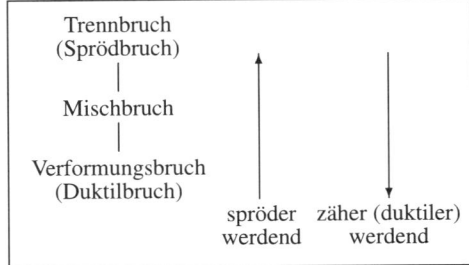

## 1.3.4    Technische Formgebung (Kaltumformung)

Die *Kaltverfestigung* (mitunter auch Kalthärtung genannt) wird häufig absichtlich herbeigeführt.

*Beispiele*:
- Stahldraht; Kaltziehen zur Herstellung von Nägeln
- Messingblech; Walzen zur Herstellung von Federn

Unerwünscht dagegen ist die Kaltverfestigung beim Tiefziehen oder bei der Drahtherstellung, wenn mehrere Züge erforderlich sind. Die Kalthärtung muss zwischen den Zügen beseitigt werden, damit eine weitere Kaltverformung möglich wird.

Die Erscheinung der Kaltverfestigung tritt werkstoffabhängig nur unterhalb der *Rekristallisationstemperatur* auf. Damit ist der Begriff der Kaltumformung eindeutig umrissen. Erwärmt sich der Werkstoff beim Umformen (z. B. Ziehen von Al-Draht) oder erfolgt eine nachträgliche Erwärmung, so werden die eingetretenen Eigenschaftsänderungen teilweise oder ganz wieder abgebaut. Diese Vorgänge werden im Abschnitt 1.4 beschrieben.

Bei technischer Formgebung ist zu beachten:
- Meist liegt ein komplizierter, mehrachsiger Spannungszustand vor.

Anmerkung:
Im Gegensatz zu Definitionen der Fertigungstechnik (Umformtechnik) wird die Rekristallisationstemperatur als eindeutige, werkstoffmechanisch begründete Grenze zwischen Kalt- und Warmverformung angesehen.

Kaltumformen macht den Werkstoff fester und härter. Je nach Verwendungszweck des geformten Teiles kann die *Kaltverfestigung* (Kalthärtung) beabsichtigt oder unerwünscht sein.

Tabelle 1.3–1  Rekristallisationstemperaturen verschiedener Metalle $\vartheta_R$

| Metall | $\vartheta_R$ in °C |
|---|---|
| Al | $150\ldots240$ |
| Cu | $200\ldots230$ |
| Fe | $350\ldots450$ |
| Ni | $\approx\ 600$ |
| Pb | $-3\ldots0$ |
| Sn | $0\ldots30$ |
| Ta | $\approx 1\,000$ |
| W | $\approx 1\,200$ |
| Zn | $10\ldots80$ |

*Rekristallisationstemperatur* $\vartheta_R$:
- ist charakteristisch für den Werkstoff,
- hängt von der Schmelztemperatur ab.

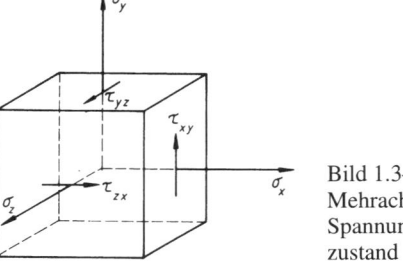

Bild 1.3–10
Mehrachsiger Spannungszustand

- Das Verhalten des Werkstoffes muss vorher möglichst unter den Bedingungen ermittelt werden, die dem betreffenden Verfahren weitgehend entsprechen (experimentelle Ermittlung der *Fließkurven*).
- Die Druckspannungen zwischen Werkstück und Werkzeug erzeugen Reibung, die durch entsprechende Maßnahmen verringert werden kann.

Temperatur und Verformungsgeschwindigkeit haben einen großen Einfluss auf den Verformungswiderstand (s. Abschnitt 1.3.3). Mit zunehmender Temperatur sinkt die Fließgrenze (Fließspannung) und es können evtl. Gefügeänderungen und/oder Phasenumwandlungen auftreten.

Nebenstehender Vergleich zeigt, dass mit zunehmender Verformungsgeschwindigkeit die Fließgrenze steigt. Es erhöht sich demnach der Widerstand des Werkstoffes gegenüber mechanischer Einwirkung.

---

Von *Kaltumformen* spricht man, wenn der Formänderungsprozess unterhalb der Rekristallisationstemperatur erfolgt und der Werkstoff sich verfestigt.

---

*Verformungsgeschwindigkeiten*
- Zugversuch $\quad\quad\quad\quad\quad 10^{-5}\ldots$
  (Werkstoffprüfung) $\quad\quad 10^{-1}\,s^{-1}$
- langsames Strangpressen $\quad 10\,s^{-1}$
- schneller Schmiedehammer $\quad$ bis $10^{4}\,s^{-1}$

Die Fließspannung kann bis auf 300 % des im Zugversuch ermittelten Wertes ansteigen.

Die Einheit $1/s$ ergibt sich aus: Umformgeschwindigkeit = Umformgrad/Zeit $[1/s]$

Eine neue Definition nach DIN EN 515 kann hier als Zusammenfassung gelten:

---

Kaltumformung = Plastische Umformung eines Metalles bei einer Temperatur und Geschwindigkeit, die zu einer Kaltverfestigung führt.

---

**Übung 1.3–1**
Was ist eine Spannung? Wodurch unterscheiden sich Normal- und Tangentialspannung?

**Übung 1.3–2**
Erklären Sie den Begriff Formänderung! Stellen Sie die elastische Formänderung der plastischen gegenüber!

**Übung 1.3–3**
Weshalb tritt bei elastischer Formänderung keine Eigenschaftsänderung im Werkstoff ein?

**Übung 1.3–4**
Wie kommt es zur Kaltverfestigung?

# 1.4    Thermisch aktivierte Vorgänge

**Lernziele**

Der Lernende kann ...
- erläutern, dass eine bestimmte Aktivierungsenergie erforderlich ist, um Atome und Leerstellen im Gitter zu „bewegen",
- mit mehreren Beispielen begründen, dass thermisch aktivierte Vorgänge von grundlegender Bedeutung sind,
- die Diffusion als einen elementaren Prozess beschreiben,
- die Wirkung einer Erwärmung kaltumgeformter Metallteile erklären,
- die Bedingungen und Gesetzmäßigkeiten der Rekristallisation prinzipiell nennen,
- angeben, wie Kornvergröberungen und damit Minderung der Festigkeit technologisch vermieden werden.

## 1.4.0    Übersicht

Alle Vorgänge, bei denen Atome durch thermische Schwingungen ihre Gitterplätze wechseln, bezeichnet man als *thermisch aktiviert*. Einlagerungsatome und Zwischengitterplätze, Leerstellen und Gitterbaufehler stehen dabei in Wechselwirkung. Ausgelöst durch zugeführte Energie (Erwärmung), kommt es bei Überschreitung einer bestimmten Aktivierungsenergie zum Platzwechsel von Atomen bzw. zur „Wanderung" von Leerstellen.

Praktische Bedeutung haben besonders der Ausgleich von Konzentrationsunterschieden (Unterschiede in der Zusammensetzung im Gitter bei zwei oder mehreren Atomarten) durch *Diffusion* sowie die *Erholung* und die *Rekristallisation* nach Verformungsvorgängen. Diese wichtigen Vorgänge werden im folgenden Kapitel beschrieben. Soweit erforderlich, werden geltende Gesetzmäßigkeiten und Einflüsse deutlich gemacht. In anderen Kapiteln werden weitere thermisch aktivierte Vorgänge dargestellt:
- Umordnung von Atomen bei Gitterumwandlungen (z.B. Aushärtung von AlCuMg, eutektoide Umwandlung Fe–Fe$_3$C)
- Ausscheidung von gelösten Atomen aus übersättigten Mischkristallen (z.B. $\gamma$-$\alpha$-Umwandlung Fe–Fe$_3$C, Dispersionshärtung)

Auf das Ausheilen von Strahlenschäden in metallischen Werkstoffen wird im Rahmen dieses Buches nicht eingegangen.

## 1.4.1    Gittervorgänge unter Temperatureinfluss

Vielfach wird angenommen, dass nach der Erstarrung metallischer Werkstoffe ein „Endzustand" mit unveränderlichen Eigenschaften erreicht ist. Das ist keineswegs so.

Sie lernten bereits kennen (Abschnitt 1.1.2.2), dass polymorphe Metalle bei Temperaturen unter dem Erstarrungspunkt unterschiedliche Gittertypen haben.

Die Atome eines Metalles können demzufolge ihre Anordnung ändern.

Auch durch Energiezufuhr (Erwärmung) können bei gleichem Gittertyp und bei allen Metallen die Atome ihre Plätze wechseln oder Leerstellen wandern. Auf diese Weise kann z. B. aus einer ungeordneten, willkürlichen (= statistischen) Atomverteilung eine geordnete Struktur entstehen.

Technologisch wichtig sind Vorgänge, die gleichzeitig mit einer Änderung der chemischen Zusammensetzung ablaufen. Dazu gehören Lösungs- und Ausscheidungsvorgänge.

*Phasenumwandlungen* dieser Art sind unterkühlbar, d. h., bei rascher Abkühlung kann der Ablauf unterdrückt werden (die Beweglichkeit der Atome ist bei niedrigen Temperaturen für eine Phasenumwandlung zu gering).

> Bei ausreichend hohen Temperaturen können im festen metallischen Werkstoff Atome wandern, und die strukturelle Fehlordnung kann sich verändern. Durch Temperaturänderungen kann es zu unterschiedlichen Ordnungsgraden bei verschiedenen Atomarten im Gitter und zur Bildung neuer Phasen kommen.

Thermisch aktivierte Vorgänge (Auswahl):
- polymorphe Umwandlungen
- Erholung
- Rekristallisation
- Kornwachstum
- Ordnungs- und Entmischungsvorgänge
- Ausscheidung

## 1.4.2   Diffusion

Atome sind nicht unveränderlich an ihren Platz gebunden. Die Bausteine der Stoffe können in bestimmtem Maße wandern. Dieser Prozess ist temperaturabhängig. Man unterscheidet:

a) *Selbstdiffusion* (Thermodiffusion)

Platzwechsel der Atome mit Leerstellen, oder Zwischengitteratome wandern auf benachbarte Zwischengitterplätze (eine Atomart)

b) *Fremddiffusion* (konzentrationsabhängige Diffusion)

Mechanismus wie unter a) beschrieben, verschiedene Atomarten, Konzentrationsunterschiede in Legierungen werden durch Diffusion ausgeglichen, Einstellung der Gleichgewichtskonzentration bzw. Ausgleich der chemischen Potenziale (Triebkraft der Diffusion)

> *Diffusion* ist der thermisch aktivierte Platzwechsel der Atome.

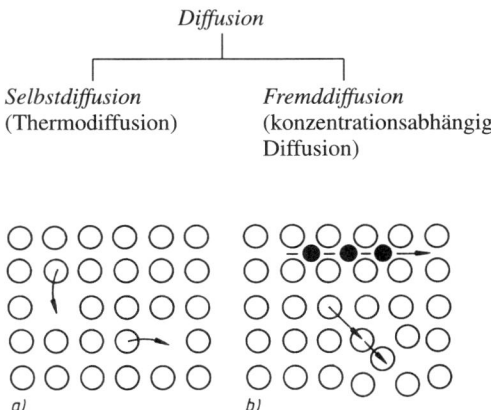

Bild 1.4–1  Platzwechselmöglichkeiten im Gitter
a) Diffusion über Leerstellen
b) Diffusion über Zwischengitterplätze

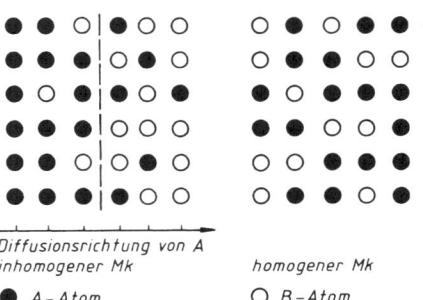

Diffusionsrichtung von A
inhomogener Mk            homogener Mk

● A - Atom                 ○ B - Atom

Bild 1.4–2  Schematische Darstellung zur Fremddiffusion

Zur Einleitung einer Atomwanderung ist eine Aktivierungsenergie erforderlich, die deutlich über dem Energiegrundzustand des Atoms liegt. Man kann sich vorstellen, dass das Atom aus einer „eingeklemmten Lage" erst gelöst werden muss.

Zum Ausgleich der Konzentration zweier benachbarter Gitterebenen (d. h. Herstellen einer gleichmäßigen Verteilung verschiedener Atomarten auf beiden Gitterebenen) tritt ein Stofffluss infolge Diffusion ein. Wie die nebenstehende Gesetzmäßigkeit zeigt, ist dessen Größe dem Konzentrationsgefälle direkt proportional.

$\Delta$ (griechisch groß Delta) wird für Differenzen verwendet (s. Mathematik)
$\Delta c / \Delta x$ ist ein Differenzenquotient

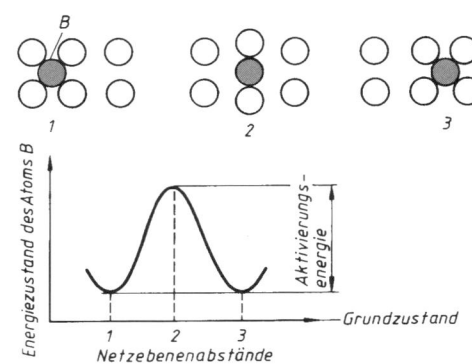

Bild 1.4–3  Erforderliche Energie für den Platzwechsel des Atoms B (Aktivierungsenergie)

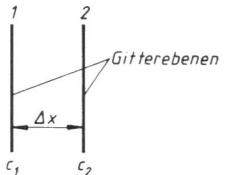

Bild 1.4–4  Diffusion zwischen den Gitterebenen *1* und *2* (schematisch)

$c_1 - c_2 = \Delta c$    Konzentrationsunterschied

$$F = -D\frac{\Delta c}{\Delta x}$$

$F$    Stofffluss durch Diffusion (d. h. transportierte Masse je Flächen- und Zeiteinheit)

$D$    Diffusionskoeffizient

$\dfrac{\Delta c}{\Delta x}$    Konzentrationsgefälle

Der Proportionalitätsfaktor ist der *Diffusionskoeffizient D*. Bild 1.4–5 zeigt die Abhängigkeit des Diffusionskoeffizienten $D$ für verschiedene Elemente, die erwünscht oder unerwünscht im $\alpha$-Eisen-Mischkristall vorkommen.

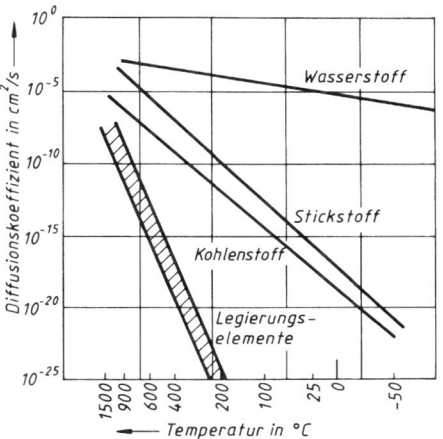

Bild 1.4–5  Temperaturabhängigkeit des Diffusionskoeffizienten

Die Erscheinung der Diffusion lässt sich wie folgt veranschaulichen: Werden ein Teil Cu und ein Teil Ni mit möglichst ebener und reiner Oberfläche aneinandergepresst, so wandern bei ausreichender thermischer Aktivierung Cu-Atome in das Ni-Gitter und Ni-Atome in das Cu-Gitter, bis im Extremfall eine homogene CuNi-Legierung, also ein Teil aus einem neuen Werkstoff, vorliegt (Bild 1.4–6).

Man erkennt:
- $D$ fällt mit abnehmender Temperatur, bei vielen Elementen ist bei Raumtemperatur keine Diffusion mehr möglich.
- Gase haben im Festkörper eine wesentlich größere Diffusionsmöglichkeit als die Atome vieler Legierungselemente.

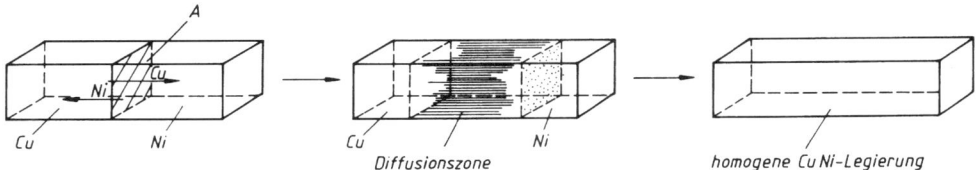

$A$  Diffusionsquerschnitt (= gemeinsame Grenzfläche zwischen Kupfer und Nickel)

Bild 1.4–6  Schematische Darstellung der Diffusion am Beispiel Cu-Ni (nach Bergmann)

Im normalen polykristallinen Werkstoff kann die Diffusion von der Oberfläche her, im Gitter (d. h. im Korn) und an den Korngrenzen in der im Bild 1.4–7 angegebenen Weise erfolgen.

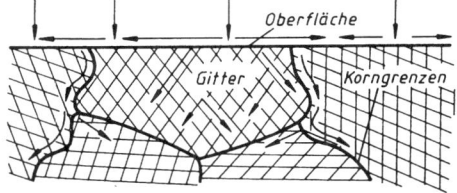

Bild 1.4–7  Schematische Darstellung der Diffusionswege im vielkristallinen Werkstoff

Bei konstantem Konzentrationsgefälle folgt die erreichbare *Eindringtiefe* einem parabolischen Zeitgesetz.

Dieser Zusammenhang ist technisch wichtig für thermochemische Behandlungen von Stahl und für die Ermittlung des Schichtdickenwachstums bei chemischer Korrosion.

*Parabolisches Zeitgesetz der Diffusion*
für

$$\frac{\Delta c}{\Delta x} = \text{konst.}$$    $x$  Eindringtiefe in cm

$$x^2 = kt$$    $k$  Konstante

$$x = \sqrt{kt}$$    $t$  Diffusionszeit in s

## 1.4.3    Erholung und Rekristallisation

Bei nachträglicher Erwärmung eines plastisch verformten Metalles kommt es infolge der mit steigender Temperatur zunehmenden Atombeweglichkeit zunächst zu den ziemlich komplizierten Vorgängen der *Erholung*, die nicht mit merklichen lichtmikroskopisch sichtbaren Gefügeänderungen und nur mit geringen Veränderungen der mechanischen Eigenschaften verbunden sind.

Im Bestreben, die Folgen der Kaltumformung (erhöhte Versetzungsdichte, Gitterspannungen) wieder zu beseitigen, tritt in bestimmten, werkstoffabhängigen Temperaturbereichen eine teilweise Rückbildung, ein gewisses Ausheilen, ein. Eine Gefügeneubildung oder Verschiebung der Korngrenzen tritt bei der Erholung nicht auf. Einige Eigenschaften, z. B. die elektrische Leitfähigkeit, bilden sich fast vollkommen wieder zurück. Die Verfestigung wird beim Vielkristall nur unmerklich abgebaut. Nur Einkristalle erholen sich unter Umständen völlig von den Folgen der Kaltumformung.

Beim Überschreiten einer bestimmten Mindesttemperatur, der Rekristallisationsschwelle $\vartheta_R$, werden schließlich die verformungsbedingten Eigenschaftsänderungen durch Bildung neuer unverzerrter Kristallite unveränderten Gittertyps wieder beseitigt und damit im Zusammenhang die Versetzungsdichte des Werkstoffs etwa auf den Ausgangswert vor der Verformung herabgesetzt. Den mit der Aufzehrung aller verformungsverzerrten Kristallite abgeschlossenen Vorgang der Kristallneubildung bezeichnet man als *Primärrekristallisation*.

Als *Erholung* bezeichnet man komplexe Vorgänge in metallischen Werkstücken nach Kaltverformung. Bei Erwärmung (selten bei Raumtemperatur; z. B. Al) kommt es zum Ausheilen von Gitterfehlern und -spannungen und damit zur Rückbildung einiger Eigenschaften. Die Verfestigung bleibt im wesentlichen noch erhalten.

*Rekristallisation* ist die Kristallneubildung bei kaltverformtem Gefüge durch Erwärmung über die Rekristallisationsschwelle $\vartheta_R$. Es entsteht eine rundliche Kornstruktur. Die Verfestigung und alle anderen, bei der Verformung eingetretenen Eigenschaftsänderungen werden dadurch vollständig rückgängig gemacht.

*Primär-*
*rekristallisation* $\rightarrow$ $\begin{cases} \text{Vorgang der Kristall-} \\ \text{neubildung} \end{cases}$

*Sekundär-*
*rekristallisation* $\rightarrow$ $\begin{cases} \text{extremes Kornwachs-} \\ \text{tum unter bestimmten} \\ \text{Bedingungen} \end{cases}$

Die durch Primärkristallisation entstandenen Körner können bei längerer Glühdauer oder höherer Glühtemperatur nachträglich gleichmäßig oder ungleichmäßig weiterwachsen. Es tritt – je nach den speziellen Bedingungen – ein stetiges oder ein unstetiges Kornwachstum auf. Letzteres wird auch als *Sekundärrekristallisation* bezeichnet.

Bild 1.4–8 Rekristallisation
I    Keimbildung und einsetzendes Wachstum des „neuen Gefüges"
II   Kornneubildung, „Aufzehrung" des verformten Gefüges
III   Kornwachstum nach Abschluss der Kornneubildung

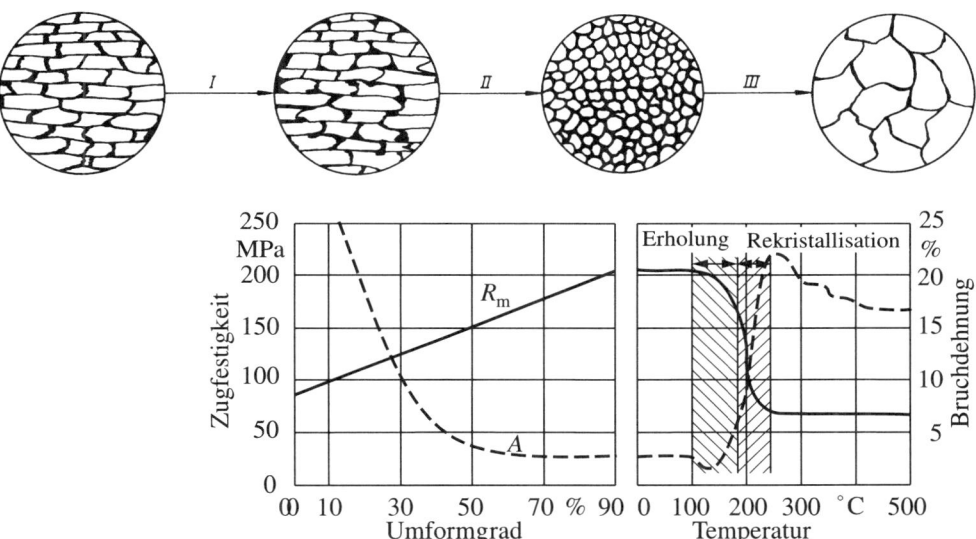

Bild 1.4–9 Einfluss einer Kaltumformung (links) und einer nachfolgenden Rekristallisationsglühung auf die mechanischen Eigenschaften Zugfestigkeit $R_m$ und Bruchdehnung $A$ bei Al99
$R_m$ und $A$: siehe Abschnitt 12.2 Zugversuch

Die Größe der sich durch Rekristallisation bildenden Kristallite, die z. B. auch die mechanischen Eigenschaften beeinflusst, hängt von einer Reihe verschiedener Faktoren ab. In den herkömmlichen *Rekristallisationsdiagrammen* nach *Czochralski* wird die Abhängigkeit der Korngröße von der Glühtemperatur und vom Grad der vorangegangenen Verformung für eine bestimmte, konstant gewählte Glühdauer dargestellt. Nachteil dieses Diagrammtyps ist, dass bei ihm die Einflüsse von Primärrekristallisation sowie stetigem und unstetigem Kornwachstum nicht getrennt sind.

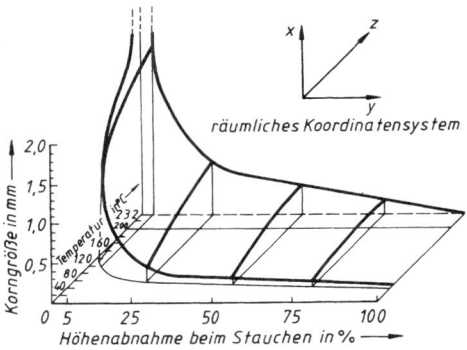

Bild 1.4–10 Rekristallisationsdiagramm des Zinns (nach Czochralski)

*Beispiel*: Rekristallisationsdiagramm des
Zinns (Bild 1.4–10)

$x$-Achse: Verformung (angegeben als Höhenabnahme beim Stauchen)

$y$-Achse: Temperatur

$z$-Achse: Korngröße des Rekristallisations-
gefüges
- mittlerer Korndurchmesser
  (Längeneinheit) oder
- mittlere Kornfläche
  (Flächeneinheit)

$$\boxed{\text{Korngröße} = f(\text{Verformung, Temperatur})}$$

Zeit $t$ = konst.

*Nachteil*: Einflüsse der einzelnen Rekristal-
lisationsstadien (Primärrekristallisation, ste-
tige und unstetige Kornvergrößerung) nicht
getrennt.

Die Intensität einer Verformung (Umformung) wird im praktischen Gebrauch häufig
wie folgt angegeben: z. B.
- Höhenabnahme beim Stauchen in %
- Dickenabnahme beim Walzen oder Walz-
  grad in %
- Längenänderung beim Ziehen in %

In der Umformtechnik wird der Formände-
rungszustand durch den Umformgrad (Verformungsgrad) angegeben. Betrachtet man
die Formänderung in einer Achse (Verlängerung bei Zug, Verkürzung bei Druck),
so ist der Umformgrad (Verformungsgrad)
$\varphi$ der natürliche Logarithmus des Quotienten $L_1/L_0$ (Länge nach erfolgter Verfor-
mung/Ausgangslänge).

Umformgrad (Verformungsgrad)

$$\boxed{\varphi = \ln \frac{L_1}{L_0}}$$

$L_0$  Ausgangslänge
$L_1$  Länge nach erfolgter Verformung
Vorzeichen: + bei Verlängerung
           − bei Verkürzung

Zum besseren Verständnis wird jeweils eine
der drei Größen konstantgehalten und der
Zusammenhang zwischen zwei Größen betrachtet:

*Bild 1.4–11*: Es ist ein Minimum an Formänderung erforderlich, um überhaupt eine Rekristallisation einleiten zu können. Das Minimum ist der kritische Umformgrad $\varphi_k$. Je
geringer der Umformgrad ist, um so gröber
wird das Gefüge.

Geringe Umformgrade möglichst vermeiden!
Geringe Festigkeit durch Grobkorn!

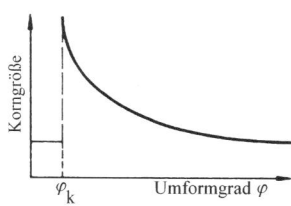

Bild 1.4–11  Abhängigkeit der Korngröße vom
Umformgrad

*Bild 1.4–12*: Nur durch eine Erwärmung über die Rekristallisationsschwelle bei ausreichend hohem Umformgrad wird die Rekristallisation eingeleitet. Niedrige Umformgrade erfordern höhere Glühtemperaturen.

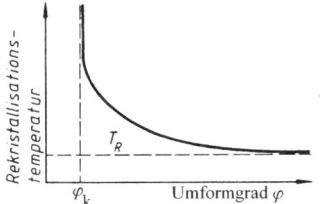

Bild 1.4–12  Abhängigkeit der Rekristallisationstemperatur vom Umformgrad

*Bild 1.4–13*: Mit zunehmender Temperatur vergröbert sich das Rekristallisationsgefüge (Gebiete des extremen Kornwachstums, der Sekundärrekristallisation, berücksichtigt diese Kurve nicht).

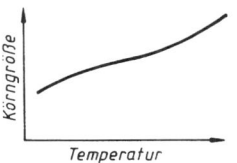

Bild 1.4–13  Abhängigkeit der Korngröße von der Temperatur

Der *Einfluss der Zeit* ist im herkömmlichen Rekristallisationsdiagramm nicht enthalten. Bild 1.4–14 zeigt, dass die Korngröße zunächst zügig zunimmt, bis der Neuaufbau des Gefüges abgeschlossen ist. Danach tritt allmählich ein weiteres Kornwachstum ein. Das Gefüge ist bestrebt, einen energieärmeren Zustand einzunehmen. Vergrößern sich die Kristallite, backen sie zu größeren Körnern zusammen, sodass sich die Gesamtoberfläche verringert.

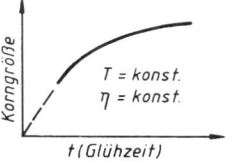

Bild 1.4–14  Abhängigkeit der Korngröße von der Glühzeit

*Rekristallisationsglühen* nennt man die gezielte Wärmebehandlung, die zum Abbau der Kaltverfestigung kaltumgeformter Teile führt. Bei Nichteisenmetallen ist in der Praxis auch oft vom *Weichglühen* die Rede.
Das Verfahren wird im Abschnitt 4.2.1.6 in seiner Anwendung auf Stahl beschrieben. Bild 4.2–10 zeigt den Gefügeaufbau von Zugproben aus Aluminium mit unterschiedlichem Umformgrad.

Die folgenden Rekristallisationsdiagramme zeigen deutlich ausgesprochene Grobkornbereiche (Sekundärrekristallisation)
- Aluminium (99,6 % Al)
  bei hohem Umformgrad und hoher Glühtemperatur
- Weicheisen (gilt angenähert auch für C-armen Stahl)
  bei geringem Umformgrad und Temperaturen zwischen 700 und 800 °C

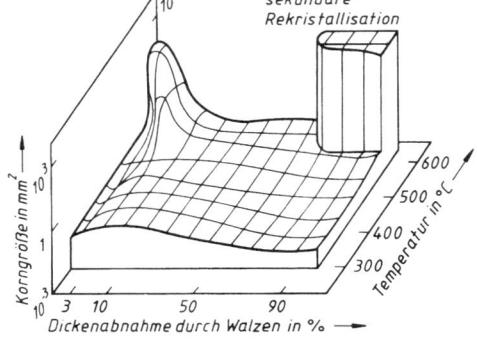

Bild 1.4–15 Rekristallisationsdiagramm für Aluminium (99,6 % Al) nach Dahl und Pawlek

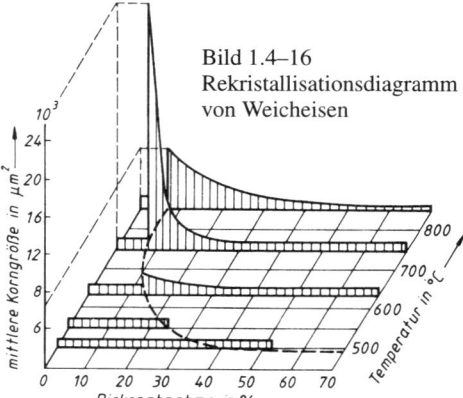

Bild 1.4–16 Rekristallisationsdiagramm von Weicheisen

*Borchers* schlug vor, die zum Abschluss eines bestimmten Rekristallisationsstadiums bei den verschiedenen Temperaturen erforderliche, von $T$ und $\varphi$ abhängige Glühdauer zu bestimmen und die sich dabei ergebende Korngröße unter Angabe der jeweils erforderlichen Glühdauer als Funktion von $T$ und $\varphi$ darzustellen.

Abgesehen von den erhöhten experimentellen Schwierigkeiten gelten aber auch derartige Rekristallisationsdiagramme jeweils nur für ein ganz bestimmtes Umformverfahren, eine bestimmte Erwärmungsgeschwindigkeit usw.

Als *Warmverformung* bezeichnet man üblicherweise eine plastische Verformung bei Temperaturen oberhalb der Rekristallisationstemperatur.

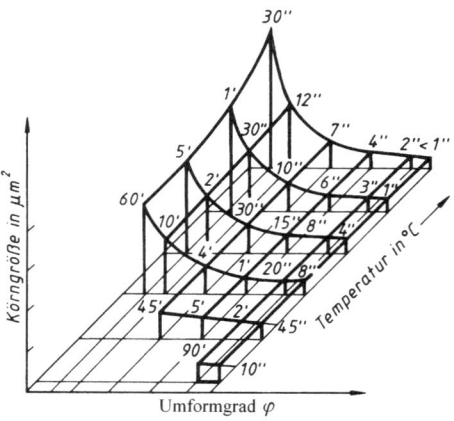

Bild 1.4–17 Rekristallisationsdiagramm nach Borchers (schematisch)

Nach einer solchen Verformung liegt der Werkstoff bei Raumtemperatur im rekristallisierten Zustand vor.

Der erreichbare Umformgrad ist bei einer Warmverformung sehr groß, da eine Verformungsverfestigung nicht wirksam wird. Die nach einer Warmverformung eventuell beobachtete Verbesserung der Festigkeit ist – im Unterschied zu einer Kaltverformung (Verformungstemperatur unterhalb der Rekristallisationstemperatur) – nicht mit einer Verschlechterung der Plastizität bzw. Zähigkeit verbunden und wird auf andere Ursachen zurückgeführt (Beseitigung einer ungünstigen Gussstruktur, Kornverfeinerung, „Zertrümmerung" und feine Verteilung spröder Einschlüsse u. a.)

**Übung 1.4–1**
Was ist ein thermisch aktivierter Vorgang?

**Übung 1.4–2**
Wie nennt man die Energie, die zur Auslösung von Diffusionsvorgängen mindestens aufgebracht werden muss?

**Übung 1.4–3**
Welche Triebkraft bewirkt Fremddiffusion?

**Übung 1.4–4**
Wie verändert sich der Diffusionskoeffizient $D$ mit zunehmender Temperatur?

**Übung 1.4–5**
Wie lautet das parabolische Zeitgesetz der Diffusion? Erklären Sie die enthaltenen Größen!

**Übung 1.4–6**
Was setzen Erholung und Rekristallisation metallischer Stoffe gleichermaßen voraus?

**Übung 1.4–7**
Was ist eine Rekristallisation?

**Übung 1.4–8**
Weshalb ist grobkörniges Gefüge unerwünscht? Wie lässt es sich durch praktische Maßnahmen vermeiden?

---

Warmverformung (Warmumformung) liegt vor, wenn die Werkstofftemperatur oberhalb der Rekristallisationstemperatur liegt.

---

Schauen Sie sich hierzu Bild 7.4–1 an. Es zeigt die Gegenüberstellung von Kalt- und Warmumformung am Beispiel des Metalles Blei (Pb).

*Für Bild 1.4–17* gilt:
Die Korngröße wird für ein bestimmtes Rekristallisationsstadium (z. B. nach unmittelbarem Abschluss der Primärrekristallisation) unter Angabe der jeweils erforderlichen Glühdauer dargestellt.

*Bemerkung:* Alle Rekristallisationsdiagramme gelten jeweils nur für Metalle eines bestimmten Reinheitsgrades, bestimmter Verformungsbedingungen, bestimmter Erwärmungsgeschwindigkeit usw.

**Übung 1.4–9**
Vergleichen Sie die Festigkeit eines Metalles vor und nach einer Kaltumformung und nach erfolgter Rekristallisation!

**Übung 1.4–10**
Welche Vorteile besitzt das Rekristallisationsdiagramm nach *Borchers*?

## Lernzielorientierter Test zu Kapitel 1

1. Metallbindung
   A entsteht durch Elektronenaufnahme
   B entsteht durch Elektronenabgabe
   C bewirkt gute elektrische Leitfähigkeit
   D bewirkt Kristallstrukturen hoher Festigkeit bei guter Verformbarkeit
   E bewirkt niedrige Schmelz- und Siedepunkte
2. Wichtige Gitterstrukturen der häufigsten Gebrauchsmetalle sind
   A monoklin
   B kubisch-raumzentriert, kubisch-flächenzentriert (krz, kfz)
   C rhomboedrisch
   D hexagonal-dichtester Packung (hdP)
   E triklin
3. Polymorphe Metalle
   A sind transparent (durchsichtig)
   B oxidieren leicht
   C haben in verschiedenen Temperaturbereichen unterschiedliche Gitterstrukturen
   D nennt man auch Metalle mit allotropen Modifikationen
4. Ein Realkristall ist
   A eine Modellvorstellung einer Gitterstruktur
   B eine Gitterstruktur, die Fehler (Defekte) enthält
   C eine reine Kristallsubstanz
   D eine unreine Kristallsubstanz
   E wirklichkeitsnah
5. Anisotrop ist
   A jedes beliebige Stück Metall
   B Metallschmelze

C ein Whisker
   D ein Vielkristall (Polykristall) ohne Textur
   E ein Silicium-Einkristall
6. Der Versuchsaufbau der thermischen Analyse veranschaulicht
   A Umwandlungstemperaturen (z. B. Erstarrungstemperaturen)
   B den Wärmeinhalt bei verschiedenen Temperaturen
   C Haltepunkte
   D die chemische Zusammensetzung
7. Feinkörniges Gefüge bei der Erstarrung
   A entsteht durch eine hohe Keimzahl
   B ist unerwünscht
   C besitzt gute Festigkeitseigenschaften
   D entsteht bei langsamer Abkühlung
   E ist erwünscht
8. Mechanische Beanspruchung der Werkstoffe
   A tritt nur bei bewegten Teilen auf
   B ist das Wirken von Spannungen
   C führt, je nach Intensität, zu elastischen und plastischen Formänderungen
   D erfordert die Berechnung der Mindestabmessungen der Teile (Dimensionierung)
9. Umformen metallischer Werkstoffe
   A ist das Gießen und Sintern von kleinen Werkstücken
   B ist die mechanische Beanspruchung oberhalb der Fließgrenze
   C ist z. B. Walzen, Tiefziehen, Drücken, Biegen
   D ist die Rückfederung entlasteter Teile
   E erzeugt und bewegt Versetzungen

10. Kaltumformung bewirkt
    A Festigkeitsanstieg (Kaltverfestigung, Kalthärtung)
    B Farbumschlag
    C Änderung der Gitterstruktur
    D Erhöhung der Korrosionsbeständigkeit
    E Verringerung der elektrischen Leitfähigkeit

11. „Wanderung" von Atomen im Kristallgitter tritt bei ausreichender Erwärmung auf. Man bezeichnet diese Erscheinung als
    A Kristallerholung
    B Diffusion
    C Ausscheidung

    D Fremddiffusion (in Mischkristallen)
    E Selbstdiffusion (Thermodiffusion) – bei einer Atomart

12. Rekristallisation metallischer Werkstoffe
    A ist die Kristallbildung bei der Erstarrung der Schmelze
    B setzt vorangegangene Kaltumformung voraus
    C führt zu einer veränderten Gitterstruktur
    D ist eine Umkörnung, die bei Erwärmung auf eine Mindesttemperatur (Rekristallisationsschwelle) erfolgt
    E beseitigt Kaltverfestigung

# 2 Legierungen

## 2.0 Überblick

Metallische Werkstoffe begegnen uns überwiegend als Legierungen. Reine Metalle (technisch rein, d. h. mit bestimmten zulässigen Mengen an Verunreinigungen) finden sehr begrenzt, für spezielle Fälle Verwendung. Nachdem im Kapitel 1 die reinen Metalle in ihrem prinzipiellen Aufbau beschrieben und wichtige, daraus abzuleitende Eigenschaften erklärt wurden, wenden wir uns nun der Struktur realer technischer Werkstoffe zu. Neben Metallen können auch Nichtmetalle in Legierungen enthalten sein. Diese spielen für die Eigenschaften teilweise eine große Rolle. Anhand von Zweistofflegierungen wird in diesem Kapitel ein Überblick über den *Legierungsaufbau*, die so genannten *Zustandsdiagramme* und die *Eigenschaften der Legierungen* gegeben.

Sie lernen in diesem Kapitel Zusammenhänge kennen, die für das Verständnis metallurgischer Prozesse (Herstellung der Legierungen), von Aushärtevorgängen bei Leichtmetall-Legierungen, der Wärmebehandlung von Eisenwerkstoffen u. a. Vorgänge erforderlich sind.

## 2.1 Aufbau der Legierungen

**Lernziele**

Der Lernende kann ...
- erklären, was „im festen Zustand löslich" bedeutet,
- alle in Legierungen möglichen Phasen nennen und beschreiben,
- Beispiele für typische Mischkristallbildung nennen,
- intermetallische Phasen erklären (typische Kristallstruktur und Eigenschaften),
- das Gelernte prinzipiell auf Mehrstoffsysteme (Mehrstofflegierungen) übertragen.

### 2.1.0 Übersicht

Aufbau und Eigenschaften metallischer Werkstoffe lassen sich einfach beschreiben, indem zunächst die möglichen Phasen betrachtet werden, die allein oder nebeneinander existieren. Verschiedene Elemente können je nach Gittertyp, Gitterparameter und Atomradius gemeinsame Gitterstrukturen bilden.

Der Grad der Mischbarkeit oder Löslichkeit im festen Zustand und die Fähigkeit, Verbindungen einzugehen, unterscheidet die *Legierungsphasen*. Man kennt Einlagerungs- und Austauschmischkristalle, Überstrukturen und intermetallische Phasen. Liegen Kristallite der beteiligten Komponenten bzw. Legierungsphasen im Gesamtgefüge nebeneinander vor, so spricht man von einem *Kristallgemisch* (Kristallgemenge).

## 2.1.1 Mischkristall

Häufig sind verschiedene Elemente (Metalle untereinander oder Metalle plus Nichtmetalle) fähig, bereits bei der Erstarrung ein gemeinsames Raumgitter zu bilden. Es entstehen *atomare Mischungen* oder *feste Lösungen*.

Im Gegensatz zu valenzmäßig abgesättigten chemischen Verbindungen kann das Mischungsverhältnis in weiten Grenzen variabel sein. Man unterscheidet *Austausch-* oder *Substitutionsmischkristalle* und *Einlagerungsmischkristalle.*

Substitution = Austausch

---

*Löslichkeit* oder *Mischbarkeit im festen Zustand* ist das Vermögen der beteiligten Elemente, eine gemeinsame Gitterstruktur zu bilden (während der Erstarrung oder durch Diffusion bei hohen Temperaturen).

---

*Beispiele für Mischkristallbildung* (Mk-Bildung)

| | |
|---|---|
| Cu-Ni, $\gamma$-Fe-Ni, Ag-Au | lückenlose Mk-Reihen |
| Cu-Ag, Cu-Zn, Ni-Ag | begrenzte Mischbarkeit |

- *Austausch-* oder *Substitutionsmischkristalle* (Bild 2.1–1)

Die Atome beider Elemente nehmen die gleichen Gitterplätze ein. Diese Phase bildet sich, wenn der Gittertyp gleich ist und sich die Gitterkonstante sowie die Atomradien ($< 15$ %) wenig unterscheiden. Es sind ausschließlich Metalle beteiligt, und man spricht von echten Legierungen.

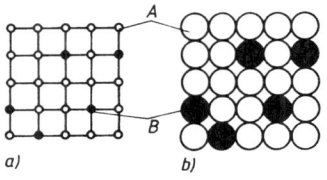

Bild 2.1–1 Austauschmischkristall (Substitutionsmischkristall)
A, B verschiedene Atomarten
a) Gittermodell
b) Kugelmodell (ohne Gitterverzerrungen)

- *Einlagerungsmischkristalle* (Bild 2.1–2)

Atome des Zusatzelements (Metalle oder Nichtmetalle) lagern sich auf Zwischengitterplätzen des Wirtsgitters (Gitter des Grundmetalls) ein. Das ist vor allem bei räumlich kleinen Atomen (Wasserstoff, Stickstoff, Kohlenstoff) möglich. Das System Eisen-Kohlenstoff ist ein technisch wichtiges Beispiel für diese Legierungsart.

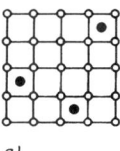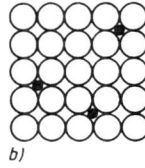

Bild 2.1–2 Einlagerungsmischkristall (ohne Gitterverzerrungen)
a) Gittermodell
b) Kugelmodell

Bei Mischkristallphasen bleibt das Grundgitter erhalten. Die substituierten oder eingelagerten Atome verursachen, schon allein durch die Unterschiede im Atomdurchmesser, Gitteraufweitungen. Diese Verzerrungen führen zu Eigenschaftsänderungen. Man erhält z. B. durch die Blockierung der Gleitebenen einen deutlich erhöhten *Verformungswiderstand* (so genannte *Mischkristallfestigkeit*). Auch andere, physikalische Eigenschaften ändern sich deutlich. Darauf wird im Abschnitt 2.3 näher eingegangen.

Die Verteilung der Fremdatome B in einem Grundgitter von A kann sehr unterschiedlich sein (Platten, Kugeln usw.).

Verteilung gleichmäßig: *Homogener* Mischkristall
Verteilung ungleichmäßig: *Inhomogener* Mischkristall

```
                  Mischkristalle
                  (feste Lösungen)
                 ┌──────┴──────┐
  Austauschmischkristall    Einlagerungsmisch-
  (Substitutionsmisch-           kristall
       kristall)
          │                        │
  Alle Atome besetzen      Zusatzelement besetzt
  reguläre Gitterplätze    Zwischengitterplätze
  (Substitutionsprinzip)      im Wirtsgitter
```

Mischkristalle werden mit griechischen Buchstaben bezeichnet.

Verwechslungsmöglichkeiten:
a) polymorphe Metalle, z. B. $\alpha$-Fe, $\gamma$-Fe
b) bestimmte Verbindungsphasen, z. B. $\vartheta$ oder $\Theta$, für $Al_2Cu$

## 2.1.2 Überstruktur

Überstrukturen sind Ordnungsphasen, die in Legierungen mit Austauschmischkristallbildung auftreten. Bei einem bestimmten Mengenverhältnis und in einem bestimmten Temperaturintervall stellt sich eine gleichmäßige und symmetrische Atomverteilung ein. Die Gitterstruktur lässt zwei ineinandergeschachtelte Kristalle erkennen (Bild 2.1–3).

Die Bildung derartiger Ordnungsphasen führt teilweise zu sprunghaften Änderungen der elektrischen und magnetischen Eigenschaften in den betreffenden Werkstoffbereichen.

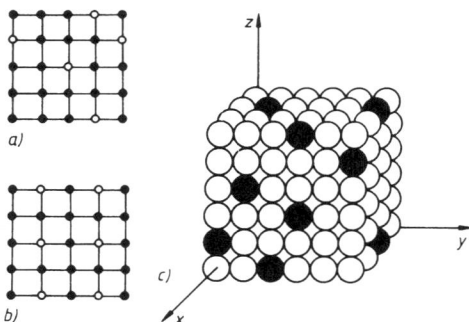

Bild 2.1–3 Atomanordnungen im Austauschmischkristall (ohne Gitterverzerrungen)
a) Mischkristall
b) Überstruktur (geordnete Struktur der substituierten Atome)
c) räumliche Darstellung eines Austauschmischkristalles

*Überstrukturen* sind Ordnungsphasen mit charakteristischen Eigenschaften.

Beispiele für Überstrukturen:
AuCu, $AuCu_3$, $Fe_3Al$, FeCo, $Ni_3Fe$

## 2.1.3 Intermetallische Verbindungen

Einige Metalle bilden miteinander oder mit Nichtmetallen Verbindungen mit metallischem Charakter. Man spricht auch von *intermetallischen Phasen* oder *intermediären Kristallarten* (Bilder 2.1–4 bis 2.1–6). Jede intermetallische Verbindung $A_m B_n$ kristallisiert in einem eigenen typischen Gitter. Die Atome der Stoffe A und B sind darin im Verhältnis $m : n$ eingebaut.

Das Gitter ist meist kompliziert. Diese Phasen sind thermisch und mechanisch sehr stabil; viele von ihnen sind hart und spröde.

Sie werden mit der Formel $A_m B_n$ wie klassische chemische Verbindungen bezeichnet. Wertigkeiten, nicht exakt stöchiometrische Zusammensetzungen und Gitterstruktur (keine Molekülstruktur im Sinne der Chemie) unterscheiden intermetallische Phasen von chemischen Verbindungen.

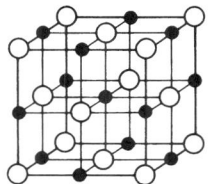

Bild 2.1–4 Intermetallische Phase, Strukturtyp 1 (z. B. Hartstoffe TiC, TiN, VC, NbC, TaC und in verschiedenen aushärtbaren Legierungen)

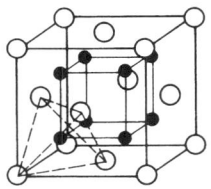

Bild 2.1–5 Intermetallische Phase, Strukturtyp 2 (z. B. $Mg_2Si$, $Mg_2Pb$, $Al_2Cu$)

Beachten Sie!

Griechische Buchstaben werden in der Werkstofftechnik mit unterschiedlicher Bedeutung verwendet:

a) Achsenwinkel zur Darstellung des Raumgitters und der Elementarzelle

b) Gittermodifikationen reiner Metalle (polymorphe Metalle, z. B. $\alpha$-Fe, $\gamma$-Fe, $\delta$-Fe)

c) Bezeichnung fester Phasen, z. B. Mischkristalle, Überstrukturen, Intermetallische Phasen

*Phase* = gleichartige, einheitliche Bestandteile eines Systems; es bestehen im betrachteten Volumen gleiche physikalische und chemische Eigenschaften.

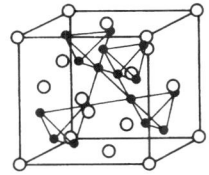

Bild 2.1–6 Intermetallische Phase, Strukturtyp 3 (z. B. $CuBe_2$, $Mg_2Cu$, aushärtbare Legierungen)

*Intermetallische Verbindungen* (Metall/ Metall oder Metall/Nichtmetall) zeichnen sich durch eine eigene, meist komplizierte Gitterstruktur aus. Dazu gehören die harten und spröden *Carbide* (z. B. WC, $W_2C$, $Mo_2C$, VC, TiC) und *Nitride* (z. B. TiN, $Mo_2N$, $Fe_4N$). Die Schmelztemperaturen und die Mikrohärtewerte dieser Phasen liegen hoch.

> *Hartstoffe* sind Stoffe hoher Härte, Sprödigkeit und Verschleißfestigkeit. Vielfach liegen auch ein hoher Schmelzpunkt und ein gute chemische Beständigkeit vor.

Neben Carbiden und Nitriden zählen u. a. Boride, Silicide und Oxide zu dieser Stoffgruppe.

## 2.1.4    Gefügeaufbau der Legierungen

Erstarrt eine Schmelze, in der zwei Atomarten (A + B) als *homogene Lösung* vorliegen, so können je nach Art der beteiligten Elemente

a) Mischphasen oder intermetallische Phasen (einzeln oder nebeneinander) oder

b) reine Kristalle der beteiligten Elemente (untereinander oder mit Phasen nach a) gemischt auftreten.

Existieren verschiedene Phasen als Kristallite in einer Legierung nebeneinander, so spricht man von einem *Kristallgemisch* (Bild 2.1–7).

Praktische Bedeutung:

- *Homogene Mischkristalle* werden z. B. bei korrosionsbeständigen Stählen gefordert.
- *Heterogene Gefügestrukturen* (harte und weiche Kristallite nebeneinander) sind z. B. bei verschiedenen Lagerwerkstoffen erwünscht.

> Legierungen können im festen Zustand folgende *Phasen* enthalten:
> - reine Kristalle von A und B
> - Austauschmischkristalle, Überstrukturen
> - Einlagerungsmischkristalle
> - intermetallische Phasen
> - chemische Verbindungen

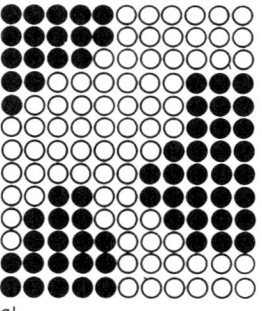

a)

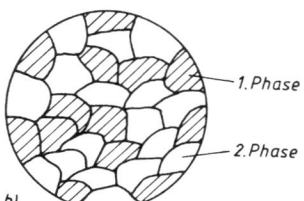

b)

Bild 2.1–7  Kristallgemisch (heterogene Gefügestruktur)
a) Kugelmodell (2 Atomarten)
b) Gefüge (2 beliebige, verschiedene feste Phasen)

> In einem *Kristallgemisch* (Kristallgemenge) existieren mindestens zwei Phasen (nicht mischbar) im Gefüge nebeneinander (*heterogenes Gefüge*).

**Übung 2.1–1**
Welche Mischkristallarten kennen Sie?

**Übung 2.1–2**
Welche Haupteigenschaften haben intermetallische Phasen?

**Übung 2.1–3**
Was ist ein Kristallgemisch?

## 2.2 Zustandsdiagramme

**Lernziele**

Der Lernende kann …
- den Begriff des thermischen Gleichgewichtes erklären,
- beschreiben, wie ein Zustandsdiagramm entsteht,
- die Grundtypen der Zweistoffsysteme nennen und anhand der vorliegenden Diagramme erläutern,
- die Vorgänge beim Abkühlen und Erwärmen an einfachen Diagrammen qualitativ und quantitativ beschreiben.

### 2.2.0 Übersicht

Hersteller und Anwender metallischer Werkstoffe benötigen gleichermaßen Kenntnisse über das Verhalten von Legierungen bei unterschiedlicher Zusammensetzung und in verschiedenen Temperaturbereichen.

Im Maschinenbau sind Grundkenntnisse über die Eigenschaften und die Verarbeitbarkeit der Werkstoffe erforderlich. Wie die Struktur der Legierungen bereits erkennen lässt, reicht die Kenntnis der chemischen Zusammensetzung nicht aus. Es kommt darauf an, *wie* die verschiedenen Phasen im Gefüge einer Legierung ausgebildet und zueinander angeordnet sind.

Das Kapitel Zustandsdiagramme behandelt für Zweistoffsysteme (binäre Systeme) die Phasenänderungen bei extrem langsamer Abkühlung bzw. Erwärmung. Dieser Gleichgewichtsfall ermöglicht das Verständnis technisch realer Vorgänge.

Es wird erläutert, wie ein Zustandsdiagramm entsteht. Die Grundtypen der Zustandsdiagramme werden beschrieben. Durch Anwendung der Hebelbeziehung wird für den Lernenden deutlich, wie sich Menge und Konzentration der beteiligten Phasen ändern.

## 2.2.1 Begriffe, Einstoffsystem

Die Legierungslehre verwendet einige thermodynamische Begriffe. So versteht man unter einem *System* eine gegebene Menge Stoff (Materie), die von der Umgebung abgegrenzt wird. Die Eigenschaften des Stoffes werden durch *Zustandsgrößen* (Volumen, Druck, Temperatur) beschrieben.

Existieren mindestens zwei verschiedene Phasen nebeneinander, so spricht man von einem *heterogenen System*. Die Eigenschaften verändern sich an den *Phasengrenzflächen* sprunghaft auf minimalem Raum. Bild 2.2–1 zeigt, dass bei einem bestimmten Druck und bei gleich bleibender Temperatur z. B. die Phasen Wasser und Wasserdampf für sich (kleine Phasengrenzfläche) oder in sehr feiner Verteilung (sehr große Phasengrenzfläche) existieren können. Diese Feststellung werden wir später auf ausschließlich feste Phasen übertragen. Alle Systeme werden im Zustand des *thermodynamischen Gleichgewichts* betrachtet.

Ähnlich einer nichtarretierten Waage ist ein System im Gleichgewicht, wenn es zur Ruhe gekommen ist, d. h. keine äußeren Einflüsse wirken. In Zustandsdiagrammen wird übersichtlich abgebildet, wie Druck und Temperatur die sich ausbildende Phase bestimmen.

> *Zustandsgrößen* ($V$, $p$, $T$) sind messbare Größen, die ein stoffliches System näher beschreiben. Druck und Temperatur werden benutzt, um den thermischen Gleichgewichtszustand im Einstoffsystem zu charakterisieren.

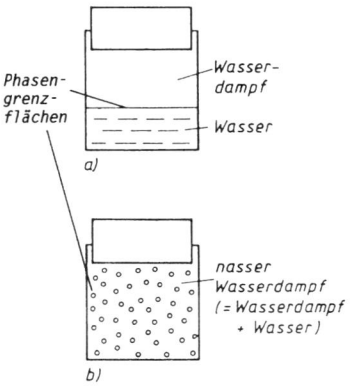

Bild 2.2–1  Heterogene Systeme Wasserdampf + Wasser
a) kleine Phasengrenzfläche
b) sehr große Phasengrenzfläche

$V$    Volumen
$p$    Druck
       Normaldruck $p = 1{,}01 \cdot 10^5$ Pa
       $1\,\text{Pa} = 1\,\text{N}/\text{m}^2$
$T, \vartheta$    Temperatur
$T_\text{r}$    Tripelpunkt

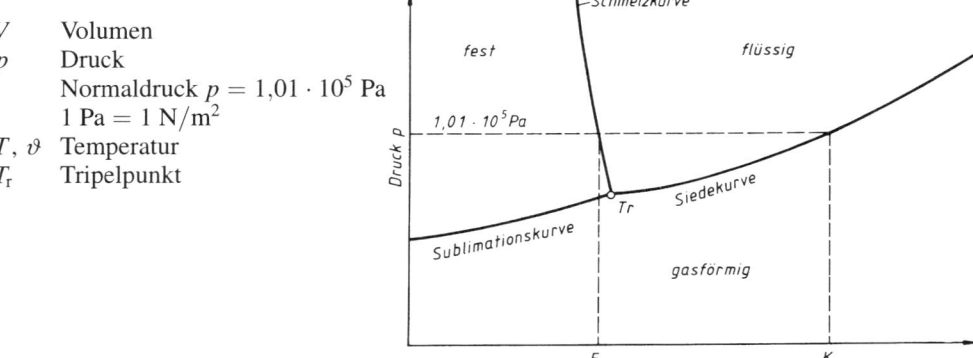

Bild 2.2–2  Zustandsdiagramm eines Einstoffsystems mit einer festen Phase (schematisch)
$F_\text{p}$ Schmelzpunkt (Fusionspunkt) $K_\text{p}$ Siedepunkt (Kochpunkt)

Bild 2.2–2 zeigt das Zustandssystem eines *Einstoffsystems. Schmelzkurve, Siedekurve* und *Sublimationskurve* laufen im *Tripelpunkt $T_r$* zusammen.

Bei dieser Temperatur sind alle drei Phasen (gasförmig, flüssig, fest) im Gleichgewicht. Die *Sublimationskurve* trennt das Gebiet der gasförmigen von dem der festen Phase. Unter Sublimation versteht man den direkten Übergang aus der festen in die gasförmige Phase, ohne dass die flüssige Phase entsteht. Sublimation kann beispielsweise bei Schnee beobachtet werden, wenn die Temperatur unter dem Schmelzpunkt liegt.

Auf allen Punkten der *Siedekurve* sind die angrenzenden Phasen, flüssig und gasförmig, miteinander im Gleichgewicht. Schließlich ist die *Schmelzkurve* in analoger Weise die Trennlinie zwischen fest und flüssig. (s. a. Physik, Teilgebiet Thermodynamik, Phasen und Aggregatzustände)

Für Wasser gilt bei Normaldruck $p = 1{,}01 \cdot 10^5$ Pa:

Schmelzpunkt ($=$ Fusionspunkt) $F_p = T_s = 0\,°\mathrm{C} = 273{,}15$ K

Siedepunkt (Kochpunkt) $K_p = 100\,°\mathrm{C} = 373{,}15$ K

## 2.2.2 Zweistoffsysteme (binäre Systeme)

### 2.2.2.0 Einführung

Sieht man von speziellen Gießverfahren ab, erstarren metallische Werkstoffe bei atmosphärischem Druck $p = 1{,}01 \cdot 10^5$ Pa. Bei den *Zweistoffsystemen* (auch *binäre Systeme* genannt) gehen wir von diesem konstanten Druck aus. Die variablen Größen Temperatur und Konzentration (Anteile der Komponenten in Masseprozent) sind die beiden Achsen der Zustandsdiagramme (Bild 2.2–3).

Abkühlkurven von Legierungen, die man durch die thermische Analyse erhält, unterscheiden sich in den meisten Fällen von der Temperatur-Zeit-Kurve reiner Metalle (Bilder 2.2–4 und 2.2–5).

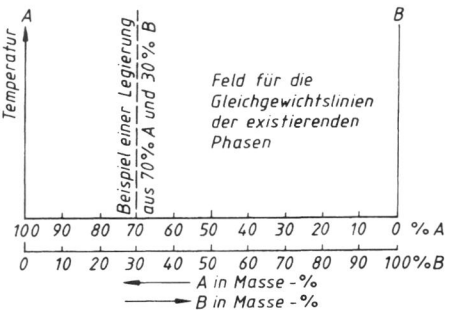

Bild 2.2–3 Achsenbezeichnungen eines Zustandsdiagrammes für die Komponenten A und B

---

bi $=$ zwei

Während reine Metalle im Gleichgewichtsfall bei konstanter Temperatur kristallisieren, benötigt der Übergang zwischen flüssigem und festem Zustand bei binären Systemen meist ein Temperaturintervall. Zwischen dem *Liquiduspunkt* (liquid = flüssig) und dem *Soliduspunkt* (solid = fest) existieren beide Phasen nebeneinander. Diese Fixpunkte gelten auch für Erwärmung. Man erhält eine analoge Temperatur-Zeit-Kurve.

Komponenten = Stoffe, Elemente einer Legierung

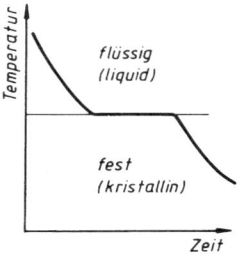

Bild 2.2–4   Erstarrung eines reinen Metalles

Wie kann man sich die Entstehung dieser *Knickpunkte* L und S in der Abkühlkurve erklären?

Auch bei Legierungen wird beim Erstarrungsprozess Wärme frei (*latente Wärme*). Sie reicht jedoch nicht aus, um die Temperatur bis zum Abschluss der Kristallisation konstant zu halten. Es kommt zu einer Verzögerung in der Abkühlkurve; d.h. zu einer weniger steil abfallenden Kurve (Punkt L). Man spricht von einer auftretenden *Wärmetönung*. Nachdem die Legierung völlig erstarrt ist (Punkt S), verläuft die Abkühlung wieder „ungebremst". (Anwendung: Abschnitt 2.2.2.1)

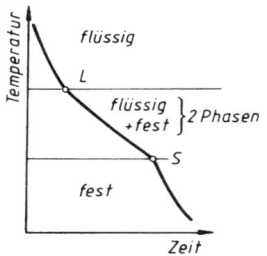

Bild 2.2–5   Erstarrung einer Legierung (schematisch)
*L* Liquiduspunkt (-temperatur)
*S* Soliduspunkt (-temperatur)

*Liquiduspunkt*:   Oberhalb dieser Temperatur ist die Legierung flüssig.

*Soliduspunkt*:   Unterhalb dieser Temperatur ist die Legierung kristallin (eine oder mehrere feste Phasen).

Aus Abkühlungs- oder Erwärmungsverläufen möglichst vieler Konzentrationen eines Legierungssystems kann man auf einfache Weise Zustandsdiagramme konstruieren. Hat man diesen Zusammenhang erfasst, kann man auch (umgekehrt) aus gegebenen Diagrammen die Abkühlungs- oder Erwärmungscharakteristik einer konkreten Legierung beschreiben. Es kommt besonders darauf an, die Zustandsdiagramme richtig anwenden zu können.

Wir unterscheiden die wichtigsten Zustandsdiagramme nach der *Löslichkeit* ihrer Komponenten im festen Zustand.

*Zustandsdiagramme* (Zustandsschaubilder) veranschaulichen Phasengleichgewichte.

*Zweistoffsysteme*: 2 Komponenten beteiligt

Aus den Zustandsdiagrammen lassen sich *Erwärmungs-* und *Abkühlverläufe* von Legierungen bestimmter Konzentrationen unmittelbar beschreiben.

Praktische Bedeutung:
- Metallurgie, Schweißprozesse
  (Übergänge flüssig–fest und fest–flüssig)
- Wärmebehandlung (Verfahren zur gezielten Änderung von Stoffeigenschaften)

### 2.2.2.1    Völlige Löslichkeit im festen Zustand

Bei diesem System sind die Komponenten sowohl im flüssigen als auch im festen Zustand völlig löslich. Man spricht auch von der *ununterbrochenen Mischkristallreihe*.
Bild 2.2–6 zeigt die Abkühlkurven der Komponenten A und B (Kurven *1* und *4*) und zweier Legierungskonzentrationen (Kurven *2* und *3*). Projiziert man die *Halte-* und *Knickpunkte* der Abkühlkurven (also bei gleichen Temperaturen) auf die Ordinate der jeweiligen Zusammensetzung, so erhält man Kurvenpunkte der Gleichgewichtslinien. Es sind die *Liquidus-* und die *Soliduslinie* dieses einfachen Zustandsdiagrammes.
Man erkennt, dass die reinen Komponenten A und B in einem Haltepunkt kristallisieren. Alle Legierungen (eingezeichnet die Beispiele *2* und *3*) erstarren in einem Temperaturintervall. Aus der Schmelze S bilden sich unter Freiwerden von Wärme (verzögerte Abkühlung, Ausbildung zweier Knickpunkte) die *Mischkristalle* $\alpha$. Bei tieferen Temperaturen liegen stets Mischkristalle (Mk) vor.

*Beispiele*:
Silber-Gold (Ag-Au), Gold-Platin (Au-Pt) Kupfer-Nickel (Cu-Ni), Cobalt-Nickel (Co-Ni)

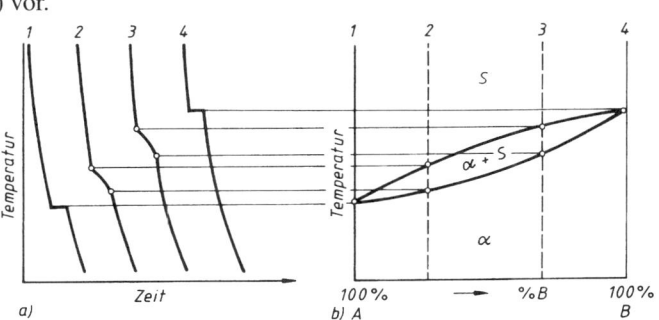

Bild 2.2–6  System mit vollständiger Löslichkeit der Komponenten im flüssigen und festen Zustand
a) Abkühlkurven     b) Zustandsdiagramm
*1* Komponente A; *2*, *3* Legierungen verschiedener Zusammensetzung; *4* Komponente B

### 2.2.2.2  Unlöslichkeit im festen Zustand

Ein völlig anderes Aussehen erhält das Zustandsdiagramm (Bild 2.2–7), wenn beide Komponenten zwar im flüssigen Zustand löslich, jedoch im festen Zustand völlig unlöslich sind. Es liegt ein *System mit eutektischer Entmischung* vor. Bei einer bestimmten Konzentration (*3*) erstarren beide Komponenten als feinkristallines Kristallgemisch (*Eutektikum*). Legierungen anderer Konzentrationen (z. B. *2* und *4*) scheiden vorher die überwiegende Komponente aus (A-Kristalle oder B-Kristalle). Im Gefüge liegen, ganz gleich, in welcher Form und Größe, nur A- und B-Kristalle vor. In den Abkühlkurven ist der Beginn der Kristallausscheidung durch einen Knickpunkt und die Bildung des Eutektikums durch einen Haltepunkt erkennbar.

*Beispiele*:
Bismut-Cadmium (Bi-Cd), Blei-Antimon (Pb-Sb)

*Eutektische Reaktion*: Aus der Schmelze S bilden sich bei konstanter Temperatur A- und B-Kristalle. Das eutektische Gefüge ist feinkristallin und besitzt oft eine schicht- oder lamellenartige Struktur.

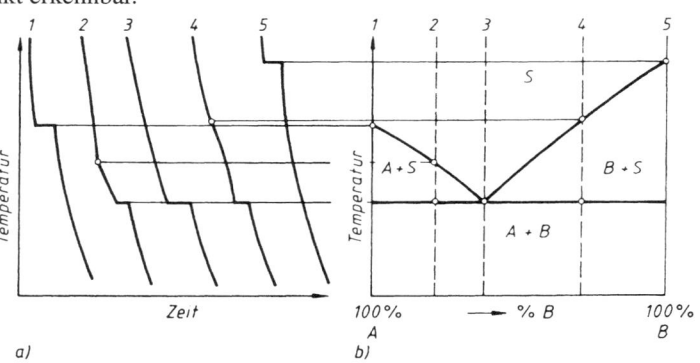

Bild 2.2–7  System mit vollständiger Löslichkeit der Komponenten im flüssigen Zustand und völliger Unlöslichkeit im festen Zustand (System mit eutektischer Entmischung)
a) Abkühlkurven
b) Zustandsdiagramm
*1* Komponente A; *3* eutektische Legierung;
*2, 4* Legierungen unter- bzw. übereutektischer Zusammensetzung; *5* Komponente B

### 2.2.2.3  System mit Mischungslücke

Bei diesem Legierungstyp sind die beteiligten Komponenten im flüssigen Zustand vollständig und im festen Zustand *begrenzt löslich*.

*Beispiele*:
Silber-Kupfer (Ag-Cu), Aluminium-Kupfer (Al-Cu)

Bild 2.2–8 enthält die Phasenbezeichnungen:

$\alpha$ Mischkristalle mit einem Grundgitter aus A-Atomen und einer begrenzten Anzahl B-Atome

$\beta$ Mischkristalle mit einem Grundgitter aus B-Atomen und einer begrenzten Anzahl A-Atome

Der Konzentrationsbereich zwischen den Einphasengebieten $\alpha$ und $\beta$ wird *Mischungslücke* genannt. Hier liegen beide Mischkristallarten vor. Es handelt sich um ein Kristallgemisch aus Mischkristallen. Das Eutektikum besteht hier aus diesen beiden Kristallarten $\alpha$ und $\beta$.

Eine *Mischungslücke* entsteht bei begrenzter Löslichkeit. Im vorliegenden Fall bilden die beiden Mischkristallarten $\alpha$ und $\beta$ bei konstanter Temperatur (Eutektikale) ein Eutektikum. Es liegt ein Kristallgemisch aus zwei Mischkristallen vor.

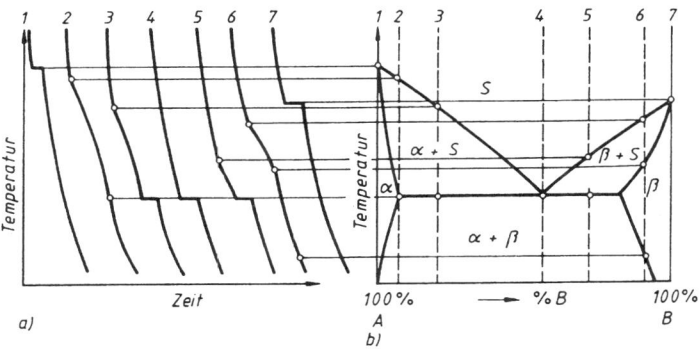

Bild 2.2–8 System mit vollständiger Löslichkeit der Komponenten im flüssigen Zustand und begrenzter Löslichkeit im festen Zustand (System mit Mischungslücke)
a) Abkühlkurven
b) Zustandsdiagramm
*1* Komponente A; *2* Legierung am Beginn der Mischungslücke; *4* eutektische Legierung;
*3, 5* Legierungen innerhalb der Mischungslücke;
*6* Legierung außerhalb der Mischungslücke (Schneiden des Sättigungsverlaufes);
*7* Komponente B

In den Abkühlkurven *3* und *5* (Bild 2.2–8) erkennt man, dass die Kristallisation zu $\alpha$ bzw. $\beta$ mit einer *Wärmetönung* (Knickpunkt in der Temperatur-Zeit-Kurve) eingeleitet wird. Das eutektische Gefüge bildet sich wiederum bei konstanter Temperatur. Der Haltepunkt ist zugleich die Solidustemperatur der betreffenden Legierung. Unterhalb der Soliduslinie des Systems ist in den Einphasengebieten je eine weitere Kurve erkennbar. Die Abkühlkurve *6* hat zwei Knickpunkte (Beginn und Abschluss der Kristallisation zur Mischkristallphase $\beta$). Weitere Unstetigkeitsstellen treten nicht auf. Die Ordinate *6* im Zustandsdiagramm schneidet jedoch noch bei einer tieferen Temperatur die *Löslichkeits-* oder *Sättigungslinie*.

*Haltepunkt* bedeutet: Temperatur bleibt über eine Zeit $t_H$ konstant; Freiwerden der latenten Wärme.
*Knickpunkt* bedeutet: Temperatur sinkt langsamer (bis z. B. Erstarrung abgeschlossen ist); es wird Wärme frei, jedoch führt sie nur zu einer Wärmetönung.

Wenn die Atombeweglichkeit noch Diffusion zulässt, scheiden sich bei weiterer Abkühlung A-Atome in Form von $\alpha$-Mischkristallen aus der nunmehr übersättigten $\beta$-Phase aus. Bild 2.2–9 enthält die praktisch wichtigeren *Gefügebezeichnungen* und notwendige Ergänzungen.

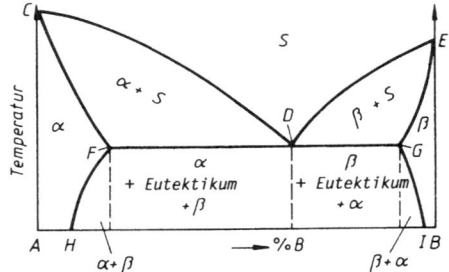

Bild 2.2–9　System mit Mischungslücke (mit Gefügebezeichnungen)
*CDE*　　　　Liquiduslinie (oberhalb: Schmelze S)
*CFDGE*　　　Soliduslinie (unterhalb: alles fest)
*FDG*　　　　Eutektikale
*FH* und *GI*　Löslichkeitslinien (Sättigungsgrenzen, Segregatlinien)

### 2.2.2.4　System mit Peritektikum

Bei einigen Legierungen kommt es zu einer *peritektischen Entmischung*. Für die beteiligten Komponenten ist charakteristisch, dass die Schmelz- und Erstarrungstemperaturen weit auseinander liegen (Bild 2.2–10). Bei einer peritektischen Reaktion bildet sich bei Abkühlung aus der Schmelze eine Kristallart $\alpha$, die, bei konstanter Temperatur mit der Schmelze reagierend, eine zweite Kristallart $\beta$ bildet. Diese Mischkristalle lagern sich um die zuerst gebildeten (peri = darum herum).

*Beispiele*:
Silber-Platin (Ag-Pt), Cadmium-Quecksilber (Cd-Hg)

> Bei einer *peritektischen Reaktion* entstehen aus der Schmelze und bereits ausgeschiedenen $\alpha$-Mischkristallen bei gleich bleibender Temperatur neue $\beta$-Mischkristalle.

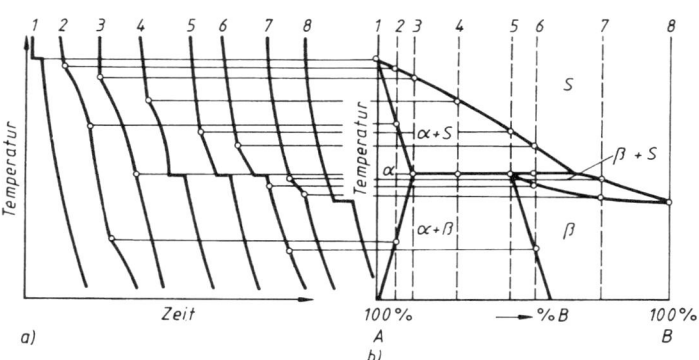

Bild 2.2–10　System mit peritektischer Entmischung
a) Abkühlkurven
b) Zustandsdiagramm
*4* Legierung mit peritektischer Entmischung

## 2.2.3 Das Lesen der Zweistoffdiagramme

### 2.2.3.1 Regeln

Für jedes 2-Phasen-Feld des Zustandsdiagrammes eines beliebigen binären Systems gelten für den Gleichgewichtsfall folgende Regeln (Bild 2.2–11):

1. Die Schnittpunkte einer Linie konstanter Temperatur $T_x$ (*Konode*) mit den beiden das 2-Phasen-Feld begrenzenden Diagrammlinien (= Gleichgewichtslinien) geben die Zusammensetzung der beiden bei der betreffenden Temperatur $T_x$ im Gleichgewicht stehenden Phasen an.

2. Bei einer Legierung der Konzentration $c$ verhalten sich die Massen (Mengen) der bei einer Temperatur $T_x$ im Gleichgewicht stehenden beiden Phasen wie die Längen der abgewandten *Konodenabschnitte* (*Hebelbeziehung*).

Die Hebelbeziehung wird im Bild 2.2–11 durch Anwendung des Momentengleichgewichts der Mechanik gezeigt. Es ist offensichtlich, dass am größeren Hebel $x$ eine kleinere Menge A-Kristalle und am kleineren Hebel $y$ eine größere Menge Schmelze wirkt.

$$\sum M = 0 \qquad A \cdot x - S \cdot y = 0$$

daraus:

$$A \cdot x = S \cdot y$$

$$\frac{A}{S} = \frac{y}{x} \quad \text{Hebelbeziehung}$$

Verschiebt man die Linie gleicher Temperatur (Konode) zu höheren oder niedrigeren Temperaturen, erkennt man die Änderung des Mengenverhältnisses und der Konzentration der Phasen.

### 2.2.3.2 Beispiele

*System Nickel-Kupfer* (Bild 2.2–12)
Beide Komponenten sind unbegrenzt löslich, d. h., es liegt ein System mit ununterbrochener Mischkristallreihe vor.

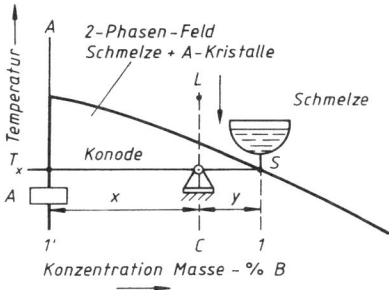

Bild 2.2–11 Regeln für den Gleichgewichtsfall

Für die Temperatur $T_x$ gilt:
*1′* Konzentration der primär ausgeschiedenen A-Kristalle (100 % A)
*1* Konzentration der noch vorhandenen Schmelze
(Anfangs- und Endpunkt der Linie gleicher Temperatur, auch *Konode* genannt)

Für eine Legierung L mit der Konzentration $c$ gilt:

$$\frac{\text{Menge der A-Kristalle}}{\text{Menge der Schmelze}} = \frac{y}{x}$$

*Ermittlung der Menge einer Phase*:
z. B. A-Kristalle

$$\frac{\text{Menge A-Kristalle}}{100\,\%} = \frac{y}{x + y}$$

$$\text{Menge A-Kristalle} = \frac{y \cdot 100\,\%}{x + y}$$

Die Konodenabschnitte $x$ und $y$ kann man als Prozentdifferenzen an der Konzentrationsskale ablesen oder abmessen.

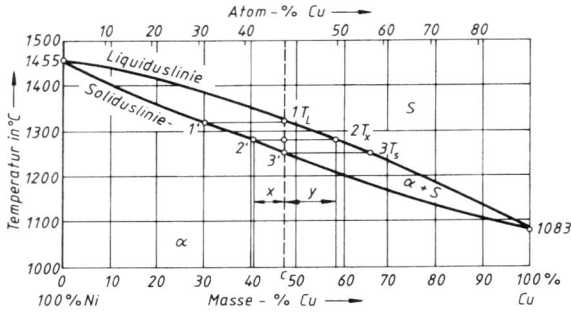

Gefüge im gesamten Konzentrationsbereich einphasig homogen (Austauschmischkristalle)

Bild 2.2–12  System Nickel-Kupfer (Ni-Cu)

Schmelz- und Erstarrungspunkte:

Ni  1 455 °C

Cu  1 083 °C

Maßeinheiten der Konzentration:
- Masseprozent (in der Technik allgemein üblich)
- Atomprozent (in den Naturwissenschaften üblich; s. Chemie)

Zwischen Liquidus- und Soliduslinie liegt ein Zweiphasengebiet ($\alpha$-Mischkristalle + Schmelze S) vor.

Während der Erstarrung ändern sich die Mengenanteile der Phasen entsprechend dem Verhältnis $x : y$.

Die Konzentration der $\alpha$-Mischkristalle ändert sich entsprechend $1'$, $2'$, $3'$ usw. und die der Schmelze entsprechend $1, 2, 3$ usw.

Die Zusammensetzung $c$ der eingezeichneten Legierung bleibt stets unverändert.

System Bismut-Cadmium (Bild 2.2–13)

In diesem Fall sind beide Komponenten im festen Zustand völlig unlöslich. Jede Legierungszusammensetzung ist ein heterogenes Kristallgemisch aus A- und B-Kristallen.

Schmelz- und Erstarrungspunkte:

Bi  271 °C

Cd  321 °C

Liquidus- und Soliduslinie schließen jeweils ein Gebiet mit primär ausgeschiedenen Kristallen und Schmelze ein. Die beiden Zweiphasengebiete werden durch das Eutektikum bei 60 % Bi und 40 % Cd getrennt. Beim eutektischen Punkt fallen Liquidus- und Solidustemperatur zusammen, d. h., diese Legierung erstarrt wie eine reine Komponente bei konstanter Temperatur (s. a. Bild 2.2–7).

Erläuterungen am Beispiel der Konzentration $c$ (Legierung mit ca. 52,5 % Ni und 47,5 % Cu):

$T_L \approx 1\,320$ °C Liquiduspunkt, d. h. Erstarrung beginnt

$T_S \approx 1\,250$ °C Soliduspunkt, d. h. Erstarrung beendet

$T_x$ beliebige Temperatur zwischen $T_L$ und $T_S$

Mengenanteile der Phasen Schmelze und $\alpha$-Mischkristalle bei der Temperatur $T_x$

$$m_{\alpha\text{-Mk}}/m_{\text{Schmelze}} = y/x$$

Konzentration der beiden Phasen (Ni- und Cu-Anteil in der Schmelze und in den $\alpha$-Mk); jeweils ablesbar auf der Konzentrationsachse in Masse-%:

Konzentration der Schmelze

bei $T_L = 1$     52,5 % Ni; 47,5 % Cu (Beispiel)

bei $T_x = 2$ ⎫

bei $T_S = 3$ ⎭ s. Zustandsdiagramm

Konzentration der $\alpha$-Mk

bei $T_L = 1'$     70 % Ni; 30 % Cu (Beispiel)

bei $T_x = 2'$ ⎫

bei $T_S = 3'$ ⎭ s. Zustandsdiagramm

Erläuterung: $1$–$1'$, $2$–$2'$, $3$–$3'$ nennt man auch Konoden

Strecken $x, y$ sind Konodenabschnitte

*Anwendung der Hebelbeziehung:*

*Für c gilt bei $T_x$:*

$$\frac{m_{Cd-Pr.-Kr.}}{m_{Schmelze}} = \frac{y}{x}$$

*Für c gilt bei $T_s$:*

$$\frac{m_{Cd-Pr.-Kr.}}{m_{Eutektikum}} = \frac{v}{u}$$

Beachten Sie: Restschmelze erstarrt bei Temperatur $T_S$ zu Eutektikum!

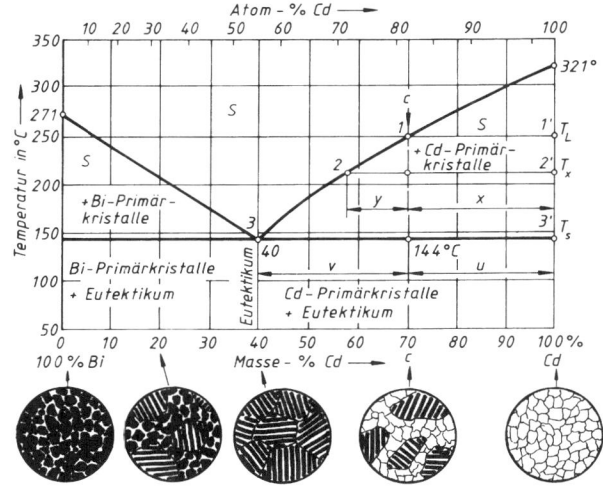

Primärkristalle = durch Erstarrung (der Schmelze) entstanden

Sekundärkristalle = durch Veränderungen im festen Zustand entstanden

$T_S$ = Solidustemperatur

$T_E$ = eutektische Temperatur

Im vorliegenden Zustandsschaubild ist $T_E = T_S$

$x$ und $y$ geben die Mengenanteile der Phasen, $u$ und $v$ die der Gefügearten nach abgeschlossener Erstarrung an. Die Konzentration der Schmelze ändert sich bei Abkühlung entsprechend *1, 2, 3* usw.

Zustandsdiagramme dieser Art können ausschließlich mit den Bezeichnungen der auftretenden Phasen (Bild 2.2–7) oder den Gefügenamen versehen sein (Bild 2.2–13). Für die praktische Anwendung sind die Gefügebezeichnungen wichtiger. Beispielsweise besitzt das feinkörnige, lamellare Eutektikum charakteristische Eigenschaften (u. a. höhere mechanische Festigkeit). Es ist deshalb wichtig, welche Menge Eutektikum im Gesamtgefüge vorliegt. Allein die Menge der Kristalle beider Komponenten anzugeben, würde zu wenig aussagen.

Alles, was über die Abkühlung von Legierungen gesagt wurde, gilt analog für die *Erwärmung*. Die geschilderten Prozesse sind ausnahmslos umkehrbar.

Bild 2.2–13  System Bismut-Cadmium (Bi-Cd)

Erläuterung am Beispiel der Konzentration $c$ (Legierung mit 30 % Bi und 70 % Cd):

Mengenanteile der Phasen Schmelze und Cd-Primärkristalle bei $T_x$:

(Anwendung der Hebelbeziehung)

$$\frac{m_{Cd-Pr.-Kr.}}{100\%} = \frac{y}{x+y} \quad | \quad \text{im Schaubild}$$

gemessen $x = 21$ mm, $y = 9$ mm

$$m_{Cd-Pr.-Kr.} = \frac{y \cdot 100\%}{x+y} = \frac{9 \cdot 100\%}{21+9}$$

$$m_{Cd-Pr.-Kr.} = \frac{900}{30}\% = \underline{30\%}$$

$$m_{Schmelze} = \underline{70\%}$$

Gefügeanteil bei $T_E$ und darunter (also auch bei Raumtemperatur)

$$\frac{m_{Cd-Pr.-Kr.}}{100\%} = \frac{u}{u+v} \quad |$$

gemessen $v = 22$ mm, $u = 22$ mm

ergibt $m_{Cd-Pr.-Kr.} = \underline{50\%}$

$m_{Eutektikum} = \underline{50\%}$

Änderung der Konzentration der Schmelze:

bei $T_L$        : *1*        30 % Bi 70 % Cd

bei $T_x$        : *2*    (ca.) 43 % Bi 57 % Cd

bei $T_S$(144 °C) : *3*        60 % Bi 40 % Cd

Die Zustandsdiagramme gelten somit gleichermaßen für Abkühl- und Erwärmungsprozesse, solange diese langsam genug ablaufen, d. h. das thermodynamische Gleichgewicht annähernd gewahrt bleibt.

**Übung 2.2–1**
Welche Zustandsgrößen kennen Sie?

**Übung 2.2–2**
Erklären Sie Liquidus- und Soliduspunkt einer Legierung!

**Übung 2.2–3**
Beschreiben Sie die „Löslichkeit" zweier Komponenten im festen Zustand!

**Übung 2.2–4**
Wie läuft eine eutektische Reaktion ab?

**Übung 2.2–5**
Wie kann man das Masseverhältnis zweier Phasen aus dem Zustandsdiagramm ermitteln?

**Übung 2.2–6**
Was ist eine Mischungslücke?

## 2.3    Legierungseigenschaften

**Lernziele**
Der Lernende erkennt …
- dass die Eigenschaften von Legierungen von der Kristallstruktur und vom Gefügeaufbau abhängen,
- dass die Eigenschaften der Legierungen konzentrations- und temperaturabhängig sind,
- dass mit „geringen Mitteln" oft erhebliche Änderungen der Eigenschaften erzielt werden können.

## 2.3.0    Übersicht

Nachdem die Struktur der Legierungen und einige wichtige Zweistoffsysteme behandelt wurden, soll in diesem Kapitel besprochen werden, wie und in welchem Maße sich Eigenschaften ändern können. Es werden vor allem immer wiederkehrende Tendenzen und exemplarisch einige Eigenschaften genannt.

## 2.3.1 Tendenzen

Allgemein gilt für Legierungen, deren Korngröße über $10^{-3}$ mm (mittlerer Komdurchmesser) liegt

a) *bei heterogenem Gefüge* (Kristallgemisch): Die Eigenschaften der beteiligten Phasen addieren sich im Verhältnis ihrer Mengenanteile (Bild 2.3–1). Die Eigenschaft Streckgrenze ändert sich linear, d. h. proportional zur Konzentration (Zusammensetzung der Legierung):

b) *bei homogenem Gefüge* (Mischkristalle): Die Eigenschaften ändern sich nicht proportional mit der Zusammensetzung. Außerhalb der Mischungslücke liegt links und rechts jeweils eine Mischkristallart vor (Bild 2.3–1). Bei der ununterbrochenen Mischkristallreihe (Bild 2.3–2) gibt es insgesamt nur eine Mischkristallart.

In den Bildern 2.3–1 und 2.3–2 wurde die Festigkeitsgröße *Streckgrenze* (s. Abschnitt 12.2) zur Demonstration verwendet. Ist die Streckgrenze hoch, so ist der Widerstand des Werkstoffes gegen eine plastische (bleibende) Formänderung groß, d. h., es ist ein hoher Kraftaufwand erforderlich. Mit der Bildung von Mischkristallen ist stets ein Anstieg der Streckgrenze zu verzeichnen (s. Abschnitt 2.2.1).

Die Streckgrenze ist das wichtigste Maß für die Festigkeit zäher Werkstoffe. Sie ist eine Spannung mit der Maßeinheit N/mm². Man ermittelt die Streckgrenze im Zugversuch (Abschnitt 12.2).

Durch die Aufnahme von Atomen der Komponente B im Wirtsgitter A entstehen gegenseitige, atomare Beeinflussung und eine Verspannung des Gitters. Eigenschaftsänderungen durch Legieren können deshalb praktisch nicht aus den Eigenschaften der beteiligten Komponenten bestimmt werden.

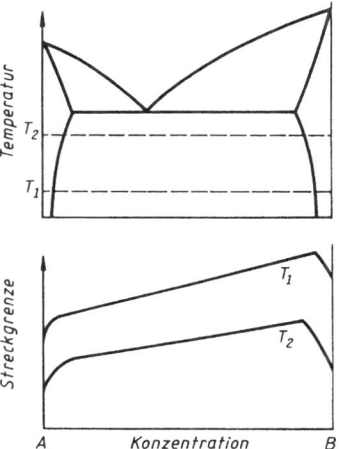

Bild 2.3–1  Verlauf der Streckgrenze im System begrenzter Löslichkeit mit Eutektikum (schematisch) – Temperaturen $T_1$ und $T_2$

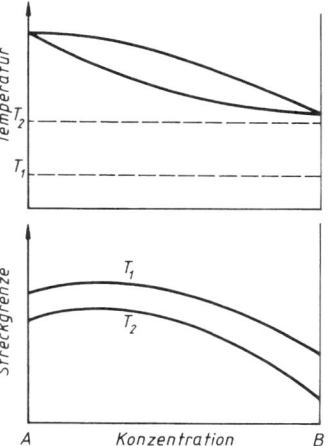

Bild 2.3–2  Verlauf der Streckgrenze im System völliger Löslichkeit (schematisch) – Temperaturen $T_1$ und $T_2$

*Kristallgemisch*:  Eigenschaften proportional zur Zusammensetzung

*Mischkristall*:  Eigenschaften ändern sich nichtlinear

*Mischkristallfestigkeit*:  Anstieg der Streckgrenze durch Mischkristallbildung

**Übung 2.3–1**
Was versteht man unter Mischkristallfestigkeit?

**Übung 2.3–2**
Weshalb ist die Art der Einlagerung einer Phase von Bedeutung?

Neben den mechanischen Eigenschaften, wie Streckgrenze, *Elastizitätsmodul, Härte*, werden auch technologische Eigenschaften (Verarbeitungseigenschaften), z. B. die *Gießbarkeit*, durch die Konzentrationsänderung der Legierung beeinflusst (Bild 2.3–3). Die Gießbarkeit wird als Füllungsvermögen der Schmelze in einer sehr schmalen Form gemessen und gewertet.

Man erkennt beim System Blei-Antimon (Pb–Sb) deutlich, dass die eutektische Legierung (87 % Pb, 13 % Sb) besonders gut gießbar ist. Die Schmelzpunktminima bei eutektischen Legierungen werden zuweilen gießtechnisch genutzt, wenn Teile mit Rippen, schmalen Ansätzen usw. beim Abguss gut gelingen sollen.

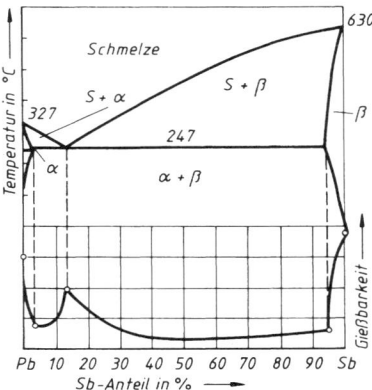

Bild 2.3–3  Verlauf der Gießbarkeit der Blei-Antimon-Legierungen

Gießbarkeit, Formfüllungsvermögen siehe Abschnitt 5.2.1, besonders Bild 5.2–1

> *Eutektische Legierungen* haben ein Schmelzpunktminimum, d. h., Liquidus- und Soliduslinie fallen zusammen. Diese Legierungen sind häufig gut gießbar.

*Beispiel*:
Phosphideutektikum bei phosphorreichem, grau erstarrtem Gusseisen; Teile mit dünnen Rippen gut gießbar

Auch andere physikalische Eigenschaften ändern sich durch Legieren.
Der elektrische Widerstand eines Metalles oder einer Legierung setzt sich nach der Regel von Matthiessen zusammen.

$\varrho$ in $\Omega$m  spezifischer elektrischer Widerstand (s. Physik, Elektrizitätslehre)

> *Regel von Matthiesen*:
> $\varrho = \varrho_G + \varrho_R$

$\varrho_G$  Gitterschwingungsanteil (thermischer Anteil)
$\varrho_R$  Restwiderstand, resultierend aus dem temperaturabhängigen Anteil der Legierungsatome und Gitterbaufehler

Bild 2.3–4 zeigt den Einfluss der Konzentration bei der ununterbrochenen Mischkristallreihe. Die elektrische Leitfähigkeit vermindert sich demzufolge erheblich durch die Mischkristallbildung. Ebenso vermindert sich die Wärmeleitfähigkeit $\lambda$.

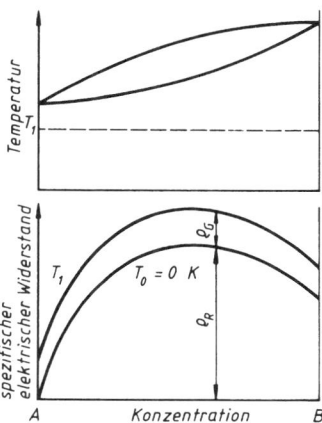

Bild 2.3–4 Verlauf des spezifischen elektrischen Widerstandes im System völliger Löslichkeit (schematisch)
$\varrho_G$  Gitterschwingungsanteil
$\varrho_R$  Restwiderstand (temperaturabhängig)

$\lambda$ in W/(m · K)  Wärmeleitfähigkeit (Wärmeleitzahl) (s. Physik, Wärmeübertragung)

Tabelle 2.3–1 Wirkung der Mischkristallbildung auf die Wärmeleitfähigkeit $\lambda$ (Beispiel: Eisen und Eisenlegierungen) bei 20 °C

| Werkstoff | $\lambda$ in W/(m · K) | |
|---|---|---|
| Fe (99,92 %) | 72 | zuneh- |
| Stahl (0,2 % C) | 47 | mende Mk- |
| CrNi-Stahl (18 % Cr, 8 % Ni) | 14 | Bildung |

Bild 2.3–5 zeigt das schematische Zustandsdiagramm einer Legierung mit zwei im festen Zustand ineinander völlig unlöslichen Komponenten, die bei der Konzentration $c$ die intermetallische Phase $A_mB_n$ bilden. In beiden Teilbereichen des Diagrammes ändert sich der elektrische Widerstand linear (bei beiden Temperaturen $T_1$ und $T_2$).
Ist eine 2. Phase in sehr feiner Verteilung eingelagert, so kann es zu extremen Eigenschaftsänderungen kommen. Beispiele hierfür:
1. erheblicher Anstieg von Streckgrenze und Härte beim Aushärten von Legierungen,
2. C in Fe (krz-Einlagerungs-Mk) in den Kantenmitten der Elementarzelle; tetragonale Verzerrungen des Gitters; starker Härteanstieg.
Damit ändern sich andere physikalische Eigenschaften ebenfalls.

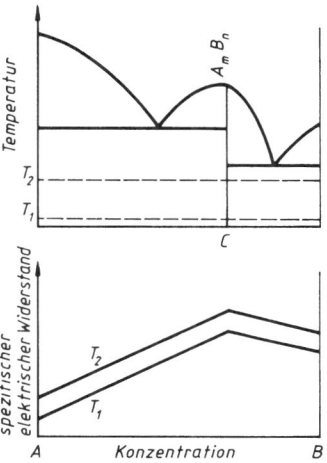

Bild 2.3–5 Verlauf des spezifischen elektrischen Widerstandes in einem System völliger Unlöslichkeit mit intermetallischer Phase $A_mB_n$
$c$ Konzentration von $A_mB_n$ (100 %), Temperaturen $T_1$ und $T_2$

*Beispiele*:
Magnesium-Calcium (Mg-Ca),
Aluminium-Antimon (Al-Sb)

Eigenschaften der Legierungen sind konzentrations- und temperaturabhängig. Wie stark sich die Eigenschaften ändern, wird besonders durch die Art und Weise der Einlagerung bestimmt.

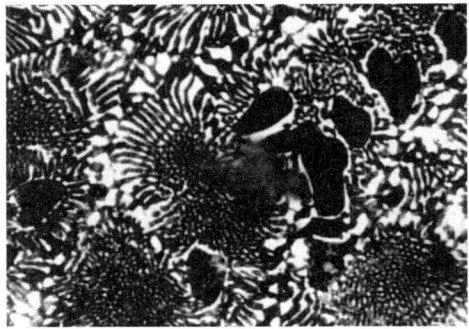

Bild 2.3–6  Eutektisches Gefüge (Cu-Al-Legierung) bei Betrachtung mit einem Auflichtmikroskop (Vergrößerung 800 : 1)

## Lernzielorientierter Test zu Kapitel 2

1. Ordnen Sie den unter A bis D genannten, festen Phasen je ein Beispiel zu!
   A Überstruktur
   B Mischkristall, unbegrenzt löslich
   C Mischkristall, begrenzt löslich
   D intermetallische Verbindung
2. Welche Größen beschreiben den thermischen Gleichgewichtszustand bei Zweistofflegierungen?
   A Zeit
   B Temperatur
   C Affinität
   D Konzentration (Zusammensetzung der Legierung)
   E Molekülmasse
3. Eutektisches Gefüge
   A ist weich

B besitzt eine lamellare Struktur
C hat ein Schmelzpunktminimum in der Legierungsreihe
D ist gut umformbar
E tritt bei teilweiser oder völliger Unlöslichkeit der beteiligten Legierungskomponenten im festen Zustand auf
4. Bildung von Mischkristallen bewirkt
   A Verringerung der Härte
   B Anstieg der Streckgrenze (Erhöhung der Festigkeit)
   C Verbesserung der Schweißbarkeit
   D Erhöhung des elektrischen Widerstandes
   E Verbesserung der chemischen Beständigkeit

# 3  Eisen-Kohlenstoff-Legierungen

## 3.0  Überblick

Als Eisen-Kohlenstoff-Legierungen bezeichnet man in der Metallkunde alle *Stahlarten* und *Gusseisensorten* (Eisenwerkstoffe). Ihre Eigenschaften, ihre Vielfalt und ihre kostengünstige Herstellung verschaffen dieser Werkstoffgruppe eine Spitzenstellung in der Wirtschaft. Hochbau, Schiffbau, Maschinen-, Fahrzeug-, Anlagen- und Gerätebau usw. – in diesen Industriezweigen wird von allen metallischen Werkstoffen, meist von allen Materialien überhaupt, mengenmäßig am meisten *Stahl* verwendet. So erfahren die Eisenwerkstoffe auch im vorliegenden Lernbuch eine besondere Betonung. Nachdem Sie gelernt haben, was man unter *Legierungen* versteht, kommt nun mit Eisen-Kohlenstoff ein wichtiges Zweistoffsystem hinzu. Zunächst werden Sie sich mit den Komponenten Eisen und Kohlenstoff näher befassen. Aus deren Beziehungen zueinander resultiert ein so genanntes *Dualsystem*. In diesem Kapitel erfahren Sie, unter welchen Bedingungen sich das metastabile System Eisen-Eisencarbid (Fe-Fe$_3$C) bzw. das *stabile System Eisen-Graphit* (Fe-C) ausbildet. Die *Zustandsdiagramme* werden besprochen und durch Abkühlverläufe bestimmter Zusammensetzungen veranschaulicht. Praktisch von Interesse ist die Zuordnung der Gefügearten (Aufbau, Eigenschaften und bildliche Darstellung). Dieses Kapitel hilft Ihnen, Stahleigenschaften besser zu verstehen. Es vermittelt Ihnen außerdem Grundlagen für die Wärmebehandlung der Eisenwerkstoffe.

**Lernziele**

Der Lernende kann ...
- Grundlagen der Legierungslehre am System Eisen-Kohlenstoff anwenden,
- das Eisen-Kohlenstoff-Diagramm erklären,
- die Systeme Fe-Fe$_3$C und Fe-C (Dualsystem) unterscheiden,
- die wichtigsten Gefügearten nennen sowie deren Aufbau und Eigenschaften erläutern,
- technisch wichtige Werkstoffe (Einsatzstahl, Vergütungsstahl, Werkzeugstahl, Gusseisen usw.) richtig zuordnen.

## 3.1  Reines Eisen

Eisen = *ferrum (lat.)*

Eisen ist ein *polymorphes Metall*. Bei 1 536 °C erstarrt eine reine Eisenschmelze zum krz-$\delta$-Eisen. Kühlt man weiter ab, so wandelt es sich bei 1 392 °C in das dichtere kfz-$\gamma$-Eisen und dieses bei 911 °C wieder in das weniger dichte krz-$\alpha$-Eisen um. Diese Gitterumwandlungen zeigen sich im Temperatur-Zeit-Verlauf und in der *Dilatometerkurve* (dilatos = ausdehnen) (Bild 3.1–2).

Eisen

| | |
|---|---|
| Gitter | s. Bild 3.1–1 |
| Schmelzpunkt | 1 536 °C |
| Dichte | 7,87 kg/dm$^3$ |
| Festigkeit | $R_e \approx 100\ \text{N/mm}^2$ |
| | $R_m \approx 200\ \text{N/mm}^2$ |

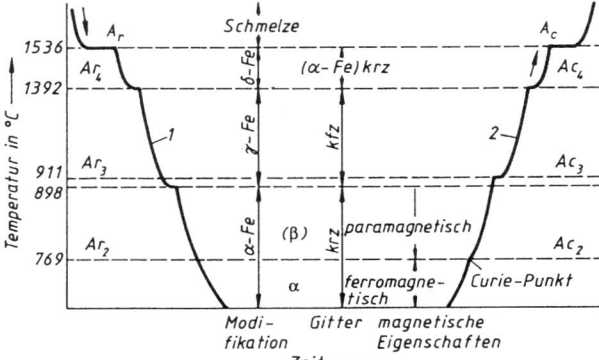

Im Abkühlverlauf sind durch frei werdende Wärme (latente Wärme) deutlich Haltepunkte zu erkennen. Die an einem Längenmessgerät aufgezeichnete Temperatur-Längenänderungs-Kurve zeigt sprunghafte Längenänderungen bei den charakteristischen Temperaturen.

Bild 3.1–1  Abkühlungskurve (1) und Erwärmungskurve (2) von reinem Eisen (Gleichgewicht, Kurven idealisiert)

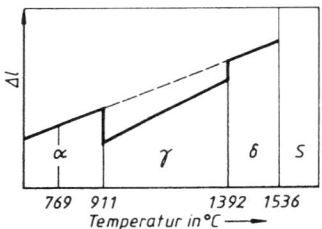

Bild 3.1–2  Lineares Ausdehnungsverhalten von reinem Eisen bei Erwärmung (Dilatometerkurve)

Reines Eisen ist magnetisierbar (*ferromagnetisch*). Diese Eigenschaft geht bei Erwärmung bei 769 °C (*Curie*-Punkt) verloren. Oberhalb dieser Temperatur ist Eisen *paramagnetisch*. Dieser Vorgang ist reversibel (umkehrbar), d. h., bei der Abkühlung wird Fe bei der gleichen Temperatur wieder ferromagnetisch.

Es ist üblich, die Umwandlungstemperaturen zu kennzeichnen. Darüber informiert die Tabelle 3.1–1. Prägen Sie sich diese Bezeichnungen und ihre Bedeutung ein!
Es bedeuten (franz.):
A (arrêt) Halte- oder Knickpunkt
c (chauffage) Erwärmung
r (refroidissement) Abkühlung
$\alpha_{param}$ auch $\beta$ genannt

*Curie-Temperaturen* begrenzen die physikalische Eigenschaft des Ferromagnetismus nach „oben".

*Beispiele*:  Fe:    769 °C
          Ni:    320 °C
          $Fe_3C$:  218 °C

Tabelle 3.1–1  International übliche Abkürzungen für Fe-Umwandlungstemperaturen

| Umwandlung | Beim Erwärmen | Beim Abkühlen |
|---|---|---|
| Schmelze $\rightleftarrows$ $\delta$ | $A_c$ | $A_r$ |
| $\delta$ $\rightleftarrows$ $\gamma$ | $A_{c4}$ | $A_{r4}$ |
| $\gamma$ $\rightleftarrows$ $\alpha$ | $A_{c3}$ | $A_{r3}$ |
| $\alpha_{param}$ $\rightleftarrows$ $\alpha_{ferrom}$ | $A_{c2}$ | $A_{r2}$ |

**Übung 3.1–1**
Was versteht man unter der Curie-Temperatur (auch Curiepunkt genannt)?

**Übung 3.1–2**
Welche Gitterarten (Modifikationen) treten bei reinem Eisen auf? Nennen Sie dazu die entsprechenden Umwandlungstemperaturen!

**Übung 3.1–3**
Was bedeuten die Bezeichnungen $A_{c3}$ und $A_{r3}$?

# 3.2 Komponente Kohlenstoff

Der Kohlenstoff existiert in Eisenlegierungen in verschiedenen Formen. Zunächst kann er in den Modifikationen des Eisens $\alpha$, $\gamma$ und $\delta$ gelöst vorkommen. Die vorliegenden festen Lösungen mit unterschiedlicher Konzentration (C-Gehalt) bezeichnet man als $\alpha$-, $\gamma$- und $\delta$-*Mischkristall*. Der Kohlenstoff kann gebunden als $Fe_3C$ (*Zementit* oder Eisencarbid) bzw. als $Fe_{2...3}C$ (*ε-Carbid*) vorkommen. Unter bestimmten Bedingungen liegt der Kohlenstoff frei als selbstständige Phase in Form von *Graphit* vor.

$Fe_3C$ kristallisiert in einem komplizierten rhomboedrischen Gitter. Die Härte dieser Phase beträgt 1 100 HV 10 (Näheres über die Messung der Härte erfahren Sie im Abschnitt 12.3). Der Schmelzpunkt von $Fe_3C$ ist nicht genau bestimmbar, weil diese Phase beim Erwärmen bereits unter dieser Temperatur in Eisen und Kohlenstoff zerfällt. Im Fe-$Fe_3C$-Diagramm (Bild 3.4–1) ist die Liquiduslinie für C > 4,3 % deshalb gestrichelt gezeichnet. Hinsichtlich Gefügeaufbau und -eigenschaften unterscheidet man:

*Primärzementit*: Primärgebiet → Linie *DC*
*Sekundärzementit*: Sekundärgebiet → Linie *ES*
   (RT: Körner werden schalenförmig umgeben; damit starke Versprödung des Werkstoffes verbunden)
*Tertiärzementit*: Tertiärgebiet → Linie *PQ*
   Die Bildung der Zementitarten entlang der genannten Linien bezieht sich auf das Zweistoffsystem Fe-$Fe_3C$ (Bild 3.4–4).

| Kohlenstoff | Erscheinungsform |
|---|---|
| gelöst | $\alpha$ (krz), $\gamma$ (kfz), $\delta$ (krz); Mischkristalle |
| gebunden | $Fe_3C$ (orthorhombisch); $\varepsilon$-Carbid (hex) |
| frei | Graphit (hex) |

Graphitgitter: hexagonal; dichte Atomanordnung in parallelen Ebenen; Schichtgitterstruktur (s. Bild 1.1–11)

---

*Eisencarbid* oder Zementit $Fe_3C$ ist eine intermetallische Phase mit 6,67 % C. Einer chemischen Verbindung stark ähnelnd, liegt der Kohlenstoff im Gitter gebunden vor.
Man unterscheidet:
- *Primärzementit*
- *Sekundärzementit*
- *Tertiärzementit*

---

RT *Raumtemperatur*

Wir kommen im Abschnitt 3.4 darauf zurück. Im *stabilen System* (es liegt im Werkstoff häufig neben dem metastabilen System vor) liegt Graphit in Form von groben Blättchen, Nestern oder Kugeln vor. Es handelt sich um nichtmetallische Einschlüsse, um ein *heterogenes Gefüge*. Die Sekundärausscheidung des freien Kohlenstoffs trägt den Namen *Temperkohle*. Graphit besitzt ein hexagonales Schichtgitter (Graphit als Schmierstoff!).

**Übung 3.2–1**
In welchen Formen existiert Kohlenstoff in Fe-Legierungen?

Anmerkung: Diamant ist reiner Kohlenstoff. Seine Elementarzelle entspricht einer kfz-Zelle, bei der jede 2. Achtelzelle zentriert von je einem C-Atom besetzt ist (Bild 3.2–1). Diamant besitzt die größte bekannte Härte.

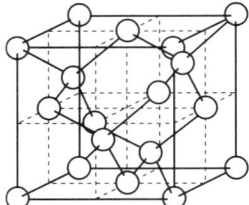

Bild 3.2–1  Elementarzelle von Diamant

## 3.3  Allgemeines zum System Eisen-Kohlenstoff

Bei hohen Temperaturen ist Kohlenstoff in der Eisenschmelze löslich. Je nach Abkühlgeschwindigkeit und chemischer Zusammensetzung kann die Erstarrung aus homogenen Fe-C-Schmelzen wie folgt ablaufen:

1. Die sich bildenden Gefüge enthalten nur die Komponenten Eisen und Zementit. Man spricht vom *metastabilen System* Fe-Fe$_3$C. Dieses System gilt für Stahl, Stahlguss und jede Art von weißem Gusseisen. In der technischen Literatur werden die Gleichgewichtslinien dieses Systems durch ausgezogene Linien dargestellt.

2. Die Gefüge enthalten nur die Komponenten Eisen und Kohlenstoff in Form von Graphit. Man nennt es das *stabile System* Fe-C (Eisen-Graphit). Der Begriff *stabil* deutet darauf hin, dass eine weitere Zerlegung des Kohlenstoffs in Form von Graphit nicht möglich ist. Dagegen zerfällt Fe$_3$C bei langzeitiger Glühung in Eisen und Temperkohle. Die Gleichgewichtslinien dieses Systems werden meist gestrichelt dargestellt.

3. Es bilden sich Gefüge, in denen neben Eisen sowohl elementarer Kohlenstoff als auch Fe$_3$C vorliegen. Das metastabile und das stabile System liegen nebeneinander vor.

|  | *Stabiles System Fe-C* | *Metastabiles System Fe-Fe$_3$C* |
|---|---|---|
| Kohlenstoff | Graphit Temperkohle | Zementit (Eisencarbid) |
| begünstigt durch | langsame Abkühlung carbidzerlegende Elemente | rasche Abkühlung carbidbildende Elemente |

Dieser Zustand bestimmt den Gefügeaufbau technischer Gusseisensorten. Beide Diagramme (metastabil und stabil) gelten für extrem langsame Abkühlung, d. h. bei vollständiger Diffusionsmöglichkeit. Die Entstehung der Zustandsdiagramme erfolgt in gleicher Weise wie die anderer binärer Systeme (Zweistoffsysteme).

**Übung 3.3–1**
Wodurch unterscheiden sich das metastabile und das stabile System Eisen-Kohlenstoff?

**Übung 3.3–2**
Welche Faktoren begünstigen das stabile System Eisen-Kohlenstoff (Eisen-Graphit bzw. Eisen-Temperkohle)?

## 3.4 System Eisen-Eisencarbid (Fe-Fe$_3$C)

Die Gleichgewichtslinien dieser Zweistofflegierung sind etwas komplizierter als bei den im Abschnitt 2.2 besprochenen Diagrammen (Bild 3.4–1).

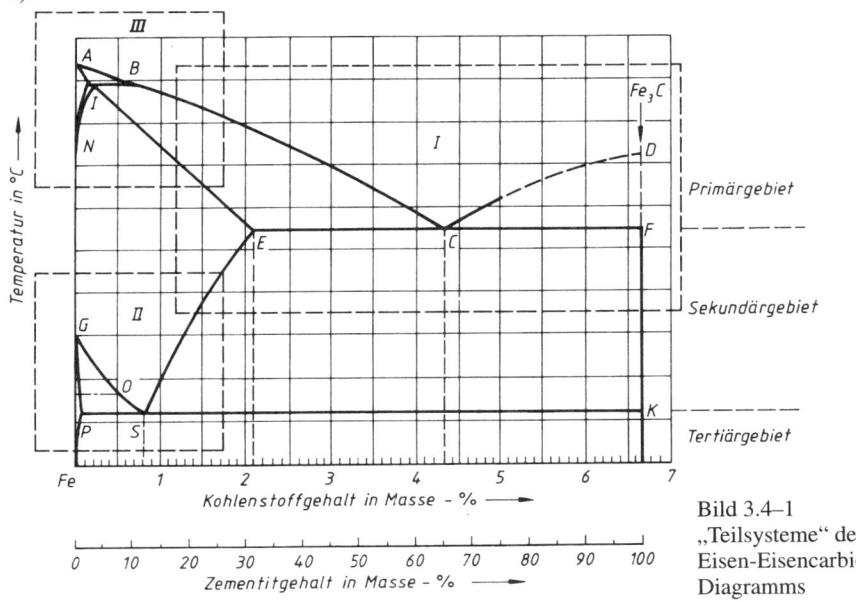

Bild 3.4–1
„Teilsysteme" des Eisen-Eisencarbid-Diagramms

Gründe dafür sind:

1. die Polymorphie der Komponente Eisen. Bild 3.4–2 lässt die Umwandlungstemperaturen 911 °C und 1 392 °C an der Ordinate erkennen.

2. Der Kohlenstoff existiert im metastabilen System Fe-Fe$_3$C in gebundener Form nur bis zu bestimmten konzentrationsabhängigen Temperaturen. Darüber existiert er nur (atomar) in gelöster Form. Bild 3.4–2 zeigt, dass oberhalb des Linienzuges *QPSECD* die Phase Fe$_3$C nicht eingetragen ist.

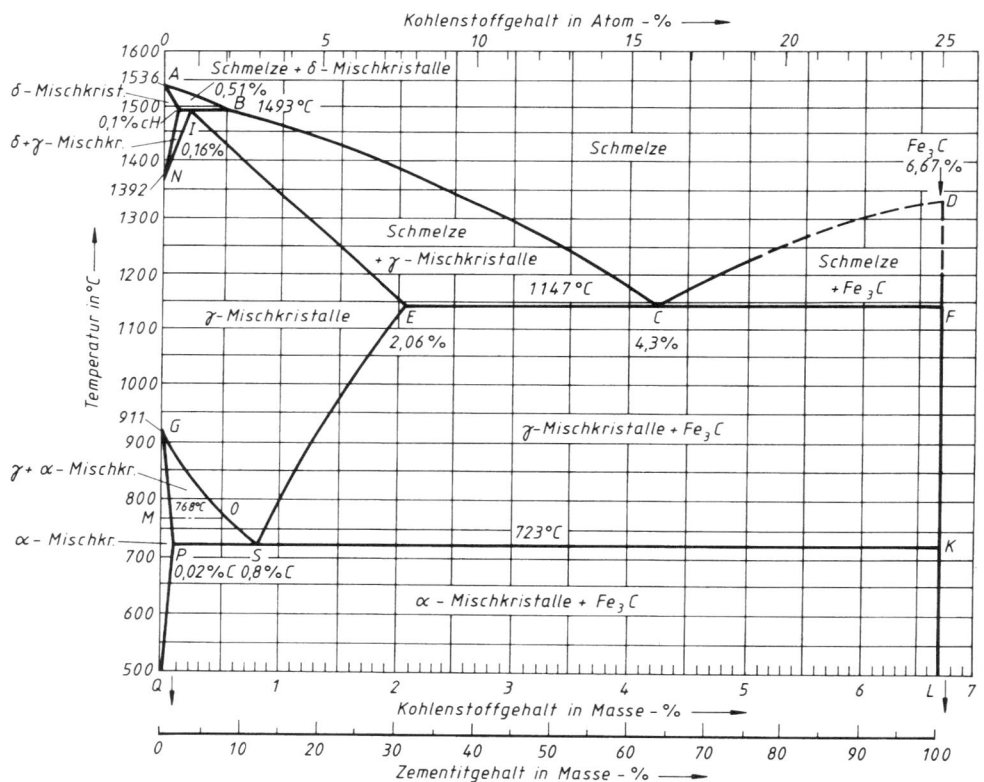

Betrachtet man die im Bild 3.4–1 vorgenommene Aufteilung, so erkennt man, dass sich das gesamte Fe-Fe$_3$C-Diagramm (ein System mit intermetallischer Phase) aus folgenden Teilsystemen zusammensetzt:

I   Mischungslücke (Umwandlung flüssig/fest); Eutektikum bei Punkt *C*

Bild 3.4–2  Eisen-Eisencarbid-Diagramm (System Fe-Fe$_3$C) mit Phasenbezeichnungen

II Mischungslücke (Umwandlung fest/fest); Eutektoid bei Punkt $S$

III Peritektikum (Umwandlung flüssig/fest)

Die Konzentrationsachse wird mit $0\ldots100\,\%$ Fe$_3$C bzw. mit $0\ldots6{,}67\,\%$ Kohlenstoff bezeichnet (Bild 3.4–1).

Peritektikum: Abschnitt 2.2.2.4

Oberhalb der Liquiduslinie *ABCD* liegt Schmelze vor. Bei Abkühlung beginnen entlang der Linie *ABC* die Ausscheidung von Eisenmischkristallen und entlang *CD* die primäre Kristallisation von Fe$_3$C. Wird die Soliduslinie *AHIECFD* erreicht, ist die Erstarrung abgeschlossen. Sie erkennen, dass die Schmelz- und Erstarrungstemperaturen (Intervall) mit zunehmendem Kohlenstoffgehalt abnehmen. So ist die Verflüssigung von Stahl (niedriger C-Gehalt) zur Herstellung von Formgussteilen energieaufwendiger als bei Gussteilen (Kohlenstoffgehalt über 2 %). Nun wenden wir die im Abschnitt Zweistofflegierungen erworbenen Kenntnisse an, setzen die Teilsysteme zum Gesamtsystem zusammen und betrachten einzeln die bei Abkühlung auftretenden Umwandlungen:

*Wichtige Gleichgewichtslinien*:
(mehrmals im Diagramm Fe-Fe$_3$C Punkt für Punkt nachgehen!)

| | |
|---|---|
| Liquiduslinie | *ABCD* |
| Soliduslinie | *AHIECFD* |
| Eutektikale | *ECF* |
| Eutektoide | *PSK* |
| Sättigungslinien | *ES* |
| | *PQ* |
| Curie-Linie | *MOSK* |
| Bildung/Auflösung des Fe$_3$C | *QPSECD* |

- Nach der Primärausscheidung (primär, d.h. Kristallisation aus der Schmelze) von $\gamma$-Mischkristallen ($2{,}06\ldots4{,}3\,\%$ C) oder Fe$_3$C ($4{,}3\ldots6{,}67\,\%$ C) erstarrt die Schmelze, wenn die Linie *ECF* (Eutektikale oder eutektische Linie) erreicht ist.

$$\text{S} \rightarrow \gamma\text{-Mk} + \text{Fe}_3\text{C} \qquad \text{(I)}$$

Dieses eutektische Kristallgemisch trägt den Gefügenamen *Ledeburit*.

Eutektikum des Systems Fe-Fe$_3$C: *Ledeburit*

- Ein *Eutektoid* (Eutektikum bei einer Umwandlung fest/fest) liegt beim Punkt $S$ vor. Aus den $\gamma$-Mischkristallen, die den Gefügenamen *Austenit* erhielten, scheiden sich sekundär (d.h. aus dem festen Zustand) $\alpha$-Mk ($0{,}02\ldots0{,}8\,\%$ C) oder Fe$_3$C (über 0,8 % C) aus. An der Linie *PSK* ($A_1 = 723\,°\text{C}$) wird der Zerfall der $\gamma$-Mk abgeschlossen. Es bildet sich das eutektoide Kristallgemisch.

$$\gamma\text{-Mk} \rightarrow \alpha\text{-Mk} + \text{Fe}_3\text{C} \qquad \text{(II)}$$

Der Gefügename dieses Eutektoids ist *Perlit*.

Eutektoid (= Eutektikum bei Umwandlungen im festen Zustand): *Perlit*

Die Linie *SE* ist eine Löslichkeits- oder Sättigungslinie, die das begrenzte temperaturabhängige Aufnahmevermögen des kfz-Eisens für atomaren Kohlenstoff erkennen lässt. Bei Abkühlung im Bereich $0{,}8\ldots2{,}06$ % C wird die Linie *SE*, auch $A_{cm}$-Linie genannt, geschnitten. Dabei wird der zuviel gelöste Kohlenstoff in Form von $Fe_3C$ (Sekundärzementit) ausgeschieden.

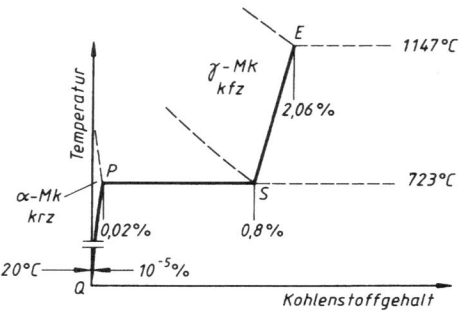

Bild 3.4–3  Maximale Löslichkeiten von Kohlenstoff in Eisen im kristallinen Zustand

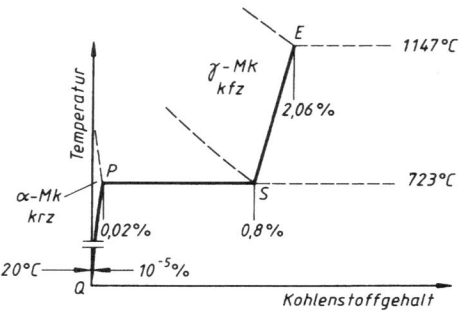

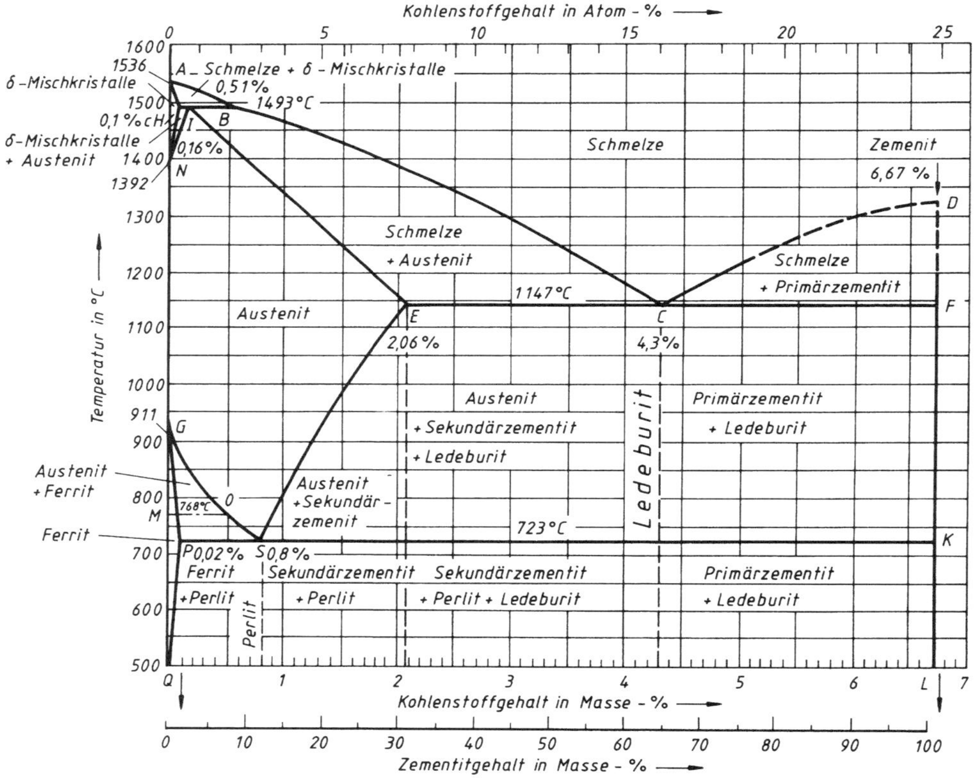

• Links oben ist im System Fe-Fe$_3$C das *Peritektikum* zu erkennen.

$$S + \delta\text{-Mk} \rightarrow \gamma\text{-Mk} \qquad \text{(III)}$$

Diese Umwandlung oberhalb $1\,400\ °C$ ist von geringer Bedeutung und wird nicht näher besprochen.

Bild 3.4–4  Eisen-Eisencarbid-Diagramm (System Fe-Fe$_3$C) mit Gefügebezeichnungen

Gefügemengen bei Raumtemperatur s. Bild 3.5–2

- Die $\gamma$-$\alpha$-Umwandlung (bei reinem Eisen bei 911 °C; Punkt $G$ des Diagramms) wird mit zunehmendem C-Gehalt zu tieferen Temperaturen verschoben. Sie ist für den Hauptteil der Eisen-Eisencarbid-Legierungen bei 723 °C (Temperatur $A_1$) abgeschlossen. Ganz links existiert ein Einphasengebiet $\alpha$-Mischkristalle (Gefügename: *Ferrit*). Im $\alpha$-Mk kann maximal 0,02 % Kohlenstoff (bei 723 °C) gelöst sein. Das ist ein Vierzigstel der Menge Kohlenstoff, die in der kfz-Struktur bei gleicher Temperatur aufgenommen werden kann. Bei Raumtemperatur sind es im Gleichgewichtsfall etwa $10^{-5}$ %.

$\alpha$-Mischkristalle: *Ferrit*; C in sehr geringer Konzentration löslich ($10^{-5}$ bis 0,02 %)

**Übung 3.4–1**
Welche Besonderheiten weisen die beiden Komponenten des Zweistoffsystems Eisen-Kohlenstoff (Fe-Fe$_3$C) gegenüber einfachen Grundtypen binärer Systeme auf?

**Übung 3.4–2**
Wie nennt man das eutektische Kristallgemisch des Systems Fe-Fe$_3$C?

# 3.5 Die Gefügearten des Systems Eisen-Eisencarbid

Um die Eigenschaften der verschiedenen Eisenwerkstoffe beurteilen zu können, sind Kenntnisse über die (nach dem Fe-Fe$_3$C-Diagramm vorliegenden) *Phasen* notwendig, jedoch noch nicht ausreichend. Bild 3.4–4 zeigt das Diagramm mit den eingetragenen *Gefügebezeichnungen*. Technisch interessiert, ob das Gefüge jeweils mit einer Phase identisch ist ($\gamma$-Mk = Austenit; $\alpha$-Mk = Ferrit), oder ob es aus mehreren Phasen besteht (alle Konzentrationen zwischen 0 und 6,67 % C bei Raumtemperatur).
*Die Eigenschaften werden durch die Arten der beteiligten Phasen, ihren mengenmäßigen Anteil und die Art ihrer Verteilung im Gefüge bestimmt.*

| Gefügeart | Phase(n) | Aufbau |
|---|---|---|
| Ferrit | $\alpha$-Mk | krz, max. 0,02 % C gelöst |
| Austenit | $\gamma$-Mk | kfz, max. 2,06 % C gelöst |
| Zementit | Fe$_3$C | orthorhombisch |
| Ledeburit | Eutektikum des Systems $\alpha$-Mk + Fe$_3$C bzw. $\gamma$-Mk + Fe$_3$C | |
| Perlit | Eutektoid $\alpha$-Mk + Fe$_3$C | lamellar |

Der Techniker verwendet das Eisen-Eisen-carbid-Diagramm mit eingetragenen Gefüge-bezeichnungen (Bild 3.4–4).

*Ferrit* (nach ferrum) $\alpha$-Mk
Es ist ein weiches, gut kalt-umformbares Gefüge. Das Ge-füge von Weicheisen, Relaisei-sen und kohlenstoffarmem Stahl (Einsatzstahl) besteht vorwie-gend aus Ferrit; die Festigkeit dieser Werkstoffe ist gering.

*Austenit* $\gamma$-Mk
benannt nach dem Forscher W. C. Roberts-Austen. Dieses Gefüge ist sehr gut umformbar (praktische Anwendung beim Walzen und Schmieden). Es ist unmagnetisch und kommt nur bei bestimmten, hochlegierten Stählen auch bei Raumtempera-tur vor.

*Zementit* $Fe_3C$ (Eisencarbid)
Der im Primär-, Sekundär- und Tertiärgebiet gebildete sowie der im Ledeburit und Perlit ent-haltene Zementit unterscheiden sich chemisch und physikalisch nicht. Diese harte Phase vermin-dert die Umformbarkeit, erhöht die Festigkeit und in günstiger Verteilung im Gefüge den Wi-derstand gegen Verschleiß.

*Ledeburit* nach A. Ledebur
ist das eutektische Gefüge des Systems Eisen-Eisencarbid. Dicht unter 1 147 °C, also un-mittelbar nach abgeschlossener Kristallisation, besteht Ledebu rit aus einem feinen Gemenge

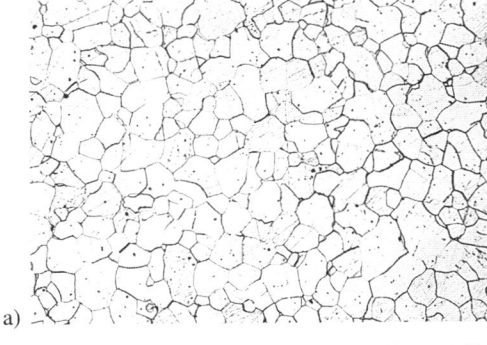
a)

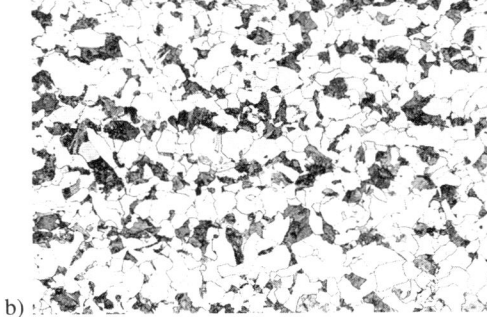
b)

c)

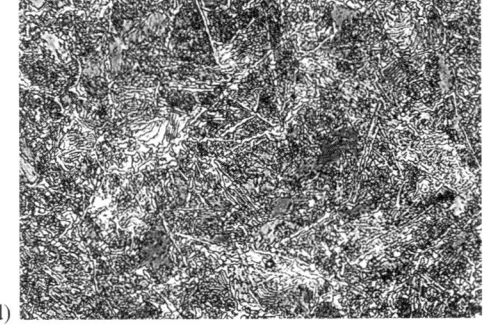
d)

Bild 3.5–1 Gefügearten des Systems $Fe$-$Fe_3C$
bei langsamer Abkühlung
a) Ferrit; „Weicheisen"    200 : 1
b) Ferrit + Perlit (dunkel); 0,35 % C – Vergütungsstahl C 35    200 : 1
c) Perlit 0,8 % C – Werkzeugstahl C 80    200 : 1
d) Perlit + Sekundärzementit (hell, an den
   Korngrenzen), 1,30 % C – Werkzeugstahl
   C 130    200 : 1

von $Fe_3C$ und $\gamma$-Mk mit 2,06 % C (maximales Aufnahmevermögen). Bei weiterer Abkühlung scheidet sich aus dem Austenit Sekundärzementit aus, der an den vorhandenen $Fe_3C$ ankristallisiert. Auch im Ledeburit findet bei 723 °C die $\gamma$-$\alpha$-Umwandlung statt, d. h., die Austenitphase erhält die eutektoide Perlitstruktur. Der Ledeburit bei Raumtemperatur besteht aus einem feinen Gemenge von $Fe_3C$-Kristalliten und Perlitbereichen. Im Auflichtmikroskop ist häufig die charakteristische Pantherfellstruktur dieses Gefüges sichtbar. Ledeburit ist schlecht formbar, d. h., die *Duktilität* ist denkbar gering. Sein Auftreten schafft eine deutliche *Grenze zwischen Stahl und weißem (ledeburitischem) Gusseisen* (etwa 2 % C). In hochlegierten Stählen für Werkzeuge (Schnellarbeitsstähle) bringt ein gewisser Ledeburitanteil mit möglichst feiner Carbidverteilung ein günstiges Verhalten bei Verschleißbeanspruchung.

*Duktilität* $=$ Dehnbarkeit, Formbarkeit (besonders bei metallischen Werkstoffen)

*Perlit* entsteht bei der Abkühlung aus dem Austenit bei 723 °C. Er besteht aus lamellenartig oder schichtweise aneinandergereihten $\alpha$-Mk und $Fe_3C$-Kristallen. Der Name entstand aus der Tatsache, dass die Struktur dieses Gefüges bei der Betrachtung im Auflichtmikroskop einen perlmuttähnlichen Glanz haben kann. Die Schichtstruktur des Perlits entsteht durch die $Fe_3C$-Bildung aus dem gelösten Kohlenstoff des Austenits, die $\gamma$-$\alpha$-Umwandlung und die zwangsläufig notwendigen Diffusionswege des Kohlenstoffes.

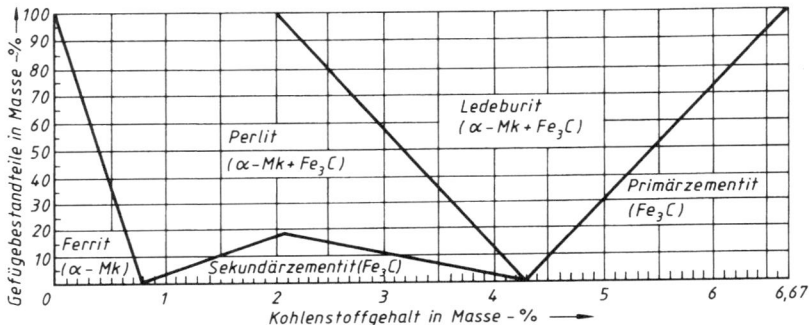

Bild 3.5–2  Gefügediagramm des Systems
Fe-Fe$_3$C (Gefügemengen bei Raumtemperatur)

**Übung 3.5–1**
Erklären Sie den Unterschied zwischen Phase und Gefügeart!

**Übung 3.5–2**
Welche Eigenschaften hat Ferrit?

**Übung 3.5–3**
Weshalb ist Austenit sehr gut formbar?

**Übung 3.5–4**
Was bewirkt feinverteilter Zementit in Werkzeugstählen?

**Übung 3.5–5**
Skizzieren Sie schematisch den Gefügeaufbau des Perlits (Anordnung der beiden Phasen)!

## 3.6  Einteilung der Eisenwerkstoffe

In der folgenden Übersicht werden die *Eisenwerkstoffe* (Begriff fasst alle Eisen-Kohlenstoff-Legierungen zusammen) der Abszisse (= Konzentrationsachse) des Zustandsdiagrammes zugeordnet. Bis etwa 2 % C spricht man von *Stahl*. Ein Stahl mit 0,8 % C wird *eutektoider Stahl* genannt. Das Schliffbild weist nur Perlit aus. *Untereutektoider Stahl* (C < 0,8 %) hat die Gefügebestandteile *Perlit* und *Ferrit*. *Übereutektoider Stahl* (C > 0,8 %) enthält nach Abkühlung auf Raumtemperatur einen Anteil *Sekundärzementit*, schalenförmig abgelagert.

Mit zunehmendem C-Gehalt ändern sich mit der Gefügestruktur auch die Eigenschaften. Härte und Festigkeit nehmen zu, die Umformbarkeit verringert sich, der Verschleißwiderstand erhöht sich, und die Härtbarkeit erfordert einen bestimmten Anteil an C im Eisenwerkstoff. Aus der Übersicht ist zu entnehmen, dass typische Werkstoffgruppen einem bestimmten Bereich des C-Gehaltes zugeordnet werden. In grau erstarrtem Gusseisen existiert außerdem das stabile System Fe-C.

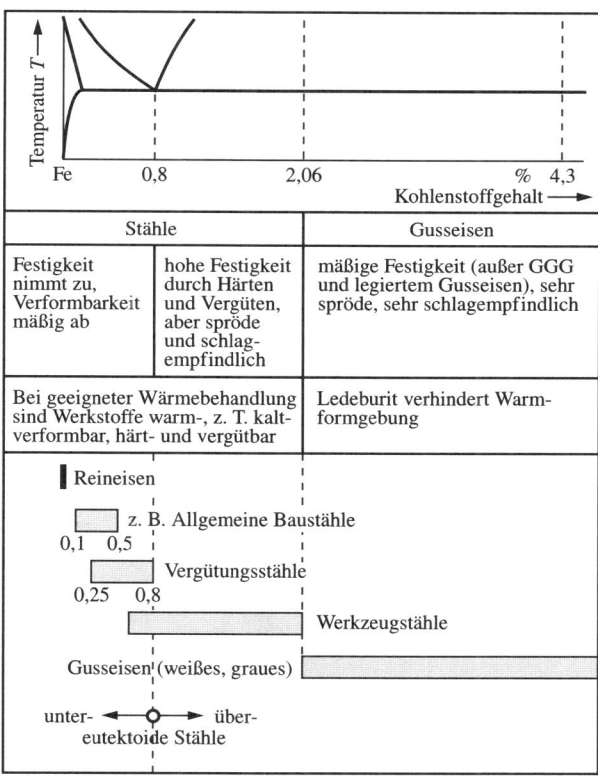

Bild 3.6–1 Werkstoffe des Systems Eisen-Eisencarbid

**Übung 3.6–1**
Nennen Sie Werkstoffarten, die ausschließlich im untereutektoiden Bereich liegen!

**Übung 3.6–2**
Wie viel Prozent C-Gehalt markiert eine eindeutige Grenze zwischen Stahl und Gusseisen?

# 3.7    Stabiles System Eisen-Kohlenstoff (Fe-C)

Der Begriff „stabil" deutet darauf hin, dass unter bestimmten Bedingungen die thermodynamisch stabilere Phase Graphit (ungebundener Kohlenstoff) gebildet wird. Während rasche Abkühlung, vorhandene Carbidbildner (z. B. Cr, Mo) und das Element Mangan (Mn) das metastabile System fördern, wird durch langsame Abkühlung bzw. eine lange Glühung bei hohen Temperaturen und durch vorhandene carbidzerlegende Elemente (Si, Ti, Al) die Ausbildung des stabilen Systems Fe-C begünstigt.

Es können im Werkstoff beide Systeme koexistieren (z. B. bei Grauguss).

Der Graphit ist meist grob, in Form von Blättchen und Lamellen ausgebildet. Diese können sogar in Nestern angeordnet sein. Das Eutektikum wird *Graphiteutektikum* genannt. Entsprechend dem Sekundärzementit im metastabilen System scheidet sich hier aus dem Austenit *Sekundärgraphit* aus, der an die Graphitlamellen des Eutektikums ankristallisiert und mikroskopisch von diesen nicht unterschieden werden kann.

Der Ferrit, der sich beim eutektoiden Zerfall der $\gamma$-Mk bildet (ähnlich dem Perlit bildet sich ein Ferrit-Graphit-Eutektoid), erscheint im Schliffbild als C-armer Ferritsaum (Ferrithöfe) um die Graphitlamellen. Sinkt die

Tabelle 3.7–1  Gegenüberstellung metastabiles System – stabiles System

|  | Metastabiles System | Stabiles System |
|---|---|---|
| System | Eisen-Eisencarbid Fe-Fe$_3$C | Eisen-Graphit Fe-C |
| Kohlenstoff | gebunden als Eisencarbid (Fe$_3$C) | elementar als Graphit (C) |
| Bruchfläche | hell | dunkel |
| Erstarrungsart | weiß | grau |
| Gefördert durch | Mn, Cr, Mo | Si, Ti, Al |
| Siliciumgehalt | niedrig ($< 0{,}2$ %) | hoch ($> 0{,}2$ %) |
| Abkühlung | rasch | sehr langsam |
| Gültig für | Stahl, Hartguss, weißes Roheisen | graues Roheisen |
|  | Grauguss | |

Bild 3.7–1  Stabiles System Fe-C

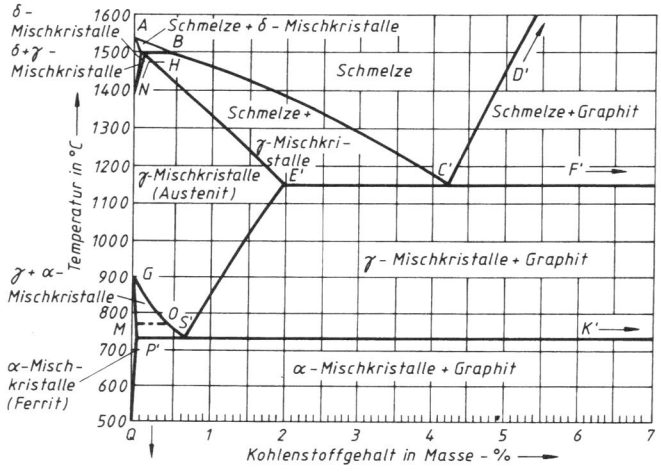

Temperatur, so nimmt die Trägheit der Graphitkristallisation zu. Es wird immer wahrscheinlicher, dass der metastabile eutektoide Zerfall auftritt, d. h. Perlit gebildet wird. Es ist technologisch beherrschbar, bei Grauguss die Bildung des Ferrit-Graphit-Eutektoids ganz zu unterdrücken. Man erhält Graphitlamellen in rein perlitischer Grundmasse. Dieser Werkstoff (*perlitischer Grauguss*) besitzt eine hohe Festigkeit und ein hervorragendes Ausgangsgefüge für Wärmebehandlungen. Das stabile System hat außer bei Grauguss auch bei Temperguss praktische Bedeutung. Durch *Tempern* (Glühen) wird eine sekundäre Zerlegung des $Fe_3C$ in Eisen und Graphit (*Temperkohle*) erreicht. Unerwünscht ist die Bildung von Temperkohle beim Einsetzen (Aufkohlen) von Stählen. Stähle mit zu hohem Si-Gehalt sind deshalb für lange Glühungen bei hohen Temperaturen ungeeignet. Die Temperkohleausscheidung im Stahl führt eventuell zu *Schwarzbruch*. Der Einfluss des Elementes Si ist so hoch, dass man bei der Darstellung von Eisengusswerkstoffen von dem Dreistoffsystem Fe-C-Si ausgeht. Ein ebenes Zustandsdiagramm erhält man durch quasibinäre Schnitte (d. h. Si-Anteil konstant; Fe-C-Diagramm).

| System | Primär-ausscheidung des Kohlenstoffs | Sekundär-ausscheidung des Kohlenstoffs |
|---|---|---|
| Fe-$Fe_3$C | Primärzementit | Sekundärzementit |
| Fe-C | Graphit | Temperkohle |

Bild 3.7–2 Quasibinärer Schnitt durch das Zustandsdiagramm des ternären Systems Fe-C-Si bei 2,4 % Si

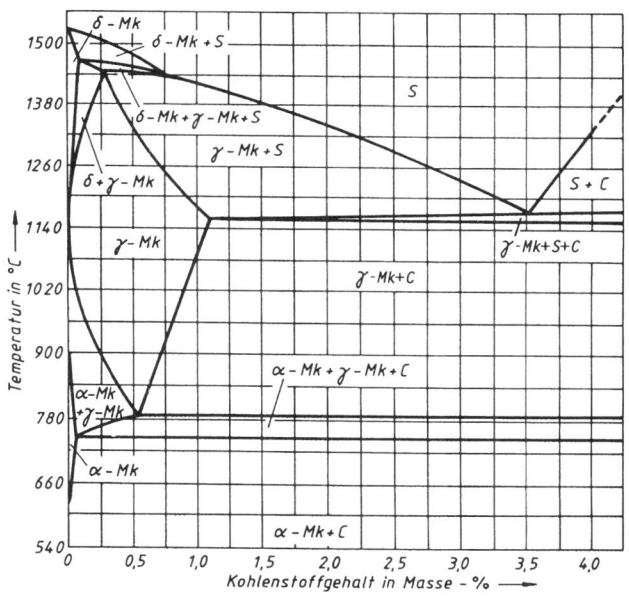

**Übung 3.7–1**
In welchem Werkstoff liegen das metastabile und das stabile System stets nebeneinander vor?

**Übung 3.7–2**
Gibt es chemisch einen Unterschied zwischen Graphit und Temperkohle?

**Übung 3.7–3**
In welchem Fall ist die Bildung von Temperkohle unerwünscht?

## Lernzielorientierter Test zu Kapitel 3

1. Reines Eisen
   A erstarrt (und schmilzt) bei 1 536 °C
   B ist elektrisch nicht leitend
   C ist nach Erstarrung und bei Raumtemperatur kubisch-raumzentriert
   D ist spröde
   E besitzt zwischen 911 und 1 392 °C eine kubisch-flächenzentrierte Gitterstruktur (Haltepunkte $A_3$ und $A_4$)
2. Ferromagnetismus
   A tritt nur bei reinem Eisen auf
   B ist eine physikalische Eigenschaft
   C tritt bei verschiedenen Metallen (z. B. Fe, Ni, Co), Metallverbindungen und in Sinterwerkstoffen (z. B. Haftmagnete) auf
   D verschwindet nach Glühbehandlung
   E existiert nur unterhalb der so genannten Curie-Temperatur eines jeden ferromagnetischen Werkstoffes
3. Den jeweils unter A, B und C zugeordneten Phasen sind Erscheinungsformen des Kohlenstoffs in Eisenlegierungen zugeordnet. Beschreiben Sie alle 3 Möglichkeiten!
   A $\alpha$ (krz); $\gamma$ (kfz); $\delta$ (krz)
   B $Fe_3C$; $\varepsilon$-Carbid
   C Graphit, Temperkohle
4. Das Zustandsdiagramm Eisen-Eisencarbid (metastabiles System Eisen-Kohlenstoff) gilt für

A die Werkstoffe Stahl und weißes Gusseisen
B die Werkstoffe GG und GT
C Wärmebehandlungsverfahren mit langsamer Abkühlung (Glühen)
D legierten Stahl
E unlegierten Stahl

5. Die Aufnahmefähigkeit (Löslichkeit) für Kohlenstoff ist sehr unterschiedlich. $Fe_3C$ bindet eine bestimmte Menge C. Nennen Sie die Grenzwerte!
   A $\alpha$-Mk bei 723 °C
   B $\gamma$-Mk bei 1 147 °C
   C $Fe_3C$
   D Schmelze
6. Welche Gefügebezeichnungen des Systems $Fe$-$Fe_3C$ sind bei Raumtemperatur nach sehr langsamer Abkühlung (Gleichgewicht) den unter A bis F genannten Kohlenstoffgehalten jeweils zuzuordnen?
   A $0 < C < 0,8\,\%$
   B $C = 0,8\,\%$
   C $0,8\,\% < C \leqq 2,06\,\%$
   D $2,06\,\% < C < 4,3\,\%$
   E $C = 4,3\,\%$
   F $4,3\,\% < C < 6,67\,\%$
7. Beim stabilen System Fe-C liegt der Kohlenstoff ungebunden als Graphit bzw. Temperkohle vor. Er tritt auf

A  bei kaltumgeformten Stählen
B  als unerwünschte Erscheinung
   (Schwarzbruch) bei Stahl
C  als wesentliches System bei Grauguss
D  bei Temperrohguss
E  bei Temperguss (Endzustand)

8. Wie nennt man die Kohlenstoffausscheidungen bei langsamer Abkühlung im System Fe-Fe$_3$C, beginnend beim Schneiden der folgenden Sättigungslinien (Löslichkeitslinien):
A  Linie *DC*
B  Linie *ES*

# 4 Wärmebehandlung der Eisenwerkstoffe

## 4.0 Überblick

Nachdem besprochen wurde, wie Werkstoffe aufgebaut sind (Struktur) und welche typischen Eigenschaften daraus folgen, soll in diesem Kapitel darauf eingegangen werden, wie sich unterschiedliche Erwärmungs- und Abkühlvorgänge auf die Struktur und damit auf die Eigenschaften der Bauteile auswirken. Dazu gesellt sich oft zusätzlich eine chemische Beeinflussung oder ein gesteuerter Umformprozess. Es wird die Wärmebehandlung der Stähle, der wesentlichsten Werkstoffgruppe unter den Eisenwerkstoffen, hervorgehoben. Was erreicht man mit einer Wärmebehandlung?

- Werkstoffe lassen sich besser bearbeiten (Spanen, Umformen u. a.).
- Bestimmte Eigenschaften der Bauteile sind zu erreichen (z. B. durch Härten).
- Kleine Bauteile können hohe Belastungen aufnehmen (z. B. durch Vergüten).
- Erhöhung der Lebensdauer durch Verschleißminderung (z. B. durch Randschichthärten).

In der Fertigungstechnik ist *Stoffeigenschaftsänderung* eine Hauptgruppe aller Fertigungsverfahren. Die Vielfalt der Eigenschaftsänderungen, die man erreichen kann, trägt steigenden Anforderungen Rechnung und ermöglicht konstruktive und technologische Lösungen, die ohne Wärmebehandlung undenkbar sind. Das Kapitel Wärmebehandlung beginnt mit wesentlichen theoretischen Grundlagen. Neben wichtigen metallkundlichen Vorgängen bei Erwärmung und Abkühlung mit unterschiedlichen Geschwindigkeiten und Halten auf bestimmten Temperaturen werden die technischen Verfahren kurz dargestellt. Die gewählte Systematik entspricht dem heutigen Stand und ermöglicht die Einordnung neuer Verfahren. Das Aushärten metallischer Werkstoffe wird im Abschnitt 7.2.2.3 behandelt.

## 4.1 Grundlagen der Wärmebehandlung

**Lernziele**

Der Lernende kann ...

- angeben, weshalb metallische Werkstoffe wärmebehandelt werden,
- begründen, warum sich Eigenschaften ändern und geändert werden sollen,
- anhand charakteristischer Temperatur-Zeit-Verläufe den Prozess beschreiben,
- wichtige Verfahren rein thermischer Art nennen und beschreiben,
- wichtige Verfahren chemisch-thermischer Art nennen und beschreiben,
- ein ausgewähltes Verfahren mechanisch-thermischer Art nennen und beschreiben,
- Verfahren für bestimmte, gewünschte Eigenschaftsänderungen auswählen.

## 4.1.0 Übersicht

Wärmebehandlung ist der gesamte Prozess der Eigenschaftsänderung von metallischen Werkstoffen im festen Zustand durch Beeinflussung ihrer Struktur. Das geschieht im Prinzip durch *thermische Einwirkung* (Wärme), mit der eine *chemische Einwirkung*, eine *gezielte Umformung* oder die Wirkung anderer Energieformen verbunden sein können. Dazu gehören die verfahrenstechnische Beherrschung und die anlagentechnische Realisierung.

Weshalb sollen Eigenschaften geändert werden? Mit Beispielen aus vier verschiedenen Bereichen soll die Frage beantwortet werden:

- *Fertigungsprozess*: Der Werkstoff soll gut bearbeitbar sein.
  Durch Wärmebehandlung kann man z. B. Stahl gut umformbar oder zerspanbar machen.

- *Leichtbau*: Der Werkstoff soll gut ausgenutzt werden, d. h., Querschnitte sind zu minimieren (bei gleicher oder höherer Leistungsübertragung). Das Verfahren Vergüten erlaubt, die Bauteile mechanisch wesentlich höher zu belasten.

- *Verschleißminderung*: Reibende, gleitende Teile müssen an der Oberfläche abriebfest sein. Nitrieren, Karbonitrieren und andere Verfahren führen zu gewünschten Eigenschaften an der Oberfläche (in einer Randzone).

- *Erhöhung der Dauerfestigkeit*: Randschichthärteverfahren verändern nicht nur Eigenschaften an der Oberfläche (Randzone), sondern ergeben auch einen bestimmten Spannungszustand im Bauteil. Für dynamische Beanspruchungen ist das vorteilhaft. Die Dauerhaltbarkeit kann sich wesentlich erhöhen.

Die Technik der Wärmebehandlung hat sich aus der klassischen Härtereitechnik entwickelt. Sie umfasst heute sehr viele Verfahren, die zweckmäßig in folgende Gruppen eingeteilt werden:

---

*Wärmebehandlung*:
Eigenschaften metallischer Werkstoffe im festen Zustand werden geändert; die Struktur (der Aufbau) wird beeinflusst.
Dies geschieht durch Wärme (durch einen bestimmten Temperatur-Zeit-Verlauf). Zusätzlich können chemische Einflüsse, mechanische oder andere Beanspruchungen gezielt wirken.
Das jeweilige Verfahren wird in geeigneten Wärmebehandlungsanlagen durchgeführt.

---

Ergebnisse einer Wärmebehandlung können sein:
- Werkstoffe sind besser bearbeitbar,
- Werkstoffe sind höher belastbar,
- Verschleiß ist geringer,
- Dauerfestigkeit ist erhöht.

1. *Thermische Verfahren* (TB)
   (eigentliche oder klassische Wärmebehandlung) Die Werkstücke werden in entsprechenden Anlagen einem bestimmten
   Temperatur-Zeit-Verlauf ausgesetzt (Erwärmung, Haltezeit, Abkühlung)
2. *Thermochemische Verfahren* (TCB)
   Der Temperatur-Zeit-Verlauf ist mit
   gewollten chemischen Reaktionen verknüpft. Über die Werkstückoberfläche
   kommt es zum Entzug oder zur Anreicherung von Elementen.
3. *Thermomechanische Verfahren* (TMB)
   Der Temperatur-Zeit-Verlauf ist mit einem
   gezielten Umformvorgang verknüpft.

**Übung 4.1–1**
Welche Eigenschaften können durch Wärmebehandlung geändert werden?

**Übung 4.1–2**
In welche drei Gruppen lassen sich die Verfahren der Wärmebehandlung einteilen?

Die Wärmebehandlung im Überblick:

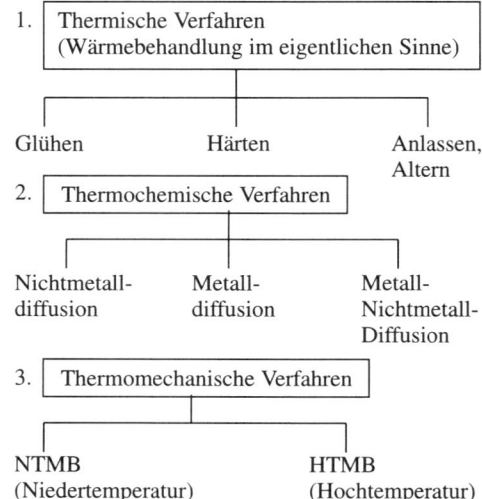

In den Abkürzungen bedeutet B = $\underline{B}$ehand-
lung; gleiche Bedeutung wie Verfahren.

## 4.1.1    Erwärmung in das Austenitgebiet (Austenitisierung)

Wichtige Wärmebehandlungsverfahren (z. B.
Härten, Normalglühen) beginnen mit einer
Erwärmung bis in das Austenitgebiet des
Systems Eisen-Eisencarbid. Bild 4.1–1 zeigt
für den Gleichgewichtsfall schematisch die
Erwärmung von der Raumtemperatur (I),
bei der Perlit und Ferrit vorliegen, über die
$\alpha$-$\gamma$-Phasenumwandlung (II) $\leq T <$ (III)
bis in das Gebiet des homogenen *Austenits*
($\gamma$-Mischkristall).
Bei dieser Erwärmung bis in das Austenit-
Temperatur-Intervall (auch *Austenitisieren*
oder Glühen bei Temperaturen oberhalb $A_{c3}$
genannt) werden alle Komponenten weitgehend in Lösung gebracht. Die anschließende
Abkühlung sorgt dafür, dass die Komponenten neu verteilt werden.

Bild 4.1–1  Erwärmung eines untereutektoiden
Stahles
I    Ausgangstemperatur (Raumtemperatur)
II   Temperatur $A_{c1}$ (723 °C)
III  Temperatur $A_{c3}$, IV   Austenitgebiet.

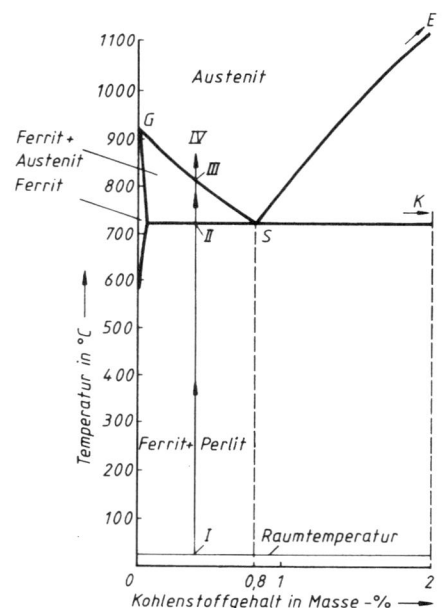

Damit erhält man gewünschte andere Eigenschaften des Stahls oder anderer Eisenwerkstoffe.
Auflösung bzw. Umwandlung der verschiedenen Phasen gehen mit unterschiedlichen Geschwindigkeiten vor sich. So benötigt die *Carbidauflösung* bei unlegierten Stählen etwa die 100fache Zeit gegenüber der Umwandlung des Ferrits.
Sind Werkstücke auf Austenittemperatur gebracht, so charakterisieren Korngröße, Konzentration und Homogenität der $\gamma$-Mk sowie Menge und Verteilung noch vorhandener Carbidphasen den *Austenitisierungszustand*. Er bestimmt wesentlich die erzielbaren Werkstoffeigenschaften sowohl bei herkömmlichen als auch bei modernen Verfahren.
Neben der chemischen Zusammensetzung des Werkstoffes und den Prozessbedingungen (Temperatur-Zeit-Verlauf) wird der Austenitisierungszustand in erheblichem Maße von dem Gefüge vor Beginn der Wärmebehandlung (*Ausgangsgefüge*) bestimmt. Bei Stählen gleicher Zusammensetzung wird ein Gefüge mit feinkörnigem Zementit (z. B. Vergütungsgefüge) rasch aufgelöst. Bei grobkörnigem oder kugelig eingeformtem Zementit dauern die Vorgänge deutlich länger.
Der Einfluss der Zeit bei der Austenitisierung wird in *Zeit-Temperatur-Auflösungsdiagrammen* (ZTA-Diagramme) dargestellt (Bild 4.1–2). Die Zeitachse ist logarithmisch geteilt. Die Kurve *6* (von unten nach oben lesen!) schneidet den Verlauf $A_{c1b}$ (723 °C) wie im Gleichgewichtsfall entsprechend dem Fe-Fe$_3$C-Diagramm. Bei schnellerer Erwärmung (kürzerer Erwärmungszeit; Kurven *4* bis *1*) werden die Umwandlungslinien zu höheren Werten verschoben, d. h., es kommt zur *Überhitzung*. Die Beschriftung „Carbid + Austenit" oberhalb $A_{c3}$ (Bild 4.1–3) lässt erkennen, dass auch nach Erreichen des Austenitfeldes die Carbide teilweise noch existieren. Unter den legierten Stählen gibt es viele, die besonders stabile Carbide besitzen. Man erkennt, dass die Bedingun-

*Etappen der Austenitisierung*:
(gilt für isotherme Prozesse)
1. Bildung von Austenitkeimen ⎫
2. Auflösung des Perlits; ⎬ (II)
   beginnende Umwandlung
   des Ferrits ⎭
3. Umwandlung des Ferrits
   (II) $\leqq T <$ (III)
4. Auflösung restlicher Carbide (IV)

*Austenitisierungszustand* [1] ist charakterisiert durch:
- Korngröße des Austenits ($\gamma$-Mk),
- Konzentration und Homogenität der $\gamma$-Mk,
- Menge und Verteilung der Carbide.

Folgende *Faktoren* bestimmen den Austenitisierungszustand:
- chemische Zusammensetzung des Werkstoffes,
- Art und Struktur des Ausgangsgefüges,
- Prozessbedingungen (Temperatur-Zeit-Verlauf).

*Auflösungsvermögen*:
gut ← feinkörniger Zementit
schlecht ← grobkörniger, eingeformter Zementit

ZTA-Diagramm (Schaubild):
Abkürzung ZTA steht auch für Zeit-Temperatur-Austenitisier-Schaubild

---

[1] Der Normenentwurf DIN 17 022 Teil 1 sieht hierfür den Begriff *Austenitisiergrad* vor.

gen bei der Erwärmung, insbesondere die Erwärmungszeit, eine bedeutende Rolle spielen. Besonders führt eine extrem rasche Erwärmung auf Austenittemperatur (z. B. induktive Erwärmung mit hochfrequentem Strom) zu deutlichen Verschiebungen von $A_{c1}$ und $A_{c3}$ zu höheren Werten. Das muss technologisch entsprechend berücksichtigt werden.

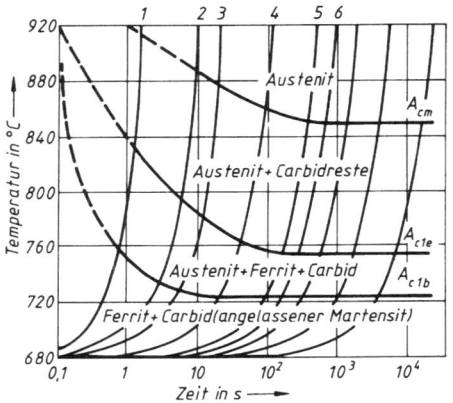

Bild 4.1–2  Zeit-Temperatur-Auflösungsdiagramm eines eutektoiden Stahles (kontinuierlich) *1* bis *6* Erwärmungskurven; geringer werdende Erwärmungsgeschwindigkeit

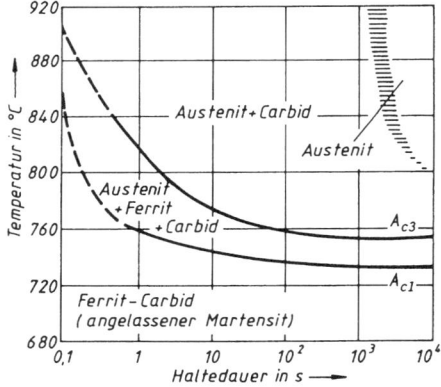

Bild 4.1–3  Zeit-Temperatur-Auflösungsdiagramm eines eutektoiden Stahles (isothermisch)

*Praktische Bedeutung des ZTA-Diagrammes*:

• zu rasche Erwärmung Umwandlung und Lösung zögernd; evtl. unvollständig
• für sehr rasche Erwärmung (HF) höhere Austenitisierungstemperaturen beachten

**Übung 4.1–3**
Beschreiben Sie die Etappen der Austenitisierung?

**Übung 4.1–4**
Welche drei Hauptfaktoren charakterisieren
den Austenitisierungszustand (Austenitisie-
rungsgrad)?

**Übung 4.1–5**
Was ist bei sehr rascher Erwärmung in das
Austenitgebiet (z. B. bei HF-Erwärmung) zu
beachten?

## 4.1.2 Abkühlung aus dem Austenitgebiet

Je nachdem, ob langsam oder rasch abgekühlt wird, stellen sich charakteristische Eigenschaften ein. Von *Austenitzerfall* spricht
man, wenn die $\gamma$-Mk-Phase durch Abkühlen
oder bei isothermem Glühen unterhalb der
Umwandlungstemperaturen in andere Phasen
übergeht – ganz gleich, ob dabei eine Diffusion des Kohlenstoffes möglich ist oder
unterbunden wird.
Die möglichen *Produkte des Zerfalls* (Gefügebezeichnungen) sind im Bild 4.1–5 genannt.
*Austenitzerfall = -umwandlung*

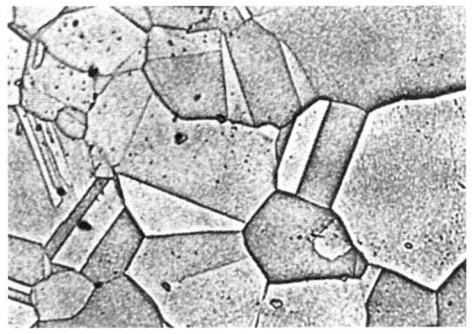

Bild 4.1–4  Austenit–Stahl X10CrNi18.9
(320 : 1)

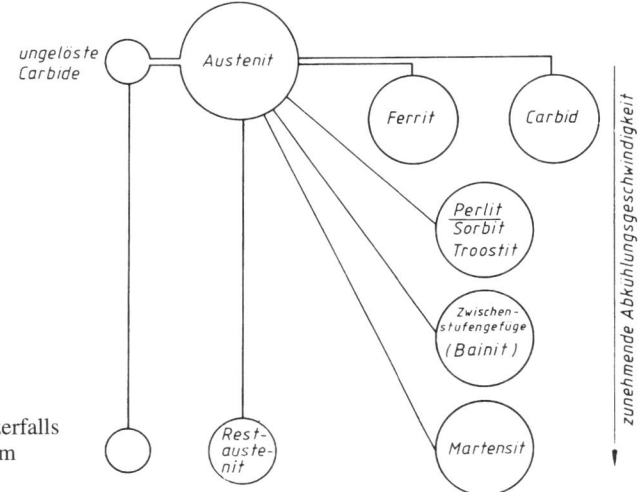

Bild 4.1–5  Produkte des Austenitzerfalls
(Gefüge, die bei Abkühlung aus dem
Austenitgebiet entstehen können)

*Einfluss der Abkühlgeschwindigkeit*
Wird ein unlegierter eutektoider Stahl (0,8 % C) langsam abgekühlt, so geschieht bei Erreichen der Temperatur $A_{r1}$:

1. Kohlenstoff diffundiert in das $\gamma$-Gitter und bildet C-reiche $Fe_3C$-Lamellen; dazwischen bleiben C-arme Austenitlamellen zurück.
2. Die C-armen Austenitlamellen (kfz) wandeln sich in $\alpha$-Mk (krz) um (Bild 4.1–6). So entsteht das Gefüge *Perlit*.

Mit zunehmender Abkühlgeschwindigkeit verringern sich die Diffusionswege und die Lamellendicke.

Mit zunehmender Abkühlgeschwindigkeit werden die Umwandlungslinien (Gleichgewichtslinien) verschoben. Im Bild 4.1–7 erkennt man, dass der Perlitpunkt $S$ zu einem Bereich $S'–S_1$ auseinandergezogen und zu tieferen Temperaturen verschoben wird.

$$\text{Abkühlgeschwindigkeit} = \frac{\text{erzielte Temperaturdifferenz}}{\text{benötigte Zeit}}$$

$$v_A = \frac{\Delta T}{\Delta t} \quad \text{in K/s}$$

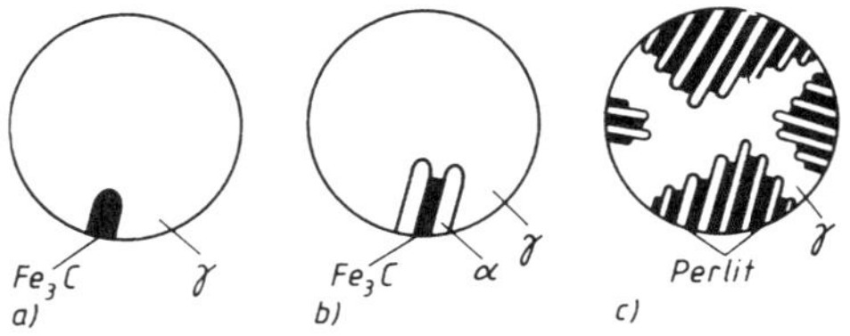

Bild 4.1–6  Entstehung des Perlits (schematisch)

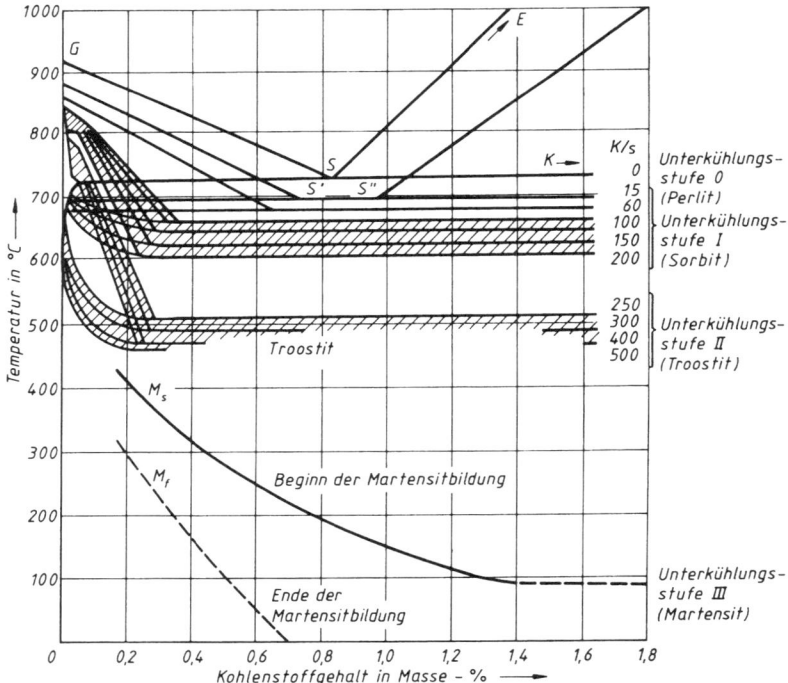

Bild 4.1–7  Veränderung der Umwandlungslinien im Fe-$Fe_3C$-Diagramm bei zunehmend rascherer Abkühlung

Die feineren Perlitstrukturen *Sorbit* (nach
H. C. Sorby) und *Troostit* (nach L. J. Troost)
wurden ursprünglich als eigenständige Gefügearten angesehen.
Je feiner die Lamellenstruktur des Perlits ist,
um so höher sind Festigkeit und Härte. Man
bezeichnet den gesamten Temperaturbereich,
in dem Perlit, Sorbit und Troostit entstehen,
als *Perlitstufe*.

$0 < v_A < 50 \text{ K/s}$   normaler Perlit
$50 \leqq v_A < 200 \text{ K/s}$   feinlamellarer Perlit
            (*Sorbit*)
$v_A \approx 300 \text{ K/s}$   feinstlamellarer Perlit
            (*Troostit*)
$v_A$ Abkühlgeschwindigkeit

Im Bild 4.1–8 ist die Wirkung zunehmender Abkühlgeschwindigkeit schematisch für
einen Stahl mit 0,6 % C dargestellt. Geht
man von der Stahlecke des Eisen-Eisen-
carbid-Diagrammes aus (a), so gelten die
Temperaturen $A_{r3}$ (Beginn der *voreutektoi-
den Ferritausscheidung*) und $A_{r1}$ (Umwandlung des noch vorhandenen Austenits in Ferrit) für eine Abkühlgeschwindigkeit $v_A \approx 0$
(Gleichgewicht). Die rechte Darstellung (b)
bestätigt, dass $A_{r3}$ und $A_{r1}$ zu tieferen Temperaturen verschoben werden.

Mit zunehmender Abkühlgeschwindigkeit werden die Umwandlungstemperaturen zu tieferen Werten verschoben, und
der entstehende Perlit wird in seiner
Struktur feiner und damit härter und fester.

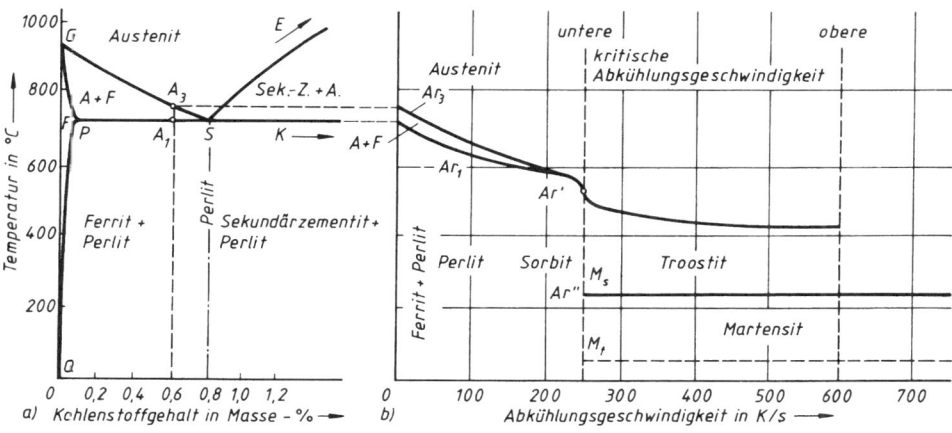

A      Austenit
F      Ferrit
Sek.-Z. Sekundärzementit

Bild 4.1–8  Veränderung der Umwandlungs-
punkte mit zunehmender Abkühlgeschwindigkeit
a) „Stahlecke" des Systems Fe-Fe$_3$C
b) Einfluss der Abkühlgeschwindigkeit, Stahl mit
0,6 % C
$M_s$ Beginn der Martensitbildung (s start)
$M_f$ Ende der Martensitbildung (f finish)

Erhöht man nun die Abkühlgeschwindigkeit bis zum *Abschrecken*, wird die Diffusion des Kohlenstoffes unterdrückt, und das Gitter klappt (trotz des gelösten C!) um. Das entstandene, an Kohlenstoff übersättigte Zwangsgefüge ist verzerrt und verspannt. Die Zwangslösung des Kohlenstoffes führt zu einer tetragonalen Aufweitung des ursprünglichen kubischen Gitters. Dadurch tritt eine Volumenvergrößerung auf, die bis zu 1 % betragen kann. Diese neue Phase, Hauptbestandteil des Härtegefüges, wird bei Eisenlegierungen mit geringem C- und Legierungsgehalt als *massiver* oder *plattenförmiger Martensit* (Plattenmartensit) bezeichnet. In Stählen mit höherem C- und Legierungsgehalt spricht man dagegen von *Lattenmartensit* (einem nadelförmigen Umklappmartensit). Die Martensitanteile bilden sich in extrem kurzer Zeit (etwa $10^{-7}$ s). Das Temperaturintervall, in dem diese Umklappung vonstatten geht, ist die *Martensitstufe*. Voraussetzung für die Martensitbildung ist die Überschreitung der kritischen Abkühlgeschwindigkeit. Wird zunächst nur die untere kritische Abkühltemperatur überschritten, so liegt neben dem Härtegefüge noch das Umwandlungsprodukt Troostit vor. Wird allgemein von der *kritischen Abkühlgeschwindigkeit* gesprochen, so ist die obere gemeint. Von da an liegt kein Umwandlungsprodukt Troostit mehr vor – nur noch Martensit.
Die kritische Abkühlgeschwindigkeit bestimmt das *Härtungsverhalten* der Stähle. Sie wird bestimmt durch

- die *chemische Zusammensetzung* (Einfluss des Kohlenstoffes, s. Bild 4.1–10)
- die *Korngröße des Austenits* (Temperatur und Haltezeit beim Austenitisieren maßgebend)
- die *Homogenität des Austenits* (u. a. Grad der Lösung und Verteilung der im Stahl vorhandenen Carbide)

Mit höherem Kohlenstoffgehalt wird der Austenit stabiler, d. h., die Temperaturen für Beginn und Ende der Martensitbildung ($M_s$ und $M_f$) sind niedriger.

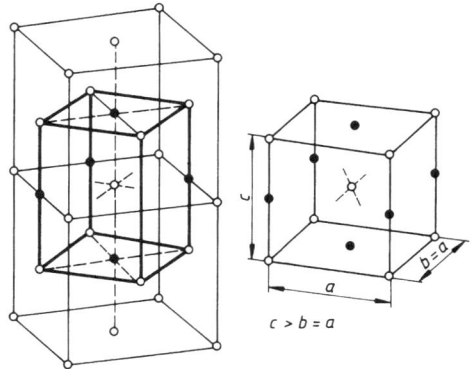

Bild 4.1–9 Gittermodelle zur Martensitstruktur
a) kfz-Gitter (Austenit) mit tetragonal-raumzentrierter Elementarzelle
b) tetragonal-raumzentrierte Elementarzelle (Martensit)

Wird die Abkühlung aus dem Austenitgebiet so stark beschleunigt, dass $v_{A\,\text{vorh}} \geqq v_{A\,\text{krit}}$ (*Abschrecken*), so bleibt dem Kohlenstoff keine Zeit, aus dem $\gamma$-Mk auszudiffundieren, und es entsteht durch einen raschen Umklappvorgang die instabile Phase *Martensit* (sehr hart).

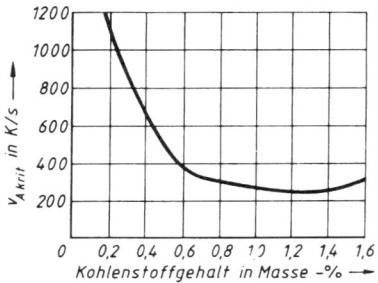

Bild 4.1–10 Einfluss des Kohlenstoffs auf die kritische Abkühlgeschwindigkeit unlegierter Stähle

*Restaustenit* sind beim Härten im Werkstück verbliebene (weiche) Anteile des Hochtemperaturgefüges Austenit. Unerwünscht! Muss beseitigt werden!

Ein auf Raumtemperatur abgeschrecktes Gefüge enthält *Restaustenit*. Diese zwischen Martensitnadeln eingeklemmten Austenitkristalle sind weich und damit (besonders bei Werkzeugen!) unerwünscht. Durch niedrige Temperaturen des Abschreckmediums lässt sich der Anteil des Restaustenits verringern, d. h. der Martensitanteil vergrößern.

*Das Zeit-Temperatur-Umwandlungsdiagramm* (ZTU-Diagramm, ZTU-Schaubild)
Ebenso wie bei den Erwärmungsvorgängen lassen sich die Zusammenhänge bei Abkühlung aus dem Austenitgebiet systematisch und geschlossen in einem Umwandlungsdiagramm darstellen.
Zur Aufnahme eines ZTU-Diagrammes für *isotherme Umwandlung* (Bild 4.1–11) werden dünne Plättchen des betreffenden Stahles

Bild 4.1–11  Entstehung des ZTU-Diagramms für einen untereutektoiden Stahl (eine Probenreihe bei einer willkürlich gewählten Warmbadtemperatur $T_1 = 375\,°C$ ausgewertet)

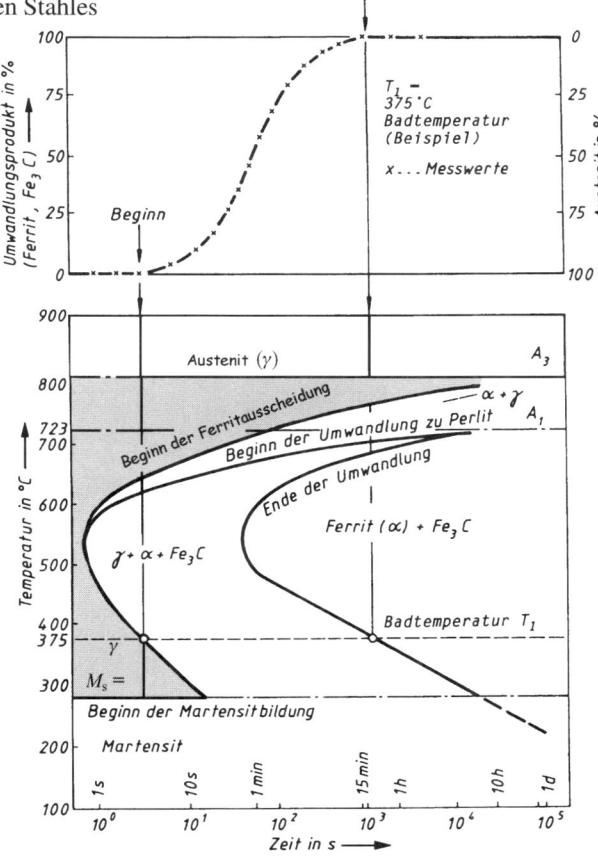

aus dem Austenitgebiet auf eine bestimmte Temperatur $T_1$ im Salzbad abgeschreckt (im Bild 4.1–11: $T_1 = 375\,°C$).

Hier wird der so unterkühlte Austenit einige Zeit gehalten und dann auf Raumtemperatur abgeschreckt. Im Schliffbild der Probe wird nun festgestellt, wie viel Austenit sich während der Haltezeit umgewandelt hatte und wie groß der Anteil an noch nicht umgewandeltem Austenit war, aus dem beim Abschrecken auf Raumtemperatur Martensit entstand. Wird die Menge des Umwandlungsproduktes über der Zeit (Skale mit logarithmischer Teilung!) aufgetragen, so erhält man die obere S-förmige Kurve und damit den *Beginn* und das *Ende der Umwandlung*. Lotet man die Punkte für Beginn und Ende der Umwandlung in die abgebildete $T,t$-Darstellung bis auf die Salzbadtemperatur $T_1 = 375\,°C$, so erhält man die ersten beiden Punkte der Linienzüge des ZTU-Diagrammes. Variiert man die Haltetemperaturen $T_i$ ($T_1$, $T_2$, ..., $T_n$), so erhält man den kompletten Verlauf. Das Diagramm zeigt, dass neben Start und Abschluss einer Umwandlung auch 50 % anteilig sowie voreutektoide Ausscheidungen (im Beispiel ist es die Ferritausscheidung, also der Verlauf von $A_{r3}$) veranschaulicht werden können. In analoger Weise kann man sich die Entstehung des ZTU-Diagrammes für *kontinuierliche Abkühlung* vorstellen.

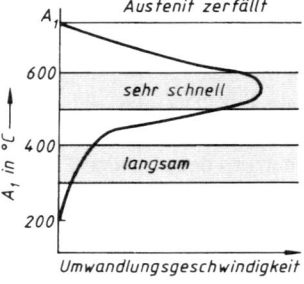

Bild 4.1–12 Unterkühlter Austenit zerfällt temperaturabhängig unterschiedlich schnell

Bild 4.1–13 Zeit-Temperatur-Umwandlungsdiagramm für untereutektoiden Stahl ($\approx$ 0,5 %C)
a) „Stahlecke" des Fe-Fe$_3$C-Diagrammes mit eingezeichneter Legierung (0,5 % C; Vergütungsstahl)
b) auf der Abszisse ist die Zeit aufgetragen (Reziprokgröße zur Abkühlgeschwindigkeit)

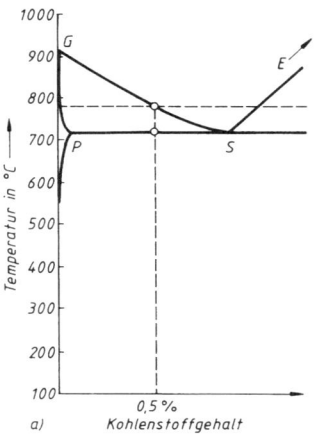

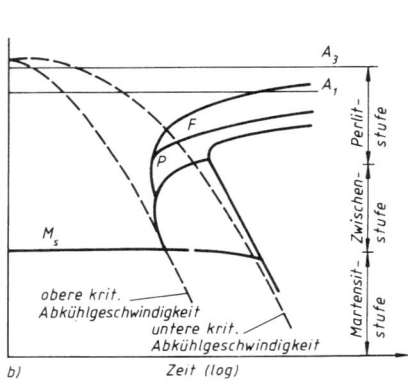

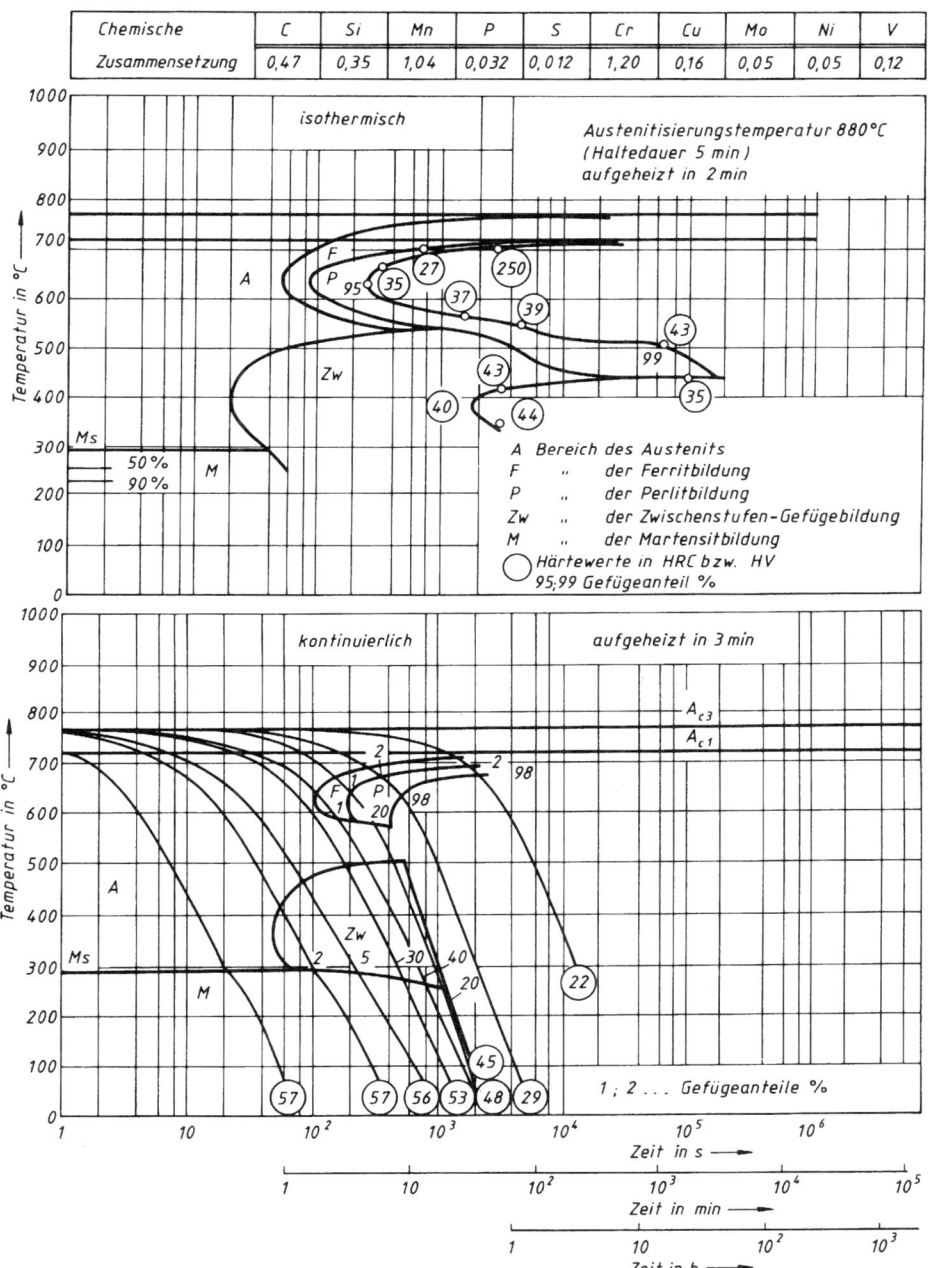

| Chemische | C | Si | Mn | P | S | Cr | Cu | Mo | Ni | V |
|---|---|---|---|---|---|---|---|---|---|---|
| Zusammensetzung | 0,47 | 0,35 | 1,04 | 0,032 | 0,012 | 1,20 | 0,16 | 0,05 | 0,05 | 0,12 |

isothermisch

Austenitisierungstemperatur 880°C
(Haltedauer 5 min)
aufgeheizt in 2 min

A Bereich des Austenits
F   "    der Ferritbildung
P   "    der Perlitbildung
Zw  "    der Zwischenstufen-Gefügebildung
M   "    der Martensitbildung
○ Härtewerte in HRC bzw. HV
95;99 Gefügeanteil %

kontinuierlich      aufgeheizt in 3 min

1; 2 ... Gefügeanteile %

Zeit in s ⟶
Zeit in min ⟶
Zeit in h ⟶

Bild 4.1–14   Zeit-Temperatur-Umwandlungsdiagramm für den Vergütungsstahl 50 CrV 4 (für
isothermische (oben) und kontinuierliche (unten)
Umwandlung)

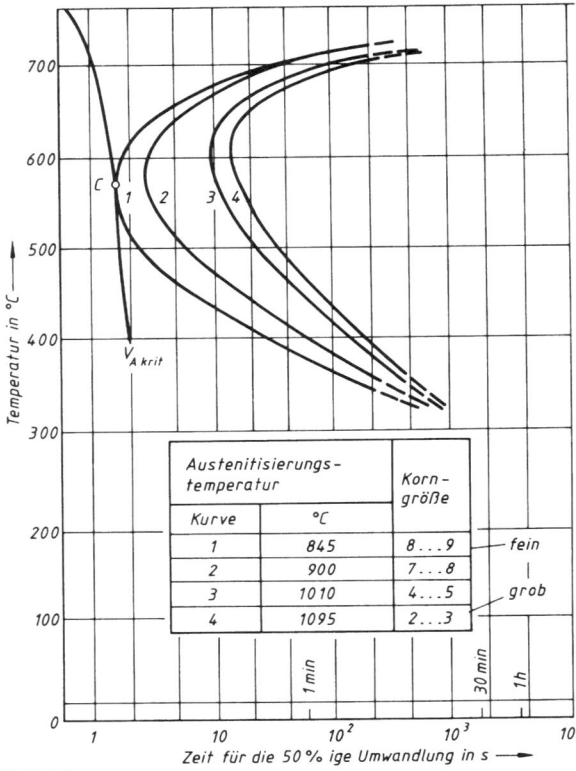

| Austenitisierungs-temperatur | | Korn-größe |
|---|---|---|
| Kurve | °C | |
| 1 | 845 | 8...9 |
| 2 | 900 | 7...8 |
| 3 | 1010 | 4...5 |
| 4 | 1095 | 2...3 |

Zeit für die 50 % ige Umwandlung in s ⟶

Eine Schlüsselrolle spielt die „Nase" $C$ (Bild 4.1–15) der Kurve *Beginn der Umwandlung*. Dieses Zeitminimum bzw. Maximum der Umwandlungsgeschwindigkeit ist wie folgt begründet: Zunächst steigt die Umwandlungsfreudigkeit des Austenits mit zunehmender Unterkühlung (bis zum Erreichen der Nase $C$). Danach überwiegt die mit sinkender Temperatur zunehmende Diffusionsträgheit der C-Atome, die (obere) kritische Abkühlgeschwindigkeit tangiert jeweils am Punkt $C$.

Hohe Glühtemperaturen und lange Glühzeiten verschieben die Nase (d. h. die ganze Kurve) nach rechts (*2, 3, 4*), weil durch die Bildung von Grobkorn und die eintretende Homogenisierung der Austenit stabiler wird. Bei jedem ZTU-Diagramm müssen daher neben der chemischen Zusammensetzung die Temperaturen und Haltezeiten der Austenitisierung angegeben sein.

Bild 4.1–15  Verschiebung der „Nase" $C$ nach rechts durch höhere Glühtemperaturen (*1* bis *4*) – Vergrößerung des Austenitkorns verringert die kritische Abkühlgeschwindigkeit des Stahles

Jedes ZTU-Diagramm muss folgende Angaben enthalten:
- *chemische Zusammensetzung* (Stahlart, Charge),
- *Austenitisierungstemperatur*,
- *Austenitisierungszeit*.

Die Umwandlung in der *Zwischenstufe* wird erst durch das ZTU-Diagramm deutlich. Im Gegensatz zur Perlitbildung ist in der Zwischenstufe durch die niedrige Temperatur eine Diffusion des Kohlenstoffes im Austenit stark gebremst. Trotzdem klappen kleine Austenitbereiche in das $\alpha$-Gitter um (Bild 4.1–16). Es liegt nun (ähnlich wie bei Martensit) ein an Kohlenstoff übersättigter, kubisch-raumzentrierter Fe-Mischkristall vor. Dieser Kohlenstoff scheidet sich nun in Form von Zementitkörnchen aus (um so feiner, je niedriger die Temperatur). Es entsteht also durch rasche Abkühlung des Austenits und isothermes Halten in der Zwischenstufe das so genannte *Zwischenstufengefüge* oder *Bainit* (benannt nach dem Amerikaner Bain).

Wie bereits bei der kritischen Abkühlgeschwindigkeit aufgeführt, sind es die chemische Zusammensetzung (nahezu alle Elemente verringern $v_{A\,krit}$, verschieben also die „Perlitnase" nach rechts), die Korngröße des Austenits (Glühtemperatur und -zeit) und die Homogenität des Austenits, die das Umwandlungsverhalten beeinflussen. Im Bild 4.1–17 sind die wichtigsten Einflussgrößen und deren Auswirkung (Pfeile deuten die Auswirkung an, d. h. die Verschiebung der Umwandlungslinien des ZTU-Diagrammes) übersichtlich dargestellt.

Nach der Art des Austenitzerfalls unterscheidet man im ZTU-Diagramm die Temperaturbereiche:
1. Austenitstufe,
2. Perlitstufe,
3. Zwischenstufe,
4. Martensitstufe.

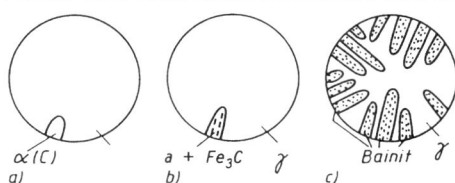

Bild 4.1–16 Entstehung des Zwischenstufengefüges bei isothermer Umwandlung (Zwischenstufengefüge = Bainit)

Bild 4.1–17 Schematische Darstellung von Einflussgrößen und deren Auswirkung auf die isothermische Austenitumwandlung

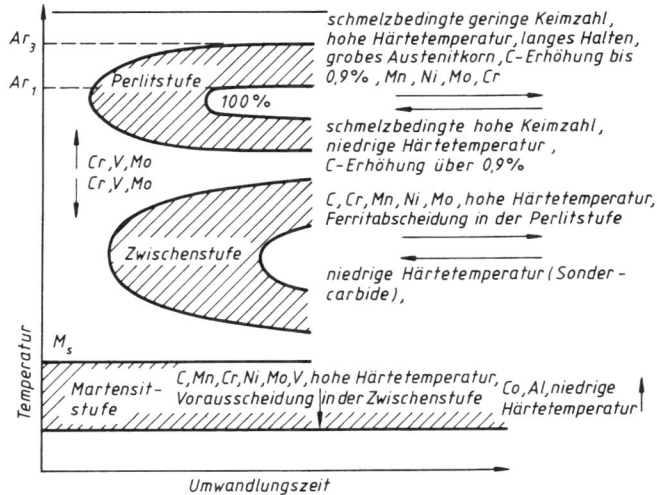

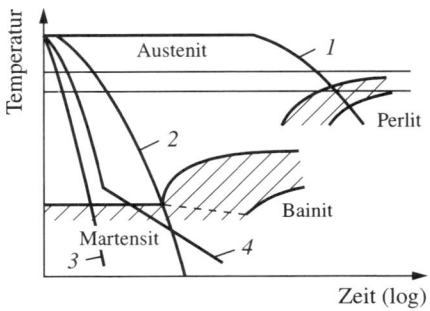

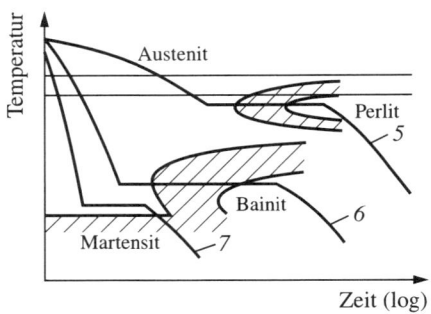

Bild 4.1–18  Schematisches ZTU-Schaubild für kontinuierliche Abkühlung aus dem Austenitgebiet – Abkühlverläufe *1* bis *4* (Erläuterungen s. unten, rechts)

Bild 4.1–19  Schematisches ZTU-Schaubild für gestufte Abkühlung aus dem Austenitgebiet - Abkühlverläufe *5* bis *7* (Erläuterungen s. unten)

Die praktische Bedeutung des ZTU-Diagrammes lässt sich wie folgt zusammenfassen:
- Für jede Stahlart erhält man einen geschlossenen Überblick über das Umwandlungsverhalten des Austenits.
- Die Umwandlungsträgheit des instabilen Austenits bei tieferen Temperaturen wird erst durch das ZTU-Diagramm erkennbar.
- Für viele Wärmebehandlungsverfahren (z. B. Zwischenstufenvergüten, Warmbadhärten) liefert das Diagramm unmittelbar die Behandlungsanleitung (Technologie, Temperatur-Zeit-Verlauf).
- Das Diagramm lässt Schlüsse auf die Wärmebehandelbarkeit (Durchhärtbarkeit) und Schweißbarkeit der Stähle zu.
- Die Technologie thermomechanischer Verfahren lässt sich gut am ZTU-Diagramm erfassen.

Erläuterung der Abkühlverläufe:
1. langsame Abkühlung, Ferrit + Perlit, [Normalglühen]
2. Verlauf, welcher der kritischen Abkühlgeschwindigkeit $v_{A\,krit}$ entspricht
3. sehr rasches Abkühlen (*Abschrecken*); [Härten]
4. zunächst in Wasser, dann in Öl abschrecken [gebrochenes Härten]
5. Abkühlung in einem Warmbad bewirkt eine isotherme Umwandlung des Austenits zu Perlit [Perlitisieren, Patentieren (Draht)]
6. isotherme Umwandlung in der Bainitstufe [Bainitisieren]
7. gestuftes Abschrecken in einem Warmbad, dessen Temperatur dicht über $M_s$ liegt, vor Erreichen des Beginns der Umwandlung wird an der Luft abgekühlt [Warmbadhärten]

Die Verfahren selbst und ihre Anwendung werden im Abschnitt 4.2 behandelt.

**Übung 4.1–6**
Wie verändert sich das Gefüge Perlit mit zunehmender Unterkühlung des Austenits?

**Übung 4.1–7**
Welche Gefügeart entsteht, wenn bei der Abkühlung aus dem Austenitgebiet die kritische Abkühlgeschwindigkeit des betreffenden Stahles überschritten wird?

**Übung 4.1–8**
Wodurch wird der Betrag der kritischen Abkühlgeschwindigkeit beeinflusst?

**Übung 4.1–9**
Was ist Restaustenit?

**Übung 4.1–10**
Welche Temperaturbereiche (Stufen) muss man im ZTU-Diagramm unterscheiden?

**Übung 4.1–11**
Was ist aus dem ZTU-Diagramm ableitbar?

Anmerkung:
Aus dem ZTU-Schaubild sind weitere Darstellungen entwickelt worden, die besonders für die praktische Wärmebehandlung nützlich sind:
1. Kühlzeit-Schaubild
2. Gefügemengen-Schaubild
Literatur: Stahl-Eisen-Prüfblatt 1680, 3. Ausgabe, Dezember 1990
Die konkrete Anwendung des ZTU-Schaubildes auf das Schweißen und Umformen (Thermomechanische Behandlung) kann im Rahmen dieses Buches nicht behandelt werden.

## 4.2 Thermische Verfahren

**Lernziele**

der Lernende kann ...
- die wichtigsten thermischen Verfahren nennen und sie prinzipiell gegenüberstellen,
- Temperatur-Zeit-Verläufe technologisch interpretieren,
- die wichtigsten Glühverfahren beschreiben,
- Ziele und Vorgänge beim Härten und Vergüten nennen,
- Verfahren der Randschichthärtung beschreiben.

## 4.2.0 Übersicht

Maschinenteile aus Stahl, wie Wellen, Zahnräder, Kupplungsteile usw., erhalten durch *Umformen* und *Spanen* die gewünschte Form. Durch vorheriges *Glühen* lässt sich der Werkstoff besser verarbeiten. Es werden verschiedene Glühverfahren besprochen, die unterschiedliche Eigenschaftsänderungen bewirken. Die Teile müssen nach der höchsten, im eingebauten Zustand auftretenden Belastung dimensioniert (bemessen) werden. Durch *Vergüten* des Stahles wird die Festigkeit erhöht. Mit dieser Wärmebehandlung können hochbeanspruchte Teile relativ geringe Abmessungen erhalten.
Dominiert eine Verschleißbeanspruchung an der Oberfläche (z. B. an den Zahnflanken der Zahnräder), so bringt eine Randschichthärtung bei Vergütungsstählen eine deutliche Verbesserung der Gebrauchseigenschaften.
Glühen, Härten, Vergüten und Randschichthärten sind thermische Verfahren, d. h., ihr technologischer Ablauf zeigt einen charakteristischen Temperatur-Zeit-Verlauf ohne andere Einwirkungen.

## 4.2.1 Glühen

Bei allen *Glühverfahren* werden die Werkstücke langsam und durchgreifend erwärmt. Dem Halten bei einer bestimmten Temperatur folgt ein meist langsames Abkühlen auf Raumtemperatur. Die Verfahren unterscheiden sich nach *Glühtemperatur, Glühdauer* und *Art der Abkühlung*. Sie dienen dazu, Werkstoffeigenschaften zu ändern, vorwiegend, um einen folgenden Formgebungsprozess (Umformen, Spanen, Schweißen) vorzubereiten. Bei einem Teil der Verfahren spielt die $\alpha$-$\gamma$-Phasenumwandlung eine wichtige Rolle.

> *Glühen*: Verfahren, bei denen durch geeignete Wärmebehandlungsanlagen ein bestimmter Temperatur-Zeit-Verlauf realisiert wird (Bild 4.2–2). Das Ziel besteht in der Änderung der Werkstoffeigenschaften.

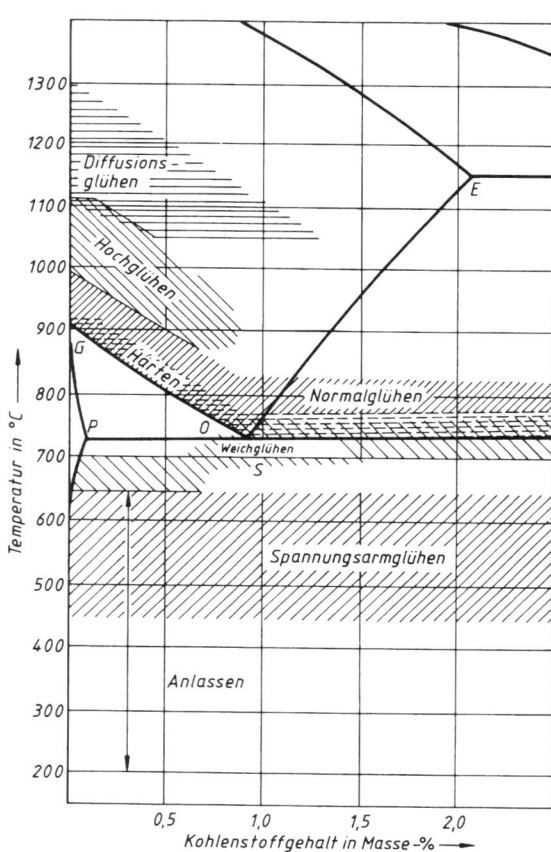

Bild 4.2–1  Temperaturbereiche der wichtigsten Glühverfahren

Bei einer Glühung unterscheidet man
- Anwärmdauer
- Durchwärmdauer (auch der Kern des Werkstückes hat die Haltetemperatur erreicht)
- Abkühldauer

Zusammengefasst:
- Erwärmdauer = An- und Durchwärmen
- Verweildauer = Anwärmen, Durchwärmen und Halten

Das Schema ist prinzipiell für alle Wärmebehandlungsverfahren anwendbar.

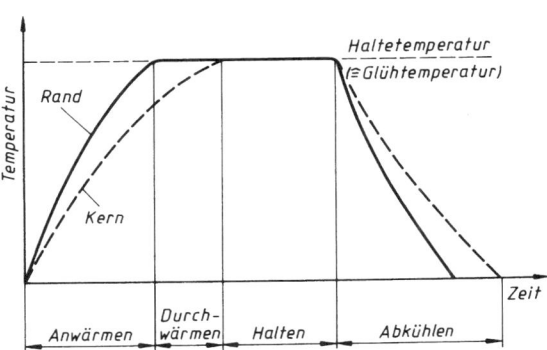

Bild 4.2–2 Technologisches Grundschema einer Glühung (Temperatur-Zeit-Verlauf)

### 4.2.1.1  Diffusionsglühen

*Ziel*:
Kristallseigerungen beseitigen; nichtmetallische Einschlüsse auflösen bzw. verteilen (Entmischungen beseitigen = *Homogenisieren*)

*Grundprinzip*:
Hohe Temperaturen begünstigen Diffusion (Wanderung der Teilchen) und damit den stofflichen „Ausgleich".

*Temperatur-Zeit-Verlauf* (Bild 4.2–3):
Das Glühen erfolgt erheblich oberhalb $A_{c3}$ ($1\,050\ldots1\,200$ °C). Die Temperatur wird sehr lange gehalten (bis 50 h), danach wird langsam abgekühlt.

| *Diffusionsglühen* erfolgt sehr hoch im Austenit-Bereich, es dient dem Konzentrationsausgleich der Teilchen (homogenisiert die feste Lösung). |
| :-- |

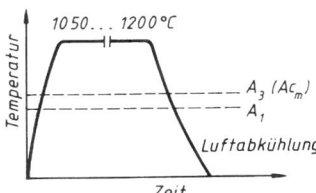

Bild 4.2–3  Diffusionsglühen

*Nachteile*:
- teuer (energieintensiv, hoher Ofenverschleiß)
- Grobkornbildung, eventuell anschließend Normalglühen erforderlich
- Gefahr der Verzunderung und Entkohlung

*Anwendung*:
- homogenes Gefüge für eine nachfolgende Wärmebehandlung schaffen (z. B. beim Härten von Stahlguss)
- (in Automatenstählen) die Sulfide günstiger verteilen, damit wird die Rotbrüchigkeit vermindert
- Carbidverteilung in Werkzeugstählen beeinflussen

## 4.2.1.2    Grobkornglühen

*Ziel*:
Korn vergröbern, Stähle besser spanbar machen
*Grundprinzip*:
Hohe Temperaturen bewirken Kornvergröberung (Überhitzung hier beabsichtigt). Das grobe Korn liefert einen kurzen bröckligen Span.
auch *Hochglühen* genannt
*Temperatur-Zeit-Verlauf* (Bild 4.2–4):
Das Glühen erfolgt deutlich über $A_{c3}$ ($950\ldots1\,100\ °C$). Nach Haltezeit von $1\ldots2$ h wird, um Spannungen klein zu halten, zunächst langsam (Ofenabkühlung), danach rascher (Luftabkühlung) abgekühlt.

*Nachteile*:
- Grobes Korn mindert die Festigkeit.
- Deshalb anschließend Normalglühung erforderlich (wenn Werkstücke nicht anschließend vergütet oder einsatzgehärtet werden und dadurch feines Korn erhalten).

*Grobkornglühen* (Hochglühen) ist ein absichtliches Überhitzen der Stähle im Austenit-Bereich, um kohlenstoffarme Stähle besser spanbar zu machen.

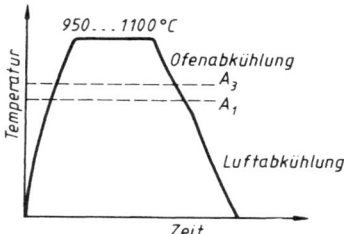

Bild 4.2–4    Grobkornglühen (Hochglühen)

*Anwendung*:
- um Stähle mit niedrigem Kohlenstoffgehalt besser spanbar zu machen (diese Stähle neigen sonst zum Schmieren)

## 4.2.1.3    Normalglühen

*Ziel*:
feinkörniges gleichmäßiges Gefüge herstellen; Normalzustand, d. h. ein Gefügezustand, der dem Gleichgewicht im System Fe-Fe₃C nahe kommt und auf den sich die Festigkeitswerte in den Werkstofflisten meist beziehen.
*Grundprinzip*:
Die $\alpha$-$\gamma$-Umwandlung wird zweimal durchlaufen (bei Erwärmung und bei Abkühlung). Das zweifache Umkörnen (jeweils Keimbildung!) beseitigt frühere Einwirkungen auf das Gefüge und bewirkt die Kornverfeinerung. (Normalglühen wird auch *Normalisieren* genannt.)
*Temperatur-Zeit-Verlauf* (Bild 4.2–5):
- Erwärmen auf $30\ldots50$ K über die Umwandlungstemperatur ins Austenitgebiet. Die Erwärmungsgeschwindigkeit zwischen $A_{c1}$ und Glühtemperatur soll

*Normalglühen* (Normalisieren) ist ein relativ kurzzeitiges Erwärmen ins Austenitgebiet auf $30\ldots50$ K über die Umwandlungstemperatur. Ziel des Verfahrens ist es, ein gleichmäßiges, möglichst feinkörniges Gefüge zu erhalten. Das Verfahren wird häufig angewendet.

möglichst hoch sein (hohe Keimzahl, bereits Austenit-Feinkorn).

- Haltedauer so kurz wie möglich, Werkstück muss durchgewärmt sein.
- Abkühlung (möglichst rasch durch das Zweiphasen-Intervall, dann langsam) auf Raumtemperatur

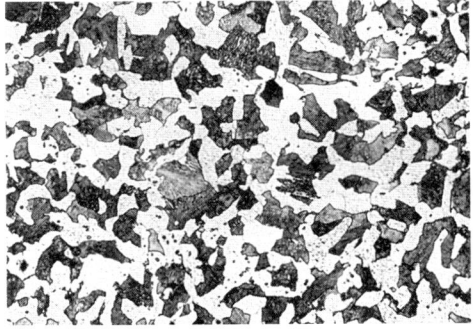

Bild 4.2–5  Normalglühen (Normalisieren)
a) Temperatur-Zeit-Verlauf
b) Gefüge eines normalisierten Stahles;
Ferrit + Perlit; 200 : 1

*Nachteile*:
- Es ist weniger ein Nachteil des Verfahrens, mehr eine Feststellung: Gegenüber kaltverformtem oder vergütetem Werkstoff sinkt die Festigkeit (Streckgrenze).
- Umwandlungsfreie, d. h. ferritische und austenitische Stähle lassen sich nicht normalisieren (Korngröße nur durch erneute Verformung und Rekristallisation beeinflussbar).

*Anwendung*:
- Alle Stahlgussteile werden normalgeglüht. Das Gefüge nach dem Abguss ist grob, spitznadelig. Die Gussstruktur bei GS heißt *Widmannstättensches Gefüge* (s. Bild 5.0–4). Der Abbau dieses Gefüges macht den Stahlguss zäher (Dehnung, Einschnürung und Kerbschlagzähigkeit werden deutlich erhöht).
- nach fehlerhafter Wärmebehandlung bei Teilen aus Walzstahl (Gefügeunterschiede verschiedener Art werden durch Normalisieren beseitigt.)
- nach Kaltformgebung statt eines Rekristallisationsglühens (s. Abschnitt 1.4), um Grobkornbildung nach kritischer Verformung und Sekundärrekristallisation zu vermeiden
- nach dem Schweißen oder Brennschneiden (Auch hierbei werden Gefügeunterschiede, die Grobkorn- und Aufhärtungszonen, Widmannstätten-Struktur, beseitigt.)

- vor Wärmebehandlung, z. B. Härten, Vergüten (Es wird ein gleichmäßiges Ausgangsgefüge geschaffen.)
- zur *Kornrückfeinung* nach dem Glühen bei hohen Temperaturen (Diffusions- und Grobkornglühen).

### 4.2.1.4    Weichglühen (sphäroidisierendes Glühen)

*Ziel*:
Bei Stahl und Gusseisen (Grauguss) wird die Härte durch Beeinflussung der Form der $Fe_3C$-Phase erheblich verringert. Der im Perlit lamellar vorliegende Zementit wird *eingeformt*, d. h. in eine kugelige, globulare bzw. körnige Struktur umgewandelt.

*Grundprinzip*:
Bei $A_1$ bildet sich bei Abkühlung das eutektoide Gefüge Perlit, charakterisiert durch die lamellare Struktur des $Fe_3C$. Beim Weichglühen erfolgt die Wiedererwärmung in die Nähe dieser Temperatur. Die Phase $Fe_3C$ ist bestrebt, den energieärmsten Zustand, also eine kugelähnliche Form bei feiner Verteilung, anzunehmen. Dementsprechend formt sich der Zementit (bei ausreichend langer Glühung) in die Ferrit-Gefüge-Grundmasse ein.

Bei GG (grau erstarrtes Gusseisen) wirkt die Weichglühung außerdem graphitisierend.

*Modifizierungen des Verfahrens*:
- Abschreckhärten mit anschließendem kurzzeitigem Anlassen auf etwa 700 °C (Rissgefährdung beim Härten) für kohlenstoffarme Stähle
- Glühen mit isothermer Rückumwandlung für Stähle mit höherem Kohlenstoffgehalt

Die modifizierten Verfahren verstärken die Einformung des Zementits.

*Temperatur-Zeit-Verlauf*:
- Erwärmen auf Temperatur um $A_{c1}$
- Halten bzw. Pendeln
  a) Halten unter $A_{c1}$
  b) Pendeln um $A_{c1}$
  c) Halten über $A_{c1}$
- langsam auf Raumtemperatur abkühlen

*Weichglühen* ist ein Erwärmen auf Temperaturen um $A_{c1}$ (unterhalb, oberhalb oder pendelnd um $A_{c1}$) mit anschließendem langsamem Abkühlen, um einen möglichst weichen Zustand zu erzielen.

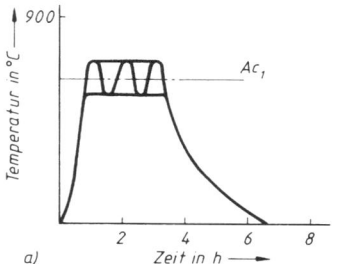

a)

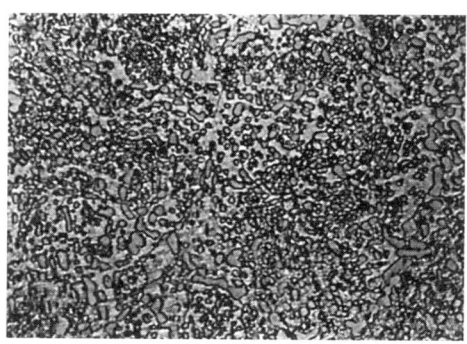

b)

Bild 4.2–6  Weichglühen
a) Temperatur-Zeit-Verlauf
b) Weichglühgefüge des Werkzeugstahles C 115 (körnige Struktur); 500 : 1

*Nachteil*:
- Temperaturführung (besonders beim Pendelglühen) erfordert entsprechende Anlagen. In diskontinuierlich arbeitenden Öfen schwer realisierbar.

### 4.2.1.5 Spannungsarmglühen

*Ziel*:
Die inneren Spannungen (Eigenspannungen) der Bauteile, die durch viele Prozessstufen verursacht sein können (z.B. ungleichmäßiges Abkühlen nach dem Urformen, der Warmumformung, dem Schweißen oder einer Wärmebehandlung, durch Kaltumformung bei der Bearbeitung der Teile), sollen auf ein unvermeidliches Minimum herabgesetzt werden.

*Grundprinzip*:
Die bei einer bestimmten Temperatur vorhandenen Eigenspannungen können nicht höher als die Fließgrenze eines Werkstoffes sein. Mit steigender Temperatur sinkt die Fließgrenze. Durch Glühen werden die Spannungen bis auf den Betrag der Fließgrenze bei dieser Temperatur durch plastische Verformung abgebaut.

*Temperatur-Zeit-Verlauf*:
- allmähliches Erwärmen auf $550 \ldots 650\,°C$
- Halten auf Glühtemperatur ($2 \ldots 4$ h)
- langsames Abkühlen (möglichst Ofenabkühlung)

*Besonders zu beachten*:
- Spannungsarmglühen nach Vergüten erfordert, dass die Glühtemperatur etwa 30 K unter der Anlasstemperatur bleiben muss.
- Glühtemperatur muss stets über der späteren Betriebstemperatur für die betreffenden Bauteile liegen.
- Zeitpunkt des Entspannens soll zeitlich möglichst unmittelbar hinter die Prozess-

*Anwendung*:
- Stähle mit hohen Anteilen an Kohlenstoff und Legierungselementen werden besser spanbar. Werkzeugverschleiß bei eingeformtem Zementit geringer
- Werkstoffe danach besser spanlos formbar (kalt umformbar), Fließvorgänge durch eingeformten Zementit erleichtert
- vor einer Härtung (feinlamellarer Perlit oder ein Vergütungsgefüge sind jedoch für eine rasche Carbidauflösung bei der Austenitisierung günstiger!)

> *Spannungsarmglühen*: Glühen bei einer Temperatur unterhalb des unteren Umwandlungspunktes $A_{c1}$ (meist unter $650\,°C$) mit anschließendem langsamem Abkühlen zum Abbau innerer Spannungen (Eigenspannungen) ohne wesentliche Änderung der vorliegenden Eigenschaften.

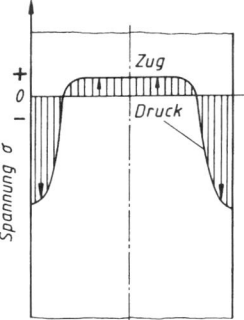

Bild 4.2–7 Verlauf der Eigenspannungen in einem zylindrischen Teil nach Abschreckhärtung (Stahl)

> *Eigenspannungen* nennt man innere Spannungen, die in einem Festkörper vorhanden sind, ohne dass äußere Kräfte oder Momente wirken.

Begriff *Fließgrenze* (bei Zugbeanspruchung *Streckgrenze*): s. u. a. Abschnitt 12.2.2

stufe gelegt werden, bei der die Spannungen entstehen und liegen bleiben.

- Bei Gusseisen ist besonders sorgfältig zu verfahren (rissempfindlich, Gefahr des „Wachsens" durch Zementitzerfall bei zu hohen Temperaturen).
- Das Entspannen gehärteter Teile geschieht durch Anlassen.

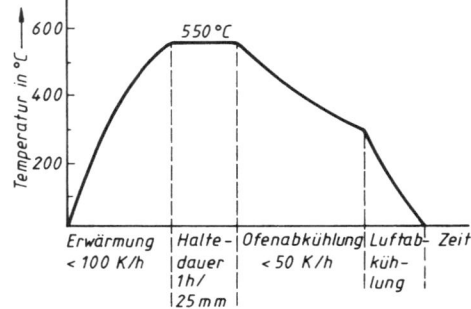

Bild 4.2–8  Spannungsarmglühen bei grau erstarrtem Gusseisen (GG – unlegiert)

*Nachteil*:

- Ein völlig eigenspannungsfreier Zustand ist nicht möglich (Abbau der Spannung nur bis zur Fließgrenze bei der betreffenden Glühtemperatur möglich).

*Anwendung*:

- Spannungen abbauen, die in ungleichmäßig abgekühlten Walz- und Schmiedestücken sowie Gussteilen vorhanden sind
- Spannungen abbauen, die durch mechanische Bearbeitung oder andere Verfahren der Wärmebehandlung entstanden sind (Spannungsarmglühen wird häufig zwischen Vor- und Fertigbearbeitung der Teile ein- oder mehrfach eingeschoben.)
- Verringerung der Spannungen in Schweißkonstruktionen (wenn nicht normalgeglüht wird)

### 4.2.1.6    Rekristallisationsglühen

*Ziel*:
Die durch Kaltumformen eingetretenen Eigenschaftsänderungen sollen rückgängig gemacht werden. Das geschieht durch eine abgeschlossene Rekristallisation mit einer völligen Gefügeumbildung bzw. -neubildung im festen Zustand.
(siehe Abschnitt 1.4.3)

*Rekristallisationsglühen* wird nach Kaltumformen durchgeführt. Bei Stahl beträgt die Glühtemperatur 500 ... 600 °C. *Kaltumformen* ist stets ein Formänderungsprozess, der unterhalb des Temperaturintervalls der Rekristallisation erfolgt.

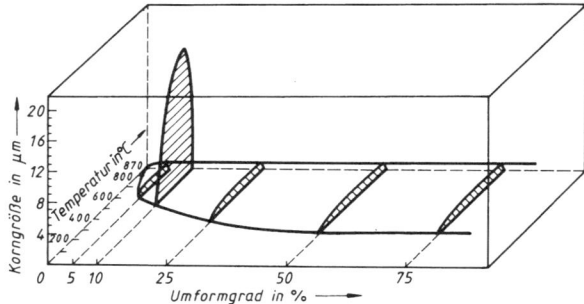

Bild 4.2–9
Rekristallisationsdiagramm
von kohlenstoffarmem Stahl

*Grundprinzip*:
beschrieben für die Glühung von kaltverformtem Stahl

- *Kristallerholung* zwischen 300 und 500 °C; Rückbildung einiger physikalischer Eigenschaften (z. B. elektrische Leitfähigkeit); teilweise Abbau der Eigenspannungen
- *primäre Rekristallisation* bei weiterer Erwärmung. Durch Platzwechsel der Grundgitteratome (Diffusion) bilden sich Rekristallisationskeime mit nahezu ungestörtem Gitteraufbau. Nun wächst das entfestigte Gefüge unter Aufzehrung des Verformungsgefüges.

Das Rekristallisationsdiagramm (Bild 4.2–9) zeigt die Abhängigkeit der Korngröße vom Umformgrad und von der Glühtemperatur. Bei optimaler Glühung kann das neue Gefüge recht feinkörnig sein.

*Temperatur-Zeit-Verlauf*:
- Erwärmung auf Rekristallisationstemperatur (bei Stahl 500 ... 600 °C)
- Halten auf Rekristallisationstemperatur
- langsam abkühlen

*Beachten Sie*:
- Bei geringem Umformgrad (5 ... 15 %) bildet sich sehr grobes Korn (kritischer Umformgrad). Man muss dieses Intervall vermeiden oder anschließend normalglühen.
- Wenn man zu lange glüht, entsteht ebenfalls Grobkorn (*sekundäre Rekristallisation*).

Anmerkung:
An Aluminium-Proben lässt sich die Ausbildung des Gefüges anschaulich demonstrieren (Bild 4.2–10). Prinzipiell gilt die Aussage auch für Stahl und für alle anderen metallischen Werkstoffe. Bei Nichteisenmetallen (Kupfer-, Aluminiumwerkstoffe usw.) nennt man das Rekristallisationsglühen häufig auch *Weichglühen* (Al-Werkstoffe DIN EN 515)

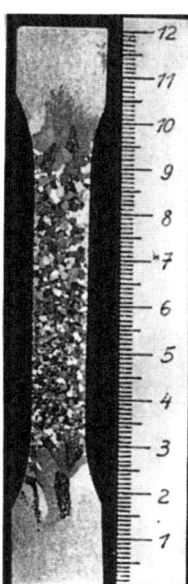

Bild 4.2–10 Gefügestruktur nach erfolgter Rekristallisation (Zugproben aus Al mit unterschiedlichem Umformgrad)

*Anwendung*:
Das Verfahren wird hauptsächlich zwischen den einzelnen Stufen der Kaltumformung (Kaltziehen, Tiefziehen, Kaltfließpressen, Kaltwalzen usw.) angewendet. Die Kaltverfestigung wird damit abgebaut, und die Teile werden wieder gut kaltumformbar (für die jeweils nächste Umformstufe).

**Übung 4.2–1**
Erklären Sie die Kornvergröberung bei Glühverfahren wie Diffusionsglühen und Grobkornglühen (Hochglühen)!

**Übung 4.2–2**
Weshalb entsteht beim Normalisieren (Normalglühen) ein feinkörniges und gleichmäßiges Gefüge?

**Übung 4.2–3**
Wann ist ein Normalglühen zu empfehlen (Beispiel!)?

**Übung 4.2–4**
Skizzieren Sie den Temperatur-Zeit-Verlauf für das Weichglühen, pendelnd um $A_{c1}$ (Pendelglühen)!

**Übung 4.2–5**
Mit welchem Verfahren kann man Eigenspannungen im Bauteil vermindern?

## 4.2.2   Härten

*Ziele*:
- Erhöhung des *Verschleißwiderstandes* der Oberfläche
- Verbesserung der *Festigkeitseigenschaften* (insbesondere der Streckgrenze durch Vergüten; Härten ist die erste Prozessstufe beim Anlassvergüten)
- Erhöhung der *Dauerschwingbeanspruchbarkeit* durch eine Randschichthärtung

*Bezeichnung der Härte nach Prüfverfahren*:
HB Härte nach *Brinell*
HV Härte nach *Vickers*
HR Härte nach *Rockwell*

Welche Teile aus Stahl werden gehärtet?
*Werkzeuge*, z. B. Messer, Meißel, Fräser, Bohrer, Stempel, Schnitt-, Zieh- und Schneidwerkzeuge
*Messmittel*, z. B. Lehren, Maßverkörperungen, Messbolzen
*Maschinenteile*, z. B. Zahnräder, Wellen, Ventilkegel, Wälzlager, Federn

*Zweck des Härtens*:
- Verschleißwiderstand erhöhen
- Vergüten (Streckgrenze erhöhen)
- Dauerschwingfestigkeit erhöhen

*Grundprinzip*:

Aus dem Austenitgebiet (30 ... 50 K über GSK im System Fe-Fe$_3$C; also oberhalb A$_{c3}$ bzw. A$_{c1}$) wird so rasch abgekühlt, dass die kritische Abkühlgeschwindigkeit überschritten wird. Es bildet sich das Härtegefüge *Martensit*. Der Abkühlverlauf kann durch isothermes Halten oberhalb $M_s$ (*Warmbadhärten*) oder durch Wechsel des Abkühlmediums (*gebrochenes Härten*) unterbrochen sein. Der Beginn der Umwandlung im ZTU-Diagramm darf durch den Abkühlverlauf nicht geschnitten werden.

Eine teilweise Härtung eines Werkstückes nennt man *Schalen-, Randschicht-* oder *Oberflächenhärtung*.

Im Anschluss an jede Direkthärtung erfolgt ein *entspannendes Anlassen* (Wiedererwärmen) bei 100 ... 200 °C.

Abkühlmedien (Abschreckmittel):
- Wasser, ohne oder mit Zusätzen (z. B. NaCl, NaOH)
- Härteöle (Abschrecköle)
- Polymerlösungen
- „Wirbelbetten" aus gasdurchströmten Al$_2$O$_3$-Teilchen
- Strömende Gase (Luft, Stickstoff, Schutzgas)

Die Wirkung des Abschreckens hängt u. a. ab von:
- Härtbarkeit des Stahles
- Abschreckintensität des Abkühlmediums
- Wärmeleitfähigkeit des Werkstücks
- Abmessung und Form des Werkstücks
- Bewegung des Werkstücks bzw. des Abkühlmediums

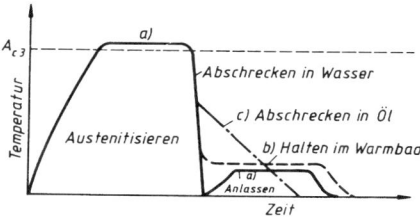

Bild 4.2–11 Temperatur-Zeit-Verlauf beim Härten
a) Härten mit Anlassen (Entspannen)
b) Warmbadhärten
c) gebrochenes Härten

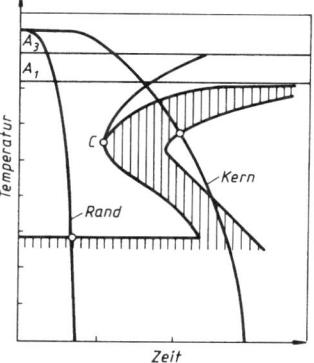

Bild 4.2–12 Reale Abkühlkurven eines Werkstücks (Rand härtet, Kern wird perlitisch)

*Anlassen*: Erwärmen nach vorausgegangenem Härten (s. Prozessstufen) auf eine Temperatur zwischen Raumtemperatur und A$_{c1}$, Halten bei dieser Temperatur und anschließendes, meist langsames Abkühlen.

Technisch wichtige Härteverfahren:
- Härten (kontinuierlich) ⎫ Durchgreifen-
- Warmbadhärten ⎬ des Härten
  (isothermisch) ⎪ Bild 4.2–11
- Gebrochenes Härten ⎭
- Randschichthärten ohne Änderung der chemischen Zusammensetzung der Randschicht (s. Abschnitt 4.2.4)
- Randschichthärten nach vorheriger Änderung der chemischen Zusammensetzung der Randschicht (s. Abschnitt 4.3.1)

*Härtbarkeit der Stähle*

Perlitische Stähle (d. h. die meisten Stähle) haben die Fähigkeit, durch das Härten in einer Randzone oder durchgreifend eine erheblich gesteigerte Härte anzunehmen.

Maßgebend für die Härte ist der effektive Martensitanteil im Gefüge.

Zur Beurteilung des Härtbarkeitsverhaltens muss man unterscheiden:

*Aufhärte* (maximale Randhärte)

ist die an der Oberfläche gemessene Höchsthärte, die bei $v_{A\,vorh} > v_{A\,krit}$ erreichbar ist. Sie wird nahezu ausschließlich von der Menge des gelösten Kohlenstoffs bestimmt. (Bild 4.2–13)

*Einhärte* (Einhärtetiefe)

ist der Abstand von der Oberfläche, bis zu dem ein Gefüge von 50 % Martensit vorliegt.

Alle Faktoren, die den Punkt $C$ („Nase" im ZTU-Schaubild, s. Bild 4.2–12) nach rechts verschieben, verbessern das Einhärtevermögen des Stahls:

- chemische Zusammensetzung → Stahlart, Anlieferungszustand, Charge
- Austenitkorngröße ⎫ Austenitisierungs-
- Homogenität ⎰ bedingungen

- Härten aus Walz- oder Schmiedetemperatur (s. Abschnitt 4.4.1)

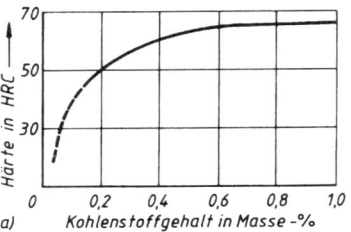
a)

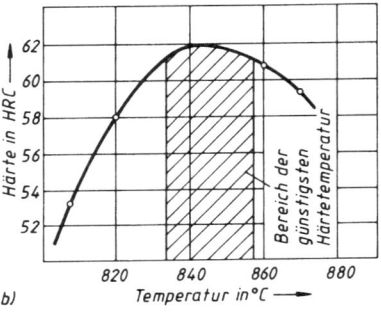
b)

Bild 4.2–13   Erreichbare Aufhärte (Randhärte) nach dem Abschreckhärten
a) in Abhängigkeit vom Kohlenstoffgehalt
b) in Abhängigkeit von der Härtetemperatur

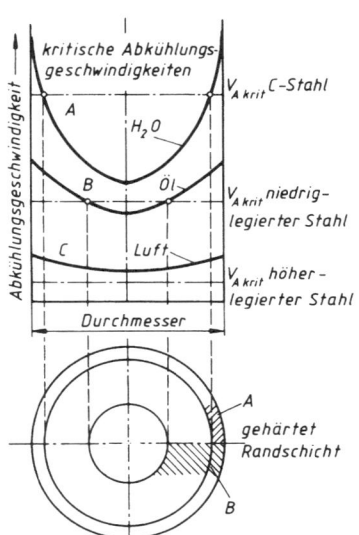

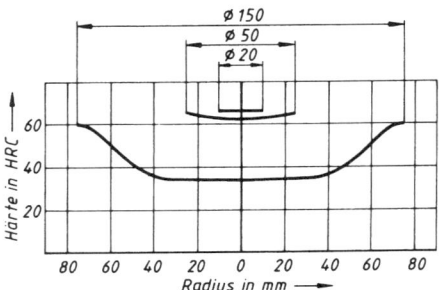

Bild 4.2–15   Einhärte (Rand-Kern-Härteverlauf) eines legierten Stahles (Ölhärter)

Bild 4.2–14   Stähle mit unterschiedlichem Härtbarkeitsverhalten
  A Wasserhärter
  B Ölhärter
  C Lufthärter

**Übung 4.2–6**
Weshalb werden viele Teile aus Stahl gehärtet?

**Übung 4.2–7**
Wovon hängt die erreichbare Höchsthärte (Aufhärte) ab?

**Übung 4.2–8**
Weshalb härten größere Teile aus unlegiertem Vergütungsstahl (z. B. C 35, C 45) nicht bis zum Kern durch?

## 4.2.3 Vergüten

*Ziel*:
Vergüten ist ein Wärmebehandlungsverfahren, mit dem Eisenwerkstoffe eine höhere Festigkeit (Streckgrenze und Streckgrenzenverhältnis) bei gleichzeitig verbesserter (relativ oder absolut) Zähigkeit erhalten. Das geschieht durch
a) *Vergüten* oder
b) *Bainitisieren*.
Sie haben das *Anlassen* bereits als ein Wiedererwärmen nach dem Härten kennen gelernt. An dieser Stelle soll etwas mehr dazu gesagt werden.
Wird gehärteter Stahl (Härtegefüge Martensit) erwärmt, so tritt ab etwa 200 °C mit zunehmender Anlasstemperatur ein eindeutig messbarer Härteabfall ein (Bild 4.2–16). Unter Lufteinwirkung (Wirkung des Luftsauerstoffs) kommt es zur Bildung einer Oxidschicht, deren Dicke eine für die jeweilige Temperatur charakteristische Farbe ergibt (*Anlassfarbe*).
Die Vorgänge beim Anlassen von gehärtetem Stahl lassen sich anhand von *Dilatometerkurven* beschreiben (s. Bild 4.2–17):
1. C-Atome besetzen günstigere Zwischengitterplätze, dadurch Umwandlung des tetragonalen in kubischen Martensit. Es kommt zur Bildung der Phase $Fe_{\approx 2}C$ ($\varepsilon$-Carbid, hexagonal). Dieser Vorgang bewirkt die Entspannung, die nach jeder unmittelbaren Härtung erforderlich ist.

Das *Vergüten* dient der Verbesserung von Festigkeit und Zähigkeit bei Stahl und anderen Eisenwerkstoffen. Man unterscheidet:
• *Vergüten*
• *Bainitisieren*

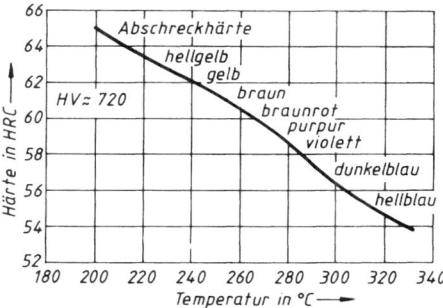

Bild 4.2–16  Abfall der Härte beim Anlassen – Zuordnung der Anlassfarben (HRC Härte nach Rockwell C) für unlegierten Stahl

*Bainitisieren* = Isotherme Umwandlung in der Zwischenstufe (veraltete Bezeichnung: Zwischenstufenvergüten)

2. Zusätzliche Ausdehnung resultiert aus der Umwandlung des Restaustenits in kubischen Martensit. Mit zunehmender Erwärmung wandelt sich das $\varepsilon$-Carbid in $Fe_3C$ um (Folge größerer Beweglichkeit bei höherer Temperatur).

3. Verkürzung (Zusammenziehung) durch Ausscheiden des Kohlenstoffs (aus dem Gitter; Mk) und weitere Bildung von $Fe_3C$. Das Gefüge besteht aus einer Ferritgrundmasse mit eingelagerten, sehr feinen Carbidkörnern (mikroskopisch kaum sichtbar). 1. bis 3. *Anlassstufe*

4. Zusammenballung (*Koagulation*) des $Fe_3C$ zu größeren, mikroskopisch sichtbaren Körnchen (Vergütungsgefüge). Dieser Vorgang macht sich in der Dilatometerkurve nicht bemerkbar.

Das Anlassen im Temperaturintervall (1.) dient dem *Entspannen* des Martensits. Es wird, wie beim Härten (Abschnitt 4.2.2) erläutert, nach jeder unmittelbaren Abschreckhärtung angewendet.

Mit steigender Anlasstemperatur nehmen Härte, Zugfestigkeit und Streckgrenze eines gehärteten Stahles deutlich ab, während Bruchdehnung, Einschnürung und Kerbschlagzähigkeit zunehmen.

Der Zusammenhang zwischen der Anlasstemperatur und den erzielbaren Eigenschaften wird in *Vergütungsdiagrammen* (Bild 4.2–18) dem Stahlverbraucher zur Verfügung gestellt. Vergleicht man einen hoch angelassenen Vergütungsstahl mit dem normalgeglühten Zustand, so sind bei gleicher Zugfestigkeit eine höhere Streckgrenze, Bruchdehnung, Einschnürung und Kerbschlagzähigkeit vorhanden. Die Feinheit und Gleichmäßigkeit des Anlassgefüges (4.) sind der Grund hierfür.

Beim *Bainitisieren* erhält man eine ähnliche Gefügestruktur. Im Zähigkeitsverhalten ist das Zwischenstufengefüge (der *Bainit*) teilweise dem Gefüge nach dem Anlassvergüten überlegen.

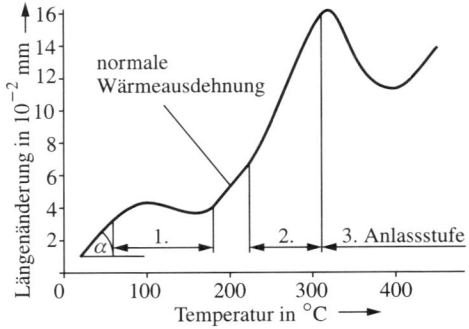

Bild 4.2–17  Dilatometerkurve für C 130 (950 °C, 10 min, Wasser)

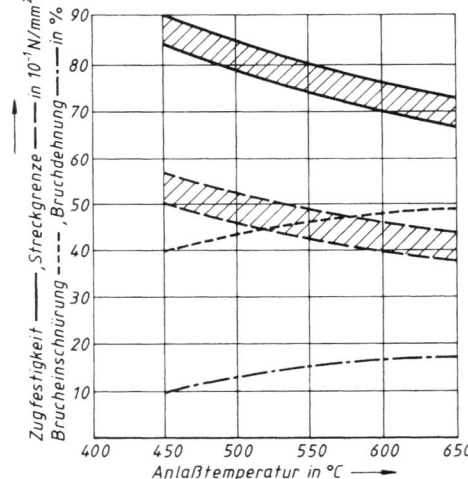

Bild 4.2–18  Vergütungsdiagramm eines Stahles mit 0,44 % C

*Temperatur-Zeit-Verläufe*:

*Vergüten* (Bild 4.2–19)

1. *Härten*
   (je nach $v_{A\,krit}$ erfolgt die Abkühlung in Wasser, Öl oder anderen Abschreckmedien)
2. *Anlassen auf höhere Temperaturen*
   technologische Vorschrift ergibt sich aus dem Vergütungsdiagramm der betreffenden Stahlart)

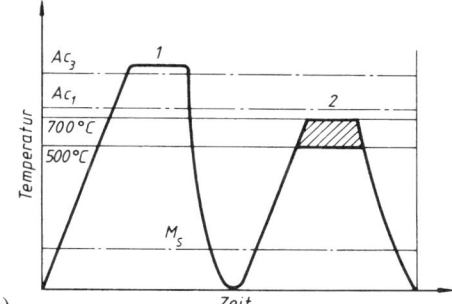
a)

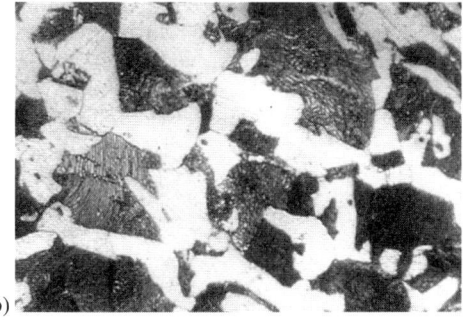
b)

c)

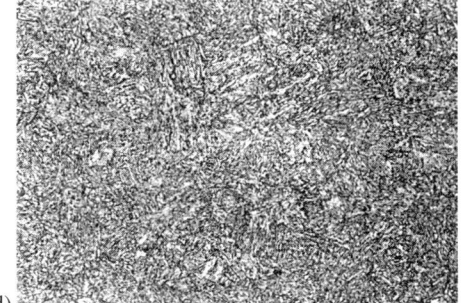
d)

Bild 4.2–19  Vergüten
a) Temperatur-Zeit-Verlauf (*1* Härten, *2* Anlassen bei hohen Temperaturen)
b) Gefüge vor dem Härten; C 45 normalgeglüht (30 min, 850 °C/Luft), Ferrit + Perlit, 500 : 1
c) Gefüge nach dem Härten; gleicher Stahl (840 °C/Wasser), Martensit, 500 : 1
d) Vergütungsgefüge, gleicher Stahl (500 °C/Luft), 500 : 1

*Bainitisieren* (Bild 4.2–20)

1. *Abkühlung aus dem Austenitgebiet* in einem Salzbad; *isotherme Umwandlung* (technologische Vorschrift ergibt sich aus dem ZTU-Diagramm der betreffenden Stahlart)
2. *Abkühlung aus dem Zwischenbad*

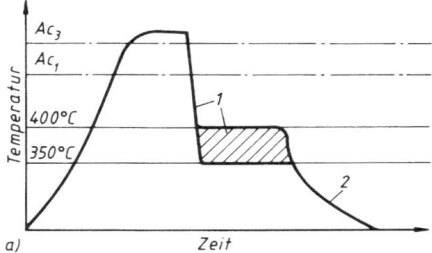

a)

Das *Bainitisieren* (früher *Zwischenstufenvergüten* genannt) beginnt mit Austenitisieren. Es wird auf eine Temperatur in der Bainitstufe des ZTU-Schaubildes abgeschreckt und dort solange gehalten, bis sich der Austenit in Bainit umgewandelt hat. Danach wird langsam auf Raumtemperatur abgekühlt.

b)

Bild 4.2–20  Bainitisieren
a) Temperatur-Zeit-Verlauf (*1* Abkühlen und Halten in einem Warmbad, *2* langsame Abkühlung, z. B. an der Luft)
b) Bainit (Zwischenstufengefüge), 500 : 1

Tabelle 4.2–1  Festigkeitswerte vergüteter Stähle (Auswahl); Teile 40 ... 100 mm Durchmesser

| Stahlsorte | Werk-stoff-Nr. | $R_{p0,2\,mind}$ | $R_m$ |
|---|---|---|---|
| C 45 | 1.0503 | 375 | 620 ... 760 MPa |
| C 60 E | 1.1221 | 450 | 740 ... 880 MPa |
| 41 Cr 4 | 1.7035 | 560 | 780 ... 930 MPa |
| 42 CrMo 4 | 1.7225 | 635 | 880 ... 1 080 MPa |
| 50 CrV 4 | 1.8159 | 685 | 880 ... 1 080 MPa |

*Nachteile*:
- Beim Anlassvergüten (Härten + Anlassen) besteht unter ungünstigen Bedingungen die Gefahr, dass sich *Härterisse* bilden; kein Ausheilen möglich
- Kontinuierliche Abkühlung führt kaum zur Bainitbildung. Beim Zwischenstufenvergüten muss bei allen Stahlarten das

*Anwendung*:
Vergütungstähle werden durch diese Wärmebehandlung mechanisch höher belastbar. Die Steigerung der Streckgrenze $R_e$ und das größere Verhältnis $R_e/R_m$ (Streckgrenzenverhältnis) bei günstigen Zähigkeitseigenschaften sind der Grund dafür, dass hochbeanspruchte Maschinenteile (z. B. Getriebeteile)

Temperatur-Zeit-Regime eine isotherme Umwandlung bei der richtigen Badtemperatur garantieren

**Übung 4.2–9**
Erklären Sie den Temperatur-Zeit-Verlauf beim Vergüten!

**Übung 4.2–10**
Warum werden hochbeanspruchte Maschinenteile (z. B. Wellen, Zahnräder, Übertragungselemente bei Kupplungen) häufig vergütet?

**Übung 4.2–11**
Welche Vorteile besitzt das Bainitisieren gegenüber dem herkömmlichen Vergüten?

**Übung 4.2–12**
Weshalb muss die Betriebstemperatur für ein Maschinenteil niedriger liegen als die nach dem Härten angewendete Anlasstemperatur?

vergütet werden. Bei gleicher Belastung verringern sich die Abmessungen der Teile.
Häufig wird das Vergüten auch vor einer Randschichthärtung durchgeführt. Man erzielt dadurch eine höhere Kernfestigkeit.

## 4.2.4 Randschichthärten ohne Änderung der chemischen Zusammensetzung

*Ziel*:
Werkstücke aus Stahl (oder anderen Eisenwerkstoffen) sollen partiell (teilweise) gehärtet werden, d. h., nur eine Randschicht soll martensitisches Gefüge aufweisen. Man strebt damit an:
- hohen Verschleißwiderstand an der Oberfläche
- zähen Kern
- günstiges Verhalten bei Dauerschwingbelastung

*Grundprinzip*:
Beim hier beschriebenen Randschichthärten wird härtbarer Stahl (Vergütungsstahl) verwendet. Dabei wird die Oberfläche (eine Randschicht bestimmter Dicke) rasch ins Austenitgebiet erwärmt. Die sofortige Abkühlung mit *Abschreckbrausen* ($v_{\text{A vorh}} > v_{\text{A krit}}$) garantiert die Martensitbildung in der vorher ausreichend austenitisierten Zone.

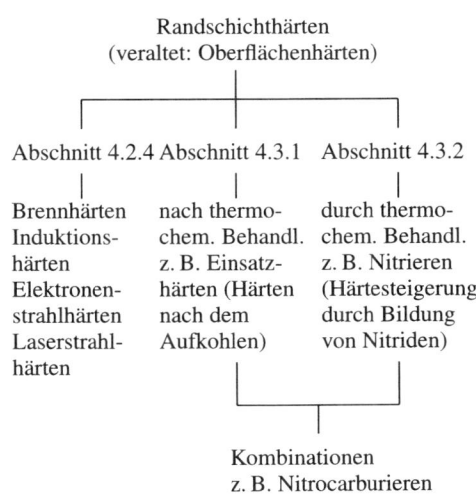

Beim Erwärmen ist auf die Verschiebung von $A_{c3}$ zu höheren Werten (ZTA-Diagramm) zu achten, d. h., bei einer induktiven Erwärmung der Randzone in wenigen Sekunden kann eine Austenitisierungstemperatur von etwa 1 000 °C gegenüber etwa 850 °C bei normaler Härtung erforderlich werden. Diese Verfahren zum Randschichthärten unterscheidet man nach der benutzten Wärmequelle bzw. der Art der Wärmeübertragung:
1. Brennhärten (Flamm-, Autogenhärten)
2. Induktionshärten
3. Laserstrahlhärten
4. Elektronenstrahlhärten

Das *Brennhärten* (Flammhärten) ist für geometrisch einfache Formen (ebene und rotationssymmetrische Flächen ohne scharfe Querschnittsübergänge) gut geeignet. Dem Brenner (Brenngas-Sauerstoff-Gemisch), dessen Form der Gestalt des Werkstückes angepasst ist, folgt eine ähnlich gestaltete Brause.

Die Form des Teiles, zeitliche Folge und Art der Bewegungen von Werkstück, Brenner und Brause ermöglichen eine Vielzahl von Verfahrensvarianten. Einige davon sind im Bild 4.2–21 a) bis f) dargestellt.

Gegenüber dem Einsatzhärten erreicht man größere Einhärtetiefen und weniger Verzug. Da der Kern relativ wenig beeinflusst wird, kann man vorvergüten. Damit sind hohe Kernfestigkeiten möglich. Örtliche Härtungen sind durchführbar, und der Energieaufwand ist geringer. Nachteilig ist, dass geringe Einhärtetiefen ($< 1$ mm) nicht erreichbar sind.

Bei der *Induktionshärtung* erfolgt die Energieübertragung durch induktive Kopplung zwischen Arbeitsspule (Induktor) und Werkstück. Die Wärme entsteht im Werkstück selbst. Das dem hochfrequenten elektrischen Wechselfeld ausgesetzte Werkstück kann vergleichsweise als kurzgeschlossene Sekundärwicklung eines Transformators aufgefasst werden. Die erzeugte Widerstands- oder Wirbelstromwärme führt zur gewünschten Erwärmung des Werkstücks.

Verfahren der Randschichthärtung ohne Änderung der chemischen Zusammensetzung der Randschicht:

*Brennhärten* (Flammhärten): Härten von Werkstücken nach oberflächigem (oder durchgreifendem Erwärmen) mit einer Brennerflamme*)

*Induktionshärten*: Härten von Werkstücken nach oberflächigem (oder durchgreifendem) elektroinduktivem Erwärmen*)

Moderne Verfahren mit speziellen Anforderungen an Werkstoffzustand und Anlagentechnik:
- *Laserstrahlhärten*
- *Elektronenstrahlhärten*

Ermittlung der *Einhärtetiefe* nach Randschichthärten: DIN 50 190-2

---

*) Mit Brenner und Induktor können Werkstücke auch durchgreifend, also nicht nur für eine Randhärtung, erwärmt werden.

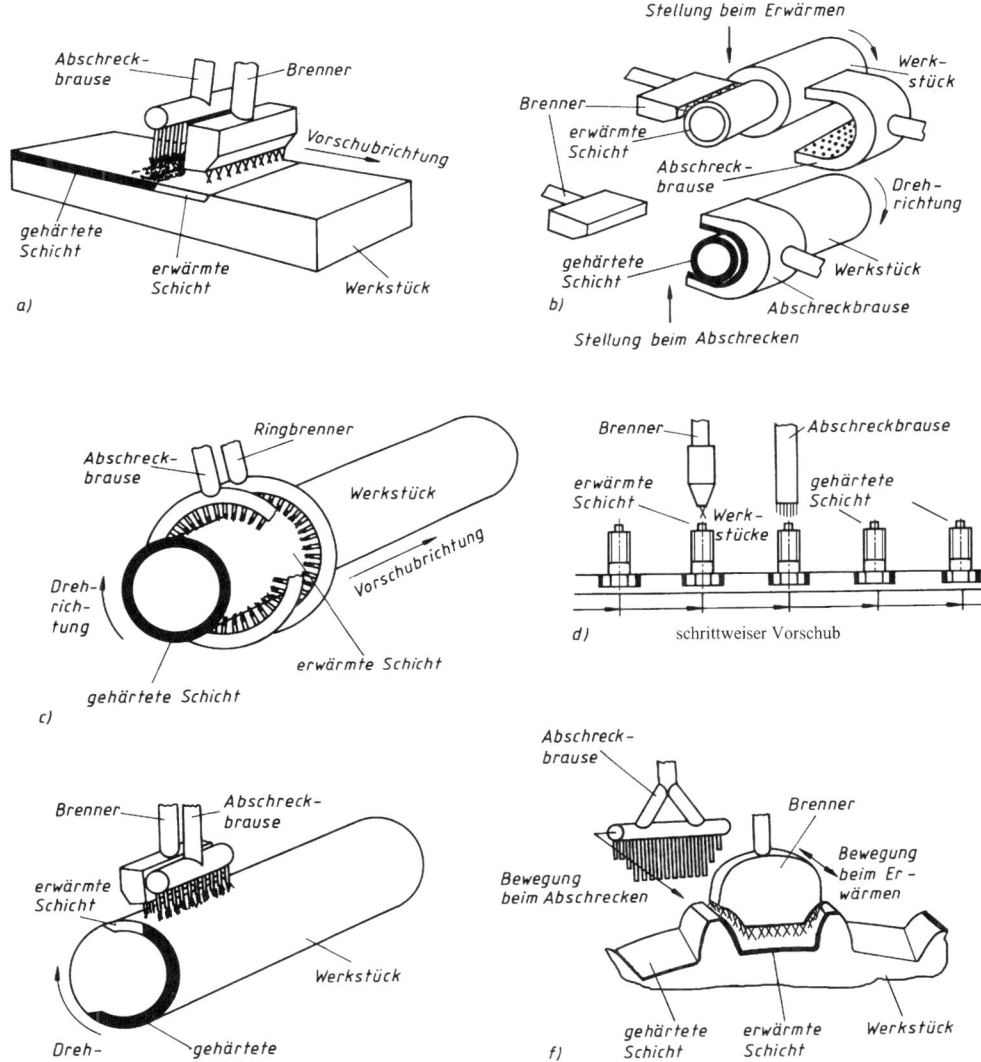

Bild 4.2–21  Verfahrensvarianten des Brenn-
härtens (Flammhärten)
a) Vorschubverfahren
b) Umlaufverfahren
c) Vorschub-Umlaufverfahren
d) Stand-Sprungverfahren
e) Vorschub-Umfangsverfahren
f) Pendelverfahren

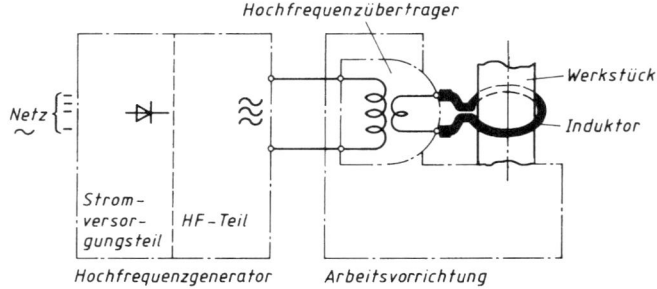

Bild 4.2–22 Funktionsprinzip einer HF-Härteanlage

Damit unterscheidet sich die induktive Erwärmung grundsätzlich von allen anderen Verfahren, deren Energieübertragung auf Konvektion, Strahlung oder Wärmeleitung zurückzuführen ist. Mit $10\,000$ W/cm$^2$ besitzt das Verfahren der induktiven Erwärmung mit Abstand die größte Leistungsübertragbarkeit.

Die Geschwindigkeit der Erwärmung hängt neben der Beeinflussung durch zugeführte Leistung, Größe des Werkstücks und Materialeigenschaften sehr stark von der Frequenz des verwendeten Wechselstromes ab. Bild 4.2–23 zeigt die Verteilung der induzierten Leistungsdichte im Inneren eines Bolzens für hohe und niedrige Frequenz. Die Ursache liegt in der vom *Skin-Effekt* bestimmten Stromverteilung über den Querschnitt des zu erwärmenden Körpers (Bild 4.2–24).

Die Energieformen Laser- und Elektronenstrahl bieten moderne Möglichkeiten zur Randschichthärtung. Ihre Vorteile liegen in der gleichmäßigen Qualität der gehärteten Schichten, im Beherrschen des örtlichen Härtens von Bauteilen und in der guten Steuer- und Regelbarkeit der Prozesse. Nachteile sind z. B. die Empfindlichkeit des Laserstrahlhärtens gegenüber Ungleichmäßigkeiten im Ausgangsgefüge und die erforderliche Vakuumkammer beim Elektronenstrahlhärten.

LASER = **l**ight **a**mplification by **s**timulated **e**mission of **r**adiation
= Lichtverstärkung durch angeregte Emission von Strahlung (s. Physik)

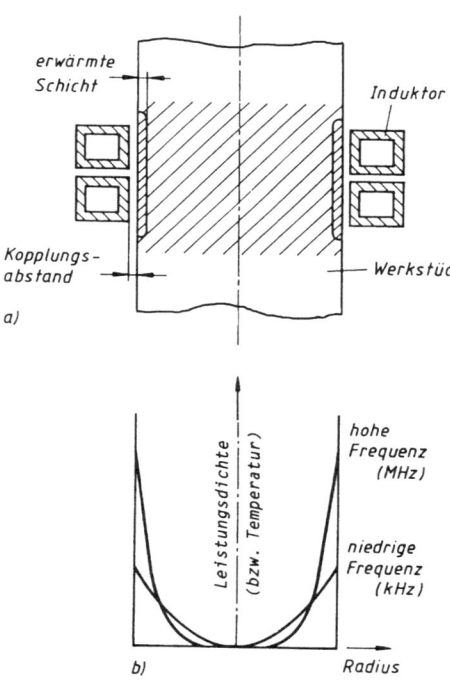

Bild 4.2–23 Induktive Erwärmung eines Bolzens
a) Werkstück mit Induktor (geschnitten)
b) Verteilung der induzierten Leistungsdichte für hohe und niedrige Frequenz (bzw. Temperatur)

Es sind die gleichen Vorteile wie beim Brennhärten vorhanden. Die Einhärtetiefe kann sehr genau eingehalten werden, Kornvergröberungen treten nicht auf, und die Oberfläche oxidiert kaum.

Nachteilig sind die hohen Anlagenkosten und die Schwierigkeit, schlecht zugängliche Stellen zu härten.

Bild 4.2–25 zeigt in einer Prinzipdarstellung die *Stand-* und *Vorschubhärtung*.

Für alle Verfahren der direkten Oberflächenhärtung kommen Vergütungsstähle zum Einsatz. In DIN 17 212 sind besonders geeignete Stähle zusammengefasst. Auch Stahlguss, Gusseisen und Temperguss eignen sich für diese Wärmebehandlung.

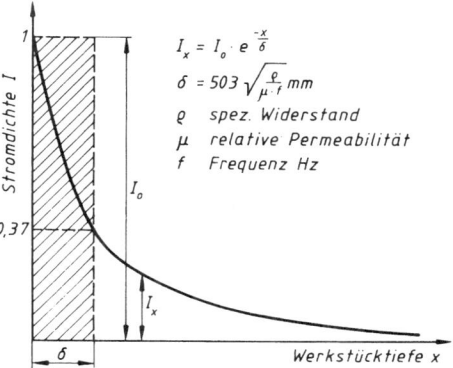

$$I_x = I_0 \cdot e^{-\frac{x}{\delta}}$$

$$\delta = 503 \sqrt{\frac{\varrho}{\mu \cdot f}} \ mm$$

$\varrho$  spez. Widerstand
$\mu$  relative Permeabilität
$f$  Frequenz Hz

Bild 4.2–24 Stromdichteverteilung über dem Querschnitt (Darstellung des Skin-Effektes)

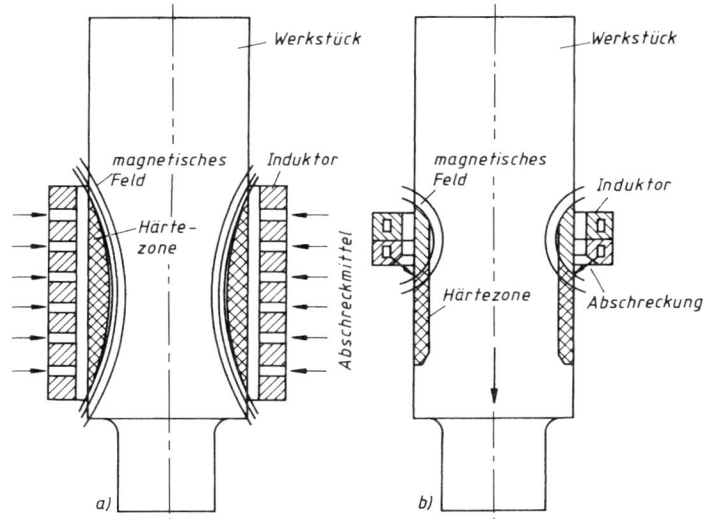

Bild 4.2–25 Induktionshärtung einer Welle
a) Standverfahren
b) Vorschubverfahren

Tabelle 4.2–2 Werkstoffe für diese Randschichthärteverfahren (Auswahl)

| | |
|---|---|
| Stähle | 38 Cr 4, 37 CrB 1, 42 Cr 4, 41 CrMo 4 |
| Stahlguss | G-42 CrMo 4, G-46 Mn 4, G-50 CrV 4 |
| Gusseisen | GJL-400, GJS-600, GJS-700 |
| Temperguss | GJMB-550, GJMW-650 |

**Übung 4.2–13**
Wodurch unterscheidet man die Verfahren des Randschichthärtens?

**Übung 4.2–14**
Weshalb liegt die Härtetemperatur (Austenitisierungstemperatur bei Erwärmung mit Brenner oder hochfrequentem Strom z.T. wesentlich höher als $A_{c3}$ bzw. $A_{c1}$?

**Übung 4.2–15**
Welche Vorteile besitzt die HF-Induktionshärtung?

**Übung 4.2–16**
Welche Eisenwerkstoffe sind für eine direkte Oberflächenhärtung geeignet?

# 4.3   Thermochemische Verfahren

**Lernziele**

Der Lernende kann …
- das Grundprinzip einer thermochemischen Behandlung erläutern,
- Diffusionsvorgänge in Randzonen erklären,
- mögliche Eigenschaftsänderungen, Vorteile und Nachteile thermochemischer Prozesse nennen,
- exemplarisch das Einsatzhärten und das Nitrieren technologisch beschreiben,
- anhand von Temperatur-Zeit-Kurven die Vorteile und Nachteile verschiedener Härteverfahren nach dem Aufkohlen diskutieren.

## 4.3.0   Übersicht

Von sehr vielen Maschinenteilen werden bestimmte Eigenschaften der Oberfläche gefordert, z.B. chemische Beständigkeit, hoher Widerstand gegen Verschleiß, bestimmte elektrische oder magnetische Eigenschaften, Lötfähigkeit, gute dekorative Wirkung usw. Spielt die jeweils geforderte Eigenschaft im Werkstückinneren keine oder eine untergeordnete Rolle, so ist es in vielen Fällen billiger, nur die Oberfläche zu behandeln. Das kann durch ein Aufbringen von Schichten (*Beschichten*) oder durch ein Verändern der chemischen Zusammensetzung in der Randzone des Werkstücks (*thermochemische Behandlung* TCB) erfolgen.

*Beschichten* ist das Aufbringen einer festhaftenden Schicht aus formlosem Stoff auf ein Werkstück.

*Thermochemische Behandlung* umfasst Diffusionsverfahren, die zur Veränderung der chemischen Zusammensetzung in der Randschicht eines Werkstückes dienen.

Im vorliegenden Kapitel konzentrieren wir uns auf die *thermochemische Behandlung*. Dabei werden die Werkstücke grundsätzlich einem Temperatur-Zeit-Verlauf und einem chemisch aktiven Wirkmedium ausgesetzt. Durch Ein- oder Ausdiffundieren eines oder mehrerer Elemente wird die Zusammensetzung in der Randschicht absichtlich geändert. Gegenüber einer galvanischen Beschichtung werden gleichmäßigere Schichten auch an Kanten, in Rillen und Bohrungen erzeugt. Hohe Temperaturen verändern auch die Eigenschaften im Inneren, im Kern der Werkstücke. Während auf der Oberfläche ein erhöhter Verschleißwiderstand angestrebt wird, ist die erhöhte Dauerschwingfestigkeit (z. B. nach Einsatzhärtung) der Teile in vielen Fällen ein sehr willkommenes Ergebnis.

Die nebenstehende Übersicht enthält eine Auswahl der möglichen *Diffusionsverfahren*. Links ist das Element bzw. sind die Elemente genannt, die im thermochemischen Prozess den Werkstücken über ihre Oberfläche zugeführt oder entzogen werden. Rechts sind die üblichen Bezeichnungen der Verfahren genannt. Die Elemente, die eindiffundieren sollen, sind vorwiegend in chemisch gebundener Form in Reaktionsmedien (fest, flüssig oder gasförmig) enthalten.

*Teilprozesse einer thermochemischen Behandlung* (Gasatmosphäre):

1. Herstellung und Bereitstellung eines reaktionsfähigen Gases; chemische Reaktionen in der Gasphase
2. Diffusionsvorgänge im Wirkmedium
3. Reaktionen an der Oberfläche des Werkstückes (Stoffübergang, Adsorptionsvorgänge)
4. Transport des Anreicherungselementes in das Innere des Werkstückes; Diffusion
5. (eventuell) Bildung von Verbindungen

> *Verfahren der thermochemischen Behandlung* sind Wärmebehandlungen, bei denen die chemische Zusammensetzung (meist in der Randzone) gezielt verändert wird.

*Hauptziele der thermochemischen Behandlung* (TCB)
- Oberfläche verschleißfester machen
- Randzone härtbar machen (Aufkohlen bei der Einsatzhärtung)
- Teile dauerschwingfester machen
- Oberfläche weniger korrosionsanfällig machen

*Thermochemische Verfahren* (Auswahl)

| | |
|---|---|
| Nichtmetalldiffusion | |
| Kohlenstoff | Aufkohlen, Zementieren |
| Stickstoff | Nitrieren |
| Kohlenstoff und Stickstoff | Carbonitrieren und Nitrocarburieren |
| Kohlenstoffentzug | Entkohlen |
| Wasserstoffentzug | Dehydrierung |
| Metalldiffusion | |
| Aluminium | Kalorisieren, Alitieren |
| Chrom | Chromieren (Inchromieren) |
| Zink | Sherardisieren |
| Chrom und Aluminium | Chromaluminieren |
| Metall-Nichtmetall-Diffusion | |
| Titan und Kohlenstoff | Titancarbidbehandlung |

*Transportvorgang* (Diffusion)

$$D = D_0 \cdot e^{-\frac{Q}{R \cdot T}}$$

$D$  Diffusionskoeffizient
$D_0$  Frequenzfaktor (werkstoffabhängig)
$Q$  Aktivierungsenergie der Diffusion des betreffenden Elementes
$R$  Gaskonstante
$T$  Temperatur

## 4.3.1    Einsatzhärten

*Ziel*:
Härtung der Randschicht der Werkstücke. Kern soll zäh bleiben. Dadurch erhöht sich der Verschleißwiderstand an der Oberfläche. Die Eigenspannungsverhältnisse im einsatzgehärteten Teil führen zur Erhöhung der Dauerschwingfestigkeit.

*Grundprinzip*:
Das Einsatzhärten ist eine Kombination aus einer thermochemischen Behandlung (Aufkohlen) und thermischen Verfahren (Härten und Anlassen). Das *Einsetzen* (Aufkohlen, Zementieren) erfolgt bei hohen Temperaturen. Es ist eine Glühung in kohlenstoffhaltigen Mitteln.
Durch Diffusionsvorgänge und die hohe Löslichkeit der $\gamma$-Phase für Kohlenstoff erfolgt eine Anreicherung des Kohlenstoffes in der Randzone des Werkstückes. Man unterscheidet nach der Art des aktiven Mediums das Einsetzen in festen Mitteln (*Pulveraufkohlung*), in flüssigen Mitteln (*Salzbadaufkohlung*) und in Gasgemischen (*Gasaufkohlung*). Dem Aufkohlen schließt sich das Härten an, das zur Verbesserung der Rand- und Kerneigenschaften der Werkstücke mehrfach variiert werden kann. Ein entspannendes Anlassen schließt die Wärmebehandlung in jedem Fall ab.

*Pulveraufkohlung*
Werkstücke sind bei $880\ldots950$ °C von dem pulverförmigen Aufkohlungsmittel umgeben, in Kästen verpackt und mit Lehm gasdicht verschlossen. Kohlungsmittel: Holzkohle, Koks + Aktivierungsmittel (z. B. Bariumcarbonat).
Nicht aufzukohlende Stellen werden mit Lehm oder Cu abgedeckt.
*Nachteil*: Lange Glühzeiten erforderlich

*Salzbadaufkohlung*
Aufkohlung erfolgt in Salzschmelzen bei $880\ldots930$ °C (Cyansalze und Chloride);

*Voraussetzungen für thermochemische Behandlung*
- Löslichkeit (Mk-Bildung)
- Diffusionsmöglichkeit in technisch vertretbaren Zeiten (Einlagerung-Mk ist günstiger als Austausch-Mk)

$$\bar{x} = \sqrt{2\,Dt}$$
$\bar{x}$ mittlere Eindringtiefe
$t$ Zeit

Die Geschwindigkeit des Prozesses nimmt mit fortschreitender Dauer ab.
Erreichbare Oberflächengehalte $= f$ (Gaszusammensetzung, Temperatur)

> Einsatzhärten vereint stets in sich:
> 1. *Aufkohlen* (Einsetzen, Zementieren)
> 2. *Härten*
> 3. *entspannendes Anlassen*

> *Aufkohlen* (Einsetzen, Zementieren):
> Kohlenstoffanreicherung in der Randzone der Werkstücke durch Glühen in Kohlenstoff abgebenden Mitteln bei Austenittemperatur.

Einteilung nach Art des Aufkohlungsmittels:

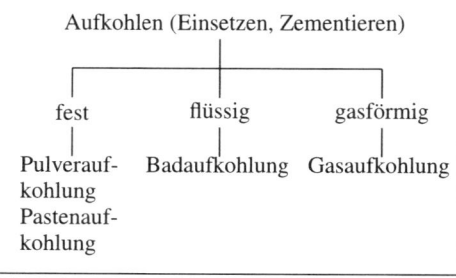

Temperatur und Fe führen zum Zerfall der Cyansalze und zur Bildung von diffusionsfähiger C-Verbindung. Lange Vorwärmzeiten entfallen. Gleichmäßigere Aufkohlung; Oberfläche sauberer; geringer Verzug; Einpacken entfällt
*Nachteil*: teuer; Abdeckung schwierig

*Gasaufkohlung*
Generatorgas (aufbereitetes Leuchtgas, Methan) umgibt das Werkstück direkt. Damit steht das Reaktionsgas unmittelbar zur Verfügung. Anlagen gut regelbar; Energie- und Zeiteinsparung (keine oder nur geringe Totmasse zu erwärmen); gleichmäßige Schichten, große Sauberkeit; Temperatur bis 1 050 °C
*Nachteil*:
teure Gasaufbereitungsanlage; diskontinuierlicher Betrieb kaum möglich

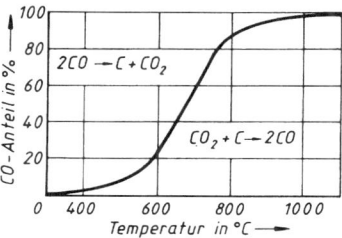

Bild 4.3–1 Das Boudouard'sche Gleichgewicht bei Normaldruck

Die *Aufkohlungstiefe* At ist eine Kenngröße für die Kohlenstoffanreicherung der Randschicht (nach DIN 17 022-3). Sie wird bestimmt durch das Kohlungsmittel, den Diffusionsvorgang (Temperatur-Zeit-Verlauf beim Einsetzen) und die Legierungselemente des betreffenden Stahls.
Die Aufkohlungstiefe At wird aus der Kohlenstoffverlaufskurve (Bild 4.3–2) ermittelt und entspricht dem senkrechten Abstand von der Oberfläche bis zu dem Punkt, an dem ein bestimmter Kohlenstoffgehalt (üblich 0,35 % C) vorliegt.

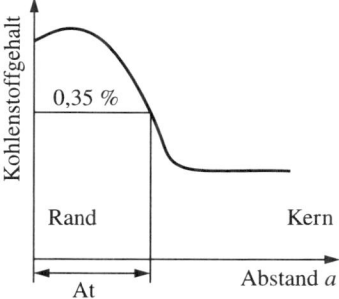

Bild 4.3–2 Aufkohlungstiefe (At)

Nach dem Einsetzen ist eine spanende Bearbeitung ohne weiteres möglich. Stellen, die beim anschließenden Härten weich bleiben sollen, können vor dem Aufkohlungsprozess ein Aufmaß erhalten. Sie werden nach dem Aufkohlen durch Drehen, Fräsen usw. entfernt.

*Härten nach dem Aufkohlen*
Durch die Anreicherung mit Kohlenstoff ist die Randzone härtbar geworden, d. h., es kommt zu ausreichender Martensitbildung bei der anschließenden Härtung. Übersteigt der Kohlenstoffgehalt 0,8 %, so können Sprödigkeit und Rissempfindlichkeit (z. B. bei

anschließendem Schleifen der Oberfläche) auftreten.

Der Härteverlauf Rand–Kern ist in Bild 4.3–3 schematisch dargestellt.

*Einsatzhärtungstiefe* Eht wird willkürlich auf eine Grenzhärte von 550HV1 (Härte nach Vickers; erläutert im Abschnitt 12.3.2) bezogen.

Eht ist der senkrechte Abstand von der Oberfläche eines einsatzgehärteten Werkstückes bis zu dem Punkt, an dem die Härte diesem Grenzwert entspricht.

Ihre Größe hängt von der Aufkohlungstiefe At, der Aufhärte (Randhärtbarkeit) und dem Härteverfahren ab.

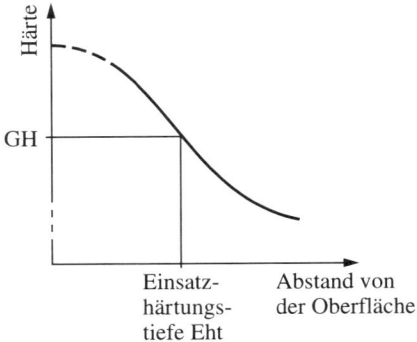

Bild 4.3–3  Einsatzhärtungstiefe Eht nach DIN 50 190-1

*Temperatur-Zeit-Verlauf der Einsatzhärtung*
In den Bildern 4.3–4 bis 4.3–8 wird auf die Vielfalt der Temperatur-Zeit-Verläufe bei der Einsatzhärtung eingegangen.

*1* Einsetzen (= Aufkohlen = Zementieren): Durch die Kohlenstoffanreicherung in der Randzone verschiebt sich $A_{c3}$ (Rand) zu einer tieferen Temperatur (s. Stahlecke, Bild 4.3–4)

*2* Die Abkühlung aus dem Einsatz erfolgt allmählich bis auf Raumtemperatur; mechanische Bearbeitung ist danach möglich, z. B. Abspanen von Randschichten, die nicht martensitisch werden sollen (Bild 4.3–5).

*3* und *4* Erwärmen auf Härtetemperatur $T_H$

$T_H > A_{c3}$ (Kern) $\rightarrow$ *Kernhärtung*
(Rand überhitzt) (*3*)

$T_H > A_{c3}$ (Rand) $\rightarrow$ *Randhärtung*
(Rand feinkörnig) (*4*)

Die Bilder 4.3–6 bis 4.3–8 lassen erkennen, dass mehrere Folgen und Kombinationen möglich sind; auch Zwischenglühungen (isotherm oder kontinuierlich) können eingeschoben werden (*6*).

Komplizierte Temperatur-Zeit-Verläufe verfeinern das Gefüge, verbessern die Eigenschaften, bringen aber meist höheren Verzug mit sich.

*5* Anlassen (Entspannen des Martensits)

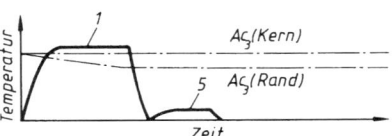

Bild 4.3–4  Härten aus der Einsatztemperatur (Direkthärtung) und Anlassen (Entspannen)

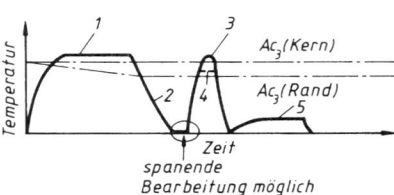

Bild 4.3–5  Kernhärtung (*4* Randhärtung) nach langsamer Abkühlung aus der Einsatztemperatur und Anlassen

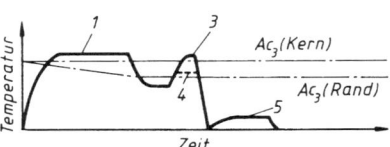

Bild 4.3–6  Kernhärtung (*4* Randhärtung) nach isothermischer Umwandlung bei 500 bis 650 °C und Anlassen

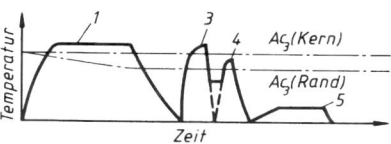

Bild 4.3–7  Doppelhärtung (Kern- und Randhärtung) nach langsamer Abkühlung aus der
Einsatztemperatur und Anlassen; für die Kernhärtung genügt ein Abschrecken im Warmbad bei
500 bis 650 °C

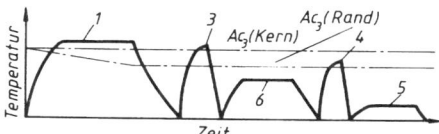

Bild 4.3–8  Behandlungsfolge wie im Bild 4.3–7,
vor der Randhärtung noch Zwischenglühung (6)
bei 600 bis 700 °C

## 4.3.2  Nitrieren

*Ziel*:
Verzugsarme Härtung der Randschicht von
Bauteilen und Werkzeugen; überdurch-
schnittlich hohe Härte und guter Ver-
schleißwiderstand; anlassbeständiges Gefüge
(Einsatz bei höheren Betriebstemperaturen).

*Grundprinzip*:
Die historische Entwicklung des Nitrierver-
fahrens fällt mit der Entwicklung der $NH_3$-
Synthese zusammen. Die Nitridschicht trat
zunächst in $NH_3$-führenden erhitzten Rohren als unerwünschte Begleiterscheinung auf.
Leitet man unter Luftabschluss $NH_3$ über
Reineisen bei etwa 500 °C, so dissoziiert
die Verbindung nach folgenden Reaktions-
gleichungen:

I   $4\,Fe + 2\,NH_3 \rightarrow 2\,Fe_2N\ (\varepsilon\text{-Phase}) + 3\,H_2$

II  $2\,Fe_2N \rightarrow 4\,Fe + 2\,N$

          (diffusionsfähiger Stickstoff)

III $4\,Fe + 2\,N \rightarrow 2\,Fe_2N$

Diese vereinfacht dargestellten Reaktionen
verlaufen unter gleichzeitiger katalytischer
Wirkung des Eisens. Versuche haben ergeben, dass $NH_3$, nur einer hohen Temperatur
ausgesetzt, selbst bei 800 ... 900 °C noch
nicht dissoziiert.

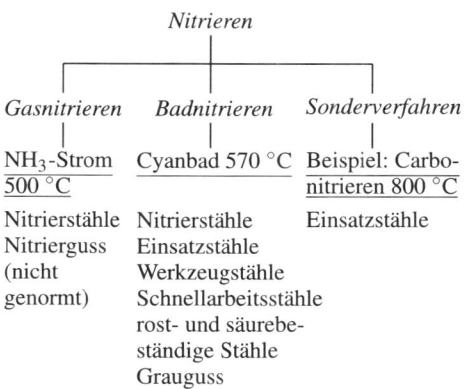

Anmerkung:

*Carbonitrieren*   → Martensit-Randschicht

*Nitrocarburieren* → Nitrid-Randschicht
Näheres über diese Verfahren: DIN 17014
und weiterführende Literatur

*Dissoziation* = Auflösung, Zerfall einer Verbindung

Der Diffusionsvorgang des Stickstoffes verläuft ähnlich dem des Kohlenstoffes bei der Aufkohlung. Mengenmäßig gesehen ist jedoch die Stickstoffaufnahme noch größer. Der Stickstoff bewirkt durch Nitridbildung (*Nitride*: Metall-Stickstoff-Phasen) eine harte, spröde und verschleißfeste Randschicht. Die höchste Härte und damit die höchste Verschleißfestigkeit werden erreicht, wenn das Nitrieren unterhalb $A_{c1}$ erfolgt. Dabei ist zu beachten, dass Stickstoff das $\gamma$-Gebiet erweitert und die Perlitlinie auf etwa 585 °C nach unten verschiebt. Damit ist die günstigste Nitriertemperatur mit 500...550 °C festgelegt.

Ermittlung der *Nitrierhärtetiefe* Nht:
DIN 50 190-3

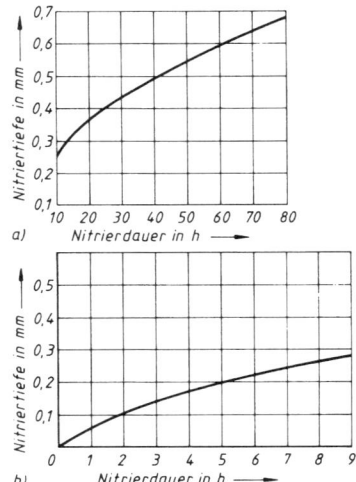

Bild 4.3–9　Einfluss der Nitrierdauer auf die Nitriertiefe
a) beim Gasnitrieren (500 °C)
b) beim Badnitrieren (580 °C)

Der Diffusionsvorgang verläuft bei diesen relativ niedrigen Temperaturen und bei der geringen Löslichkeit des $\alpha$-Fe für Stickstoff (bei 500 °C ≈ 0,04 %) äußerst langsam. Der Nitriervorgang dauert demgemäß sehr lange, und es ist nur eine Schichtdicke von maximal 1 mm erreichbar. Eine Beschleunigung durch hohe Temperaturen ist nicht möglich, da dadurch der Stickstoff tiefer eindiffundiert, oberhalb $A_{c1}$ grobes Korn und grobe Nitridnadeln gebildet werden. Das Gefüge der Oberfläche wird damit weicher. Die hohe Härte, die die Martensithärte übersteigt, ist auf die hohe Eigenhärte der Nitride und ihre feine Verteilung zurückzuführen. Das Gefüge soll vorher vergütet sein.
Vergleich erzielbarer *Randhärte*:
Einsatzhärten　850 bis 900 HV
　　　　　　　(Härte nach Vickers)
Nitrieren　　　bis 1 200 HV
Die genannten Reaktionen und das Eisennitrid ergeben nur in geringem Maße die genannten Eigenschaften. Wichtig sind Legierungselemente, die eine höhere Affinität zu Stickstoff aufweisen und wesentlich härtere Nitride bilden.

Das *Nitrieren* ist ein Glühen in Stickstoff abgebenden gasförmigen oder flüssigen Mitteln, bei dem man eine mit Stickstoff angereicherte Randzone erhält.
Die Behandlung erfolgt bei Temperaturen unter $A_{c1}$. Anstieg von Härte und Verschleißwiderstand beruht auf Nitridbildung.

Beim *Carbonitrieren* erfolgt eine gleichzeitige Kohlenstoff und Stickstoffanreicherung der Randzone durch Halten bei einer Temperatur über oder unter $A_{c1}$ in Kohlenstoff und Stickstoff abgebenden Mitteln.

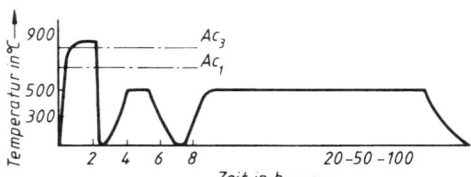

Bild 4.3–10　Nitrieren (Gasnitrieren) mit vorherigem Vergüten

Ähnlich der Sondercarbidbildung fällen Legierungselemente (Al, Ti, Nb, Zr, Ta, V, W, Cr, Mo und Mn) mit hoher Affinität zu Stickstoff besonders harte und stabile Nitride aus der festen Lösung aus. Damit werden Härte und Verschleißfestigkeit, nicht aber Diffusionsgeschwindigkeit in der Oberfläche gesteigert.
Es treten folgende Nitride auf:
AlN, TiN, NbN, ZrN, TaN, VN, $W_2N$, CrN, $Cr_2N$, MoN, $Mo_2N$, MnN, $Mn_2N$, $Mn_4N$ ($\delta$), $Mn_4N$ ($\varepsilon$), $Fe_2N$ und $Fe_4N$
Die genannten Nitride haben verschiedene Gittertypen, verschiedene Dissoziationstemperaturen (560 . . . 1 500 °C) und einen unterschiedlichen Stickstoffgehalt (3,6 . . . 34,1 %). Für die praktische Verwendung beschränkt man sich auf die intensivsten Nitridbildner Cr, Al, Mo und V.
Ein Nickelzusatz (z. B. in 33 CrAlNi 7) dient der Verbesserung der Vergütbarkeit.

*Vorteile des Verfahrens*:
1. Nitrierschicht härter als Martensit, damit verschleißfester
2. Härte und Verschleißfestigkeit durch die thermische Stabilität der Nitride bis $\approx$ 500 °C anlassbeständig; keine Alterungserscheinungen
3. praktisch verzugsfreie Härtung; spannungsarm
4. feinkörniges Vergütungsgefüge bleibt erhalten
5. Der Stickstoff in der Oberfläche erhöht die Dauerfestigkeit und mildert Korrosions- und Kerbempfindlichkeit.
6. Lokale Härtung ist bei Sn-Abdeckung möglich.

*Nachteile des Verfahrens*:
1. erhebliche Nitrierdauer, hoher Kostenaufwand
2. Beeinflussung der Dicke der Härteschicht nicht möglich.
3. Scharfe Kanten (nitriert) brechen leicht aus.
4. Die Randnitride bilden eine äußerst harte und spröde Schicht (weiße Schicht). Springt bei Beanspruchung leicht ab.

*Arbeitsstufen des Nitrierens*
Anlieferungszustand: gewalzt oder geschmiedet
1. Schälen bzw. grobe Formgebung (wenn erforderlich) der Rohlinge
2. Vergüten auf die gewünschte Festigkeit (bei hochtemperaturbeanspruchten Teilen Anlasstemperatur unbedingt > 500 °C!)
3. Fertigbearbeitung (Oxidierte und entkohlte Randzonen müssen dabei vollständig entfernt werden!). Bei starker Spanabnahme eventuell Spannungsarmglühen.
4. Reinigen und Entfetten
5. Nitrieren (bereits unter $NH_4$-Strom langsam anwärmen, Haltezeit allgemein 1 . . . 4 Tage, langsam abkühlen.) Eventuell Spannungsarmglühen
6. Feinschleifen (Nicht bei Teilen, die hohe Korrosionsbeständigkeit erhalten sollen!)

Beim Nitrieren muss man mit einer Dickenzunahme von 0,02 . . . 0,03 mm rechnen.
Als Abdeckung für Stellen, die weich bleiben sollen, eignet sich am besten Zinn (Nickel wird seltener verwendet).

*Anwendung*
Teile im Maschinen-, Fahrzeug- und Gerätebau, bei denen folgende Gebrauchseigenschaften gefordert sind (u. a.):
• hoher Verschleißwiderstand
• Beständigkeit der beträchtlichen Härte auch bei höheren Temperaturen (Warmhärte)
• geringe Form- und Maßabweichungen durch die Wärmebehandlung

*Beispiele*:
Werkzeuge, Spindeln, Teile für Hochdruck-dampfarmaturen, Präzisionsteile mit hoher Oberflächenbeanspruchung

**Übung 4.3–1**
Wie unterscheiden sich thermochemische Verfahren vom Beschichten?

**Übung 4.3–2**
Weshalb ändert man die chemische Zusammensetzung in der Randzone mancher Werkstücke?

**Übung 4.3–3**
Wie wird eine Einsatzhärtung prinzipiell durchgeführt?

**Übung 4.3–4**
Welche Arten der Einsatzhärtung gibt es?

**Übung 4.3–5**
Wie ist die Einsatzhärtetiefe Eht definiert?

**Übung 4.3–6**
Wie erhält man beim Einsatzhärten ein besonders feines Gefüge im Kern des Werkstückes?

**Übung 4.3–7**
Worauf beruht die Härtesteigerung beim Nitrieren?

**Übung 4.3–8**
Welche Vorteile hat das Nitrieren?

# 4.4    Thermomechanische Verfahren

**Lernziele**
Der Lernende weiß, ...
- dass thermomechanische Verfahren eine Kombination aus Wärmebehandlung und gezielter Umformung sind,
- dass die Kombination von Temperatur-Zeit-Verlauf und Formänderung preisgünstig zu hervorragenden mechanischen Eigenschaften führen kann,
- dass diese Verfahrensgruppe in Zukunft an Bedeutung gewinnen wird,
- dass die Umformung vor, während oder nach der Austenitumwandlung erfolgen kann,
- dass man hoch- und niedertemperaturthermomechanische Behandlungen unterscheidet.

## 4.4.0 Übersicht

Im Jahre 1885 wurde ein Vorschlag patentiert, Stahl unmittelbar aus der Walzhitze zu härten. Ein Umformvorgang wurde mit einer Wärmebehandlung gekoppelt. Damit war die Grundidee der thermomechanischen Behandlung geboren. Ihnen ist bekannt, dass alle Werkstücke während der Fertigung mehrere Prozessstufen bzw. Arbeitsschritte nacheinander durchlaufen. Es ist kostengünstig, wenn es technisch gelingt, Verfahren so zu kombinieren, dass Teilprozesse möglichst gleichzeitig ablaufen bzw. Prozessstufen (wie eine nochmalige Erwärmung auf Härtetemperatur) eingespart werden (Bild 4.4–1).

Das Härten bzw. Vergüten aus der Walzhitze wurde in den 50er-Jahren bereits in einem gewissen Umfang praktisch angewendet. Auftrieb gab die Entdeckung der Holländer *Lips* und *van Zuilen*, dass durch Umformung eines niedrig legierten Stahls (2 ... 3 % Cr) im instabilen Austenitgebiet vor der martensitischen Umwandlung die Festigkeitseigenschaften deutlich verbessert werden können. Diese Behandlung ist als *Austenitformhärten* (Ausforming) bekannt geworden (Bild 4.4–2).

Inzwischen hat sich eine Vielzahl verschiedener Verfahren entwickelt, die die genannten Vorteile in sich vereinen. Die industrielle Anwendung dieser Verfahren wird stark zunehmen.

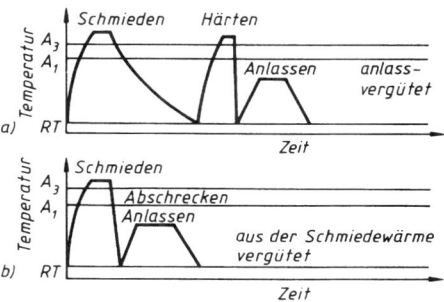

Bild 4.4–1 Wärmebehandlung nach Warmumformung
a) nach dem Schmieden erfolgt Anlassvergüten
b) aus der Schmiedewärme vergütet

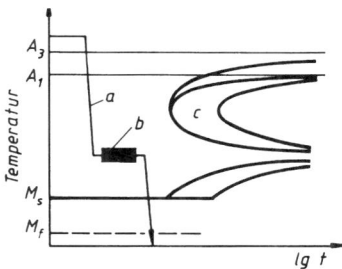

Bild 4.4–2 Austenitformhärten (Ausforming)
a) Temperatur-Zeit-Verlauf (Abkühlverlauf)
b) Umformvorgang
c) Linien des ZTU-Diagramms des betreffenden Stahles

## 4.4.1    Verfahrensgrundlagen

Für eine thermomechanische Behandlung sind sehr verschiedene metallische Werkstoffe geeignet:
- Werkstoffe mit polymorpher Umwandlung (z. B. Stahl)
- Werkstoffe ohne polymorphe Umwandlung, bei denen jedoch Ausscheidungsvorgänge möglich sind (Nichteisenmetalle, z. B. aushärtbare AlCuMg-Legierungen oder warmfeste Nickellegierungen)

Bei den Verfahren kombiniert man den Umformprozess mit einem Temperatur-Zeit-Verlauf.

Eine *Kalt- oder Warmformgebung* (Rekristallisationstemperatur! siehe Abschnitt 1.4.3) *wird vor, während oder nach einer Wärmebehandlung* durchgeführt. Die Überlagerung der plastischen Deformation, Rekristallisation und Strukturänderung bei der Wärmebehandlung bildet die Grundlage. Man erhält neben der gewünschten Form des Teiles gleichzeitig bestimmte Eigenschaften. Technologisch betrachtet ergibt sich aus der vorhandenen Variationsbreite eine Vielzahl von Verfahren.

*Vorteile* (im Vergleich zu konventionellen Verfahren):
- weniger Prozessstufen (Einsparung von Energie, Arbeitskräften, Anlagen und Zeit)
- Fließfertigung möglich, automatisierbar, zuverlässiger
- Bauteileigenschaften verbessert (Feinstruktur, Oberfläche, Maß und Form)

*Nachteile*:
- höhere Anforderungen an die mechanische Vorfertigung
- meist höherer Aufwand an Mess-, Steuer- und Regeltechnik
- wirtschaftliche Losgröße liegt meist hoch
- dazwischenliegende Operationen, z. B. Prüfung der Oberfläche, Putzen (zwischen Umformen und thermischer Behandlung), müssen entfallen

> *Mechanisch-thermische Verfahren* (thermomechanische Behandlung TMB) sind für viele metallische Werkstoffe, darunter für die meisten Stähle, anwendbar.

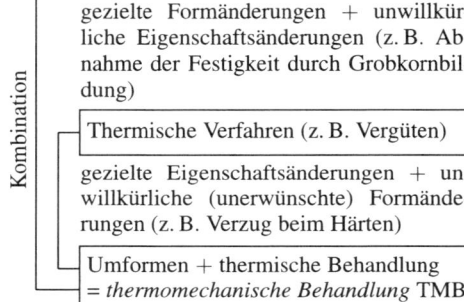

Kombination

Umformen (z. B. Walzen)

gezielte Formänderungen + unwillkürliche Eigenschaftsänderungen (z. B. Abnahme der Festigkeit durch Grobkornbildung)

Thermische Verfahren (z. B. Vergüten)

gezielte Eigenschaftsänderungen + unwillkürliche (unerwünschte) Formänderungen (z. B. Verzug beim Härten)

Umformen + thermische Behandlung = *thermomechanische Behandlung* TMB

gezielte Formänderungen + gezielte Eigenschaftsänderungen

> Verfahren der *thermomechanischen Behandlung* (TMB) sind zweckmäßige Kombinationen von Umformung und thermischer Behandlung (Temperatur-Zeit-Verlauf), die gleichzeitig Form und Eigenschaften der Werkstücke in gewünschter Weise verändern.

## 4.4.2 Verfahrensvarianten

Verfahren der thermomechanischen Behandlung lassen sich anschaulich darstellen, wenn man den Temperatur-Zeit-Verlauf (Abkühlung aus dem Austenitgebiet) in das Zeit-Temperatur-Umwandlungsdiagramm des betreffenden Stahles einzeichnet (Bild 4.4–2).

*Umformung vor der Austenitumwandlung*
1. Hochtemperaturthermomechanische Behandlung (HTMB)

Umformtemperatur: $T_u > A_{c3}$

Umwandlungsprodukte: Ferrit/Perlit  *1*

Bainit  *2*

Martensit  *3*

(Bild 4.4–3)

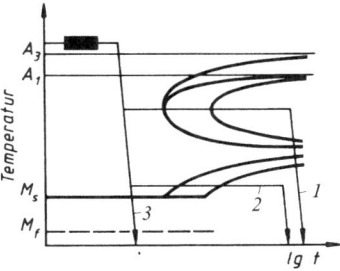

Bild 4.4–3  Hochtemperaturthermomechanische Behandlung (HTMB)

2. Niedertemperaturthermomechanische Behandlung (NTMB)

$T_u$  Umformtemperatur $T_u < A_{c3}$

$T_R$  Rekristallisationstemperatur

a)  $T_R < T_u < A_{c3}$

b)  $T_R > T_u < A_{c3}$

Umwandlungsprodukte: Ferrit/Perlit  *1*

Bainit  *2*

Martensit  *3, 4*

(Bild 4.4–4)

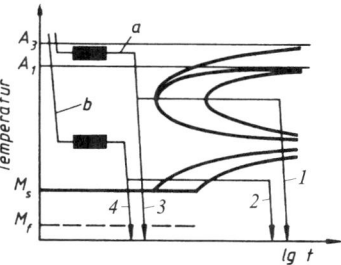

Bild 4.4–4  Niedertemperaturthermomechanische Behandlung (NTMB)

*Umformung während der Austenitumwandlung*

Umformtemperatur: $T_u < A_{r3}$

Umwandlungsprodukte: Perlit  *1*

Bainit  *2*

(Bild 4.4–5)

Weiterhin ist eine Umformung nach der Austenitumwandlung möglich. Auf die Struktur- und Eigenschaftsänderungen bei diesen Verfahren wird im Rahmen dieses Lernbuches nicht eingegangen.

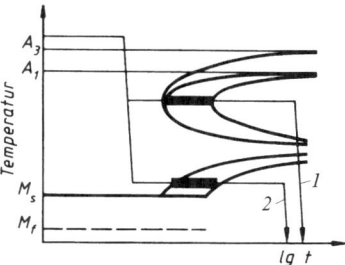

Bild 4.4–5  Isoforming

**Übung 4.4–1**
Was sind thermomechanische Verfahren (TMB)?

**Übung 4.4–2**
Weshalb ist die Kombination der Prozessstufen vorteilhaft?

**Übung 4.4–3**
Beschreiben Sie die 3 Varianten der hochtemperaturthermomechanischen Behandlung (HTMB) von Stahl nach Bild 4.4–3!

## Lernzielorientierter Test zu Kapitel 4

1. Wärmebehandlung der Eisenwerkstoffe
   A ist ein Umformen durch Walzen oder Schmieden
   B ist der Sammelbegriff für thermische Prozesse, die Gefügestruktur und damit Eigenschaften beeinflussen
   C liegt vor, wenn ein bestimmter Temperatur-Zeit-Verlauf wirkt, dem zusätzlich chemische oder mechanische Wirkungen überlagert sein können
   D wird beim Hersteller des Werkstoffes durchgeführt
   E wird vorwiegend vom Anwender (Maschinenbau) durchgeführt
2. Wärmebehandlung kann bewirken, dass
   A der Verschleißwiderstand der Maschinenteile erhöht wird
   B sich die Struktur des Grundgitters ändert
   C die Festigkeit erhöht wird
   D Teile dynamisch höher belastbar werden
3. Austenit ($\gamma$-Mischkristalle)
   A ist tetragonal
   B ist kubisch-flächenzentriert
   C bildet sich bei richtig gewählter Härtetemperatur
   D enthält ungebundenen, atomaren Kohlenstoff und Restcarbide
   E tritt als Gefüge bei Raumtemperatur nicht auf

4. Bei Abkühlung entsteht aus Austenit je nach wirkendem Medium und äußeren Bedingungen
   A Perlit
   B Ledeburit
   C Bainit
   D Primärzementit
   E Martensit
5. Welches Glühverfahren ist jeweils anzuwenden?
   A Kristallseigerungen beseitigen (Homogenisieren)
   B Stahl soll feinkörniges, gleichmäßiges Gefüge erhalten
   C Kaltverfestigung soll rückgängig gemacht werden
   D Eigenspannungen sind abzubauen
6. Beschreiben Sie die Teilschritte, die bei jeder Art von Wärmebehandlung erforderlich sind (Abschnitte im technologischen Grundschema einer Glühung):
   A
   B
   C
   D
7. Beim Normalglühen (Normalisieren)
   A steigt die Festigkeit
   B vermindert sich die Festigkeit
   C wird Feinkorn erzielt

D entsteht Grobkorn

E wird Stahl besser umformbar

8. Härten von Stahl und Gusseisen verbessert

A Verschleißwiderstand (Abriebfestigkeit)

B Notlaufeigenschaft

C Dauerschwingfestigkeit (bei Oberflächenhärteverfahren)

D Zähigkeit

E Korrosionsbeständigkeit

9. Anlassen

A dient der Rekristallisation

B ist ein erneutes Erwärmen von martensitischem Gefüge

C führt zum Entspannen und „Stabilisieren" des Martensits

D soll einen bestimmten Farbumschlag bewirken

E bei höheren Temperaturen wird beim Vergüten angewendet

10. Welches Oberflächenhärteverfahren kommt in Betracht

A bei kohlenstoffarmem Stahl (0,2 % C)

B bei unlegiertem Stahl mit 0,8 % C

C bei legiertem Stahl mit 0,35 % C, 1,0 % Cr, 0,2 % Mo und 1,0 % Al?

11. Induktionshärten erzeugt dünne martensitische Randschichten

A bei niedriger Frequenz

B bei hoher Frequenz

C bei niedriger Generatorleistung

D bei hoher Generatorleistung

E bei kohlenstoffarmen Stählen

12. Was bedeutet?

A HB

B $v_{A\,krit}$

C At

D Eht

E HTMB

F ZTA

# 5  Eisengusswerkstoffe

## 5.0  Überblick

Gießen erlaubt, komplizierte Teile kostengünstig herzustellen. Besser als bei anderen Fertigungsverfahren lässt sich die Gestalt der Bauteile der späteren mechanischen Beanspruchung anpassen. Zu den Gusswerkstoffen, die praktisch viel eingesetzt werden, gehören in erster Linie die *Eisengusswerkstoffe*. Wir verstehen darunter Eisen-Kohlenstoff-Silicium-Legierungen (*Gusseisen*) und direkt in Formen vergossenen Stahl (*Stahlguss*). Nachdem das System Eisen-Kohlenstoff im Kapitel 3 metallkundlich beschrieben wurde, folgt nunmehr die Anwendung des Wissens auf die genannten Werkstoffgruppen. Arten und Eigenschaften der Eisengusswerkstoffe werden unmittelbar dadurch bestimmt, inwieweit die Gefügebildung bzw. -veränderung nach dem metastabilen oder dem stabilen System erfolgt.

Kurzzeichen für Gusseisen
nach DIN EN 1560

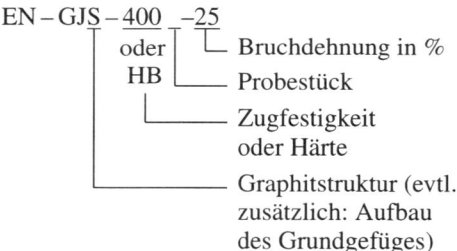

Wenn erforderlich, können weitere Kurzzeichen nach DIN EN 1560 zu Kerbschlagarbeit und weiteren Zusatzanforderungen angefügt werden. Legierte Gusseisensorten werden analog Stahl bezeichnet (siehe Abschnitt 6.1.1.2 und nachfolgende Beispiele).

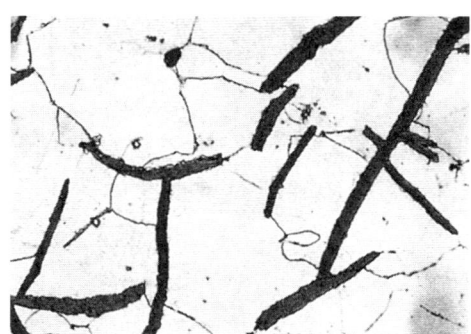

Bild 5.0–1  GJL mit ferritischer Grundmasse 300 : 1

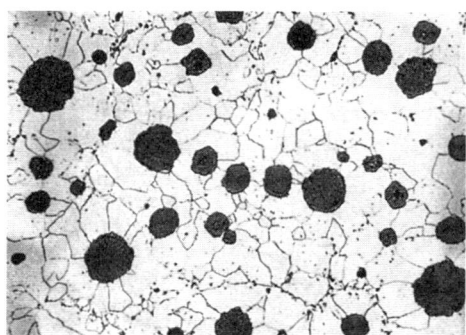

Bild 5.0–2  GJS mit ferritischer Grundmasse 100 : 1

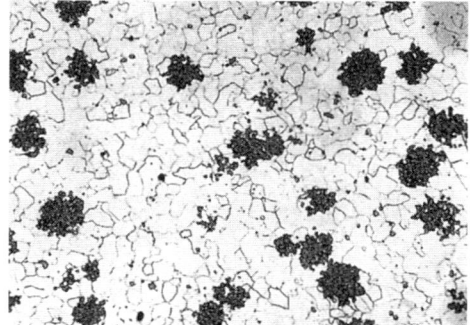

Bild 5.0–3  GJM mit Temperkohle-Einlagerungen 100 : 1

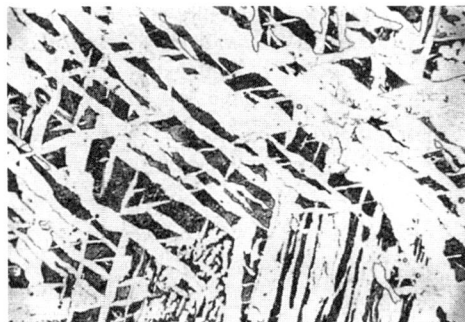

Bild 5.0–4 Stahlgussgefüge (Gusszustand)
100 : 1

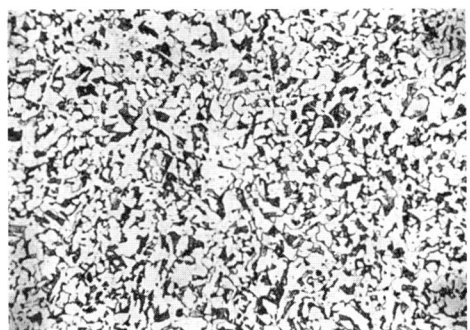

Bild 5.0–5 Stahlgussgefüge, normalisiert
100 : 1

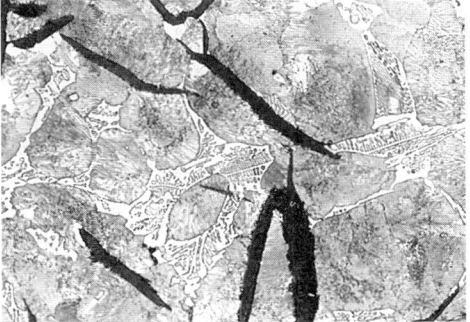

Bild 5.0–6 GJL mit perlitischer Grundmasse und
Steadit (Phosphideutektikum) 400 : 1

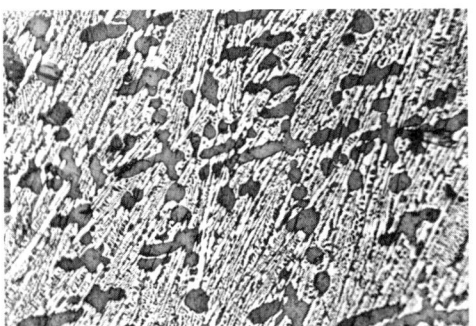

Bild 5.0–7 Hartguss (Perlit + Sekundärzementit
+ Ledeburit) 200 : 1, GJN

Arten der Eisengusswerkstoffe

| | Kurzname | DIN EN | alt |
|---|---|---|---|
| Gusseisen mit Lamellengraphit | GJL | 1561 | GG |
| Gusseisen mit Vermiculargraphit | GJV | Buderus | GGV |
| Gusseisen mit Kugelgraphit (Sphäroguss) | GJS | 1563 | GGG |
| Hartguss (Weißes Gusseisen) | GJN | – | GH |
| Temperguss, entkohlend geglüht | GJMW | 1562 | GTW |
| Temperguss, nicht entkohlend geglüht | GJMB | 1562 | GTS |
| Stahlguss | nach DIN EN 10 027 (Abschnitt 5.5.2) | | |

G für Gusswerkstoff
J für Eisen (iron)

Früher konnte nur Stahlguss einigermaßen mit Walz- und Schmiedestahl konkurrieren. Die Gusseisenwerkstoffe waren weniger fest. Die Entwicklung dieser Werkstoffe, insbesondere des Gusseisens mit Kugelgraphit und des Tempergusses, führte jedoch dazu, dass heute Festigkeitseigenschaften (bei ausreichender Plastizität und Zähigkeit) wie bei Stahlqualitäten erreicht werden.

Anmerkung zum Gefügebild 5.0–6:
Der Gefügename *Steadit* steht für ein Eutektikum, das aus eisen-, kohlenstoff- und phosphorhaltigen Phasen gebildet wird. Phosphor erhöht die Dünnflüssigkeit der Schmelze und steigert die Verschleißfestigkeit.

# 5.1    Allgemeines zur Gefügeausbildung

**Lernziele**

Der Lernende kann ...
- stabile und metastabile Erstarrung unterscheiden,
- den Einfluss der chemischen Zusammensetzung erläutern,
- den Einfluss der Abkühlgeschwindigkeit erläutern,
- die Grundeigenschaften der Gussart aus dem Gefügeaufbau ableiten,
- die wichtigsten Gussarten und ihre genormte Bezeichnung nennen.

## 5.1.0    Übersicht

Gefügeausbildung und Eigenschaften aller Gusswerkstoffe hängen davon ab, ob und in welchem Maße das stabile System neben dem metastabilen System auftritt. Man muss zwischen dem *Grundgefüge* und der *Graphiteinlagerung* unterscheiden. Zunächst gilt es zu klären, wie und in welcher Weise der gesamte Gefügeaufbau beeinflusst wird.

## 5.1.1    Gefügeaufbau und Eigenschaften

### 5.1.1.1    Grundgefüge

Eisen-Kohlenstoff-Legierungen, die metastabil erstarrt sind, haben einen Gefügeaufbau, der dem Zweistoffsystem F-$Fe_3C$ entspricht.
*Beispiele*:
- untereutektoider Stahl:
  Ferrit + Perlit
- übereutektoider Stahl:
  Perlit + Sekundärzementit

Wiederholung zum System Eisen-Kohlenstoff (Kapitel 3):
- rasche Abkühlung und Legierungselemente, wie z. B. Mn, fördern die Bildung des metastabilen Systems Fe-$Fe_3C$
- langsame Abkühlung und Legierungselemente, wie z. B. Si, fördern die Bildung des stabilen Systems Fe-C

- Hartguss (weißes Gusseisen, ledeburitischer Guss) im untereutektischen Bereich:
Ledeburit + Sekundärzementit + Perlit

Der Kohlenstoff liegt in gebundener Form als $Fe_3C$ vor. Bewirken chemische Zusammensetzung und Abkühlbedingungen ein teilweises Auftreten von Kohlenstoff in ungebundener Form (Graphit, Temperkohle), so liegen heterogene Werkstoffe mit einem *Grundgefüge* (entspricht im Prinzip einem Stahlgefüge) und nichtmetallischen *Graphiteinlagerungen* vor.

*Beispiele*:

- *Grauguss*: Stahlgefüge + Graphiteinlagerungen
- *Temperguss*: Stahlgefüge + Temperkohleeinlagerungen
- *Schwarzbruch* bei Stahl: Stahlgefüge + Temperkohleeinlagerungen (unerwünschte Erscheinung)

Unter dem Grundgefüge der Eisengusswerkstoffe versteht man Ferrit, Ferrit + Perlit, Perlit und Perlit + Sekundärzementit. Mit steigendem Perlitanteil erhöht sich die Festigkeit des Werkstoffes. Gusswerkstoffe mit hohem Perlitanteil sind auch für Wärmebehandlungen (z. B. Vergüten) besser geeignet. Ebenso wie bei Stahl wird das Grundgefüge der heterogenen Eisengusswerkstoffe lichtmikroskopisch sichtbar gemacht, wenn nach dem Schleifen und Polieren die Prüffläche chemisch geätzt wird (meist verwendet: alkoholische Salpetersäure). Ungeätzte Proben lassen nur die Graphiteinlagerungen erkennen.

$$\left. \begin{array}{l} \text{Gefüge des} \\ \text{Graugusses} \end{array} \right\} = \begin{array}{l} \textit{Grundgefüge} \\ \text{(Stahlgefüge)} \end{array} \text{plus}$$

*Einlagerungen*
(Graphit u. a.)

---

Bestimmende Eigenschaften des Grundgefüges:
Ferrit $\rightarrow$ niedrige Festigkeit
Perlit $\rightarrow$ hohe Festigkeit

---

Bei Eisengusswerkstoffen strebt man häufig ein perlitisches Grundgefüge an:
- gute mechanische Eigenschaften
- besser vergütbar

### 5.1.1.2 Graphiteinlagerung

Graphit kristallisiert hexagonal-primitiv (hp). Man spricht von einer Schichtstruktur (Bild 5.1–1). Erstarrt die Gussschmelze, so wächst der Kristall in der angegebenen, bevorzugten Richtung schneller, und es entstehen längliche Gebilde, so genannte *Lamellen*. Das Grundgefüge wird durch diese nichtmetallische Einlagerung unterbrochen.

*Grauguss mit Lamellengraphit* besitzt daher eine relativ geringe Festigkeit, besonders bei Zugbeanspruchung. Man ist seit langem bestrebt, die Graphiteinlagerung sehr fein und möglichst „rundlich" zu erhalten, um höhere Festigkeitswerte zu erzielen (Bild 5.1–2).

Durch Legierungselemente und geeignete Temperaturführung ist es heute möglich, Größe, Form und Verteilung der Graphiteinlagerungen im Grundgefüge zu beeinflussen.

Symbole für die Graphitstruktur

| | |
|---|---|
| L | lamellar |
| S | kugelig (sphärolitisch) |
| M | Temperkohle |
| V | vermikular |
| N | graphitfrei (no grafit) Hartguss |
| Y | Sonderstruktur |

Symbole für das Grundgefüge (*Beispiele*)

| | |
|---|---|
| P | Perlit |
| M | Martensit |
| T | vergütet |
| B | (black) nichtentkohlend geglüht |
| W | (white) entkohlend geglüht |

Symbole B und W: Nur für Temperguss

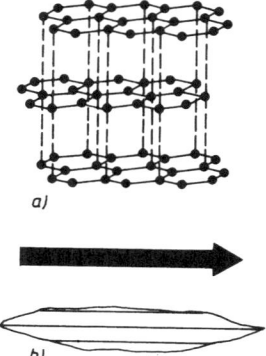

Bild 5.1–1  Bevorzugte Wachstumsrichtung der Graphitkristalle in einer unterkühlten Schmelze
a) Schichtgitterstruktur des Graphits
b) entstandene Lamelle (schematisch)

*Größe, Form und Verteilung der Graphitkristalle* im Grundgefüge bestimmen wesentlich die Festigkeit und andere mechanische Eigenschaften des Gusseisens.

 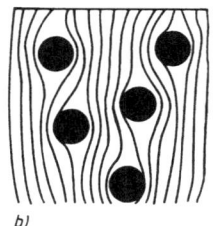

Bild 5.1–2  Gestörte Kraftlinien bei mechanischer Beanspruchung
a) bei Lamellenstruktur des Graphits
b) bei kugeliger Graphiteinlagerung

Bild 5.1–3 zeigt, wie reiner Kohlenstoff (Graphit) ausgebildet sein kann. Die kugelförmige Kristallisation führt zum *Gusseisen mit Kugelgraphit* (GJS), das in seinen Eigenschaften mit Stahl konkurrieren kann.

Die rundliche, nestförmige Einlagerung bei *Temperguss* (GJM) entsteht im festen Werkstoff durch eine Wärmebehandlung von metastabil erstarrtem Rohguss.

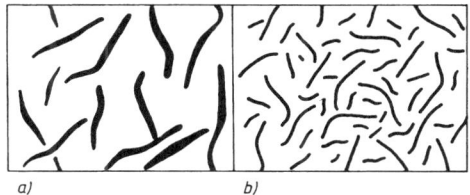

*a)*       *b)*

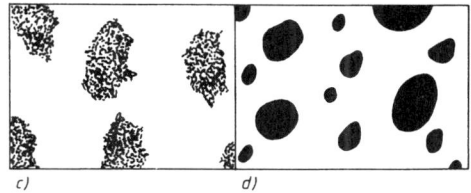

*c)*       *d)*

(s. a. einschlägige Norm: DIN ISO 945 Mikrostruktur Graphit)

Bild 5.1–3 Graphitformen
a) grobe Lamellen (GJL)
b) feine Lamellen (GJL)
c) nestförmige, flockige Einlagerung (GJM)
d) kugelförmige Einlagerung (GJS)

### 5.1.1.3 Wanddickenabhängigkeit der Eigenschaften

Formt man im Gießsand einen Keil ein (*Gießkeilprobe*) und gießt mit bestimmter Zusammensetzung ab, so erstarrt die Schmelze in Bereichen kleiner Wanddicken weiß (Bild 5.1–4). Je breiter der Keil (also mit zunehmender Wanddicke), um so mehr gelangt man in den grau erstarrenden Bereich.
Wanddicke, Größe und Gestalt der Gussteile bestimmen die tatsächlich vorhandene Abkühlgeschwindigkeit. Dadurch werden die Gefügeausbildung und damit die mechanischen Eigenschaften beeinflusst.

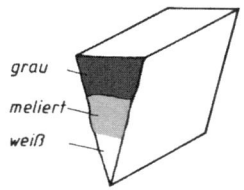

grau

meliert

weiß

Bild 5.1–4 Gießkeilprobe: Bruchfläche des gegossenen Keils

Bild 5.1–5 Einfluss der chemischen Zusammensetzung (C, Si) auf Gefüge und Festigkeit des Gusseisens (nach Maurer und Coyle)

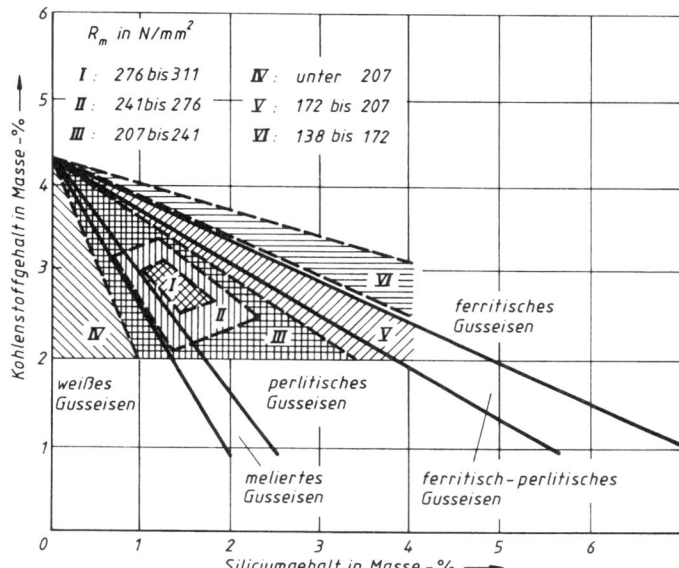

Gusseisen mit Lamellengraphit ist nach der Zugfestigkeit genormt, die getrennt gegossene, zylindrische Probestücke mit einem Durchmesser von 30 mm (im Rohgusszustand) aufweisen.

Bild 5.1–6 zeigt die Abhängigkeit von Zugfestigkeit und Härte genormter Graugussarten

a) vom Rohgussdurchmesser zylindrischer Probestücke und

b) vom Verhältnis Oberfläche/Volumen ($O/V$)

Gesondert eingeformte Probestücke haben eine einfache geometrische Form und gestatten bei gleicher Abmessung direkte Vergleiche verschiedener Gussqualitäten. Das Verhältnis $O/V$ ist ein Maß für die *Abkühlgeschwindigkeit*. Das gilt um so exakter, je mehr sich die Gestalt des Gussteiles einer einfachen flachen Platte nähert.

Symbole für Probestücke

S    getrennt gegossenes Probestück
U    angegossenes Probestück
C    einem Gussstück entnommen

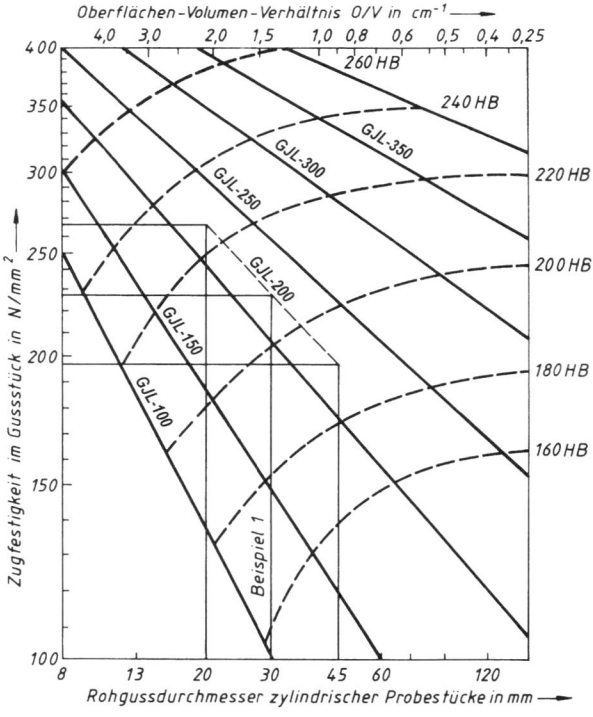

Bild 5.1–6 Diagramm zur Abschätzung von Festigkeitseigenschaften in Gussstücken aus Grauguss GJL

Aus dem Diagramm lassen sich bei gegebener Werkstoffmarke Zugfestigkeit und Härte in Probestücken anderer Durchmesser und in realen Gussstücken mit bekanntem $O/V$-Verhältnis abschätzen.

*Beispiel 1* (eingezeichnet im Bild 5.1–6)
Gegeben:
Probestück
$d_1 = 30$ mm  (Rohgussdurchmesser)
$R_m = 230$ N/mm$^2$ (Zugfestigkeit)
$\hat{=}$ GJL-200

Gesucht:
Zugfestigkeit und Härte des gleichen Werkstoffes in Probestücken von $d_2 = 20$ mm und $d_3 = 45$ mm
Lösung (mit Hilfe des Diagramms):
Wir befinden uns im Diagramm-Feld GJL-200. Die gestrichelte Linie gilt für die vorliegende Charge (gemessen $R_m = 230$ N/mm$^2$). Es lässt sich ablesen
$d_2 = 20$ mm  $\rightarrow$  $R_m$   $\approx 270$ N/mm$^2$
                    Härte  $\approx 230$ HB
$d_3 = 45$ mm  $\rightarrow$  $R_m$   $\approx 200$ N/mm$^2$
                    Härte  $\approx 190$ HB

**Übung 5.1–1**
Weshalb strebt man bei Grauguss und Temperguss häufig ein perlitisches Grundgefüge an?

**Übung 5.1–2**
Nennen Sie 3 typische Formen der Graphiteinlagerungen! Welchen Einfluss hat deren Gestalt, Größe und Verteilung im Gefüge auf die Festigkeit des Gussteiles?

**Übung 5.1–3**
Wie äußert sich der Wanddickeneinfluss von GJL?

## 5.2    Gusseisen mit Lamellengraphit

**Lernziele**

Der Lernende kann ...
- Grundlegendes zur Erschmelzung von GJL sagen,
- Arten und Eigenschaften von GJL nennen,
- angewendete Wärmebehandlungsverfahren erklären,
- typische Anwendungsgebiete nennen.

## 5.2.0   Übersicht

Gusseisen mit Lamellengraphit ist eine Eisen-Kohlenstoff-Silicium-Gusslegierung, deren Graphiteinlagerungen eine überwiegend lamellenartige Form aufweisen. Die metallische Grundmasse (Grundgefüge) und Menge, Größe, Ausbildung sowie Verteilung der Graphitlamellen bestimmen die Eigenschaften. Bei unlegiertem GJL wird eine vorwiegend perlitische Grundmasse angestrebt. Gute Gießbarkeit, gute Spanbarkeit, hohe Druckbeanspruchbarkeit, eine schwingungsdämpfende Wirkung und andere Eigenschaften sichern dieser Werkstoffgruppe ein breites Anwendungsgebiet.

## 5.2.1   Erschmelzung

Gusseisen mit Lamellengraphit wird im *Gießereischachtofen* (Kupolofen) erschmolzen. Als Einsatz verwendet man Roheisen, Koks und Ferrolegierungen. *Elektroöfen* werden vor allem eingesetzt, wenn in erheblichem Maße Stahlschrott mit eingeschmolzen wird. Die Herstellung ist sehr kostengünstig. GJL zeichnet sich durch gute *Gießbarkeit* (gutes *Formfüllungsvermögen*) aus (Bild 5.2–1). Im Vergleich zu Stahl sind allerdings Zähigkeit und Verformbarkeit erheblich geringer.
Durch Legieren lassen sich die Eigenschaften gezielt ändern. So erhöhen z. B. Mo, Cr, Ni und Cu die Festigkeit im niedrig legierten Gusseisen (Bild 5.2–2).

*Erschmelzung von GJL*: Kupolofen, Elektroofen

*Einsatz*: Roheisen, Koks, Ferrolegierungen, Stahlschrott

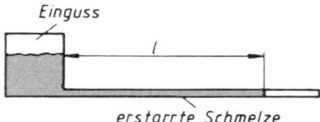

Bild 5.2–1   Formfüllungsvermögen (Maß *l*) – ein Charakteristikum für die Gießbarkeit metallischer Stoffe

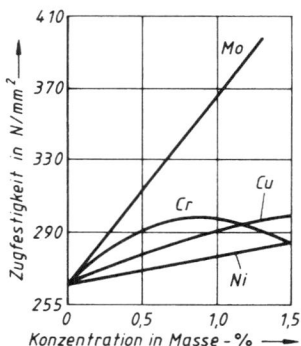

Bild 5.2–2   Einfluss einiger Legierungselemente auf die Zugfestigkeit von grau erstarrtem Gusseisen

## 5.2.2 Wärmebehandlung

Für bestimmte Anforderungen kann Gusseisen mit Lamellengraphit einer zusätzlichen Wärmebehandlung (z. B. Härten, Vergüten, Nitrieren) unterzogen werden. Günstig ist dabei ein hoher Perlitanteil im Grundgefüge.

Erwärmt man GJL über 350 °C, so kann ein *Wachsen* der Gussteile auftreten. Diese Volumenänderung wird durch Zerfall der Eisencarbide und zusätzliche Graphitbildung bewirkt. Silicium fördert diese Erscheinung (Streben nach dem stabilen System Fe-C), und Legierungselemente, wie Cr, Mn und Ni, wirken dem entgegen.

> GJL ist wärmebehandelbar. Achtung! Bei Temperaturen über 350 °C und graphitisierender Wirkung des Si können die Gussteile wachsen (Volumenzunahme).

## 5.2.3 Eigenschaften und Anwendung

Die gute *Gießbarkeit* und die Abhängigkeit der mechanischen Eigenschaften vom Grundgefüge (Perlit → hohe Festigkeit; Ferrit → niedrige Festigkeit) sowie von der Art, Größe und Verteilung der Graphiteinlagerung wurden erläutert. Der Gefügeaufbau des GJL bringt noch folgende typische Eigenschaften mit sich:

- *Druckfestigkeit* ist etwa viermal so hoch wie die Zugfestigkeit; *Biegefestigkeit* beträgt das Doppelte der Zugfestigkeit
- GJL wirkt *schwingungsdämpfend* (Stahl nicht!)
- *Gleit-* und *Verschleißverhalten* gut
- gut *spanbar*
- gute *Korrosionsbeständigkeit*

Durch Legieren und durch metallurgische bzw. gießtechnische Maßnahmen (bestimmte Temperaturführung, Pfannenbehandlung usw.) lassen sich die Eigenschaften weiter modifizieren, und es entstehen GJL-Marken, die für bestimmte Einsatzgebiete hergestellt werden (z. B. Automobilindustrie).

|  | Chemische Zusammensetzung | Gefüge |
|---|---|---|
| Graues Gusseisen GJL | C = 2,5 ... 4 %; Si = 0,8 ... 3 %; Mn < 1,2 %; S < 0,2 %; P < 1 % | Ferrit, Perlit, Graphit, Phosphideutektikum |

Die eingelagerten Graphitlamellen (s. a. Bild 5.1–3) wirken wie sehr kleine Stoßdämpfer; d. h., sie sind in der Lage, mechanische Schwingungen in Wärmeenergie umzuwandeln. Grauguss mit Lamellengraphit GJL wirkt somit schwingungsdämpfend.

Tabelle 5.2–1   GJL-Markenbeispiele

| Gusssorte | Charakteristikum | Anwendung |
|---|---|---|
| GJL-150 | ferritisch, hohe Dämpfung | Getriebegehäuse |
| GJL-250 | ferritisch-perlitisch; für höhere Beanspruchung | Kurbelgehäuse, Werkzeugmaschinenbau |
| GJL-350 | zunehmend perlitisch, hohe Festigkeit; Dämpfung, Gießbarkeit und Bearbeitbarkeit schlechter | Schiffsdieselmotoren, Dampfturbinengehäuse |
| GJL-NiCuCr15-6 | austenitisch, gut korrosionsbeständig, gut hitzebeständig | Pumpen, Ventile, Laufbuchsen (besonders für Lebensmittelindustrie) |
| GJL-NiCr20-3 | austenitisch, gut korrosionsbeständig (besonders gegenüber Alkalien) | Pumpen, Kunststoffindustrie |

*Unlegiertes Gusseisen mit Lamellengraphit*:
GJL-100 bis GJL-400
Die Zahl gibt die Mindestzugfestigkeit eines getrennt gegossenen oder angegossenen Probestückes in $N/mm^2$ an.
*Beispiel*: GJL-150 $\rightarrow R_m \geq 150\ N/mm^2$

*Legiertes Gusseisen mit Lamellengraphit*
Wie bei vielen Stählen wird auch bei legiertem Gusseisen die chemische Zusammensetzung (Symbole der wichtigsten Legierungselemente und Richtzahlen für ihren prozentualen Anteil) zur Markenbezeichnung verwendet. In einigen Ländern ist es üblich, auch den Kohlenstoffgehalt anzugeben:
*Beispiel*: GJL-CuMo 84
(= GJL-340 CuMo 84)
340 : 100 $\rightarrow$ 3,4 % C
  8 : 10 $\rightarrow$ 0,8 % Cu
  4 : 10 $\rightarrow$ 0,4 % Mo
Es handelt sich um einen Gusswerkstoff für Zylinderblöcke (Verbrennungsmotoren).
Die Anwendung von Gusseisen mit Lamellengraphit ist sehr vielfältig. Besonders hoch ist der Masseanteil am Endprodukt bei Textilmaschinen, Werkzeugmaschinen, Dieselmotoren und Getrieben aller Art.

**Übung 5.2–1**
Welche Eigenschaften bewirken die vielseitige Anwendung von GJL?

**Übung 5.2–2**
Wie erklären Sie sich die schwingungsdämpfende Wirkung von GJL?

# 5.3 Gusseisen mit Kugelgraphit

**Lernziele**

Der Lernende kann ...
- wesentliche Aussagen zur Erschmelzung machen,
- Arten und Eigenschaften von GJS nennen,
- mögliche Wärmebehandlungsverfahren erklären,
- typische Anwendungsgebiete nennen.

## 5.3.0 Übersicht

Gusseisen mit Kugelgraphit (Sphäroguss) GJS ist eine Eisen-Kohlenstoff-Silicium-Gusslegierung, deren Graphiteinlagerung überwiegend in kugeliger Form vorliegt. Dieser Werkstoff vereint in sich die Vorteile der guten Gießbarkeit mit den Festigkeitseigenschaften von Stahl. Die Zugfestigkeit von GJS liegt im Bereich der allgemeinen Baustähle und der Vergütungsstähle. Durch Weiterentwicklung und Anwendung von Wärmebehandlungsverfahren wird sich das Anwendungsgebiet dieses Gusswerkstoffes noch vergrößern.

## 5.3.1 Erschmelzung

Die Kugelgestalt des Graphits (auch *globularer* oder *sphärolithischer* Graphit genannt) wird insbesondere durch Legieren erzielt. Es werden die Elemente Magnesium, Cer und Calcium, teils in Form von Vorlegierungen, der Schmelze zugegeben.

Die Eigenschaften sind stahlähnlich. Die rasche Verbreitung dieses Werkstoffes in den letzten Jahrzehnten resultiert aus der Verknüpfung guter Gießbarkeit mit hervorragenden Festigkeits- und Zähigkeitseigenschaften der Gussteile.

Als Schmelzanlagen werden vorwiegend elektrisch beheizte Öfen eingesetzt. Das Einsatzmaterial (Sonderroheisen, sortierter Stahlschrott) muss von besonderer Reinheit sein.

*Erschmelzung von GJS*: Elektroofen
*Einsatz*: Sonderroheisen, Stahlschrott (sortiert), NiMg-, FeSiMg-Legierungen u. a. (Impfstoffe)

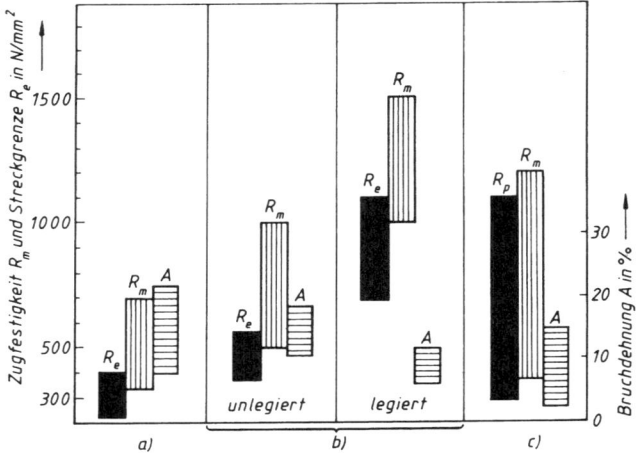

Bild 5.3–1    Vergleich von GJS mit Stahl
a) Allgemeiner Baustahl
b) Vergütungsstahl
c) GJS
$R_e$  bzw. $R_p$ Streckgrenze bzw. 0,2-Dehngrenze
$R_m$  Zugfestigkeit
$A$    Bruchdehnung

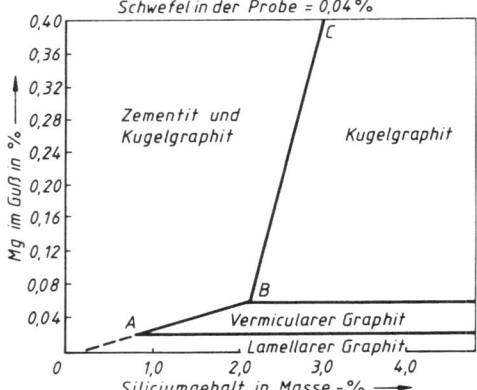

Bild 5.3–2  Die Anteile von Si und Mg
bestimmen im Guss, in welcher Form die
Graphitausscheidung erfolgt.

## 5.3.2 Wärmebehandlung

Auch bei Gusseisen mit Kugelgraphit (Sphäroguss) können die Eigenschaften durch eine nachträgliche Wärmebehandlung verändert, d. h. für den Anwender verbessert werden. Praktisch sind alle im Kapitel 4 beschriebenen Verfahren anwendbar. Aus wirtschaftlichen Gründen strebt man jedoch an, bereits beim Abguss die gewünschten Eigenschaften zu erzielen. Jede Nachbehandlung verteuert das Produkt, teilweise sogar erheblich.

Ein hochwertiges Gusseisen GJS erhält man durch das *Bainitisieren* (Bild 5.3–3). Durch diese Behandlung mit isothermer Umwandlung des Austenits werden hohe Festigkeiten bei guten Zähigkeitseigenschaften erzielt. Hierfür gilt DIN EN 1564 *Bainitisches Gusseisen*. Eingebürgert hat sich auch die Bezeichnung *ADI* (= **a**ustempered **d**uktil **i**ron). Je nach den Wünschen der Kunden einer Gießerei kann auch ein nachträgliches *Perlitisieren* (Umwandlung in der Perlitstufe) oder *Randschichthärten* erfolgen.

Härtegefüge: Bild 5.3–4

Ausbesserungen an großen Gussteilen erfolgen u. a. durch Warmschweißen. Hierfür ist eine intensive Vorwärmung des Gussteiles erforderlich.

Bainitisches Gusseisen nach DIN EN 1564 (Beispiele): GJS-1000-5
GJS-1400-1

Durch Legieren und Wärmebehandeln können die Eigenschaften von GJS in weiten Grenzen variiert werden. Der Werkstoff GJS genügt damit hohen Ansprüchen hinsichtlich seiner Festigkeit und Zähigkeit.

Werkstoffkurzbezeichnungen: s. 5.3.3 und Tabelle 5.3–1

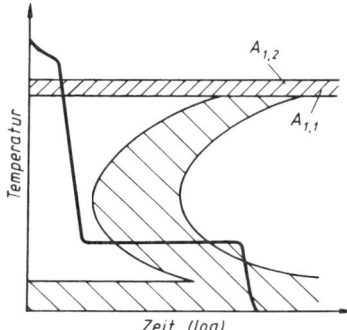

Bild 5.3–3  Bainitisieren von GJS (Variante: vollständige Austenitisierung und vollständige Umwandlung in der Zwischenstufe)

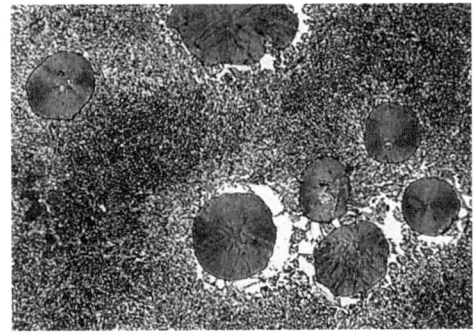

Bild 5.3–4  Gefüge von gehärtetem GJS

## 5.3.3 Eigenschaften und Anwendung

*Gusseisen mit Kugelgraphit* ist durch seine Gefügestruktur fester und zäher als GJL. Dieser Gusswerkstoff stößt weit in das Festigkeitsgebiet warmumgeformter Stähle vor.

Durch die genannten Wärmebehandlungsverfahren wird das Einsatzgebiet noch verbreitert.

*Unlegiertes Gusseisen mit Kugelgraphit*
*Beispiel*: GJS-400-15

$R_m$  $A$

Es werden die Mindestzugfestigkeit und die Bruchdehnung angegeben.

*Legiertes Gusseisen mit Kugelgraphit*
*Beispiel*: GJS-NiMo-4-4
    Die Bezeichnung erfolgt analog zu GJL.

Die Anwendung von Gusseisen mit Kugelgraphit ist in den letzten 25 Jahren sprunghaft angestiegen. Beim Bau von Motoren, Turbinen, Kompressoren, im Schiffbau, im Bergbau und Hüttenwesen, im Maschinenbau und in anderen Bereichen werden mechanisch und thermisch hochbeanspruchte Teile aus GJS hergestellt.

**Übung 5.3–1**
Weshalb spricht man bei GJS von „Stahleigenschaften"?

**Übung 5.3–2**
Welchem Ziel dient eine Vergütung (Bainitisieren) bei GJS?

Tabelle 5.3–1  GJS-Markenbeispiele

| Gusssorte | Mindestwerte | | |
|---|---|---|---|
| | $R_m$ | $R_{p0,2}$ | $A$ |
| | N/mm$^2$ | N/mm$^2$ | % |
| GJS-400-15 | 400 | 250 | 15 |
| GJS-500-7 | 500 | 320 | 7 |
| GJS-700-2 | 700 | 420 | 2 |
| GJS-900-2 | 900 | 600 | 2 |
| GJS-Ni-22 | 370 | 170 | 20 |
| GJS-NiSiCr-30-5-5 | 390 | 240 | – |

$R_m$      Zugfestigkeit
$R_{p0,2}$  0,2-Grenze
$A$        Bruchdehnung

## 5.4    Temperguss

**Lernziele**

Der Lernende kann ...
- die Erschmelzung von Temperguss beschreiben,
- den Temperprozess erläutern,
- die erzielbaren Eigenschaftsänderungen nennen,
- typische Anwendungsgebiete nennen.

## 5.4.0 Übersicht

Temperrohguss ist ein Eisen-Kohlenstoff-Silicium-Gusswerkstoff, der weiß (ledeburitisch) erstarrt. Das Gefüge ist graphitfrei, der Kohlenstoff liegt in gelöstem bzw. gebundenem Zustand vor. Die Gussstücke werden einer Wärmebehandlung – dem *Tempern* – unterworfen. Damit werden der Zerfall des ledeburitischen Zementits und eine Graphitbildung im festen Zustand erreicht. Die sekundäre Graphitausscheidung nennt man *Temperkohle*.
Tempergussteile sind vorwiegend dünnwandige und kompliziert geformte Gussteile, die ausreichend zäh und stoßfest sind.

## 5.4.1 Erschmelzung und Behandlung

Nach dem Abguss liegt zunächst *Temperrohguss*, ein weiß (metastabil) erstarrtes Gusseisen, vor. Im Schachtofen (Kupolofen) wird aus Sonderroheisen, Gussbruch und Stahlschrott eine Schmelze bestimmter Zusammensetzung erzielt. Wegen des geforderten niedrigeren Kohlenstoffgehaltes kommen für einen Teil des Tempergusses auch elektrisch beheizte Schmelzanlagen in Anwendung.
Die graphitfreie Erstarrung bedingt, dass nur relativ dünnwandige und kleine Teile aus Temperguss hergestellt werden können. Durch eine anschließende Wärmebehandlung (*Tempern = Glühen*) wird der Zerfall des Zementits in Austenit und Temperkohle erzielt.

Man unterscheidet:
1. *entkohlende Glühung* (Bild 5.4–1)
   Die Rohgussteile werden 50 ... 80 h bei etwa 1 050 °C in entkohlender Atmosphäre (CO, $CO_2$, $H_2$, $H_2O$) geglüht. In der Randzone (bei sehr dünnen Teilen im gesamten Querschnitt) wird Kohlenstoff entzogen, und es entsteht ein ferritisches Gefüge (es entspricht kohlenstoffarmem Stahl). Im Kern größerer Querschnitte wird *Temperkohle* (= Graphit, sekundär gebildet) gebildet. Es entsteht weißer oder entkohlend geglühter Temperguss (GJMW).

*Erschmelzung von GJM*: Kupolofen, Elektroofen

*Einsatz*: Sonderroheisen, Gussbruch
*Herstellung der Tempergussteile*:
1. *Gießen* → Temperrohguss (= weißes Gusseisen, Hartguss, ledeburitischer Guss)
2. *Tempern* (Glühen) → Wärmebehandlung mit dem Ziel, $Fe_3C$ (partiell oder nahezu vollständig) zu zerlegen
   (Ausscheidung von Temperkohle nach dem stabilen System Eisen-Kohlenstoff)

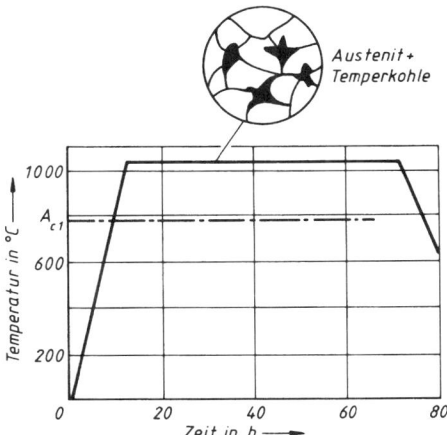

Bild 5.4–1 Entkohlendes Glühen

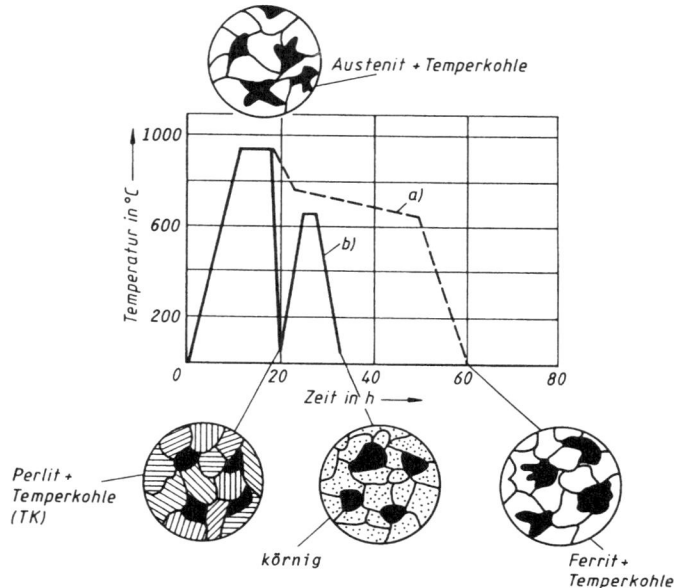

Bild 5.4–2  Glühen in neutraler Atmosphäre
a) ferritisches Grundgefüge
b) perlitisches Grundgefüge bzw. körnige
   Zementitstruktur

2. *Glühung in neutraler Atmosphäre*
(Bild 5.4–2)
In chemisch neutralem Medium (Schutzgas) werden die Rohgussteile etwa 30
Stunden bei etwa 950 °C geglüht. Der
Zementit des Ledeburits zerfällt dabei
in Austenit und Temperkohle. Eine rasche Abkühlung begünstigt die Festigkeit
durch einen hohen Perlitanteil. Dem kann
sich eine Art Weichglühen zur Erzielung
einer körnigen $Fe_3C$-Struktur anschließen.
Bei langsamer Abkühlung zerfällt auch
noch der $Fe_3C$ des Perlits, man erhält eine
ferritische Grundmasse (GJMB).

Bild 5.4–3  Bruchgefüge von Temperguss
a) nach Glühung in neutraler Atmosphäre
   (Schwarzer Temperguss, GJMB)
b) Randzone entkohlt (Weißer Temperguss
   GJMW)
c) durchgehend entkohlt (GJMW); tritt bei
   dünnwandigen Gussteilen auf

## 5.4.2    Eigenschaften und Anwendung

Für dünnwandige Kleinteile, die zäh und
stoßfest sein müssen, ist Temperguss gut geeignet. Man nutzt, besonders bei kompliziert
geformten Gussteilen, die gute Gießbarkeit
(Stahlguss ungünstiger) und die hervorragende Zähigkeit (von GJL nicht erreichbar).

*Beispiele für dünnwandige, gegossene Klein-
teile*:
Beschläge für Türen, Fittings (Rohrverbin-
dungsstücke), Hebel, Federböcke u. Ä.
(Kleinteile für Fahrzeug- und Landmaschi-
nenbau)

Die Art der Temperung und eventuell nachfolgende Wärmebehandlung ermöglichen unterschiedliche Eigenschaften und damit ein relativ breites Anwendungsspektrum. GJMW-360-12 ist legierter Temperguss. Er entkohlt besonders tief. Damit ist diese Marke gut schweißbar (gut geeignet für Verbundkonstruktionen Walzstahl-Temperguss).

*Temperguss, nicht entkohlend geglüht*
*Beispiel*:    GJMB-350-10
Mindestwerte $R_m = 350 \, \text{N}/\text{mm}^2$
$A \; = \; 10 \, \%$
Probendurchmesser $d = 12 \, \text{mm}$ oder $15 \, \text{mm}$

*Temperguss, entkohlend geglüht*
GJMW-400-5
Mindestwerte $R_m = 400 \, \text{N}/\text{mm}^2$
$A \; = \; 5 \, \%$
Probendurchmesser $d = 12 \, \text{mm}$

Hauptanwender von Temperguss sind die Kraftfahrzeugindustrie (über 60 %), Rohrverbindungstechnik, Maschinenbau und andere Bereiche, die hohe Stückzahlen auflegen und die genannten Gussteileigenschaften preisgünstig erzielen.

**Übung 5.4–1**
Was versteht man unter Tempern?

**Übung 5.4–2**
Erklären Sie eine entkohlende Glühung!

**Übung 5.4–3**
Weshalb sind Hebel, Federböcke, Fittings usw. typische Anwendungsbeispiele für Temperguss?

## 5.5    Stahlguss

### Lernziele

Der Lernende kann ...
- den Unterschied zwischen Stahlguss (Gusslegierung) und warm umgeformtem Stahl (Knetlegierung) erklären,
- erläutern, dass durch Legieren unterschiedliche Gebrauchseigenschaften erzielt werden können,
- Stahlgussgruppen und deren Haupteigenschaften nennen,
- typische Anwendungsgebiete nennen.

Tabelle 5.4–1   Temperguss

| Gusssorte (Beispiele) | Anwendung |
|---|---|
| Nicht entkohlend geglüht | |
| GJMB-350-10 GJMB-650-2 | Gehäuse größerer Wanddicke, hochbeanspruchte Kleinteile |
| Entkohlend geglüht | |
| GJMW-400-5 GJMW-360-12 | Hebel, Streben, Kleinteile schweißbar, PKW-Kleinteile, (vielseitig einsetzbar) |

## 5.5.0   Übersicht

Stahlguss ist jede Art von Stahl, der in Formen gegossen wurde. Eine Einteilung ergibt die gleichen Stahlgruppen wie bei Walz- und Schmiedestahl (s. Abschnitt 6.2):
- unlegierter Stahlguss
- Vergütungsstahlguss
- warmfester Stahlguss
- kaltzäher Stahlguss
- hitze- und zunderbeständiger Stahlguss
- korrosionsbeständiger Stahlguss
- verschleißfester Stahlguss
- Werkzeug-Stahlguss
- Schnellarbeitsstahlguss
- Stahlguss für Erdöl- und Erdgasanlagen
- Stahlguss für Flamm- und Induktionshärtung

Durch Legierungselemente werden bestimmte Gebrauchseigenschaften erzielt. Eine Beeinträchtigung der Umformbarkeit, wie sie bei warmumgeformtem Stahl eintreten kann, wird durch den Gießvorgang gegenstandslos. Darin liegt ein wesentlicher Vorteil der Verwendung von Stahlguss. Die hohe Gießtemperatur und die erhebliche Schwindung wirken sich gießtechnisch ungünstig aus.

## 5.5.1   Erschmelzung und Behandlung

Wird Stahl, erschmolzen in Konvertern, Siemens-Martin- oder Elektroöfen, sofort in *Sandformen* (seltener Dauerformen) vergossen, so erhält man *Stahlguss*. Die Gussstruktur bringt wesentliche Unterschiede in den mechanischen Eigenschaften gegenüber Walz- und Schmiedestahl mit sich. Die Gießbarkeit von Stahlguss ist gegenüber der von Grauguss geringer. Eine höhere *Schwindung* (Volumenverringerung beim Übergang flüssig–kristallin) und eine starke Lunkerneigung (*Lunker* sind Hohlräume, vgl. Abschnitt 5.7.2) sind wesentliche Merkmale hierfür. Beim Abguss entsteht ein grobkörniges, inhomogenes Gefüge (die *Widmannstättensche Struktur*) mit geringer Zähigkeit.

Stahlguss wird bevorzugt, wenn die Form der Bauteile durch Gießen kostengünstiger als durch andere Verfahren hergestellt werden kann oder wenn die Werkstoffzusammensetzung eine Kalt- oder Warmumformung stark erschwert (z. B. Manganhartstahlguss).

*Stahlguss* ist unmittelbar in Formen vergossener Stahl. Als *Stahl* bezeichnet man alle Fe-$Fe_3C$-Legierungen bis etwa 2 % C (vgl. Eisen-Eisencarbid-Diagramm). Alle Gussteile müssen zur Verbesserung des Gefügeaufbaus und damit der mechanischen Eigenschaften einer Wärmebehandlung unterzogen werden (Normalisieren).

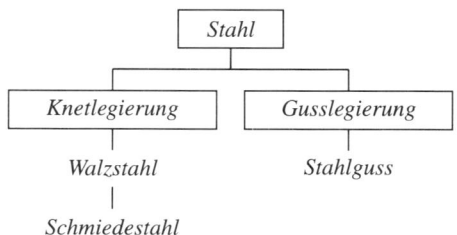

## 5.5.2 Eigenschaften und Anwendung

Werden hohe Festigkeiten bei hoher Zähigkeit, hohe thermische Beanspruchung (über 300 °C) oder spezielle chemische oder technologische Eigenschaften gefordert, muss *Stahlguss* eingesetzt werden. In diesen Fällen müssen die gießtechnisch nachteiligen Erscheinungen (hohe Gießtemperatur, starkes Schwindmaß, nadelartiges Kristallwachstum) in Kauf genommen werden.
Tabelle 5.5–2 zeigt Stahlgussgruppen, nach ihrer wesentlichsten Anwendung geordnet.

Tabelle 5.5–1 Zusammensetzung von Stahl und Stahlguss

| Werkstoffgruppe | Chemische Zusammensetzung | Gefüge |
|---|---|---|
| Stahl, Stahlguss (untereutektoid) | $C \leq 0,83\ \%$; $Mn < 0,8\ \%$; $Si < 0,5\ \%$; $Ti < 0,1\ \%$; $Cu < 0,25\ \%$; $Al < 0,1\ \%$; $P < 0,09\ \%$; $S < 0,06\ \%$ | Ferrit und Perlit |
| Stahl, Stahlguss (übereutektoid) | $C$ $0,83 \ldots 2,07\ \%$ übrige Elemente wie oben | = Perlit und Sekundärzementit |

Tabelle 5.5–2 Stahlguss – Werkstoffbeispiele aus verschiedenen Stahlgruppen

| | Werkstoff-Nr. EN 10 027-2 | Kurznamen DIN 17 006 | EN 10 027-1 [1] |
|---|---|---|---|
| 1. Stahlguss für allgemeine Verwendungszwecke; unlegiert | 1.0420 1.0446 | GS-38 GS-45 | GE 200 GE 240 |
| 2. niedrig legierter Stahlguss für Wärmebehandlung | 1.5919 1.7225 | GS-15 CrNi 6 GS-42 CrMo 4 | G 15 CrNi 6 G 42 CrMo 4 |
| 3. warmfester Stahlguss | 1.7357 | GS-17 CrMo 55 | G 17 CrMo 5-5 |
| 4. kaltzäher Stahlguss | 1.7219 | GS-26 CrMo 4 | G 26 CrMo 4 |
| 5. hitze- und zunderbeständiger Stahlguss | 1.4745 1.4857 | G-X 40 CrSi 23 G-X 40 NiCrSi 3525 | GX 40 CrSi 23 GX 40 NiCrSi 35-25 |
| 6. korrosionsbeständiger Stahlguss | 1.4312 1.4006 | G-X 10 CrNi 188 G-X 12 Cr 13 | GX 10 CrNi 18-8 GX 10 Cr 13 |

Das Europäische System der Stahlnormung wird im Kapitel 6 Eisenknetwerkstoffe (unlegierte und legierte Stähle) behandelt.
• Einteilung der Stähle    DIN EN 10 020
• Kurznamen    DIN EN 10 027-1
• Werkstoffnummern    DIN EN 10 027-2

**Übung 5.5–1**
Was ist Stahlguss?

**Übung 5.5–2**
Weshalb werden alle Stahlgussteile vor der Auslieferung normalisiert?

---

[1] Die neue, Europäische Norm gilt in Deutschland, wenn die Bezeichnung der jeweiligen Stahlgusssorte durch die nationale Norm DIN EN verbindlich geworden ist.

## 5.6    Sondergussarten

Es gibt einige Gussarten mit besonderen Eigenschaften und für spezielle Einsatzgebiete, die sich in die verwendete Gliederung schlecht einordnen lassen. Die folgende Übersicht soll Sie grob informieren.

- *Hartguss (GJN), Schalenhartguss*
  ganz oder teilweise weiß (ledeburitisch) erstarrt, hart, spröde, jedoch verschleißfest (z. B. für Walzen)
- *Gusseisen mit Vermiculargraphit* (Wurmgraphit) GJV
  Grauguss mit kurzen, gedrungenen Graphitlamellen, liegt mit seinen Eigenschaften zwischen GJL und GJS. Es gibt nach Buderus-Norm die Sorten GJV-300 und GJV-400
- *legierte und hochlegierte Graugusssorten* für extreme thermische und chemische Beanspruchungen (Graphitformen verschieden)

Tabelle 5.6–1  Ledeburitisches Gusseisen (hochlegierter Hartguss) (Beispiele)

| Gusssorte | Haupteigenschaft |
|---|---|
| G-X 230 Cr 30 | extrem hitzebeständig (1 000 °C); |
| G-X 180 CrMo 12 2 | verschleiß- und zunderbeständig (600 °C), z. B. für Ventilsitze |

Tabelle 5.6–2  Gusseisen mit Vermiculargraphit

| Gusssorte | $R_m$ N/mm$^2$ | $R_{p\,0,2}$ N/mm$^2$ | $A$ % |
|---|---|---|---|
| GJV-300 | 300 | 240 | 2 |
| GJV-400 | 400 | 340 | 1 |

## 5.7    Erstarrung in der Form

**Lernziele**

Der Lernende kann …
- gießtechnische Einflüsse auf die Werkstoffeigenschaften erkennen,
- die Wirkung ungleichmäßiger Abkühlung erklären,
- wesentliche Erscheinungen, wie Stängelkristallbildung, Lunker, Gasblasen und Einschlüsse, beschreiben.

## 5.7.0    Übersicht

Eine gleichmäßige Abkühlung ist bei einem Gussblock oder Gussteil praktisch nicht möglich. Außerdem sind technische Schmelzen stets verunreinigt. Aus beiden Tatsachen ergeben sich einige wesentliche Erscheinungen, die sich erheblich auf die Eigenschaften des gegossenen Teiles auswirken können. Das gilt nicht nur für Eisenwerkstoffe.

### 5.7.1   Stängelkristalle (Säulenkristalle, Transkristallite)

Bei bestimmten Kristallisationsbedingungen wachsen die Körner mit kristallographischer Vorzugsrichtung in die Schmelze hinein. Durch gerichtete Wärmeabfuhr und eine gegenseitige Behinderung des seitlichen Wachstums entstehen langgestreckte Kristallite. Diese *Stängelkristalle* sind unerwünscht. Sie bewirken ungünstige Festigkeitseigenschaften im Bauteil. Bild 5.7–1 zeigt den typischen Aufbau eines Gussgefüges. Man ist stets bestrebt, durch technische Maßnahmen die Ausbildung der Zone II zu unterdrücken.

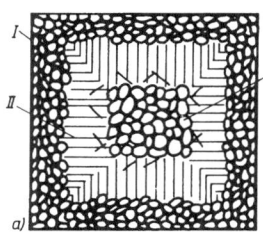

I: feinkörnige Randzone (kann sehr schmal sein)

II: Stängelkristalle (Zone sollte möglichst unterdrückt werden)

III: grobkörnige Kernzone (kann fehlen)

Vermeidung von Stängelkristallen:
- möglichst niedrige Gießtemperatur
- Wärme langsam abführen (Sandform günstiger als Kokille)
- Impfen der Schmelze

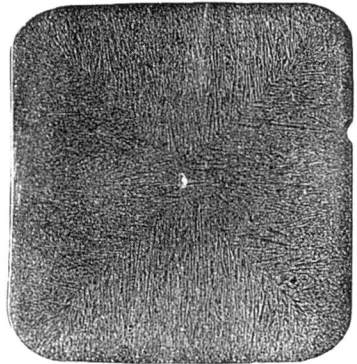

Bild 5.7–1   Gefüge im Querschnitt eines Gussblockes
a) schematische Darstellung
b) Stahlgussblöckchen (Makroschliff). In der Mitte ist ein kleiner Lunker (Fadenlunker) zu erkennen.

> *Stängelkristalle* sind langgestreckte Gefügekörner im Gussteil. Sie stehen senkrecht zur Oberfläche (Abkühlwand) und mindern die Werkstoffqualität.

### 5.7.2   Lunker

Lunker sind Hohlräume oder Vertiefungen. Sie sind darauf zurückzuführen, dass Metallschmelzen beim Abkühlen schwinden.

> *Lunker* sind Vertiefungen und Hohlräume unterschiedlicher Größe mit rauher oder kristalliner (dendritischer) Oberfläche.

Die erste Volumenabnahme ist auf die Abkühlung der Schmelze von der Gießtemperatur bis zur Kristallisationstemperatur zurückzuführen. Je höher die Gießtemperatur, um so größer ist die Gesamtschwindung. Beim Durchlaufen des Erstarrungsintervalls und bei der nachfolgenden Abkühlung bis zur Raumtemperatur kommt eine weitere Volumenänderung hinzu. Um die Lunkerung einzuschränken, wählt man möglichst niedrige Gießtemperaturen.

Die *Schwindung* tritt stets auf und wird in der Gießerei als *Schwindmaß* berücksichtigt. Dieses ist bei den verschiedenen Werkstoffen unterschiedlich, so dass auch die Lunkerung der Stoffe unterschiedlich ist (Tabelle 5.7-1). Lunker treten in verschiedenen Erscheinungsformen auf. Zunächst muss zwischen *Makro-* und *Mikrolunkern* unterschieden werden.

Es gibt *Außenlunker*, die einen Zugang zur Oberfläche haben, und *Innenlunker*.

Beim Außenlunker ist die Gusshaut aufgerissen und die Oberfläche des Lunkers meist stark zerklüftet.

Die Lunker entstehen stets bei Materialanhäufungen (Wärmezentren).

Innenlunker sind Hohlräume mit rauhen, oft dendritischen Wänden. Betrachtet man die Erstarrung der Gussstücke, so sind diese Hohlräume meist auf die zuletzt erstarrenden größeren Wanddicken beschränkt.

Lunker verringern den Querschnitt des Konstruktionsteils, wobei die mechanischen Werte z. T. stark vermindert werden. Bei hochbeanspruchten Teilen führt man häufig eine zerstörungsfreie Werkstoffprüfung (mit Röntgenstrahlen oder radioaktiven Strahlen) durch, um Gussfehler (Gasblasen, Lunker und Schlackeneinschlüsse) erkennen zu können.

Tabelle 5.7–1   Volumenänderungen beim Erstarren (Beispiele)

| Metall | Gittertyp | Volumenänderung % |
|--------|-----------|-------------------|
| Al | kfz | −6,2 |
| Cu | kfz | −4,2 |
| Fe | krz | −4,0 |
| Zn | hex | −6,5 |
| Sb | rhombisch | +1,0 |

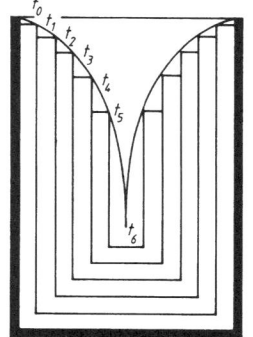

Bild 5.7–2   Entstehung eines Lunkers
In Zeitabschnitten $t_0$ (Erstarrungsbeginn) bis $t_6$ (Ende der Erstarrung) wird die Volumenverringerung wirksam.

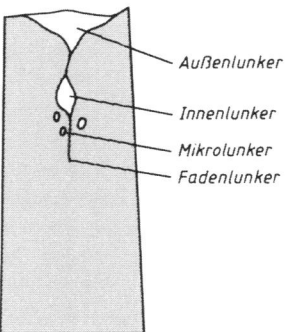

Bild 5.7–3   Arten der Lunker

*Vermeidung der Lunkerbildung*
- möglichst niedrige Gießtemperatur
- langsames Gießen
- Erwärmen des Blockkopfes (Flüssighalten, um Nachfließen zu ermöglichen)

### 5.7.3  Gasblasen

Die Gasblasen können durch entstehende Reaktionsgase und durch in der Metallschmelze gelöste Gase hervorgerufen werden. Nach dem *Sieverschen Gesetz* sinkt mit abnehmender Temperatur die Löslichkeit für Gase. Die Gase scheiden sich dann aus, können jedoch nicht mehr entweichen. Die verbleibenden Gasblasen sind typisch für den *unberuhigt vergossenen Stahl*, meist durch Wasserstoff oder Stickstoff hervorgerufen. Die Ursache von Gasblasen ist nach der Erstarrung des entsprechenden Teiles schwer nachweisbar. Man kann lediglich aus dem Aussehen der Blasen gewisse Schlüsse ziehen.

Hinsichtlich der Größe unterscheidet man eine *Makro-* und *Mikrogasblasenporosität.* Letztere ist schwer von einer Mikrolunkerung zu unterscheiden.

*Gasblasen* sind Unterbrechungen der metallischen Grundmasse und mindern stets die Festigkeitswerte. Auch die Qualität gas- oder druckdichten Gusses wird durch Gasblasen stark herabgesetzt.

*Vermeidung von Gasblasen* (Blasen und Poren):
- Schmelzen und Gießen im Vakuum
- niedrige Gießtemperatur
- langsames Erstarren
- Gase chemisch binden (*Desoxidieren*) = Schmelze „beruhigen"

> *Gasblasen* (Blasen und Poren) sind ungleichmäßig verteilte. glatte Hohlräume unterschiedlicher Größe.

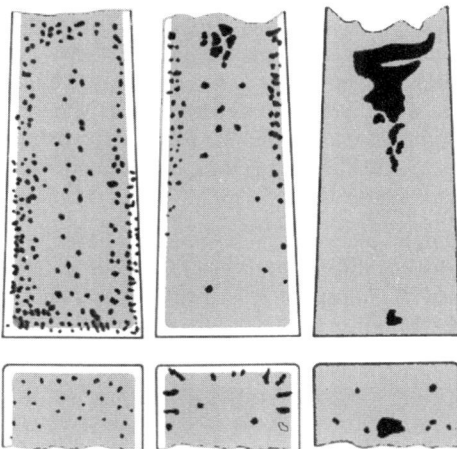

Bild 5.7–4    Blockgefüge von Stahl
Links: „unberuhigt" vergossen: viele Gasblasen, kaum Lunkerung
Mitte: „halbberuhigt" vergossen: wenige Gasblasen, geringe Lunkerung
Rechts: „beruhigt" vergossen: keine Gasblasen (dafür Einschlüsse – nicht eingezeichnet), starke Lunkerung

### 5.7.4  Seigerungen

Seigerungen sind Konzentrationsunterschiede (Entmischungen), die sich einmal auf den Mischkristall und zum anderen auf das gesamte Gussstück beziehen können. Die ersteren werden als *Kristallseigerungen* bezeichnet und können durch Diffusionsglühen ausgeglichen werden.

Entstehung der Kristallseigerung:
- Die Konzentration der Mischkristalle ändert sich während der Erstarrung temperaturabhängig (Wiederholen Sie 2.2.3.2)

> *Seigerungen* sind Entmischungen der Schmelze, die im Ausgangszustand homogen (gleichmäßig zusammengesetzt) war.

Arten der Seigerung:
1. *Kristallseigerung*: Entmischung im Mischkristall (Bild 5.7–5)
2. *Blockseigerung*: Entmischung im Block bzw. Gussteil (Bild 5.7–6)

- Technische Abkühlgeschwindigkeiten gestatten keinen Konzentrationsausgleich (Zonen unterschiedlicher Konzentration verbleiben; Bild 5.7–5)

Die andere Art ist die *Block-* oder *Wärmeflussseigerung*. Die Elemente *Phosphor* und *Schwefel* neigen zur Seigerung, und man findet an Gussstücken häufig örtliche Anreicherungen dieser Elemente. Diese können die Festigkeitseigenschaften des Materials beeinflussen und Fehler bei einer eventuellen Nachbehandlung, z. B. beim Emaillieren, hervorrufen (Bild 5.7-6).

Durch den Wärmestau im Inneren des Blockes diffundieren die Elemente Kohlenstoff C, Phosphor P, Schwefel S und andere zur Mitte, in den Bereich größerer Löslichkeit.

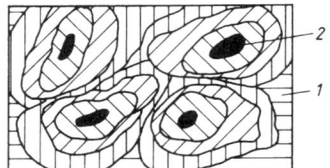

Bild 5.7–5   Zonenkristalle (schematisch)
*1* äußere Zone – niedrigste Konzentration
*2* innere Zone (Kern) – höchste Konzentration einer bestimmten Atomart im Gitter
(Die verschiedenen Schraffuren der einzelnen Zonen sollen die Konzentrationsunterschiede deutlich machen.)

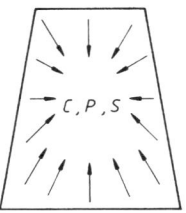

Bild 5.7–6   Richtung der Konzentrationszunahme der Elemente C, P und S bei der allmählichen Erstarrung eines Blockes

## 5.7.5    Einschlüsse

Treten an einem Gussstück *Einschlüsse* auf, so ist es schwer, deren Ursache festzustellen. Dazu müssten noch die Entstehungsbedingungen des Teiles vom Formvorgang bis zum Abguss in die Betrachtungen einbezogen werden. Dies ist in der Praxis schwer möglich.
Häufig findet man im Guss *Schlackeneinschlüsse*. Die Schlacke kann in der Schmelze fein verteilt sein und sich anschließend zu größeren Teilen zusammenballen. Die Entstehung der feinverteilten Schlacke ist von der Schmelzführung und von den Rohstoffen abhängig. Fehler beim Gießen oder ein unsachgemäßes Anschnittsystem führen ebenfalls zu Schlackeneinschlüssen.
*Nichtmetallische Einschlüsse* führen zur Minderung der Qualität der Gusserzeugnisse. Diese sind vorwiegend oxidischer und sulfidischer Natur.

> *Einschlüsse* sind nichtmetallische oder metallische Einlagerungen, die mit dem Gussstück nicht verbunden sind (heterogen eingelagert).

Verringerung des schädlichen Einflusses:
- Einschlüsse möglichst feinkörnig und gleichmäßig verteilen (spezielle metallurgische Maßnahmen)

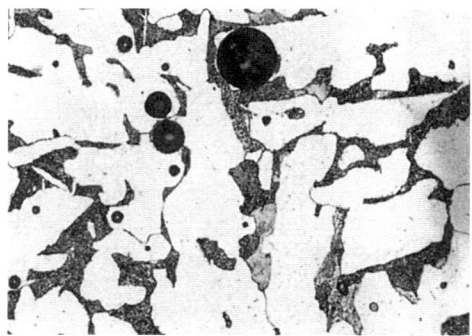

Bild 5.7–7   Glasige Silikateinschlüsse

**Übung 5.7–1**
Weshalb sind Stängelkristalle in Gussteilen unerwünscht?

**Übung 5.7–2**
Was ist ein Innenlunker und wodurch entsteht er?

**Übung 5.7–3**
Wie kann man der Entstehung von Lunkern vorbeugen?

**Übung 5.7–4**
Sind Blasen und Poren in Gussteilen vermeidbar?

**Übung 5.7–5**
Wonach unterscheidet man Kristall- und Blockseigerungen?

**Übung 5.7–6**
Weshalb strebt man bei unvermeidlichen Einschlüssen eine möglichst kleine Korngröße und eine gleichmäßige Verteilung an?

Anmerkung:
Die unter 5.7 genannten Erscheinungen beeinflussen die Gussteileigenschaften teilweise erheblich. Sie gelten für alle metallischen Werkstoffe.
Früher führten diese „Materialfehler" auch zu Qualitätsverlusten bei Halbzeugen, z. B. Walzstahl.
In der modernen Stahlproduktion überwiegen die kontinuierlich arbeitenden Stranggussanlagen. Sie bieten, gegenüber der Halbzeugfertigung aus gegossenen Blöcken folgende Vorteile:
1. Der gegossene Strang hat die günstigere Vorform für die Walzstraße
2. Die geringere Wanddicke und die gleichmäßigere Abkühlung reduzieren die unter 5.7 genannten Erscheinungen auf ein Minimum

# Lernzielorientierter Test zu Kapitel 5

1. Grau erstarrtes Gusseisen (GJL)
   A besteht aus Grundgefüge und Graphiteinlagerungen
   B ist walzbar
   C ist unmagnetisch
   D ist härtbar
   E ist für Motorgehäuse verwendbar
   F wirkt schwingungsdämpfend
2. Härte und Festigkeit des Gusseisens sind abhängig von
   A der Dauer der Belastung
   B der Abkühlgeschwindigkeit beim Abguss
   C der Wanddicke der Gussteile
   D der Luftfeuchtigkeit
   E der chemischen Zusammensetzung
3. Welcher Eisengusswerkstoff ist
   A GJL
   B GJS
   C GJMB

   D GE-240
4. Lunker
   A sind Hohlräume oder Vertiefungen bei Gussteilen
   B entstehen nur bei Eisengusslegierungen
   C haben ihre Ursache in der ungleichmäßigen Abkühlung der Gussblöcke oder -teile und der Schwindung
   D entstehen durch Schwingungen
   E haben glatte Oberflächen
5. Seigerungen sind
   A erwünscht
   B unerwünscht
   C Konzentrationsunterschiede (Entmischungen der Schmelze)
   D leicht zu beseitigen
   E im Stahl besonders bei C, P und S zu beobachten (Blockseigerung)

# 6 Eisenknetwerkstoffe (unlegierte und legierte Stähle)

## 6.0 Überblick

Stahl wird in der Welt in sehr großen Mengen verbraucht. Kraftfahrzeuge bestehen heute z. B. durchschnittlich zu etwa 56 % ihres Masseanteiles aus Stahl. Bei Maschinen, Schiffen, Geräten und Anlagen verschiedenster Art kann der Anteil wesentlich größer sein. Als *Knetlegierungen* (gewalzt, geschmiedet) werden die Stähle in vielfältigen Halbzeugformen und vorgefertigt als Normteile angeboten. *Stähle* sind Eisen-Kohlenstoff-Legierungen bis zu einem Kohlenstoffgehalt von etwa 2 %. Neben Mangan, Silicium, Phosphor und Schwefel können weitere Elemente enthalten sein. *Walzstahl* ist billig, besitzt hervorragende Festigkeits- und Zähigkeitseigenschaften und lässt sich gut bearbeiten. Bereits bei der Erschmelzung lassen sich Eigenschaften durch Legieren in einem breiten Spektrum variieren. Beim Verbraucher (z. B. Hersteller von Maschinen) werden die Stähle häufig durch Wärmebehandlung oder/und Oberflächenveredlungsverfahren dem Verwendungszweck optimal angepasst.

## 6.1 Benennung und Eigenschaften

**Lernziele**

Der Lernende kann . . .
- die Einteilung der Stähle nach Hauptgüteklassen wiedergeben,
- das Europäische System der Stahlnormung im Ansatz erkennen,
- wichtige Einflüsse von Legierungselementen verstehen.

## 6.1.0 Übersicht

Für Stahl existiert ein neues europäisches System für Kurznamen und Nummern, welches auf bewährte nationale Normen zurückgreift. Während die Kurznamen Hinweise auf die Verwendung und Eigenschaften enthalten bzw. die chemische Zusammensetzung grob angeben, bietet das Nummernsystem eine einfache Datenerfassung und -verwaltung.

Die Elemente im Stahl (*Stahlbegleitelemente* bzw. *Legierungselemente*) beeinflussen die Gleichgewichte der Phasen, sind an der Bildung eigener Phasen beteiligt und wirken sich auf die Diffusionsfähigkeit der Atome im Gitter aus. Daraus erkennt man, dass sich die Eigenschaften vielfältig ändern können.

## 6.1.1 Bezeichnung der Stähle

### 6.1.1.1 Einteilung der Stähle nach DIN EN 10 020

Stähle sind Eisen-Kohlenstoff-Legierungen mit weniger als 2 % Kohlenstoff. Nur einige chromhaltige Stähle bilden hiervon eine Ausnahme und haben einen etwas höheren Anteil.

Gemäß der *Einteilung nach der chemischen Zusammensetzung* unterscheidet man unlegierte und legierte Stähle. Man unterscheidet nach Grenzgehalten (Masseanteile in %) der enthaltenen Elemente (Tabelle 6.1–1).

- erreicht kein Element einen angegebenen Grenzgehalt, so liegt ein *unlegierter* Stahl vor
- werden die angegebenen Grenzgehalte erreicht (auch wenn das nur bei einem Element der Fall ist) bzw. überschritten, so spricht man von einem *legierten* Stahl

Tabelle 6.1–1  Grenzgehalte im Stahl (Auswahl)

| Vorgeschriebene Elemente | | Grenzgehalt in Masse-% |
|---|---|---|
| Al | Aluminium | 0,10 |
| Co | Cobalt | 0,10 |
| Cr | Chrom | 0,30 |
| Mn | Mangan | 1,65 |
| Mo | Molybdän | 0,08 |
| Ni | Nickel | 0,30 |
| Si | Silicium | 0,50 |
| W | Wolfram | 0,10 |

Die *Gebrauchsanforderungen* rechtfertigen eine weitere Einteilung in folgende *Hauptgüteklassen*:

- Qualitätsstähle
- Edelstähle

*Qualitätsstähle* genügen hohen Anforderungen. Es handelt sich um unlegierte und teils legierte Stähle, die mit besonderer Sorgfalt hergestellt werden und die bestimmte Gebrauchsanforderungen, wie z. B. Schweißbarkeit bei hoher Festigkeit, Sprödbruchunempfindlichkeit oder Kaltumformbarkeit erfüllen. Für eine Wärmebehandlung, wie Vergüten, sind diese Stähle ebenfalls nicht bestimmt, da deren Reinheitsgrad dafür noch nicht ausreicht.

*Edelstähle* sind Stahlsorten mit höherem Reinheitsgrad und relativ eng tolerierter chemischer Zusammensetzung. Hierunter fallen alle Stähle für Wärmebehandlungen, nichtrostende Stähle, warmfeste Stähle usw.

Das Europäische System der Stahlnormung im Überblick:

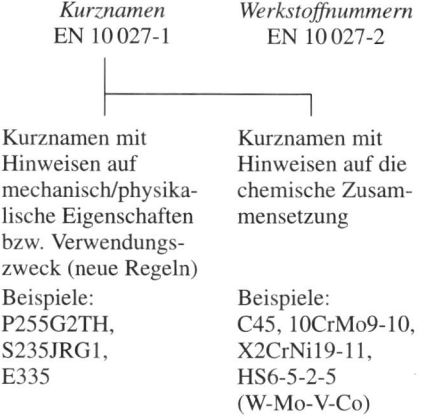

| *Kurznamen* EN 10 027-1 | *Werkstoffnummern* EN 10 027-2 |
|---|---|
| Kurznamen mit Hinweisen auf mechanisch/physikalische Eigenschaften bzw. Verwendungszweck (neue Regeln) | Kurznamen mit Hinweisen auf die chemische Zusammensetzung |
| Beispiele: P255G2TH, S235JRG1, E335 | Beispiele: C45, 10CrMo9-10, X2CrNi19-11, HS6-5-2-5 (W-Mo-V-Co) |

In den folgenden Abschnitten folgt die Erklärung dieser Bezeichnungen.

### 6.1.1.2   Bildung von Kurznamen nach DIN EN 10 027-1

*Hauptgruppe 1*:
**Kurznamen, die Hinweise auf die mechanischen oder physikalischen Eigenschaften oder die Verwendung der Stähle enthalten**, z. B. P275, S355 usw.
Die Buchstaben bedeuten:
P   Stähle für den Druckbehälterbau
S   Stähle für den Stahlbau
L   Stähle für den Rohrleitungsbau
E   Maschinenbaustähle
B   Betonstähle usw.
Die Zahl entspricht dem Mindestwert der *Streckgrenze* in $N/mm^2$ für die kleinste Erzeugnisdicke. Die Streckgrenze ist ein Maß für die Festigkeit (= Belastbarkeit) des Stahles (Erläuterung dieser Kenngröße s. 12.2.2).
Der Kurzname kann darüber hinaus noch Zusatzsymbole enthalten. Hierfür einige Beispiele:
**Gütegruppen**: Kerbschlagarbeit in Joule [J]
(Maß für die Zähigkeit; s. Abschnitt 12.4)
z. B. bei 20 °C gilt
27 J: <u>JR</u>; 40 J: <u>KR</u>; 60 J: <u>LR</u>

**Desoxidationsarten** (**Lieferzustand**):
G1 $\hat{=}$ <u>FU</u>   unberuhigt vergossener Stahl
G2 $\hat{=}$ <u>FN</u>   unberuhigter Stahl nicht zulässig
G3 $\hat{=}$ <u>FF</u>   vollberuhigter Stahl (s. 5.7.3)

**Eignung**/besonderer **Verwendungszweck**
C   gut kaltumformbar
D   gut schmelztauchbar
E   emaillierbar
L   für tiefe Temperaturen
W   wetterfest

Symbole für **besondere Anforderungen** (Auswahl)
+F   Feinkornstahl
+Z 25   Mindest-Brucheinschnürung 25 %
(s. Abschnitt 12.2.2)

Symbole für die **Art des Überzugs** (Auswahl)
+OC   organisch beschichtet
+S   feuerverzinkt
+ZN   elektrolytischer Zink-Nickel-Überzug

**Behandlungszustand** (Auswahl)
+A   weichgeglüht (bisher: G)
+C   kaltverfestigt (z. B. durch Walzen oder Ziehen)
+N   normalgeglüht oder normalisierend gewalzt (bisher: N)
+QT   vergütet (bisher: V)
+T   angelassen (bisher: A)
+U   unbehandelt (bisher: U)
+M   thermomechanisch behandelt

Beispiel: S355JRG2C+N
S355   Stahl für den allgemeinen Stahlbau Streckgrenze 355 $N/mm^2$
JR   Kerbschlagarbeit 27 J bei +20 °C
G2   beruhigt vergossener Stahl
C   gut kaltumformbar
+N   Behandlungszustand: normalgeglüht

*Hauptgruppe 2*:
**Kurznamen mit Hinweisen auf die chemische Zusammensetzung**
Unlegierte Stähle mit einem mittleren Mangangehalt < 1 % werden durch das Symbol C (für Kohlenstoff) und eine Zahl, die dem Hundertfachen des mittleren Kohlenstoffgehaltes entspricht, gebildet.

Beispiele:
C10   0,10 % Kohlenstoff
(Einsatzstahl, nicht härtbar)
C35   0,35 % Kohlenstoff
(Vergütungsstahl, härtbar)
C110   1,10 % Kohlenstoff
(Werkzeugstahl, härtbar)

Diese Stähle werden von Praktikern häufig „Kohlenstoffstähle" genannt. Selbstverständlich enthalten alle legierten Stähle ebenfalls Kohlenstoff.

Der Kurzname für legierte Stähle setzt sich wie folgt zusammen:

Der Kohlenstoffgehalt wird in gleicher Weise angegeben, jedoch entfällt das Symbol C. Darauf folgen die chemischen Symbole der den Stahl kennzeichnenden Legierungselemente sowie Zahlen, die in der Reihenfolge der Elemente einen Hinweis auf ihren Gehalt geben. Die mittleren Massegehalte werden dabei multipliziert mit

Faktor 4     bei Cr, Co, Mn, Ni, Si und W,

Faktor 10    bei Al, Be, Cu, Mo, Nb, Pb, Ta, Ti, V und Zr,

Faktor 100   bei Ce, N, P und S (auch C, wie bereits genannt),

Faktor 1000 bei B.

Beispiele:

| | |
|---|---|
| 16MnCr5 | Einsatzstahl, 0,16 % C, 5/4 % Mn = 1,25 % Mn, Cr-Gehalt niedriger (im Kurznamen nicht konkret angegeben) |
| 34CrAlMo5 | Nitrierstahl, 0,34 % C, 5/4 % Cr = 1,25 % Cr, Al- und Mo-Gehalt niedriger (fallende Tendenz von links nach rechts) |
| 10S20 | Automatenstahl (d. h., leicht spanbarer Stahl), 0,10 % C, 20/100 % S = 0,2 % S |
| 11MoCrV7-2-4 | Schweißzusatz, warmfester Stahl 0,11 % C, 7/10 % Mo = 0,7 % Mo, 2/4 % Cr = 0,5 % Cr, 4/10 % V = 0,4 % V |
| 23B2 | Borlegierter Feinkornstahl, 0,23 % C, 2/1000 % B = 0,002 % B |

Als Zusatzsymbole können beispielsweise folgende Buchstaben verwendet werden:

E oder R    für Begrenzungen des Schwefelgehaltes

S            für Federn geeignet

Ebenso wie für Stähle der Hauptgruppe 1 können weitere Zusatzsymbole für besondere Anforderungen und für den Behandlungszustand angefügt werden.

Beispiele:

C15E   Einsatzstahl, 0,15 % C, vorgeschriebener, maximaler Schwefelgehalt

C22C   Stahl mit 0,22 % C, gut kaltumformbar

Hochlegierte Stähle enthalten insgesamt mindestens 5 % Masseanteil Legierungselemente. Sie werden mit X bezeichnet. Außer für Kohlenstoff gilt grundsätzlich der Faktor 1.

Beispiele:
X 20 Cr 13      Nichtrostender Stahl, vergütbar, 0,20 % C, 13 % Cr

X6CrNiMo17-13   Hochwarmfester Stahl, 0,06 % C, 17 % Cr, 13 % Ni, Mo nicht angegeben (kleinerer Anteil)

Eine Ausnahme bilden die Schnellarbeitsstähle. Deren Kurzname beginnt mit HS und es folgen, stets in der Reihenfolge W, Mo, V, Co die Massegehalte in ganzen, gerundeten Zahlen (s. a. Abschnitt 6.2.6).

Beispiel:
HS10-4-3-10     Schnellarbeitsstahl (hochlegierter Stahl für Werkzeuge) 10 % W, 4 % Mo, 3 % V und 10 % Co.

### 6.1.1.3   Europäisches Werkstoffnummern-System nach DIN EN 10 027-2

*Aufbau der Werkstoffnummern*:

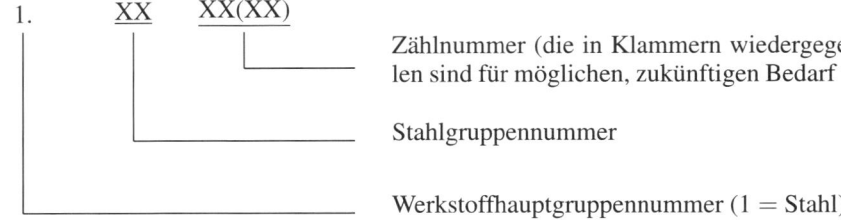

1.    XX   XX(XX)

Zählnummer (die in Klammern wiedergegebenen Stellen sind für möglichen, zukünftigen Bedarf vorgesehen)

Stahlgruppennummer

Werkstoffhauptgruppennummer (1 = Stahl)

Beispiele:
1.35..   Stahlgruppe 35: Wälzlagerstahl
1.27..   Stahlgruppe 27: Nickelhaltiger Werkzeugstahl

**Übung 6.1–1**
Erklären Sie die Stahlbezeichnungen
S235JRG1, 16MnCr5, 42CrMo4+QT, X8Ni9, HS2-9-2-8!

**Übung 6.1–2**
In der Stahlbezeichnung kann der Behandlungszustand mit weiteren Zusatzsymbolen gekennzeichnet sein. Was bedeuten z. B. +A, +C, +N und +U?

**Übung 6.1–3**
Welche Vorteile hat die Bezeichnung der Stähle mit Werkstoffnummern?

## 6.1.2   Einfluss verschiedener Elemente im Stahl

Neben Eisen und Kohlenstoff enthält Stahl in jedem Fall mehrere Elemente. Der unlegierte Stahl, bestehend aus mindestens Fe, C, Si, Mn, P und S, ist im metallkundlichen Sinn bereits eine Sechsstofflegierung. Die begleitenden Elemente bzw. die metallurgisch absichtlich hinzugefügten Elemente beeinflussen die Eigenschaften des Stahles recht unterschiedlich.

Das Zweistoffsystem Fe-Fe$_3$C wird durch die Elemente Cr, W, Si, Mn und Mo in der in Bild 6.1–1 angedeuteten Weise beeinflusst. Die Punkte $S$ und $E$ werden unterschiedlich stark verschoben.

Bei hochlegierten Stählen kann das $\gamma$-Gebiet stark beeinflusst werden (Bild 6.1–2).

a) Einschnürung des Austenitgebietes:
   *Ferritischer* Stahl (krz); keine $\alpha$-$\gamma$-Umwandlung;
   ferritstabilisierende Elemente:
   z. B. Al, Si, Cr

b) Aufweitung des Austenitgebietes:
   *Austenitischer* Stahl (kfz); keine $\alpha$-$\gamma$-Umwandlung;
   austenitstabilisierende Elemente:
   z. B. Ni, Mn, Co

Alle Verfahren, deren Effekt auf einer $\gamma$-$\alpha$-Umwandlung beruht (Härten, Vergüten, Normalglühen), sind damit bei diesen Stählen nicht anwendbar. Austenitische Stähle sind durch ihre Gitterstruktur auch bei niedrigen Temperaturen paramagnetisch und sehr gut verformbar, verfestigen dabei jedoch besonders stark.

Unlegierter Stahl enthält neben Eisen stets Kohlenstoff, Silicium, Mangan, Phosphor und Schwefel als wichtigste Begleitelemente.

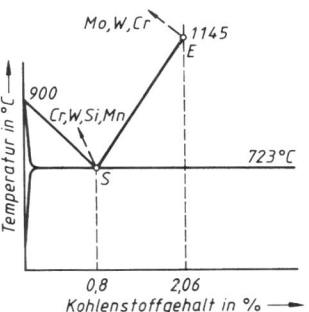

Bild 6.1–1   Verschiebung der Punkte $S$ und $E$ im System Fe-Fe$_3$C durch Legierungselemente

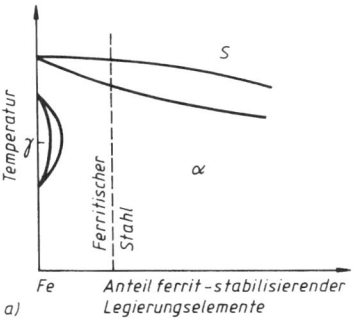

*Wirkung der wichtigsten Elemente*

*Kohlenstoff* (C)
Wichtigstes Element; C ermöglicht eine grobe Einteilung der Stähle für allgemeine Verwendungszwecke (Bild 6.1–3); Festigkeit und Härtbarkeit steigen mit zunehmendem Anteil; Bruchdehnung, Schweißbarkeit, Warmformbarkeit und Spanbarkeit nehmen dagegen ab (Bild 6.1–4).

*Schwefel* (S)
Stahl wird durch zu hohen Anteil rotbrüchig und spröde; S verbessert die Spanbarkeit ($\approx 0,25\,\%$) in Automatenstählen; sonst unter $0,06\,\%$.

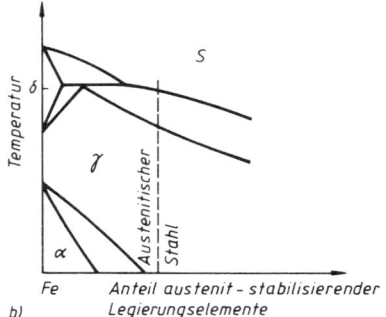

Bild 6.1–2  Einfluss der Legierungselemente auf die Gitterstruktur der Stähle (hochlegiert)
a) $\gamma$-Gebiet eingeschnürt (ferritischer Stahl)
b) $\gamma$-Gebiet erweitert (austenitischer Stahl)

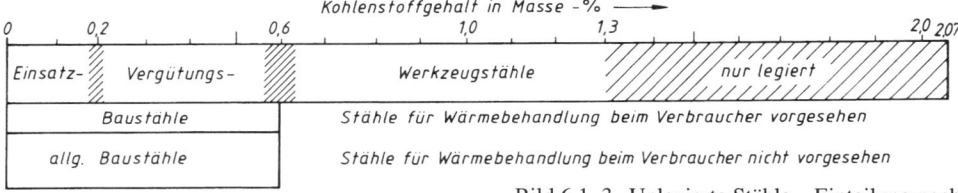

Bild 6.1–3  Unlegierte Stähle – Einteilung nach dem Kohlenstoffgehalt

*Phosphor* (P)
Material wird grobkörnig und spröde; nicht über $0,09\,\%$ zulassen; P neigt besonders zur Seigerung.

*Mangan* (Mn)
Verbessert Schmied- und Schweißbarkeit (wirkt dem ungünstigen Einfluss des Schwefels entgegen); erhöht die Festigkeit und den Widerstand gegen Verschleiß, Mn vergrößert die Einhärtetiefe und erweitert das Austenitgebiet.

*Silicium* (Si)
Wird als Ferrosilicium beim Erschmelzen zugesetzt; bedeutendes Element zur Desoxidation (beruhigt vergossener Stahl wird erzielt). Si erhöht Zugfestigkeit, Streckgrenze und Zunderbeständigkeit.

*Aluminium* (Al)
Erhöht Zunderbeständigkeit, hohe Affinität zu Sauerstoff und Stickstoff; wird genutzt zur Desoxidation und zur Herstellung von Nitrierstählen (Al bildet mit Stickstoff Nitride hoher Härte).

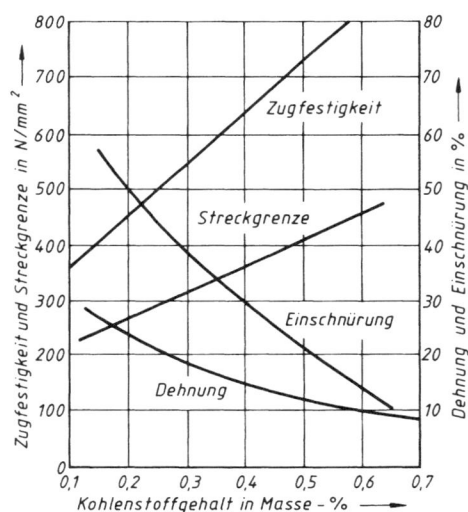

Bild 6.1–4  Festigkeitseigenschaften unlegierter Stähle (warmgewalzt) in Abhängigkeit vom Kohlenstoffgehalt

*Chrom* (Cr)

Erhöht die Festigkeit (bei Raumtemperatur und bei höheren Betriebstemperaturen) und die Einhärtetiefe; intensive Carbidbildung fördert Härte und Verschleißwiderstand (Werkzeuge); über 12 % Cr im Stahl bewirken edelmetallähnliche, chemische Beständigkeit.

*Molybdän* (Mo)

Erhöht die Festigkeit (bei Raumtemperatur und besonders bei höheren Betriebstemperaturen); günstige Wirkung auf das Schweißbarkeitsverhalten; Carbidbildner; Mo ist in Stahlmarken verschiedener Anwendung enthalten. Titan (Ti), Tantal (Ta), Niob (Nb), Vanadium (V) und Wolfram (W) sind starke Carbidbildner; in Stählen für Werkzeuge vorwiegend enthalten.

*Kupfer* (Cu)

Vorwiegend durch Einschmelzen von Cu-haltigem Schrott im Stahl; erhöht Festigkeit und etwas die chemische Beständigkeit; setzt Bruchdehnung deutlich herab.

*Blei* (Pb)

Fe und Pb im flüssigen und festen Zustand unlöslich; feinverteilte, heterogen eingelagerte Pb-Kristalle verbessern die Spanbarkeit (spezielle Automatenstähle).

*Legierungselemente können beeinflussen*:
- Festigkeit, Härte, Zähigkeit
- Bearbeitbarkeit (Umform- und Spanbarkeit)
- Verschleißwiderstand
- Eignung für Wärmebehandlung und Beschichtung
- chemische Beständigkeit
- Eignung für tiefe und hohe Temperaturen

Unterscheidung der Stähle nach der Gefügeausbildung:
- *perlitische* Stähle $\hat{=}$ System Fe-Fe$_3$C
- *ferritische* Stähle $\rbrace$ ohne $\alpha$-$\gamma$-Umwandlung (hochlegiert)
- *austenitische* Stähle
- *martensitische* Stähle (Selbsthärter)

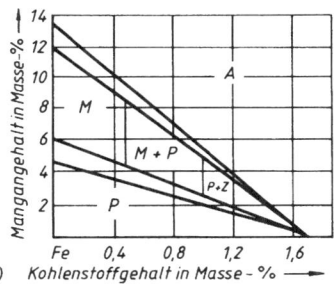

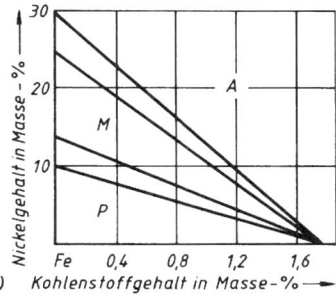

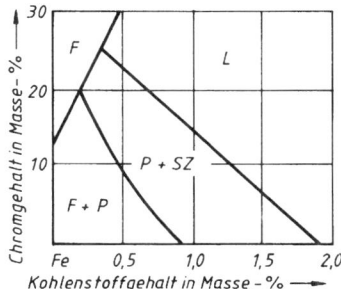

Bild 6.1–5 Gefügeausbildung in Abhängigkeit vom Legierungs- und C-Gehalt
a) Manganstähle
b) Nickelstähle
c) Chromstähle

*Erläuterungen*:

| | | | |
|---|---|---|---|
| A | austenitische Stähle | L | ledeburitische Stähle |
| M | martensitische Stähle | F | ferritische Stähle |
| P | perlitische Stähle | F + P | untereutektoide Stähle |
| Z | zementitische Stähle | P + SZ | übereutektoide bzw. carbidische Stähle |

*Nickel* (Ni)
Wirkt festigkeitssteigernd, erhöht Einhärtetiefe beträchtlich.

**Übung 6.1–4**
Weshalb sind austenitische Stähle nicht härtbar?

**Übung 6.1–5**
Begründen Sie, weshalb man darauf achtet, in Stählen den Phosphor- und Schwefelgehalt meist niedrig zu halten!

## 6.2    Stahlgruppen

**Lernziele**

Der Lernende kann ...
- wichtige Stahlgruppen nach wesentlichen Merkmalen unterscheiden,
- charakteristische Werkstoffeigenschaften der Stähle nennen,
- einige typische Anwendungsgebiete für Stähle begründen,
- erläutern, dass sich Stähle verschieden be- und verarbeiten lassen.

### 6.2.0    Übersicht

Von allen metallischen Werkstoffen werden Stähle mengenmäßig am meisten angewendet. In großer Vielfalt werden Stahlmarken angeboten, die sich teilweise recht unterschiedlich be- und verarbeiten und für sehr verschiedene Beanspruchungen anwenden lassen. Eine kurze Behandlung wichtiger Stahlgruppen soll dem Lernenden helfen, sich einen Überblick über dieses wesentliche Gebiet zu verschaffen. Die gewählte Einteilung geht von folgenden Kriterien aus:
- Wird der Stahl vom Verbraucher in der gelieferten Halbzeugform und mit den vorhandenen Eigenschaften unmittelbar verwendet (allgemeine Baustähle)?
- Soll der Stahl gut schweißbar sein, ausreichende Zähigkeit besitzen und außerdem besonderen Ansprüchen genügen, wie wetterfest und/oder hochfest (wetterfeste Baustähle, hochfeste schweißbare Baustähle)?
- Ist der Stahl für eine eigenschaftsverändernde Wärmebehandlung beim Verbraucher vorgesehen (Einsatz-, Vergütungs- und Nitrierstähle)?
- Wird der Stahl extrem chemisch belastet (nichtrostende Stähle)?
- Liegen besonders hohe oder niedrige Temperaturen im Einsatzfall der betreffenden Stähle vor (warmfeste und hochwarmfeste Stähle, hitzebeständige Stähle, kaltzähe Stähle)?
- Sollen aus dem Stahl Werkzeuge, Federn, Kugellager u. a. hergestellt werden (Arbeitsstähle)?

Auf die möglichen Halbzeug- und Lieferformen wird hier nicht eingegangen.

## 6.2.1   Baustähle

*Allgemeine Baustähle* sind unlegierte und niedrig legierte Stähle, die im Anlieferungszustand (warmumgeformt), normalgeglüht oder kaltumgeformt verwendet werden. Den Einsatz bestimmen die vorliegenden Festigkeitseigenschaften. Sie müssen ausreichend zäh und dürfen weder warm- noch kaltbrüchig sein.

Tabelle 6.2–1   Allgemeine Baustähle (Auswahl)

| Kurzname | Werkstoffnummer | alter Kurzname | Bruchdehnung in % |
|---|---|---|---|
| S235JR | 1.0037 | St 37-2 | |
| S235JRG1 | 1.0036 | USt 37-2 | 25 |
| S235JRG2 | 1.0038 | RSt 37-2 | |
| S275JR | 1.0044 | St 44-2 | 21 |
| S355J2G3 | 1.0570 | St 52-3 | 21 |
| E335 | 1.0060 | St 60-2 | 15 |

*Wetterfeste Baustähle* (korrosionsträge Baustähle)
Diese Stähle werden mit etwa 0,6 % Cr; 0,4 % Cu und 0,3 % Ni legiert, man lässt einen erhöhten Phosphorgehalt zu. In dieser Zusammensetzung bilden sich an der Luft dichte und festhaftende Rostschichten, die vor weiterem Fortschreiten dieser Korrosionsart schützen (Prinzip der Passivierung).

*Wetterfeste Baustähle*

| Kurzname | Werkstoffnummer | alter Kurzname |
|---|---|---|
| S235J2W | 1.8961 | WTSt 37-2 |
| S355J2G1W | 1.8963 | WTSt 52-3 |

*Hochfeste schweißbare Baustähle* (Feinkornbaustähle)
Fester werden Stähle mit zunehmendem Kohlenstoffgehalt, die Schweißbarkeit nimmt jedoch bei einem C-Gehalt von über 0,22 % ab. Die Festigkeit (vor allem der wichtige Wert der Streckgrenze $R_e$) wird über die Korngröße beeinflusst. Aluminium, Niob, Chrom und andere Elemente bewirken ein feines Korn sowie die Ausscheidung feiner Nitride und Carbide. Ein gesteuertes Vorgehen bei der Warmumformung kann den Effekt noch verstärken. Höherfeste Baustähle ermöglichen geringe Querschnitte beanspruchter Teile und führen damit zu Masseeinsparung.

*Hochfeste schweißbare Baustähle* (Feinkornbaustähle)
z. B.

| Kurzname | Werkstoffnummer | alter Kurzname |
|---|---|---|
| L690M | 1.8979 | StE 700 |

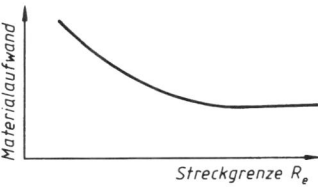

Bild 6.2–1   Bei höherfesten Baustählen verringert sich der Materialaufwand mit zunehmender Festigkeit (wichtigste Bezugsgröße ist die Streckgrenze)

## 6.2.2　Baustähle für Wärmebehandlung

*Einsatzstähle* (DIN EN 10 084) sind kohlenstoffarme (etwa $0,1\ldots0,2\,\%$ C), unlegierte und niedrig legierte Stähle, die für eine Einsatzhärtung geeignet sind. Ziel der Wärmebehandlung sind eine verschleißfeste Oberfläche und ein zäher Kern bei ausreichender Festigkeit. Die verschiedenen Stahlmarken unterscheiden sich hauptsächlich in den mechanischen Eigenschaften der Teile nach dem Härten im Kern. Daneben werden die mechanischen Kennwerte auch vom Querschnitt beeinflusst.

Tabelle 6.2–2　Einsatzstähle (Auswahl)
Mechanische Eigenschaften bei 30 mm Durchmesser

| Kurz-bezeichnung | Nr. | $R_{e\,min}$ N/mm² | $R_m$ N/mm² |
|---|---|---|---|
| C10 | 1.0301 | 295 | 500 |
| 16MnCr5 | 1.7131 | 590 | 800 |
| 25MoCr4 | 1.7325 | 685 | 1 000 |

Streckgrenze und Zugfestigkeit nach der Einsatzhärtung im Kern der Werkstücke (Kernfestigkeit)

Bild 6.2–2　Makroschliff einer aufgekohlten Randzone (50 : 1)

*Vergütungsstähle* (DIN EN 10 083) haben einen C-Gehalt von etwa 0,3 bis 0,6 %. Als Wärmebehandlungsverfahren dienen:
- Vergüten (Härten und Anlassen bei höheren Temperaturen)
- Zwischenstufenvergüten (Umwandlung in der Bainitstufe)
- Härtung einer Randschicht (Flamm- oder Induktionshärten).

Tabelle 6.2–3　Vergütungsstähle (Auswahl)

| Kurz-bezeichnung | Nr. | $R_{e\,min}$ N/mm² | $R_m$ N/mm² |
|---|---|---|---|
| C35 | 1.0501 | 395 | 600 |
| 41Cr4 | 1.7035 | 665 | 900 |
| 42CrMo4 | 1.7225 | 765 | 1 000 |
| 51CrV4 | 1.8159 | 785 | 1 000 |

Streckgrenze und Zugfestigkeit im vergüteten Zustand

Durch Vergüten sind bestimmte Festigkeits- und Zähigkeitseigenschaften erreichbar. Das entsprechende Temperatur-Zeit-Regime ermöglicht eine beachtliche Variationsbreite der Eigenschaften bei jeder Stahlmarke. Das Anlassdiagramm (Bild 4.2–18) liefert die hierzu notwendige Behandlungsanleitung. Legierungselemente bewirken in erster Linie ein größeres *Einhärte-* bzw. *Durchhärtevermögen*, oft auch mit *Durchvergütbarkeit* bezeichnet.

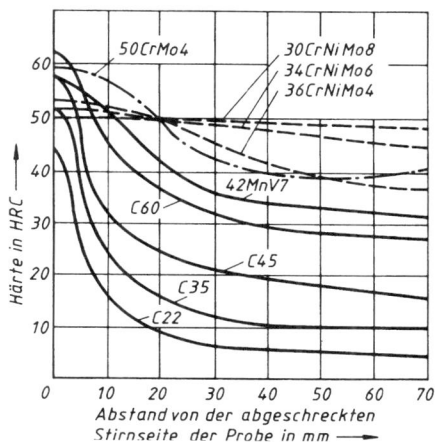

Bild 6.2–3 Härteverlauf verschiedener Stähle nach Wasserabschreckung (genormte Proben gleicher Abmessung) nach Jominy

*Nitrierstähle* (DIN EN 10085) sind Vergütungsstähle, die durch die Legierungselemente Cr, Mo und Al besonders für das Nitrieren (Aufsticken) geeignet sind. Die genannten Elemente sind aktive Nitridbildner. Es ist zu beachten, dass sich andererseits Nitrier- und Carbonitrierverfahren keinesfalls auf diese Stahlgruppe beschränken.

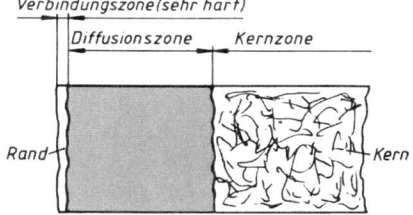

Bild 6.2–4  Nitrierschicht

Tabelle 6.2–4  Nitrierstähle (Auswahl)

| Kurz-bezeichnung | Nr. | $R_{e\,min}$ N/mm$^2$ | $R_m$ N/mm$^2$ |
|---|---|---|---|
| 31CrMo12 | 1.8515 | 835 | 1 000 |
| 34CrAlMo5 | 1.8507 | 590 | 850 |

Streckgrenze und Zugfestigkeit im vergüteten Zustand

### Übung 6.2–1
Was sind wetterfeste (korrosionsträge) Baustähle?

### Übung 6.2–2
Welche Möglichkeiten gibt es, leicht und sicher zu bauen?

### Übung 6.2–3
Für welche Beanspruchungen werden Einsatzstähle verwendet?

**Übung 6.2–4**
Was muss man bei der Auswahl eines Vergütungsstahles beachten?

## 6.2.3    Chemisch beständige Stähle

*Nichtrostende Stähle* (DIN EN 10088) sind hoch beständig gegen chemisch angreifende Stoffe (korrosionshemmend). Diese Haupteigenschaft, insbesondere gegenüber oxidierenden Medien, verdankt diese Stahlgruppe dem sprunghaften Anstieg der Korrosionsbeständigkeit (Resistenzgrenze) ab 12 Masse-% Chrom. Es bildet sich eine dünne, dichte und fest haftende Schutzschicht (Prinzip der Passivierung).

*Voraussetzungen*:
- niedriger C-Gehalt (Carbidbildung soll gering bleiben)
- Fe-Cr-Mischkristalle müssen möglichst homogen sein

*Anwendungskriterien*:
- Welchen chemischen Stoffen ist der betreffende Stahl ausgesetzt?
- Welche mechanische oder physikalische Eigenschaften sind gefordert? (Ist eventuell Härten bzw. Vergüten gefordert?)
- Welche Art der Formgebung und Oberflächenbehandlung ist vorgesehen?

Nach dem grundsätzlichen Gefügebau unterscheidet man ferritische Stähle (legiert mit Cr, V, Ti) und austenitische Stähle (legiert mit Mn, Ni).

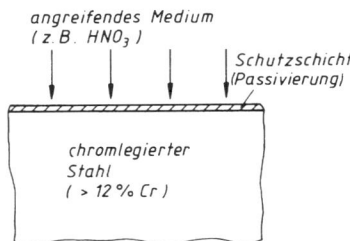

Bild 6.2–5  Bildung einer dünnen Schutzschicht (Prinzip der Passivierung)

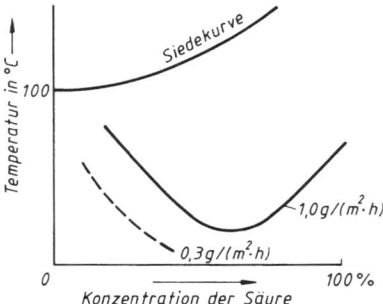

Bild 6.2–6  Masseverlust durch chemischen Angriff (schematische Darstellung für einen beliebigen korrosionsfesten Stahl)

*Hitze- und zunderbeständige Stähle* werden für Teile verwendet, die chemisch aktiven, heißen Gasen ausgesetzt sind (z. B. Anlagen zur Wärmebehandlung, keramische Industrie). Die Legierungselemente Cr, Si und Al oxidieren leichter als Fe. Auch bei hohen Temperaturen bildet sich eine diffusionshemmende Oxidschicht (dünne Zunderschicht als Schutzschicht).

Geforderte Eigenschaften der Schutzschicht:
- dicht, fest haftend, ausreichend zäh
- hohe Schmelztemperatur

*Zunderbeständigkeit*
Ein Stahl ist zunderbeständig (bei einer bestimmten Temperatur), wenn die verzunderte Metallmenge bei dieser Temperatur durchschnittlich 1 g/(m$^2$ · h) und bei einer um 50 K höheren Temperatur 2 g/(m$^2$ · h) nach 120 h Beanspruchungsdauer mit 4 Zwischenabkühlungen nicht überschreitet (Stahl-Eisen-Werkstoffblatt 470).

Tabelle 6.2–5 Beispiele für chemisch beständige Stähle

| Kurzname | Nr. | Bemerkungen |
|---|---|---|
| X20Cr13 | 1.4021 | ferritisch |
| X10CrNiMoNb18-12 | 1.4583 | austenitisch |
| X10CrAl7 | 1.4713 | ferritisch Luft bis 800 °C |
| X15CrNiSi25-20 | 1.4841 | austenitisch Luft bis 1 150 °C |

Der Masseverlust eines Stahles bei höheren Temperaturen durch Zunderbildung an der Oberfläche wird Zunderverlust genannt. Bild 6.2–7 zeigt, dass sich die drei angegebenen Stähle bei zunehmender Temperatur sehr unterschiedlich verhalten. Beim Stahl X10CrAl24 (Kurve c) sind die Zunderverluste selbst bei extrem hohen Temperaturen sehr niedrig.

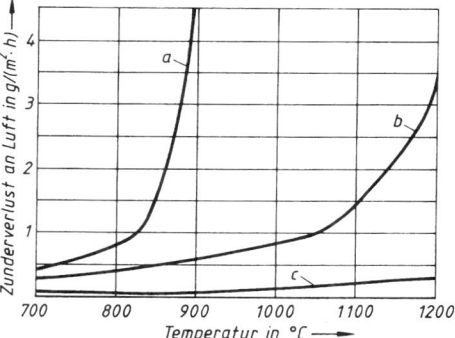

Bild 6.2–7 Zunderverluste ferritischer Stähle
a) X10CrAl7 (1.4713)
b) X20CrNiSi25-4 (1.4821)
c) X10CrAl24 (1.4762)

## 6.2.4 Warmfeste Stähle

Bisher wurde unter „hitzebeständig" nur die korrosionshemmende Wirkung bestimmter Elemente im Stahl verstanden. Das ist nicht scharf von den Festigkeitseigenschaften bei hohen Temperaturen (Warmfestigkeit, Warmhärte) zu trennen, denn häufig werden beide Grundeigenschaften gefordert.

*Warmfeste und hochwarmfeste Stähle* besitzen gute mechanische Eigenschaften bei hohen Temperaturen und lang andauernder Beanspruchung. Ihre Auswahl richtet sich nach den auftretenden Temperaturen, der Höhe der mechanischen Beanspruchung und der Art des umgebenden Mediums. Es existieren sehr

Warmfestigkeit
Die Festigkeit der Werkstoffe bei hohen Temperaturen wird mit der 1 %-Zeitdehngrenze $R_{p\,1/1\,000}$ angegeben. Das ist die Spannung in MPa, bei der nach 1 000 h eine bleibende Dehnung von 1 % eintritt.

*Beispiel*:
X10CrAl13    Nr. 1.4724
Zeitdehngrenze $R_{p\,1/1\,000}$ (DIN EN 10 291)
= 35 MPa bei 600 °C
= 10 MPa bei 700 °C
= 4 MPa bei 800 °C

viele verschiedene Stahlsorten, die auf bestimmte Einsatzgebiete (z. B. Turbinenschaufeln) zugeschnitten sein können.

Tabelle 6.2–6  Beispiele für warmfeste und hochwarmfeste Stähle

| Kurzname | Nr. | Bemerkung | Anwendung (Beispiele) |
|---|---|---|---|
| X19CrMoVNbN11-1 | 1.4913 | warmfest | Schrauben |
| X6CrNiMo17-13 | 1.4919 | hochwarmfest | Druckbehälter, Dampfkesselbau |
| X22CrMoV12-1 | 1.4923 | warmfest | Turbinenbau, Schrauben |
| X12CrNiMo12 | 1.4939 | hochwarmfest | Luftfahrt, Gasturbinenbau |

**Übung 6.2–5**
Weshalb ist ein Stahl mit hohem Cr-Anteil für Teile geeignet, die mit chemisch aggressiven Stoffen in Berührung kommen?

**Übung 6.2–6**
Welche Eigenschaften muss eine Zunderschicht haben, damit sie unter dem Einfluss heißer Gase als Schutzschicht wirkt?

## 6.2.5    Stähle für niedrige Temperaturen

Baustähle verhalten sich im Allgemeinen so, dass sie sich mit sinkender Temperatur zunehmend schlechter verformen lassen. Bei Bauteilen besteht die Gefahr des Sprödbruches (verformungsloser Bruch). Die Zähigkeitswerte fallen temperaturabhängig plötzlich steil ab (siehe auch Kapitel 12.4, Kerbschlagbiegeversuch).

*Kaltzähe Stähle* besitzen auch bei niedrigen Temperaturen eine ausreichende Kerbschlagzähigkeit. Der Steilabfall der genannten Kurve wird durch die Wirkung von Legierungselementen weiter in den kälteren Bereich verschoben.
Anwendung finden diese Stähle bei Maschinen und Anlagen für klimatische Kältegebiete, in der Kältetechnik und im chemischen Apparatebau.

*Beispiele für kaltzähe Stähle*:
Folgende Stähle besitzen etwa gleiche Zähigkeitseigenschaften bei der genannten Temperatur
14Ni6 (Nr. 1.5622)    $-120\,°C$
X8Ni9 (Nr. 1.5662)    $-195\,°C$

## 6.2.6 Arbeitsstähle

Unter dem Begriff Arbeitsstähle werden in diesem Buch Stähle für Werkzeuge und Stähle ähnlicher Zusammensetzung bzw. Beanspruchung zusammengefasst.

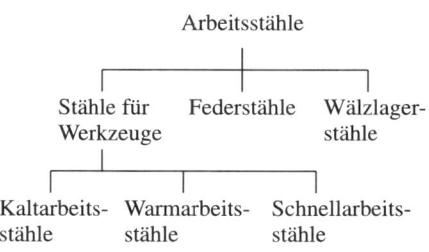

*Stähle für Werkzeuge*
Werkzeuge müssen hart und verschleißfest sein. Bei Werkzeugen der spanenden Formgebung kommt hinzu, dass die Stähle auch bei höheren Temperaturen schneidhaltig bleiben. Besonders Zähigkeit und Schlagunempfindlichkeit sind bei den umformenden und schneidenden Werkzeugen gefordert. Extrem sind die Ansprüche, die an Warmarbeitswerkzeuge gestellt werden. Hier kommt zur mechanischen Beanspruchung eine hohe thermische Dauerbelastung hinzu.

*Unlegierte Kaltarbeitsstähle*
$0,55 \ldots 1,30\%$ C
Sie werden für Oberflächentemperaturen bis etwa 200 °C verwendet. Schnittgeschwindigkeiten, die höhere Temperatur bewirken, würden den kritischen Anlassbereich überschreiten und das Härtegefüge Martensit beseitigen.

*Beispiele*:
C105U (1.1545)
C80U (1.1525)
C60U (1.1740)

*Legierte Kaltarbeitsstähle*
Durch Zusatz von Legierungselementen, wie Cr, W, Mo, V, Mn und Ni, werden die Eigenschaften variiert und eine vielseitige Anwendbarkeit erzielt. Die Oberflächentemperatur darf nicht wesentlich über 200 °C ansteigen.
Die nebenstehend aufgeführten Beispiele zeigen Kohlenstoffgehalte, die die Bereiche Einsatz-, Vergütungs- und Werkzeugstahl überstreichen.

*Beispiele*:

| Stahlmarke | Typische Anwendung |
|---|---|
| 21MnCr5 | Kunststoffpressformen |
| 45WCrV7 | Meißel, Abgratwerkzeuge |
| 105WCr6 | Fräser, Reibahlen, Prüfdorne |
| X210Cr12 | Hochleistungsschnittwerkzeuge |

*Warmarbeitsstähle*
Es handelt sich um legierte Stähle für Werkzeuge, mit denen Werkstoffe bei Temperaturen über 300 °C, meist jedoch Stähle im rotwarmen Zustand, bearbeitet werden.

*Beispiele*:

| | |
|---|---|
| 40CrMnMo7 | Warmarbeitswerkzeuge aller Art |
| 56NiCrMoV74 | (Warmpressgesenke, Warmscherenmesser) Druck- und Spritzgussformen, warmfeste Federn |

Hauptforderungen an diese Stähle:
- hohe Warmfestigkeit und Warmverschleißfestigkeit
- hohe Anlassbeständigkeit
- gute Zähigkeit
- hohe Wärmeleitfähigkeit bei geringer Wärmedehnung
- maßbeständig bei häufigem Temperaturwechsel

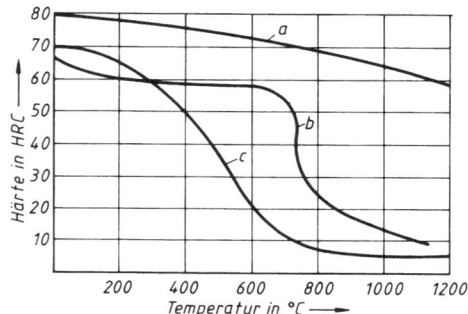

Bild 6.2–8 Warmhärte verschiedener Schneidstoffe (Abfall bei zunehmender Erwärmung)
a) Wolframcarbid- bzw. Titancarbid-Sinterhartmetall (Abschnitt 8.2.2)
b) Schnellarbeitsstahl
c) unlegierter Werkzeugstahl

*Schnellarbeitsstähle*
Es sind hochlegierte Werkzeugstähle mit 0,7 ... 1,4 % C. Die Legierungselemente (W, Mo, Cr, V und Co) erhöhen die Warmhärte und Anlassbeständigkeit (Temperaturen an der Schneide um 600 °C möglich). Zum Teil führen sie zu verstärkter Carbidbildung. Der hohe Anteil feinverteilter Carbide (teilweise haben Schnellarbeitsstähle sogar ledeburitisches Gefüge) und der Effekt der Sekundärhärtung beim Anlassen führen zu hoher Schneidhaltigkeit, die nur durch gesinterte Carbidhartmetalle und Schneidkeramik übertroffen wird.
Im Kurznamen, z. B. HS6-5-2-5, bedeuten die Zahlen die Masseprozente W, Mo, V und Co. Diese Reihenfolge wird stets beibehalten.
Beispiel:    6 % Wolfram W
             5 % Molybdän Mo
             2 % Vanadium V
             5 % Cobalt Co
Fehlt die 4. Ziffer, so handelt es sich um cobaltfreie Schnellarbeitsstähle.

*Wälzlagerstähle*
Die hohen örtlichen Belastungen an Wälzkörpern, Ringen und Scheiben bei Wälzlagern (Zug-Druck-Wechselbelastung und Verschleißbeanspruchung) ähneln denen der Werkzeuge sehr.

*Beispiele*:
HS6-5-3    (Nr. 1.3344)  Reibahlen, Gewindebohrer
HS6-5-2-5  (Nr. 1.3243)  Bohrer, Fräser

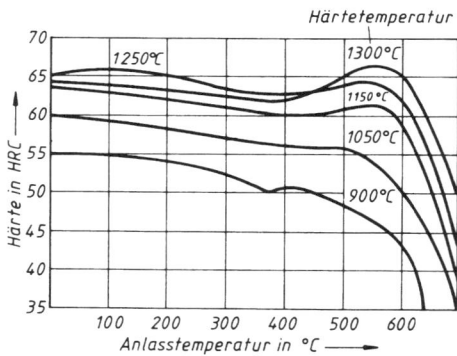

Bild 6.2–9 Anlasshärte des Schnellarbeitsstahles X74WV18.1 bei verschiedenen Härtetemperaturen (Die Anlass- oder Sekundärhärte ergibt sich als Summenwirkung aus der Entspannung des Martensits, den beginnenden Carbidausscheidungen und der sehr wesentlichen Umwandlung des Restaustenits in Martensit.)

*Beispiele*:
100Cr6 (1.3505) und ⎫  für normale
100CrMn6 (1.3520)  ⎬  Wälzlager
X45Cr13 (1.3541)      für nichtrostende Wälzlager

Es kommen Stähle sehr hoher Reinheit und Homogenität zum Einsatz. Sie sind ähnlich wie legierte Werkzeugstähle zusammengesetzt.

*Federstähle*
Ausreichend hoher Kohlenstoffgehalt, Legierungselemente (z.B. Si, Mn, Cr) und eine Wärmebehandlung, nachdem die Feder die gewünschte Form erhalten hat, sichern eine hohe Elastizität. Damit werden ein ausreichender Federweg und eine große mechanische Arbeit gesichert (z. B. 50CrV4).

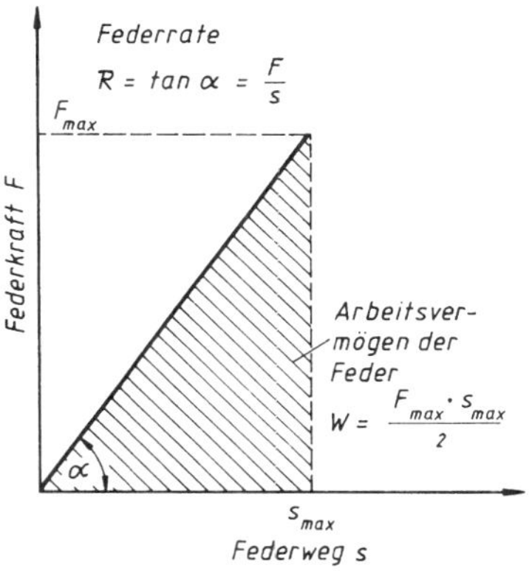

Bild 6.2–10 Lineare Federkennlinie (bei reibungsfreier Feder und Gültigkeit des Hooke'schen Gesetzes) – Federwerkstoffe, gehärtet bzw. vergütet, garantieren hohe Belastbarkeit $F_{max}$, einen großen Federweg $s$ und damit ein ausreichend hohes Arbeitsvermögen $W$

**Übung 6.2–7**
Nennen Sie wesentliche Unterschiede zwischen Kaltarbeitsstählen (unlegiert und legiert) und Warmarbeitsstählen!

**Übung 6.2–8**
Weshalb sind Schnellarbeitsstähle nach dem Anlassen härter als nach dem Härten?

**Übung 6.2–9**
Erklären Sie, weshalb man Federn aus Stahl härtet!

# Lernzielorientierter Test zu Kapitel 6

1. Welche Hauptgüteklasse kommt für eine Wärmebehandlung, wie z.B. Vergüten, Bainitisieren, Randschichthärten, in Betracht
   A Qualitätsstähle
   B Edelstähle?
2. Nach DIN EN 10027-1 werden Stähle mit einem Kurznamen bezeichnet, z.B. S275, P255, E335 usw. Diese Zahl gibt stets eine

Kenngröße aus dem Zugversuch an:
A Bruchdehnung $A$
B Einschnürung $Z$
C Streckgrenze $R_e$
D Zugfestigkeit $R_m$
3. Stahlmarke 10CrMo9-10 bedeutet:
   10
   Cr9
   Mo10

4. Stahlmarke X15CrMo13
   X
   15
   Cr
   Mo
   13

5. Mangan im Stahl
   A verringert die Festigkeit
   B erhöht die Festigkeit
   C vergrößert die Einhärtetiefe
   D schnürt das Austenitgebiet ein
   E verbessert die Schweißbarkeit

6. Schwefel im Stahl
   A ist im Allgemeinen ein unerwünschtes Element
   B macht ihn kaltbrüchig
   C macht ihn rotbrüchig
   D verbessert die Umformbarkeit
   E verbessert die Spanbarkeit

7. Welches Einsatzgebiet „passt" zu welcher Stahlgruppe?

A Vergütungsstahl

B Nitrierstahl

C Kaltarbeitsstahl

D Wälzlagerstahl (= legierter Werkzeugstahl)

E Schnellarbeitsstahl

F Kaltzäher Stahl

G Nichtrostender Stahl, härtbar

H Hitzebeständiger Stahl

I Warmfester Stahl

1 Messer, Skalpelle

2 Turbinenschaufeln

3 Teile für Kältemaschinen

4 für HF-Oberflächen-Direkthärtung

5 Blechbehälter für Pulveraufkohlung

6 Formdrehmeißel

7 Bohrer

8 Wälzlager

9 für verzugsfreie und hoch anlassbeständige Oberflächenhärtung

# 7 Nichteisenmetalle (NE-Metalle)

## 7.0 Überblick

Edelmetalle sowie Kupfer und Blei wurden früher in großem Maße gewonnen und eingesetzt. Da leicht zugänglich und einfach verhüttbar, wurden diese Schwermetalle bereits im Altertum für Gebrauchsgegenstände, Bauten und Schmuck verwendet.

Der geringe Anteil dieser Metalle in der Erdkruste und ihr intensiver Abbau führten dazu, dass diese Metalle und ihre Legierungen immer stärker entsprechend ihren spezifischen Eigenschaften eingesetzt werden. Das älteste Gebrauchsmetall Kupfer ist heute das Rückgrat der Industriezweige Elektrotechnik und Elektronik. Der einstige „Baustoff" Blei wird heute u. a. speziell für Akkumulatoren, für chemische Zwecke und zum Strahlenschutz verwendet. Günstiger sind die Verhältnisse bei Aluminium, Magnesium und Titan. Ausgangsstoffe für die Herstellung dieser Metalle sind in praktisch unerschöpflichen Mengen vorhanden.

Im Maschinen-, Anlagen- und Apparatebau werden Nichteisenmetalllegierungen ebenfalls verwendet (Messingschrauben, Bronzefedern, Lagerwerkstoffe, Rohre für Wärmeaustauscher, Armaturen, Drahtgewebe, Lotwerkstoffe usw.). Kupfer, Blei, Zink und deren Legierungen werden auch in Zukunft für spezielle Zwecke unentbehrliche Rohstoffe sein.

Aluminium, Magnesium und Titan werden ihren Aufschwung fortsetzen. Bei günstiger preislicher Entwicklung werden mechanisch und thermisch hochbeanspruchbare Leichtmetalllegierungen weiter zur „Abmagerung" von Maschinen, Anlagen, Fahrzeugen usw. und zur Erhöhung von deren Leistungsfähigkeit führen.

*Einteilung der NE-Metalle*:

a) nach Dichte, Schmelzpunkt und Häufigkeit ihres Vorkommens

| NE-Metalle | *Niedrigschmelzende* | *Hochschmelzende* | *Höchstschmelzende* |
|---|---|---|---|
| *Leichtmetalle* Dichte $< 4,5$ g/cm$^3$ | Mg, Al | Be, Ti | – |
| *Schwermetalle* Dichte $> 4,5$ g/cm$^3$ | Sn, Pb, Bi, Zn, Sb | Cu, Ni, Co | W, Mo, Ta, Nb |
| | | Cr, Mn, Si, Ag, Au, Pt, Ru, Rh, Pd, Os, Ir | |
| *Seltene Metalle* | Cd, Re, Ga, Th, Zr, Ce, Hg | | |

b) nach ihrer hauptsächlichen Verwendung
z. B. Edelmetalle (Ag, Au, Pt); Stahlveredler (Ti, V, Cr u. a.); Lagerwerkstoffe (Sn, Sb, Pb u. a.)

Im vorliegenden Themenkreis werden aus der Vielfalt der Nichteisenmetalle (NE-Metalle) ausgewählt:
*Aluminium-, Kupfer-* und *Titanwerkstoffe* sowie *Lagerweißmetalle* (Legierungen auf Zinn- und Bleibasis).

# 7.1 Allgemeines zur Werkstoffbezeichnung

**Lernziel**

- Der Lernende kennt das Prinzip der Kurzbezeichnungen von Nicheisenmetallen nach DIN 1700; er ist mit der beginnenden Umstellung auf Europäische Normen vertraut.

## 7.1.0 Übersicht

Die bisherige Werkstoffbezeichnung nach DIN 1700 gilt noch für viele NE-Werkstoffe. In den Abschnitten 7.1.1 bis 7.1.3 wird dieses System vorgestellt.

Ebenso wie bei Stahl und Eisengusswerkstoffen vollzieht sich auch bei NE-Werkstoffen ein bedeutender Wandel in der Normung. Die nationalen Normen für Konstruktionswerkstoffe werden schrittweise vom Europäischen Komitee für Normung (CEN) bearbeitet und in Europäische Normen (EN) vereinheitlicht. In Deutschland erscheinen verbindliche Europäische Normen als DIN EN-Normen. Hersteller und Verbraucher von Werkstoffen befassen sich mit der Einführung der neuen Normen, um Konsequenzen für die eigenen Bereiche rechtzeitig zu erkennen.

Im Abschnitt 7.1.4 werden Werkstoff- und Zustandsbezeichnungen nach EN exemplarisch für Aluminium- und Kupferwerkstoffe (Knetlegierungen) vorgestellt.

## 7.1.1 Herstellung und Verwendung

Ebenso wie bei Eisenwerkstoffen unterscheidet man bei NE-Metallen *Knet-* und *Gusswerkstoffe*. Ein vorgesetztes „G" kennzeichnet stets eine Gusslegierung. Ein weiterer Buchstabe kennzeichnet das spezielle Gießverfahren (Tabelle 7.1–1).

Knetwerkstoffe
(umgeformt)
ohne vorgesetzten
Buchstaben

Gusswerkstoffe
(urgeformt $\cong$ gegossen)
G vorgesetzt

Tabelle 7.1–1　Bedeutung der vorgesetzten Buchstaben

Tabelle 7.1–2　Kurzzeichen für Behandlungszustände (kennzeichnend für die wichtigsten mechanischen Eigenschaften)

| | | | | |
|---|---|---|---|---|
| G | Guss, allgemein | | w | geglüht (100 %) |
| GS | Sandguss (d. h. Verwendung von Sandformen) | | hh | halbhart (120 %) |
| | | | h | hart (140 %) |
| GD | Druckguss | | fh | federhart (180 %) |
| GK | Kokillenguss | | a | ausgehärtet |
| GZ | Schleuderguss (Zentrifugalguss) | | ka | kaltausgehärtet |
| GC | Strangguss (continuous) | | wa | warmausgehärtet |
| GL | Gleitlagermetall | | wh | walzhart |
| | | | zh | ziehhart |
| L | Lotmetall | | ho | homogenisiert |
| S | Schweißmetall | | p | plattiert |

## 7.1.2 Chemische Zusammensetzung, Komponenten

Analog der Bezeichnung der Fe-Werkstoffe wird die chemische Zusammensetzung der Legierung durch chemische Symbole und Zahlen angegeben. An erster Stelle steht das *Basismetall* (Grundmetall). Dann folgen die beteiligten *Komponenten*, geordnet nach ihrem prozentualen Anteil. Die Ergänzung zu 100 % ist der Anteil des Basismetalls. Auf eine Angabe wird verzichtet.

Die *zulässigen Abweichungen* (Toleranzen) der prozentualen Anteile sind in den einschlägigen Normblättern enthalten. Die Bezeichnung mit *Werkstoffnummern* ist ebenfalls gebräuchlich.

*Beispiel*:
GD-MgAl 8 Zn 1 ho   Magnesiumlegierung
GD    Druckguss
Mg    Basismetall Magnesium
Al 8   Hauptkomponente Al 8 %
Zn 1   Zusatzkomponente Zn 1 % (Prozentzahlen bei Zusatzkomponenten häufig nicht angegeben)
ho    homogenisiert

## 7.1.3 Mechanische Eigenschaften

Der Mindestwert der Zugfestigkeit wird mit F (R nach DIN EN 1173) und nachgesetzter Zahl in $kp/mm^2$ (nach DIN EN in $N/mm^2$) angegeben.

Die mechanischen Eigenschaften (Festigkeit, Härte, Zähigkeit usw.) werden in erster Linie durch die letzte Verarbeitungsstufe bestimmt (kaltumgeformte Bleche, Bänder, Drähte, Stangen usw.). Ebenso können Aushärtungsvorgänge zu erheblichen Festigkeitssteigerungen führen. Glühungen verringern Festigkeit und Härte und dienen vor allem der besseren Verarbeitbarkeit der Werkstoffe.

*Beispiel*: Zinnbronze
DIN 1700
CuSn 6 F 65    $R_\mathrm{m} \geqq 65\,kp/mm^2$
DIN EN 1173
CuSn 6 R 640  $R_\mathrm{m} \geqq 640\,N/mm^2$

Umrechnung:
$65\,kp/mm^2 \cdot 9,81 = 637,6\,N/mm^2$
$\approx 640\,N/mm^2$

## 7.1.4 Werkstoff- und Zustandsbezeichnungen nach EN

**Aluminium-Knetwerkstoffe**
Beispiel: Warmgewalztes Blech mit ca. 3,5 % Mg (Magnesium) als Hauptlegierungselement

a) Numerische Bezeichnung nach DIN EN
573-1 (z. B.: EN AW-5154 A)
Die erste Ziffer beschreibt die Legierungs-
gruppe (Serie), z. B.

1xxx (Serie 1000)   Al $\geq$ 99,0 %

2xxx (Serie 2000)   Cu ist Hauptlegie-
                    rungselement

3xxx (Serie 3000)   Mn ist Hauptlegie-
                    rungselement

4xxx (Serie 4000)   Si ist Hauptlegie-
                    rungselement usw.

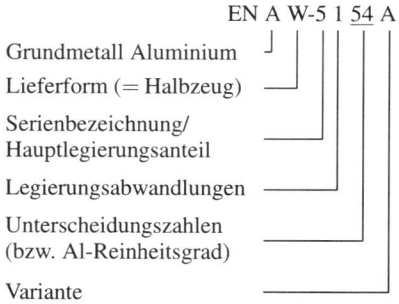

Grundmetall Aluminium
Lieferform (= Halbzeug)
Serienbezeichnung/
Hauptlegierungsanteil
Legierungsabwandlungen
Unterscheidungszahlen
(bzw. Al-Reinheitsgrad)
Variante

b) Alphanumerische Bezeichnung (mit chemischen Symbolen) nach DIN EN 573-2
(z. B. EN AW-AlMg 3,5 (A))

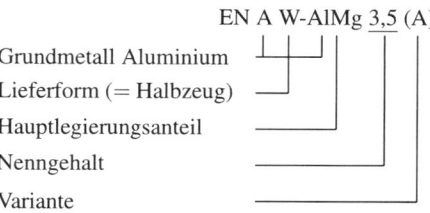

Grundmetall Aluminium
Lieferform (= Halbzeug)
Hauptlegierungsanteil
Nenngehalt
Variante

Zahlen, die der alphanumerischen Darstel-
lung nachgesetzt sind, geben den Gehalt an
Aluminium, wie in EN AW-Al 99,7 oder den
Nenngehalt des betreffenden Elements wie in
EN AW-AlMg 3,5 (gewähltes Beispiel) an.
Der Werkstoffzustand wird nach DIN EN 515
hinter der Legierungsbezeichnung (getrennt
durch einen Bindestrich) angegeben.

*Beispiele für den Werkstoffzustand*
DIN EN 515:
O   Weichgeglüht
H   Kaltverfestigt
W   Lösungsgeglüht
T   Wärmebehandelt
Da diese Kennzeichnung allein oft unvoll-
ständig wäre, können wichtige Details zu-
sätzlich vermerkt werden, z. B.
O1  Bei hoher Temperatur geglüht und lang-
    sam abgekühlt
T6  Lösungsgeglüht und warmausgelagert
    (warmausgehärtet);
    alte Kennzeichnung: wa
T1  Abgeschreckt aus der Warmformungs-
    temperatur und kaltausgelagert

**Kupferwerkstoffe**
• Nummernsystem        DIN EN 1412
• Kurzzeichen          ISO 1190-1
  (ISO Internationale Normungsorganisati-
  on)
• Zustandsbezeichnungen  DIN EN 1173
Die genannte Europäische Norm legt ein Sys-
tem zur Bezeichnung von Materialzuständen
fest. Es gilt für Guss- und Knetwerkstoffe.

*Beispiel für eine Produktbezeichnung*:

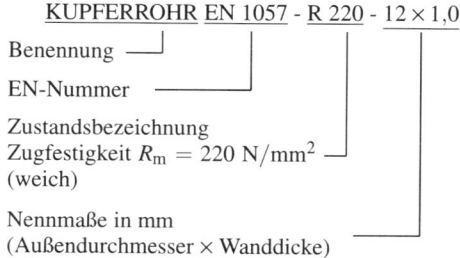

KUPFERROHR EN 1057 - R 220 - 12 × 1,0
Benennung
EN-Nummer
Zustandsbezeichnung
Zugfestigkeit $R_m$ = 220 N/mm$^2$
(weich)
Nennmaße in mm
(Außendurchmesser × Wanddicke)

Die Zustandsbezeichnung mit dem zugehörigen Zahlenwert xxx für die genannten Messgrößen soll in der Produktbezeichnung und in den Bestellangaben verwendet werden.

*Beispiele für den Werkstoffzustand*
DIN EN 1173:
Axxx    Bruchdehnung
Hxxx    Härte
Rxxx    Zugfestigkeit

## 7.2 Aluminium, Aluminiumlegierungen

### Lernziele

Der Lernende kann ...

- die mechanischen und chemischen Eigenschaften des reinen Aluminiums angeben,
- begründet angeben, wie sich reines Aluminium verarbeiten lässt,
- wichtige Anwendungsgebiete von Al und Al-Legierungen angeben und begründen,
- den Unterschied zwischen Knet- und Gusslegierungen erläutern,
- die Wirkungen einiger Legierungselemente nennen,
- das Aushärten von Al-Legierungen erklären,
- eine geeignete Al-Legierung für einen bestimmten Verwendungszweck entsprechend den geforderten Kennwerten aus gültigen Werkstofftabellen auswählen.

### 7.2.0 Übersicht

Alaun (lat. *alumen*) bildet den Ursprung des Namens. Man vermutete ein Metall (an Sauerstoff gebunden) in diesem Salz und nannte es 1807 *Aluminium*. In *Les Baux* (Südfrankreich) entdeckte *Berthier* 1821 ein Al-haltiges Mineral, das nach dem Fundort *Bauxit* genannt wurde. Neben Ton und Kaolin wurde dieses Mineral später der wichtigste Ausgangsstoff für die Al-Herstellung. 1827 gewann *Wöhler* in Versuchen erstmals Al-Flitter.
Als „Silber aus Lehm" waren die mattweiß schimmernden Metallbarren eine Sensation auf der Pariser Weltausstellung des Jahres 1855. Der Preis glich dem eines Edelmetalls.
Die industrielle Erzeugung begann 1886 in Frankreich und um 1900 in Deutschland.
Wie bei keinem anderen Metall nahmen Herstellung und Verwendung einen raschen Aufschwung. Heute stehen die Al-Legierungen in ihrer Bedeutung nach den Eisenwerkstoffen an zweiter Stelle. Der Grund dieser beispiellosen Entwicklung liegt in den hervorragenden Eigenschaften dieses Werkstoffes. Nahezu jede Verarbeitungsart ist möglich, und die geringe Masse, die chemischen Eigenschaften, die gute Leitfähigkeit und nicht zuletzt das gefällige Äußere sichern dem Aluminium und seinen Legierungen eine sehr breite Anwendung in vielen Industriezweigen.
Das Verhalten mehrerer Al-Legierungen, unter bestimmten Bedingungen auszuhärten, erweitert das Anwendungsgebiet erheblich.
Sie sollten sich die wichtigsten Eigenschaften von Aluminium und seinen Legierungen einprägen. Die Wirkung der Legierungselemente wird verständlich beschrieben, insbesondere auch der Effekt der Aushärtung. Ein Überblick über technisch wichtige Al-Werkstoffe vervollständigt dieses Kapitel.

## 7.2.1   Reinaluminium

### 7.2.1.1   Eigenschaften

Werte s. Tabelle 7.2–1
*Haupteigenschaften sind*:
- *geringe Dichte*, Al ist ein Leichtmetall, $\varrho = 2,7 \text{ kg/dm}^3$ (Fe und Cu haben etwa die dreifache Dichte!)
- *Korrosionsbeständigkeit* gut bis sehr gut (Bildung von Deckschichten), lebensmittelecht
- *elektrische* und *thermische Leitfähigkeit* sehr gut (nur von Ag und Cu übertroffen) (s. Bild 7.2–2)
- *sehr gut legierbar* (große Anzahl technischer Legierungen!), überwiegend hervorragend gießbar
- *sehr gut umformbar* (kfz); dünne Drähte, Folien, Tuben, stark verfestigend (Festigkeitssteigerung um mehr als 100 % möglich); über 240 °C rekristallisierend
- *Elastizitätsmodul* $E = 72\,000 \text{ N/mm}^2 = 72$ GPa (1/3 von Stahl); bei gleicher Belastung tritt die dreifache elastische Formänderung gegenüber Stahl auf (siehe Bild 7.2.–1)
- *Schweißbarkeit*: unter Schutzgas (Inertgas) sehr gut (WIG- und MIG-Verfahren); Oxidbildung muss verhindert werden!
- *schwierig spanbar* (zu weich, schmierender Span)

Erläuterungen:
WIG **W**olfram-**I**nertgas-**S**chweißen
MIG **M**etall-**I**nertgas-**S**chweißen

*Vorteile*
- niedrige Dichte (leicht)
- witterungsbeständig
- gut kaltformbar
- gut polierbar
- guter Leiter (nach Ag und Cu an 3. Stelle)

*Nachteile*
- $R_m$ und $R_p$ niedrig
- Laugen und basische Stoffe greifen an
- Schweißen und Löten nur mit Flussmittel oder Schutzgas möglich

*Wichtige Temperaturen*
Rekristallisationstemperatur  240...300 °C
Schmiedetemperatur           300...500 °C
Schmelztemperatur                   660 °C

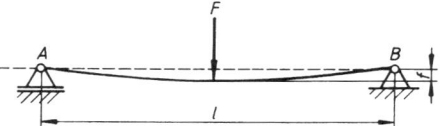

Bild 7.2–1   Verhalten bei mechanischer Beanspruchung (Biegung)

Bei *Biegebeanspruchung* eines Trägers gilt im elastischen Bereich:

$$f = c \cdot \frac{l^3 \cdot F}{E}$$

$f$  *Durchbiegung* (Formänderung bei Biegebeanspruchung)
$c$  Konstante
$E$  *Elastizitätsmodul*, z. B. Stahl $E \approx 210$ GPa

Tabelle 7.2–1   Werkstoffkennwerte von Aluminium

| | |
|---|---|
| Raumgitter | kfz |
| Dichte $\varrho$ | $2,7 \text{ kg/dm}^3$ |
| Zugfestigkeit $R_m$ | $40...80 \text{ N/mm}^2$ |
| Streckgrenze $R_{p\,0,2}$ | $10...30 \text{ N/mm}^2$ |
| Härte $HB$ 2,5 | 12...20 |
| Elastizitätsmodul $E$ | $7,2 \cdot 10^4 \text{ N/mm}^2$ |
| Schubmodul $G$ | $2,7 \cdot 10^4 \text{ N/mm}^2$ |
| Bruchdehnung $A_5$ | 30...38 % |
| Elektrische Leitfähigkeit | $37 \text{ m/}(\Omega \cdot \text{mm}^2)$ |

#### 7.2.1.2 Anwendung

*Reinaluminium* ist Basismetall für Al-Legierungen. Außerdem wird Aluminium hauptsächlich verwendet
- im Bauwesen
- in der Verpackungsindustrie (Folien)
- im Behälter- und Apparatebau
- in der chemischen Industrie
- in der Nahrungsmittelindustrie
- in der Elektrotechnik (Al und Cu sind als Leiterwerkstoffe im Wettbewerb!)

> Aluminium wird überall dort eingesetzt, wo die niedrige Dichte, die gute Gieß- und Formbarkeit, die Deckschichtbildung und die gute Leitfähigkeit technisch vorteilhaft sind.

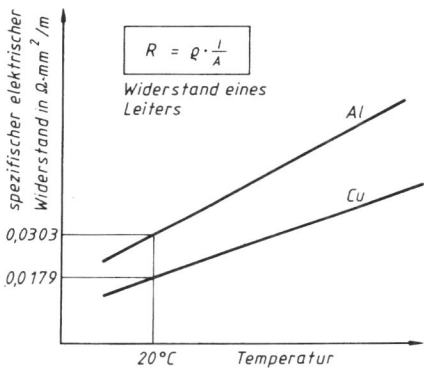

Bild 7.2–2 Das elektrische Leitverhalten von Al und Cu

**Übung 7.2–1**
Nennen Sie Eigenschaften von Aluminium, die dessen technische Anwendung bestimmen!

**Übung 7.2–2**
Ist Aluminium schweißbar?

**Übung 7.2–3**
Weshalb eignet sich Aluminium gut für die Nahrungsmittelindustrie (Eigenschaften)?

## 7.2.2 Aluminiumlegierungen

### 7.2.2.1 Einteilung, Eigenschaften

Aluminium-Werkstoffe werden in einer außerordentlichen Vielfalt hergestellt und eingesetzt. Neben Reinaluminium gibt es *Legierungen* und *Sinterwerkstoffe* (Kapitel 8).
Die Legierungen teilt man in *Knetlegierungen* (Halbzeuge, wie Bleche, Bänder, Profile usw.) und *Gusslegierungen* (Teile werden unmittelbar gegossen) ein. Bei Aluminiumlegierungen gibt es viele Arten, die sowohl gut gießbar als auch gut umformbar sind.

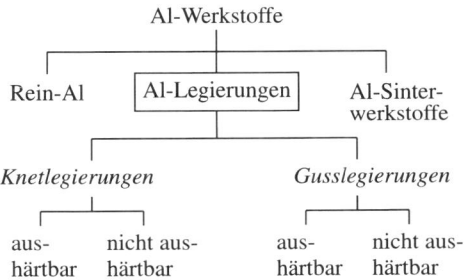

Man kann Knet- und Gusslegierungen wiederum in *aushärtbare* und *nicht aushärtbare* Zusammensetzungen unterteilen.

Man kann Aluminiumlegierungen auch anders einteilen und bezeichnen:

*Beispiele*:

Sandguss-, Kokillenguss-, Druckguss-, Kolben-, Automatenlegierungen usw.

Sie erkennen, dass hierbei eine Rolle spielt, wie die betreffende Legierung geformt, bearbeitet und eingesetzt wird.

*Beachte*:

Viele Al-Legierungen sind als Knet- und als Gusslegierung geeignet!

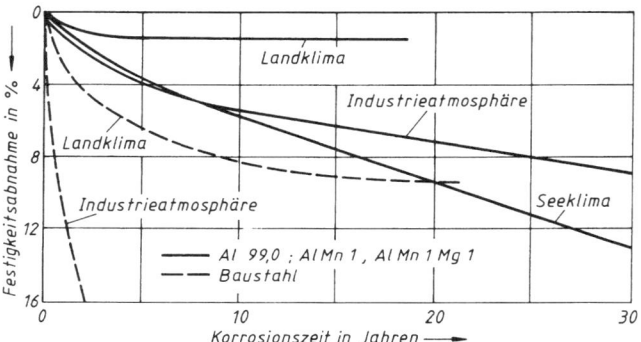

Bild 7.2–3   Korrosionskurven

Gegenüber Reinaluminium sind die Legierungen fester und härter (Zugfestigkeit, Streckgrenze und Härte höher). Die Legierungselemente beeinflussen auch Eigenschaften wie Wärmedehnzahl, elektrische Leitfähigkeit, chemische Beständigkeit und Formbarkeit (Bilder 7.2–3 und 7.2–4).

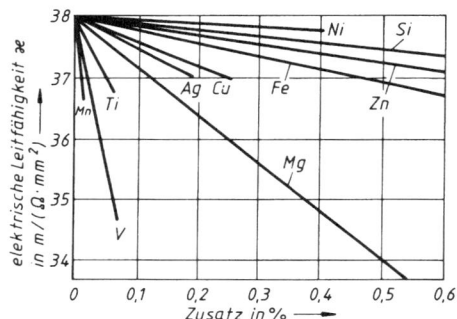

Bild 7.2–4   Einfluss verschiedener Legierungselemente auf die spezifische elektrische Leitfähigkeit von Aluminium bei 20 °C

### 7.2.2.2   Wirkung der Legierungselemente

Als Ausgangswerkstoff zur Herstellung von Aluminiumlegierungen verwendet man meist Reinaluminium mit 99,5 % Aluminiumgehalt.

Legierungselemente und spezielle Verfahren bei der Herstellung und Behandlung der Aluminium-Werkstoffe ergeben ein breites Spektrum von Eigenschaften.
Die folgende Übersicht beschreibt, wie z. B. mechanische Eigenschaften mehr oder minder beeinflusst werden.

- **Veredeln**
  Zugabe von Na bei AlSi-Guss, auch „Impfen" genannt; Gefüge wird feinkörnig und damit fester (Silumin-Effekt).
- **Mischkristallbildung**
  Cu, Mg verfestigen stark,
  Si, Mn, Fe verfestigen wenig.
  Bild 7.2–5 zeigt, dass Si allerdings intensiver wirkt als Fe. Diese Kurven wurden nach Rekristallisationsglühung aufgenommen.
  Zn bewirkt keine Verfestigung.
- **Intermetallische Verbindungen**
  $Al_2Cu$, $MgZn_2$ u. a.
  erhöhen die Festigkeit wenig,
  erhöhen jedoch die Sprödigkeit,
  Umformbarkeit wird beeinträchtigt,
  bei feiner Verteilung dieser Phasen besser umformbar
- **Aushärtung** (s. 7.2.2.3)
  erhebliche Festigkeitssteigerung bei hierfür geeigneten Legierungen
- **Dispersionshärten**
  Werkstoffe sintertechnisch hergestellt (vgl. 8.1 und 8.2.3); $Al_2O_3$ im Werkstoff fein verteilt, verbessert die Festigkeit bei höheren Temperaturen, genannt Warmfestigkeit (s. Bild 7.2–6).

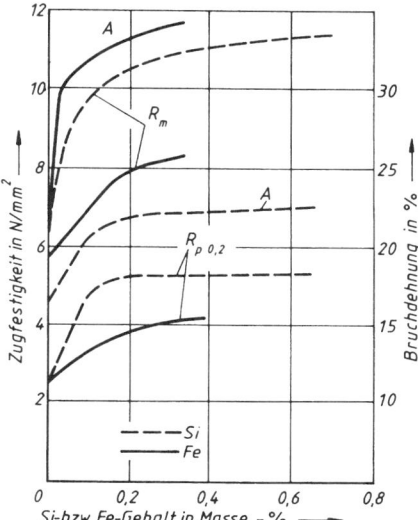

Bild 7.2–5 Einfluss von Si und Fe auf die Festigkeit von Al-Drähten nach Rekristallisationsglühen

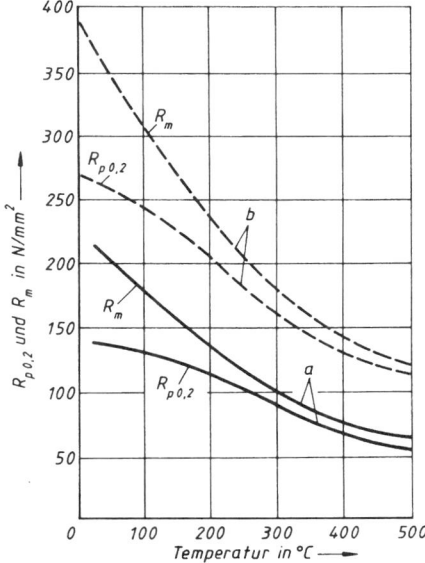

Bemerkungen zum Bild 7.6–2:
Die Festigkeitswerte $R_m$ und $R_{p\,0,2}$ sinken mit zunehmender Temperatur. Bei 14 Masse-% $Al_2O_3$ bleiben die Werte jedoch auf wesentlich höherem Niveau.
Bei anderen Aluminium-Werkstoffen sind diese Warmfestigkeitswerte nicht erreichbar.

Bild 7.2–6 Einfluss der Temperatur auf $R_m$ und $R_{p\,0,2}$ dispersionsgehärteter Al-Legierungen
a) Al + 4 Masse-% $Al_2O_3$
b) Al + 14 Masse-% $Al_2O_3$

*Veredeln* ist eine Zugabe von Na in die Metallschmelze kurz vor dem Abguss. Die Gussteile werden dadurch feinkörnig und mechanisch höher beanspruchbar.

### 7.2.2.3   Aushärten

Einige Al-Legierungen (aber auch andere Legierungen) kann man nach *Aushärten* mechanisch viel höher belasten. Es ist möglich, durch eine bestimmte Wärmebehandlung die Streckgrenze $R_e$ deutlich anzuheben.
Überlegen Sie, welche Möglichkeiten zur Festigkeitssteigerung ($R_m$, $R_e$) bei metallischen Werkstoffen bisher genannt wurden! 1909 entdeckte A. *Wilm* an einer Al-Legierung mit 4 % Cu, 0,5 % Mg und einem geringen Anteil Mn (*Duraluminium* oder *Dural* genannt), dass sich eine gewisse Zeit nach dem Abschrecken aus Glühtemperaturen höhere Festigkeitswerte gegenüber dem Ausgangszustand einstellen. Ein leichter Werkstoff (Al-Legierung) erhielt dabei Festigkeitswerte, die an Stahl heranreichten – welch eine Perspektive! Jedoch vergingen noch Jahrzehnte, bevor – zusammen mit dem Aufschwung der Al-Metallurgie – diese Entdeckung der Aushärtbarkeit zur raschen Entwicklung des Flugzeugbaus führte. Überall, wo das Verhältnis Masse/Festigkeit eine Rolle spielte, gewannen Legierungen dieser Art an Bedeutung (Fahrzeugbau, Gerätebau, Elektrotechnik, Raumfahrttechnik u. a. Industriezweige).
Wodurch werden Legierungen aushärtbar?
*Voraussetzungen*:
- Mischkristalle mit abnehmender Löslichkeit für eine Komponente bei sinkender Temperatur existieren (s. Bild 7.2–7)
- intermetallische Verbindung tritt auf (z. B. $Al_2Cu$)
- weitere Elemente vorhanden, die den Vorgang begünstigen und den Festigkeitsanstieg stabilisieren (z. B. Mg)

*Streckgrenze $R_e$ steigt durch*:
- *Legieren* (Mischkristall-Festigkeit)
- *Kaltumformen* (Formgebung unterhalb der Mindestrekristallisationstemperatur)
- *Vergüten* von Eisenwerkstoffen
- *Aushärten* bei Al- u. a. Legierungen

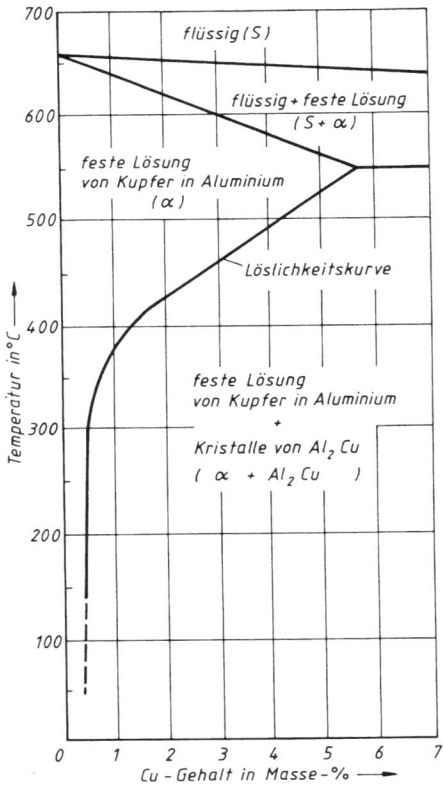

Bild 7.2–7  Zustandsdiagramm Al-Cu (Ausschnitt)

*Vorgänge beim Aushärten*
(s. Bilder 7.2–9 und 7.2–12)

Ablauf der Aushärtung

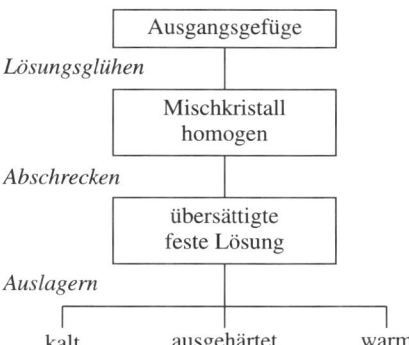

I.  *Lösungsglühen (Homogenisieren)*
    Man erwärmt bis in das Gebiet der ho-
    mogenen $\alpha$-Mischkristalle (*1*); etwas un-
    terhalb der eutektischen Temperatur; Cu
    ist vollständig gelöst (homogene Misch-
    kristalle); als Anlage benutzt man Luft-
    umwälzofen oder Salzbad.
    Glühzeit richtet sich nach der Art der
    Legierung und nach Größe und Form der
    Werkstücke (10 min bis 5 h).

II. *Abschrecken (2)*
    Aus der Glühtemperatur werden die Tei-
    le durch Wasser abgeschreckt. Damit
    wird die Mischkristallphase konserviert
    (unterkühlt!), und $Al_2Cu$ kann sich nicht
    ausscheiden. Cu liegt in übersättigter Lö-
    sung vor. Die Festigkeit ist angestiegen
    (etwa 35 ... 50 %), jedoch kann man den
    Werkstoff noch gut verformen.

III. *Auslagern (Aushärten)*
a)  *Kaltaushärten (3)*
    Bei Raumtemperatur (oder geringfügig
    höher) „lagert" man die abgeschreckten
    Teile. Der instabile Zustand nach dem
    Abschrecken strebt das Gleichgewicht
    (s. Zustandsdiagramm Bild 7.2–7) an.
    Das übersättigt in Lösung vorhandene
    Kupfer scheidet sich in Stunden bzw. in
    Tagen nachträglich aus.

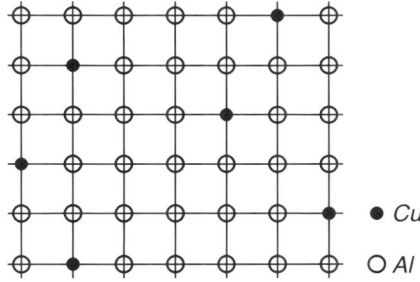

Bild 7.2–8  Homogener Mischkristall
(Gitterstruktur schematisch)

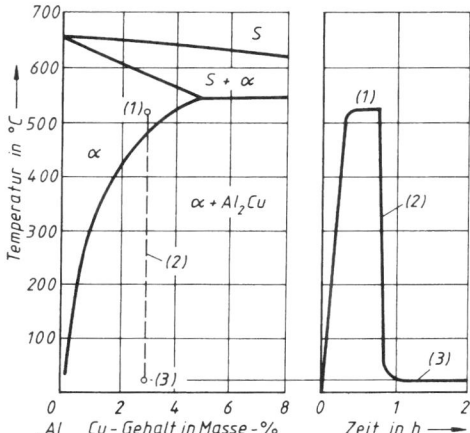

Bild 7.2–9  Kaltaushärtung einer Legierung vom
Typ AlCuMg (Zustandsdiagramm AlCu und
Temperatur-Zeit-Verlauf)

Diese einphasige Entmischung (s. Bild 7.2–10) führt zu Spannungsfeldern im Gitter. Damit ist ein erheblicher Anstieg von Härte, Zugfestigkeit und Dehngrenze verbunden (s. Bild 7.2–11).

Für Konstruktionswerkstoffe haben diese Veränderungen der mechanischen Eigenschaften eine vorrangige Bedeutung. Diese Entmischungsvorgänge beeinflussen jedoch auch eine Vielzahl chemischer und physikalischer Eigenschaften; so verändern sich beispielsweise durch Aushärten die Korrosionsbeständigkeit und die elektrische Leitfähigkeit.

Die mechanischen Eigenschaften Dehngrenze (entpricht der Kenngröße Streckgrenze), Zugfestigkeit und Bruchdehnung werden bei statischer Belastung im Zugversuch gemessen. Ermittlung und Definition dieser Größen werden im Abschnitt 12.2.2 erläutert.

Werden kaltausgehärtete Teile wieder erwärmt (beim Legierungstyp AlCuMg genügen 150...200 °C), so verteilt sich das Kupfer wieder im Mischkristall wie in dem Zustand, der unmittelbar nach dem Abschrecken vorlag, d. h. „Rückbildung" der Eigenschaften.

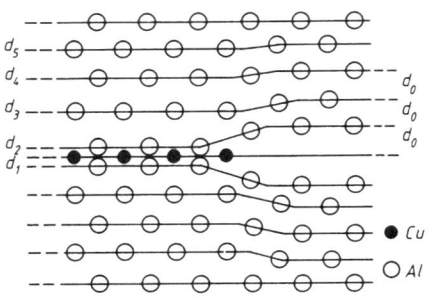

$d_0$  „normale" Netzebenenabstände
$d_1$ ... $d_5$ veränderliche Netzebenenabstände
Die Zone setzt sich nach links fort.

Bild 7.2–10  Einphasige Entmischung (schematisch)

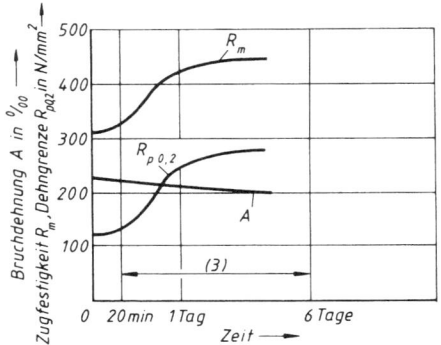

Bild 7.2–11  Eigenschaftsänderungen bei Kaltaushärtung

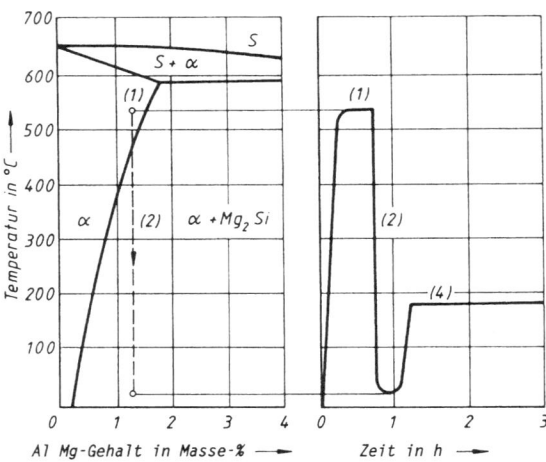

Bild 7.2–12  Warmaushärtung einer Legierung vom Typ AlMgSi

b) *Warmaushärten (4)*
(s. Bild 7.2–12)
Einige Legierungen eignen sich besser für ein Aushärten bei 120...180°C (5...50 h). Neben einer einphasigen Entmischung kommt es hierbei zur Bildung einer zweiten Phase. Mehrschichtige Atomlagen (s. Bild 7.2–13) führen zu intensiverem Anstieg von Härte, Zugfestigkeit und Streckgrenze. Man spricht von einer *Ausscheidungshärtung* (Bild 7.2–14).

Die Warmaushärtung, die in ihrer entscheidenden Phase in Wärmebehandlungsanlagen durchgeführt wird, benötigt eine kürzere Zeit und ist produktionstechnisch besser realisierbar. Wie aus Bild 7.2–14 zu erkennen ist, darf die optimale Haltetemperatur nicht überschritten werden, da sich die mechanischen Eigenschaften wieder rückläufig verändern. Eine zu hohe Temperatur verringert den Erfolg ebenfalls.

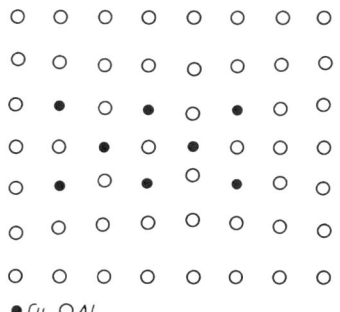

Bild 7.2–13  Ein- und zweiphasige Entmischung bei der Warmaushärtung (schematisch)

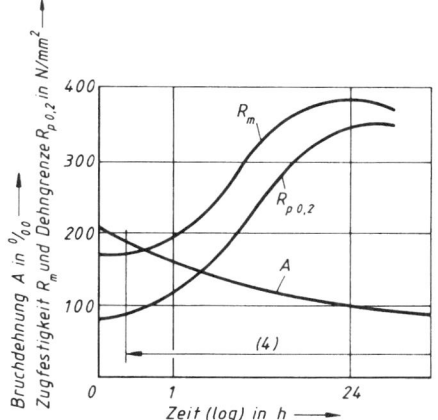

Bild 7.2–14  Eigenschaftsänderungen bei Warmaushärtung

## 7.2.3  Legierungstyp, technische Anwendung

Die vielseitigen, technisch nutzbaren Eigenschaften der Al-Legierungen und die mannigfaltige Beeinflussbarkeit durch verschiedene Elemente ergeben eine Vielfalt angebotener Werkstoffe.

Die folgenden Informationen zu Knetlegierungen, Gusslegierungen und Sonderwerkstoffe sind kein Lernstoff.

Lesen Sie diese Übersichten! Davon müssen Sie ausgehen, wenn Sie für einen bestimmten Verwendungszweck eine geeignete Al-Legierung auswählen wollen.

- Vergleichen Sie die folgenden Tabellenwerte untereinander und mit Eigenschaften von Reinaluminium!
- Sie erkennen die typische Wirkung einiger Legierungselemente!
- Al-Werkstoffe kann man dem Verwendungszweck weitgehend anpassen!

*Knetlegierungen*

| Typ/ Zusätze | Gebrauchseigenschaften |
|---|---|
| AlMn 0,8 … 1,5 % Mn | ähnlich wie Reinaluminium; nicht aushärtbar; Festigkeit etwas höher |
| AlMg 0,6 … 7 % Mg 0,2 … 0,6 % Mn | ähnlich wie Reinaluminium; nicht aushärtbar; Streckgrenze bis 180 N/mm²; meerwasserbeständig; mit zunehmendem Mg-Gehalt verbessert sich die chemische Beständigkeit, jedoch verschlechtern sich einige Eigenschaften (Schweißbarkeit, Verarbeitbarkeit usw.) |
| AlMgMn 1,6 … 2,5 % Mg 0,5 … 1,5 % Mn 0,2 % Cr | ähnliche Eigenschaften wie AlMg, jedoch verbesserte Warmfestigkeit (bis 150 °C), nicht aushärtbar |
| AlMgSi 0,4 … 1,4 % Mg 0,3 … 1,6 % Si 0 … 1 % Mn | chemisches Verhalten ähnlich dem Reinaluminium, jedoch erhöhte Festigkeit; gut schweißbar ohne Korrosionsgefährdung in der Schweißzone, günstiges Verhältnis Festigkeit/elektrische Leitfähigkeit; Aldrey-Legierung in der E-Technik; Warmaushärtung zur Beeinflussung des Leitverhaltens! Gut polierbar! |
| AlCuMg 2,5 … 4,5 % Cu 0,4 … 1,5 % Mg | kaltaushärtbare Legierung; hohe Festigkeit erreichbar (Streckgrenze bis 290 N/mm²!) wenig korrosionsbeständig; wird häufig mit Reinaluminium plattiert. |
| AlZnMg 4 … 5 % Zn 1 … 3 % Mg 0 … 0,6 % Mn 0 … 0,3 % Cr | warmaushärtbare Legierung; Streckgrenzen bis 350 N/mm² erreichbar; Korrosionsbeständigkeit liegt zwischen AlMgSi und AlCuMg |

Tabelle 7.2–2  Al-Knetlegierungen, Festigkeitswerte

| Werkstoff EN AW- | Zustand | $R_m$ $N/mm^2$ | $R_{p\,0,2}$ $N/mm^2$ | $A$ $\%$ | $HB$ $-$ |
|---|---|---|---|---|---|
| | | Mindestwerte | | | |
| Al 99,5 | weich | 70 | 20 | 30 | 18 |
| | kaltverfestigt | 130 | 100 | 4 | 33 |
| AlMn 1 | weich | 100 | 40 | 20 | 25 |
| | kaltverfestigt | 160 | 130 | 4 | 40 |
| AlMg 3 | weich | 180 | 80 | 15 | 45 |
| | kaltverfestigt | 260 | 180 | 3 | 75 |
| AlMgSi | weich | 110 | 50 | 15 | 35 |
| | warmausgehärtet | 320 | 260 | 8 | 95 |
| AlCu 4 Mg 1 | weich | 180 | 60 | 12 | 55 |
| | kaltverfestigt | 280 | 220 | 2 | 75 |
| | kaltausgehärtet | 440 | 290 | 10 | 110 |
| AlZn 5,5 MgCu | warmausgehärtet | 520 | 440 | 6 | 140 |

Wichtige Gebrauchseigenschaften:
- Umformbarkeit
- Aushärtbarkeit
- chemische Beständigkeit
- Festigkeit u. a. Eigenschaften

*Gusslegierungen* (DIN 1725)

| Typ/ Zusätze | Gebrauchseigenschaften |
|---|---|
| G-AlSi 12 | sehr gut gießbar (Schmelzpunktminimum durch Si-Eutektikum); gut schweißbar; Grobkörnigkeit bei Sandguss (langsamere Abkühlung!) kann durch Impfen mit Natrium unterbunden werden (Veredeln des Gusses mit Natrium) |
| G-AlSi 10 Mg 0,3 % Mg | Eigenschaften ähnlich G-AlSi 12; aushärtbar; etwas höhere Festigkeit |
| G-AlSi 10 Mg(Cu) bis 0,2 % Cu | gegenüber G-AlSi 10 Mg höherer Kupferanteil zugelassen; erleichtert Schrottverwertung; nur chemische Beständigkeit etwas verringert |
| G-AlSi 5 Cu 1 | sehr gut gießbar, gut schweißbar, aushärtbar, für dünnwandige Teile, die hoch beansprucht werden, korrosionsanfälliger |
| G-AlMg 3 Si 0,7 % Si | chemische Beständigkeit hoch (Meerwasser); polierbar, spanbar, anodisch, oxidierbar, aushärtbar; Gießbarkeit und Schweißbarkeit etwas verringert |

Tabelle 7.2–3  Al-Gusslegierungen, Festigkeitswerte (ermittelt an gesondert gegossenen Probestäben)

| Werkstoff | Zustand | $R_m$ $N/mm^2$ | $R_{p\,0,2}$ $N/mm^2$ | $A$ $\%$ | $HB$ $-$ |
|---|---|---|---|---|---|
| | | Mindestwerte | | | |
| GK-AlSi 12 | unbehandelt | 200 | 90 | 3 | 55 |
| | geglüht | 200 | 90 | 6 | 50 |
| GD-AlSi 12 | unbehandelt | 200 | 120 | 1 | 70 |
| GK-AlSi 10 Mg | unbehandelt | 200 | 111 | 1 | 60 |
| | ausgehärtet | 240 | 200 | 1 | 85 |
| GK-AlSi 5 Cu | unbehandelt | 180 | 120 | 1 | 70 |
| | ausgehärtet | 230 | 200 | 0,5 | 85 |
| GK-AlMg 3 Si | unbehandelt | 150 | 110 | 3 | 50 |
| | ausgehärtet | 220 | 150 | 4 | 65 |
| GK-AlCu 4 Ti | ausgehärtet | 330 | 220 | 4 | 95 |

DIN 1725 Bl. 2 unterscheidet:
- Legierungen für allgemeine Verwendung
- Legierungen für besondere Verwendung (Sonderzwecke, vorwiegend korrosionsbeständig und/oder Oberflächen zu behandeln)
- Legierungen mit hohen Festigkeitseigenschaften

*Sonderwerkstoffe (gegossen bzw. gesintert)*:

*Kolbenlegierungen*
Cu, Ni, Mg, je etwa 1 %
warmfest, hoher Verschleißwiderstand, verminderter Wärmeausdehnungskoeffizient (Kolben- und Zylinderwerkstoffe des Motors sollten einander angenähert sein!)

DIN 1725 wurde durch DIN EN 1706 ersetzt.

*Automatenlegierungen*
etwa 2 % Pb
kurz spanend durch eingelagerte Pb-Kristallite,
günstig für die automatische Bearbeitung

*Gleitlagerlegierungen*
Mn, Fe, Ni, Cr oder Sb
Lagerwerkstoffe auf Al-Basis haben sich im Fahrzeugbau bewährt

*Al-Sinterwerkstoffe* (s. a. Kapitel 8)
6 ... 15 % Oxidanteil
für spezielle Anforderungen, z. B. hohe Warmfestigkeit (Kerntechnik), hohe dynamische Beanspruchungen
(Motor und Getriebeteile)

Anmerkung:
Das Leichtmetall Magnesium (Mg) gewinnt an Bedeutung.
Beispiele für Magnesiumwerkstoffe nach DIN 1729-1:
MgMn 2    gut schweißbar (für Behälter u. Ä.)
MgAl 6 Zn    hohe Festigkeit
MgAl 8 Zn    höchste Festigkeit dieser Werkstoffgruppe

**Übung 7.2–4**
Welcher Unterschied besteht zwischen Guss- und Knetlegierungen?
Gilt diese Trennung nur für Al-Legierungen?

**Übung 7.2–5**
Welche Eigenschaften ändert man besonders durch Legieren?

**Übung 7.2–6**
Was versteht man unter Veredeln?

**Übung 7.2–7**
Bei welcher Temperatur rekristallisiert kaltumgeformtes Aluminium?

**Übung 7.2–8**
Welche Voraussetzungen müssen erfüllt sein, damit eine Legierung aushärtbar ist?

**Übung 7.2–9**
Wie kann man die Streckgrenze $R_e$ erhöhen (allgemein bei metallischen Werkstoffen)?

**Übung 7.2–10**
Erläutern Sie die Technologie des Warmaushärtens des Legierungstyps AlMgSi!

# 7.3 Kupfer, Kupferlegierungen

**Lernziele**

Der Lernende kann ...
- die Eigenschaften von Kupfer nennen,
- angeben, wie sich Kupfer und Kupferlegierungen verarbeiten lassen,
- wichtige Anwendungsgebiete von Kupfer und Kupferlegierungen nennen und begründen.

## 7.3.0 Übersicht

Kupfer ist das älteste Gebrauchsmetall, das die Menschheit kennt. Es gilt als sicher, dass bereits vor 9 000 Jahren Gegenstände aus diesem Metall geformt wurden.

Zunächst zufällig, später gezielt erschmolzen, verwendete man Kupfer-Arsen-Legierungen, die sich durch einen herabgesetzten Schmelzpunkt auszeichnen. Im 3. Jahrtausend vor unserer Zeitrechnung kam die noch besser brauchbare Bronze (das Wort hat seinen Ursprung im Persischen), eine Kupferlegierung mit etwa 10 % Zinn, auf.

*Aes Cyprium* („das zyprische Erz") wurde über Lautwandel allmählich zu *cuprum* (Kupfer, engl. copper, franz. cuivre).

Vorwiegend als Erz gebunden, kommt Kupfer in Kiesen, Sandstein und Schiefer eingelagert vor. Häufig werden andere Metalle, wie Mo, Au, Ag, Pb und Ni, gleichzeitig mit gewonnen.

Der Cu-Gehalt im Erz ist meist sehr bescheiden. Während man um 1900 in den USA noch Erz mit etwa 4 % Cu zur Verfügung hatte, gilt heute ein Erz mit 0,6 % Cu und weniger durchaus als abbauwürdig. Die ergiebigsten Vorräte liegen in der Kordilleren-Anden-Gebirgskette (von Alaska bis Chile) und im zentralafrikanischen Kupfergürtel. In Deutschland begann um 1200 der Abbau von Kupferschiefer im Mansfelder Gebiet. *Reinkupfer* wird metallurgisch in 2 Stufen gewonnen. Aus dem Erz wird zunächst ein *Rohkupferkonzentrat* (etwa 20 % Cu) hergestellt. Danach erfolgt durch *Elektrolyse* die Raffination zu 99,9prozentigem Metall.

Kupfer besitzt eine ausgezeichnete elektrische und Wärmeleitfähigkeit, ist hervorragend plastisch verformbar und besitzt technisch nutzbare chemische Eigenschaften. Durch Legieren werden die Gießbarkeit verbessert und verschiedene Eigenschaften variiert. Neben seinen heutigen Hauptanwendungsgebieten Elektrotechnik und Elektronik wird Kupfer meist in Form von Legierungen in vielfältiger Weise als Konstruktionswerkstoff verwendet.

## 7.3.1 Reinkupfer

Die technische Anwendung wird bestimmt durch:
- *gute elektrische Leitfähigkeit* ⎫
- *hohe Wärmeleitfähigkeit* ⎬ wird nur von Silber übertroffen
- *chemische Beständigkeit* (Korrosionsbeständigkeit)

*Kupfer*

| | |
|---|---|
| Farbe: | rot |
| Gitter: | kfz |
| Schmelz-temperatur: | 1 083 °C |
| Dichte: | 8,93 g/cm$^3$ |
| Festigkeit $R_m$: | 200...400 N/mm$^2$ (je nach Behandlungsart) |

Die *Leitfähigkeit* ist sehr stark vom Reinheitsgrad abhängig (Bild 7.3–2).

Besonders maßgebend: Sauerstoff im Cu liegt als $Cu_2O$ = Cu(I)-Oxid – Einschlüsse in der Gefügegrundmasse – vor.

Glüht man bei 650...850 °C (Gefahrenbereich) in reduzierender Atmosphäre (z. B. Wasserstoff, Leuchtgas, Wassergas, Acetylen), kommt es zur „Wasserstoffkrankheit" des Kupfers.

$Cu_2O + H_2 \longrightarrow 2Cu + H_2O$ (Dampfblasen)

Eindringender Wasserstoff verbindet sich mit dem vorhandenen Sauerstoff zu $H_2O$ (Wasserdampf). Dieser kann mit Kupfer nicht diffundieren und sprengt das Gefüge auf.

Es kommt zur Rissbildung und Versprödung des Kupfers.

Die Wasserstoffkrankheit kann beim Schweißen oder beim Glühen in Gasöfen auftreten.

*Vermeidung*:
Verwendung von sauerstofffreiem Kupfer oder Berührung mit reduzierenden Gasen verhindern (z. B. Schweißen unter Schutzgas)

*Technologische Eigenschaften*:
- schlecht gießbar (Gasaufnahme und schlechtes Formfüllungsvermögen)
- sehr gut kaltumformbar (Drähte können bis zu 0,01 mm Durchmesser gezogen werden!);
  hohe Tiefziehfähigkeit von Cu-Blechen
- gut löt- und schweißbar; neigt jedoch beim Schweißen zur Grobkornbildung und zu Schrumpfspannungen
  (Festigkeit: 50 % herabgesetzt)
  Abhilfe: Warmhämmern!
- Verhalten in Kälte einwandfrei, in Wärme (350...650 °C) *Blaubruch; Gefahr*! Sprödbereich!

An der Luft bilden sich *Patina* $Cu_2(OH)_2CO_3$ (basisches Cu-Carbonat, Schutzschicht) bzw. *Grünspan* $Cu(CH_3COO)_2 \cdot Cu(OH)_2 \cdot 5\ H_2O$

*Anwendung*:
Stromführende Teile in der Elektroindustrie, Tiefziehteile, Dichtungen, Kunstgewerbe, Apparatebau (Rohre, Feuerbüchsen, Kühlschlangen, Braukessel), Lötkolben.

Bild 7.3–1  Gefüge von technisch reinem Kupfer (E-Cu 99,9 %), gewalzt

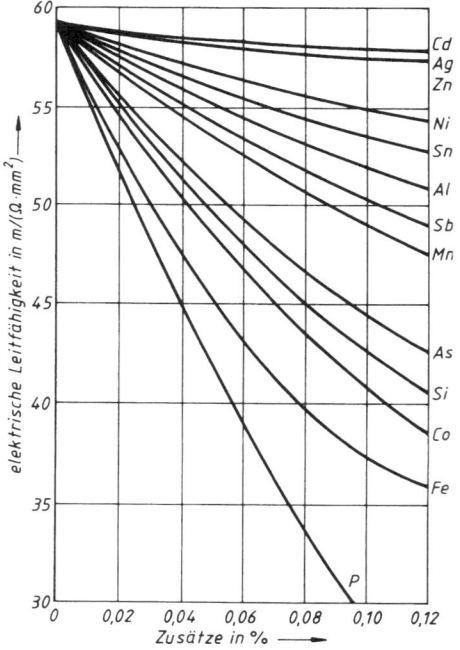

Bild 7.3–2  Einfluss geringer Mengen Zusätze im Kupfer auf die elektrische Leitfähigkeit

**Wichtige Kupferlegierungen im Überblick:**

- Zweistoffsysteme
  Cu-Ni, Cu-Zn (Messing, alte Kurzbezeichnung Ms)
  Bronzen: Cu-Al, Cu-Ag, Cu-Be, Cu-Mn, Cu-Si, Cu-Sn (klassische Bronze, alte Kurzbezeichnung Bz)
- Drei- und Mehrstoffsysteme
  Cu-Sn-Zn(-Pb)       Rotguss (alte Kurzbezeichnung Rg)
  Cu-Ni-Zn       Neusilber
  Cu-Al(-Fe,-Mn,-Ni)  Mehrstoffbronze
  Bronzen werden häufig mit Phosphor desoxidiert. Diese Werkstoffe werden mitunter als Phosphorbronzen bezeichnet. Es ist keine gesonderte Werkstoffgruppe.

In den folgenden Abschnitten 7.3.2 und 7.3.3 werden Cu-Zn- und Cu-Sn-Legierungen behandelt.

**Übung 7.3–1**
Welche Eigenschaften hat Reinkupfer?

**Übung 7.3–2**
Wie vermeidet man die Wasserstoffkrankheit des Kupfers?

**Übung 7.3–3**
Wie erklärt sich die hervorragende Kaltumformbarkeit von Kupfer!

*Werkstoffbeispiele* (Reinkupfer)

E-Cu 58    Elektrolytkupfer, sauerstoffhaltig
           elektrische Leitfähigkeit mindestens $58{,}0$ m/($\Omega \cdot$ mm$^2$) für Elektrotechnik

SE-Cu      sauerstofffreies Kupfer; desoxidiert mit Phosphor, wasserstoffbeständig, für Elektronik und als Plattierwerkstoff

SW-CuF 25  sauerstofffreies Kupfer, Phosphoranteil niedrig, wasserstoffbeständig; Mindestzugfestigkeit $240$ N/mm$^2$; für Halbzeuge, Apparatebau

SF-CuF 30  sauerstofffreies Kupfer, Phosphoranteil hoch, wasserstoffbeständig, sehr gut schweiß- und hartlötbar; Mindestzugfestigkeit $290$ N/mm$^2$; für Halbzeuge, Rohrleitungen, Apparatebau, Bauwesen

## 7.3.2    Kupfer-Zink-Legierungen (Messing)

Diese Kupferlegierungen werden in der Technik am häufigsten verwendet. Sie enthalten bis zu 45 % Zink und bis zu 3 % Blei (zur Verbesserung der Spanbarkeit).
Die technische Verwendung dieser Werkstoffe wird durch gute Umformbarkeit, Korrosionsbeständigkeit und – für spezielle Gusslegierungen zutreffend – gute Gießbarkeit bestimmt.
Bild 7.3–3 zeigt die Cu-Seite des Zweistoffsystems Kupfer-Zink.

> *Messing* (Ms): Kupfer-Zink-Legierungen bis zu 45 % Zn

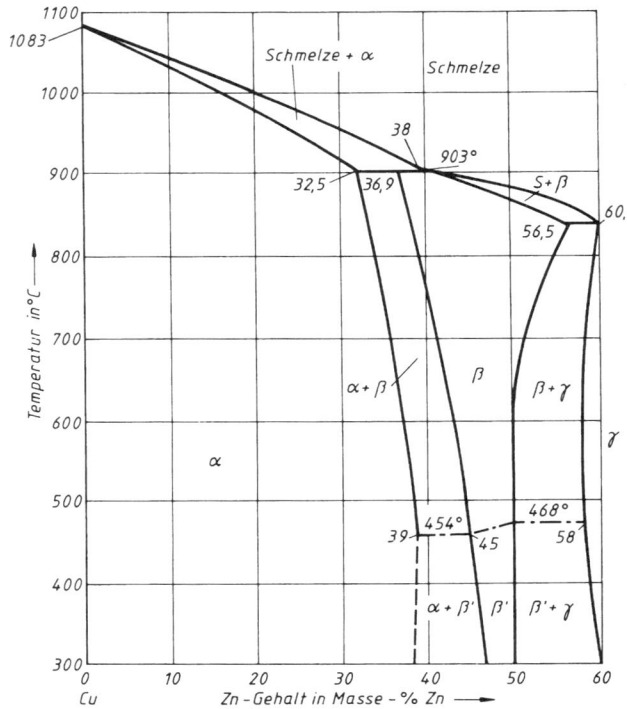

Bild 7.3–3 Zweistoffsystem Kupfer-Zink (kupferreiche Seite des Diagrammes)

Die Struktur und die Eigenschaften der einzelnen Phasen sind wie folgt:
$\alpha$-Mk: kfz, sehr gut kaltformbar; starke Kristallseigerung, Diffusionsglühen $> 600\,°C$ empfehlenswert.
Löslichkeit für Zn also fast 40 %; Linienverlauf lässt erkennen, dass die Löslichkeit mit fallender Temperatur etwas zunimmt(!)
Rasche Abkühlung der Legierungen um 40 % Cu führt zur Erhaltung der $\beta$-Phase.
$\beta$-Mk: krz; Atombesetzung im Mk ungeordnet. Bei Raumtemperatur hart und spröde. Reiner $\beta$-Mk als Werkstoff kaum brauchbar.
$\beta$-Mk bei höheren Temperaturen gut verformbar!
Zweiphasen-Gebiet: $\alpha + \beta'$; $\beta'$ ist die geordnete Phase. Die Zn-Atome nehmen den Mittelplatz, die Cu-Atome die Ecken des Gitterwürfels ein. $\beta'$-Phase ist gut spanbar. Technologische Eigenschaften allgemein: Gut lötbar, besser schweißbar als Cu, Festigkeitssteigerungen durch Legieren oder Kaltumformen.

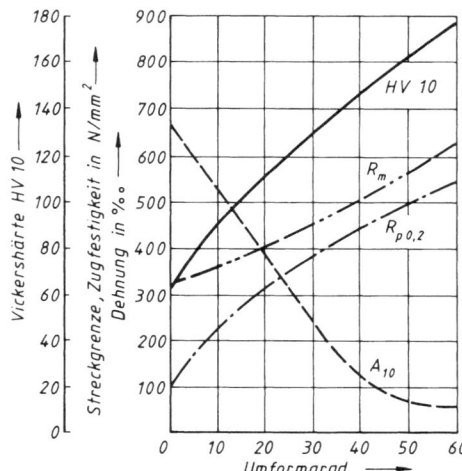

Bild 7.3–4 Einfluss des Umformgrades beim Kaltwalzen von CuZn 37 auf die mechanischen Eigenschaften
$R_m$ Zugfestigkeit, $R_{p\,0,2}$ 0,2-Dehngrenze
$A_{10}$ Bruchdehnung, HV 10 Härte (nach Vickers)

*Anwendung*:
Äußerst vielseitig; nichtmagnetische, korrosionsfeste Teile in der Optik, Elektrotechnik, Uhren- und Musikinstrumentenindustrie, Schmuckwaren, Beschläge usw. (s. a. Werkstoffbeispiele)

In den Kurzbezeichnungen der Cu-Legierungen sind die wichtigsten Legierungselemente in Prozent angegeben. Fehlt die Zahlenangabe, so beträgt der Anteil meist weniger als 1 %. Der Restanteil ist Kupfer.

Messing, besonders bei hohem Zn-Gehalt ($\beta$-Mk), ist korrosionsgefährdet. Es kann zu *Lochfraß* (Entzinkung) und bei kaltverformtem Messing zur *interkristallinen Spannungskorrosion* kommen. Insgesamt ist Messing jedoch nur wenig korrosionsanfälliger als Kupfer.

Beispiel einer *Kurzbezeichnung*
CuZn40F48
40 % Zn   $R_{\mathrm{m}} \geq 480\,\mathrm{N/mm}^2$
60 % Cu
Kupfer-Zink-Knetlegierung (gut warm- und kaltumformbar)
frühere Bezeichnung:  Ms 60
                Messing mit 60 % Cu

*Werkstoffbeispiele* (ohne Festigkeitswerte)

| Messingsorte | Charakteristik | Anwendung (Beispiele) |
|---|---|---|
| CuZn28 | sehr gut kaltumformbar | Instrumente, Hülsen |
| CuZn36Pb3 | gut spanbar | Automatenbearbeitung |
| CuZn35Ni | Sondermessing | Apparatebau, Schiffbau |
| CuZn40MnPb | Sondermessing | Wälzlagerkäfige |
| GD-CuZn37Pb | Gussmessing | Druckgussteile für Maschinenbau |
| GZ-CuZn25A15 | Sondergussmessing, hohe mechanische Beanspruchung möglich | hochbelastete Lager Schneckenradkränze |

**Übung 7.3–4**
Welche Legierungen umfasst der Begriff Messing?

**Übung 7.3–5**
Erklären Sie die Werkstoffbezeichnung CuZn40MnPb!

**Übung 7.3–6**
Wie wirkt sich Zink im Kupfer auf die Gießbarkeit aus?

## 7.3.3    Kupfer-Zinn-Legierungen

Zinnbronzen sind die herkömmlichen, klassischen Bronzen. Sie wurden vor mehreren Tausend Jahren bereits erschmolzen und gaben einer vorgeschichtlichen Epoche den Namen *Bronzezeit*.
Knetlegierungen enthalten bis 9 % Sn, Gussbronze bis 20 % Sn. Diese Legierungen besitzen gute mechanische Eigenschaften (hohe Festigkeit, gute Umformbarkeit) und eine hervorragende Korrosionsbeständigkeit. Der Hauptteil dieser Werkstoffgruppe wird durch Gießen verarbeitet.
Neben der hier näher beschriebenen Zinnbronze verwendet man heute die rechts genannten Bronzen.

> *Bronze (Bz)*:
> Cu-Legierung mit mehr als 60 % Cu (von den Zusätzen darf Zn nicht der wichtigste sein!)

Neben Zinnbronzen verwendet man heute:
- Aluminiumbronze    CuAl...
- Silberbronze    CuAg...
- Berylliumbronze    CuBe...
- Manganbronze    CuMn...
- Siliciumbronze    CuSi...
- Mehrstoffbronze    CuAl(Fe,Mn,Ni)

*Erläuterung des Zustandsdiagrammes*
Cu-Sn (Bild 7.3–5):
Das große Erstarrungsintervall begünstigt *Kristallseigerungen*. Zinn ist diffusionsträge, daher ergeben sich in Cu-Sn-Legierungen stets deutlich Konzentrationsunterschiede (*Zonenmischkristalle*).
Die Eigenschaften der $\alpha$-*Phase* entsprechen denen der gleichnamigen Phase des Systems Cu-Zn.
Die $\varepsilon$-*Phase* ($Cu_3Sn$) kristallisiert hexagonal und ist spröde. Steigender Zinnanteil bewirkt zunehmende Versprödung; für Walzzwecke ist daher nur Cu-Sn mit sehr geringem Sn-Anteil verwendbar.

*Anwendung*:
Allg. Maschinenbau (besonders hochbeanspruchte Gleitlager und Schneckenräder), Kraft- und Arbeitsmaschinenbau, Gehäuse, Armaturen usw.

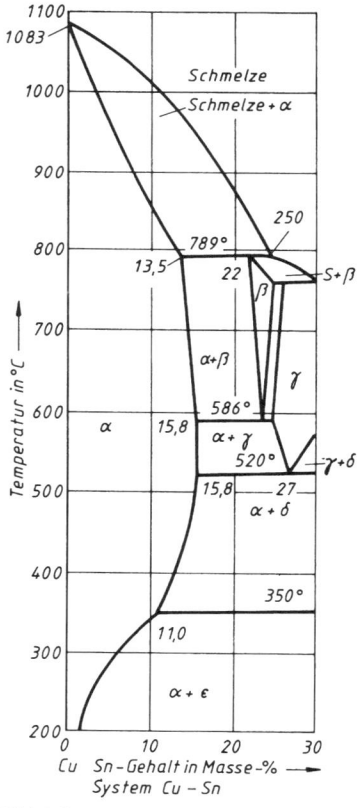

Bild 7.3–5  Zweistoffsystem Kupfer-Zinn (kupferreiche Seite des Diagrammes)

*Werkstoffbeispiele* (ohne Festigkeitswerte)

| Bronzeart | Anwendung (Beispiele) |
|---|---|
| CuSn6 | Federn, Hülsen, Membranen, Siebdrähte |
| GZ-CuSn12 | Spindelmuttern, Schnecken, Gleitleisten |
| G-CuSn7ZnPb (Rotguss) | Gleitlager, Kolbenbolzen-Buchsen |
| G-CuSn2ZnPb (Rotguss) | korrosionsbeständige, dünnwandige Armaturen bis 225 °C |

*Rotguss* (alt: Rg)
Diese häufig verwendeten Werkstoffe sind Mehrstoffbronzen, die außer Zinn zusätzlich Zink und Blei enthalten.

**Übung 7.3–7**
Weshalb ist die Ausbildung von Zonenmischkristallen bei Cu-Sn-Legierungen besonders ausgeprägt?

**Übung 7.3–8**
Welche Arten von Cu-Sn-Legierungen (Zinnbronzen) unterscheidet man?

**Übung 7.3–9**
Erklären Sie die Werkstoffbezeichnung GZ-CuSn12!

# 7.4 Blei, Zinn, Antimon und deren Legierungen

**Lernziele**

Der Lernende ...
- kann wichtige Eigenschaften von Blei, Zinn und Antimon nennen,
- ist über wichtige Anwendungsgebiete der Weißmetalle informiert.

## 7.4.0 Übersicht

Eigenschaften und Anwendung der Metalle Blei, Zinn und Antimon werden genannt. Während z. B. Blei seit etwa 7 000 Jahren verwendet wird (Konstruktionswerkstoff für die hängenden Gärten zu Babylon, Wasserrohre bei den Römern, Bleidach und Bleiverliese im mittelalterlichen Dogenpalast in Venedig), haben die genannten Metalle heute teilweise sehr spezielle technische Anwendungsgebiete. Ihre Legierungen werden hauptsächlich als *Lote, Lagerwerkstoffe* und *Schriftmetall* (Letternmetall) verwendet.

Tabelle 7.4–1  Kennwerte der Metalle Blei, Zinn und Antimon

| Name | Lat. Bezeich-nung | Kurz-zeichen | Farbe | Gitter | Schmelz-temperatur °C | Dichte g/cm$^3$ | Werkstoff (Beispiel) |
|---|---|---|---|---|---|---|---|
| Zinn | Stannum | Sn | grau | $\alpha$-Sn kubisches Diamantgitter bis 13 °C | | | |
| | | | silberweiß | $\beta$-Sn tetragonal bis 232 °C | | 7,28 | GD-Sn80Sb |
| Blei | Plumbum | Pb | mattblau (Oxidschicht) | kfz | 327 | 11,34 | Pb 99,90 |
| Antimon | Stibium | Sb | silberweiß | rhomboedrisch | 631 | 6,69 | – |

## 7.4.1  Blei

Blei ist sehr weich (Rekristallisation bei Raumtemperatur); dünne Bleche und Folien sind walzbar, jedoch keine feinen Drähte ziehbar;

$$R_{\mathrm{m}} \approx 10 \dots 20\,\mathrm{N/mm^2}$$

*Bleiverbindungen sind starke Gifte!* Die Berührung mit Lebensmitteln ist auszuschließen.

Für Wasserleitungsrohre ist Blei verwendbar, da sich Kohlensäure + Luft mit Blei zu einem unlöslichen basischen Bleicarbonat verbinden (Schutzschicht!). Blei ist unlöslich in Schwefel- und Flusssäure. Es erfolgt ebenfalls eine *Passivierung* durch Deckschichtbildung (Salzüberzug).

*Anwendung*:
- Bleioxid-Waben in Akkumulatoren und Autobatterien (je nach Land 40 bis 70 % der gesamten Bleimenge)
- Strahlenschutz
- Kabelummantelungen, Röhren und anderes Walzgut
- Bleibäder, Weichlote, Farbzusatz, Legierungselement u. a.

Blei rekristallisiert bei niedrigen Temperaturen (Bild 7.4–1).
Umformen bei Raumtemperatur ist daher ein Schmieden bzw. Warmumformen!

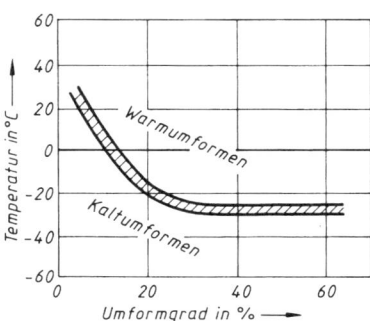

Bild 7.4–1  Mindestrekristallisationstemperatur von Blei (schematisch)

Werkstoffbeispiel:
*Hüttenblei*
Pb 99,94 DIN 1719 = PB 940 E DIN EN 1719
(= *Weichblei*)

## 7.4.2 Zinn

Zinn ist sehr gut verformbar; es lassen sich dünne Folien herstellen (Stanniol; Lametta). Festigkeit $R_m \approx 20 \ldots 30 \, \text{N}/\text{mm}^2$.

Beim Biegen tritt ein knisterndes Geräusch auf, der „Zinnschrei" (Ursache: Bildung von Verformungszwillingen; bei Zinn hörbar). Zinn ist polymorph (s. Tabelle 7.4–1). Die $\alpha$-Modifikation ist spröde und leicht pulverisierbar. Der Zerfall bei tiefen Temperaturen wurde im Mittelalter *Zinnpest* genannt. Zinn besitzt eine hervorragende Beständigkeit gegenüber vielen organischen Säuren und ist daher unbedenklich für Lebensmittel verwendbar.

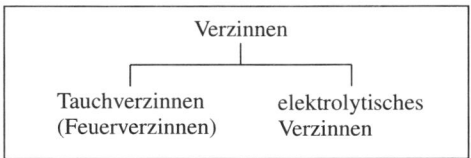

*Anwendungen*:

- Zum Verzinnen von Stahlblech (*Weißblech*) für die Nahrungsmittelindustrie (etwa 53 % des erzeugten Zinns)
- *Lötzinn*
- *Legierungszusatz* (z. B. in Weißmetall, Bronze und Rotguss)

*Achtung*:
Wenn Zinn mit Lebensmitteln in Berührung kommt, darf der Bleigehalt 1 % nicht überschreiten.

## 7.4.3 Antimon

Das silberweiß glänzende Metall hat eine blättrige, grobkristalline Struktur. Durch seine Sprödigkeit ist es leicht pulverisierbar. Es wird in metallisch reiner Form nicht verwendet.

Antimon wird, ebenso wie das sehr verwandte Metall *Bismut* (Bi), als Legierungskomponente verwendet. Es erhöht die Härte des Grundmetalles (Trägerkristalle), z. B. in Lagerwerkstoffen und Druckgusslegierungen.

Antimon Sb
Wichtiges Legierungselement, u. a. in Blei-Druckgusslegierungen z. B. GD-Pb 85 SbSn und in Zinn-Druckgusslegierungen z. B. GD-Sn 80 Sb.

## 7.4.4 Blei-Antimon-Zinn-Legierungen (Weißmetalle)

*Blei-Antimon-Legierungen (Hartblei)*
Bild 7.4–2 zeigt das binäre System Pb-Sb.

*Werkstoffbeispiel für Hartblei*:
PbSb 0,25 DIN 17 640-1

Mit zunehmendem Anteil von Antimon erreicht man zum Eutektikum hin einen bedeutenden Anstieg der Härte gegenüber Reinblei (*Weichblei*). Im Bereich kleiner Sb-Gehalte ist ein zusätzlicher Aushärtungseffekt nutzbar.

Die *Weißmetalle* sind seit mehr als hundert Jahren die klassischen Lagerwerkstoffe. Mit ihrem heterogenen Gefügeaufbau (Bild 7.4–4) haben Gleitlager aus diesen Werkstoffen die erforderliche *Tragfähigkeit* und ein günstiges *Einlaufverhalten*.

Für unterschiedliche Beanspruchungen sind zinnreiches Weißmetall (z. B. LgSn80), zinnarmes Weißmetall (z. B. LgPbSn10) und aushärtbare Legierungen (*Bahnmetall*) entwickelt worden.

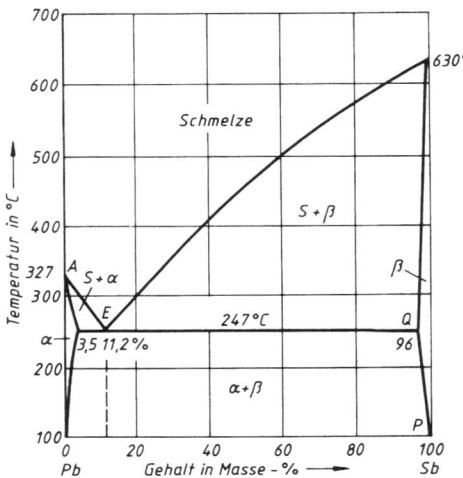

Bild 7.4–2   Zweistoffsystem Blei-Antimon

*Weichblei*
(Reinblei):                    Härte $\approx$ 4 HB

*Hartblei*
(PbSb-Eutektikum):   Härte bis zu 20 HB

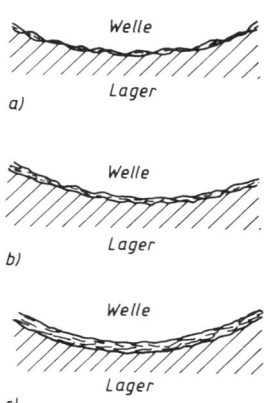

Bild 7.4–3  Reibungsverhältnisse in einem Gleitlager (schematisch)
a) Festkörperreibung (z. B. Metall auf Metall)
b) Grenz- oder Mischreibung (Schmierstofffilm vorhanden, partielle metallische Berührung)
c) Flüssigkeitsreibung (ausreichend dicker Schmierstofffilm; keine metallische Berührung)

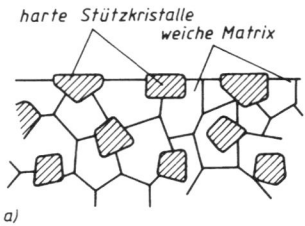

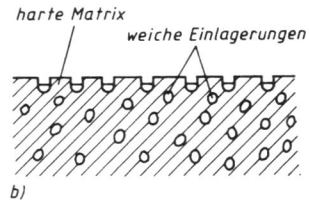

Bild 7.4–4  Gefügearten bei Gleitlagerwerkstoffen
a) harte „Stützkristalle" in weicher Matrix (Grundmasse)
b) harte Matrix (Grundmasse) mit weichen Einlagerungen

Der Aushärtungseffekt wird durch sehr geringe Zugabe einiger Alkali- und Erdalkalimetalle (Na, Ba, Li, Al, Mg, K und Sr) erreicht. Rechts sind die Anforderungen an Lagerwerkstoffe ganz allgemein genannt. Die Werkstoffbeispiele gehen über die hier erläuterten Legierungen hinaus.

Allgemeine *Anforderungen an Lagerwerkstoffe*:
- günstiges Reib- und Verschleißverhalten
- ausreichende Tragfähigkeit (zulässige Flächenpressung)
- gutes Einlaufverhalten (geometrische Anpassung an die Welle)
- leichte Bearbeitbarkeit

PbSn-Legierungen verschiedener Zusammensetzung werden als *Weichlote* eingesetzt. Die niedrigste Schmelztemperatur besitzt die eutektische Lotlegierung L-Sn60Pb (183 °C).
*Weichlote* haben eine Liquidustemperatur unter 450 °C (bei Pb-Sn-Loten liegt sie unter 330 °C)
*Hartlote* haben eine Liquidustemperatur über 620 °C (Kupfer-, Silberlegierungen)

Tabelle 7.4–2   Vergleich von LgPbSn10 mit anderen Lagerwerkstoffen

| Werkstoff | Härte $HB$ $N/mm^2$ | Zulässige Flächenpressung $p$ $N/mm^2$ |
|---|---|---|
| LgPbSn10 | 220 | 20 |
| GPbBz25 | 300 | 30 |
| Zinklegierung | 650 | 25 |
| Al-Legierung | 700 | 40 |
| Rotguss | 690 | 50 |
| Sondermessing | 900 | 45 |

**Übung 7.4–1**
Nennen Sie Beispiele für technische Anwendungen der Metalle Blei (Pb) und Zinn (Sn)!

**Übung 7.4–2**
Weshalb haben Gleitlager aus Weißmetallen ein gutes Einlaufverhalten?

**Übung 7.4–3**
Welche Legierungen sind für sehr hohe Lagerbelastungen geeignet?

# 7.5   Titan, Titanlegierungen

### Lernziele

Der Lernende kann ...
- wichtige Eigenschaften von Titan nennen,
- begründen, weshalb Titan und Titanlegierungen in zunehmendem Maße verwendet werden,
- bewährte Anwendungsgebiete für diese Werkstoffgruppe nennen.

## 7.5.0    Übersicht

Titan ist ein Metall der neuen Zeit. Seine Anwendung nimmt ständig zu. Besonders die Raumfahrttechnik hat die Entwicklung von Titanwerkstoffen vorangetrieben. Nach dem griechischen Göttergeschlecht der Titanen benannt, wurde das Element *Titan* bereits 1791 und 1795 von zwei Wissenschaftlern unabhängig voneinander entdeckt. Erst 1910 gelang es, einige Gramm dieses silberweißen, stahlartig harten und spröden Metalls herzustellen. In der Erdkruste ist Titan weit verbreitet (Anteil bis zu 0,5 %).

Damit kommt dieses Metall etwa dreimal häufiger vor, als die Elemente Cu, Zn, Ni, V, Cr und Mn zusammengenommen. Es existiert kein ausgesprochenes Titanerz. Das Element wird u. a. aus den Mineralen *Rutil* und *Ilmenit* gewonnen. Der Ti-Gehalt ist allerdings sehr niedrig, und die Gewinnung ist entsprechend teuer. Dazu führt auch die hohe Affinität des Titans zu einigen Gasen (insbesondere zu Stickstoff) und zu Kohlenstoff. Man stellt zunächst Titan(IV)-Chlorid her und reduziert diese Verbindung mit Magnesium bei 800 bis 950 °C unter Edelgasatmosphäre. Erst im Laufe der Entwicklung stellte sich heraus, dass nur unreines Titan spröde und brüchig ist. *Reintitan* besitzt Festigkeitseigenschaften normaler Baustähle, ist ausreichend zäh und korrosionsbeständiger als hochlegierte Stähle. Zur Auskleidung von Säurebehältern ist Reintitan hervorragend geeignet. Reintitan und *Titanlegierungen* sind „Rivalen" der hochlegierten Stähle.

Gegenwärtig verbrauchen Luftfahrt- und Raumfahrtindustrie fast 90 % des hergestellten Titans. Überschallflugzeuge bestehen bereits zu einem relativ hohen Anteil aus Titan. Man kann sich vorstellen, dass diese Werkstoffe Stahl in Zukunft dort verdrängen, wo das Verhältnis Masse/Leistung ausschlaggebend ist, z. B. bei Kraftfahrzeugen. In der Medizintechnik gibt es bereits gute Erfahrungen mit Gelenkprothesen aus Titanlegierungen. Ihre berechnete Lebensdauer ist sehr hoch.

## 7.5.1    Reintitan

Reintitan ist gut korrosionsbeständig, lässt sich trotz hexagonaler Struktur gut umformen und besitzt eine relativ hohe Festigkeit. Diese Eigenschaften und die geringe Dichte sprechen für eine breite Anwendung. Dagegen sind jedoch hohe Herstellungs- und Verarbeitungskosten zu verzeichnen. Titan bildet überwiegend Mischkristalle mit Molybdän, Vanadium, Tantal und Niob. Mangan zeigt mit Titan ähnliche Verhältnisse wie das System Eisen-Kohlenstoff (eutektoider Typ). Titan besitzt eine hohe Affinität zu Wasserstoff, Stickstoff, Kohlenstoff und Sauerstoff.

Bei Temperaturen über 950 °C versprödet das Metall. Aus diesem Grunde sind Warmumformung und Schweißen problematisch. Mit Edelgas-Schweißverfahren lassen sich dagegen einwandfreie Verbindungen herstellen.

| *Titan* | |
|---|---|
| Farbe: | silberweiß |
| | (Pulver grau bis schwarz) |
| Gitter: | hex ($\alpha$-Ti) ab 882 °C krz |
| | ($\beta$-Ti) |
| Schmelztemperatur: | 1 690 °C± 10 K |
| Dichte: | 4,49 g/cm$^3$ |
| Festigkeit: | $R_\mathrm{m} = 250\ldots700$ N/mm$^2$ |
| | (je nach Behandlungsart) |

*Beispiele*:
Ti 99,7 Werkstoff-Nr. 3.7035.10
DIN 17 850
Reintitan mit $R_\mathrm{m} = 390\ldots540$ N/mm$^2$
(geglüht)

*Titanlegierungen* sind schwer schweißbar, was auf die Versprödung durch Aufnahme von Wasserstoff und Sauerstoff sowie die $\alpha$-$\beta$-Umwandlung zurückzuführen ist. Neue Wege öffnet das Elektronenstrahl-Schweißverfahren im Vakuum.

Titan wird, gebunden an Kohlenstoff, als *Titancarbid* in hochwertigen Sinterschneidwerkstoffen und als Legierungsmetall in Edelstählen sowie auch in Leichtmetallen verwendet. Eine moderne Methode zur Oberflächenbehandlung ist die Titancarbidbeschichtung.

Titanlegierungen (Beispiele) DIN 17 851

| | |
|---|---|
| TiAl6V4F89 | für große Schmiedestücke hohe Warmfestigkeit |
| TiV13Cr11A14 | höchste Festigkeitswerte erzielbar ($R_m \approx 1\,700\ \mathrm{N/mm^2}$) |

## 7.5.2 Titanlegierungen

Die wichtigsten Legierungselemente sind Eisen, Chrom, Molybdän, Aluminium, Vanadium und Zinn. Es lassen sich dadurch hauptsächlich die Festigkeitswerte verbessern.

**Übung 7.5–1**
Weshalb ist Titan ein zukunftsträchtiges Metall?

**Übung 7.5–2**
Auf welchen Gebieten ist die Verwendung von Titan und Titanlegierungen vorteilhaft?

**Übung 7.5–3**
Welche Festigkeitswerte sind bei legiertem Titan maximal erreichbar?

## Lernzielorientierter Test zu Kapitel 7

1. Eine Al-Druckgusslegierung mit 3 % Si und 1 % Mg, warm ausgehärtet, wird nach DIN wie folgt bezeichnet:
   A DG-AlMg3Siwa
   B GD-waAlMgSi
   C GD-AlSi3Mgwa
   D AlMg3SiGDwa

2. L-Sn 60 Pb bedeutet
   A Lagerwerkstoff 60 % Sn
   B Weichlot mit 60 % Sn, wenig Pb
   C Leichtbaulegierung mit 60 % Pb
   D Lagerwerkstoff $R_m = 60$ MPa

3. Welche reinen Metalle haben folgende Schmelztemperaturen?
   A 1 536 °C
   B 660 °C
   C 1 083 °C
   D 327 °C
   E 232 °C

4. Reinaluminium
   A ist gut kaltumformbar
   B besitzt hohe Festigkeit
   C ist sehr leicht
   D ist gut löt- und schweißbar

E ist ein guter Leiter für Wärme und Elektrizität

5. Veredeln von Al-Legierungen ist

A eine Wärmebehandlung in Durchlauföfen

B ein „Impfen" der Schmelze mit Natrium

C eine Behandlung, die feines Korn bewirkt

D eine Tauchbehandlung von Al-Gussteilen

E mit einer Erhöhung der Festigkeit verbunden

6. Die elektrische Leitfähigkeit von Al wird stark beeinflusst durch

A Mn

B Ni

C Si

D Ti

E V

7. Aushärten (Kalt- oder Warmaushärten)

A setzt Mischkristalle mit abnehmender Löslichkeit bei sinkender Temperatur voraus

B ist nicht nur bei einigen Al-Legierungen möglich

C ist mit der Martensitbildung vergleichbar

D beginnt stets mit dem Lösungsglühen (Homogenisieren)

E erfolgt nach dem Abschrecken; die Entmischung wird angestrebt

8. Bei der Knetlegierung AlZnMg3 ist im warmausgehärteten Zustand folgende

Zugfestigkeit $R_m$ erreichbar:

A 100 N/mm$^2$

B 220 N/mm$^2$

C 440 N/mm$^2$

D 1 000 N/mm$^2$

9. Eutektische Legierungen, wie z. B. G-AlSi 12, sind gut gießbar aufgrund

A des Schmelzpunktminimums bei der vorliegenden Konzentration

B der raschen Abkühlung

C ihrer Dünnflüssigkeit bei der vorliegenden Konzentration

D ihres guten Formfüllungsvermögens

10. SF-CuF15 (SE-Cu150) bedeutet

A einsatzgehärtetes Kupfer, $R_m = 150$ N/mm$^2$

B sauerstofffreies Kupfer, $R_m = 150$ N/mm$^2$

C Elektrolytkupfer, Sandguss, $R_m = 150$ N/mm$^2$

D extra reines Kupfer mit Härte $HV$ 15

E Kupfer, hochfest; $\varkappa = 15 \cdot 10^6$ S/m

11. Messing

A ist eine Kupfer-Zinn-Legierung

B ist eine Kupfer-Zink-Legierung

C enthält bis zu 60 % Sn

D enthält bis zu 45 % Zn

E ist etwas korrosionsanfälliger als Cu

12. Lebensmittel dürfen nicht in Berührung kommen mit

A Eisen

B Zinn

C Blei

# 8 Sinterwerkstoffe

## 8.0 Überblick

Sintertechnisch werden Teile gefertigt, indem aus Pulver Rohlinge geformt und anschließend durch eine Wärmebehandlung (Brennen, Sintern) verfestigt werden. Seit jeher werden nichtmetallisch-anorganische Substanzen nach diesem Prinzip zu Keramik (z. B. Ziegel, Töpferwaren, Steinzeug, Steingut, Porzellan) verarbeitet. Heute werden auch aus Metallen, Metalllegierungen und Metallverbindungen Sinterteile für spezielle Anwendungsgebiete hergestellt (*Metallkeramik* oder *Pulvermetallurgie*). Auch lassen sich Mischungen und Verbunde aus Metall und Keramik auf diesem Wege erzeugen.

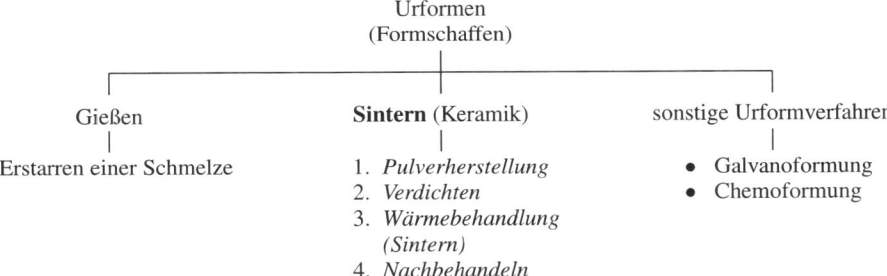

In diesem Kapitel wird die *Sintertechnik* (keramische Technologie) in kurzer Form beschrieben. Dabei wird die Metallkeramik (Pulvermetallurgie) besonders betont. Man ist mit diesem Urformverfahren u. a. in der Lage, poröse Teile herzustellen und sehr verschiedenartige Pulver zu kompakten Körpern zu verarbeiten. Es wird auf die wichtigsten spezifischen Eigenschaften eingegangen, die durch diese Technologie erreicht werden können. Die Anwendungsbeispiele beziehen sich auf den Maschinenbau und artverwandte Industriebereiche.

## 8.1 Grundlagen der Sintertechnik

### Lernziele

Der Lernende kann ...
- Verfahren zur Pulverherstellung nennen,
- erläutern, dass sich Gestalt und Größe der Pulverteilchen auf das Press- und Sinterverhalten auswirken,
- die Formgebung durch Pressen beschreiben und wichtige Einflussgrößen nennen,
- den Sinterprozess erläutern,
- begründen, dass Nachverdichten und andere Nachbehandlungen in verschiedenen Fällen notwendig sind.

## 8.1.0    Übersicht

Die Eigenschaften von Sinterteilen werden in erheblichem Maße vom technologischen Ablauf der Herstellung bestimmt. Zum besseren Verständnis der Werkstoffeigenschaften wird die Herstellung kurz beschrieben.

## 8.1.1    Pulverherstellung

Spröde Ausgangsstoffe werden *gemahlen* (z. B. in Kugelmühlen). Zähe Metalle werden auf sehr verschiedene Art und Weise zerkleinert. Man kann z. B. die Metallschmelze im Wasserstrahl verspritzen lassen (*granulieren*) oder in einem Gasstrom *zerstäuben*.

Auch aus der Dampfphase lassen sich manche Stoffe als feinverteilter Niederschlag gewinnen. Daneben sind noch eine Reihe chemischer Verfahren, wie *elektrolytische Abscheidung* oder *Reduktion von Metalloxiden*, üblich, die leicht pulverisierbare Substanzen liefern.

Größe, Form und Oberfläche der Pulverteilchen sind je nach verwendeten Ausgangsstoffen und Zerkleinerungsverfahren sehr verschieden. In der Pulvermetallurgie sind Korngrößen von 1 ... 50 µm möglich.

DIN 30 900 unterscheidet zwölf verschiedene *Kornformen*. Damit ist angedeutet, dass sich die Pulvereigenschaften auf die weitere Verarbeitbarkeit und auf die Eigenschaften der Fertigteile auswirken.

Metallpulver müssen *oxidfrei*, also nach reduzierender Vorbehandlung, weiterverarbeitet werden.

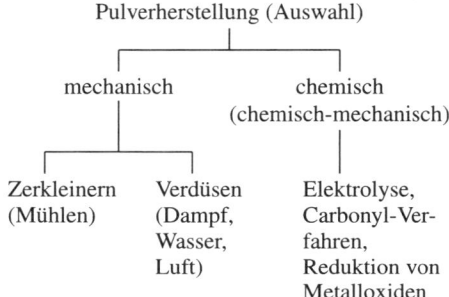

Bestimmend für die weitere *Verarbeitung*:
- Eigenschaften der Ausgangsstoffe (Pulvereigenschaften)
- Größe, Form und Oberfläche der Pulverteilchen

Die *Pulverteilchen* haben verschiedene Gestalt. Sie sind z. B. kugelig, spratzig, dendritisch, plättchenförmig, tellerartig.

| Metallpulver sind reduzierend zu glühen. |
| --- |

## 8.1.2    Formgebung

Das vorbereitete Pulver wird in eine Form gefüllt und unter hohem Druck zu einem *Rohling* gepresst. Bei schwer verpressbaren Pulvern wird ein Schmiermittel (z. B. Paraffin) zugesetzt. Der Pressvorgang erfolgt meist bei Raumtemperatur mittels hydraulischer Pressen.

Durch *Pressen*, seltener *Strangpressen* oder *Walzen*, wird das Pulver bzw. Pulvergemisch zu Rohlingen verdichtet (erfolgt meistens bei Raumtemperatur).

*Strangpressen* oder unmittelbares *Walzen* des Pulvers garantiert eine kontinuierliche Verdichtung des Pulvers. Die gepressten Teile haben einen losen Zusammenhalt. Das Porenvolumen beträgt etwa 35…45 %. Werden die Rohlinge ohne Druck geformt, z. B. im *Schüttverfahren* oder im *Schlickergießverfahren*, erhält man Teile mit sehr hoher Porosität.

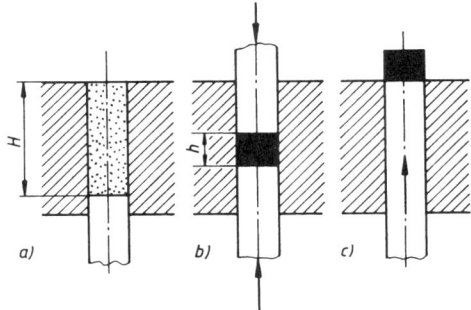

Ein zweiseitiges Pressen (Bild 8.1–1) bewirkt keine gleichmäßige Verdichtung des Pulvers. An den Seiten wirkt ein geringerer Druck als an beiden Stempelflächen.
Eine gleichmäßige Verdichtung erzielt man, wenn das Pulver in eine verschlossene, elastische Form (gummielastischer Werkstoff oder dünnes Blech) gefüllt und danach in einer Flüssigkeit hohem Druck ausgesetzt wird. Die gleichmäßige Fortpflanzung des Druckes in Flüssigkeiten führt zu allseitiger Verdichtung. Man nennt dieses Verfahren *hydrostatisches* oder *isostatisches Pressen.*

Dichte 100 % bedeutet Gusszustand, d. h., es wird ein Porenvolumen von 0 % angenommen.

Bild 8.1–1  Zweiseitiges Pressen – Prinzip eines Verfahrens zur Pulververdichtung
a) Pulver eingefüllt (*H* Füllhöhe)
b) Pressvorgang beendet (*h* Höhe des Rohlings)
c) Rohling ausgeworfen

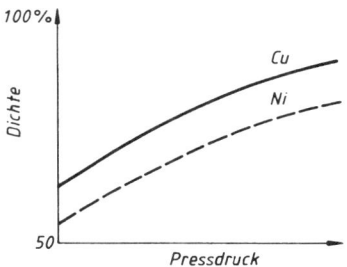

Bild 8.1–2  Mit zunehmendem Druck erhöht sich die prozentuale Dichte (es vermindert sich das Volumen der „Zwischenräume"). Die Werkstoffe verhalten sich unterschiedlich (schematisch für Cu und Ni dargestellt).

## 8.1.3  Sintern

Die kaltgepressten oder auch teilweise ohne Verdichtung geformten Rohlinge werden anschließend einer Wärmebehandlung, dem *Sintern,* unterzogen. Die Pulverteilchen wachsen durch Diffusion zu einem Gefüge zusammen, und die Porosität verringert sich erheblich (auf etwa 5…10 %). Die Dichte des Gusszustandes wird nicht erreicht. Während des Sintervorganges verringert sich das Volumen der Teile sehr stark (*Schrumpfung*).

*Sintern* ist eine Wärmebehandlung, bei der aus pulvrigem oder körnigem Material gepresste, stark porige Körper in feste und kompakte Körper umgewandelt werden. Durch Zusammenbacken (hauptsächlich durch Diffusion) der Körner entsteht ein *keramisches Gefüge* mit geringerer Porosität.

```
                              Sintern
          ┌──────────────────────┼──────────────────────┐
     Sintern fester      Sintern mit          Reaktions-
     Phasen              flüssiger Phase       sintern
          │                     │                     │
     (0,8...0,9)Ts       bei vielen Mehr-      Pulverzusam-
                         stoffsystemen,        mensetzung
                         bei den meisten       entsteht erst
                         anorganisch-          beim Sintern,
                         nichtmetallischen     z. B. bei SiC-
                         Systemen              Keramiken
```

$T_S$ Schmelztemperatur in °K

Die *Sintertemperaturen* liegen bei $(0,8...0,9) \cdot T_s$ des Hauptbestandteiles, bei Mehrstoffsystemen aber oft oberhalb der Temperatur $T_s$ der niedrigstschmelzenden Komponente. Damit ist es möglich, dass beim Sinterprozess eine flüssige Phase vorliegen kann. Ebenso sind chemische Reaktionen möglich (*Reaktionssintern*). Bei schlecht sinternden Stoffen wird auch das *Heißpressen* (Drucksintern) angewendet. Hierbei wirkt das plastische Fließen metallischer Pulverkörner bestimmend auf die Verdichtung und Verfestigung.

Ein modernes Verfahren ist das *Heißisostatische Pressen*, vom Praktiker oft „*Hippen*" genannt. Es hat bei einigen anorganisch-nichtmetallischen Pulvergemischen bereits einen festen Platz in der Fertigung eingenommen.

Sinterprozesse verlaufen unter *Schutzgasatmosphäre*, um unerwünschte chemische Reaktionen (vor allem Oxidation) zu unterbinden.

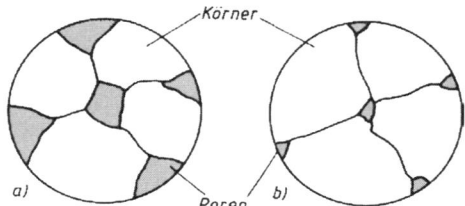

Bild 8.1–3   Wirkung des Sinterns (schematisch)
a) Gefügestruktur nach dem Pressen
b) Gefügestruktur nach dem Sintern (man erkennt eine deutliche Verringerung des Porenvolumens)

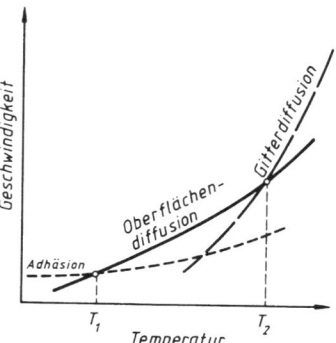

Bild 8.1–4   Thermisch aktivierte Vorgänge beim Sintern

Im Abschnitt 8.2.1 werden Beispiele für Sintermetalle aufgeführt. Es werden u. a. Werkstoffeigenschaften genannt, die nur durch die aufwendige Sintertechnik erreichbar sind. Obwohl das technologische Prinzip sehr alt ist, rücken neue Zielstellungen und Anwendungen in den Vordergrund.

Gefordert und angewendet werden diese Werkstoffe in sehr innovativen Bereichen und Wachstumsbranchen (z. B. Verkehrswesen, Energietechnik, Elektrotechnik und Elektronik, Umwelttechnik).

*Beispiele*:
- Herstellung endabmessungsnaher Werkstücke (d. h. nahezu abfallfreie Herstellung)
- Herstellung reiner, homogener und nahezu fehlerfreier Teile
- Herstellung von Teilen mit mehrphasigem Gefüge, Dispersionshärtung; faserverstärkte Werkstoffe u. a. (d. h. schmelzmetallurgisch nicht herstellbarer, „unmöglicher" Werkstoff wird Wirklichkeit)

## 8.1.4 Nachbehandlung

Entsprechend dem Verwendungszweck können Nachbehandlungen gesinterter Formteile erforderlich werden:
- *Kalibrieren* (spanlose Bearbeitung)
- *Oberflächenbehandlung* (Korrosionsschutz oder Erhöhung des Verschleißwiderstandes)
- *Wärmebehandlung*
- *Tränken* (Füllen der Poren z. B. mit Öl)

**Übung 8.1–1**
Erklären Sie die wichtigsten Unterschiede zwischen den Urformverfahren Gießen und Sintern!

**Übung 8.1–2**
Welchen Einfluss hat der Pressdruck beim Formen der Rohlinge auf die Werkstoffeigenschaften des Sinterkörpers?

**Übung 8.1–3**
Weshalb schrumpfen Teile während des Sintervorganges?

# 8.2 Eigenschaften, Anwendungsgebiete

**Lernziele**

Der Lernende kann …
- aus dem Aufbau einiger Sinterwerkstoffe deren spezifische Eigenschaften herleiten,
- typische Anwendungsfälle für Werkstoffe der Metallkeramik und Oxidkeramik nennen,
- die Notlaufeigenschaft gesinterter Eisen- und Bronzelager beschreiben,
- erläutern, weshalb bei der Herstellung von Schneidplättchen (Hartmetall, Schneidkeramik) die Sintertechnik den Vorzug erhält,
- begründen, weshalb keramische Werkstoffe bei Hochtemperaturbeanspruchung in Zukunft mehr Beachtung finden werden.

## 8.2.0 Übersicht

Im Maschinenbau und verwandten Zweigen der Industrie werden sintertechnisch hergestellte Werkstoffe verwendet, wenn diese Art der Herstellung vorteilhafter ist oder bestimmte Eigenschaften (z. B. Porosität) nur auf diese Weise erzielt werden können. Zunächst werden *Sintermetalle* vorgestellt. Ausgangsstoffe sind Metalle, Legierungen und Metallverbindungen. Anschließend an die *Hartmetalle* werden Konstruktionswerkstoffe genannt, die einerseits der Gruppe Oxid- und Mischkeramik und andererseits der so genannten Nichtoxidkeramik zuzuordnen sind.

## 8.2.1 Sintermetalle

Die aufwendige Technologie und teure Formen für den Pressvorgang lohnen sich nur bei hohen Stückzahlen und für technische Anwendungsbereiche, die sich ausschließlich (oder besser) mit dem Sinterverfahren realisieren lassen. Bei metallischen Ausgangsstoffen verwendet man auch die Begriffe *Pulvermetallurgie* oder *Metallkeramik*.

*Beispiele*:
- *Hochschmelzende Metalle* (z. B. Mo, W, Ta, Nb) fordern neben hohem Energieaufwand besonders stabile Tiegel- bzw. Ofenauskleidungen. Stoffe mit sehr unterschiedlichen Schmelztemperaturen oder Komponenten, die ineinander selbst im flüssigen Zustand unlöslich sind, lassen sich durch Gießen schwerlich vereinigen. In allen Fällen bietet das Urformverfahren Sintern eine gute Lösung.
- *Poröse Körper* werden für Filter und für Lager benötigt. Porengröße und -volumen sind technologisch beeinflussbar. Gleichmäßig verteilte und untereinander verbundene Poren sind in der Lage, Öl aufzunehmen und während des Betriebes abzugeben. Man erhält auf diese Weise selbstschmierende, wartungsarme Lagerungen (Notlaufeigenschaft).

*Werkstoffbeispiele*:
Sinterbronze  (z. B. für hochbelastete Kupplungen)
Sintereisen  (z. B. für Gleitlagerschalen, Gleitsteine)

*Pulvermetallurgie (Metallkeramik)* befasst sich mit der Gewinnung von Pulvern aus Metallen und Legierungen und deren Verarbeitung zu Halbzeugen und Fertigteilen. In gleicher Weise werden Metallverbindungen (z. B. Carbide, Boride, Silicide, Nitride und Oxide von Metallen) pulverisiert und verarbeitet.

Hochschmelzende Metalle (Beispiele)

| Metall | $T_s$ $^\circ C$ |
|--------|------------------|
| Nb | 2 487 |
| Mo | 2 622 |
| Ta | 2 996 |
| W | 3 387 |

| Porosität | Anwendungsbeispiele |
|-----------|---------------------|
| bis 5 % | Bauteile mit hoher Festigkeit |
| bis 15 % | Bauteile mit mittlerer Festigkeit |
| bis 20 % | diverse Bauteile |
| bis 30 % | Gleitlager, ölgetränkt |
| bis 60 % | Filter |

Definition des Begriffes Notlaufeigenschaft s. Abschnitt 10.2.1

Sinterstahl (z. B. für Filter, Kurvenscheiben, Laufrollen)

- Bei sehr *spröden Werkstoffen*, die sich kaum spanen lassen, ergeben sich Vorteile durch eine Sinterung (z. B. hochlegierte Stähle auf Fe-Cr-Al-Basis).
- Sehr *hohe Reinheitsgrade* und konstante Zusammensetzungen sind in bestimmten Fällen pulvermetallurgisch leichter zu garantieren als gießtechnisch.
- *Massenartikel* (kleine und einfache Formen) sind mitunter billiger pulvermetallurgisch herstellbar.

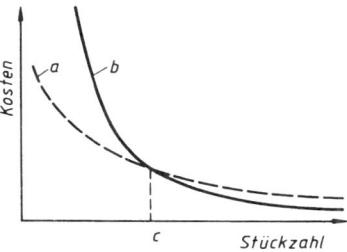

Bild 8.2–1 Kostenvergleich gleicher Werkstücke
a) spanend gefertigt
b) sintertechnisch hergestellt
c) Grenzstückzahl (gleicher Preis)

## 8.2.2 Gesinterte Carbidhartmetalle (Hartmetalle)

Hartmetalle sind sintertechnisch hergestellte Verbundwerkstoffe aus *Hartstoffen* (Wolframcarbid WC oder Mischcarbide von W, Ti und Ta) und einem *Bindemetall* (meist Co). Deren Mischungsverhältnis bestimmt in einem großen Maße die Eigenschaften und damit die Anwendungsmöglichkeiten. Mit steigendem Hartstoffanteil nehmen Härte und Verschleißwiderstand zu, während die Zähigkeit sinkt. Hauptanwendungsgebiet der Hartmetalle ist die Spanungstechnik.
Eine zusätzliche *Beschichtung* macht Hartmetall-Schneidplatten noch leistungsfähiger.

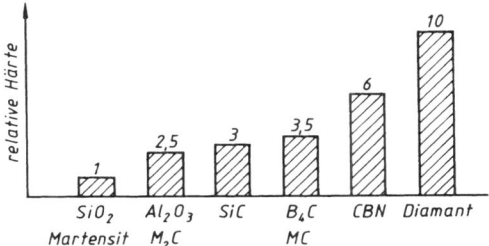

Bild 8.2–2 Verschiedene Hartstoffe
(Härtegefüge Martensit, Oxide, Carbide, Nitride)
M Metall, CBN kubisches Bornitrid
Die Carbide der Übergangsmetalle W, Ti und Ta vom Typ MC sind die Grundstoffe gesinterter Hartmetalle.

## 8.2.3 Oxid- und Mischkeramik

Gesintertes $Al_2O_3$ (Sintertonerde oder Sinterkorund) besitzt eine hohe Druckfestigkeit, hohe Temperaturbeständigkeit und ist chemisch beständig. Es ist u. a. Basismaterial für *Schneidkeramik* zur spanenden Bearbeitung von Werkstoffen. Der hohe Verschleißwiderstand wird z. B. praktisch genutzt bei Fadenführungselementen in der Textilbranche und bei Ziehsteinen für die Drahtherstellung. Isolierkörper der Zündkerzen sind ein Beispiel für den Einsatz dieser Werkstoffe bei thermisch hoher Belastung.

*Metalloxide* sind die Grundlage keramischer Stoffe. Für den Maschinenbau besitzt $Al_2O_3$ herausragende Bedeutung.

*Haupteigenschaften von $Al_2O_3$:*
- hohe Druckfestigkeit (etwa 2,6 GPa)
- hohe Temperaturbeständigkeit
- chemische Beständigkeit
- hohe Verschleißfestigkeit
andere Metalloxide: $ZrO_2$, $TiO_2$

Technisch reines $Al_2O_3$ enthält:

- $SiO_2$    $0,05\ldots0,10\,\%$
- $Na_2O$    $0,10\ldots0,20\,\%$
- $CaO$    $0,05\ldots0,10\,\%$
- $Fe_2O_3$
  $TiO_2$    $\Big\}$ Spuren
  $Cr_2O_3$

Nebenstehend ist zu erkennen, dass $Al_2O_3$ in mehreren mineralischen Strukturen (mit unterschiedlichem Kristallwasseranteil) und in keramischen Ein- und Mehrstoffsystemen sintertechnisch verarbeitet wird.

Außer Aluminiumoxid haben Titanoxid ($TiO_2$) und Zirkonoxid ($ZrO_2$) als Konstruktionswerkstoffe an Bedeutung gewonnen.

Beispiele:    $TiO_2$    Fadenführer in der Textilindustrie

$ZrO_2$    Hüftgelenkprothesen
Schaufelräder für Pumpen

| | |
|---|---|
| *Einstoffsysteme* | |
| $Al_2O_3\cdot$ 3 $H_2O$ | Hydrargillit |
| $Al_2O_3\cdot$ $H_2O$ | Diaspor |
| $Al_2O_3$ | Saphir, Korund |
| *Zweistoffsysteme* | |
| $Al_2O_3$-$SiO_2$ | Pyrolan, Kaolinit, Mullit |
| $Al_2O_3$-$Cr_2O_3$ | Sinterrubin, Sintox, Chromal |
| *Dreistoffsysteme* | |
| (Beispiel) | |
| Tonsubstanz | -Quarz -Feldspat |
| $Al_2O_3\cdot$ 2 $SiO_2$ | -$SiO_2$    -$K[AlSi_3O_8]$ |
| $\cdot$ 2 $H_2O$ | |

(unterschiedliche Zusammensetzungen ergeben: feuerfestes Material, Hart- und Weichporzellan, Dentalkeramik)

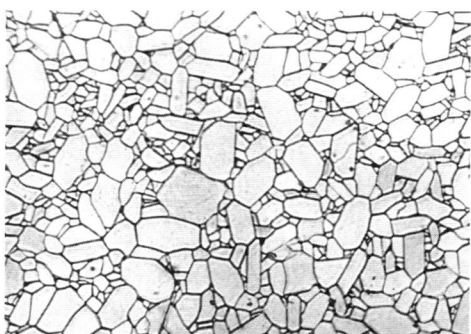

Bild 8.2–3  Aluminiumoxid ($Al_2O_3$)-Keramik (TU Bergakademie Freiberg) 800 : 1

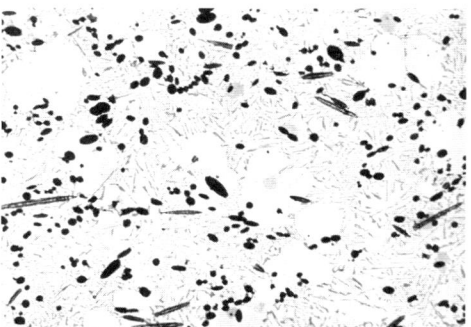

Bild 8.2–4  Aluminiumlegierung, mit $Al_2O_3$-Kurzfasern verstärkt, poliert (TU Bergakademie Freiberg) 500 : 1

Von *Mischkeramik* (Cermets) spricht man, wenn *Metall-Nichtmetall-Mischphasen* vorliegen (z. B. Cr-$Cr_2O_3$-$Al_2O_3$-Mischkristall). Cermets werden u. a. als *Schneidkeramik* angeboten. Werden für bestimmte technische Zwecke keramische Teile metallisiert (d. h. Metallpulver eingesintert) oder in anderer Weise Schichten erzeugt, so liegen *Verbundwerkstoffe (Metall-Keramik)* vor.

Diese Ausführungen gelten analog für andere Metalloxid- Sinterwerkstoffe.

*Mischkeramik* (Cermets): Sinterwerkstoffe mit Metall-Nichtmetall-Mischphasen

*Verbundwerkstoffe Metall-Keramik*: Metallauflage auf Keramik oder Keramikauflage auf Metall

## 8.2.4 Nichtoxidkeramik

Konstruktionswerkstoffe dieser Gruppe sind u. a.:

*Werkstoff*

Siliciumcarbid, reaktionsgesintert (RBSC)
Siliciumcarbid, heißgepresst (HPSC)
Siliciumnitrid, gesintert (SSN)
Siliciumnitrid, reaktionsgesintert (RBSN)
Wolframcarbid (WC)

*Anwendung* (Beispiele)

Rohre für Wärmeaustauscher
Pumpenteile
Verbrennungsmotoren (Injektionsdüsen)
Gasturbinenrotor, Thermoelementhülsen
Schneidwerkzeuge

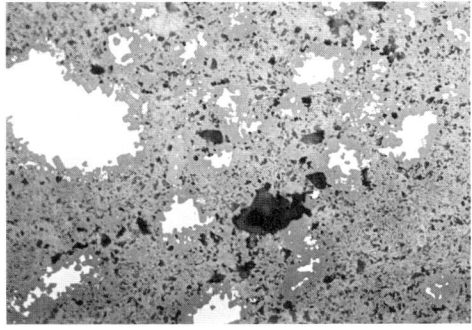

Bild 8.2–5 Siliciumnitrid ($Si_3N_4$)-Keramik, reaktionsgesintert mit hohem Porenanteil und freiem Silicium; poliert (TU Bergakademie Freiberg) 320 : 1

**Übung 8.2–1**
Welche Vorteile bieten poröse Lagerwerkstoffe, wie z. B. Sintereisen und Sinterbronze?

**Übung 8.2–2**
Wie entsteht die hohe Schneidhaltigkeit hartmetallbestückter Werkzeuge?

**Übung 8.2–3**
Was versteht man unter Hartstoffen?

**Übung 8.2–4**
Nennen Sie Anwendungsbeispiele oxidkeramischer Werkstoffe im Maschinenbau!

## Lernzielorientierter Test zu Kapitel 8

1. Sintern
   A ist ein Urformverfahren
   B dient der Herstellung sehr harter Körper
   C ermöglicht die Herstellung poriger Körper
   D erhält gegenüber dem Gießen den Vorzug bei Kombination sehr verschiedenartiger Stoffe
2. Hartmetalle
   A haben im Periodensystem der Elemente eine hohe Ordnungszahl
   B ist die Kurzbezeichnung für gesinterte Carbidhartmetalle
   C enthalten vorwiegend Cobalt als Bindemetall
   D enthalten $Al_2O_3$ als Härteträger

E enthalten WC, TiC und TaC als Härteträger
3. Sinterbronze
   A hat eine schwammartige Struktur
   B hat ein geringes Porenvolumen
   C kann Schmierstoffe aufnehmen
   D wird als Schneidstoff verwendet
   E wird für Lagerschalen und Gleitsteine verwendet
4. Aluminiumoxid $Al_2O_3$
   A ist thermisch und chemisch hoch beanspruchbar
   B besitzt eine niedrige Druckfestigkeit
   C ist sehr verschleißfest
   D ist wenig verschleißfest
   E kommt als Ein- und Mehrstoffsystem vor

# 9 Korrosion und Korrosionsschutz

## 9.0 Überblick

Maschinenteile werden in erster Linie mechanisch beansprucht. Das Werkstoffverhalten beim Wirken von Kräften und Momenten sowie bei Reibungsvorgängen spielt daher im Maschinen- und Apparatebau eine dominierende Rolle. Festigkeit, Härte, Zähigkeit, Verschleißwiderstand usw. sind entsprechende Eigenschaften, die eine Anpassung an den jeweiligen Verwendungszweck ermöglichen.

Die Umgebungsbedingungen (Luftfeuchtigkeit, Luftverschmutzungen, Salz- und Sauerstoffgehalt des Wassers, Temperatur usw.) bewirken außerdem chemische oder elektrochemische Reaktionen, die bei fehlenden Schutzmaßnahmen zur allmählichen Zerstörung von Metallteilen führen. Besonders stark ist dieser chemische Angriff, wenn Bauteile ständig mit aggressiven Medien (Säuren, Laugen, Salzlösungen) in Kontakt sind.

In diesem Kapitel werden die Grundlagen der Korrosion und die verschiedenen Korrosionsarten bei metallischen Werkstoffen behandelt. Die grundsätzlichen Möglichkeiten des Korrosionsschutzes und die wichtigsten Verfahren werden vorgestellt.

## 9.1 Grundlagen

**Lernziele**

Der Lernende kann ...
- die Ursachen der Korrosionsvorgänge erklären,
- chemische und elektrochemische Korrosionsvorgänge unterscheiden und beschreiben,
- beschreiben, wie ein Korrosionselement wirkt,
- das Prinzip der Passivierung erläutern.

## 9.1.0 Übersicht

Das Wort Korrosion kommt vom Lateinischen *corrodere = zerfressen, zernagen* und beschreibt die chemische oder elektrochemische Umsetzung von Metallen mit einem Umgebungsmedium (Wasser, Atmosphäre, Säuren usw.) zu Verbindungen. So ist z. B. die Rostbildung bei der Korrosion von Eisenwerkstoffen allgemein bekannt.

Treibende Kraft für die Korrosion ist das Bestreben eines Metalls, wieder in den nichtmetallischen Zustand überzugehen, da dieser Zustand thermodynamisch stabiler ist. Die bei Metallen mit Abstand wichtigste Korrosionsreaktion ist die elektrochemische Korrosion durch Einwirkung eines Elektrolyten (leitfähige Flüssigkeit).

Korrosionsvorgänge laufen meist an der Oberfläche eines Werkstücks oder Bauteils ab und können dessen Funktion, aber auch die Umgebung, beeinträchtigen. Man spricht dann von einem *Korrosionsschaden*. Oberflächen können auch mechanisch durch Verschleiß, Erosion oder Kavitation geschädigt werden. Häufig treten diese Schädigungsarten zusammen mit Korrosionsvorgängen auf, was die Abtragung an der Oberfläche stark beschleunigen kann (z. B. bei Strömungsmaschinen oder bei der Förderung von feststoffhaltigen Flüssigkeiten oder Gasen).

Aufgrund der überragenden Bedeutung der Metalle als Konstruktionswerkstoffe für den Maschinen- und Anlagenbau werden in diesem Kapitel schwerpunktmäßig die Vorgänge bei der Korrosion metallischer Werkstoffe besprochen. Bezeichnungen werden dabei in Anlehnung an die Norm DIN EN ISO 8044 (Korrosion von Metallen und Legierungen: Grundbegriffe und Definitionen) verwendet.

## 9.1.1    Ursachen der Korrosion

Metalle kommen in der Natur meist chemisch gebunden in Form von Erzen vor. Die Überführung in den metallischen Zustand (Verhüttung der Erze) erfordert einen mehr oder weniger hohen Energieaufwand. Das Metall besitzt eine höhere innere Energie als das Erz.

Da alle Systeme in der Natur einen Zustand mit möglichst geringer innerer Energie anstreben, möchte das Metall in den nichtmetallischen Zustand zurückgehen (Korrosionsprodukte, z. B. als Oxid, Sulfid, Hydroxid usw.). Dabei wird die Bindungsenergie in Form von Wärme wieder frei. Je größer der Energiegewinn, desto größer ist das Bestreben des Metalls, in den nichtmetallischen Zustand überzugehen.

*Korrosionsprodukte (technische Bezeichnungen)*
- Rost       bei Eisenwerkstoffen
- Patina     bei Kupfer und Cu-Legierungen
- Weißrost  bei Zink und Zn-Legierungen
- Zunder    bei hohen Temperaturen entstandene Oxide

Wärmefreisetzung bei der Oxidation von Metallen (Beispiele Fe und Al):

$$2Fe + O_2 \leftrightarrow 2FeO \; + \; 487\,kJ$$
$$4Al + 3O_2 \leftrightarrow 2Al_2O_3 + 3\,100\,kJ$$

Al lässt sich leichter oxidieren als Fe $\rightarrow$ Al ist unedler als Fe.

## 9.1.2    Chemische Korrosion

Bei der chemischen Korrosion reagiert das Metall mit elektrisch nichtleitenden Medien, z. B. trockenen Gasen, Schmelzen oder organischen Substanzen. Das bekannteste Beispiel ist die *Verzunderung* von Stahl beim Glühen an Luft (Hochtemperaturkorrosion). Dünne Schichten nennt man *Anlauf-* oder *Anlassfarben*, dicke lockere Schichten heißen *Zunder*. Die Oxide FeO, $Fe_3O_4$ und $Fe_2O_3$ entstehen nacheinander, wobei die Volumenvergrößerung der letzten Schicht zu einer lockeren, leicht abplatzenden Randstruktur führt.

Dünne, dichte und festhaftende Oxidschichten werden für die Reaktionspartner undurchlässig und schützen den Werkstoff vor weiterem Angriff. Besonders Werkstoffe der Systeme Fe-Cr und Fe-Si-Cr-Al haben diese Eigenschaft (hitzebeständige Stähle, z. B. X10CrAl24).

*Chemische Korrosion (ohne Elektrolyt)*
Angriff durch:
- Trockene Gase
- Schmelzen
- Nichtwässrige organische Substanzen

*Hitzebeständige (zunderfeste) Stähle*
- Stahl-Eisen-Werkstoffblatt SEW 470
- hochlegiert mit Cr, Si, Al; dünne, fest haftende Oxidschichten
- Anwendung bei Temperaturen $\geqq 550\,°C$

Die Korrosion von Kunststoffen wird meist als *Alterung* bezeichnet. Zum Beispiel können eindiffundierende Lösungsmittel zu Festigkeitsverlust, Quellung und Rissbildung führen. Der chemische Angriff wird überlagert durch physikalische Einflüsse. Viele Kunststoffe sind z. B. gegen UV-Strahlung sehr empfindlich und verspröden bei längerer Einwirkdauer.

Bei anorganischen Werkstoffen beruht die Korrosion auf rein chemischen Prozessen. Bestimmte Glassorten werden z. B. durch alkalische Lösungen angegriffen (Eintrübung und Schleierbildung bei Trinkgläsern in der Geschirrspülmaschine).

*Korrosion bei Kunststoffen (Alterung)*
- Eindiffusion von Lösungsmittel
- Einwirkung von UV-Strahlung in Verbindung mit Umgebungsmedien
  - Quellung
  - Versprödung
  - Rissbildung
  - Festigkeitsverlust

*Korrosion bei Glas und Keramik*
- Angriff auf die Molekülstruktur durch Säuren oder Laugen

## 9.1.3 Elektrochemische Korrosion

In der Praxis am wichtigsten ist die elektrochemische Korrosion, bei der das angreifende Medium eine elektrisch leitende Flüssigkeit (Elektrolyt) ist. Auf der Metalloberfläche bilden sich dabei Bereiche aus, in denen Metall-Ionen in Lösung gehen (Anoden) und andere Bereiche, in denen ein Oxidationsmittel reduziert wird (Katoden).
Die Gesamtreaktion besteht also aus zwei gleichzeitig ablaufenden Teilreaktionen:
- *anodische Teilreaktion*: liefert Elektronen; dies ist eine Oxidation
- *katodische Teilreaktion*: verbraucht Elektronen; dies ist eine Reduktion.

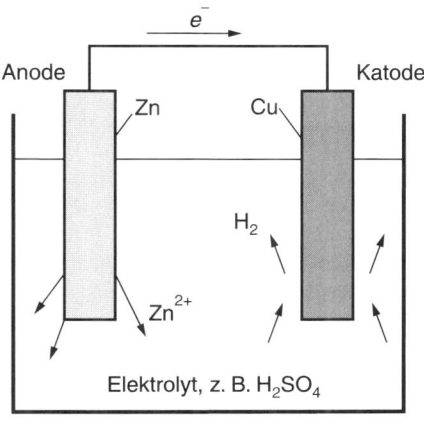

Bild 9.1–1   Galvanisches Element

Es baut sich ein Stromkreis auf mit einem Elektronenstrom im Metall und einem Ionenstrom im Elektrolyten. Dieser Stromkreis entspricht einem galvanischen Element und wird mit *Korrosionselement* bezeichnet.
Bei dem galvanischen Element Zn/Cu (Bild 9.1–1) gibt das unedlere Metall Zn (Anode) Elektronen ab und geht in Lösung:

$$Zn \rightarrow Zn^{2+} + 2e^- \quad (Oxidation)$$

*Korrosionselement*
- elektrochemisch unterschiedliche Bereiche
  - Anode
  - Katode
- geschlossener Stromkreis
  - Ionenstrom im Elektrolyten
  - Elektronenstrom im Metall

Die Elektronen fließen zum edleren Cu (Katode) und reduzieren dort die im (sauren) Elektrolyten vorhandenen $H^+$-Ionen zu Wasserstoff, der aus der Lösung entweicht ($\uparrow$):

$$2H^+ + 2e^- \rightarrow H_2 \uparrow \quad \text{(Reduktion)}$$

Zwischen den beiden Elektroden baut sich eine elektrische Spannung (Potenzialdifferenz $\Delta U$) auf, deren Betrag aus der elektrochemischen Spannungsreihe abgelesen werden kann (im Beispiel Zn/Cu ist $\Delta U = 1{,}1$ V).
Die anodische Teilreaktion ist bei allen Korrosionsvorgängen gleich. Die an der Katode ablaufende Reaktion ist dagegen abhängig von den Eigenschaften des Elektrolyten. Die Korrosion im obigen Beispiel wird als *Wasserstoff- oder Säurekorrosion* bezeichnet. Sehr viel häufiger ist die *Sauerstoffkorrosion*, die in sauerstoffhaltigen Wässern und wässrigen Lösungen mit pH-Werten zwischen 5 und 8 abläuft. Sauerstoff wird für die katodische Teilreaktion gebraucht und zu $OH^-$-Ionen reduziert, die mit den Metall-Ionen weiter reagieren (Bild 9.1–2):

$$\frac{1}{2}O_2 + H_2O + 2e^- \rightarrow 2OH^-$$

Das Rosten von Eisenwerkstoffen in feuchter Umgebung ist auf Sauerstoffkorrosion zurückzuführen. Wenn kein Sauerstoff vorhanden ist, kann die katodische Teilreaktion nicht ablaufen und der Korrosionsprozess kommt zum Stillstand.
Die Entstehung eines Korrosionselementes beim Kontakt zweier elektrochemisch unterschiedlicher Metalle ist nach dem bisher Gesagten leicht zu verstehen (Bild 9.1–3).
Warum überzieht sich aber ein blankes, scheinbar homogenes Stahlblech bei Feuchtigkeitseinwirkung nach kurzer Zeit mit Rost? Wo sind hier die Korrosionselemente? Ein Blick in das Gefüge liefert die Erklärung: normaler Baustahl (z. B. S235) besteht aus Ferrit und Perlit. Die Zementitlamellen ($Fe_3C$) des Perlits sind elektrochemisch edler als der Ferrit, damit hat man die für den Ablauf der Korrosion erforderliche Potenzialdifferenz.

Tabelle 9.1–1   Elektrochemische Spannungsreihe (Normalpotenziale einiger Metalle)

| Element | Kurz-zeichen | Normal-potenzial in Volt | |
|---|---|---|---|
| Gold | Au | $+1{,}42$ | edel |
| Silber | Ag | $+0{,}80$ | |
| Kupfer | Cu | $+0{,}34$ | |
| **Wasserstoff** | **H** | **0,00** | |
| Blei | Pb | $-0{,}13$ | |
| Eisen | Fe | $-0{,}44$ | |
| Chrom | Cr | $-0{,}71$ | |
| Zink | Zn | $-0{,}76$ | |
| Aluminium | Al | $-1{,}66$ | |
| Titan | Ti | $-1{,}75$ | |
| Magnesium | Mg | $-2{,}40$ | unedel |

Normalpotenziale werden mit den jeweiligen Metallen gegen eine von Wasserstoff umspülte Platin-Elektrode (Normalwasserstoffelektrode, Potenzial 0 V) gemessen. Bei praktischen Elektrolyten ergibt sich eine andere Reihenfolge, dies ist bei der Anwendung zu beachten.

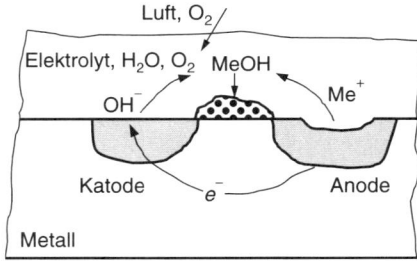

Bild 9.1–2   Sauerstoffkorrosion

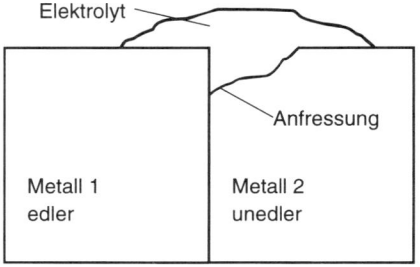

Bild 9.1–3   Korrosionselement zwischen unterschiedlichen Metallen ($\rightarrow$ Kontaktkorrosion)

Solche kleinen galvanischen Elemente (*Lokalelemente*) können im Metallgefüge auch zwischen Körnern und Korngrenzen, verformten und unverformten Bereichen sowie an nichtmetallischen Einschlüssen auftreten. Auch unterschiedliche Sauerstoffgehalte im Elektrolyten führen zu Korrosionselementen auf der Metalloberfläche. Gut belüftete ($O_2$-reiche) Stellen werden katodisch, schlecht belüftete ($O_2$-arm) anodisch. Solche *Belüftungselemente* sind oft anzutreffen, z. B. in Rissen und engen Spalten (Bild 9.2–4).

## 9.1.4 Passivierung

Einige unedle Metalle, z. B. Al, Ti oder Cr, erweisen sich an feuchter Luft und in neutralen, chloridfreien wässrigen Lösungen als besonders beständig. Scheinbar widerspricht dieses Verhalten der elektrochemischen Spannungsreihe. Die genannten Metalle und viele ihrer Legierungen bilden unter der Einwirkung des Mediums Schutzschichten aus, die die Korrosionsreaktion stark hemmen. Dieser Vorgang heißt *Passivierung*, die Schutzschichten werden als *Passivschichten* bezeichnet.

Bei der Verwendung passivierender Metalle und Legierungen ist darauf zu achten, dass die Bedingungen, unter denen die Schichten beständig sind, beibehalten werden. Da es sich meist um Oxidschichten handelt, ist vor allem ein ausreichendes Sauerstoffangebot wichtig. Eine Beschädigung der Passivschicht (häufig durch Chlorid-Ionen) kann zu örtlicher Korrosion (z. B. Lochkorrosion) führen.

*Passivierung*
Schutzschichtbildung an der Oberfläche durch Reaktion zwischen dem Metall und der Umgebung; der Korrosionsangriff wird stark gehemmt oder fast völlig unterbunden.

*Passivschichten*
- sehr dünne (2...10 nm), festhaftende Oxidschichten. Beispiele: Al, Cr, Ti, nichtrostende Stähle (FeCr-Legierungen passivieren bei einem Cr-Gehalt > 12 %)
- aufwachsende Deckschichten (Dicke im μm-Bereich). Beispiel: Carbonatschichten auf Cu (Patina)

**Übung 9.1–1**
Was ist die treibende Kraft für Korrosionsprozesse?

**Übung 9.1–2**
Welche Medien verursachen einen chemischen Angriff auf der Metalloberfläche?

**Übung 9.1–3**
Welche Legierungselemente machen Stahl hitzebeständig (zunderfest)?

**Übung 9.1–4**
Was versteht man bei Kunststoffen unter Korrosion?

**Übung 9.1–5**
Was ist ein Korrosionselement?

**Übung 9.1–6**
Was versteht man unter Wasserstoff- bzw. Sauerstoffkorrosion?

**Übung 9.1–7**
Wie lautet die katodische Teilreaktion bei der Sauerstoffkorrosion?

**Übung 9.1–8**
Weshalb ist Reinstaluminium praktisch sehr korrosionsbeständig, obwohl es ein stark negatives Normalpotenzial besitzt?

**Übung 9.1–9**
Was ist ein Lokalelement? Wo können sich Lokalelemente ausbilden?

## 9.2    Korrosionsarten

**Lernziele**

Der Lernende kann ...
- die verschiedenen Arten der Korrosion und ihre Erscheinungsformen identifizieren und beschreiben,
- erste Maßnahmen entwickeln, wie Korrosion und Korrosionsschäden vermieden werden können.

## 9.2.0    Übersicht

Aus der großen Zahl der in der Praxis vorkommenden Korrosionsarten werden die wichtigsten vorgestellt. Die Korrosionsarten werden zweckmäßigerweise eingeteilt in solche ohne und mit mechanischer Beanspruchung.

Die durch Korrosion verursachte Veränderung in einem beliebigen Teil eines Korrosionssystems (Metall, Medium und sonstige Umgebungsbestandteile) wird als *Korrosionserscheinung* bezeichnet. Korrosionserscheinungen sind z. B. der flächige Abtrag oder Lochfraß an einer Bauteiloberfläche, aber auch die Verunreinigung eines Produktes durch Korrosionsprodukte (z. B. Rostpartikel in Lebensmitteln oder Trinkwasser).

## 9.2.1 Korrosionsarten ohne mechanische Beanspruchung

### 9.2.1.1 Gleichmäßige und ungleichmäßige Flächenkorrosion

Bei der gleichmäßigen Flächenkorrosion erfolgt der Metallabtrag mit etwa gleicher Geschwindigkeit auf der gesamten Oberfläche (Bild 9.2–1). Diese Korrosionsart ist am einfachsten beherrschbar, da sie zerstörungsfrei überwacht (Restwanddickenmessungen) und durch Korrosionszuschläge bei der Auslegung berücksichtigt werden kann.

Gleichmäßige Flächenkorrosion tritt in der Praxis eher selten auf, und dann vorzugsweise beim Angriff starker Säuren. Un- und niedrig legierte Stähle werden in Wässern mit höherer Strömungsgeschwindigkeit annähernd gleichmäßig abgetragen. Die Abtragsrate beträgt etwa 0,1 bis 0,2 mm/a.

Bei unvollständigen oder beschädigten Deckschichten oder wenn sich an der Oberfläche festhaftende Ablagerungen aus Korrosionsprodukten bilden, entsteht ein ungleichmäßiger, muldenförmiger Abtrag (Bild 9.2–2).

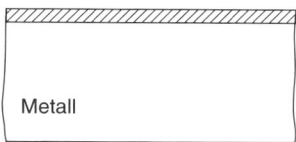

Bild 9.2–1  Gleichmäßige Flächenkorrosion

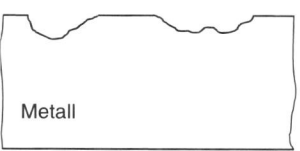

Bild 9.2–2  Muldenförmiger Korrosionsangriff

### 9.2.1.2 Lochkorrosion

Örtliche Korrosion, die nur an kleinen Oberflächenbereichen abläuft und zu Löchern führt (Bild 9.2–3). Lochkorrosion tritt häufig bei Werkstoffen mit Passivschichten auf und wird meist durch Chloride ausgelöst (chloridinduzierter Lochfraß). Diese Korrosionsart ist besonders gefährlich, da sie wegen der geringen Menge an Korrosionsprodukten nur schwer aufzufinden ist; dabei kann die Oberfläche schon unterhöhlt sein, was unverhofft zu einem Schaden führen kann.

Nichtrostende Stähle in entsprechend aggressiver Umgebung zeigen oft Lochfraß, wenn sich an der Oberfläche, z.B. durch Ablagerungen oder Anlauffarben im Bereich von Schweißnähten, keine geschlossene Passivschicht bilden konnte.

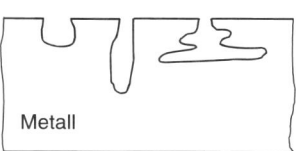

Bild 9.2–3  Lochkorrosion (schematisch)

### 9.2.1.3 Spaltkorrosion

Örtlich verstärkte Korrosion in Spalten, die sich zwischen einer Metalloberfläche und einer anderen Oberfläche (metallisch oder nichtmetallisch) ausgebildet haben. Sie ist auf Korrosionselemente zurückzuführen, die durch Konzentrationsunterschiede im Korrosionsmedium entstehen, z. B. Belüftungselemente (unterschiedlicher Sauerstoffgehalt im Spalt und im freien Elektrolyten). Der Spaltgrund wird zur Anode und das Metall löst sich hier verstärkt auf (Bild 9.2–4). Da in Spalten der Elektrolyt durch Kapillarwirkung festgehalten wird, liegt auch eine länger andauernde Korrosionsbelastung vor.

Spalte sind häufig konstruktiv bedingt, z. B. Niet- und Schraubverbindungen, überlappende Bleche, Zierleisten, Dichtspalte oder auch Risse. Entscheidende geometrische Einflussgröße ist die Spaltbreite: kritisch sind enge Spalte mit Spaltbreiten $< 1$ mm.

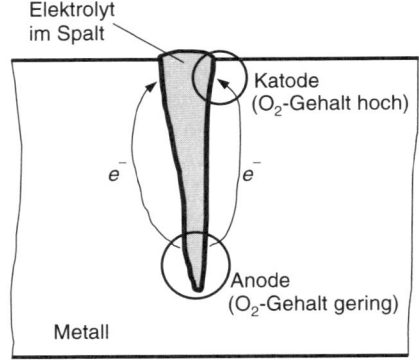

Bild 9.2–4   Spaltkorrosion (schematisch)

### 9.2.1.4 Bimetallkorrosion (Kontaktkorrosion)

Bilden zwei verschiedene metallische Werkstoffe ein Korrosionselement, wird das unedlere Metall zur Anode und geht in Lösung; das edlere Metall ist die Katode. Diese auch als *Kontaktkorrosion* bezeichnete Korrosionsart tritt häufig bei Mischkonstruktionen auf, z. B. im Maschinen- und Apparatebau an Niet-, Schraub- oder Schweißverbindungen (Bild 9.2–5).

Wichtige Einflussgrößen sind: Potenzialdifferenz der beiden Metalle, Größenverhältnis Anode/Katode (ungünstig: A klein, K groß), Temperatur und Leitfähigkeit des Elektrolyten.

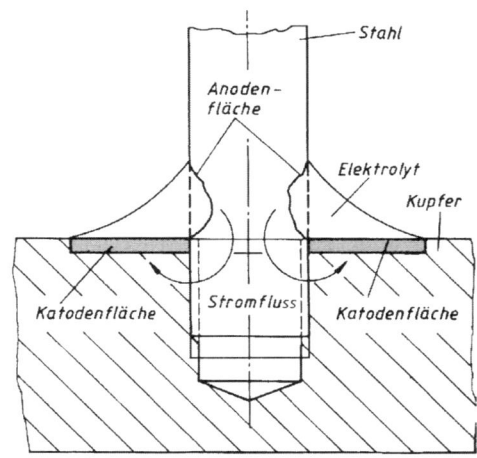

Bild 9.2–5   Kontaktkorrosion

## 9.2.2    Korrosionsarten mit mechanischer Beanspruchung

### 9.2.2.1    Spannungskorrosion/Spannungsrisskorrosion

Wird ein Metall von einem Korrosionsmedium chemisch beansprucht und gleichzeitig
durch innere oder aufgebrachte Zugspannungen gedehnt, kann es zur *Spannungskorrosion* und in weiterer Folge zur Rissbildung
kommen (*Spannungsrisskorrosion, SpRK*).
Kennzeichnendes Erscheinungsbild sind je
nach Angriffsmittel und Legierungssystem
durch die Körner (*transkristallin*) oder
auf den Korngrenzen (*interkristallin*) ohne Brucheinschnürung verlaufende Risse.
Der restliche Querschnitt des Bauteils wird
entsprechend der Höhe der verbliebenen
Restspannungen durch Gewaltbruch zerstört
(Bild 9.2–6). Dadurch und weil auch hier nur
ein geringer allgemeiner Korrosionsangriff
auftritt, gehört die SpRK zu den gefährlichs-
ten Korrosionsarten.

SpRK kann auftreten, wenn ein anfälliger
Werkstoff (mit Deck- bzw. Passivschicht)
in einem spezifischen Angriffsmittel durch
ausreichend hohe Zugspannungen beansprucht wird (kritisches Korrosionssystem).
Schweißnähte und kaltverformte Werkstoffbereiche sind oft eigenspannungsbehaftet
und deshalb häufig von SpRK betroffen.

Bild 9.2–6  Durch SpRK gebrochene Schraube
M24 aus X5CrNi18-10; transkristalline, stark
verzweigte Risse

*Kritische Korrosionssysteme für SpRK*
- nichtrostende austenitische Stähle und
  chloridhaltige Lösungen
- CuZn-Legierungen und Ammoniak
- un- und niedrig legierte Stähle und Alkalilaugen (Laugenrissigkeit)

### 9.2.2.2    Schwingungsrisskorrosion

Bei einer mechanischen Wechselbeanspruchung und gleichzeitigem Einwirken eines
korrosiven Mediums kann es bei metallischen Werkstoffen zu *Schwingungsrisskorrosion* (Korrosionsermüdung) kommen. Es
treten vorwiegend transkristalline Risse auf,
die zum plötzlichen Versagen eines Bauteils führen können. Auch Werkstoffe, die
bei alleiniger mechanischer Schwingbeanspruchung eine ausgeprägte Dauerfestigkeit
besitzen (z. B. ferritischer Stahl), haben bei
zusätzlicher Korrosionseinwirkung nur noch
eine *Korrosionszeitfestigkeit*. Schwingungsrisskorrosion ist an jedem Metall in jedem

*Schwingungsrisskorrosion*
- mechanische Wechselbeanspruchung plus
  Korrosion
- transkristalline Risse
- keine Dauerfestigkeit mehr vorhanden
- bei allen Metallen möglich

Korrosionsmedium möglich. Es gibt keine kritischen Korrosionssysteme wie bei der SpRK.

### 9.2.2.3 Erosions- und Kavitationskorrosion

*Verschleiß* ist der Abtrag von Material durch mechanische Schleif- und Reibvorgänge zwischen zwei Oberflächen (z. B. Schneidwerkzeuge, Lagerungen, Autoreifen). Verschleiß- und Korrosionsvorgänge sind häufig kombiniert anzutreffen, wobei Korrosion unter Umständen erst durch Verschleißprozesse eingeleitet wird.
Wenn durch mechanische Wirkung von strömenden Gas-/Flüssigkeitsgemischen (Tropfenschlag) oder Gas-/Feststoffgemischen ständig Schutzschichten von der Oberfläche abgetragen werden und der Werkstoff dadurch aktiv korrodiert, spricht man von *Erosionskorrosion*.
*Kavitationskorrosion* kann z. B. auftreten in Kreiselpumpen und an Schiffspropellern, wobei die Korrosion durch Zerstörung von Schutzschichten als Folge der Kavitation ausgelöst wird. Der mechanische Angriff erfolgt durch implodierende Gasblasen, die sich in einem schnellströmenden Medium bei plötzlicher Druckerniedrigung bilden und Strömungsgeschwindigkeiten von bis zu 500 m/s an der Einsturzstelle der Gasblase erreichen.

*Erosions- und Kavitationskorrosion*
- Verschleißbeanspruchung plus Korrosion
- Erosion: Zerstörung von Schutzschichten durch strömende Medien
- Kavitation: Zerstörung von Schutzschichten durch implodierende Gasblasen
- muldenförmiger Abtrag

**Übung 9.2–1**
Beschreiben und skizzieren Sie schematisch folgende Korrosionsarten: muldenförmige Korrosion, Lochkorrosion, Spannungsrisskorrosion.

**Übung 9.2–2**
Was bewirken Spalte zwischen Konstruktionsteilen?

**Übung 9.2–3**
Was versteht man unter Bimetall- oder Kontaktkorrosion?

**Übung 9.2–4**
Nennen Sie Werkstoff-Medium-Kombinationen, die für Spannungsrisskorrosion anfällig sind?

**Übung 9.2–5**
Warum ist Spannungsrisskorrosion in der Praxis besonders gefährlich?

**Übung 9.2–6**
Beschreiben Sie die Erosions- und die Kavitationskorrosion?

**Übung 9.2–7**
Wie verändert sich die Dauerschwingfestigkeit eines Werkstoffs bei Einwirken eines korrosiven Mediums?

# 9.3 Korrosionsschutz

**Lernziele**

Der Lernende kann ...
- Korrosionsschutzverfahren systematisch einteilen und beschreiben,
- geeignete Verfahren für den spezifischen Anwendungsfall nach technisch-wirtschaftlichen Gesichtspunkten auswählen.

## 9.3.0 Übersicht

Die Vielzahl der Korrosionsarten erfordert einen gezielten Einsatz der zur Verfügung stehenden Korrosionsschutzverfahren. Ziel des Korrosionsschutzes ist es, Korrosionsschäden zu vermeiden. Dazu muss die Geschwindigkeit des jeweiligen Korrosionsvorgangs soweit herabgesetzt werden, dass die geforderte Gebrauchsdauer einer Maschine oder einer Anlage sichergestellt ist.

Die Schutzmaßnahmen werden je nach Zeit und Ort ihres Eingriffes in ein Korrosionssystem üblicherweise eingeteilt in:
- Werkstoff- und konstruktionsbezogene Maßnahmen
- Veränderung des Angriffsmediums
- Elektrochemischer Eingriff in die Korrosionsreaktion
- Trennung von Medium und Werkstoff durch Überzüge und Beschichtungen

Die ersten drei Methoden werden als *aktiver Korrosionsschutz* bezeichnet, da ein direkter Eingriff in das Korrosionssystem erfolgt. Die Aufbringung von Schutzschichten im Herstellungsprozess von Bauteilen heißt *passiver Korrosionsschutz.*

Tabelle 9.3–1 Korrosionsschutz. Einteilung in aktive und passive Verfahren

| Korrosionsschutz | |
|---|---|
| Aktiver Korrosionsschutz | Passiver Korrosionsschutz |
| • Wahl geeigneter Werkstoffe<br>• korrosionsschutzgerechte Konstruktion<br>• Anwendung von Inhibitoren<br>• katodischer bzw. anodischer Schutz | • metallische Überzüge<br>• organische und nichtmetallisch-anorganische Beschichtungen |

## 9.3.1 Aktiver Korrosionsschutz

### 9.3.1.1 Werkstoffauswahl

Die Werkstoffauswahl muss unter technisch-wirtschaftlichen Gesichtspunkten erfolgen. Zum Korrosionsverhalten metallischer Werkstoffe lassen sich einige allgemeine Hinweise angeben:
- Reine Metalle höherer Reinheit haben auch erhöhte Beständigkeit, z. B. Al99,9 statt Al99,5.
- Einphasige Legierungen sind gegenüber mehrphasigen vorzuziehen, besonders wenn die Legierungselemente in der elektrochemischen Spannungsreihe weit auseinander liegen, z. B. AlMg3 und CuZn37 im Vergleich zu AlCuMg2 und CuZn42.
- Große Bedeutung haben Legierungselemente, die eine Passivierung oder Deckschichtbildung bewirken oder fördern, z. B. Chrom bei Eisen (nichtrostender Stahl > 12 % Cr).
- Homogene und spannungsarme Werkstoffgefüge haben eine höhere Korrosionsbeständigkeit, da die Entstehung von Korrosionselementen erschwert ist.

Für die Auswahl eines unter einer bestimmten Korrosionsbeanspruchung beständigen Werkstoffs stehen Handbücher und Normen zur Verfügung.

Bei allen chemischen und elektrochemischen Reaktionen ist die *Temperatur* eine wesentliche Einflussgröße. Der Korrosionsabtrag nimmt im Allgemeinen mit steigender Temperatur zu. Besonders zu beachten ist, dass bei einigen Metallen kritische Bereiche bei sonst ausreichender Beständigkeit vorliegen. Zum Beispiel bildet Zink in Wasser zwischen 60 und 80 °C Schichten mit geringer Schutzwirkung; dieser Temperaturbereich ist bei der Anwendung von Zink oder verzinkten Stahlteilen zu vermeiden (Bild 9.3–1).

*Handbücher und Normen (Auswahl)*
- DECHEMA-Werkstoffblätter
- Herstellerunterlagen
- Normen, z. B. DIN 6601
- Tabellenbücher, z. B.:
  Friedrich, W.: Metall- und Maschinentechnik. Dümmlers Verlag, 2003.

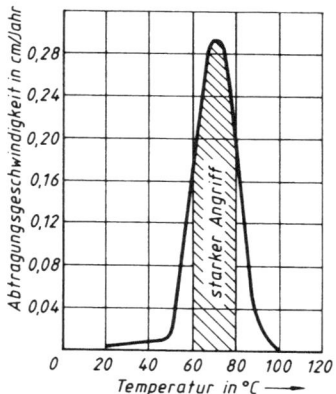

Bild 9.3–1 Einfluss der Temperatur auf die Beständigkeit von Zink in Wasser

### 9.3.1.2 Korrosionsschutzgerechtes Konstruieren

Bei der konstruktiven Gestaltung kann durch Beachtung verschiedener Regeln der Korrosionsschutz unterstützt und der „Einbau" von Korrosionsschwachstellen vermieden werden, Bild 9.3–2 zeigt einige Beispiele.

Ansammlungen von Elektrolyt sollten vermieden werden, z. B. durch entsprechende Anordnung von Profilen oder durch Ablaufbohrungen. Bei leerlaufenden Behältern ist sicherzustellen, dass nirgendwo unnötige Flüssigkeitsreste zurückbleiben, die infolge Belüftungsmangels oder erhöhter Schmutzansammlung zu Korrosionsschäden führen können. Hier ist durch Löcher und glatte, schräge Flächen für einen raschen und vollständigen Wasserablauf zu sorgen.

Kritisch zu prüfen ist immer die Kombination verschiedener Werkstoffe; dies kann zu Kontaktkorrosion führen. Der unedlere Werkstoff wird zur Anode und löst sich auf.

Das Vermeiden von Ecken, Winkeln, Verstrebungen usw. verbessert die Zugänglichkeit einer Konstruktion, wodurch sie sich einfacher und sicherer beschichten lässt (wichtig auch für spätere Instandsetzungen).

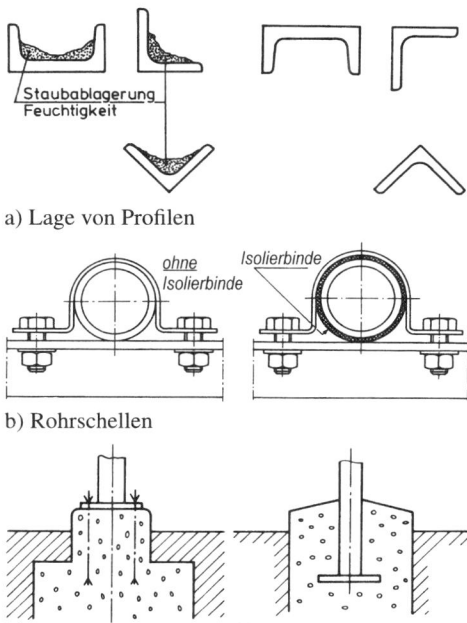

a) Lage von Profilen

b) Rohrschellen

c) Fundament für Stahlmast

Bild 9.3–2  Korrosionsschutzgerecht gestalten. Beispiele für gute und weniger gute Konstruktionen (links: ungünstig; rechts: besser).

### 9.3.1.3 Katodischer Korrosionsschutz

Beim katodischen Korrosionsschutz (KKS) wird das zu schützende Teil (erdverlegte Rohrleitung, Schiffswand, Warmwasserspeicher usw.) zur Katode gemacht. Bei Fremdstromschutzanlagen wird der negative Pol einer Gleichstromquelle mit dem zu schützenden Metall, der positive Pol mit der Fremdstromanode verbunden (Bild 9.3–3). Die für die katodische Teilreaktion erforderlichen Elektronen werden aus diesem äußerem Stromkreis geliefert.

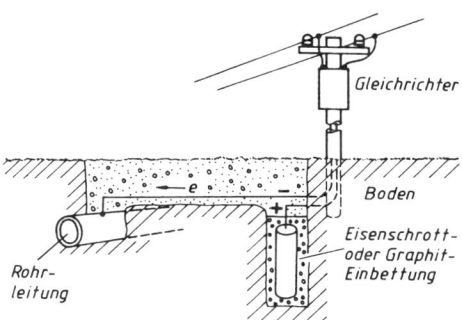

Bild 9.3–3  KKS mit Fremdstrom

Beim KKS mit Opferanoden wird das zu schützende Teil mit einem unedleren Metall kurzgeschlossen. Bild 9.3–4 zeigt als Beispiel ein Stahlrohr, das mit einer Magnesiumanode verbunden ist. Zusammen mit dem feuchten Erdreich bildet sich ein Korrosionselement und die Anode wird allmählich aufgelöst („geopfert"). Die Opferanode muss für die vorgesehene Lebensdauer bemessen oder rechtzeitig erneuert werden. Zum Schutz von Stahlbauteilen werden in Erdböden meist Mg- und in Meerwasser Zn-Opferanoden verwendet.

Katodischer Schutz wird aus Gründen der Wirtschaftlichkeit praktisch immer nur in Verbindung mit einer Schutzbeschichtung eingesetzt, sodass ein Schutzstrom nur für Defekte in der Beschichtung erforderlich wird. Bei unbeschichteter Oberfläche würde Stahl in Meerwasser den etwa 10fachen Schutzstrom benötigen.

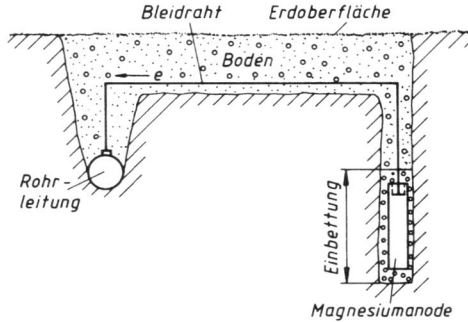

Bild 9.3–4    KKS mit Opferanode aus Mg

*Katodischer Schutz gegen Korrosion*
- Anlegen einer Gleichspannung
- Anbringen von Opferanoden
- immer in Verbindung mit passivem Schutz, z. B. Beschichtung

### 9.3.1.4    Beeinflussung des Korrosionsmediums

Durch Trocknung von Gasen, Reinigung gasförmiger und flüssiger Medien und durch Luftverdrängung (Evakuieren, Erhitzen, Verwendung von Inertgasen) kann der Einfluss korrosiver Bestandteile verringert oder unterbunden werden. Auch Zusätze, die z. B. den pH-Wert[1)] regulieren oder Sauerstoff binden, sind üblich. Bild 9.3–5 veranschaulicht, dass bei einem Sauerstoffgehalt im Wasser von etwa 15 cm$^3$/l der Korrosionsangriff auf Stahl maximal wird.

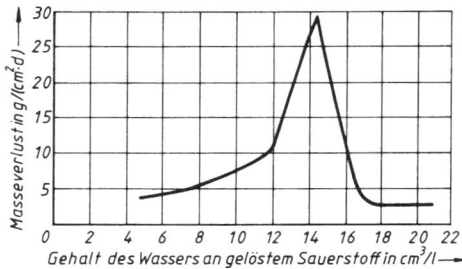

Bild 9.3–5  Einfluss des Sauerstoffgehalts im Wasser auf die Korrosion von Stahl

---

[1)] pH-Wert: gibt die Wasserstoff-Ionen-Konzentration in einer Lösung an und kennzeichnet den sauren (pH 0–6), basischen (pH 8–14) oder neutralen (pH 7) Charakter der Lösung

*Korrosionsinhibitoren* sind Zusätze zum Elektrolyten, die den Korrosionsvorgang bremsen. Inhibitoren werden in den verschiedensten Bereichen eingesetzt: bei der Erdöl- und Erdgasförderung ebenso wie in Kühlkreisläufen, in Beizbädern und bei der Metallbearbeitung. Durch die große Zahl der verwendeten Werkstoffe und Medien (z. B. Säuren, Salzlösungen, Öle, Schmierstoffe) ist es nicht möglich, einen Inhibitor universell einzusetzen. Jede Anwendung benötigt speziell entwickelte Inhibitoren, manchmal auch Mischungen (z. B. Kfz-Kühlflüssigkeiten). Bei der Anwendung ist die richtige Dosierung sehr wichtig.

*Korrosionsinhibitoren (Anwendungen und Beispiele)*
- *Neutrale und schwach alkalische Lösungen* (Wasser, Kühlmittel, Kühlschmierstoffe, usw.): Aminoalkohole, Benzoate, Borsäureester, Carbonsäureamide, Silikate, Thioharnstoff u. a.
- *Säuren* (z. B. Salzsäure zum Beizen). Acetylenalkohole, Amine, quaternäre Ammoniumsalze u. a.
- *Nichtwässrige Flüssigkeiten* (Kraftstoffe, Schmierstoffe, Lösungsmittel, usw.): organische Ethylamine, Fettamine, Fettsäureester, u. a.

## 9.3.2 Passiver Korrosionsschutz

Das Beschichten von Bauteilen und Halbzeug mit einem schützenden Überzug wird als *passiver Korrosionsschutz* bezeichnet. Hierfür kommen metallische, nichtmetallisch-anorganische und organische Überzüge in Betracht. Am meisten angewendet werden einige metallische Überzügen, hauptsächlich Zink- und Nickel/Chromüberzüge, sowie organische Beschichtungen. Zwischen aktivem und passivem Schutz ist der *zeitweise Korrosionsschutz* einzuordnen. Das ist das Einölen, Fetten oder Wachsen von Oberflächen bei Lagerung und Transport von Metallprodukten oder während der Stillstandszeit von betrieblichen Einrichtungen.

### 9.3.2.1 Vorbereitung der Oberfläche

Für alle Verfahren des passiven Schutzes ist eine sorgfältige Oberflächenvorbereitung erforderlich. Die Oberflächen werden gereinigt, entfettet und von Oxiden (Rost, Zunder) befreit. Gelegentlich schließt sich eine chemische Nachbehandlung an, die ein gutes Haften der Schichten bewirkt, z. B. Phosphatieren vor einer Kunststoffpulverbeschichtung (Kühlschränke, Autokarosserien usw.).

*Oberflächenvorbereitung*
1. Reinigen und Entfetten
   (wässrige Reinigerlösungen, organische Lösungsmittel)
2. Entrosten und Entzundern
   - chemisch (Beizen)
   - mechanisch (Schleifen, Strahlen usw.)
   - thermisch (z. B. Flammstrahlen)
3. Nachbehandlung
   (phosphor- oder chromsaure Lösung)

### 9.3.2.2 Organische Beschichtungen

Beschichten ist das Aufbringen von organischen Beschichtungsstoffen in flüssiger, pulvriger oder pastöser Form auf die Metalloberfläche. Die größte Bedeutung haben Anstriche und Pulverbeschichtungen; im Apparate- und Rohrleitungsbau werden auch Kunststoffauskleidungen und Gummierungen häufiger eingesetzt.

*Organische Beschichtungsstoffe (Auswahl)*
- Kalt- und warmhärtende Kunstharzlacke
- Kunststoffpulver (Thermoplaste)
- Kunststoffauskleidungen
- Gummierungen

Kunstharzbeschichtungen werden in flüssiger Form durch Streichen bzw. Rollen, Tauchen oder Spritzen aufgetragen. Die Anstriche sind meist mehrschichtig aufgebaut (Beschichtungssystem) und bestehen aus:

- Grundbeschichtung (Grundierung)
- Zwischenbeschichtung
- Deckbeschichtung

Die Gesamtschichtdicke liegt je nach Korrosionsbeanspruchung und geforderter Lebensdauer zwischen etwa 80 und 320 µm.
Die Anstrichstoffe werden nach Art ihres Bindemittels klassifiziert, z. B. Alkyd-, Acryl- und Epoxidharze.

*Anstrichstoffe können aufgebracht werden durch*

- Anstreichen
- Aufwalzen
- Tauchen
- Spritzen (mechanisch oder elektrostatisch)

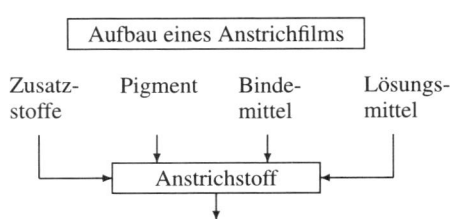

Den eigentlichen Korrosionsschutz leistet die Grundierung. Sie enthält aktiv korrosionshemmende Pigmente, z. B. Zink und Zinkverbindungen. Deckbeschichtungen sind für die optischen Eigenschaften, UV-Beständigkeit usw. zuständig und enthalten inaktive Pigmente, z. B. $TiO_2$, Ruß und Farbpigmente. Die Schichten werden technologisch in sehr vielfältiger Weise aufgebracht. Große Bedeutung hat das elektrostatische Beschichten. Die Farbteilchen werden in einem elektrischen Gleichspannungsfeld elektrostatisch aufgeladen und von den entgegengesetzt geladenen Werkstücken angezogen. Dadurch ist eine gezielte und verlustarme Beschichtung möglich.
Bei der Pulverbeschichtung werden Kunststoffpulver, z. B. PE, PVC, Acrylate, auf die Metalloberfläche durch Aufschleudern, Wirbelsintern oder elektrostatisches Pulverspritzen aufgebracht und dort eingeschmolzen (Bild 9.3–6). Pulverbeschichtungen haben einige Vorteile:

- fast 100%ige Rohstoffausnutzung
- umweltfreundlich (geringe Emissionen, kein Abwasser)
- hochwertige Einschichtlackierungen

und werden deshalb in der industriellen Serienfertigung zunehmend angewandt.

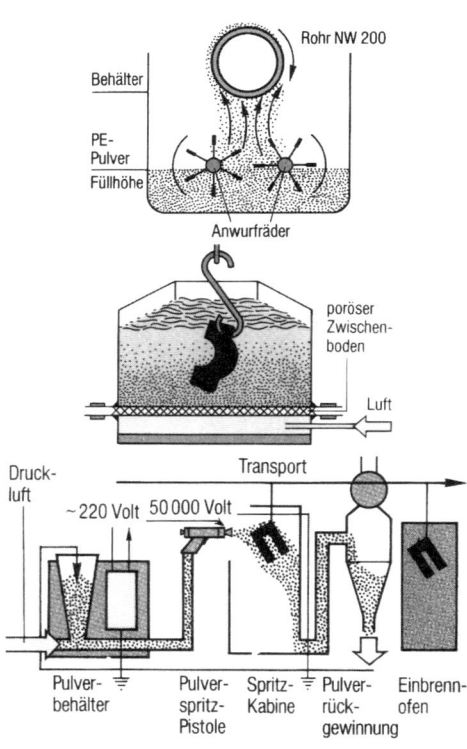

Bild 9.3–6  Pulverbeschichtungsverfahren (Schleuderverfahren, Wirbelsintern, Elektrostatisches Pulverspritzen)

### 9.3.2.3 Metallische Überzüge

Metallische Überzüge haben als Korrosionsschutz für den Werkstoff Stahl die größte praktische Bedeutung und sollen häufig auch noch andere Anforderungen erfüllen:
- Verbessern der Gleiteigenschaften
- Verbessern des dekorativen Aussehens
- Erhöhen der Verschleißbeständigkeit (z. B. Hartverchromen).

Die wichtigsten Aufbringverfahren sind das Schmelztauchen und die Galvanotechnik.

Auf dem Gebiet der Schmelztauchverfahren spielt das *Feuerverzinken* von Stahl eine dominierende Rolle, da Zink preisgünstig ist und eine gute Beständigkeit im Bereich pH 5–11 aufweist. Es bilden sich Schutzschichten aus Zn-Carbonaten, die Korrosionsgeschwindigkeit an der Atmosphäre ist etwa um den Faktor 20 niedriger als bei Eisen. Zink ist unedler als Eisen, wirkt also bei Verletzungen der Zn-Schicht als Opferanode und schützt somit den frei liegenden Stahl katodisch vor Korrosion (Bild 9.3–10).

Entsprechend dem Zustandsdiagramm Fe-Zn (Bild 9.3–7) entsteht beim Eintauchen in flüssiges Zink ($T \approx 450\,°C$) eine auflegierte Schicht (Bild 9.3–8), in der die einzelnen Phasen bei mikroskopischer Betrachtung gut zu erkennen sind. Die Schichtdicken liegen im Bereich von 20 μm (Bandverzinkung) bis 150 μm (Stückverzinkung).

*Metallische Überzüge können erzeugt werden durch*
- Schmelztauchen: Eintauchen des Bauteils in eine Schmelze des Überzugsmetalls, z. B. Feuerverzinken
- Galvanotechnisch aufgebrachte Überzüge, z. B. Verchromen
- Stromlos aufgebrachte Überzüge, z. B. NiP-Schichten („Stromlos-Nickel")
- Metallspritzen (Flamm- und Plasmaspritzen)
- Aufdampfen
- Plattieren (Walz- und Sprengplattieren)

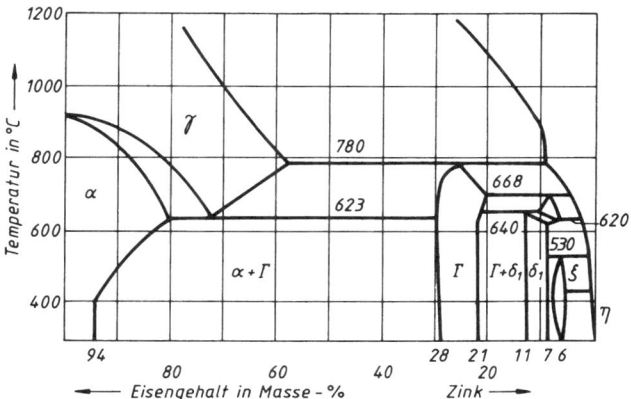

Bild 9.3–7 Zustandsdiagramm Eisen-Zink

Ein besonders guter Korrosionsschutz ergibt sich, wenn das Bauteil zusätzlich zur Verzinkung noch eine organische Beschichtung erhält (Duplex-Verfahren).

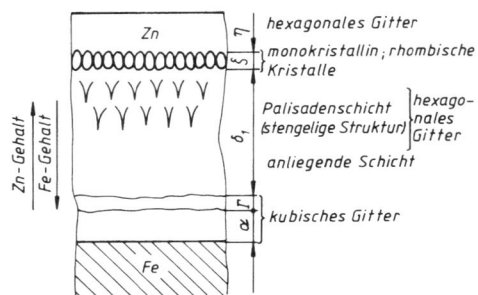

Bild 9.3–8  Schichtaufbau bei der Feuerverzinkung

Beim *Galvanisieren* wird das Überzugsmetall elektrochemisch aus einem Elektrolyten (saure oder alkalische Salzlösung) abgeschieden. Das Werkstück wird als Katode gegen eine oder mehrere Anoden in die Lösung eingehängt. Die Elektrolytlösung enthält positive Ionen des abzuscheidenden Metalls, die durch die von der Gleichstromquelle gelieferten Elektronen zu Metall reduziert werden, z. B.

$Ni^{2+} + 2e^- \rightarrow Ni$

Die Anoden bestehen in diesem Fall aus Ni, das sich während der Behandlung auflöst.
Auch Zn wird galvanisch aufgebracht, die Schichtdicken liegen dann meist unter 20 µm. Galvanisch verzinkte Teile (z. B. Schrauben) werden häufig zusätzlich *chromatiert* und erhalten dadurch eine wesentlich höhere Korrosionsbeständigkeit.

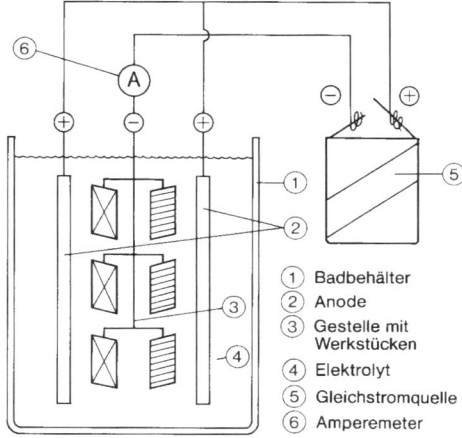

① Badbehälter
② Anode
③ Gestelle mit Werkstücken
④ Elektrolyt
⑤ Gleichstromquelle
⑥ Amperemeter

Bild 9.3–9  Galvanisierbad (schematisch)

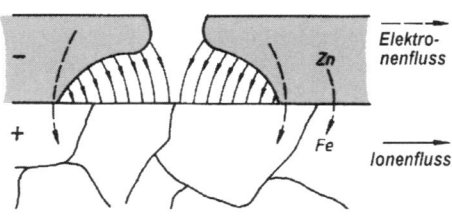

Nickel, Zinn und auch Chrom verhalten sich elektrochemisch edler als Eisen; entsprechende Überzüge auf Stahl müssen daher allseitig dicht sein (keine Poren), da es sonst zu verstärkter Auflösung des Grundwerkstoffs kommt (Kontaktkorrosion, kleine Anode und große Katode, Bild 9.3–11).

Bild 9.3–10  Zink auf Stahl (Zn unedler als Fe)

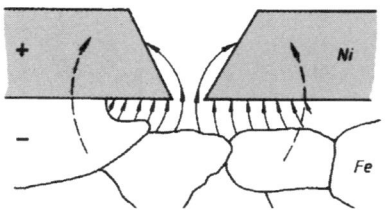

Bild 9.3–11  Nickel auf Stahl (Ni edler als Fe)

Ein wichtiges Verfahren zur Erhöhung der Korrosions- und besonders der Verschleißbeständigkeit von Aluminium und Al-Legierungen ist das *Anodisieren* oder *Eloxieren* (*El*ektrolytisch *oxid*ieren). Es findet keine Metallabscheidung auf der Oberfläche statt, es ist also kein Galvanisierverfahren, läuft aber technisch ähnlich ab. Das Bauteil wird in einer Säure als Anode (+) geschaltet, dadurch wird die natürliche Oxidschicht künstlich verstärkt (etwa um den Faktor 100). Die Oberflächen können dabei durch Zusätze zum Elektrolyten gezielt eingefärbt werden.

**Übung 9.3–1**
Wodurch unterscheiden sich aktiver und passiver Korrosionsschutz?

**Übung 9.3–2**
Beschreiben Sie das Prinzip des katodischen Korrosionsschutzes mit Opferanoden und mit Fremdstrom.

**Übung 9.3–3**
Was sind Inhibitoren?

**Übung 9.3–4**
Aus welchen Komponenten besteht ein Anstrichstoff?

**Übung 9.3–5**
Beschreiben Sie zwei Pulverbeschichtungsverfahren.

**Übung 9.3–6**
Nennen Sie die Vorteile von Pulverbeschichtungen im Vergleich zu lösemittelhaltigen Beschichtungsstoffen.

**Übung 9.3–7**
Beschreiben Sie die beiden wichtigsten Verfahren zur Erzeugung metallischer Überzüge auf Bauteilen.

**Übung 9.3–8**
Was ist Feuerverzinken? Welche Schichtdicken werden damit erreicht?

**Übung 9.3–9**
Warum muss bei Stahlteilen ein Überzug aus Nickel oder Zinn allseitig dicht und porenfrei sein?

## Lernzielorientierter Test zu Kapitel 9

1. Welche der folgenden Korrosionserscheinungen sind als Korrosionsschäden einzustufen?

   A Rost an einer Eisenbahnschiene

   B Lochfraß in einer Cu-Wasserleitung

   C Rostpartikel in einem Fruchtjoghurt

   D Anlauffarben an einer Schweißnaht

   E Schleierbildung bei einem Trinkglas

2. Welche der folgenden chemischen Formeln gelten für die Sauerstoffkorrosion?

   A $Fe + O_2 \rightarrow 2\,FeO$

   B $Fe \rightarrow Fe^{2+} + 2e^-$

   C $Ni^{2+} + 2e^- \rightarrow Ni$

   D $1/2\,O_2 + H_2O + 2e^- \rightarrow 2\,OH^-$

   E $2\,H^+ + 2e^- \rightarrow H_2 \uparrow$

3. Passivierung

   A erfolgt bei reaktionsträgen Metallen

   B setzt reaktionsfreudige Oberflächen voraus

   C ist ein Schichtabbau (Abtragung metallischer Phasen)

   D ist ein Schichtaufbau (Oxid- oder Carbonatschichten)

   E ist unerwünscht

4. Welche der folgenden Korrosionsarten werden häufig durch Chloride im Elektrolyten ausgelöst?

   A Bimetallkorrosion

   B Lochkorrosion

   C gleichmäßige Flächenkorrosion

   D Spannungsrisskorrosion

   E Erosionskorrosion

5. Als Opferanode für Eisenwerkstoffe ist geeignet:

   A Cu

   B Zn

   C Mn

   D Mg

   E Si

6. Schutzschicht gegen Korrosion können bei Stahl sein

   A Kunststoffe

   B Phosphatschichten

   C Metalle, edler als Fe

   D Metalle, unedler als Fe

   E Metalloxide

# 10 Schmierstoffe

## 10.0 Überblick

Bewegen sich Körper bei gegenseitiger Berührung relativ zueinander, so treten *Reibung* und *Verschleiß* auf. Die Reibung wirkt hemmend und leistungsmindernd. Ein Teil der mechanischen Energie wird dabei in *Wärmeenergie* umgewandelt. Die Werkstoffoberflächen verformen sich oder ermüden über längere Zeit, bzw. es werden Werkstoffteilchen abgetragen. Diese Reaktionen, bei denen chemische Angriffe mitwirken können, bezeichnet man als *Verschleiß*. Reibpaarungen treten bei allen Maschinen, Apparaten, Anlagen, Fahrzeugen usw. auf, bei denen mechanisch bewegte Teile für deren Funktion unerlässlich sind (z. B. Führungsbahnen, Gelenke, Gleitlager, Wälzlager, Zahnräder, Reibräder, Riementriebe).

Das Wesen der Reibung und erforderliche Berechnungen werden in anderen Lehrgebieten, wie Technische Mechanik und Maschinenelemente, behandelt. Das wissenschaftliche und technische Gesamtgebiet, welches Reibung, Verschleiß und Schmierung umfasst, heißt *Tribologie*. Es befasst sich mit den komplexen Vorgängen von aufeinander einwirkenden Oberflächen in Relativbewegung, sowie mit allen Grenzflächenwechselwirkungen zwischen den Festkörpern und dem jeweiligen Schmierstoff.

Tribologie: DIN 50 323   Teil 1  Begriffe

Teil 2  Verschleiß

Teil 3  Reibung

*Schmierstoffen* fällt die Aufgabe zu, Reibung zu vermindern und Verschleißerscheinungen zu minimieren. Ihre Eigenschaften müssen dem Verwendungszweck und den jeweiligen Betriebsbedingungen (u. a. Temperatur, Werkstoffpaarung, Spiel, Gleitgeschwindigkeit) gut angepasst sein.

Im Folgenden wird besonderer Wert auf flüssige Schmierstoffe (Mineralöle, Syntheseöle, spezielle Kühlschmierstoffe für die Metallbearbeitung), Schmierfette und Festschmierstoffe gelegt. Auf gasförmige Medien zur Verminderung der Reibung wird hier nicht eingegangen.

## 10.1 Flüssige Schmierstoffe

### Lernziele

Der Lernende kann ...
- Arten und Eigenschaften wichtiger Schmieröle nennen,
- die ISO-Klassifizierung und die Kennzeichnung einiger Schmieröle angeben,
- Zusammenhänge zwischen Reibung, Schmierung und Verschleiß aufzeigen.

## 10.1.0 Übersicht

In diesem Abschnitt werden Begriffe, allgemeine Eigenschaften und einige Arten von Schmierölen behandelt.

## 10.1.1 Zusammensetzung und Eigenschaften

Die meisten flüssigen Schmierstoffe sind *Mineralölprodukte* (Erdöl-Kohlenwasserstoffe). Sie werden durch fraktionierende Destillation aus Erdöl gewonnen und durch Raffination veredelt. Tabelle 10.1–1 nennt die Bestandteile (*Fraktionen*) des Vielstoffgemisches Erdöl.

Durch öllösliche Zusätze (*Additive*) werden die Eigenschaften beeinflusst. Man spricht dann auch von *legierten Ölen*. Es ist darauf zu achten, dass legierte Schmierstoffe nicht beliebig gemischt werden. Additive bewirken z. B. ein Bremsen von Oxidationsvorgängen (längere Gebrauchsdauer des Öles!), Neutralisation von korrosiven Ölbestandteilen, Schmutzstoffe in Schwebe halten (Rückstände bei Verbrennungsmotoren), Verbesserung der Schmierfähigkeit (Zusatz von *Fettölen*).

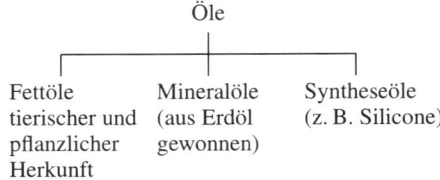

| Fettöle tierischer und pflanzlicher Herkunft | Mineralöle (aus Erdöl gewonnen) | Syntheseöle (z. B. Silicone) |
|---|---|---|

*Additive*: Zusätze zum Schmieröl, die Eigenschaften gezielt verändern
*legierte Öle*: Öle mit Zusätzen (Additive)

Tabelle 10.1–1   Erdölfraktionen

| Benennung | Siedepunkt °C | Hauptverwendung |
|---|---|---|
| Petrolether | 40 ... 70 | Lösungsmittel |
| Leichtbenzin | 70 ... 90 | Reinigung, Entfettung |
| Ligroin | 80 ... 120 | Lösungsmittel |
| Mittel- und Schwerbenzin | 120 ... 150 | Kraftstoff |
| Leuchtpetroleum | 150 ... 250 | Kraftstoff und Leuchtstoff |
| Gas- oder Treiböl | 250 ... 320 | Kraftstoff |
| Paraffinöl | über 300 | Kraftstoff |
| Schmieröl (mineral.) | über 300 | Schmieren von Maschinenteilen |
| Vaseline | über 300 | Heilpräparat |
| Paraffinwachs | über 300 | Imprägniermittel |
| Rückstand (Asphalt, Bitumen) | – | Asphaltteer, Petrolkoks |

*Synthetische Öle* sind „flüssige Kunststoffe", die für spezielle Beanspruchungen oder auch als Zusätze in verschiedener Weise hergestellt werden (Tabelle 10.1–2).

Tabelle 10.1–2   Beispiele synthetischer Schmieröle

| Syntheseöl | Einsatzbeispiele |
|---|---|
| Polyalkylether (Polyglykole) | Hydraulik-, Bremsflüssigkeit, Verdichter, Getriebe (wasserlösliche Öle) |
| Siliconöle | Grundstoffe für Wälzlager- und Sonderfette, Elektromotoren, zur Wärmeübertragung |
| Polyphenylether | Höchsttemperaturschmierstellen (bis etwa 400 °C) |

*Molekülstruktur von Siliconen*:

$$\begin{array}{ccc} CH_3 & CH_3 & CH_3 \\ | & | & | \\ -O-Si-O-Si-O-Si-O- \\ | & | & | \\ CH_3 & CH_3 & CH_3 \end{array}$$

$$\begin{array}{ccc} C_6H_5 & C_6H_5 & C_6H_5 \\ | & | & | \\ -O-Si-O-Si-O-Si-O- \end{array}$$

Makromoleküle (Riesenmoleküle)
Entstehung wird im Abschnitt 11.1.2 erläutert.

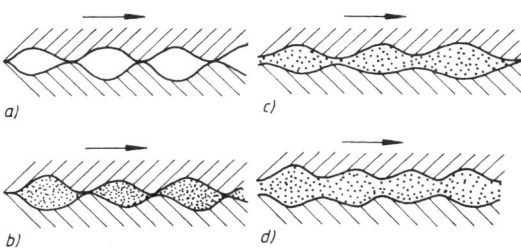

Bild 10.1–1 zeigt schematisch, welche Arten der Gleitreibung möglich sind. Die *Festkörperreibung* muss bei metallischen Körpern unbedingt vermieden werden. *Grenz-* und *Mischreibung* lassen sich technisch nicht vermeiden. Vorübergehender örtlicher Schmierstoffmangel oder das Abreißen des Schmierfilms bei niedrigen Gleitgeschwindigkeiten (An- und Auslauf, Richtungs- bzw. Drehsinnwechsel) führen zur teilweisen Berührung der gleitenden Körper (z. B. Welle in einer Lagerschale). Man wählt geeignete Lagerwerkstoffe, die in diesem Bereich ein günstiges Gleit-Reib-Verschleiß-Verhalten besitzen.

Für den normalen Betrieb strebt man die *Vollschmierung* (*Flüssigkeits-* oder *Schwimmreibung*) an. Die gleitenden Körper berühren sich nicht mehr, sie schwimmen aufeinander. Auch bei der Gasreibung sind die Festkörper durch das Medium völlig getrennt.

Bild 10.1–1   Reibungsarten
a) Festkörperreibung (ohne Schmierstoff)
b) Grenzreibung (Schicht bzw. Film vorhanden; aus der Skizze nicht erkennbar)
c) Mischreibung (Mischform der Reibung)
d) Flüssigkeitsreibung

Bei einer Gleitpaarung können folgende Reibungszustände nach DIN 50 323-3 auftreten:
- Festkörperreibung/Grenzreibung
- Flüssigkeitsreibung
- Gasreibung
- Mischreibung

Für diese Reibungsart besitzt die *Viskosität* (Zähigkeit) des Schmierstoffes die entscheidende Bedeutung. Man versteht darunter die Eigenschaft einer Flüssigkeit, einer mechanischen Beanspruchung (Verschieben der Körper zueinander) eine innere Reibung (Widerstand) entgegenzusetzen. Es wird zwischen *dynamischer* und *kinematischer Viskosität* unterschieden. Die Viskosität des Schmierstoffes ist temperatur- und druckabhängig. Sie ist Grundlage für die *ISO-Klassifikation* der Öle (Bild 10.1–2).

*Viskosität* (Zähigkeit) einer Flüssigkeit ist deren Eigenschaft, einer mechanischen Beanspruchung eine innere Reibung entgegenzusetzen.

Man ermittelt mit Messgeräten (Viskosimeter genannt):
- die dynamische Viskosität
  $\eta$ in $N \cdot s/m^2 = Pa \cdot s$ (Pascal · Sekunde)
- und die kinematische Viskosität
  $v$ in $m^2/s$ bzw. $mm^2/s$
  (auf Dichte $\varrho$ bezogene Viskosität $\eta$)

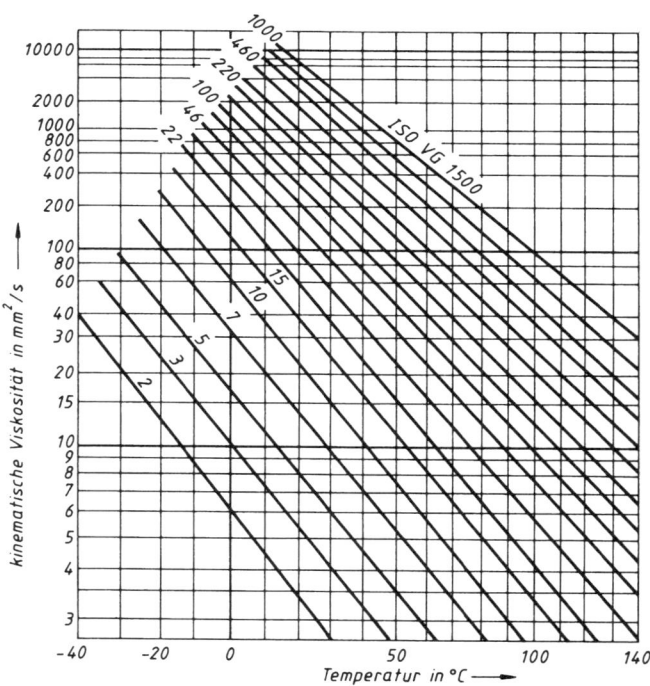

Bild 10.1–2  Viskositäts-Temperatur-Blatt nach ISO (Bezeichnung der Öle der VG-Reihe nach den Mittelpunktsviskositäten in $mm^2/s$ bei 40 °C mit ±10 % Toleranz)
DIN 51 519

Der *Pourpoint* (Fließgrenze, Kältefließfähigkeit) ist die Temperatur, bei der das Schmieröl gerade noch unter Schwerkrafteinfluss fließt.

Damit wird der Gebrauchstemperaturbereich der Öle nach unten begrenzt. Bei Hydraulikölen liegt der Pourpoint unter $-21\,°C$. Der Pourpoint ersetzt den früher ermittelten Stockpunkt, der um etwa 3 K niedriger liegt. Der *Flammpunkt* ist die Temperatur, bei der das Öl durch Erwärmen brennbare Dämpfe freizusetzen beginnt.

Neben physikalischen Eigenschaften werden bei Schmierölen auch chemische Eigenschaften, wie *Neutralisationszahl* und *Verseifungszahl*, bestimmt. Sie dienen dazu, die *Alterung* des Öles (Eigenschaftsänderungen während des Gebrauchs durch Oxidation oder Abbau der Additive) zu bewerten. Der *Conradson-Test* dient dazu, Rückstände zu ermitteln, die sich bei hohen Temperaturen bilden.

Reine Öle besitzen ein gutes elektrisches Isoliervermögen.

Die *Klassifikation* definiert 18 Viskositätsklassen im Bereich von 2 bis 1 500 mm$^2$/s bei $40\,°C$ (ISO 3448). Die Klassifikation enthält keine Qualitätsbewertung und liefert nur eine Aussage über die Viskosität bei der Temperatur $40,0\,°C$. Die Viskositäten bei anderen Temperaturen hängen von dem Viskositäts-Temperatur-Verhalten der Schmierstoffe ab, das durch Viskositäts-Temperatur-Kurven (DIN 51 563) dargestellt oder durch Zahlenwerte des Viskositätsindexes (DIN 51 564) ausgedrückt wird.

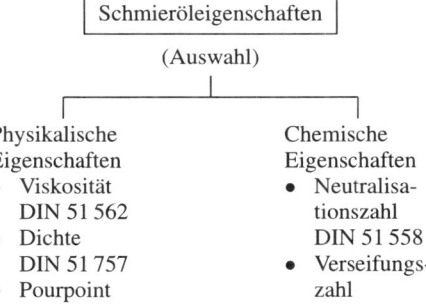

## 10.1.2 Schmierölarten

Tabelle 10.1–3 enthält die Bezeichnungen und Symbole für Schmieröle, Sonderöle, schwer entflammbare Hydraulikflüssigkeiten und Syntheseöle. Schmieröle für Verbrennungsmotoren und Kraftfahrzeuggetriebe sind in dieser Aufstellung nicht enthalten. Öle S (Kühlschmierstoffe) werden unter 10.1.3 beschrieben.

Tabelle 10.1–3  Schmierölarten, Sonderölarten (nach DIN 51 502)

| Stoffgruppe Name | Stoffart | Kennbuchstabe(n) | Symbol |
|---|---|---|---|
| Mineralöle | Normalschmieröle | N | ☐ |
| | Umlaufschmieröle | C | |
| | Gleitbahnöle | CG | |
| | Luftfilteröle | F | |
| | Hydrauliköle | H | |
| | Isolieröle elektrisch | I | |
| | Kältemaschinenöle | K | |
| | Korrosionsschutzöle | R | |
| | Kühlschmierstoffe | S | |
| | Luftverdichteröle | V | |
| Schwer entflammbare Hydraulik- flüssigkeiten | ÖL-in-Wasser-Emulsionen | HFA | ⊟ |
| | Wasser-in-Öl-Emulsionen | HFB | |
| | wässrige Polymerlösungen | HFC | |
| | wasserfreie Flüssigkeiten | HFD | |
| Synthese- oder Teilsynthese- flüssigkeiten | Esteröl | E | |
| | Fluorkohlenwasserstofföle | FK | |
| | Polyglycolöle | PG | |
| | Siliconöle | SI | |

Tabelle 10.1–4  Zusatzkennbuchstaben

| Zusatz- Kenn- buchstabe | Schmierstoffart Markenbeispiel |
|---|---|
| E | für Schmieröle, die in Mischung mit Wasser zum Einsatz kommen (z. B. wassermischbare Kühlschmierstoffe) Bsp. SE |
| F | für Schmierstoffe mit Festschmier- stoffzusatz (z. B. Graphit, Molybdändisulfid) Bsp. CLPF |
| L | für Schmierstoffe mit Wirkstoffen zum Erhöhen des Korrosionsschutzes und/oder der Alterungsbeständigkeit Bsp. CL 100 |
| P | für Schmierstoffe mit Wirkstoffen zum Herabsetzen der Reibung und des Verschleißes im Mischreibungs- gebiet und/oder zur Erhöhung der Belastbarkeit Bsp. CLP 100 |

## 10.1.3  Kühlschmierstoffe

Beim Spanen wird mehr als die Hälfte der aufgewendeten Energie in Wärme umgesetzt. Ein großer Teil entfällt auf den Verformungsvorgang und auf die Werkstofftrennung. Ein anderer Teil der entstehenden Wärme wird durch die Reibung zwischen Werkzeug und Werkstück sowie zwischen Werkzeug und Spänen verursacht.

*Kühlschmierstoffe* haben die Aufgabe, Wärme abzuführen, die Reibung zu vermindern, die Späne aus der unmittelbaren Bearbeitungszone wegzuspülen und möglichst korrosionshemmend zu wirken.

*Kühlschmierstoffe* werden beim Trennen und teilweise beim Umformen von Werkstoffen zum Kühlen und Schmieren eingesetzt.

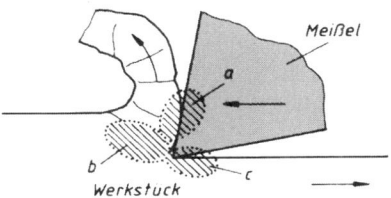

Bild 10.1–3   Spanen mit geometrisch bestimmter Schneide (z. B. Drehen) – Wärmezonen
a) Reibung Span/Spanfläche des Meißels
b) Scherzone (Verformung und Trennung)
c) Reibung Werkstück/Freifläche des Meißels

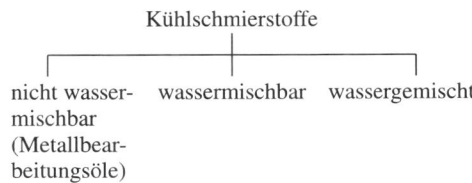

*Metallbearbeitungsöle*:
legierte Mineralöle, schmieren sehr gut; kühlen relativ wenig (geringe Wärmeleitfähigkeit der Öle!)
Fettöle als Zusätze verbessern die Haftfähigkeit und wirken reibungs- und verschleißmindernd. S-, Cl- und P-Verbindungen als *Hochdruckzusätze* (EP-Zusätze; EP, Abk. für extreme pressure) reagieren bei hohen Temperaturen mit der Metalloberfläche zu Metallsalzen mit einer Schichtgitterstruktur. Wie im Abschnitt 10.3 über feste Schmierstoffe noch behandelt wird, führt das auch zu Reibungsminderung und verhindert außerdem die Bildung einer *Aufbauschneide* (ein unerwünschter Aufschweißvorgang) auf der Spanfläche des Werkzeuges.

Tabelle 10.1–5   Kühlschmierstoffe für die spanende Metallbearbeitung

Werkstoffgruppen:
*1* Bunt- und Leichtmetalle (ausgenommen Cu, Al und Hartbronze)
   Mg und Mg-Legierungen nur mit nicht wassermischbarem Kühlschmierstoff bearbeiten. Brandgefahr!
*2* legierte Einsatz- und Vergütungsstähle, unlegierte Baustähle mit hohem C-Gehalt, Automatenstähle.
*3* unlegierte Einsatz- und Vergütungsstähle, chromlegierte, rostfreie und Vergütungsstähle, Grau- und Temperguss, Cu, Al und Hartbronzen.
*4* Chrom-Molybdän-legierte Vergütungsstähle, Chrom-Nickel-Einsatzstähle, Chrom-Vanadium-Werkzeugstähle, Silicium-Federstähle, warmfeste Chrom-Molybdän-Stähle.
*5* rost- und säurebeständige Chrom-Nickel- und Chrom-Nickel-Molybdän-Stähle, Nitrier-Stähle, hitzebeständige Stähle.

*Wassergemischte Kühlschmierstoffe*:
Öl-Wasser-Gemische mit grenzflächenaktiven Zusätzen (Emulgatoren); gering schmierfähig (kann durch EP-Zusätze verbessert werden), sehr gute Kühlwirkung.
*Emulsionen*:
Öltröpfchen in feinster Verteilung im Wasser (diskontinuierliche oder kontinuierliche Phase)
*Lösungen*:
Kolloidlösungen und echte Lösungen (wasserlösliche Kühlschmierstoffe)

**Übung 10.1–1**
Was sind legierte Öle?

**Übung 10.1–2**
Wodurch unterscheiden sich Mineralöle von synthetischen Ölen?

**Übung 10.1–3**
Auf welche Temperatur beziehen sich alle Viskositätsangaben der Schmieröle nach der ISO-Klassifikation?

**Übung 10.1–4**
Welche technische Bedeutung haben Kühlschmierstoffe?

# 10.2 Schmierfette

**Lernziele**

Der Lernende kann ...
- Eigenschaften und Arten von Schmierfetten nennen,
- erläutern, in welchen Anwendungsfällen den Schmierfetten gegenüber den flüssigen Schmierstoffen der Vorzug gegeben wird,
- die Kennzeichnung der Schmierfette erläutern.

## 10.2.0 Übersicht

In diesem Abschnitt werden Begriffe, allgemeine Eigenschaften und einige Arten von Schmierfetten behandelt.

## 10.2.1 Zusammensetzung und Eigenschaften

Schmierfette entstehen, wenn Mineral- oder Syntheseöle mit *Eindickern*, meist Metallseifen, behandelt werden. Gebräuchlich sind Calcium-, Natrium-, Lithium- und Aluminiumseifen. Für Syntheseöle werden Erdalkali-Komplexseifen verwendet. Die Seifen haben eine schwammartige Struktur. Ihre Poren sind mit Öl gefüllt.

> *Schmierfette* sind mit Mineralölen (seltener mit Syntheseölen) aufgequollene Metallseifen.
> Die Metallseifen (seltener Gele oder organische Hochpolymere) bezeichnet man als *Eindicker*.

Die Eigenschaften der Schmierfette ergeben sich aus dem Grundöl (Art, Viskosität), dem Eindicker (Art und Menge der verwendeten Metallseife) und aus dem technologischen Ablauf bei der Fettherstellung. Außerdem bewirken *Additive* eine Verbesserung des Mischreibungsverhaltens und stabilisieren das Schmierfett gegen Oxidation. Durch Zugabe von pulverisierten Festschmierstoffen (Graphit, $MoS_2$ u. a.) werden die *Notlaufeigenschaften* verbessert.

> *Notlaufeigenschaft*: Fähigkeit einer Reibpaarung, kurzzeitiges Ausbleiben der betriebsmäßigen Schmierung ohne dauernden Schaden überstehen zu können.

Tabelle 10.2–1  Eigenschaften und Verwendung von Schmierfetten

| Eindicker | Ölbasis, Symbol | Gebrauchstemperaturbereich °C | Verhalten gegen Wasser | Eigenschaften und Verwendung |
|---|---|---|---|---|
| Calciumseifen | Mineralöl △ | $-20\ldots+50$ | beständig und abweisend | Dichtwirkung gegen Wasser, kein Korrosionsschutz, für nasse Lagerstellen, z. B. Kfz und Walzgerüste |
| Lithiumseifen | Mineralöl △ | $-20\ldots+120$ | beständig, nicht abweisend | guter Korrosionsschutz durch Zusätze, Wälz- und Gleitlagerfett für mittlere Drehzahlen, Lebensdauerschmierung |
| Erdalkali-Komplexseifen, z. B. Ca-, Ba-Komplex | Syntheseöl ◇ | $-60\ldots+120$ | beständig und abweisend | für höchste Drehzahlen, Lebensdauerschmierung von Miniaturlagern und Kleingetrieben, Instrumentenfett, Luftfahrt und Kältetechnik |

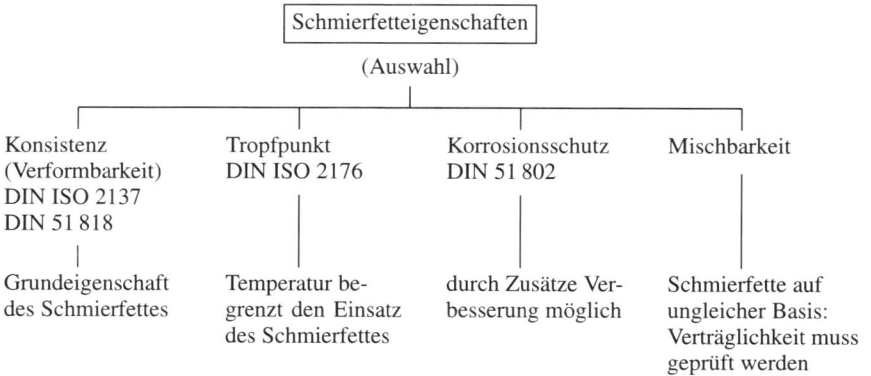

Bei Schmierfetten wird die *Konsistenz* (Verformbarkeit) ermittelt. Man unterscheidet die *(Ruhe-) Penetration* und die *Walkpenetration* (Walkbeständigkeit) nach Bearbeitung (Walkung) des Fettes.

Der *Tropfpunkt* charakterisiert die Temperaturbeständigkeit des Seifengerüstes. Seifenhaltige Schmierfette dürfen im praktischen Einsatz niemals bis zum Tropfpunkt erwärmt werden, da bei dieser Temperatur die Struktur der Seife bereits nichtumkehrbar geschädigt ist.

Die korrosionsschützende Wirkung kann durch *Zusätze* verbessert werden. Schmierfette mit gleicher Verseifungsart sind mischbar. In anderen Fällen empfiehlt sich eine Verträglichkeitsprüfung.

Tabelle 10.2–2  Konsistenzkennzahlen für Schmierfette

| Kennzahl | Walkpenetration nach DIN ISO 2137 [Einheiten] |
|---|---|
| 000 | 445 . . . 475 |
| 00 | 400 . . . 430 |
| 0 | 355 . . . 385 |
| 1 | 310 . . . 340 |
| 2 | 265 . . . 295 |
| 3 | 220 . . . 250 |
| 4 | 175 . . . 205 |
| 5 | 130 . . . 150 |
| 6 | 85 . . . 115 |

1 Einheit $\widehat{=} 0,1$ mm

## 10.2.2  Schmierfettarten

Tabelle 10.2–3  Kennzeichen und Symbole für Schmierfette

| Schmierfett | Gebrauchstemperaturbereich °C | Kennbuchstabe(n) | Symbol |
|---|---|---|---|
| Schmierfette für Wälzlager, Gleitlager und Gleitflächen | $-20 . . . + 140$ | K (ISO:XM) | für Schmierfette auf Mineralölbasis |
| Schmierfette für hohe Druckbelastung | $-20 . . . + 140$ | KP | |
| Schmierfette für Gebrauchstemperaturen über +140 °C | über +140 | KH | △ |
| Schmierfette für tiefe Temperaturen geeignet | $-30 . . . + 120$ $-40 . . . + 120$ $-55 . . . + 120$ | KTA KTB KTC | |
| Schmierfette für geschlossene Getriebe | | G | |
| Schmierfette auf Syntheseölbasis | | gleiche Kennzeichnung; die Kennbuchstaben nach Tabelle 10.1–3, unterer Abschnitt, werden hinzugefügt | für Schmierfette auf Syntheseölbasis ◇ |

Tabelle 10.2–4  Zusatz-Kennbuchstaben und -Kennzahlen für Schmierfette nach DIN 51 825 (Auswahl)

Zusatz-Kennbuchstaben

| Kennbuchstabe | Obere Gebrauchstemperatur in $°C$ |
|---|---|
| C | 60 |
| E | 80 |
| G | 100 |
| K | 120 |
| P | 160 |
| S | 200 |
| U | über 200 |

Zusatz-Kennzahlen

| Kennzahl | Untere Gebrauchstemperatur in $°C$ |
|---|---|
| $-10$ | $-10$ |
| $-50$ | $-50$ |

Tabelle 10.2–5  Wälzlagerfette und ihre Eigenschaften

| Dickungsmittel | Grundöl | Gebrauchs-temperatur $°C$ | Verhalten gegenüber Wasser | Besondere Hinweise |
|---|---|---|---|---|
| Natriumseife | Mineralöl | $-20\ldots100$ | nicht beständig | emulgiert mit Wasser, wird daher u. U. flüssig |
| Lithiumseife | Mineralöl | $-20\ldots130$ | beständig bis 90 $°C$ | emulgiert mit wenig Wasser, wird aber bei größeren Mengen weicher, Mehrzweckfett |
| Calciumseife | Mineralöl | $-20\ldots50$ | sehr beständig | gute Dichtwirkung gegen Wasser, eingedrungenes Wasser wird nicht aufgenommen |
| Aluminiumseife | Mineralöl | $-20\ldots70$ | beständig | gute Dichtwirkung gegen Wasser |
| Natriumkomplex-seife | Mineralöl | $-20\ldots130$ | beständig bis etwa 80 $°C$ | für höhere Temperaturen und Belastungen geeignet |
| Calciumkomplex-seife | Mineralöl | $-20\ldots130$ | sehr beständig | Mehrzweckfett, geeignet für höhere Temperaturen und Belastungen |
| Bariumkomplex-seife | Mineralöl | $-20\ldots150$ | beständig | für höhere Temperaturen und Belastungen sowie auch Drehzahlen (abhängig von der Grundölviskosität) geeignet, dampfbeständig |
| Polyharnstoff | Mineralöl | $-20\ldots150$ | beständig | für höhere Temperaturen und Belastungen |

Tabelle 10.2–5 Fortsetzung

| Dickungsmittel | Grundöl | Gebrauchs-temperatur °C | Verhalten gegenüber Wasser | Besondere Hinweise |
|---|---|---|---|---|
| Aluminium-komplexseife | Mineralöl | −20 ... 150 | beständig | für höhere Temperaturen und Belastungen sowie auch Drehzahlen (abhängig von der Grundölviskosität) geeignet |
| Bentonit [1] | Mineralöl und/oder Esteröl | −20 ... 150 | beständig | Gelfett für höhere Temperaturen bei niedrigen Drehzahlen |
| Lithiumöl | Esteröl | −60 ... 130 | beständig | für niedrige Temperaturen und hohe Drehzahlen geeignet |
| Bariumkomplex-seife | Esteröl | −60 ... 130 | beständig | für hohe Drehzahlen und niedrige Temperaturen geeignet, dampfbeständig |
| Lithiumseife | Siliconöl | −40 ... 170 | sehr beständig | für höhere und niedrigere Temperaturen bei geringen Belastungen, bis zu mittleren Drehzahlen geeignet |

[1] stark quellendes Tonmaterial (nach Fort Benton/USA)

**Übung 10.2–1**
Wie entstehen Schmierfette?

**Übung 10.2–2**
Welche Größe kennzeichnet das Verhalten der Schmierfette bei Erwärmung?

# 10.3 Festschmierstoffe

**Lernziele**

Der Lernende kann ...
- Eigenschaften und Arten fester Schmierstoffe nennen,
- die Wirkung von Schichtgitterstrukturen erläutern.

## 10.3.0 Übersicht

Einige feste Stoffe haben hervorragende Gleiteigenschaften. Es werden die bewährten Stoffgruppen und entsprechende Beispiele genannt. Am meisten werden die lamellaren Festschmierstoffe Molybdändisulfid und Graphit eingesetzt.

## 10.3.1  Festschmierstoffarten

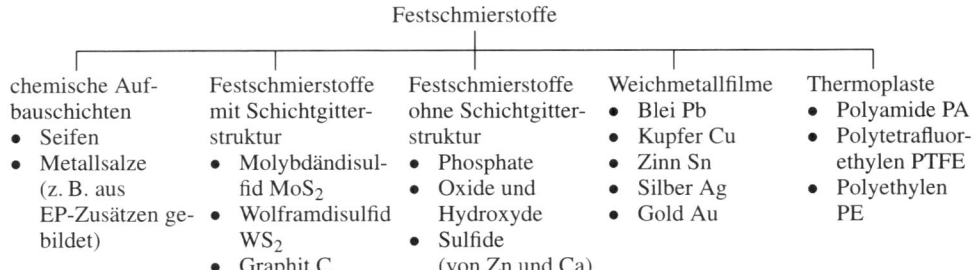

Festschmierstoffe

| chemische Auf-bauschichten | Festschmierstoffe mit Schichtgitter-struktur | Festschmierstoffe ohne Schichtgitter-struktur | Weichmetallfilme | Thermoplaste |
|---|---|---|---|---|
| • Seifen<br>• Metallsalze (z. B. aus EP-Zusätzen gebildet) | • Molybdändisulfid $MoS_2$<br>• Wolframdisulfid $WS_2$<br>• Graphit C | • Phosphate<br>• Oxide und Hydroxyde<br>• Sulfide (von Zn und Ca) | • Blei Pb<br>• Kupfer Cu<br>• Zinn Sn<br>• Silber Ag<br>• Gold Au | • Polyamide PA<br>• Polytetrafluor-ethylen PTFE<br>• Polyethylen PE |

Festschmierstoffe wirken mittelbar über Zusätze zu Schmierölen oder -fetten, oder sie werden direkt, z. B. in Form von Pasten, verwendet. Selbstschmierende Werkstoffe für Gleitelemente werden aus den genannten Stoffen gefertigt bzw. mit Schichten versehen. Das hervorragende Gleit-/Verschleißverhalten von weichen Metallen (Pb, Sn) wurde bei den Lagerweißmetallen hervorgehoben. Der hohe Abriebwiderstand und das gute Gleitvermögen einiger Thermoplaste führten auch zum Einsatz von Kunststoff-Lagerschalen (z. B. in Walzwerken, Mühlen, in der Zementindustrie), die mit Wasser gekühlt werden. Der Schmiereffekt wird durch die Thermoplaste selbst bewirkt.

## 10.3.2  Festschmierstoffe mit Schichtgitterstruktur

Die lamellare Struktur (*Sandwich-Struktur*) von Graphit, $MoS_2$ und $WS_2$ erlaubt eine hohe Querbelastung bei leichter Verschiebbarkeit (Gleiten) in Längsrichtung des Schichtgitters (Bild 10.3–1). Darauf beruhen die hohe Belastbarkeit und die reibungs- und verschleißmindernde Wirkung dieser Schmierstoffe.

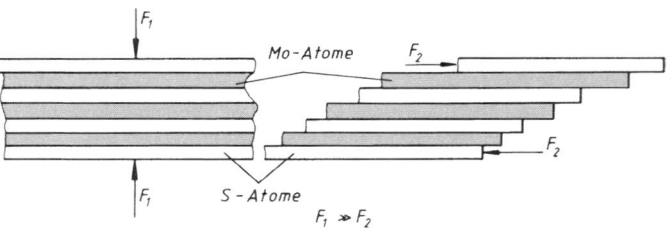

Bild 10.3–1  Schichtgitterstruktur (Sandwich-Struktur)
a) hohe Belastbarkeit quer zum Lamellenpaket
b) geringer Gleitwiderstand (geringe Reibung) in Längsrichtung (Ursache: geringe Bindungskräfte zwischen den Lamellen)

*Graphit* ist von $-18$ bis etwa $+450\,°C$ einsetzbar. Er schmiert gut in feuchter Luft und $CO_2$-Atmosphäre. In Sauerstoff- und Stickstoffatmosphäre ist Graphit wenig und im Vakuum nicht geeignet. Synthetischer Graphit enthält keine Verunreinigungen, die schmirgelnd wirken können.

*MoS$_2$* ist von $-180$ bis etwa $+380\,°C$ verwendbar. Es ist sehr hoch belastbar (über $3\,000\ N/mm^2$) und besitzt eine niedrige Reibungszahl ($0,05\ldots0,08$ in trockener Luft). $MoS_2$ ist in beliebiger Atmosphäre (auch Hochvakuum und in Schutzgasen) einsetzbar. Nachteilig sind die Korrosionswirkung auf Eisenwerkstoffe in feuchter Umgebung und der hohe Preis. Für Cu- und Al-Werkstoffe ist $MoS_2$ kaum geeignet (günstiger: Thermoplaste).

*Graphit* und *Molybdändisulfid* ($MoS_2$) sind die am häufigsten eingesetzten Festschmierstoffe. Durch die lamellare Struktur des Gitters (Schichtgitter- oder Sandwich-Struktur) ist ein leichtes Abgleiten in Längsrichtung möglich. Daraus ergeben sich die geringe Eigenreibung und damit die Schmierwirkung.

| Festschmierstoffe | Möglicher Einsatztemperaturbereich | Keine Eignung |
|---|---|---|
| Graphit | $-\ 18\ldots+450\,°C$ | im Vakuum |
| MoS$_2$ (Molybdändisulfid) | $-180\ldots+380\,°C$ | in feuchter Umgebung; für Al- und Cu-Werkstoffe |

### Übung 10.3–1
Worauf beruht die Schmierwirkung fester (kristalliner) Substanzen?

### Übung 10.3–2
Welcher Festschmierstoff ist für Betriebstemperaturen über $400\,°C$ geeignet?

# Lernzielorientierter Test zu Kapitel 10

1. Fraktionen des Erdöls sind
   A Rückstände bei der Verbrennung
   B physikalisch trennbare Bestandteile
   C z. B. Wasser, Mineralien, Verunreinigungen
   D z. B. Benzin, Petroleum, Mineralöl
   E Kohlenwasserstoffe
2. Additive
   A sind Zusätze zum Schmieröl
   B nennt man leicht emulgierbare Öle
   C verwendet man, um legierte Öle herzustellen
   D dienen der Viskositätsermittlung
   E verändern Eigenschaften der Öle
3. Viskosität
   A gibt die innere Reibung einer Flüssigkeit an

B bei $20\,°C$ ist die Grundlage für die Normung der Schmieröle
C bei $40\,°C$ ist die Grundlage für die Normung der Schmieröle
D bei $50\,°C$ ist die Grundlage für die Normung der Schmieröle
E ist temperaturabhängig
4. Kühlschmierstoffe
   A werden bei der Metallbearbeitung eingesetzt
   B kühlen und vermindern Reibung
   C sollen korrosionshemmend wirken
   D können Öle, Öl-Wasser-Gemische oder Lösungen sein
5. Lithium-Seifen-Schmierfett
   A ist nicht wasserbeständig
   B ist wasserbeständig

C eignet sich für Wälz- und Gleitlager

D kann bis 95 °C Betriebstemperatur verwendet werden

E kann bis 120 °C Betriebstemperatur verwendet werden

6. Festschmierstoffe

A wirken über Zusätze zu Schmierölen oder -fetten

B werden direkt auf gleitende Flächen aufgetragen

C haben stets eine Schichtgitterstruktur

# 11 Kunststoffe

## 11.0 Überblick

*Kunststoffe* sind neben den Metallen und den nichtmetallisch-anorganischen Werkstoffen die dritte Werkstoffhauptgruppe. Kunststoffe sind *hochmolekulare organische Stoffe* (so genannte *Polymere*), die durch chemische Verkettungsreaktionen von niedermolekularen Verbindungen entstehen. Sie zeichnen sich durch eine niedrige Dichte, eine hohe spezifische Festigkeit (Verhältnis von Festigkeit zu Dichte), sehr gute Verarbeitbarkeit und gute chemische Beständigkeit aus. *Kunststoffe* zeigen eine starke Temperaturabhängigkeit der mechanischen Eigenschaften. Sie sind preiswert herzustellen und werden *synthetisch* in großtechnischen Anlagen der Erdöl-, Erdgas- und Kohlechemie oder durch *Abwandlung von Naturprodukten* (z. B. Celluloid aus Cellulose) erzeugt. Durch die *Struktur* der Kunststoffe, den *Grad der räumlichen Vernetzung* der Moleküle, die *Beimischung von Zusatzstoffen* und/oder die Vermischung unterschiedlicher Polymere (*Polymerblend*) lassen sich technische Eigenschaften von Kunststoffen wie Festigkeit, Steifigkeit, Zähigkeit, Formbarkeit, Härte, elektrischer Widerstand sowie Temperatur- und chemische Beständigkeit in weiten Grenzen variieren.

Die Kunststoffe lassen sich in drei Hauptgruppen einteilen:

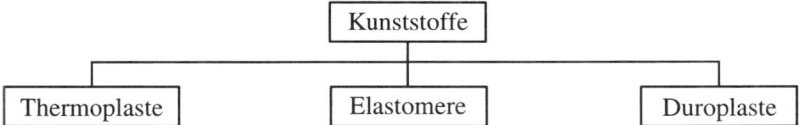

*Kunststoffe* werden für Rohrleitungen, im Fenster- und Türenbau, als Dämmstoff und Verpackungsmaterial eingesetzt. In der Elektronik/Elektrotechnik dienen Polymere als Isolationswerkstoffe. Im Maschinen-, Fahrzeug- und Flugzeugbau werden Polymere für Gehäuse, Verkleidungen, aber auch als Lagerwerkstoff verwendet. Fahrzeugreifen, Keil- und Zahnriemen sowie thermisch und chemisch hochbeanspruchte Dichtungen werden aus Elastomeren hergestellt. Kunststoffe sind das wichtigste *Matrixmaterial für hochfeste faserverstärkte Verbundwerkstoffe*. In diesem Kapitel werden die stoffliche Struktur der Kunststoffe beschrieben und die Eigenschaften erklärt. Um den Inhalt leicht erfassen zu können, sind die Grundlagen der organischen Verbindungen im Fach Chemie zunächst zu wiederholen.

## 11.1 Struktur von Kunststoffen

**Lernziele**

Der Lernende kann . . .
- erläutern, wie Polymere entstehen und welche Reaktionen für die Bildung von Makromolekülen verantwortlich sind,
- den Bau der Makromoleküle (Riesenmoleküle) erklären,
- die grundsätzlichen Unterschiede zwischen thermoplastischen und duroplastischen Kunststoffen nennen,

- die wichtigsten Möglichkeiten nennen und beschreiben, wie Eigenschaften der Kunststoffe modifiziert werden können,
- erklären, welche Funktion die Hilfs- und Zusatzstoffe haben.

## 11.1.0 Übersicht

Das Verhalten der *Polymere* bei mechanischer Beanspruchung, bei Erwärmung oder beim Einwirken von Flüssigkeiten wird durch den Bau der Makromoleküle und durch die *Bindungsverhältnisse* zwischen den Molekülen (*Nebenvalenz- und/oder Hauptvalenzbindung*) bestimmt. Um die Verarbeitungs- und Gebrauchseigenschaften in gewünschter Weise zu beeinflussen, enthalten Kunststoffe außer dem Grundpolymer meistens bestimmte Zusätze (z. B. Weichmacher, Füllstoffe, Farbstoffe, leitfähige Zusatzstoffe). Deshalb ist es erforderlich, auf die Struktur dieser organischen Verbindungen einzugehen.

## 11.1.1 Entstehung der Makromoleküle

*Kunststoffe* sind aus *Makromolekülen* (Riesenmoleküle) aufgebaut. Diese werden durch *chemische Verkettungsreaktionen* von niedermolekularen C-Verbindungen, so genannten *Monomeren*, erzeugt. Hauptbestandteil der Makromoleküle ist der Kohlenstoff. Als *Bindungspartner* kommen für den Kohlenstoff in Frage:

- andere C-Atome (Ein- und Mehrfachbindungen möglich!),
- andere Elemente wie z. B. H, O, N Cl, F, Si,
- funktionelle Gruppen wie z. B. Amino-, Hydroxyl-, Aldehyd- und Karboxylgruppe,
- Aromate wie z. B. Benzol.

Die chemische Bindung innerhalb der Makromoleküle beruht auf der Bildung *gemeinsamer Elektronenpaare* (Atombindung, polare Atombindung, siehe Abschnitt 1.1.1).

---

*Kunststoffe* sind aus Makromolekülen aufgebaut. Makromoleküle entstehen durch *chemische Verkettungsreaktionen* (Polymerisation, Polyaddition, Polykondensation) von *Monomeren* (niedermolekulare Verbindungen).

---

Beispiele für die chemische Bindung des C in den Monomeren

a) *Ethylen* (Monomer für die Polyethylenherstellung) – Doppelbindung zwischen C-Atomen und Einfachbindung zwischen C- und H-Atomen

$$\begin{array}{cc} H & H \\ | & | \\ C & = C \\ | & | \\ H & H \end{array}$$

b) *Adipinsäure* (Monomer für die Polyamidherstellung) – Einfachbindung zwischen C- und H-Atomen sowie Doppelbindung zum O-Atom in der Karboxylgruppe

$$\begin{array}{ccccccc} O & & H & H & H & H & & O \\ \diagdown\!\!\!\!\!= & & | & | & | & | & & \diagup\!\!\!\!\!= \\ & C - C - C - C - C - C & \\ \diagup & & | & | & | & | & & \diagdown \\ OH & & H & H & H & H & & OH \end{array}$$

Es gibt drei Grundtypen von Verkettungsreaktionen:

**1. Polymerisation** – ungesättigte Monomere (z. B. Ethylen $C_2H_4$) werden unter Aufspaltung der Doppelbindungen zu einer gesättigten Polymerkette *ohne Abspaltung von Nebenprodukten* verknüpft. Die Reaktion wird durch erhöhte Temperatur oder durch Katalysatoren ausgelöst.

Beispiele für *Polymerisate*

| Polymerisat | Kurzname |
|---|---|
| *Polyvinylchlorid* | PVC |
| *Polypropylen* | PP |
| *Polystyrol* | PS |

Beispiel für eine Verkettung durch Polymerisation:

$$
\begin{array}{ccccc}
\text{H} & \text{H} \\
| & | \\
\text{C} & = & \text{C} \\
| & | \\
\text{H} & \text{H}
\end{array}
+
\begin{array}{ccc}
\text{H} & \text{H} \\
| & | \\
\text{C} & = & \text{C} \\
| & | \\
\text{H} & \text{H}
\end{array}
+
\begin{array}{ccc}
\text{H} & \text{H} \\
| & | \\
\text{C} & = & \text{C} \\
| & | \\
\text{H} & \text{H}
\end{array}
+ \cdots
\xrightarrow{\text{Polymerisation}}
\left[
\begin{array}{cc}
\text{H} & \text{H} \\
| & | \\
\text{C} & \text{C} \\
| & | \\
\text{H} & \text{H}
\end{array}
\right]_n
$$

*n-mal Monomer (Ethylen) mit Doppelbindung*

*Aufspalten der Doppelbindung (Radikalisierung) und Verketten der radikalisierten Monomere*

*Polymerisat ist Polyethylen PE mit n Grundbausteinen (n = Polymerisationsgrad, Anzahl der im Makromolekül enthaltenen Grundbausteine*

**2. Polyaddition** (auch Additionspolymerisation) – Monomere mit mindestens zwei reaktionsfähigen funktionellen Gruppen werden *ohne Abspaltung von Nebenprodukten* miteinander verkettet. Die Polyaddition ist mit einer *Wasserstoffumlagerung* verbunden.

Beispiele für *Polyaddukte*

| Polyaddukt | Kurzname |
|---|---|
| *Epoxidharz* | EP |
| *Polyurethan* | PUR |

Beispiel für eine Verkettung durch Polyaddition:

$$
n \cdot \text{HO-R}_1\text{-OH} + n \cdot \overset{\text{O}}{\underset{\|}{\text{C}}}=\text{N-R}_2\text{-N}=\overset{\text{O}}{\underset{\|}{\text{C}}}
\xrightarrow{\text{Polyaddition}}
\left[ \text{O-R}_1\text{-O-}\overset{\text{O}}{\underset{\|}{\text{C}}}\text{-}\overset{\text{H}}{\underset{|}{\text{N}}}\text{-R}_2\text{-}\overset{\text{H}}{\underset{|}{\text{N}}}\text{-}\overset{\text{O}}{\underset{\|}{\text{C}}} \right]_n
$$

Umlagerung von H

*Monomere mit zwei reaktionsfähigen Hydroxylgruppen (Glykol) bzw. mit zwei reaktionsfähigen Isocyanatgruppen (Diisocyanate) an den Enden der Kette $R_1$ bzw. $R_2$ = Kohlenwasserstoffrest, wird durch Reaktion nicht verändert*

*Umlagerung des Wasserstoffs und damit frei werdende Bindungen (Radikalisierung) am C der Isocyanatgruppe und am O der Hydroxylgruppe, anschließende Verkettung dieser Radikale*

*entstandenes Polyaddukt ist Polyurethan PUR mit n Grundbausteinen*
*n = Polymerisationsgrad*

**3. Polykondensation** (auch Kondensationspolymerisation) – Monomere mit mindestens zwei reaktionsfähigen funktionellen Gruppen werden *unter Abspaltung von Nebenprodukten* (kleine Moleküle wie z. B. Wasser) miteinander verkettet.

Beispiele für *Polykondensate*

| Polykondensat | Kurzname |
|---|---|
| *Polycarbonat* | PC |
| *Polyamid* | PA |
| *Phenolharz* | PF |

Beispiel für eine Verkettung durch Polykondensation:

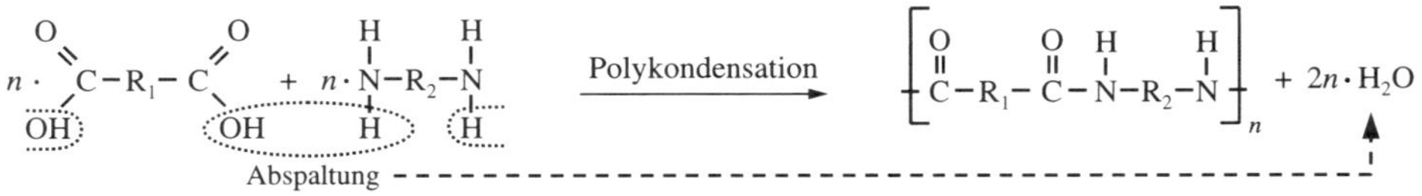

| Monomere mit zwei reaktionsfähigen Karboxylgruppen (z. B. Adipinsäure) bzw. mit zwei reaktionsfähigen Aminogruppen (z. B. Diaminohexan) an den Enden der Kette $R_1$ bzw. $R_2$ = Kohlenwasserstoffrest, wird durch Reaktion nicht verändert | Aufspaltung der Karboxylund der Aminogruppen unter Bildung von Wassermolekülen und damit frei werdende Bindungen (Radikalisierung) am C der Karboxylgruppe und am N der Aminogruppe, anschließend Verkettung dieser Radikale | neben dem Wasser entsteht als Polykondensat das Polyamid PA mit n Grundbausteinen n = Polymerisationsgrad |
|---|---|---|

Sind am Aufbau der Makromoleküle unterschiedliche Arten von Monomeren beteiligt, so entstehen *Copolymerisate*. Je nach Art, Menge und Anordnung der einzelnen Monomere können die mechanischen, chemischen, physikalischen und die Verarbeitungseigenschaften sowie der kristalline Anteil (siehe Abschnitt 11.1.2) verändert werden. Bei *duroplastischen Copolymerisaten* wird die Vernetzung der Moleküle beeinflusst. Die Anordnung der Monomere im Copolymerisat wird unterschieden in statistische und alternierende Verteilung bzw. Block- und Pfropfpolymerisation (Bild 11.1–1 bis 11.1–5). Werden bereits fertige aber unterschiedliche Polymere (Verkettung fortgeschritten bzw. abgeschlossen) miteinander gemischt, so entstehen *Polymerblends* (auch Polymerlegierung). Auch durch die Herstellung solcher Polymerblends lassen sich die Eigenschaften gezielt beeinflussen.

Bild 11.1–1  Homopolymer – nur aus einer Sorte von Monomeren zusammengesetzt

Bild 11.1–2  Copolymer – alternierende Anordnung der Monomere

Bild 11.1–3  Copolymer – blockartige Anordnung der Monomere

Bild 11.1–4  Copolymer – statistische Verteilung der Monomere

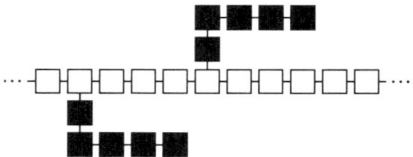

Bild 11.1–5  Pfropfcopolymer

**Übung 11.1–1**
Was sind Kunststoffe?

**Übung 11.1–2**
Was ist ein Monomer?

**Übung 11.1–3**
Welche chemischen Reaktionen führen zur Bildung von Makromolekülen?

**Übung 11.1–4**
Worin unterscheiden sich Copolymere und Polymerblends?

## 11.1.2 Räumliche Anordnung der Makromoleküle

Die Eigenschaften der Kunststoffe werden nicht nur von der chemischen Zusammensetzung und von der Länge der Makromoleküle (bei Thermoplasten) bestimmt, sondern auch von der *räumlichen Anordnung* der Moleküle (*Kristallinität*) und vom *Vernetzungsgrad* (bei Elastomeren und Duroplasten). Die Art der chemischen Bindung zwischen den Makromolekülen, der Abstand und die Ausrichtung der Moleküle sowie die Menge und die Wirkungsweise von Zusatzstoffen spielen dabei eine zentrale Rolle.

*Thermoplaste* bestehen aus langen *fadenförmigen Makromolekülen*, die teilweise verzweigt, aber *unvernetzt* sind. Innerhalb der Makromoleküle liegen *Hauptvalenzbindungen* (homöopolare oder polare Atombindung) vor. Untereinander sind die Makromoleküle nur durch *mechanische Verschlaufungen* (Bild 11.1–6) und chemische *Nebenvalenzbindungen* (z. B. Dipolkräfte, siehe Abschnitt 1.1.1) miteinander verbunden. Diese *Nebenvalenzbindungen* sind stark von der Temperatur abhängig. Je größer der Abstand der Moleküle ist, beispielsweise durch ansteigende Temperaturen, umso geringer ist die Wirkung der Nebenvalenzbindung. Gleichzeitig ist damit eine größere Beweglichkeit der Ketten verbunden. Die *Nebenvalenzbindungen* sind im Vergleich zur Atombindung schwach und beruhen auf der Anziehung von *entgegengesetzt orientierten Ladungsschwerpunkten* (z. B. Polyethylen, Bild 11.1–7).

> *Thermoplaste* sind *unvernetzte* Polymere. Der Zusammenhalt der Makromoleküle wird durch *mechanische Verschlaufung* und durch *Nebenvalenzbindungen* (z. B. Dipolkräfte) erreicht.

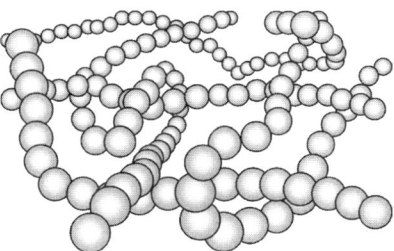

Bild 11.1–6  Thermoplast – Verschlaufung der Makromoleküle

Positive Ladungsschwerpunkte des einen und negative Ladungsschwerpunkte des anderen Polyethylenmoleküls ziehen sich gegenseitig an und bedingen den Zusammenhalt im Festkörper. Da Thermoplaste unvernetzt sind und sich die zwischenmolekularen Bindungen mit zunehmender Temperatur verringern, ist ein reversibles Aufschmelzen möglich.

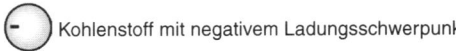

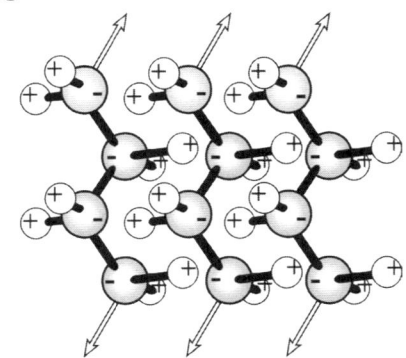

Bild 11.1–7  Ausbildung von Nebenvalenzbindungen in den Polyethylenmolekülen – Anziehung von entgegengesetzt orientierten Ladungsschwerpunkten zwischen den PE-Makromolekülen

In *Duroplasten* treten prinzipiell auch Verschlaufungen und Nebenvalenzbindungen zwischen den Makromolekülen auf. Eigenschaftsbestimmend ist jedoch die Ausbildung von *Hauptvalenzbindungen zwischen den einzelnen Molekülen*, die zu einer *starken räumlichen Vernetzung* führt (Bild 11.1–8). Im Grunde kann bei dieser vernetzten Struktur von einem einzigen Riesenmolekül gesprochen werden. Die räumliche Vernetzung ist möglich, wenn mehr als zwei Doppel- oder Mehrfachbindungen oder mehr als zwei funktionelle Gruppen im Ausgangsmonomer vorliegen. Der Vorgang des Vernetzens wird als *Härten* oder Aushärten bezeichnet. Die starken zwischenmolekularen Atombindungen führen zu einer hohen Festigkeit und Sprödigkeit (siehe Abschnitt 11.2.2.1). Im ausgehärteten, also vernetzten Zustand sind die *Duroplaste nicht mehr plastisch verformbar*. Ein Aufschmelzen ist nicht möglich. Eine zu große Temperaturerhöhung führt zur thermischen Zersetzung.

*Duroplaste* sind *engmaschige, räumlich vernetzte* Polymere. Atombindungen liegen nicht nur innerhalb einer Molekülkette, sondern auch zwischen den Makromolekülen vor.

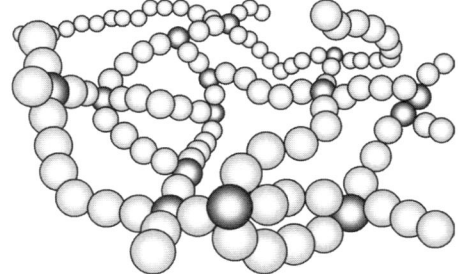

Bild 11.1–8  Duroplast – starke Vernetzung der Makromoleküle

*Elastomere* lassen sich als eine Kombination der Struktur von Thermo- und Duroplasten auffassen (Bild 11.1–9). Der Zusammenhalt der Makromoleküle wird sowohl von den *mechanischen Verschlaufungen*, den *Nebenvalenzbindungen* als auch durch ein *weitmaschiges Netz weniger Hauptvalenzbindungen* zwischen den Ketten erreicht. Grundsätzlich sind ein Abgleiten der Molekülketten und damit *sehr große (visko-) elastische Verformungen* in Abhängigkeit von der Temperatur möglich. Eine plastische Verformung oder ein Aufschmelzen bei höheren Temperaturen ist bei den Elastomeren, bedingt durch die Vernetzung, nicht möglich.

> *Elastomere* sind *stark verknäulte* Polymere mit *weitmaschiger räumlicher Vernetzung*. Atombindungen liegen nicht nur innerhalb einer Molekülkette, sondern auch vereinzelt zwischen den Makromolekülen vor.

⬤ Vernetzungsknoten der Moleküle

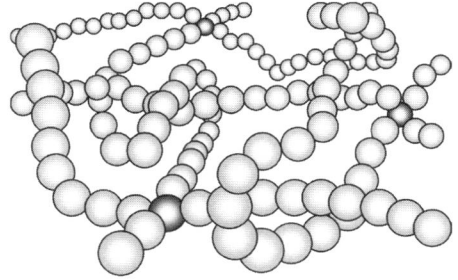

Bild 11.1–9   Elastomer – starke mechanische Verschlaufung und weitmaschige Vernetzung der Makromoleküle

Neben der chemischen Bindung zwischen den Makromolekülen ist für deren räumliche Anordnung die *Taktizität* von Bedeutung. Die *Taktizität* beschreibt die *räumliche Verteilung* und die Lage der *Seitenatome bzw. -gruppen* (Substituenten). Generell wird zwischen folgenden Anordnungen unterschieden (Bild 11.1–10):

- *isotaktisch* – regelmäßige Anordnung der Substituenten auf einer Seite der Kette,
- *syndiotaktisch* – auf beiden Seiten regelmäßig wechselnde Anordnung der Substituenten,
- *ataktisch* – ungeordnete Anordnung.

Bei den Metallen haben Sie kennen gelernt, dass die Teilchen in einem kristallinen Gitter regelmäßig und nach definierten geometrischen Regeln angeordnet sind. Auch bei Kunststoffen können regelmäßige Anordnungen von Makromolekülen neben ungeordneten, also *amorphen* Bereichen auftreten. Solche Kunststoffe, in der Regel Thermoplaste, werden als *teilkristalline* Polymere bezeichnet. Voraussetzung für die *Teilkristallinität* ist der regelmäßige Aufbau der Makromole-

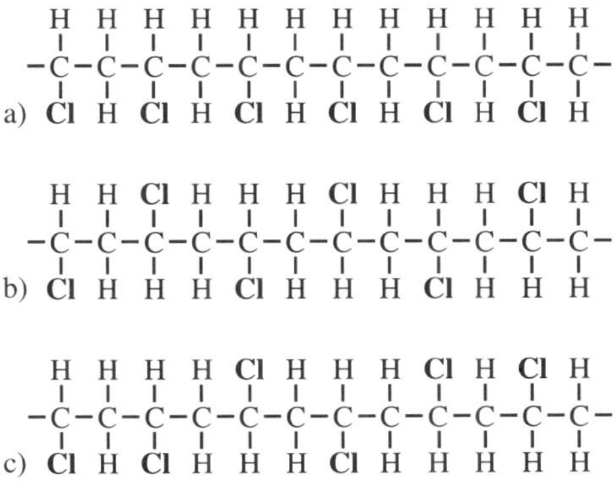

a)
$$-C-C-C-C-C-C-C-C-C-C-C-C-$$
(H oben, Cl/H unten — isotaktisch)

b)
$$-C-C-C-C-C-C-C-C-C-C-C-C-$$
(syndiotaktische Anordnung)

c)
$$-C-C-C-C-C-C-C-C-C-C-C-C-$$
(ataktische Anordnung)

Bild 11.1–10   Anordnung der Seitenatome am Beispiel des Chlors im Polyvinylchlorid (PVC)
a) isotaktische Anordnung
b) syndiotaktische Anordnung
c) ataktische Anordnung

> Die *Taktizität* beschreibt die Verteilung und die Lage der Seitenatome bzw. -gruppen (Substituenten). Es wird zwischen isotaktischer, syndiotaktischer und ataktischer Anordnung unterschieden.

küle, z. B. bei isotaktischer Anordnung oder durch regelmäßig alternierende Anordnung von verschiedenen Monomeren in einem Copolymerisat. Die regelmäßige Abfolge entgegengesetzt orientierter Ladungsschwerpunkte (Bild 11.1–7) und die daraus resultierenden Nebenvalenzbindungen fördern einen gleichmäßigen Aufbau und erhöhen damit den kristallinen Anteil. Auch eine langsame Abkühlung bei der Erstarrung begünstigt die Ausbildung von kristallinen Bereichen. Die Makromoleküle haben damit mehr Zeit, in die energetisch günstigere kristalline Anordnung zu gelangen. In den kristallinen Bereichen sind die Makromoleküle *parallel ausgerichtet* bzw. sind *parallel zusammengefaltet* (Bild 11.1–11a). Der Abstand der Makromoleküle ist deutlich geringer als in den amorphen Bereichen. Das führt zu einer verstärkten Wirkung der *Nebenvalenzbindungen* und zur Steigerung von Festigkeit, E-Modul und Dichte. Das Verhältnis von amorphen und teilkristallinen Anteilen bestimmt die Eigenschaften eines Polymers maßgeblich.

Werden amorphe oder teilkristalline Thermoplaste gewalzt oder gezogen und dabei abgekühlt, so richten sich die Makromoleküle parallel aus (Bild 11.1–11c und d). Es stellt sich ein *geordneter Zustand* ein, der praktisch eine Vergrößerung des kristallinen Anteils bedeutet. Die einseitige Ausrichtung hat *anisotrope Eigenschaften* zur Folge. Dieser Ordnungszustand ist der *Textur* in Metallen ähnlich.

In *kristallinen Bereichen* der Kunststoffe sind die Makromoleküle parallel und regelmäßig zueinander angeordnet. Neben den *kristallinen* liegen immer auch *amorphe* Bereiche im Kunststoff vor. Der kristalline Anteil bestimmt die mechanischen Eigenschaften von Thermoplasten.

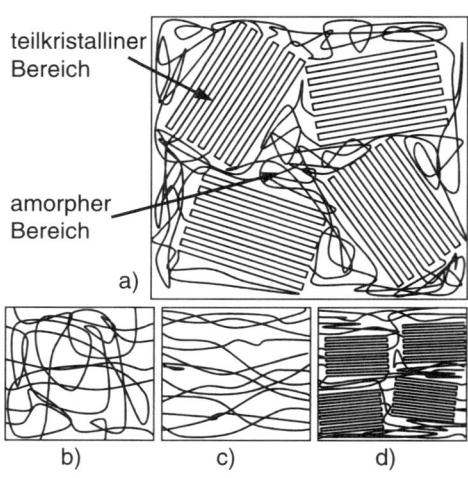

Bild 11.1–11  Anordnung von Makromolekülen
a) unorientiert, teilkristallin
b) unorientiert, amorph
c) orientiert, amorph
d) orientiert, teilkristallin

**Übung 11.1–5**
Welcher Unterschied besteht zwischen thermoplastischen und duroplastischen Kunststoffen?

**Übung 11.1–6**
Was ist ein Vernetzungsknoten?

**Übung 11.1–7**
Was ist unter einem teilkristallinen Thermoplast zu verstehen?

## 11.1.3 Hilfs- und Zusatzstoffe

Die *Hilfs- und Zusatzstoffe* dienen zur Verbesserung und gezielten Beeinflussung der Verarbeitungs- und Gebrauchseigenschaften von Kunststoffen oder machen, wie die *Treibmittel* bei den Schaumstoffen, bestimmte Erzeugnisformen erst möglich. Wegen ihrer Vielzahl und unterschiedlichen Wirkungsweise kann an dieser Stelle nur auf die wichtigsten eingegangen werden.

*Weichmacher* sind Stoffe, die die Zähigkeit und die Flexibilität der Polymere verbessern sollen. Durch den Einbau von Weichmachern kann die *Glasübergangstemperatur* (siehe Abschnitt 11.2.2.1) herabgesetzt werden. Das erlaubt den Einsatz auch bei tieferen Temperaturen. Weichmacher begrenzen die *dipolaren Wechselwirkungen* zwischen den Molekülen, sodass diese auch bei tieferen Temperaturen noch beweglich bleiben. Bei der *inneren Weichmachung* werden die niedermolekularen Stoffe durch Copolymerisation in der Polymerkette eingebaut (häufig Pfropfcopolymerisation). Gehen die Weichmacher keine Hauptvalenzbindung ein und schieben sich aufgrund ihrer *dipolaren Wirkung* (Dipol = permanente Ladungsschwerpunkte) zwischen die Molekülketten (Bild 11.1–12), wird von *äußeren Weichmachern* gesprochen.

*Füll- und Verstärkungsstoffe* werden den Kunststoffen zugegeben, um die Festigkeit, Zähigkeit und Steifigkeit zu verbessern, oder sie werden einfach nur aus ökonomischen Gründen beigemischt. Zu den Füll- und Verstärkungsstoffen gehören *Gesteinsmehle, Graphit, Glas-, Kohlenstoff-* und *Aramidfasern.* Während die Verstärkungskomponenten in Partikel- oder Kurzfaserform in der Regel zu einer isotropen Eigenschaftsänderung der Kunststoffe führen, kann mit einer Langfaserverstärkung oder dem Einsatz von Geweben eine Beeinflussung der mechanischen Eigenschaften in definierte Richtungen erfolgen. Solche verstärkten Kunststoffe gehören zur Gruppe der *Verbundwerkstoffe.*

*Hilfs- und Zusatzstoffe* verbessern die Verarbeitungs- und Gebrauchseigenschaften von *Kunststoffen* oder machen bestimmte Erzeugnisformen erst möglich. Zu den Hilfs- und Zusatzstoffen gehören die *Weichmacher, Füll-* und *Verstärkungsstoffe, Treibmittel, Farbstoffe, Antistatika* und *Stabilisatoren.*

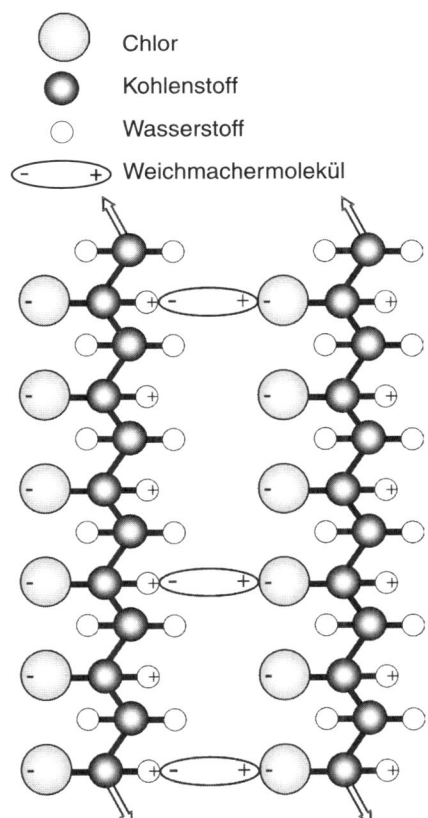

Bild 11.1–12 Prinzip des Einbaus eines äußeren Weichmachers – bedingt durch seine Dipolwirkung schiebt sich das Weichmachermolekül zwischen die PVC-Ketten

*Treibmittel* sind zugegebene bzw. durch chemische Reaktion gebildete Gase oder Stoffe, die bei Verarbeitungstemperatur verdampfen. Die Treibmittel werden zum *Aufschäumen* von Kunststoffen verwendet.

Dem Kunststoff können lösliche oder unlösliche *Farbstoffe* (Pigmente) zugegeben werden. Die *Pigmente* führen zu einer gedeckten Einfärbung. Die *löslichen Farbstoffe* werden besonders bei den amorphen und damit transparenten Kunststoffen (Polystyrol PS, Polycarbonat PC) zur farbig durchscheinenden Einfärbung verwendet.

*Antistatika* sind elektrisch leitfähige Stoffe, die dem Polymer zugesetzt werden (Metallspäne, Ruß), um eine *elektrostatische Aufladung* zu verhindern.

*Stabilisatoren* sind Stoffe, die den schädigenden Einfluss von Wärme und UV-Strahlung auf die mechanischen Eigenschaften (Versprödungsgefahr!) oder das Aussehen (farbliche Veränderungen) reduzieren sollen.

**Übung 11.1–8**
Welche Funktion haben Hilfs- und Zusatzstoffe?

## 11.2    Eigenschaften und Verarbeitung von Kunststoffen

### Lernziele

Der Lernende kann ...
- das thermische Verhalten von Thermoplasten, Duroplasten und Elastomeren grob beschreiben,
- den Zusammenhang von zwischenmolekularen Bindungen und Glasübergangstemperatur erklären,
- begründen, warum Thermoplaste schmelzbar sind und Duroplaste nicht,
- die Begriffe Viskoelastizität und Entropieelastizität erläutern.

### 11.2.0    Übersicht

Das *Werkstoffverhalten von Kunststoffen* ist äußerst komplex und kann durch den Aufbau der Makromoleküle, die Bindungsverhältnisse zwischen den Molekülen und den Einsatz von Hilfs-, Zusatz- und Verstärkungsstoffen beeinflusst werden. Bei den Metallen haben Sie kennen gelernt, dass sich das Verformungsverhalten mit zunehmender Temperatur und Belastungsdauer oder sich ändernder Verformungsgeschwindigkeit ändert (siehe Bilder 12.2–12 und 12.2–13). Dieser Effekt ist bei Kunststoffen viel stärker ausgeprägt. In Abhängigkeit von *Zusammensetzung,*

*Struktur, Umgebungsmedium* und *Belastungsbedingungen* reicht das Materialverhalten von *spröd-elastisch* über *duktil-plastisch* bis zu *gummielastisch* (*viskoelastisch*). Bereits eine kleine Temperaturänderung kann zu einem völlig anderen Werkstoffverhalten führen.

In den folgenden Abschnitten wird Ihnen der Einfluss der Belastungsbedingungen und der Struktur auf das Werkstoffverhalten der Kunststoffe erläutert. Beachten Sie dabei bitte, dass diese Faktoren kombiniert wirken und sich sehr stark gegenseitig beeinflussen.

## 11.2.1 Allgemeine Eigenschaften

*Dichte*
Kunststoffe besitzen eine geringe Dichte $(0,8\ldots 2,2\,\text{g}/\text{cm}^3)$. Bild 11.2–1 stellt die Dichtewerte einiger Kunststoffarten gegenüber. Bezieht man mechanische Eigenschaften auf die Dichte (spezifische Eigenschaften), so erhält man günstigere Werte als bei vielen anderen vergleichbaren Werkstoffen. Bei aufgeschäumten Kunststoffen (Schaumstoffe) ist durch den hohen Porenanteil die Dichte weiter drastisch verringert (Rohdichte unter $0,2\,\text{g}/\text{cm}^3$).

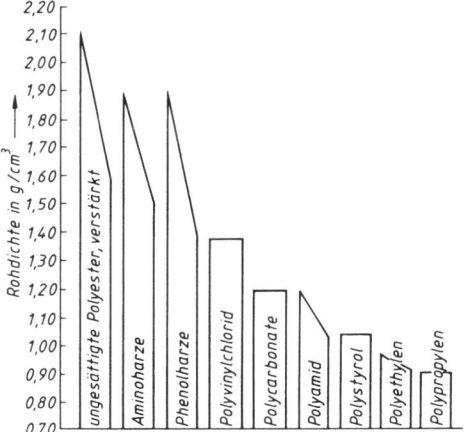

Bild 11.2–1 Dichtewerte einiger Kunststoffarten (nach Fischer) – die Streubereiche sind auf unterschiedliche kristalline Anteile der Kunststoffe oder auf unterschiedliche Mengen/Arten von Zuschlagstoffen zurückzuführen

*Isolierwirkung*
Kunststoffe sind in der Regel *Isolatoren*. Sie besitzen keine *frei beweglichen Ladungsträger*. Es gibt heute keine besseren und billigeren Isolier- und Baustoffe für die Elektrotechnik und Elektronik. Werden den Kunststoffen leitfähige Füllstoffe zugesetzt (Ruß, Metallspäne oder -pulver), können sie Strom leiten. Auch Verunreinigungen oder ein höherer Wassergehalt kann die elektrische Isolierwirkung negativ beeinflussen. Die *Wärmeleitfähigkeit* der Kunststoffe ist gering. Insbesondere *geschäumte Kunststoffe* werden deshalb als Wärmedämmstoff in der Bauindustrie eingesetzt.

*Kunststoffe* und vor allem geschäumte Kunststoffe haben eine niedrige Dichte. Die auf die Dichte bezogenen mechanischen Eigenschaften (spezifische Eigenschaften) sind bei Kunststoffen günstig.

*Kunststoffe* sind zuverlässige *Isolatoren*. Sie werden als Isolier- und Baustoffe in der Elektrotechnik und Elektronik vielfältig eingesetzt.

*Geschäumte Kunststoffe* werden zur Wärmeisolierung (als Dämmstoffe) im Bauwesen, in Wärme- oder Kälteanlagen verwendet.

*Wärmeausdehnung*
Kunststoffe dehnen sich bei einer Erwärmung deutlich stärker aus als Metalle oder Keramiken. Dies liegt an den kleinen zwischenmolekularen Bindungen und der zunehmenden Beweglichkeit der Moleküle mit ansteigender Temperatur.

*Korrosionsbeständigkeit, Lösungs-* und *Quellverhalten*
Kunststoffe können in Abhängigkeit vom Umgebungsmedium zum Quellen, Lösen oder zur Zersetzung neigen. Viele Kunststoffe sind jedoch chemisch sehr beständig, benötigen keinen Oberflächenschutz und können mit Lebensmitteln unbedenklich in Berührung kommen. Ein Teil der Thermoplaste ist jedoch in organischen Lösungsmitteln löslich. Einige Thermoplaste (z. B. PA) neigen zu einer deutlichen *Wasseraufnahme*. Die aufgenommene Wassermenge beeinflusst die mechanischen Eigenschaften. Unpolare Thermoplaste (PE, PP) nehmen dagegen kaum Wasser auf. Auch Elastomere sind in chemisch verwandten Lösungsmitteln *quellbar*. Eng vernetzte Duroplaste dagegen sind in organischen Lösungsmitteln unlöslich.

> *Kunststoffe* sind meist sehr *korrosionsbeständig*. Einige Thermoplaste können von chemisch verwandten, organischen Lösemitteln gelöst werden. Einige Kunststoffe neigen zur Wasseraufnahme (*Quellen*). Dieser Vorgang beeinflusst die mechanischen Eigenschaften.

*Alterung*
Kunststoffe verändern unter der häufig komplex auftretenden Wirkung von Chemikalien, Luftfeuchte, UV-Strahlung und Temperaturwechsel über einen längeren Zeitraum ihre Eigenschaften. Es ändert sich der Grad der Vernetzung, die Kristallinität, der Anteil der Weichmacher oder es werden Makromoleküle abgebaut. Dieser Vorgang wird *Alterung* genannt. Er kann zu Rissbildung führen und resultiert in einer zunehmenden Versprödung des Werkstoffs, in farblichen Veränderungen und eventuell in einer abnehmenden Transparenz.

> *Kunststoffe* können unter der Wirkung äußerer Einflüsse altern. Dadurch verändern sie ihre Farbe und/oder verspröden.

## 11.2.2 Thermisch mechanische Eigenschaften von Kunststoffen

### 11.2.2.1 Einfluss von Struktur und Temperatur

Im Vergleich zu Metallen (siehe Abschnitt 12.2.1.3) haben Kunststoffe deutlich niedrigere Festigkeiten und Elastizitätsmoduln (0,1 bis 10 GPa). Die Versetzungsbewegung in den Gleitebenen, die bei Metallen zur plastischen Verformung führt, spielt bei Kunststoffen keine Rolle. Verformungen bei Kunststoffen beruhen auf *Streckung* der Makromoleküle und, wenn möglich, auf einem *Abgleiten* der Makromoleküle aneinander.

In Abhängigkeit von räumlicher Struktur und Vernetzung zeigen die Kunststoffe bei mechanischer Belastung erhebliche Unterschiede im Werkstoffverhalten (Bild 11.2–2). Dabei sind immer die *Wechselwirkungen* zwischen der *Struktur* der Kunststoffe und der ausgeprägten *Temperaturabhängigkeit* des mechanischen Werkstoffverhaltens zu berücksichtigen.

Kunststoffe zeigen eine ausgeprägte *Temperaturabhängigkeit* des mechanischen Werkstoffverhaltens. Verantwortlich dafür ist die Bewegungsfreiheit der Makromoleküle, die mit zunehmender Temperatur ansteigt. Bei sehr niedrigen Temperaturen ist die Dichte eines Kunststoffs sehr groß und damit das Volumen sehr klein. Damit ist natürlich auch der *mittlere Abstand* zwischen den einzelnen Makromolekülen sehr klein, was gleichzeitig sehr große *Nebenvalenzbindungen* zur Folge hat. Eine Umlagerung und Verschiebung ist aufgrund der geringen Beweglichkeit der Moleküle nicht möglich. Wirkt bei diesen niedrigen Temperaturen auf den Kunststoff eine Spannung, so verformt er sich nur geringfügig elastisch oder bricht bei Überlastung spröd. Ähnlich wie bei den Metallen führt die bei der elastischen Verformung im Werkstoff gespeicherte Energie bei der Entlastung zu einer sofortigen Rückverformung. Deshalb wird auch von einer *energieelastischen Verformung* gesprochen.

Die Verformung bei Kunststoffen ist auf *Streckung* bzw. *Ausrichtung* der Makromoleküle und u. U. auf ein *Abgleiten* der Makromoleküle aneinander zurückzuführen.

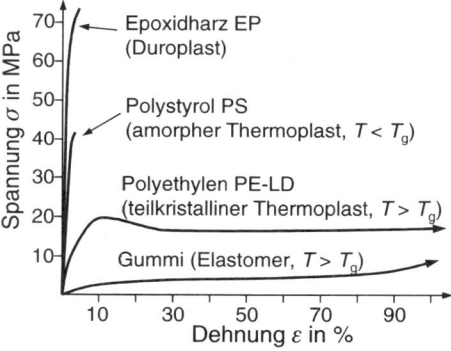

Bild 11.2–2 Spannung-Dehnung-Diagramme verschiedener Kunststoffe bei Raumtemperatur $T_g$ = Glasübergangstemperatur

Ab der *Glasübergangstemperatur* $T_g$, häufig auch Glastemperatur genannt, können sich bei den Thermoplasten und Elastomeren die *Moleküle* oder auch nur *Molekülsegmente* bewegen, umordnen und verdrehen, ohne dass von außen eine mechanische Spannung anliegt. Diese durch *thermische Anregung* hervorgerufene Zunahme der Beweglichkeit der Molekülketten führt zu größeren Molekülabständen und einem größeren Anstieg des Volumens mit zunehmender Temperatur (Bild 11.2–3). Die *Nebenvalenzbindungen* sind bei $T > T_g$ dadurch kleiner und können örtlich gelöst und wieder geschlossen werden.

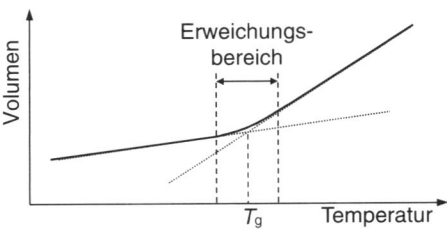

Bild 11.2–3  Bestimmung der Glasübergangstemperatur $T_g$ bei Thermoplasten aus dem Volumen-Temperatur-Diagramm

Ab der *Glasübergangstemperatur* $T_g$ ist eine thermisch aktivierte Umordnung der Makromoleküle möglich. Das Volumen des Kunststoffs steigt ab $T_g$ deutlich stärker an. Es gibt einen Übergang vom elastischen (auch energieelastischen) zum viskoelastischen (zeitverzögert elastisch, gummielastisch) Werkstoffverhalten.

Unter der Wirkung einer äußeren Last können die Moleküle von Thermoplasten und Elastomeren, unterstützt von der Eigenbewegung, leicht aneinander abgleiten und es können sehr große Verformungen erreicht werden (Bild 11.2–4). Dabei handelt es sich überwiegend um *Viskoelastizität* (zeitverzögert elastisch), die oft auch als *Entropieelastizität* bezeichnet wird. Die Rückverformung ist nicht sofort bei Entlastung abgeschlossen. Sie benötigt einige Zeit. Ursache für die *verzögerte Rückverformung* ist die *Entropie*. Ein Material strebt nicht nur einen energiearmen Zustand, sondern auch einen Zustand möglichst geringer Ordnung an. Ein Maß für diesen Ordnungszustand ist die Entropie. Der „chaotische" entropiereiche (ungeordnete) Zustand ist wahrscheinlicher als ein geordneter entropiearmer Zustand. Wenn sich die Makromoleküle unter einer äußeren Last ausgerichtet haben, so streben die Moleküle bei Entlastung einen geringeren Ordnungszustand an und erreichen dadurch eine höhere Entropie (deshalb auch *entropieelastische Verformung*).

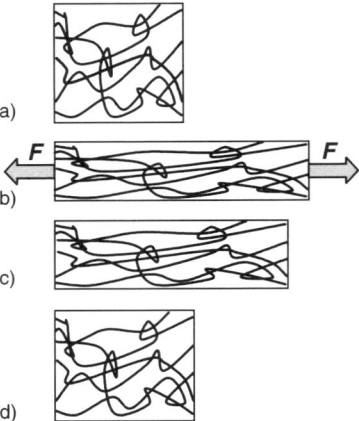

Bild 11.2–4  Verformung eines thermoplastischen Polymers oberhalb der Glasübergangstemperatur $T_g$;
a) unbelasteter Ausgangszustand;
b) Streckung und Ausrichtung der Moleküle zwischen den Schlaufen im belasteten Zustand (Grad der Ordnung steigt, Entropie nimmt ab);
c) geringe, rein elastische Rückfederung sofort nach der Entlastung;
d) entropieelastische Rückfederung fast zurück in den Ausgangszustand nach einer größeren Entspannungszeit $t$ (Entropie steigt)

Allein die *thermisch aktivierte Eigenbewegung* der Moleküle sorgt bei $T > T_g$ für die Rückverformung. Dabei müssen sich benachbarte Moleküle oder Molekülsegmente drehen und einander ausweichen. Dieses Ausweichen erfordert Zeit und Energie. Deshalb findet diese Rückverformung verzögert und auf einem anderen Verformungspfad wie die Hinverformung statt. Die Verschlaufungen der Makromoleküle untereinander (Thermoplaste) bzw. die geringe Vernetzung über Hauptvalenzbindungen (Elastomere) sorgen dafür, dass sich die Moleküle an ihre Ausgangslage „erinnern". Bei den Thermoplasten ist der viskoelastischen Verformung häufig ein plastischer, also bleibender Verformungsanteil überlagert.

Die Unterschiede der Kunststoffarten im Werkstoffverhalten lassen sich anschaulich an der Abhängigkeit von Zugfestigkeit und Bruchdehnung von der Temperatur erläutern. Anhand von Bild 11.2–5 und von Spannung-Dehnung-Diagrammen (Bild 11.2–6) soll der Zusammenhang von Temperatur und mechanischem Verhalten von *amorphen Thermoplasten* modellhaft beschrieben werden.

Bei Temperaturen deutlich unterhalb von $T_g$ sind Thermoplaste prinzipiell spröd und fest (Probe 1). Der geringe Abstand der Makromoleküle bei tiefen Temperaturen führt zu einer großen Wirkung der Nebenvalenzbindungen, sodass eine Verschiebung der Moleküle gegeneinander nicht möglich ist. Der Kunststoff geht bei einer Entlastung, ähnlich wie bei Metallen, sofort wieder in seine Ausgangsform zurück. Die gespeicherte elastische Energie wird augenblicklich wieder frei. Der Thermoplast verhält sich *energieelastisch*.
Steigt die Temperatur etwas an (Probe 2), nimmt der Abstand der Makromoleküle zu. Folge ist ein niedrigerer E-Modul. Da bei den amorphen Thermoplasten keine regelmäßige Anordnung der Moleküle vorliegt, ändert sich an jeder Stelle der Abstand zum Nachbarmolekül.

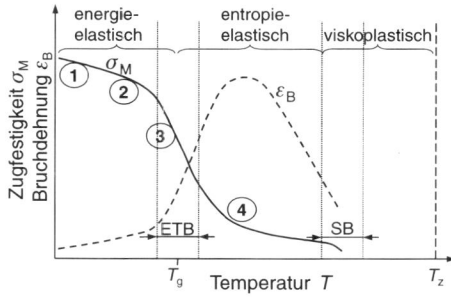

Bild 11.2–5 Mechanisch-thermisches Verhalten amorpher Thermoplaste (1 bis 4 entspricht den Temperaturen, bei denen die im Bild 11.2–6 dargestellten Zugversuche durchgeführt wurden)
ETB Erweichungstemperaturbereich
SB Schmelztemperaturbereich
$T_g$ Glasübergangsbereich
$T_z$ Zersetzungstemperatur

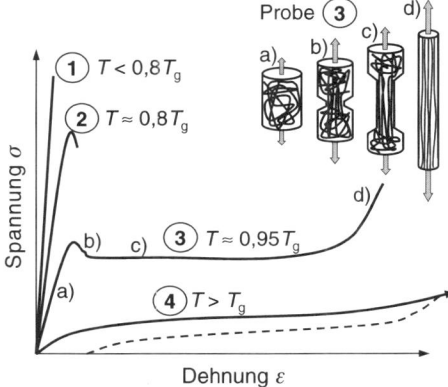

Bild 11.2–6 Spannung-Dehnung-Diagramme eines amorphen Thermoplasts bei unterschiedlichen Temperaturen – bei der Probe 3 ist der Grad der Verstreckung der Makromoleküle in Abhängigkeit von der Dehnung modellhaft dargestellt

Ist der Abstand an einer Stelle besonders groß, können die Moleküle begrenzt aneinander abgleiten. Die dabei entstehende Reibungswärme führt zu einer gewissen Entfestigung. Der größte Teil der Makromoleküle bleibt jedoch unbeweglich.

Das ändert sich erst, wenn die Temperatur weiter ansteigt und damit die zwischenmolekularen Bindungen weiter geschwächt werden (Probe 3).

Im Bereich der *Glasübergangstemperatur* $T_g$ fällt die Festigkeit deutlich ab (deshalb Einsatztemperatur $< T_g$) und die Verformbarkeit nimmt stark zu. *Amorphe Thermoplaste* haben in der Regel eine *Glasübergangstemperatur* deutlich über der Raumtemperatur.

Die Beweglichkeit der Moleküle wird durch den größer werdenden Molekülabstand verbessert, sodass sich die Moleküle voneinander wegdrehen und ausweichen können. Das gegenseitige Ausweichen ermöglicht eine auf das Gebiet der Einschnürung begrenzte Ausrichtung der Moleküle in Zugrichtung (Bild 11.2–6, Probe 3b). Diese strenge geometrische Anordnung erlaubt kleinere Molekülabstände und ist mit einer *kristallinen Struktur* vergleichbar. Daraus resultieren größere zwischenmolekulare Bindungen und ein Festigkeitsanstieg im Bereich der Einschnürung. Der durch das Abgleiten der Moleküle bedingte Temperaturanstieg führt in den benachbarten Bereichen zur Entfestigung, sodass es auch hier zu großen Verformungen kommt. Die Einschnürung erweitert sich nach und nach auf die gesamte Zugprobe (Bild 11.2–6, Probe 3c), bis alle Makromoleküle ausgerichtet sind. Bei weiterer Belastung werden die Bindungen innerhalb der Moleküle belastet, womit noch einmal ein deutlicher Anstieg der Festigkeit verbunden ist (Bild 11.2–6, Probe 3d). In diesem Temperaturbereich sind Dehnungen von über 300 % möglich. Bei Temperaturen über $T_g$ (Bild 11.2–6, Probe 4) wird das Abgleiten verstärkt von der Eigenbewegung der Moleküle unterstützt.

*Amorphe Thermoplaste* sind im Temperaturbereich der Anwendung ($T < T_g$) *spröd-elastisch*. Sie haben in der Regel eine *Glasübergangstemperatur* oberhalb der Raumtemperatur. Steigen die Temperaturen über $T_g$ an, sinkt die Festigkeit deutlich und der amorphe Thermoplast verformt sich sehr stark *viskoelastisch* (*gummielastisch*). Bei Temperaturen oberhalb des Schmelzbereichs sind Thermoplaste *zähflüssig* (*viskoplastisch*).

Bereits bei sehr niedrigen Spannungen können große *visko-* bzw. *entropieelastische Verformungen* erreicht werden. Die Rückverformung findet verzögert und auf einem anderen Verformungspfad wie die Hinverformung statt (gestrichelte Entlastungskurve der Probe 4). Die sehr großen Verformungen, die oberhalb von $T_g$ erreicht werden, lassen sich durch ein Abkühlen unter Last einfrieren. Die Form bleibt unter dieser Bedingung erhalten. Dieser Aspekt wird bei der Umformung von Thermoplasten ausgenutzt.

Bei einer weiteren Erhöhung der Temperatur wird der *Schmelzbereich SB* erreicht. Die Wirkung der Nebenvalenzbindungen ist nur noch gering, sodass der Zusammenhalt der Makromoleküle gelöst werden kann. Ein nahezu *freies Abgleiten* der Ketten ist möglich. Trotzdem sind die Ketten noch miteinander verhakt. Diese schwachen Verbindungen können durch ein thermisch aktiviertes Drehen und Ausweichen der Ketten gelöst werden, führen aber zu einer äußerst zähflüssigen Schmelze. Dieser Zustand wird als *viskoplastisch* bezeichnet. Das bedeutet, dass ein Thermoplast beim Vergießen eine gewisse Zeit benötigt, um die Form zu füllen. Sollte bei einer Erwärmung die *Zersetzungstemperatur* $T_z$ erreicht werden, hat das die *Auflösung der chemischen Bindungen* innerhalb der Ketten zur Folge. Die Makromoleküle werden in niedermolekulare Bestandteile zerlegt.

Prinzipiell ist das mechanisch-thermische Verhalten von amorphen und *teilkristallinen Thermoplasten* (Bild 11.2–7) ähnlich. Bei niedrigen Temperaturen ist das Werkstoffverhalten von teilkristallinen Thermoplasten spröd. Mit steigender Temperatur nimmt die Zähigkeit/Verformbarkeit zu und die Festigkeit ab. Es gibt einen allmählichen Übergang vom *energie-* zum *entropieelastischen* bis hin zum *viskoplastischen* Werkstoffverhalten. Allerdings ist der Festigkeitsverlust beim Überschreiten der *Glasübergangstemperatur* $T_g$ deutlich geringer, denn nur die amorphen Bereiche erweichen.

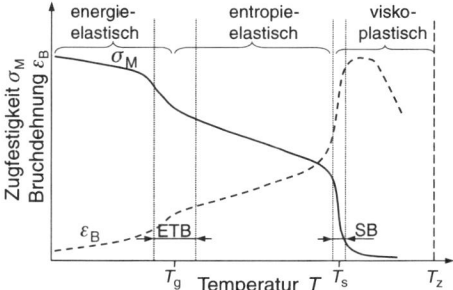

Bild 11.2–7 Mechanisch-thermisches Verhalten teilkristalliner Thermoplaste

Aufgrund der geringeren Molekülabstände, der damit verbundenen größeren Wirkung der Nebenvalenzbindungen und der regelmäßigen Anordnung bleiben die *kristallinen Bereiche energieelastisch* und sind dadurch fester. Gleichzeitig führt die gute Beweglichkeit der *amorphen Bereiche* zu einer hohen Zähigkeit.

Ein starker Festigkeitsabfall verbunden mit einer Zunahme der Verformbarkeit tritt erst im *Schmelztemperaturbereich* auf. Die zwischenmolekularen Bindungen und die regelmäßige Anordnung in den kristallinen Bereichen lösen sich auf. Da dort der Abstand der Moleküle nahezu gleich ist, muss auch die *Schmelztemperatur* $T_s$, bei der sich die zwischenmolekularen Bindungen auflösen, überall gleich sein. Folge ist ein im Vergleich zu den amorphen Thermoplasten deutlich engerer Schmelztemperaturbereich. Teilkristalline Thermoplaste haben normalerweise deutlich niedrigere Glasübergangstemperaturen als amorphe Thermoplaste und werden bei Temperaturen oberhalb von $T_g$ eingesetzt. Sie sind deshalb bei Einsatztemperatur zäh. Außerdem werden die mechanischen Eigenschaften sehr stark vom *Verhältnis von teilkristallinen zu amorphen Bereichen* bestimmt.

*Teilkristalline Thermoplaste* sind bei Anwendungstemperatur ($T > T_g$) zäh und reagieren auf eine Spannung mit einer Kombination von *viskoelastischer* und *plastischer* Verformung. *Teilkristalline Thermoplaste* haben in der Regel eine *Glasübergangstemperatur* $T_g$ unter $0\,°\mathrm{C}$. Steigen die Temperaturen über $T_g$ an, fällt die Festigkeit weniger stark als bei amorphen Thermoplasten, da nur die amorphen Bereiche erweichen. Bei Temperaturen oberhalb des Schmelzbereichs sind auch teilkristalline Thermoplaste *zähflüssig* (*viskoplastisch*).

*Duroplaste* sind aufgrund ihrer räumlichen Vernetzung über Hauptvalenzbindungen prinzipiell immer fest und spröd (Bild 11.2–8). Ein Abgleiten der Moleküle aneinander ist auch bei Temperaturen weit über der Glasübergangstemperatur $T_g$ nicht möglich. Wird die Zersetzungstemperatur $T_z$ überschritten, werden die Makromoleküle in niedermolekulare Bestandteile aufgespalten.

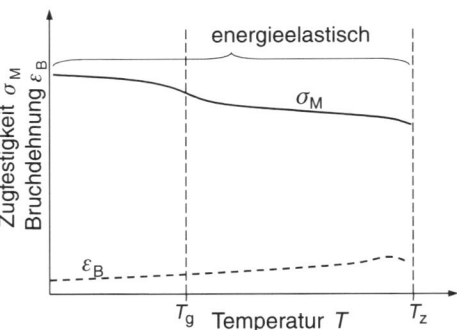

Bild 11.2–8 Mechanisch-thermisches Verhalten von Duroplasten

Die Bereiche zwischen den Vernetzungsknoten können sich unter Last nur sehr geringfügig strecken bzw. ausrichten. Die Verformung kann als nahezu rein *energieelastisch* angesehen werden. Die Vernetzungsknoten sorgen bei Entlastung dafür, dass sich das Molekülnetzwerk an seine Ausgangslage „erinnert". Auch bei *Duroplasten* hat eine steigende Temperatur größere Molekülabstände und damit etwas niedrigere Festigkeiten und E-Module so wie geringfügig zunehmende (elastische) Verformungen zur Folge (Bild 11.2–8).

> *Duroplaste* sind fest, spröd und zeigen ein nahezu ideal *(energie-)elastisches* Werkstoffverhalten. Die Temperaturabhängigkeit der mechanischen Eigenschaften ist viel weniger ausgeprägt als bei den Thermoplasten.

Liegt die Temperatur bei *Elastomeren* unter dem Erweichungstemperaturbereich, reagieren sie auf eine mechanische Belastung mit geringer *energieelastischer* Verformung (Bild 11.2–9). Ein Abgleiten der Makromoleküle ist nicht möglich. Aufgrund der größeren Molekülabstände und der damit verbundenen Verringerung der Nebenvalenzkräfte nimmt bei $T > T_g$ die Festigkeit deutlich ab und die Bruchdehnung nimmt zu. Die Makromoleküle können sich zwischen den wenigen Vernetzungsknoten unter Belastung ausrichten. Da nur wenige *Vernetzungsknoten* vorliegen, sind erhebliche Streckungen möglich. Je nach Vernetzungsgrad können dabei Dehnungen von über 300 % erreicht werden. Diese großen Verformungen sind immer *reversibel*. Bei Entlastung sorgen die Vernetzungsknoten für eine schnelle, aber immer noch zeitabhängige Rückfederung. Deshalb handelt es sich auch hier um *Gummi-* oder *Viskoelastizität*. Gleichzeitig verhindert die Vernetzung ein Aufschmelzen des Elastomers. Ab der Zersetzungstemperatur erfolgt der Abbau zu niedermolekularen Verbindungen. Um die hervorragende *Gummielastizität* der Elastomere auszunutzen, werden sie oberhalb der Glasübergangstemperatur eingesetzt.

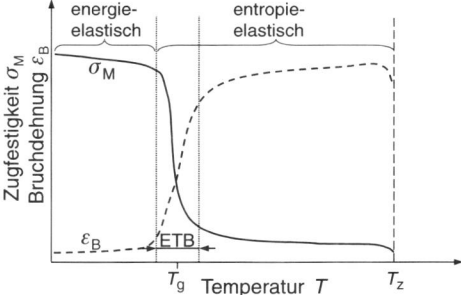

Bild 11.2–9 Mechanisch-thermisches Verhalten von Elastomeren

> Um die hervorragenden *viskoelastischen (gummielastisch)* Eigenschaften der *Elastomere* auszunutzen, werden sie oberhalb der Glasübergangstemperatur eingesetzt. Bei $T > T_g$ treten bereits bei kleinen Spannungen sehr große reversible Verformungen auf.

**Übung 11.2–1**
Was ist die Glasübergangstemperatur?

**Übung 11.2–2**
Warum sind Duroplaste fest und spröd?

**Übung 11.2–3**
Welches Verhalten zeigen amorphe Thermoplaste oberhalb der Glasübergangstemperatur?

### 11.2.2.2 Einfluss der Belastungsdauer/-geschwindigkeit

In den vorangegangenen Abschnitten wurde bereits mehrfach erwähnt, dass die Dehnung bei Belastung und die Rückverformung bei Entlastung von der Zeit abhängen. Im Gegensatz zum Stahl steigt die Dehnung bei gleich bleibender Belastung mit zunehmender Belastungsdauer bei Raumtemperatur weiter an – der Werkstoff *kriecht* (Bild 11.2–10).

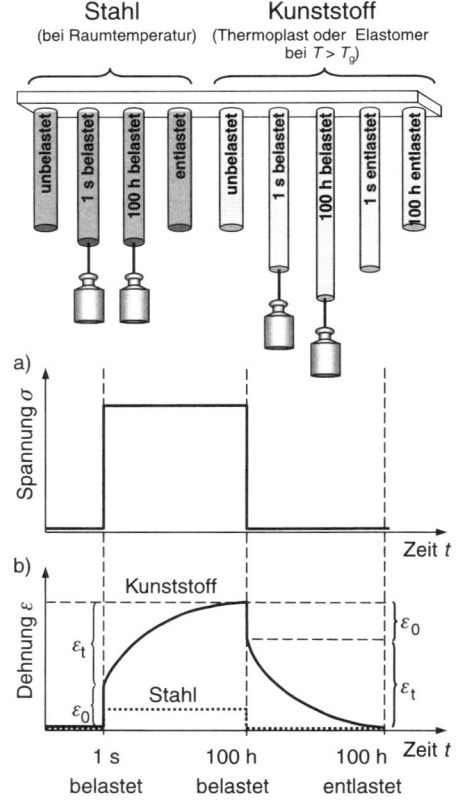

Bild 11.2–10 Zeitlicher Verlauf der Dehnung eines viskoelastischen Kunststoffs $(T > T_g)$ im Vergleich zu Stahl
a) Verlauf der Belastung;
b) Verlauf der Formänderung
$\varepsilon_0$ = energieelastische (rein elastische) Dehnung
$\varepsilon_t$ = viskoelastische (verzögert elastische) Dehnung

Die Ursache für dieses *viskose* (verzögert elastisch, bei Thermoplasten verzögert elastisch und plastisch) Materialverhalten liegt in den stark verknäulten Molekülen und den örtlich unterschiedlich großen *zwischenmolekularen Bindungskräften* (Bild 11.2–11). Ab der Glasübergangstemperatur $T_g$ ist die Überwindung der zwischenmolekularen Bindungen durch den größer gewordenen Molekülabstand und die Eigenbewegung verstärkt möglich. Die Molekülketten oder Segmente der Moleküle schwingen und rotieren um die eigene Achse. Drehen sich die Segmente voneinander weg, führt das zu größeren Abständen und hat eine Verringerung der Nebenvalenzkräfte zur Folge. Gleichzeitig können sich durch diese Rotation und Verschiebung an anderer Stelle der Molekülkette die zwischenmolekularen Bindungen wieder verstärken. Das *Abgleiten* ist deshalb ein *schrittweiser, allmählicher Vorgang.*

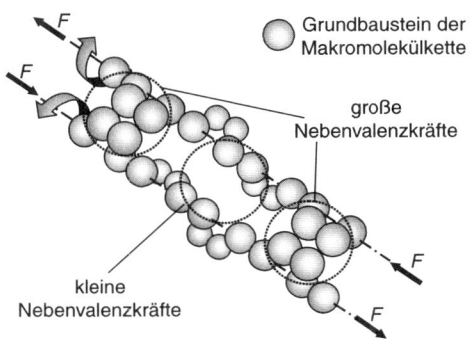

Bild 11.2–11 Abgleiten von Makromolekülen bei der Verformung – örtlich größere Nebenvalenzkräfte können bei höheren Temperaturen und niedrigen Belastungsgeschwindigkeiten durch Drehen der Moleküle bzw. Molekülabschnitte um die eigene Achse verringert und überwunden werden

Die Zeitabhängigkeit wird deutlich, wenn im Zugversuch die Prüfgeschwindigkeit erhöht wird (Bild 11.2–12). Steigt die Geschwindigkeit, haben die Makromoleküle bzw. die Molekülsegmente (hier Polypropylen PP) nicht die notwendige Zeit, um sich mithilfe der *thermisch aktivierten Eigenbewegung* auszuweichen. Ein Abgleiten und Verstrecken der Makromoleküle wird stark behindert. Das führt bei den meisten Kunststoffen zu einer verminderten Bruchdehnung. Die innere Reibung und damit die Spannung, die zur Verformung notwendig ist, nimmt mit zunehmender Verformungsgeschwindigkeit zu. Die Festigkeit steigt.

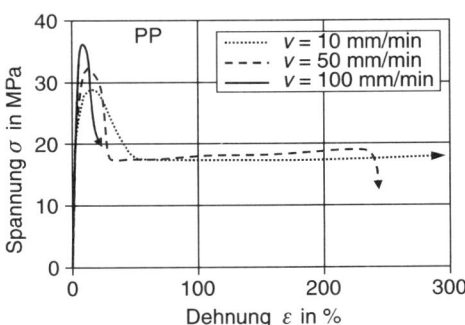

Bild 11.2–12 Einfluss der Prüfgeschwindigkeit auf das Spannung-Dehnung-Verhalten von PP im Zugversuch ($l_0 = 85$ mm, Raumtemperatur)

Das *viskoelastische* Werkstoffverhalten tritt verstärkt bei den *Thermoplasten* und *Elastomeren* auf. Bei den *Duroplasten* spielt die *energieelastische* Verformung eine viel größere Rolle. Prinzipiell lassen sich bei den Duroplasten aber auch sehr geringe viskoelastische Verformungsanteile nachweisen.

Sowohl bei der Verarbeitung von Kunststoffen als auch bei der Dimensionierung von Kunststoffbauteilen muss die Zeit- und Temperaturabhängigkeit des mechanischen Werkstoffverhaltens berücksichtigt werden.

Anmerkung: Generell gilt bei allen Kunststoffen, dass sich die Verformung in der Regel aus verschiedenen Verformungsanteilen (energieelastisch, entropieelastisch bzw. viskoelastisch, viskoplastisch) zusammensetzt. Der Anteil hängt immer von der Struktur des Kunststoffs, der Temperatur und der Verformungsgeschwindigkeit ab.

Beim Einsatz von Kunststoffen als Dämpfungsglieder für schwingend beanspruchte Bauteile ist zu beachten, dass diese Beanspruchung zu einer Erwärmung und damit zum Eigenschaftsverlust führen kann. Gleichzeitig resultiert aus einer schwingenden Belastung ein stetiger Festigkeitsverlust. Kunststoffe haben *keine Dauerfestigkeit* und müssen entsprechend der Anzahl der möglichen Lastwechsel mit der *Zeitfestigkeit* ausgelegt werden.

**Übung 11.2–4**
Was ist Viskoelastizität?

**Übung 11.2–5**
Welche Ursache hat das viskoelastische Verhalten von Kunststoffen?

**Übung 11.2–6**
Warum ist die Viskoelastizität bei Duroplasten nicht sehr stark ausgeprägt?

## 11.3    Verarbeitung von Kunststoffen

*Kunststoffe* gelten allgemein als sehr gut verarbeitbar. Trotzdem müssen bei der Formgebung die strukturellen Besonderheiten der Kunststoffe und die *Temperatur- und Zeitabhängigkeit* des mechanischen Verhaltens berücksichtigt werden.

Die *Thermoplaste* können mehrfach aufgeschmolzen werden. Beim Urformen, z. B. durch Spritzgießen (Bild 11.3–1), werden die Thermoplaste in Granulatform eingefüllt. Die *Extruderschnecke* transportiert das Granulat zur Spritzgussform. Dabei wird durch äußere Erwärmung und Reibung der Thermoplast erhitzt und schließlich aufgeschmolzen. Durch eine axiale Hubbewegung der Schnecke wird der flüssige Thermoplast in die Form eingespritzt. Aufgrund der Viskosität des Materials muss der Druck eine bestimmte Zeit nachwirken. Das Endteil erkaltet solange im Werkzeug bis eine gewisse Formstabilität erreicht ist. Bei amorphen Thermoplasten ist das erst bei $T < T_g$ der Fall. Teilkristalline Thermoplaste können auch bereits bei Temperaturen oberhalb der Glasübergangstemperatur entnommen werden. Neben dem Spritzgießen gibt es noch weitere wichtige Urformverfahren wie das Extrudieren (Herstellen von Schläuchen, Profilen), das Formblasen (Flaschenherstellung) oder das Schlauchfolienblasen (Herstellung von Müllsäcken).*Thermoplaste* sind außerdem *schweiß- und umformbar.* Beim *Umformen* werden die Thermoplaste auf Temperaturen deutlich über $T_g$ erwärmt, sodass sie ein ausgeprägtes *viskoelastisches* Verhalten zeigen. Bei diesen Temperaturen gleiten die Molekülketten leicht aneinander ab und nehmen die Form des Umformwerkzeugs an. Unter Spannung wird dann das Werkstück im Werkzeug abgekühlt. Damit wird der Verformungszustand „eingefroren". Die Kettenmoleküle können sich bei diesen tiefen Temperaturen nicht mehr *viskoelastisch/entropieelastisch* rückverformen.

Da *Duroplaste* durch Hauptvalenzbindungen räumlich vernetzt sind, ist ein Aufschmelzen im vernetzten Zustand nicht möglich. Das Urformen bleibt dort ein einmaliger Vorgang, wobei die eigentliche Vernetzung erst in der Form stattfinden darf. Bei *Gießharzen* dürfen deshalb Harz und Härter erst unmittelbar vor der Verarbeitung gemischt werden. Sobald die Vernetzung abgeschlossen ist, bleibt

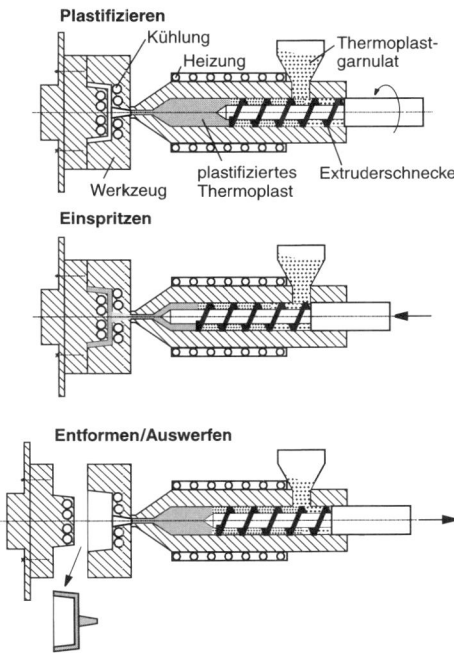

Bild 11.3–1 Prinzip des Spritzgießens von Thermoplasten

*Kunststoffe* lassen sich einfach und effizient verarbeiten. Die strukturellen Besonderheiten und die *Temperatur- und Zeitabhängigkeit* des mechanischen Werkstoffverhaltens sind bei der Verarbeitung zu berücksichtigen.

das Bauteil, auch bei hohen Temperaturen $T < T_z$, formstabil. Da die Vernetzung irreversibel ist, können Duroplaste und Elastomere *nicht geschweißt oder umgeformt* werden.

Das *Spanen* von Kunststoffen ist prinzipiell möglich. Insbesondere bei den Thermoplasten ist allerdings, bedingt durch die schlechte Wärmeleitfähigkeit, die örtlich starke Erwärmung zu berücksichtigen. Erweichung und u. U. ein örtliches Aufschmelzen ist die Folge der Temperaturerhöhung. Deshalb müssen die Zerspanungsbedingungen auf den Kunststoff abgestimmt werden. Die hohe Kerbempfindlichkeit einiger Kunststoffe erfordert eine hohe Oberflächenqualität. Da ein Teil der thermoplastischen Kunststoffe zur Wasseraufnahme neigt, wird in der Regel mit Druckluft gekühlt. Duroplaste sind gut spanbar. Diese können beim Spanen mit Wasser gekühlt werden. Problematisch können die feinen Stäube sein, die beim Spanen von Duroplasten entstehen.

**Übung 11.3–1**
Welcher technologische Ablauf ist erforderlich, wenn man aus Thermoplasten Formteile herstellen möchte?

**Übung 11.3–2**
Weshalb ist bei Duroplast-Formteilen nur noch eine spanende Formgebung möglich?

**Übung 11.3–3**
Weshalb muss bei einer spanenden Bearbeitung von Thermoplasten die Temperatur im Werkstück berücksichtigt werden?

## 11.4    Ausgewählte Kunststoffe

**Lernziele**

Der Lernende kann ...
- die Hauptmerkmale von Thermoplasten, Duroplasten und Elastomeren zusammenfassen,
- wichtige Kunststoffarten nennen,
- den Kunststoffen typische Anwendungen zuordnen.

## 11.4.0 Übersicht

Aus der Vielzahl der Kunststoffe werden die technisch wichtigsten *Thermoplaste, Duroplaste und Elastomere* ausgewählt und kurz charakterisiert. Es sind klassische Polymere, die, allein oder vermischt mit anderen Stoffen, in größeren Mengen eingesetzt werden. Auf die Herstellung und Verarbeitung wird hier nicht detailliert eingegangen. Grundlage der verwendeten Bezeichnung inkl. der Zusatzsymbole für die aufgeführten Kunststoffe ist die DIN EN ISO 1043.

## 11.4.1 Thermoplaste

*Thermoplaste* zeichnen sich durch eine einfache Verarbeitbarkeit aus. Praktisch alle gängigen Verarbeitungstechniken können bei Thermoplasten angewendet werden. Thermoplaste haben ein *breites Einsatzspektrum*. Beim Einsatz muss aber genau abgeschätzt werden, ob eventuell auftretende Temperaturschwankungen die Eigenschaften unzulässig beeinflussen. Im Vergleich zu den Duroplasten ist das Recyclingpotenzial größer, da die Thermoplaste wieder aufgeschmolzen werden können. Wird ein Thermoplast den praktischen Anforderungen gerecht, erhält er wegen der besseren Verarbeitbarkeit und der in der Regel niedrigeren Preise den Vorzug vor Duroplasten.

Die am häufigsten verwendeten thermoplastischen Kunststoffe sind: Polyethylen PE, Polystyrol PS, Polypropylen PP, Polyvinylchlorid PVC und Polyethylenterephthalat PET. Die fünf thermoplastischen Standardkunststoffe haben einen Anteil von 80 % an der gesamten Kunststoffproduktion.

*Thermoplaste* sind:
- aus unvernetzten Polymerketten aufgebaut,
- urformbar, umformbar, schweißbar, spanbar,
- preiswert herstellbar und verarbeitbar,
- in der Regel thermisch und elektrisch isolierend,
- z.T. in Lösungsmitteln löslich oder zumindest quellbar,
- glasklar (amorphe Thermoplaste) oder milchig bis undurchsichtig (teilkristalline Thermoplaste),
- einfärbbar.

Thermoplaste haben:
- bei RT ein breit einstellbares mechanisches Eigenschaftsprofil (von glasartig über hartzäh bis viskoelastisch),
- stark temperaturabhängige mechanische Eigenschaften.

### 11.4.1.1 Polyethylen PE

*Polyethylen* PE ist ein *teilkristallines Thermoplast*. Es ist chemisch sehr beständig (gegen Öle, Salzlösungen, verdünnte Säuren und Laugen, Alkohol, Benzin und viele organische Lösungsmittel) und nimmt praktisch kein Wasser auf. Im Gebrauchstemperaturbereich ist PE *zäh*. Festigkeit, E-Modul und Zähigkeit steigen mit dem Grad der Kristallinität (hoher kristalliner Anteil = hohe Dichte) an. PE ist *schweißbar* und *leicht entflammbar*. Polyethylen hat sehr gute elektrische Isoliereigenschaften. PE ist nur bedingt klebbar.

*Polyethylen:*

$$\begin{bmatrix} H \\ | \\ C \\ | \\ H \end{bmatrix}_n = \begin{matrix} H & H & H & H & H & H \\ | & | & | & | & | & | \\ -C-C-C-C-C-C- \\ | & | & | & | & | & | \\ H & H & H & H & H & H \end{matrix}$$

*Merkmale:*
fühlt sich wachsartig an (verwandt den Paraffinen!), ist milchig weiß, kann aber eingefärbt werden, leicht entflammbar, helle Flamme mit leicht bläulichem Kern, Paraffingeruch beim Verbrennen, tropft brennend ab

*PE-LD* (Low Density = niedrige Dichte von ca. $0,91\,\text{g/cm}^3$) hat stark verzweigte Makromoleküle und hat deshalb nur einen 40 bis 55%igen kristallinen Anteil. Dünne Folien sind nahezu glasklar. Ansonsten ist PE milchig durchscheinend (opak). Es kann von $-45\,°\text{C}$ bis $60\,°\text{C}$ eingesetzt werden und schmilzt bei ca. $105\,°\text{C}$. PE-LD neigt bei Raumtemperatur stark zum Kriechen.

*PE-HD* (High Density = hohe Dichte) mit einer Dichte bis zu $0,96\,\text{g/cm}^3$ hat, bedingt durch die linearen Ketten, einen hohen kristallinen Anteil. PE-HD ist deutlich fester, schlagzäher und steifer als PE-LD. Es ist weiß und weniger durchscheinend. Der Einsatztemperaturbereich reicht bis zu $95\,°\text{C}$.

Anwendung von PE: Verpackungsfolien, Trinkwasserrohre und -behälter, Heizungsrohre, Schläuche, Benzin- und Heizöltanks, Korrosionsschutzbeschichtungen für Stahlbleche und -rohre, Spielzeug, Pfannen für Hüftgelenkprothesen (ultrahochmolekulares PE)

### 11.4.1.2  Polypropylen PP

*Polypropylen* PP ist ebenfalls ein *teilkristallines Thermoplast* (60 bis 70 % kristalliner Anteil bei isotaktischer Anordnung der Methylgruppe) und vom Aufbau her dem PE sehr ähnlich. Die Dichte liegt bei ca. $0,91\,\text{g/cm}^3$. Es ist *fester, warmfester, härter und steifer als PE*, aber weist eine geringere Kaltzähigkeit auf (Glasübergangstemperatur $T_g = 0\,°\text{C}$). PP kann bis maximal $110\,°\text{C}$ eingesetzt werden. Es ist ähnlich *chemisch beständig* wie PE, allerdings unbeständig gegen Benzin und Benzol. PP ist gedeckt einfärbbar und zeigt einen ausgeprägten Oberflächenglanz. Klebeverbindungen haben aufgrund des unpolaren Charakters des PP keine hohe Festigkeit. Verwendung: kochfeste Folien, Armaturenbretter, Pumpengehäuse, Lüfterflügel, Pkw-Stoßfänger, Einwegspritzen, Steckdosen und Schalter, Gehäuse für Haushaltgeräte

*Polypropylen:*

$$\left[\begin{array}{c} H \quad H \\ | \quad\; | \\ C-C \\ | \quad\; | \\ H \quad CH_3 \end{array}\right]_n$$

*Merkmale:*
wie bei PE, riecht bei Verbrennung etwas brenzlig, fester als PE

### 11.4.1.3  Polystyrol PS

*Polystyrol* PS (auch Polystyren) ist ein amorphes Thermoplast. Es ist *glasklar, steif und spröd* (Einsatztemperatur $< T_g$), sehr *kerb- und schlagempfindlich*. Es hat eine glänzende und harte Oberfläche, ist transparent und gedeckt einfärbbar, geruch- und geschmacklos, *schweißbar, klebbar und preisgünstig*. Es kann bis maximal 80 °C eingesetzt werden. Darüber verliert PS schnell seine Formstabilität. Die Dichte von 1,05 g/cm³ kann bei geschäumtem Polystyrol PS-E deutlich unterschritten werden. PS ist nicht chemisch beständig gegen Benzin, Benzol, Aceton, etherische Öle und chlorierte Kohlenwasserstoffe. Es ist UV-empfindlich.

Verwendung PS: Verpackungen (Joghurtbecher), Schullineale und -dreiecke, Haushaltsschüsseln und -becher, isolierende Folien für die Elektroindustrie

Verwendung PS-E (geschäumt): Dämmstoffe zur Wärmeisolation für Gebäude, Kühlschränke, Kältetechnik

Anmerkung: Die Eigenschaften der styrolhaltigen Copolymerisate unterscheiden sich erheblich vom reinen Polystyrol (z. B. Styrol-Acrylnitril SAN – steif mit hoher Schlagzähigkeit, Acrylnitril-Styrol-Butadien ABS – steif und zäh auch bei $T < 40\,°C$).

*Polystyrol:*

*Merkmale:*
leicht entflammbar, brennt außerhalb der Flamme leuchtend und stark rußend weiter, riecht süßlich nach Styrol, sehr spröd und schlagempfindlich

### 11.4.1.4  Polyvinylchlorid PVC

*Polyvinylchlorid* ist ein überwiegend *amorphes Thermoplast*, transparent, aber einfärbbar. Es ist *schweiß- und klebbar*. Die mechanischen Eigenschaften werden vom Polymerisationsgrad (Kettenlänge) und den Zuschlagstoffen (Weichmacheranteil) bestimmt. Die Gebrauchstemperatur reicht bis 65 °C.

*Polyvinylchlorid:*

*Merkmale:*
brennt nur in der Flamme, verbrennt dort gelb leuchtend und stark rußend, erlischt außerhalb, wird weich, Salzsäuregeruch (HCl), mechanische Eigenschaften von spröd, steif und kerbempfindlich bis gummielastisch je nach Weichmacheranteil

*PVC-U* (Hart-PVC) ist weichmacherfrei, fest, steif, hart, kerbempfindlich und bei Temperaturen unter 0 °C spröde. PVC nimmt nur wenig Wasser auf und ist nicht beständig gegen Benzol, Ester und Salpetersäure.
Verwendung PVC-U: Abwasserrohre, Lüftungskanäle, Dachrinnen, Kabelführungskanäle, Fensterprofile, Scheckkarten
*PVC-P* (Weich-PVC) enthält äußere Weichmacher (kurzkettige Moleküle, die sich zwischen die Makromoleküle setzen), die für niedrigere Glasübergangstemperaturen sorgen. Je nach Weichmacheranteil ist PVC-P weich und flexibel bis gummielastisch und kann teilweise bis –50 °C eingesetzt werden. PVC-P ist deutlich weniger chemisch beständig als Hart-PVC. Durch Zugabe von Stabilisatoren kann eine Beständigkeit gegen UV-Licht erreicht werden.
Verwendung PVC-P: Schläuche, Dichtungen, Beschichtungen, Kabelisolierungen, Kunstleder, Schutzhandschuhe

## 11.4.1.5  Polyethylenterephthalat PET

*Polyethylenterephthalat* PET ist ein Thermoplast, das je nach Abkühlgeschwindigkeit *amorph bis teilkristallin* sein kann. Mit zunehmendem kristallinen Anteil nimmt Steifigkeit und Härte zu. Amorphes PET ist *glasklar* (Verwendung für Getränkeflaschen). Diese Eigenschaft bleibt auch über eine längere Verwendungszeit erhalten. Teilkristallines PET ist weiß durchscheinend. Die Festigkeit und Steifigkeit bleiben bei guter Zähigkeit in einem Temperaturbereich von −30 °C bis max. 100 °C erhalten. PET ist vergleichsweise *formstabil, zeitstandfest, maßhaltig, hart, kratzfest* und zeigt nur wenig Verschleiß und Abrieb bei einer gleitenden Beanspruchung. Aus diesen Gründen ist PET für konstruktive Anwendungen geeignet. Es lässt sich über das Verfahren des Formblasens hervorragend zu Hohlkörpern verarbeiten und ist gut geeignet für die Verpackung von Lebensmitteln und Getränken.

*Polyethylenterephthalat:*

$$\left[ \begin{array}{c} O \\ \parallel \\ C \end{array} - \!\!\bigcirc\!\!- \begin{array}{c} O \\ \parallel \\ C \end{array} - O - (CH_2)_2 - O \right]_n$$

*Merkmale:*
brennt mit stark rußender Flamme tropfend ab, süßlicher Geruch beim Verbrennen, fest, maßhaltig, kratzfest, abriebfest und im amorphen Zustand glasklar

Chemisch angegriffen wird PET von heißem Wasser bzw. Wasserdampf, Aceton und konzentrierten Säuren und Laugen.

Verwendung: glasklare Mehrwegflaschen auch für $CO_2$-haltige Getränke, Scheinwerfergehäuse, Automobilstoßfänger, Gleitlager, Führungen, niedrig beanspruchte Zahnräder

## 11.4.1.6 Weitere technische Thermoplaste

| Thermoplast | Merkmale | Anwendung |
|---|---|---|
| *Polyamid* PA<br><br>$\left[ \begin{array}{c} H \\ | \\ N-(CH_2)_z-C \end{array} \begin{array}{c} O \\ || \\ \phantom{} \end{array} \right]_n$<br><br>$z$ = Anzahl der $CH_2$-Gruppen; kann bei PA variieren | teilkristallin, sehr fest und abriebfest besonders im verstreckten Zustand (PA-Fasern), beständig gegen Ermüdung, zwischen $-40\,°C$ $(-70\,°C)$ und $120\,°C$ einsetzbar, hart und sehr zäh, neigt zur Wasseraufnahme verbunden mit Eigenschaftsänderung | Zahnräder, Wälzlagerkäfige, Rollen, Kupplungen, Schrauben, Gehäuse von Schlagbohrmaschinen, Radkappen, Pumpengehäuse, Mauerdübel, Fasern für Kletterseile |
| *Polymethylmethacrylat* PMMA<br><br>$\left[ \begin{array}{cc} H & CH_3 \\ | & | \\ C - C & \\ | & | \\ H & COOCH_3 \end{array} \right]_n$ | amorph, steif, hart, spröd, herausragende optische Eigenschaften, glasklar und lichtecht, bis $95\,°C$ einsetzbar | Linsen, Brillen- und Uhrengläser, Lichtleitfasern, Flugzeugverglasungen, Oberlichter im Bauwesen, transparente Maschinenabdeckungen |
| *Polycarbonat* PC<br><br>$\left[ \begin{array}{c} CH_3 \\ | \\ \text{⬡—C—⬡—O—C—O} \\ | \\ CH_3 \end{array} \begin{array}{c} O \\ || \end{array} \right]_n$ | amorph, fest, steif, schlag- und kaltzäh (bis $-140\,°C$), glasklar bis transparent, hohe Warmformbeständigkeit bis $130\,°C$, gutes Zeitstandverhalten, häufig mit Glas- oder Kohlenstofffasern zur weiteren Verbesserung der Festigkeit verstärkt | Sicherheitsverglasungen, Computergehäuse, Autoscheinwerferscheiben, CDs und DVDs, Bauteile für die Pneumatik, Schutzhelme, Schutzbrillen |
| *Polyaryletherketon* PAEK (auch PEEK Polyetheretherketon)<br><br>$\left[ \text{⬡—O—⬡—C} \begin{array}{c} O \\ || \end{array} \right]_n$ | amorph oder teilkristallin, hohe Festigkeit bis $145\,°C$, zäh und abriebfest, bis max. $250\,°C$ und kurzzeitig bis $300\,°C$ einsetzbar, nicht UV-beständig | Zahnräder und Lagerkäfige auch für höhere Einsatztemperaturen, Pumpenlaufräder, medizinische Instrumente (gute Sterilisierbarkeit) |
| *Polytetrafluorethylen* PTFE<br><br>$\left[ \begin{array}{cc} F & F \\ | & | \\ C - C & \\ | & | \\ F & F \end{array} \right]_n$ | teilkristallin, unbrennbar, hohe chemische Beständigkeit, sehr niedriger Reibungskoeffizient, antiadhäsiv, zwischen $-250\,°C$ und $250\,°C$ einsetzbar, flexibel, zäh, niedrige Festigkeit | Gleitlager und Dichtungen auch für höhere Temperaturen, Rohre und Schläuche in der chemischen Industrie, Beschichtungen für Pfannen und Töpfe, Textilfasern für Outdoor-Bekleidung (Goretex) |

## 11.4.2 Duroplaste

*Duroplaste* sind Makromoleküle, die über Hauptvalenzbindungen *räumlich stark vernetzt* sind. Im vernetzten Zustand können sie *nicht* mehr *aufgeschmolzen* oder umgeformt werden. Deshalb muss die Formgebung und Vernetzung in einem Schritt erfolgen. Ausgangsstoffe sind Harze, mit Verstärkungskomponenten versetzte Formmassen oder mit Harzen infiltrierte faserverstärkte Matten (Prepregs). Die *Vernetzung*, auch *Härtung* genannt, wird je nach Kunststoff durch Zugabe von reaktionseinleitenden Härtern, Erwärmung oder durch UV-Licht hervorgerufen. Eine spanende Bearbeitung ist bei Duroplasten sehr gut möglich. Bedingt durch die räumliche Vernetzung zeichnen sich Duroplaste durch eine erheblich verbesserte *thermische Formbeständigkeit*, eine *höhere Festigkeit* und *Steifigkeit* aus. Sie sind deutlich *härter* als Elastomere und Thermoplaste. Duroplaste sind eine wichtige Ausgangskomponente für die Herstellung von *faserverstärkten Verbundwerkstoffen*.

Duroplaste sind:
- hart, fest und spröde
- steifer als Elastomere und Thermoplaste
- nicht schmelzbar
- nicht löslich
- schwer quellbar

Duroplaste erweichen bei Erwärmung nur wenig.

### 11.4.2.1 Epoxidharz EP

*Epoxidharze* EP sind *Polyaddukte* aus Epichlorhydrin und Diphenolen. Unter Zusatz von Härtern findet die Vernetzung statt (Aushärten). Epoxidharze werden als Gießharz, Formmasse (Harz mit Zuschlagstoff) oder Prepreg (mit Harz getränkte Gewebe oder Matten) angeboten. Diese Harze haften sehr gut an verschiedenen Werkstoffen (Einsatz als Klebstoff), zeigen ein *gutes Benetzungsverhalten* und schwinden nur wenig. EP ist hervorragend *chemisch beständig* und hat *gute elektrische Isoliereigenschaften*.

*Ausgangsstoffe:*
kurzkettige Kohlenwasserstoffe mit mehreren Hydroxylgruppen (z. B. Diphenol) und Epichlorhydrin

Struktur

..... Bindungs- bzw. Vernetzungsstelle

Die übrigen Eigenschaften werden wiederum stark vom Vernetzungsgrad, von den Zusatzstoffen (z. B. Kohlenstoff-, Aramid- oder Glasfasern) und eventuell von der Verstärkungsrichtung bestimmt. So sind faserverstärkte EP in Faserrichtung erheblich zugfester als reine Harze. Im unverstärkten Zustand sind EP farblos, aber nachdunkelnd, haben eine hohe Haftfestigkeit und Maßhaltigkeit. Die Einsatztemperatur liegt bei kaltausgehärteten EP bei max. 80 °C und bei warmausgehärteten EP (regelmäßigere Vernetzung) zwischen 170 °C und max. 200 °C.
Verwendung: Basis für Lacke und Kleber, Modelle für die Gießerei, glas- oder kohlefaserverstärkter Verbundwerkstoff für Fahrzeug- und Flugzeugbau, hochfeste Rohre und Behälter für die chemische Industrie, Leiterplatten, Bootskörper, Ski, Angelruten, Tennisschläger

*Merkmale:*
EP ohne Füllstoffe ist schwer entzündbar, brennt aber mit kleiner, gelber Flamme rußend weiter, Geruch ist vom verwendeten Härter abhängig, weniger steif, dafür zäher als PF, gute Benetzungseigenschaften

### 11.4.2.2 Ungesättigtes Polyesterharz UP

*Polyesterharze* sind *Polykondensate* aus mehrwertigen Alkoholen (mehrere Hydroxylgruppen) und Dicarbonsäuren. Das Polymer ist zunächst eine unvernetzte, lineare Polymerkette und enthält noch Doppelbindungen (= ungesättigt). Das ungesättigte Polyester wird in Styrol gelöst und ist in diesem Zustand mehrere Monate lagerfähig. Durch Zugabe von Härter und Beschleuniger wird eine Copolymerisation von ungesättigtem Polyester mit Styrol initiiert. Wie Epoxidharze wird auch UP als Formmasse (Harz + Zuschlagstoff) oder Prepregs angeboten. Die Eigenschaften werden wiederum stark von der Verstärkungskomponente und vom Vernetzungsgrad geprägt. Sie reichen von *zäh bis spröd* und von *steif bis elastisch*. *Faserverstärkte UP* können in Faserrichtung durchaus Festigkeiten von Stahl erreichen und auch bei sehr tiefen Temperaturen noch eingesetzt werden. Gleichzeitig weisen sie je nach Harz eine *gute Wärmeformbeständigkeit* unter Last bei Temperaturen zwischen 90 °C und 185 °C auf. UP zeigen sehr gute elektrische Isoliereigenschaften.

*Ausgangsstoffe:*
kurzkettige Kohlenwasserstoffe mit mehrwertigen Alkoholen (mehrere Hydroxylgruppen), Dicarbonsäuren, Styrol

Struktur (vernetzt)

R: organischer Rest

*Merkmale:*
UP-Gießharze verbrennen leuchtend gelb und brennen auch außerhalb der Entzündungsquelle rußend weiter, Schwaden riechen scharf nach Styrol, durch Faserverstärkung erhält UP sehr hohe Festigkeit und Wärmeformbeständigkeit

Verwendung: Bootskörper, Flugzeugteile, Aufbauten für Schienen- und Straßenfahrzeuge, Wohnwagen, Well- und Profilplatten für die Bauindustrie, Karosserieteile, Behälter, Spulenkörper, Einbettmittel für die Metallographie

### 11.4.2.3 Polyurethan (vernetzt) PUR

Die *Polyurethan-Kunstharze* PUR entstehen durch *Polyaddition* von Monomeren mit mehreren reaktionsfähigen Hydroxylgruppen und Isocyanatgruppen. Mehrere reaktionsfähige, funktionelle Gruppen bieten die Möglichkeit der Vernetzung (Aushärtung) ähnlich wie bei den Phenolharzen. Die Eigenschaften werden von den verwendeten Alkoholen und Icocyanaten bestimmt und können stark variieren. So können die Gießharze von *hart bis hochelastisch* eingestellt werden. PUR besitzt neben *hoher Zugfestigkeit und Schlagbiegefestigkeit* eine außerordentlich hohe *Abriebfestigkeit*. Die teilvernetzte weichgummiartige Variante haftet sehr gut auf Metall, Holz, Textilien, Porzellan, Glas und anderen Stoffen.

Wird nur ein sehr kleiner Vernetzungsgrad eingestellt, so hat PUR einen *elastomeren Charakter* mit hoher Elastizität und gutem Dämpfungsvermögen.

PUR kann geschäumt werden und wird in diesem Zustand als Dämm- und Verpackungsmaterial eingesetzt. Auch für den Leichtbau in Verbundbauweise findet PUR-Schaum zum Ausfüllen von Metall- oder faserverstärkten Kunststoffstrukturen Verwendung.

Verwendung: Vergussmassen für die Elektrotechnik (Kabelendstücke), Bowlingkugeln, Lacke, Dichtungen (Elastomer), Weich- und Hartschaum

*Ausgangsstoffe:*
kurzkettige Kohlenwasserstoffe mit mehreren Hydroxylgruppen und Isocyanatgruppen

Struktur (unvernetzte Molekülkette)

$$\left[ \begin{array}{c} C-N-R_2-N-C-O-R_1-O \\ \| \quad | \qquad | \quad \| \\ O \quad H \qquad H \quad O \end{array} \right]_n$$

$R_1$, $R_2$: zusammengefasste Gruppen

PUR wird in großem Maße im RIM-Verfahren (reaction injection moulding) zu Großformteilen (geschäumt und/oder verstärkt) verarbeitet. Die Masse wird in das Formwerkzeug injiziert und härtet dort aus.

*Merkmale:*
PUR ist schwer entflammbar, brennt jedoch nach dem Anzünden weiter, Flamme gelb leuchtend, das Material schäumt dabei und tropft ab, unangenehm stechender Geruch (Icocyanat), Eigenschaften können je nach Ausgangsstoffen und Herstellung variieren von hart und spröde bis weich und elastisch

## 11.4.3 Elastomere

Die Makromoleküle sind bei den *Elastomeren* nur an wenigen Knoten über Hauptvalenzbindungen miteinander vernetzt. Das erlaubt im Gegensatz zu den Duroplasten oberhalb der Glasübergangstemperatur $T_g$ erhebliche *gummielastische Verformungen* (zum Teil mehrere hundert Prozent). Diese Verformungen sind nicht nur von der Belastung, sondern auch von der Verformungsgeschwindigkeit und von der Dauer der Belastung abhängig – sind also *viskoelastisch* (siehe Abschnitte 11.2.2.1 und 11.2.2.2). Die *weitmaschige Vernetzung* sorgt für die Rückverformung der Makromoleküle (*Entropieelastizität*). Elastomere haben im Vergleich zu den Thermo- und Duroplasten einen *niedrigen Elastizitätsmodul.* Ähnlich wie bei den Duroplasten können Elastomere im vernetzten Zustand *nicht aufgeschmolzen* und umgeformt werden. Auch hier muss die Formgebung gleichzeitig mit der Vernetzung erfolgen. Neben den „klassischen", also vernetzten Elastomeren gibt es auch *thermoplastische Elastomere* (z. B. auf Basis von PUR), bei denen die Gummielastizität durch Maschen- und Schlaufenbildung in Verbindung mit einer größeren Beweglichkeit der Moleküle oberhalb der Glasübergangstemperatur $T_g$ erfolgt.

Die mechanischen Eigenschaften der Elastomere werden über den *Vernetzungsgrad*, die *Menge* und *Art der Zuschlagstoffe* eingestellt. Elastomere werden überall dort eingesetzt, wo es auf eine *hohe Elastizität und Flexibilität* ankommt, wie zum Beispiel bei Fahrzeugreifen, Dichtungen, Federn, Membranen, Scheibenwischerblättern, Schläuchen, Dämpfungselementen oder Zahnriemen.

Elastomere sind:
- weich
- flexibel
- nicht schmelzbar
- nicht löslich, aber quellbar
- bei Raumtemperatur sehr stark gummielastisch (viskoelastisch)

Elastomere zeigen ein gutes Dämpfungsvermögen. Bei zu hohen Temperaturen ($T > T_z$) werden Elastomere thermisch zersetzt. Die Festigkeit und der Elastizitätsmodul werden über den Vernetzungsgrad und die Zuschlagstoffe eingestellt.

### 11.4.3.1 Naturkautschuk NR

Ausgangsstoff für die *Naturkautschukherstellung* ist Latex – der weiße Milchsaft des Gummibaums. Die Vernetzung des Kautschuks erfolgt durch den Prozess der *Vulkanisation.*

*Merkmale:*
hoch elastisch, schwingungsdämpfend, abriebfest, unter Einwirkung von Mineralölen oder Kraftstoff quillt NR

Unter der Wirkung von Druck und Wärme werden die Kautschukmoleküle weitmaschig durch Schwefel vernetzt. Die Zuschlagstoffe (Ruß, Kieselsäure, Kaolin) beeinflussen die mechanischen Eigenschaften (Festigkeit) und bei Reifen das Abriebverhalten. Naturkautschuk hat eine sehr *hohe Elastizität* auch bei stoßartiger Beanspruchung und bei tiefen Temperaturen, ist sehr *abriebfest* und zeigt eine *hohe Reißfestigkeit*. Naturkautschuk kann zwischen $-40\,°C$ und $80\,°C$ eingesetzt werden. NR wird von Kraftstoffen, Mineralölen und Fetten angegriffen.
Anwendung: Scheibenwischergummis, Lkw-Reifen, Gummifedern, Membranen, Motorlager

### 11.4.3.2 Styrol-Butadien-Kautschuk SBR

*Styrol-Butadien-Kautschuk* SBR ist ein *Synthesekautschuk*, der durch *Copolymerisation* von Styrol und Butadien entsteht. SBR hat im Vergleich zu Naturkautschuk ein verbessertes *Abriebverhalten* und eine bessere *Hochtemperaturbeständigkeit*, ist aber weniger elastisch verformbar. SBR ist chemisch beständig gegen viele Säuren und Laugen, neigt aber wie Naturkautschuk zum *Quellen* unter der Wirkung von Fetten, Mineralölen und Benzin. Der Einsatztemperaturbereich kann über den Vernetzungsgrad und die Zuschlagstoffe im Bereich zwischen $-50\,°C$ und $100\,°C$ eingestellt werden. Um die Eigenschaften gezielt zu verbessern, wird SBR häufig mit Naturkautschuk verschnitten.
Anwendung: Kfz-Reifen, Transportbänder, Dichtungen, Profile, Schuhsohlen, Faltenbälge, Kabelisolationen, Fußbodenbeläge

*Merkmale:*
Eigenschaften wie NR, höhere Abriebfestigkeit, geringere Elastizität als NR, vor allem auch bei niedrigen Temperaturen

# Lernzielorientierter Test zu Kapitel 1

1. Polymerisation
   A ist die Veredlung von Naturprodukten
   B ist das Aneinanderlagern von Grundmolekülen zu kettenförmigen Großmolekülen

   C wird durch Aufspaltung von C-Doppelbindungen möglich
   D erfolgt ohne Entstehung von Nebenprodukten

E erfolgt unter Abspaltung einfacher Verbindungen

2. Thermoplastisch ist
   A PVC Polyvinylchlorid
   B EP Epoxidharz
   C UF Harnstoffharz
   D PF Phenolharz
   E PP Polypropylen

3. Die Strukturformel

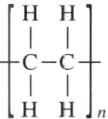

gilt für
A PS
B PA
C PE
D PTFE
E PVC

4. Bei einem Schnelltest wurde an einem Kunststoff ermittelt:

a) reißt bei Zugbeanspruchung leicht, wenn Kerben angebracht sind
b) in der Flamme brennt das Material, riecht stechend nach Salzsäure, erlischt außerhalb der Flamme
c) wird durch Erwärmung weich

Es handelt sich um
A PTFE
B PVC
C PS
D PE weich
E PF

5. Thermoplaste lassen sich
   A schmelzen
   B umformen
   C schweißen
   D spanen

6. Duroplaste lassen sich
   A schmelzen
   B umformen
   C schweißen
   D spanen

# 12 Werkstoffprüfung

## 12.0 Überblick

Die Eigenschaften eines Werkstoffes (z. B. Festigkeit, Härte, elektrische Leitfähigkeit) werden von der Struktur, dem Gefüge sowie den Wechselwirkungen mit der Umgebung bestimmt. Die Werkstoffeigenschaften verändern sich in Abhängigkeit von den Beanspruchungsbedingungen (z. B. Temperatur, Belastungsdauer, Umgebungsmedium, Spannungszustand). Außerdem werden die Werkstoffeigenschaften während der Fertigung und des technischen Einsatzes ständig verändert und bewirken eine Beeinflussung der Bauteileigenschaften. Aufgabe der Werkstoffprüfung ist es, die Eigenschaften der Werkstoffe/Bauteile unter anwendungsnahen Bedingungen qualitativ und quantitativ zu bestimmen. Die *Werkstoffprüfung* liefert die Voraussetzung für eine zielgerichtete Werkstoffentwicklung und -auswahl und stellt *Kennwerte* für die Bauteilberechnung zur Verfügung. In diesem Kapitel werden Sie mit den wichtigsten *mechanischen Werkstoffeigenschaften* vertraut gemacht. Sie lernen die wichtigsten *mechanischen und zerstörungsfreien Prüfverfahren* kennen. Außerdem werden die Möglichkeiten zur Beurteilung eines Werkstoffzustandes mithilfe der *Materialographie* erläutert.

## 12.1 Grundlagen der Werkstoffprüfung

**Lernziele**

Der Lernende kann ...
- zwischen der Beanspruchung bei der Verarbeitung und beim Einsatz unterscheiden,
- den Begriff Werkstoffkenngröße definieren und die Eigenschaften grob klassifizieren (systematisieren),
- die Beanspruchungsarten nennen,
- die Werkstoffprüfverfahren einteilen.

### 12.1.0 Übersicht

Das Werkstoff- und Bauteilverhalten kann als eine Reaktion auf bzw. als Widerstand gegen alle aus der Umgebung einwirkenden Belastungen aufgefasst werden. Diese Belastungen können sich zeitlich ändern. Da es kein Prüfverfahren gibt, das alle Belastungen widerspiegeln kann, ist es erforderlich, ein für den Anwendungsfall *geeignetes Prüfverfahren* zu wählen. In diesem Kapitel wird Ihnen ein Überblick über die Werkstoffbeanspruchung gegeben. Es wird eine Einteilung der Werkstoffprüfverfahren vorgenommen.

## 12.1.1 Werkstoffbeanspruchung

Während des Einsatzes wird von einem Werkstoff verlangt, dass er eine bestimmte Funktion erfüllt. So darf sich ein kräfte- oder momentenübertragendes Bauteil unter der äußeren Last nicht bleibend (plastisch) verformen oder brechen. Der Werkstoff muss eine bestimmte *Festigkeit* aufweisen, um die *mechanische Beanspruchung* zu ertragen. Bei den meisten technischen Anwendungen kommt es zu einer zeitlichen Änderung der Last (Bild 12.1–1). So ist beispielsweise jeder Einzelzahn im Zahnrad nur temporär im Kräfteeingriff – der Zahn wird schwingend beansprucht. Bei einer periodischen Beanspruchung von Metallen sinkt die Festigkeit mit der Anzahl der Belastungszyklen (siehe Abschnitt 12.2.5). Die mechanischen Eigenschaften können sich während der Lebensdauer ändern.

Neben der mechanischen können zusätzlich noch andere Beanspruchungen wirken (Bild 12.1–2), wie z. B. die *thermische, tribologische, biologische, chemische* und *elektrochemische Beanspruchung* sowie die *Strahlungsbelastung.* Die verschiedenen Beanspruchungsformen wirken nie allein, sondern immer kombiniert. In ihrer Wirkung auf die Werkstoff- und Bauteileigenschaften beeinflussen sich die Beanspruchungsformen gegenseitig. So sinkt beispielsweise bei den meisten metallischen Werkstoffen mit zunehmender Temperatur die Festigkeit, aber das Verformungsvermögen steigt. Dieser Effekt wird bei der Warmumformung von Metallen ausgenutzt. Dagegen kann ein Stahl, der sich bei Raumtemperatur plastisch verformen lässt, bei niedrigen Temperaturen durchaus katastrophal durch Sprödbruch versagen. Aus diesem Grund ist immer die gesamte *Beanspruchungscharakteristik* über die komplette Lebensdauer zu betrachten. Weiterhin ist zu berücksichtigen, dass sich die Beanspruchung während der Fertigung und während des Einsatzes unterscheidet. So wird von einem Karosserieblech bei der

*Werkstoffbeanspruchung* ist die Summe aller äußeren (und inneren) Faktoren, die auf den Werkstoff während der Fertigung, des Einsatzes und der Aufbereitung/Deponierung einwirken.

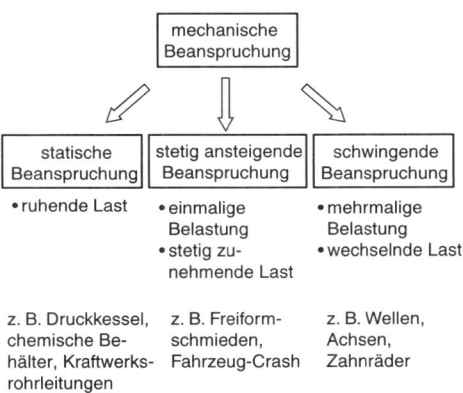

Bild 12.1–1 Einteilung der mechanischen Beanspruchung

Bild 12.1–2 Übersicht der Beanspruchungsarten, die das Werkstoffverhalten beeinflussen

Fertigung eine möglichst niedrige Festigkeit bei einem hohen Umformvermögen verlangt. Beim späteren Einsatz als Fahrzeugblech wird eine sehr hohe Festigkeit bei gleichzeitig hohem Energieabsorptionsvermögen angestrebt.

Die Werkstoffeigenschaften werden bei der Fertigung verändert. Eine Kaltumformung bei Metallen führt in der Regel zu einer deutlichen Festigkeitssteigerung (Kaltverfestigung). Gleichzeitig nimmt jedoch die Zähigkeit ab. Außerdem werden, bedingt durch die Kaltumformung, die Eigenschaften richtungsabhängig (*Anisotropie*). Die Beanspruchungscharakteristik bei der Fertigung führt zu Änderungen im Gefüge und/oder zu Änderungen in der Versetzungsdichte und -anordnung und kann unter Umständen versagensauslösende Fehler (z. B. Risse, Poren, Einschlüsse) zur Folge haben.

Die Beanspruchung kann gewünschte oder unerwünschte Veränderungen im Werkstoff hervorrufen. Die auf einen Werkstoff wirkende Beanspruchung ist immer sehr komplex und ändert sich ständig. Deshalb wurden zur Charakterisierung der Werkstoffe zahlreiche Prüfverfahren entwickelt, die die Bedingungen bei Fertigung und Einsatz ausreichend widerspiegeln.

> Die *Werkstoffbeanspruchung* bei der Fertigung bewirkt die Änderung der Werkstoffeigenschaften und beeinflusst damit die Einsatzeigenschaften und die Lebensdauer.

> *Festigkeit* ist der Widerstand gegen bleibende (plastische) Verformung und Bruch.

> *Zähigkeit* ist das Vermögen eines Werkstoffes, Spannungsspitzen, z. B. an einer Rissspitze, durch plastische Verformung abzubauen. Die Zähigkeit ist der Widerstand gegen einen plötzlichen und unkontrollierten Rissfortschritt, der zum Sprödbruch führt.

**Übung 12.1–1**
Warum sind Sprödbrüche in der Praxis so gefährlich?

**Übung 12.1–2**
Nennen Sie Beispiele für das kombinierte Wirken von mehreren Beanspruchungen.

## 12.1.2 Werkstoffprüfung – Begriff, Aufgaben und Einteilung der Werkstoffprüfverfahren

Die *Werkstoffprüfung* ist ein anwendungsorientiertes und interdisziplinäres Teilgebiet der Werkstoffwissenschaften und sowohl mit den Naturwissenschaften als auch mit den Ingenieurwissenschaften eng verzahnt. Physik und Chemie bilden die wesentlichen naturwissenschaftlichen Grundlagen. Festkörpermechanik, Fertigungstechnik, Konstruktionstechnik und Automatisierungstechnik sind die wichtigsten Ingenieurdisziplinen, die mit Werkstoffprüfung unmittelbar in Verbindung stehen. *Geeignete Werkstoffkennwerte* sind Grundlage für die Bauteilberechnung. Nur *Werkstoffkennwerte,* die mithilfe eines Werkstoffprüfverfahrens unter anwendungsnahen Bedingungen ermittelt wurden, lassen sich für eine Bauteilberechnung heranziehen. So müssen Werkstoffe für Kraftwerksrohrleitungen bei Anwendungstemperatur (bis zu 550 °C) geprüft werden.

Die *Qualitätssicherung* bei der Fertigung und die Überwachung des Werkstoffzustandes beim Einsatz sollen beanspruchungsbedingte Änderungen der Werkstoffeigenschaften feststellen und dokumentieren, sodass unter Umständen unzulässige Schädigungen festgestellt und betroffene Werkstoffchargen oder Bauteile ausgesondert werden können. Bei der *mechanischen Werkstoffprüfung* werden die Eigenschaften anhand von gezielt entnommenen und häufig genormten *Proben* bestimmt. Die Werkstoffprüfverfahren laufen unter definierten Bedingungen ab. Da sich die realen Belastungen von den Prüfbedingungen unterscheiden, und außerdem die Bauteilgeometrie einen entscheidenden Einfluss auf das Bauteilverhalten ausübt, kann eine Prüfung an kompletten Bauteilen oder Bauteilgruppen erforderlich sein. Obwohl die Eigenschaften aller verarbeiteten Werkstoffe bekannt sind, werden beispielsweise im Automobilbau komplette Fahrzeuge verschie-

*Werkstoffprüfung* ist ein Teilgebiet der Werkstoffwissenschaft mit dem Ziel, *geeignete Kenngrößen* zur Charakterisierung der Werkstoff- und Bauteileigenschaften und die quantitative Darstellung dieser Eigenschaften in Form von Kennwerten festzulegen (nach Blumenauer).

Eine *Werkstoffkenngröße* ist eine messbare und damit quantitativ darstellbare Werkstoffeigenschaft, die durch Prüfvorschriften definiert wird. Der Zahlenwert, der für einen Werkstoff in einem Versuch ermittelt wurde, wird als *Werkstoffkennwert* bezeichnet. Werkstoffkenngrößen beschreiben das mechanische, technologische, thermische, optische, elektrische, magnetische, chemische und elektrochemische Verhalten eines Werkstoffes unter definierten Belastungsbedingungen.

Aufgaben der Werkstoffprüfung:
- Festlegen und Bestimmen geeigneter Werkstoffkenngrößen – Eigenschaftscharakterisierung
- Werkstoffdiagnose
- Qualitätssicherung
- Überwachung des Werkstoffzustandes im Betrieb
- Untersuchung von fertigungsbedingten Eigenschaftsänderungen
- Bauteilprüfung
- Schadensanalyse

Eine *Werkstoffprobe* ist ein Teil einer Werkstoffmenge, die die Eigenschaften dieser Menge repräsentieren muss. Eine Werkstoffprobe ist dieser Menge definiert zu entnehmen und hat in der Regel genormte Abmessungen.

denen Aufprallbedingungen ausgesetzt, um die Sicherheit der Fahrzeuge zu überprüfen (Bild 12.1–3).

> Unter *Bauteilprüfung* ist eine Untersuchung von bearbeiteten oder schon im Einsatz befindlichen Bauteilen oder Bauteilgruppen unter Anwendungsbedingungen zu verstehen.

Zur *Werkstoffdiagnose* gehört u. a. die Ermittlung der chemischen Zusammensetzung, der chemischen Bindung, der Struktur und des Gefüges. So ist gerade von Metallen bekannt, dass es einen engen Zusammenhang von chemischer Zusammensetzung, Kristallgittertyp (Struktur), Gefüge und Fertigung (z. B. Abkühlgeschwindigkeit aus dem Austenitgebiet bei Stählen) auf die Eigenschaften des Werkstoffes gibt. Mit der Werkstoffdiagnose soll die Reaktion des Werkstoffes auf seine Umgebung untersucht werden. Neben der chemischen Analyse gehören *metallographische Untersuchungen* zu den wichtigsten Untersuchungsverfahren.
In Tabelle 12.1–1 wird ein Überblick über die wichtigsten Werkstoffprüfverfahren gegeben.

Bild 12.1–3 Der Automobil-Crashtest – eine Form der Bauteiluntersuchung (Quelle: Volkswagen AG)

Tabelle 12.1–1 Einteilung der Werkstoffprüfverfahren

| Einteilung der Verfahren | Untersuchungsgegenstand/ zu bestimmende Eigenschaften | Prüfverfahren |
|---|---|---|
| Mechanische Prüfverfahren | Festigkeit, Verformungsverhalten | Zugversuch |
| | Zähigkeit, Bruchverhalten | Kerbschlagbiegeversuch, bruchmechanische Prüfverfahren |
| | Dauerfestigkeit | Schwingfestigkeitsversuche |
| | Härte | Härtemessung (Vickers, Rockwell, Brinell) |
| Prüfung von chemischen und elektrochemischen Werkstoffeigenschaften | Chemische Zusammensetzung | Gravimetrie, Glimmentladungsspektroskopie (GDOS), Elektronenstrahlmikroanalyse (ESMA), energiedispersive Röntgenmikrobereichsanalyse (EDXS) |
| | Beständigkeit in Medien (z. B. Säurebeständigkeit, Korrosionsverhalten) | Langzeitkorrosionsversuch, Wechseltauchversuch, Salzsprühtest |
| Gefügeuntersuchung | Untersuchung der Art, Anordnung, Verteilung, Größe und Form von Gefügebestandteilen (z. B. Kristalliten) | Metallographie, Plastographie, Keramographie (lichtmikroskopische und elektronenmikroskopische Verfahren) |
| Zerstörungsfreie Prüfverfahren | E-Modul, Wanddicken von Bauteilen oder Blechen | Ultraschallprüfung |
| | Oberflächenhärte | Wirbelstromprüfung |
| | Strukturuntersuchungen (Gittertyp) | Röntgenfeinstrukturanalyse |
| | Oberflächenfehler | Wirbelstromprüfung, Farbeindringprüfung |
| | Materialfehler im Bauteilinneren | Ultraschallprüfung, Röntgengrobstrukturanalyse |
| | Werkstoffsortierung | Ultraschallprüfung, Wirbelstromprüfung |
| Prüfung physikalischer Eigenschaften | Dichte | Auftriebsverfahren, Gaspyknometer |
| | Wärmekapazität | Kalorimetrie |
| | Wärmeausdehnung | Dilatometrie |
| | elektrische und thermische Leitfähigkeit | Leitfähigkeitsmessung |
| Spezielle Prüfverfahren | Bestimmung von im Bauteil vorliegenden Dehnungen oder Spannungen/Eigenspannungen | Bohrlochverfahren, röntgenografische Spannungsmessung, Moiré-Methode |
| Technologische Prüfverfahren | Umformbarkeit | Tiefungsversuch (Erichsen), Näpfchenziehversuch, Faltversuch |
| | Härtbarkeit | Stirnabschreckversuch nach Jominy |
| | Schweißbarkeit (Schweißeignung, Schweißsicherheit) | Implant-Test, Zugversuch, bruchmechanische Werkstoffuntersuchungen |

## 12.2   Mechanische Werkstoffprüfung

### 12.2.0   Übersicht

Die *mechanischen Werkstoffprüfverfahren* haben die Aufgabe, Werkstoffkennwerte für die Dimensionierung von Bauteilen unter einer von außen wirkenden Kraft zu ermitteln. Außerdem liefern die mechanischen Prüfverfahren wichtige Aussagen zum technologischen Verhalten der Werkstoffe (z. B. Umformverhalten) und werden insbesondere in der Metallurgie und der Wärmebehandlung zur Qualitätssicherung eingesetzt.

*Mechanische Werkstoffprüfverfahren* sind *zerstörende Prüfverfahren*. Bereits die Probenentnahme hat eine Funktionsbeeinträchtigung des Werkstückes/Bauteiles zur Folge. Die anschließende Werkstoffprüfung führt zu einer Zerstörung der eigentlichen Probe. Eine Wiederverwendung des Probenmateriales ist nicht möglich (Ausnahme: u. U. Härteprüfverfahren).

Die mechanischen Prüfverfahren sind in einem umfassenden Regelwerk genormt. Neben der Versuchsdurchführung mit dem zugehörenden Kräfte- oder Momenteneintrag (Zug, Druck, Biegung, Torsion) werden auch die Probengeometrie und -entnahme, die Prüfvorrichtung, die Messung/Berechnung von Kennwerten und die Belastungsbedingungen (z. B. Dehnungsgeschwindigkeit, Temperatur, Umgebungsmedium, Dehnungs- oder Spannungsamplitude und Frequenz bei schwingender Belastung) vorgeschrieben.

Die folgenden Abschnitte stellen Ihnen die wichtigsten mechanischen Prüfverfahren vor, beschreiben den Versuchsablauf und gehen auf die Auswertemethoden ein. Außerdem wird auf Unterschiede im Verhalten verschiedener Werkstoffe und deren Ursache eingegangen.

### 12.2.1   Zugversuch

**Lernziele**

Der Lernende kann ...
- den Zweck des Zugversuches angeben und das Prüfprinzip beschreiben.
- den Zugversuch auswerten, indem er aus dem Kraft-Verlängerung-Diagramm bzw. aus dem Spannung-Dehnung-Diagramm die Kennwerte ermittelt,
- die praktische Bedeutung der Werkstoffkenngrößen erläutern,
- dem Verformungsverlauf die vier Verformungsbereiche zuordnen und zwischen wahrer und technischer Spannung unterscheiden,
- charakteristische Spannung-Dehnung-Verläufe entsprechenden Werkstoffgruppen, Wärmebehandlungszuständen und Prüfbedingungen zuordnen.

#### 12.2.1.0   Übersicht

Der *Zugversuch* ist das wichtigste mechanische Prüfverfahren. Er liefert *Festigkeits- und Verformungskennwerte*, die gleichzeitig Abnahmekriterium bei der Herstellung von Metallen oder Kunststoffen sind. Steigt die Belastung allmählich und stoßfrei an, wird der Zugversuch als statisches bzw. quasistatisches Prüfverfahren bezeichnet. Die im Zugversuch ermittelten *Werkstoffkennwerte* dienen zum Vergleich und zur Beurteilung unterschiedlicher Werkstoffe und zur Auslegung überwiegend statisch beanspruchter Bauteile.

### 12.2.1.1 Prüfprinzip

Im *Zugversuch* wird eine ungekerbte, zumeist zylindrische, längliche Probe vorgegebener Geometrie oder eine Flachzugprobe an ihren beiden Enden axial in eine geeignete Prüfmaschine eingespannt und mit kontinuierlicher (in der Regel niedriger) Geschwindigkeit auseinander gezogen. Die Probe wird dabei längs der Stabachse gedehnt. Quer zur Zugrichtung kommt es zur Kontraktion. Der geprüfte Werkstoff setzt der Verformung im Versuchsverlauf unterschiedliche Widerstände entgegen. Entsprechend verändert sich die durch die Prüfmaschine aufzubringende Kraft. Der Versuch ist nach erfolgtem *Bruch* abgeschlossen. Die auf den Probenkörper einwirkende Kraft $F$ und die daraus resultierende Längenänderung $\Delta L$ der Probe werden während des gesamten Versuches registriert und durch die *Kraft-Verlängerung-Kurve* wiedergegeben. Beide Größen hängen von der Probengeometrie ab. Eine Vergleichbarkeit der Ergebnisse ist nur dann gegeben, wenn die Längenänderung und die aufgebrachte Kraft in die bezogenen Größen *Dehnung* und *Spannung* umgerechnet werden (siehe Abschnitt 12.2.1.2).

Bild 12.2–1  Universalprüfmaschine (Foto: TIRA WPM Leipzig GmbH)

Der Zugversuch wird meist auf *Universalprüfmaschinen* durchgeführt (Bild 12.2–1). Die Prüfmaschinen sollten einen möglichst steifen Maschinenrahmen besitzen. Für die Probeneinspannung werden mechanische Keilspannbacken oder hydraulische Spannvorrichtungen verwendet. Auch eine Probeneinspannung über Gewinde oder eine Schulterhalterung ist möglich. Die zur Erzeugung der axialen Verformung der Zugproben erforderlichen Kräfte werden vom Antrieb erzeugt und über die Einspannung übertragen. Der Antrieb erfolgt entweder über eine Servohydraulik (Bild 12.2–2) oder ein elektromechanisches Antriebssystem.

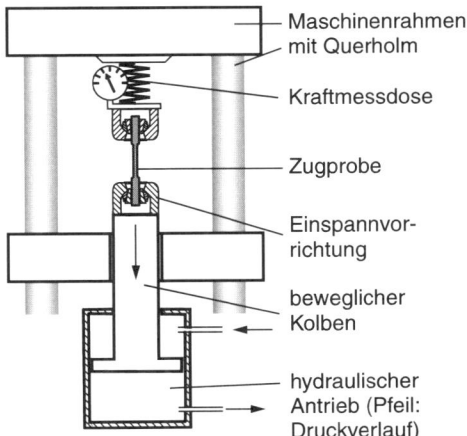

Bild 12.2–2  Prinzipieller Aufbau einer servohydraulischen Universalprüfmaschine

Die Kraftmessung erfolgt normalerweise über eine Kraftmessdose, die kraftschlüssig mit der Prüfmaschine und der Probe verbunden ist. Die Kraftmessdose arbeitet wie eine sehr steife Feder. Die durch die Zugkräfte bedingten, sehr kleinen (elastischen) Verformungen im Federelement der Kraftmessdose werden über Dehnungsmessstreifen (DMS) gemessen. Diese Verformungen sind proportional zur wirkenden Kraft (siehe *Hooke'sches Gesetz*).

Die Messung der Probenverlängerung kann direkt auf der Probe oder indirekt über den Verfahrweg des Querholmes bzw. des beweglichen Kolbens erfolgen. Insbesondere für die Bestimmung sehr kleiner Formänderungen, wie sie beispielsweise die Ermittlung des Elastizitätsmodules erfordert, ist das direkte Messen der Verlängerung an der Probe erforderlich. Verwendung finden insbesondere mechanische oder induktive Wegaufnehmer sowie Dehnungsmessstreifen (DMS). Bild 12.2–3 zeigt eine Feindehnungsmessung auf mechanischem Prinzip. Dabei sitzen Hartmetallschneiden auf der Probe. Die Verlängerung der Zugprobe führt zu einer Verschiebung der Hartmetallschneiden, die wiederum über Messuhren registriert wird. Bei der DMS-Messung wird ausgenutzt, dass sich bei der Verformung eines leitenden Werkstoffes der Ohm'sche Widerstand ändert. Der gemessene Ohm'sche Widerstand ist proportional zur *Dehnung* der Zugprobe. DMS bestehen aus einem Trägermaterial, in der Regel eine Kunststofffolie, einem metallischen Messgitter und Anschlussdrähten. Der DMS wird vor der Verformung mit einem geeigneten Klebstoff auf der Zugprobe befestigt.

Die berührende direkte Dehnungsmessung wird immer häufiger durch berührungslose optische Verfahren ersetzt. Zum Einsatz kommen in erster Linie CCD-Kameras, Laserextensiometer oder elektrooptische Extensiometer.

Beim *Zugversuch* entsprechend der DIN EN 10 002-1 wird ein zylindrischer Probenstab oder eine Flachzugprobe in eine Prüfmaschine eingespannt und mit kontinuierlicher Geschwindigkeit in axialer Richtung bis zum Bruch belastet. Dabei werden die Zugkräfte in Längsrichtung und die Verlängerung der Probe gemessen und Festigkeits- und Verformungskennwerte ermittelt.

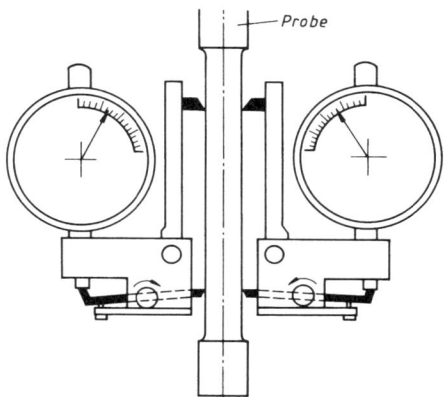

Bild 12.2–3   Feindehnungsmessung mit Messuhr

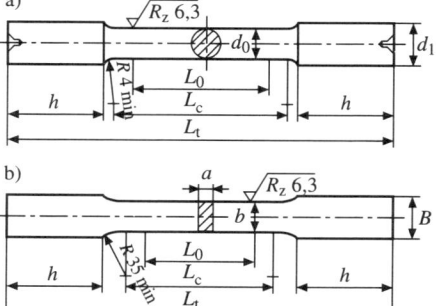

Bild 12.2–4   Zugproben nach DIN 50 125
a) Rundzugprobe mit glatten Zylinderköpfen zum Einspannen in Spannkeile, Form A
b) Flachzugprobe mit Köpfen für Spannkeile, Form E
$d_0$ Probendurchmesser in der Messlänge,
$d_1$ Kopfdurchmesser, $h$ Kopfhöhe,
$L_0$ Anfangsmesslänge bei Raumtemperatur,
$L_c$ Versuchslänge, $L_t$ Gesamtlänge,
$a$ Probendicke, $b$ Probenbreite, $B$ Kopfbreite

Die *Zugproben* werden üblicherweise entsprechend der DIN 50 125 aus einem Erzeugnis/Rohteil gefertigt. Bei der Probenherstellung ist darauf zu achten, dass die Eigenschaften des Werkstoffes durch die Fertigung nicht verändert werden.

Die *Zugproben* werden in Flach- und Rundzugproben unterschieden, Bild 12.2–4. Beispiele für mögliche Probengeometrien und dazugehörige Grenzabmaße und Formtoleranzen werden in der DIN 50 125 gegeben.

Um spätere Verwechslungen auszuschließen sind die Proben an den Stirnflächen bzw. an den Spannköpfen geeignet zu kennzeichnen, und es ist zu registrieren, wie die Proben aus dem Halbzeug entnommen wurden. Vor dem Versuch sind die Anfangsmesslänge $L_0$ zu markieren sowie der Anfangsdurchmesser $d_0$ bzw. die Anfangsdicke $a$ und -breite $b$ zu messen und zu registrieren. Diese Größen werden zur späteren Auswertung benötigt.

Proportionalstab

$$L_0 = 5{,}65 \cdot \sqrt{S_0} = 5 \cdot d_0$$

$S_0$ Anfangsquerschnitt der Rundprobe

$$S_0 = \frac{\pi}{4} d_0^2$$

---

Die *Anfangsmesslänge $L_0$*, der *Anfangsdurchmesser $d_0$* bzw. die *Anfangsdicke a* und *-breite b* werden für die Ermittlung der Festigkeits- und Verformungskenngrößen zur Auswertung des Zugversuches benötigt.

---

### 12.2.1.2 Versuchsauswertung, Kenngrößen

Die Ermittlung von *Werkstoffkennwerten* im *Zugversuch* ist ebenfalls in der DIN EN 10 002-1 beschrieben.

Um vergleichbare Ergebnisse zu erhalten, ist es notwendig die Messgrößen, Kraft $F$ und Längenänderung der Probe $\Delta L$, in die bezogenen Größen, *Spannung $\sigma$* und *Dehnung $\varepsilon$*, umzurechnen. Dabei ist die *(technische) Spannung* als Quotient von momentaner Kraft $F$ zur Ausgangsfläche $S_0$ definiert. Bei der *Dehnung $\varepsilon$* wird die momentane Verlängerung der Probe auf die Anfangsmesslänge bezogen. Um Werkstoffkenngrößen grafisch zu ermitteln, ist es notwendig, die zueinander gehörenden Spannungs- und Dehnungswerte in einem Diagramm darzustellen. Im Bild 12.2–5 ist schematisch ein *Spannung-Dehnung-Diagramm* eines allgemeinen Baustahles (z. B. S235) dargestellt. Der Verformungsverlauf lässt sich in vier Abschnitte untergliedern:

---

$$Spannung = \frac{\text{Kraft}}{\text{Anfangsquerschnitt}}$$

$$\sigma = \frac{F}{S_0} \quad \text{in N/mm}^2 = \text{MPa}$$

$$Dehnung = \frac{\text{Verlängerung}}{\text{Anfangsmesslänge}} \cdot 100\,\%$$

$$\varepsilon = \frac{L - L_0}{L_0} \cdot 100\,\% = \frac{\Delta L}{L_0} \cdot 100\,\%$$

---

$L$ augenblickliche Länge der Probe während des Versuches

Mit zunehmender Belastung gilt im Bereich der elastischen Verformung das *Hooke'sche Gesetz* (Geradengleichung):

$$\sigma = E \cdot \varepsilon \quad \text{bzw. für den } E\text{-Modul gilt:}$$

$$E = \frac{\Delta \sigma}{\Delta \varepsilon}$$

$\Delta \varepsilon$ ist bei der Bestimmung des Elastizitätsmodules als Absolutwert und nicht in Prozent einzusetzen!

1. *Bereich der elastischen Verformung*

Im Bereich der elastischen Verformung steigt mit zunehmender Spannung die Dehnung linear an (*Hooke'sche Gerade*). Der Anstieg der *Hooke'schen Geraden* ist für jeden Werkstoff charakteristisch und wird als *Elastizitätsmodul E* bezeichnet. Der *Elastizitätsmodul* ist ein Maß für die Steifigkeit eines Werkstoffes. Im Bereich der elastischen Verformung wird der Werkstoff nicht bleibend verformt. Das heißt, wird die Probe hier entlastet, nimmt sie sofort wieder ihre ursprüngliche Form an (siehe Abschnitt 1.3.3). Die *Streckgrenze* $R_e$ kennzeichnet den Übergang vom elastischen zum plastischen Werkstoffverhalten. Bei Werkstoffen mit einer ausgeprägten *Streckgrenze*, wie im Bild 12.2–5 dargestellt, endet die elastische Verformung an der oberen Streckgrenze $R_{eH}$.

2. *Bereich der Lüdersdehnung*

Wird die *Streckgrenze* im Zugversuch überschritten, so weicht die Spannung von der Hooke'schen Geraden ab. Die Spannungsänderung ist also nicht mehr proportional zur Dehnung. Wird die Probe in diesem oder in den nachfolgenden Verformungsbereichen entlastet, so nimmt sie nicht mehr die Ausgangsgeometrie an. Der Werkstoff wird bleibend, das heißt *plastisch* verformt. Bei Werkstoffen mit einer ausgeprägten Streckgrenzenerscheinung fällt die Spannung nach dem Überschreiten der *oberen Streckgrenze* $R_{eH}$ und bleibt über eine gewisse Verformung nahezu konstant. Dieser Spannungskennwert wird als *untere Streckgrenze* $R_{eL}$ bezeichnet. Der Abfall der Spannung nach dem Überschreiten der *oberen Streckgrenze* wird auf das kombinierte Wirken von Einlagerungsatomen (C, N) und Versetzungen zurückgeführt. Da unterhalb von zusätzlich eingeschobenen Gitterebenen (Stufenversetzung) das Kristallgitter aufgeweitet ist, sammeln sich in diesem Bereich bevorzugt die Einlagerungsatome und behindern die Versetzungsbewegung. Erst wenn die *obere Streckgrenze* erreicht ist, können sich die Versetzungen von den Einlagerungsatomen lösen. Da für

ferritisch-perlitischer oder martensitischer Stahl: $E \approx 210\,\text{GPa}$
Aluminium: $E \approx 70\,\text{GPa}$

Verformungsverlauf im Zugversuch:
1 Bereich der elastischen Verformung (Hooke'sche Gerade)
2 Bereich der Lüdersdehnung
3 Bereich der Gleichmaßdehnung
4 Bereich der Brucheinschnürung

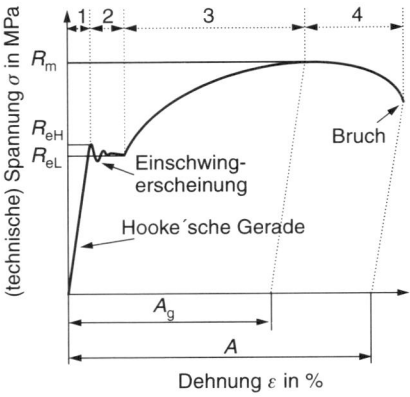

Bild 12.2–5  Schematisches Spannung-Dehnung-Diagramm eines allgemeinen Baustahles
$R_{eL}$  untere Streckgrenze
$R_{eH}$  obere Streckgrenze
$R_m$  Zugfestigkeit
$A_g$  Gleichmaßdehnung
$A$  Bruchdehnung

> *Steifigkeit* ist der Widerstand gegen elastische Verformung. Die Steifigkeit eines Bauteiles wird von der Bauteilgeometrie und dem Elastizitätsmodul (allgemein den elastischen Konstanten) bestimmt.

> Die *Streckgrenze* $R_e$ ist die Spannung, bei der es zum Übergang von der elastischen zur plastischen Verformung kommt.

die weitere Bewegung weniger Energie notwendig ist, fällt die Spannung bis auf den Wert der *unteren Streckgrenze* ab. Im Bereich der *Lüdersdehnung* ist die Verformung auf einen kleinen Bereich innerhalb der Messlänge örtlich begrenzt (Lüdersband). Mit zunehmender plastischer Verformung wandert dieser Bereich durch die ganze Probe.

Andere Werkstoffe, wie z.B. die meisten Aluminium- und Kupferlegierungen oder austenitischer Stahl, zeigen keinen ausgeprägten Streckgrenzeneffekt (Bild 12.2–6). Bei diesen Werkstoffen gibt es einen allmählichen Übergang vom elastischen zum plastischen Werkstoffverhalten. Der Bereich der Lüdersdehnung entfällt. Da der Beginn des plastischen Fließens nicht exakt bestimmt werden kann, wird die *Dehngrenze $R_p$* ermittelt. Die *Dehngrenze $R_p$* ist die Spannung, bei der eine vorgegebene plastische Verformung erreicht wird. Üblicherweise wird mit einer bleibenden plastischen Verformung von $\varepsilon_{pl} = 0{,}2\,\%$ gearbeitet. Das Symbol der Dehngrenze wird ergänzt durch den Betrag der plastischen Verformung, z.B. $R_{p0,2}$. Grafisch wird dieser Wert durch die Parallelverschiebung der Hooke'schen Geraden bis zur Dehnung von 0,2 % ermittelt (Bild 12.2–6). Der Schnittpunkt der parallelverschobenen Geraden mit dem Spannung-Dehnung-Verlauf entspricht der Dehngrenze $R_{p0,2}$.

### 3. Bereich der Gleichmaßdehnung

Wird der Werkstoff weiter verformt, steigt die Spannung mit zunehmender plastischer Verformung an – der Werkstoff verfestigt. Dieser Anstieg der Festigkeit wird unmittelbar von der plastischen Verformung beeinflusst und wird deshalb auch als *Verformungsverfestigung* bzw. Kaltverfestigung bezeichnet. Wie im Abschnitt 1.3.3 beschrieben, werden bei plastischer Verformung Versetzungen bewegt. Gleichzeitig entstehen aber bei der Verformung ständig neue Versetzungen (Versetzungsvervielfachung), die sich gegenseitig in ihrer Beweglichkeit behindern. In diesem Verfor-

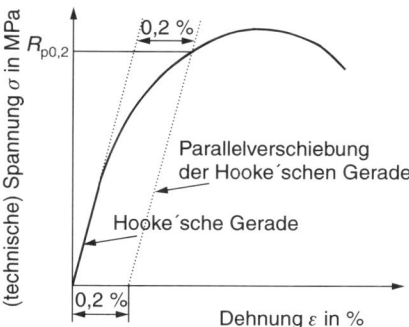

Bild 12.2–6 Schematisches Spannung-Dehnung-Diagramm eines Werkstoffes mit allmählichem Übergang vom elastischen zum plastischen Werkstoffverhalten – Bestimmung der Dehngrenze $R_{p0,2}$

Die *Dehngrenze $R_p$* ist die Spannung bei einem bestimmten Betrag an bleibender (plastischer) Dehnung. Sie wird bei Werkstoffen mit allmählichem Übergang vom elastischen zum plastischen Werkstoffverhalten als Ersatz für die Streckgrenze verwendet.

mungsbereich wird die Zugprobe über die gesamte Messlänge gleichmäßig gedehnt. Da sich während der plastischen Verformung das Volumen der Probe nicht ändert, muss die Dehnung der Probe in Zugrichtung mit einer gleichzeitigen Verringerung des Querschnittes verbunden sein (*Querkontraktion*). Der Bereich der *Gleichmaßdehnung* wird von der *Zugfestigkeit* $R_m$ begrenzt. Die *Zugfestigkeit* ist die größte (technische) Spannung, die während des Zugversuches auftritt. Die bei $R_m$ vorliegende plastische Dehnung wird als *Gleichmaßdehnung* $A_g$ bezeichnet. Da sich bei $R_m$ die gesamte Dehnung aus einem elastischen und einem plastischen Anteil zusammensetzt, ist bei der grafischen Bestimmung von $A_g$ die Hooke'sche Gerade bis zu $R_m$ parallel zu verschieben. Der Schnittpunkt dieser Geraden mit der Dehnungsachse entspricht dem Wert der *Gleichmaßdehnung* $A_g$ (Bild 12.2–5). Die *Gleichmaßdehnung* ist ein wichtiger Werkstoffkennwert zur Beurteilung der Kaltumformbarkeit eines Werkstoffes.

Die *Zugfestigkeit* $R_m$ ist die größte (technische) Spannung, die während des Zugversuches auftritt. Sie ergibt sich aus dem Quotienten von Höchstzugkraft $F_m$ und dem Anfangsquerschnitt $S_0$.

$$R_m = \frac{F_m}{S_0} = \frac{\text{Höchstzugkraft}}{\text{Anfangsquerschnitt}}$$

Die *Gleichmaßdehnung* $A_g$ entspricht der bleibenden (plastischen) Dehnung bei der *Zugfestigkeit* $R_m$.

#### 4. *Bereich der Brucheinschnürung*

Wird der Werkstoff über $R_m$ hinaus belastet, fällt die Spannung ab, und die Verformung bleibt auf ein kleines Gebiet begrenzt. Diese große, lokal begrenzte Dehnung führt natürlich auch zu einer *örtlichen Querschnittsabnahme*. Die Probe schnürt ein. An der Stelle, wo der Werkstoff am stärksten einschnürt, bricht die Zugprobe. Die *bleibende Dehnung* zum Zeitpunkt des Bruches wird als *Bruchdehnung A* bezeichnet. Sie kann ebenfalls durch Parallelverschiebung der Hooke'schen Geraden bestimmt werden (Bild 12.2–5). Die *Bruchdehnung A* kann ebenfalls anhand der Probenverlängerung ermittelt werden. Dazu werden die Bruchflächen der beiden gebrochenen Hälften sorgfältig zusammengelegt (Bild 12.2–7). Die Messlänge nach dem Bruch $L_u$ kann anhand der Messmarken mithilfe eines Messmikroskopes bestimmt werden. Die *Bruchdehnung A* ist der Quotient

Die *Bruchdehnung A* ist die bleibende (plastische) Dehnung nach dem Bruch. Sie ist die Probenverlängerung nach dem Bruch bezogen auf die Ausgangsmesslänge in %.

$$A = \frac{L_u - L_0}{L_0} \cdot 100\,\%$$

aus der Probenverlängerung zum Zeitpunkt des Bruches ($L_u - L_0$) und der Ausgangslänge $L_0$.

Ein Vergleich von Bruchdehnungen unterschiedlicher Werkstoffe oder Werkstoffzustände ist nur dann erlaubt, wenn gleiche Anfangsgeometrien oder zumindest Proben mit einem gleichen Längen-Durchmesserverhältnis (Proportionalproben) verwendet werden.

Anmerkung: Die DIN EN 10 002-1 unterscheidet nicht mehr zwischen kurzem und langem Proportionalstab. Bei anderen Proportionalitätsfaktoren als 5,65 ($L_0 = 5,65 \cdot \sqrt{S_0} = 5 \cdot d_0$) ist dieser als Index bei der Angabe der Bruchdehnung anzugeben (z. B. $A_{11,3}$ – Bruchdehnung bei einer Probe mit $L_0 = 11,3 \cdot \sqrt{S_0} = 10 \cdot d_0$ – entspricht der früheren langen Proportionalprobe). Bei Nichtproportionalproben wird die Messlänge als Index für die Bruchdehnung verwendet (z. B. $A_{50\,mm}$).

Neben der Bruchdehnung ist die *Brucheinschnürung Z* ein wichtiges Merkmal zur Beschreibung des Verformungsvermögens eines Werkstoffes. Die *Brucheinschnürung Z* beschreibt die größte Querschnittsänderung ($S_0 - S_u$) an der Zugprobe im Bereich der Einschnürung nach dem Bruch bezogen auf den Anfangsquerschnitt $S_0$. Im Bild 12.2–7 werden Zugproben des Vergütungsstahles C45N in verschiedenen Verformungszuständen miteinander verglichen. Die Probe (a) ist unverformt. Die Probe (b) ist in allen Abschnitten der Messlänge $L_1$ gleichmäßig gedehnt und der Querschnitt ($S_1 = (\pi/4)d_1^2$) ist an jeder Stelle der Messlänge $L_1$ gleich. Die Probe (c) wurde bis zum Bruch gedehnt. Im Bereich der Einschnürung liegt der kleinste Durchmesser $d_u$ vor. Die Messlänge ist hier deutlich stärker verformt.

Die *Brucheinschnürung Z* ist die größte Querschnittsänderung der Zugprobe im Bereich der Einschnürung bezogen auf den Anfangsquerschnitt in %.

$$Z = \frac{S_0 - S_u}{S_0} \cdot 100\,\% = \frac{d_0^2 - d_u^2}{d_0^2} \cdot 100\,\%$$

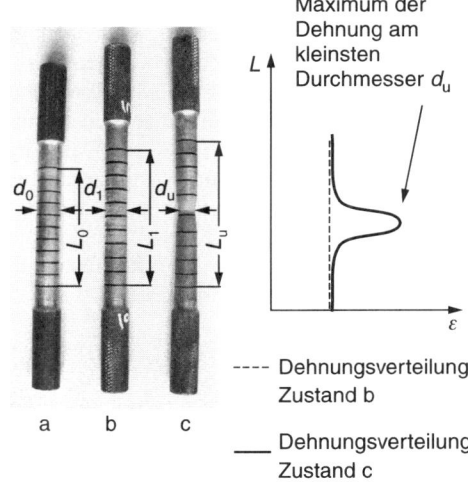

Bild 12.2–7 Unterschiedlich gedehnte Zugproben des Stahles C45N;
Zustand a: unverformte Probe;
Zustand b: im Bereich der Gleichmaßdehnung verformte Probe;
Zustand c: gebrochene Probe

Beim *(technischen) Spannung-Dehnung-Diagramm* wird die momentan wirkende Kraft immer auf den Ausgangsquerschnitt $S_0$ bezogen. Das erlaubt einen schnellen qualitativen und quantitativen Vergleich unterschiedlicher Werkstoffe und Werkstoffzustände. Auch für die konstruktiven Auslegungen von Bauteilen reicht das *(technische) Spannung-Dehnung-Diagramm* in der Regel aus, da hier die *Streckgrenze* $R_e$ bzw. $R_{p0,2}$ benötigt wird. Die von der Verformung bedingte Querschnittsänderung hat nur einen sehr kleinen Einfluss auf $R_e$. Dagegen führen die in der Umformtechnik gewollten Verformungen zu sehr großen Querschnittsänderungen, sodass die tatsächlichen *(wahren) Spannungen* von den *technischen Spannungen* abweichen müssen. Die *wahre Spannung* $\sigma_w$ ist die momentane Kraft $F$ bezogen auf den momentanen Querschnitt $S_1$. Da der Querschnitt im Zugversuch stetig abnimmt, muss die *wahre Spannung-Dehnung-Kurve* über der technischen Spannung liegen (Bild 12.2–8). Die Bestimmung der *wahren Spannung* im Bereich der *Einschnürdehnung* ist nur dann möglich, wenn die Kraft auf den kleinsten Querschnitt in der eingeschnürten Zone bezogen wird. Außerdem darf die *wahre Spannung* nur auf die Verformung im Bereich der Einschnürung bezogen werden. Hier ist die Dehnung örtlich viel größer als im Rest der Probe. Im Vergleich zur technischen Spannung-Dehnung-Kurve (Bild 12.2–8) tritt deshalb nach dem Überschreiten der Zugfestigkeit $R_m$ eine viel größere Dehnung auf.

Häufig wird in der Umformtechnik auch der Begriff der Umformfestigkeit bzw. der *Fließspannung* $k_f$ verwendet. Dabei handelt es sich um die *wahre Spannung*, die erforderlich ist, um den Werkstoff *plastisch* zu verformen (im Zugversuch würde das dem Wert der Streckgrenze $R_e$ entsprechen) und die Verformung aufrechtzuerhalten. Weiterhin wird in der Umformtechnik anstelle der *Dehnung* $\varepsilon$

$$\frac{\text{wahre}}{\text{Spannung}} = \frac{\text{Kraft}}{\text{momentaner Querschnitt}}$$

$$\sigma_w = \frac{F}{S_1} \quad \text{in } N/mm^2 = MPa$$

für den Zugversuch gilt:

$$\sigma_w = \frac{F}{S_1} = \frac{F}{S_0} \cdot \frac{L_1}{L_0}$$

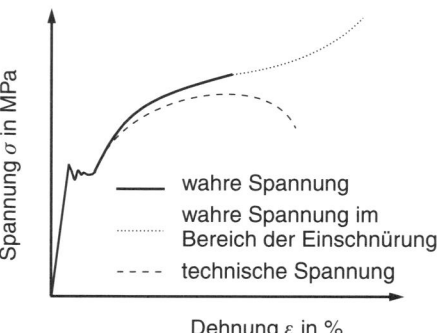

Bild 12.2–8 Vergleich der technischen und wahren Spannung über der Dehnung

der *Umformgrad* $\varphi$ verwendet (auch die Begriffe natürliche, wahre oder logarithmische Dehnung sind für $\varphi$ üblich).
Er ist für den Zugversuch bis zur maximal auftretenden Kraft als natürlicher Logarithmus der momentanen Probenlänge $L_1$ zur Ausgangslänge $L_0$ definiert. Bis zu einer Dehnung von $\varepsilon = 0,1$ ($= 10\%$) stimmt der Umformgrad mit der Dehnung gut überein. Bei größeren Verformungen wird der Unterschied immer größer. Der *Umformgrad* hat gegenüber der *Dehnung* den Vorteil, dass mehrere einzelne Umformschritte zu einem Gesamtumformgrad summiert werden können ($\varphi_{ges} = \varphi_1 + \varphi_2 + \varphi_3$). Das ist bei der Verwendung der Dehnung nicht möglich ($\varepsilon_{ges} = L_3/L_0 \neq \varepsilon_1 + \varepsilon_2 + \varepsilon_3$).

*Umformgrad* $\varphi$

für Zugbelastung

$$\varphi = \ln \frac{L_1}{L_0}$$

für Druckbelastung

$$\varphi = \ln \frac{L_0}{L_1}$$

Anmerkung: Die Bezeichnung und die Art der Ermittlung der Werkstoffkennwerte sowie die Versuchsdurchführung weichen beim Zugversuch an Kunststoffen von dem hier für Metalle beschriebenen Verfahren etwas ab. Entsprechende Regelungen sind in der Norm „Bestimmung der Zugeigenschaften – Kunststoffe" DIN EN ISO 527-1 festgelegt.

### 12.2.1.3 Werkstoffverhalten unter Zugbeanspruchung

Das *Werkstoffverhalten unter Zugbeanspruchung* und die im Zugversuch ermittelten *Kennwerte* werden einerseits vom Werkstoff und andererseits von den *Belastungsbedingungen* geprägt. Werkstoffseitige Einflussfaktoren sind z. B. die *chemische Zusammensetzung*, die *Gitterstruktur* und das *Gefüge*. Gleichzeitig ist das Werkstoffverhalten im Zugversuch von den *Prüfbedingungen* wie der *Temperatur* und der *Dehnungsgeschwindigkeit* abhängig. Der Einfluss dieser Faktoren soll an einigen Beispielen erläutert werden.
Wird eine Zugprobe gezogen und die *Streckgrenze* $R_e$ des Werkstoffes wird nicht überschritten, so verformt sich der Werkstoff nur *elastisch*. Wie groß seine Verlängerung ist, hängt von der Geometrie der Zugprobe und dem *Elastizitätsmodul* des Werkstoffes ab. Aus den Gleichungen

$$\sigma = \frac{F}{S_0}, \quad \varepsilon = \frac{\Delta L}{L_0} \quad \text{und} \quad E = \frac{\sigma}{\varepsilon}$$

Das Werkstoffverhalten unter Zugbeanspruchung wird vom Werkstoffzustand und den Belastungsbedingungen beeinflusst.

Tabelle 12.2–1 Elastizitätsmodulen verschiedener Werkstoffe bei 20 °C

| Werkstoff | $E$ in GPa bzw. $10^3$ N/mm$^2$ |
|---|---|
| ferritisch-perlitischer Stahl | 210 |
| martensitischer Stahl | 210 |
| austenitischer Stahl | 180 |
| Aluminium | 70 |
| Aluminiumlegierungen | 70 … 75 |
| Titan (hdp) | 120 |
| Diamant | 1 200 |
| Wolframcarbid | 720 |
| Porzellan | $\approx 55$ |
| UP-Harz | 4 |
| Polystyren PS (hart) | 3,2 … 4 |
| Polyethylen PE-LD (niedrige Dichte) | 0,2 |

lässt sich die elastische Verlängerung der Zugprobe berechnen:

$$\Delta L = \frac{F \cdot L_0}{E \cdot S_0}$$

Je größer das Produkt $E \cdot S_0$ (*Dehnungssteifigkeit*) ist, umso größer ist der Widerstand eines Werkstoffes gegen eine elastische Verformung unter Zugbeanspruchung. Der Elastizitätsmodul $E$ bestimmt also den Federweg eines belasteten Bauteiles. In Tabelle 12.2–1 werden die Elastizitätsmodulen verschiedener Werkstoffe gegenüber gestellt.

Im Bild 12.2–9 wird das Verhalten verschiedener Werkstoffe unter Zugbeanspruchung gegenübergestellt. Von diesen Werkstoffen haben der C45N (Kurve *1*; unlegierter Vergütungsstahl mit 0,45 % C im normalgeglühten Zustand) und der Grauguss mit Kugelgraphit EN-GJS-500 (Kurve *2*) die höchste Festigkeit. Beide zeigen ein *duktiles Verformungsverhalten*. Der C45N hat eine ausgeprägte Streckgrenze und verfestigt stark im Bereich der *Gleichmaßdehnung*. Die Graphitlamellen beim EN-GJL-250 (Kurve *3*, Grauguss mit Lamellengraphit) wirken wie innere Kerben, die die Verformung behindern. Der Grauguss mit Lamellengraphit ist sehr *spröd*.

Kunststoffe (Bild 12.2–9, Kurve *4* und *5*) haben deutlich niedrigere Elastizitätsmodulen. Ihr Werkstoffverhalten ist sehr stark von der Temperatur, der Belastungsgeschwindigkeit und dem Grad der Vernetzung der Makromoleküle abhängig (siehe Abschnitt 11.1). Duroplaste verhalten sich bei Raumtemperatur *spröd*. Bedingt durch die starke Vernetzung der Makromoleküle ist eine Streckung kaum möglich. Bei Thermoplasten ist die Temperatur entscheidend. Wird die so genannte Glastemperatur überschritten, können Thermoplaste sehr *duktil* sein. Beim PVC (Kurve *5*) ist das der Fall. Die Makromoleküle der Thermoplaste sind verknäuelt und werden durch die Zugbelastung gestreckt. Unterhalb der Glastemperatur zeigen diese Werkstoffe ähnlich wie Duroplaste ein *sprödes Werkstoffverhalten*.

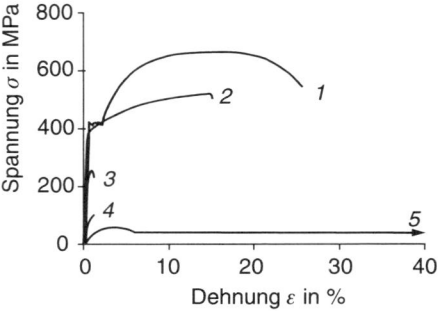

Bild 12.2–9　Spannung-Dehnung-Kurven ausgewählter Werkstoffe
*1*　C45N – unlegierter Vergütungsstahl, normalgeglüht
*2*　EN-GJS-500 – Grauguss mit Kugelgraphit
*3*　EN-GJL-250 – Grauguss mit Lamellengraphit
*4*　UP – ungesättigte Polyester (Duroplast)
*5*　PVC-P – Polyvenylchlorid (Thermoplast)

Mithilfe einer *Wärmebehandlung* können die mechanischen Eigenschaften eines Metalles gezielt beeinflusst werden, Bild 12.2–10. Durch das *Normalglühen* entsteht beim Vergütungsstahl C45 ein feinkörniges, gleichmäßiges Gefüge aus Ferrit und Perlit. Es zeichnet sich durch eine hohe Zähigkeit und Verformbarkeit aus (Kurve *1*). Wird dieser Werkstoff *gehärtet* (Kurve *2*), steigt seine Festigkeit sehr stark an. Seine Bruchdehnung geht deutlich zurück, er wird sehr *spröd*. In diesem Wärmebehandlungszustand ist der C45 nicht einsetzbar. Erfolgt jedoch nach dem Härten ein Anlassen bei hohen Temperaturen (ca. $550\,°C\ldots650\,°C$), wird der Werkstoff deutlich *zäher*. Er zeigt eine viel größere Bruchdehnung (Bild 12.2–10, Kurve *3*). Gleichzeitig liegt die Festigkeit erheblich über dem normalgeglühten Zustand – die *Streckgrenze* $R_e$, die *Zugfestigkeit* $R_m$ und das *Streckgrenzenverhältnis* $R_e/R_m$ steigen deutlich an. Die Kombination von Härten und Anlassen bei hohen Temperaturen wird als *Vergüten* bezeichnet (siehe Abschnitt 4.2) und hat optimale Festigkeits- und Zähigkeitseigenschaften zur Folge.

Auch bei Aluminiumwerkstoffen kann durch eine entsprechende Legierungszusammensetzung und durch geeignete Wärmebehandlungsverfahren das Spannung-Dehnung-Verhalten beeinflusst werden (Bild 12.2–11). Reinaluminium (EN-AW-1050 bzw. Al99,5, Kurve *2*) ist im weichgeglühten Zustand sehr gut verformbar. Mit zunehmender Kaltverformung (Kurve *4*) steigt die Versetzungsdichte und damit die Festigkeit gegenüber dem weichgeglühten Zustand erheblich an. Gleichzeitig nimmt das *Restumformvermögen* ab. Bei der *Rekristallisation* (siehe Abschnitt 1.4.3) wird bei einem kaltverformten Werkstoff bei erhöhten Temperaturen ein neues, versetzungsarmes Korn gebildet. Eine solche *Rekristallisation* führt zur Abnahme der Festigkeit und zur Zunahme des Verformungsvermögens (Kurve *3*). Eine deutliche Festigkeitssteigerung (Vergleichen Sie Kurve *5* und Kurve *6*!) kann bei aushärtenden

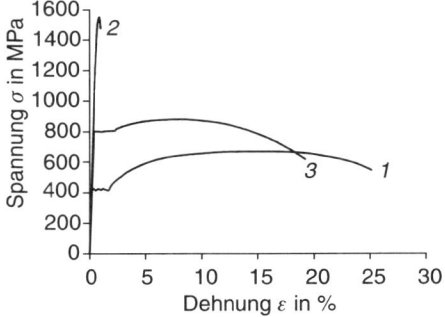

Bild 12.2–10 Spannung-Dehnung-Kurven des unlegierten Vergütungsstahles C45 in verschiedenen Wärmebehandlungszuständen
*1* C45N – normalgeglüht
*2* C45QW – gehärtet, wasserabgeschreckt
*3* C45QT – vergütet (gehärtet und angelassen bei $580\,°C$)

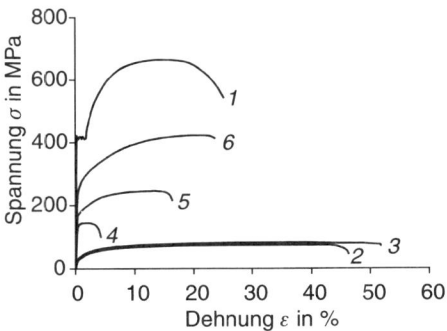

Bild 12.2–11 Spannung-Dehnung-Kurven des Vergütungsstahles C45N sowie verschiedener Aluminiumwerkstoffe und -zustände
*1* C45N – normalgeglüht
*2* EN-AW-1050 (Al99,5) weichgeglüht
*3* EN-AW-1050 (Al99,5) 60 % kaltgewalzt und rekristallisationsgeglüht
*4* EN-AW-1050 (Al99,5) 60 % kaltverformt
*5* EN-AW-2024 (AlCu4Mg1) lösungsgeglüht und abgeschreckt
*6* EN-AW-2024 (AlCu4Mg1) lösungsgeglüht, abgeschreckt und ausgelagert

Aluminiumlegierungen im ausgelagerten Zustand erreicht werden (siehe Abschnitt 7.2.2.3). Für sich bewegende Versetzungen stellen die feinen intermetallischen *Ausscheidungen* Hindernisse dar, die umgangen oder geschnitten werden müssen. Dafür ist ein zusätzlicher Energiebetrag notwendig und somit steigt die Festigkeit an.

Bild 12.2–12 gibt den Einfluss der *Temperatur* auf das Werkstoffverhalten unter Zugbeanspruchung wieder. Wie bei den meisten Werkstoffen sinkt beim allgemeinen Baustahl S235 mit zunehmender Temperatur die *Dehngrenze* $R_e$. Außerdem entfällt mit zunehmender Temperatur die ausgeprägte *Streckgrenze*. Der Übergang vom elastischen zum plastischen Werkstoffverhalten verläuft allmählich.

*Praktische Anwendung: Abbau von Eigenspannungen durch Spannungsarmglühen (Wiederholen Sie Abschnitt 4.2.1.5!)*

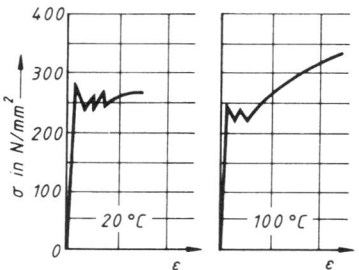
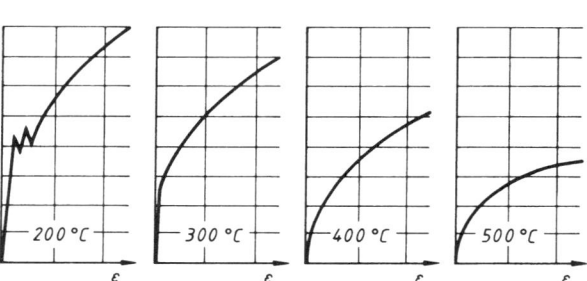

Bild 12.2–12 Einfluss der Temperatur auf das Werkstoffverhalten im Zugversuch beim allgemeinen Baustahl S235

Auch die *Dehnungsgeschwindigkeit* $\dot{\varepsilon}$ bewirkt eine Änderung des Werkstoffverhaltens. Sie kann als *Zunahme der Dehnung pro Zeit* aufgefasst werden. Die *Dehnungsgeschwindigkeit* ist nicht mit der *Prüfgeschwindigkeit* $v$ gleichzusetzen. Bei der Prüfgeschwindigkeit $v$ wird die Probe in der Zeit $t$ um einen Betrag $\Delta L$ verlängert.

$$v = \frac{\Delta L}{t} = \frac{L_1 - L_0}{t} \quad \text{in mm/s}$$

Es gibt aber für eine momentane Länge $L_1$ folgenden Zusammenhang:

$$\dot{\varepsilon} = \frac{v}{L_1}$$

*Dehnungsgeschwindigkeit* $\dot{\varepsilon}$ ist die Geschwindigkeit, mit der eine Probe im Zugversuch gedehnt wird. Sie ist die Zunahme der Dehnung pro Zeit.

Daraus lässt sich ableiten, dass für eine konstante *Dehnungsgeschwindigkeit* aufgrund der stetigen Zunahme der Versuchslänge $L$ die *Prüfgeschwindigkeit* $v$ auch stetig zunehmen muss. Mit servohydraulischen Prüfmaschinen ist das problemlos möglich. Im Bild 12.2–13 werden die Spannung-Dehnung-Diagramme des unlegierten Vergütungsstahles C45N bei drei verschiedenen Dehnungsgeschwindigkeiten miteinander verglichen. Eine größere *Dehnungsgeschwindigkeit* hat meist eine *höhere Streckgrenze* und eine gestiegene Zugfestigkeit zur Folge.

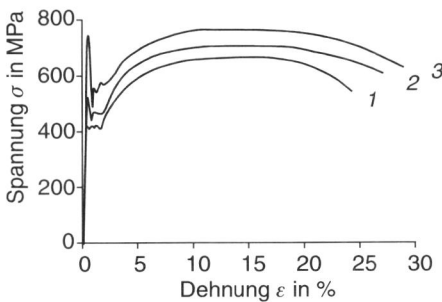

Bild 12.2–13 Spannung-Dehnung-Kurven des unlegierten Vergütungsstahles C45N bei verschiedenen Dehnungsgeschwindigkeiten
*1* $\dot{\varepsilon} = 0,001\,\mathrm{s}^{-1}$
*2* $\dot{\varepsilon} = 1\,\mathrm{s}^{-1}$
*3* $\dot{\varepsilon} = 1\,000\,\mathrm{s}^{-1}$

**Übung 12.2–1**
Warum lassen sich die Bruchdehnungen von Zugproben mit gleichem Anfangsquerschnitt, aber unterschiedlicher Probenlänge nicht miteinander vergleichen?

**Übung 12.2–2**
Erklären Sie den Unterschied zwischen $R_e$ und $R_{p0,2}$!

**Übung 12.2–3**
Was versteht man unter dem Elastizitätsmodul? Wie groß ist der Elastizitätsmodul von Stahl?

**Übung 12.2–4**
Gegeben ist ein Kraft-Verlängerung-Diagramm, Bild 12.2–14. Vor dem Zugversuch wurde der Anfangsdurchmesser $d_0 = 10\,\mathrm{mm}$ und die Anfangsmesslänge $L_0 = 50\,\mathrm{mm}$ bestimmt. Ermitteln Sie aus dem Diagramm $R_{eH}$, $R_{eL}$, $R_m$, $A_g$ und $A$!

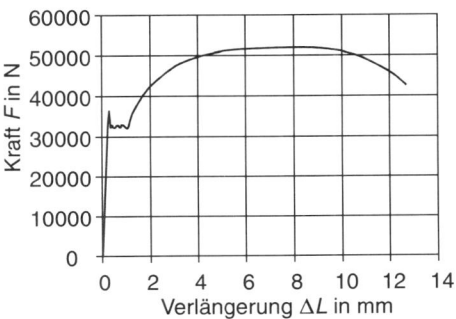

Bild 12.2–14 Kraft-Verlängerung-Diagramm

**Übung 12.2–5**
Was bedeutet die Angabe $A_{11,3} = 25\,\%$?

**Übung 12.2–6**
Warum ist im Zugversuch die wahre Spannung größer als die technische Spannung?

## 12.2.2 Härteprüfung

**Lernziele**

Der Lernende kann ...
- den Begriff der Härte definieren,
- den Zweck der Härteprüfung angeben,
- die Härteprüfung nach Brinell, Vickers und Rockwell gegenüberstellen,
- die Vor- und Nachteile der Härteprüfverfahren nennen und die wichtigsten Anwendungsfälle ableiten,
- das Grundprinzip der instrumentierten Härteprüfung beschreiben.

### 12.2.2.0 Übersicht

Die Prüfung der *Härte* nach dem *Eindringprinzip* gehört zu den am meisten angewandten Verfahren der Werkstoffprüfung. Die Härteprüfverfahren sind schnell und einfach durchführbar. Eine aufwendige Probenvorbereitung ist nicht erforderlich. Die *Härteprüfung* hinterlässt auf der Oberfläche des Prüfkörpers/Werkstückes nur sehr kleine Eindrücke, die z. T. mit dem Auge kaum wahrnehmbar sind. In den meisten Fällen wird durch die Härteprüfung das *Werkstoff- und Bauteilverhalten* nicht wesentlich verändert. Aus diesem Grund sind bei sorgfältiger Wahl der Messstelle Härtemessungen an fertig bearbeiteten Werkstücken möglich. Auch kann durch Messungen an unterschiedlichen Stellen eines Werkstückes die *Gleichmäßigkeit von Eigenschaften* untersucht werden. Die Härteprüfverfahren werden in erster Linie in der *Qualitätssicherung* und bei der Überwachung von Fertigungsprozessen eingesetzt. Die Härtemessung eignet sich besonders gut zur *Kontrolle von Wärmebehandlungen*, wie z. B. dem Härten von Stahl.

Allgemein wird als *Härte* der Widerstand eines Werkstoffes gegen das Eindringen eines anderen *härteren* Körpers definiert. Dabei ist zu berücksichtigen, dass dieser Widerstand natürlich von der wirkenden Kraft und der Form des Eindringkörpers abhängt. Aus diesem Grund sind die Geometrie des Eindringkörpers und die Prüfkraft bei den Eindringverfahren genormt.

> *Härte* ist der Widerstand, den ein Werkstoff dem Eindringen eines anderen (härteren) Körpers entgegensetzt.

Die Härteprüfverfahren können in folgende Untergruppen unterteilt werden:

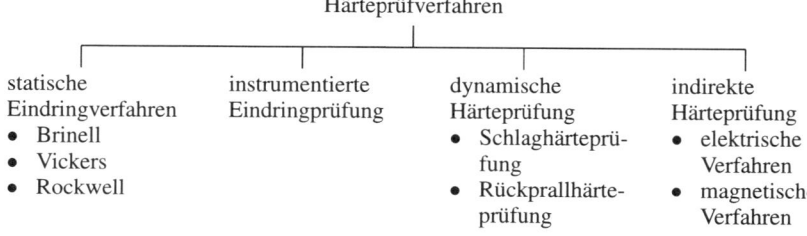

Härteprüfverfahren

| statische Eindringverfahren | instrumentierte Eindringprüfung | dynamische Härteprüfung | indirekte Härteprüfung |
|---|---|---|---|
| • Brinell<br>• Vickers<br>• Rockwell | | • Schlaghärteprüfung<br>• Rückprallhärteprüfung | • elektrische Verfahren<br>• magnetische Verfahren |

Bei den *statischen Eindringverfahren* und bei der *instrumentierten Eindringprüfung* wird die Prüfkraft langsam aufgebracht. Dabei dringt ein *Prüfkörper* in den zu prüfenden Werkstoff ein (Bild 12.2–15). Die entstehenden plastischen Verformungen werden als Maß für die Härte des Werkstoffes betrachtet. Der Kennwert der Härte wird daher häufig als Quotient von aufgebrachter Prüfkraft und der Oberfläche des Eindruckes festgelegt. Verschiedene *statische Eindringverfahren* unterscheiden sich in der *Form der Eindringkörper* (Kugel, Kegel, Pyramide), *im Werkstoff des Eindringkörpers* (Hartmetall, Diamant), in der *Größe der aufgebrachten Kraft* sowie in der Art der *Ermittlung der Härtewerte*. Vom Prüfstück wird lediglich verlangt, dass es glatt, planparallel, zunder- und schmiermittelfrei ist. Auf die wichtigsten statischen Eindringverfahren und die instrumentierte Eindringprüfung wird in den anschließenden Abschnitten vertieft eingegangen.

Bei der *dynamischen Härteprüfung* wird die Prüfkraft *schlagartig* aufgebracht. Die Härte wird entweder, wie bei den statischen Verfahren, durch Ausmessen des Härteeindruckes oder durch Energiemessung ermittelt. So wird bei der Rückprallhärtemessung der Energieverlust aus der Fall- und Steighöhe des Eindringkörpers bestimmt. Dieser Energiebetrag ist proportional zur Härte. Dynamische Härteprüfverfahren sind ungenauer als statische Prüfverfahren und werden in erster Linie für den mobilen Einsatz verwendet.

Bei der *indirekten Härteprüfung* werden *elektrische oder magnetische Eigenschaften* (z. B. Koerzitivfeldstärke) bestimmt. Bei diesen Verfahren wird ausgenutzt, dass sich Gefügeänderungen (z. B. der Martensitgehalt) sowohl auf die *Härte* des Werkstoffes als auch auf die *elektrischen und/oder magnetischen Eigenschaften* des Werkstoffes auswirken. Eine Kalibrierung der Prüfgeräte mit Kalibrierkörpern bekannter Härte und Zusammensetzung ist unbedingt erforderlich.

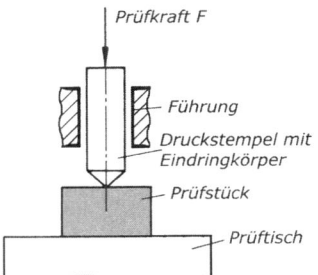

Bild 12.2–15 Allgemeines Schema der Härtemessung (statische Eindringverfahren)

**Vorteile der Härteprüfung**:
- schnell und einfach durchführbar
- keine aufwendige Probenpräparation
- kaum Beeinflussung/Zerstörung des Werkstückes
- z. T. mobil einsetzbar und automatisierbar (Prozesskontrolle)

**Nachteile der Härteprüfung**:
- liefert keine Aussage zur Zähigkeit und Duktilität des Werkstoffes
- erlaubt nur eine begrenzte Vergleichbarkeit mit den Festigkeitseigenschaften
- es gibt sehr viele unterschiedliche Prüfverfahren

**Einsatz der Härteprüfung**:
- Überprüfung von Wärmebehandlungseigenschaften (auch Härteverläufe)
- Untersuchung der Gleichmäßigkeit von Eigenschaften
- Werkstoffsortierung

#### 12.2.2.1  Härteprüfung nach Brinell

Die *Härteprüfung nach Brinell* ist ein wichtiges *statisches Eindringverfahren* für metallische Werkstoffe und in der DIN EN ISO 6506 genormt. Bei der Härteprüfung nach Brinell wird eine *Hartmetallkugel* mit dem Durchmesser $D$ mit der Prüfkraft $F$ senkrecht in die Oberfläche einer Probe eingedrückt (Bild 12.2–16). Die *Prüfkraft* ist *langsam und stoßfrei* aufzubringen (Aufbringzeit) und eine definierte Zeit zu halten (Haltezeit). Nach der Wegnahme der Prüfkraft $F$ wird der *Eindruckdurchmesser d* gemessen. Um einen möglichst repräsentativen Härtewert zu erhalten, ist die 10-mm-Hartmetallkugel zu bevorzugen. Die zu wählende Prüfkraft richtet sich nach dem *Beanspruchungsgrad* ($= 0{,}102\,F/D^2$), der wiederum vom zu prüfenden Werkstoff abhängt. In Tabelle 12.2–2 sind für einige Werkstoffe und den Kugeldurchmesser $D = 10\,\text{mm}$ die *Beanspruchungsgrade* und die zugehörigen Prüfkräfte aufgeführt.

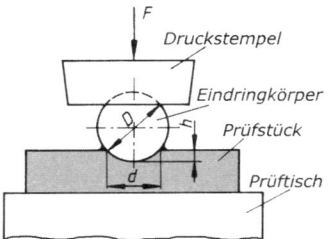

Bild 12.2–16  Prüfprinzip der Härteprüfung nach Brinell; $D$ Kugeldurchmesser; $d$ Durchmesser des Eindruckes

**Eindringkörper**: Hartmetallkugel mit dem Durchmesser $D = 1$; 2,5; 5 oder 10 mm

**Prüfkraft**: richtet sich nach dem Beanspruchungsgrad $= 0{,}102\,F/D^2$

**Einwirkdauer**: $2\ldots 8\,\text{s}$ Aufbringzeit und $10\ldots 15\,\text{s}$ Haltezeit

**Anwendung**: metallische Werkstoffe mit maximal 650 HBW, vor allem Gusseisen, große Schmiedestücke, mehrphasige inhomogene Legierungen

Tabelle 12.2–2  Beanspruchungsgrade bei der Härteprüfung nach Brinell für ausgewählte Werkstoffe entsprechend der DIN EN ISO 6506

| Werkstoff | zu erwartende Brinellhärte HBW | Beanspruchungsgrad $0{,}102\,F/D^2$ in N/mm$^2$ | Prüfkraft $F$ bei einem Kugeldurchmesser $D = 10\,\text{mm}$ |
|---|---|---|---|
| Stahl, Ni- und Ti-Legierungen | | 30 | 29,42 kN |
| Gusseisen | $< 140$ | 10 | 9,81 kN |
| | $\geqq 140$ | 30 | 29,42 kN |
| Leichtmetalle und Leichtmetalllegierungen | $< 35$ | 2,5 | 2,45 kN |
| | $35\ldots 80$ | 5 | 4,9 kN |
| | | 10 | 9,81 kN |
| | | 15 | 14,71 kN |
| | $> 80$ | 10 | 9,81 kN |
| | | 15 | 14,71 kN |

Entsprechend Bild 12.2–17 sind die Rand-
abstände und die Abstände zwischen den
einzelnen *Härteeindrücken* zu berücksichtigen. Außerdem muss der Durchmesser des
Eindruckes in einem Bereich von $0{,}24D \leqq$
$d \leqq 0{,}6D$ liegen. Wird der Eindruck zu klein,
lassen sich die Eindruckkanten nur noch un-
genau bestimmen. Wird er zu groß, wird
Material zu einer unzulässigen Wulst seitlich
verdrängt. Bei einer zu großen Eindringtiefe
h markiert sich die Kugel auf der Rücksei-
te des zu prüfenden Werkstückes und die
ermittelte Härte wird tendenziell zu klein.
Der Werkstoff wird um den Härteeindruck
plastisch verformt und damit verfestigt. Deshalb ist zwischen zwei Härteeindrücken ein
Mindestabstand einzuhalten.

Nach Entlastung und Wegnahme des Prüfkörpers wird der Durchmesser *d* des *Härteeindruckes* ausgemessen. Das erfolgt, entsprechend Bild 12.2–18, zweimal und zwar
um 90° versetzt. Der *Härtewert nach Brinell
HBW* ergibt sich aus dem Quotienten der
aufgewendeten Prüfkraft *F* zur Oberfläche
des erzeugten Eindruckes (Oberfläche eines
Kugelabschnittes, auch Kalotte genannt).

Anmerkung: In der Praxis ist es nicht üblich
den Härtewert zu berechnen. In entsprechenden Tabellen, die z. B. auch an die DIN EN
ISO 6506 angehängt sind, kann in Abhängigkeit vom Kugeldurchmesser, der Prüfkraft
und dem Mittelwert des Eindruckdurchmes-
sers die Härte abgelesen werden. Die Härteprüfung nach Brinell mit einer Stahlkugel
(ehemals HBS) ist nicht mehr genormt und
nicht mehr üblich.

Das *Härteprüfverfahren nach Brinell* ist für
Werkstoffe mit einer maximalen Härte von
650 HBW zulässig. Es wird in erster Linie für
*große Stahlgussstücke* sowie für *Grauguss*
angewendet. Insbesondere bei anisotropen
metallischen Werkstoffen oder bei mehrphasigen Werkstoffen, bei denen sich die Härte
der Einzelphasen erheblich voneinander unterscheidet, können mithilfe des Brinellver-
fahrens aussagekräftige mittlere Härtewerte
bestimmt werden. Die Kugelform des Ein-

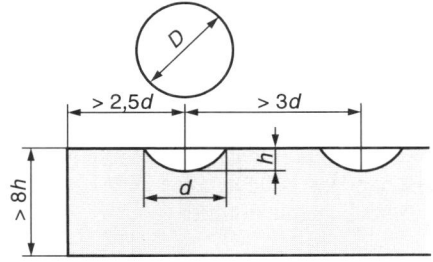

Bild 12.2–17   Abstände der Brinellhärte-
eindrücke

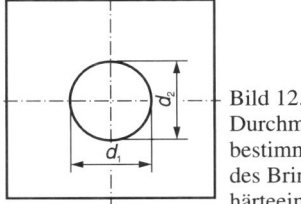

Bild 12.2–18
Durchmesser-
bestimmung
des Brinell-
härteeindruckes

Der *Härtewert nach Brinell HBW* ergibt
sich aus dem Quotienten der aufgewendeten Prüfkraft *F* zur Oberfläche des erzeugten Kugeleindruckes.

$$HBW = 0{,}102 \cdot \frac{\text{Prüfkraft}}{\begin{array}{c}\text{Oberfläche des}\\ \text{Eindruckes}\end{array}}$$

$$HBW = 0{,}102 \cdot \frac{2 \cdot F}{\pi \cdot D \cdot \left(D - \sqrt{D^2 - d^2}\right)}$$

Konstante $0{,}102 = \dfrac{1}{g_n} = \dfrac{1}{9{,}806\,65}$

$g_n$  Fallbeschleunigung in $m/s^2$
$F$   Prüfkraft in N
$D$   Durchmesser der Kugel in mm
$d$   mittlerer Durchmesser des Härteein-
    druckes in mm

Härteangabe:
240 HBW 5/750/30 bedeutet: Brinellhärte
240 bestimmt mit einer Hartmetallkugel mit
dem Durchmesser 5 mm und einer Prüfkraft
von 7,355 kN, die jedoch 30 s einwirkte. Bei
einer Haltezeit von 10 ... 15 s kann diese
Angabe entfallen.

dringkörpers führt zu einer ständigen Änderung des Spannungszustandes. Damit sind die ermittelten *Härtewerte lastabhängig*. Ein direkter Vergleich von Brinellhärtewerten, die mit *unterschiedlichen Prüfkräften* und/oder Kugeldurchmessern ermittelt wurden, ist nur dann erlaubt, wenn der *Beanspruchungsgrad* übereinstimmt.

**Vorteile der Brinellhärteprüfung**:
- Eindringkörper Kugel führt auch bei zweiphasigen und anisotropen Werkstoffen zu gemittelten Härtewerten
- robuster Eindringkörper

**Nachteile der Brinellhärteprüfung**:
- lastabhängige Härtewerte
- Werkstoffe mit hohen Härten nicht prüfbar
- Bedienereinfluss auf den Härtewert durch manuelles Ausmessen der Eindruckdurchmesser

#### 12.2.2.2  Härteprüfung nach Vickers

Die *Härteprüfung nach Vickers* hat wegen ihrer Vielseitigkeit und *hohen Genauigkeit* eine weite Verbreitung in der Technik gefunden. Prinzipiell ist das *statische Eindringverfahren* nach Vickers dem *Brinellverfahren* ähnlich. Das Prüfverfahren ist für metallische Werkstoffe in der DIN EN ISO 6507 genormt. Bei der Härteprüfung nach Vickers wird eine *Diamantpyramide* mit einer quadratischen Grundfläche und einem Spitzenwinkel von $136°$ mit der Prüfkraft $F$ senkrecht in die Oberfläche einer Probe eingedrückt (Bild 12.2–19). Die Oberfläche muss eben, zunder- und fettfrei sein. Die Prüfkraft ist *langsam und stoßfrei* aufzubringen und eine definierte Zeit zu halten. Nach Rücknahme der Prüfkraft $F$ werden die Diagonalen $d_1$ und $d_2$ des Eindruckes gemessen.

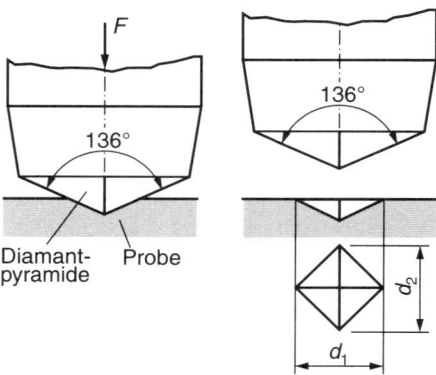

Bild 12.2–19  Prinzip der Härteprüfung nach Vickers; die Diagonalen des Härteeindruckes $d_1$ und $d_2$ werden nach Entlastung gemessen

Wie beim Brinellverfahren sind zur korrekten Bestimmung der Härte nach Vickers definierte Abstände zum Rand der Probe und zu benachbarten Härteeindrücken einzuhalten (Bild 12.2–20). Die Prüfkräfte werden eingeteilt in den *konventionellen Härtebereich*, in den *Kleinkraftbereich* und in den *Mikrohärtebereich* (Tabelle 12.2–3). Für die Bestimmung eines repräsentativen Härtewertes ist in der Regel der konventionelle Härtebereich vorgesehen, wobei HV 30 mit einer Prüfkraft von 294,2 N zu bevorzugen ist. Bei sehr weichen Werkstoffen wird in der Regel eine kleinere und bei sehr harten Werkstoffen eine größere Prüfkraft verwendet.

**Eindringkörper**: Diamantpyramide mit quadratischer Grundfläche und einem Spitzenwinkel von $136°$

**Prüfkraft**: Es gibt drei Härtebereiche (konventioneller Härtebereich, Kleinkrafthärtebereich, Mikrohärtebereich) mit den in Tabelle 12.2–3 aufgeführten Prüfkräften.

**Einwirkdauer**: $2 \ldots 8\,\mathrm{s}$ Aufbringzeit und $10 \ldots 15\,\mathrm{s}$ Haltezeit

**Anwendung der Vickershärteprüfung**:
- nahezu alle metallischen Werkstoffe
- Aufnahme von Härteverläufen (z. B. an einsatzgehärteten Querschnitten mit der Härtemessung im Kleinkraftbereich)
- Prüfung dünner Bauteile (Bleche) und Schichten möglich (Kleinkraftbereich)
- Bestimmung der Härte in einzelnen Gefügebestandteilen (Mikrohärtebereich)

Tabelle 12.2–3  Härtebereiche und Prüfkräfte für die Vickershärtemessung

| Konventioneller Härtebereich | | Kleinkraftbereich | | Mikrohärtebereich | |
|---|---|---|---|---|---|
| Härtesymbol | Prüfkraft $F$ in N | Härtesymbol | Prüfkraft $F$ in N | Härtesymbol | Prüfkraft $F$ in N |
| HV 5 | 49,03 | HV 0,2 | 1,961 | HV 0,01 | 0,098 07 |
| HV 10 | 98,02 | HV 0,3 | 2,942 | HV 0,015 | 0,147 |
| HV 20 | 196,1 | HV 0,5 | 4,903 | HV 0,02 | 0,196 1 |
| HV 30 | 294,2 | HV 1 | 9,807 | HV 0,025 | 0,245 2 |
| HV 50 | 490,3 | HV 2 | 19,61 | HV 0,05 | 0,490 3 |
| HV 100 | 980,7 | HV 3 | 29,42 | HV 0,1 | 0,980 7 |

Der *Kleinkraftbereich* ist besonders für *Härteverläufe* zur Bestimmung von Härtegradienten (z. B. nach dem Randschichthärten) geeignet. Um die sehr kleinen Härteeindrücke ausmessen zu können, sind Härteprüfgeräte zur Bestimmung der Mikrohärte in der Regel mit einem Mikroskop eventuell einem Rasterelektronenmikroskop verbunden. Mit diesem Verfahren ist es möglich die Härte in sehr dünnen Schichten oder in einzelnen Gefügebestandteilen zu ermitteln.

Aus den gemessenen Diagonalenlängen $d_1$ und $d_2$ wird der Mittelwert d gebildet. Der *Härtewert nach Vickers HV* ergibt sich aus dem Quotienten der Prüfkraft $F$ und der Oberfläche des Eindruckes (Spitze der vierseitigen Pyramide des Eindruckes). In der Norm DIN EN ISO 6507 befindet sich ein umfangreicher Tabellenanhang, in dem in Abhängigkeit von der Prüfkraft und dem mittleren Diagonalenabstand der Härtewert abgelesen werden kann.

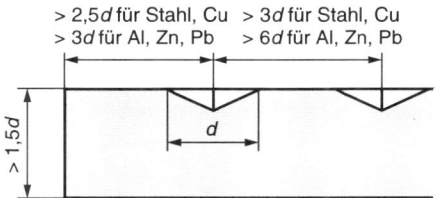

Bild 12.2–20  Abstände der Vickerseindrücke

Der *Härtewert nach Vickers HV* ergibt sich aus dem Quotienten der aufgewendeten Prüfkraft $F$ zur Oberfläche des Härteeindruckes (Spitze der Pyramide).

$$HV = 0,102 \cdot \frac{\text{Prüfkraft}}{\text{Oberfläche des Eindruckes}}$$

$$HV = 0,102 \cdot \frac{2 \cdot F \cdot \sin \dfrac{136°}{2}}{d^2}$$

$$\approx 0,1891 \cdot \frac{F}{d^2}$$

$F$  Prüfkraft in N
$d$  Mittelwert der beiden Diagonalenlängen in mm

Das *Härteprüfverfahren nach Vickers* kann für nahezu alle Werkstoffe eingesetzt werden. Aufgrund der Geometrie der Diamantpyramide ändert sich im Gegensatz zum Brinellverfahren der Spannungszustand während der Prüfung nicht. Das führt im konventionellen Härtebereich (Prüfkraft $F > 49,03\,N$) zu *lastunabhängigen Härtewerten*. Probleme können bei diesem Verfahren auftreten, wenn der Werkstoff stark *anisotrop* ist oder Gefügebestandteile mit starken Härteunterschieden aufweist. Das kann dazu führen, dass eine der beiden Diagonalen deutlich kleiner ist. Unterschiede in der Diagonalenlänge $> 5\,\%$ sind nicht zulässig. Bei sehr spröden Werkstoffen (z. B. Keramiken) kann der Härteeindruck zur Rissbildung, von den Kanten des Härteeindruckes ausgehend, führen.

Härteangabe:
640 HV 30 bedeutet: Vickershärte 640, bestimmt mit einer Prüfkraft von 294,2 N. Die Prüfkraft wirkte, wie in der DIN EN ISO 6507 vorgesehen, 10 . . . 15 s ein.

**Vorteile der Vickershärteprüfung**:
- *lastunabhängige Härtewerte* im Bereich der konventionellen Härteprüfung
- hohe Genauigkeit
- breites Anwendungsspektrum

**Nachteile der Vickershärteprüfung**:
- empfindlicher Eindringkörper
- Bedienereinfluss auf den Härtewert durch manuelles Ausmessen der Eindruckdiagonalen
- Rissausbreitung bei sehr spröden WS von den Kanten der Pyramide ausgehend
- Messprobleme bei härtebeeinflussenden Zweitphasen oder stark anisotropen Werkstoffen

Oberflächenabstand

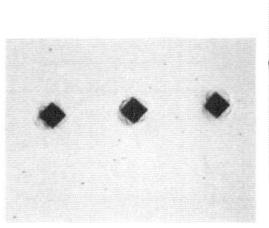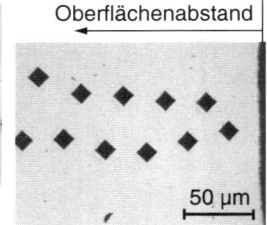

50 µm

Bild 12.2–21  Härteeindrücke zur Bestimmung des Härtetiefenverlaufes an einer einsatzgehärteten Schicht (Messverfahren HV 0,1)

### 12.2.2.3  Härteprüfung nach Rockwell (HRC)

Das *statische Härteprüfverfahren nach Rockwell*, gemessen in der *Skala C (HRC)*, zeichnet sich durch eine schnelle Durchführbarkeit und einfache Auswertung aus. Es bietet sich deshalb zur schnellen Überprüfung von Werkstoffeigenschaften *nach der Wärmebehandlung* insbesondere an gehärteten und vergüteten Stählen an. Die *Härteprüfung nach Rockwell* ist in der DIN EN ISO 6508 genormt.

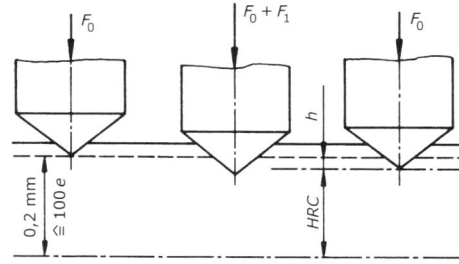

Bild 12.2–22  Prüfprinzip der Härteprüfung nach Rockwell HRC

Bei der Härteprüfung nach Rockwell HRC wird ein *Diamantkegel* in zwei Stufen (*Prüfvorkraft und Prüfzusatzkraft*) in die Probe gedrückt (Bild 12.2–22). Beide Kräfte sind langsam und stoßfrei aufzubringen und die Prüfzusatzkraft ist eine definierte Zeit zu halten. Nach Rücknahme der Prüfzusatzkraft und unter Wirkung der Prüfvorkraft wird die *bleibende Eindringtiefe h* gemessen. Da mit zunehmender Härte eines Werkstoffes die Eindringtiefe $h$ kleiner wird, erhält man steigende Kennwerte, indem die auf die Skaleneinteilung bezogene Eindringtiefe h von 100 abgezogen wird. Im Gegensatz zur Härteprüfung nach Vickers und Brinell ist der Härtewert *direkt von der Eindringtiefe abhängig*. Das Ausmessen der Eindruckoberfläche ist nicht notwendig. Die Rockwellhärteprüfgeräte zeigen in der Regel den Härtewert direkt an. Für die einzuhaltenden Abstände zum Rand der Probe und zwischen zwei Härteeindrücken sind die im Bild 12.2–23 angegebenen Werte maßgebend.

Das Rockwellverfahren HRC darf nur für Werkstoffe mit einer Härte zwischen 20 HRC und 70 HRC angewandt werden. Das heißt, es ist für die meisten weicheren Metalle wie Aluminium- und Kupferlegierungen, aber auch für viele weiche Stähle nicht zulässig. Die Empfindlichkeit des Verfahrens ist im Vergleich zu Vickers gering. Da bei HRC die Prüfkraft nicht variiert bzw. verringert werden kann, ist eine Messung der Härte an dünnen Schichten von einzelnen Gefügebestandteilen oder von Härteverläufen (z. B. an oberflächengehärteten Stählen) nicht möglich. Da der Härteeindruck nicht optisch ausgemessen werden muss, ist das Verfahren problemlos *automatisierbar* und *unabhängig vom Bediener*. Die Härteprüfung nach Rockwell HRC wird außerdem genutzt, um die *Härtbarkeit von Stählen* (siehe Abschnitt 4.2.2) zu untersuchen.

**Eindringkörper**: Diamantkegel mit einem Kegelwinkel von 120°

**Prüfkraft**: Prüfvorkraft $F_0 = 98,07$ N, Prüfzusatzkraft $F_1 = 1,373$ kN

**Einwirkdauer**: 1...8 s Aufbringzeit der Prüfzusatzkraft $F_1$, 2...6 s Haltezeit für die Gesamtkraft $(F_0 + F_1)$

**Anwendung der Rockwellhärtemessung**:
- zur Überprüfung von Wärmebehandlungseigenschaften an gehärteten/vergüteten Stählen oder für höherfeste Baustähle
- zur Bestimmung der Auf- und Einhärtbarkeit von Stählen

---

Der *Härtewert nach Rockwell*, gemessen nach der Skala C, ergibt sich, indem die auf die Skaleneinteilung $S$ bezogene Eindringtiefe $h$ von 100 abgezogen wird.

$$HRC = 100 - \frac{h}{S} = 100 - \frac{h}{0,002}$$

---

Härteangabe:
Beispiel: 59 HRC bedeutet, die Rockwellhärte, gemessen nach der Skala C, beträgt 59.

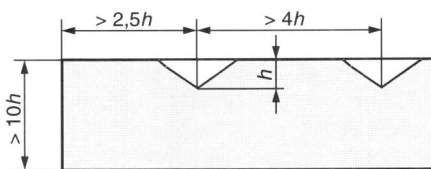

Bild 12.2–23 Abstände der Rockwellprüfeindrücke (HRC)

**Vorteile der Rockwellhärteprüfung**:
- direktes Ablesen der Härte möglich
- kein Bedienereinfluss auf den Härtewert
- sehr gut automatisierbar

**Nachteile der Rockwellhärteprüfung**:
- geringe Auflösung der Härtewerte
- keine weichen Werkstoffe prüfbar
- für dünne Schichten ungeeignet

### 12.2.2.4 Instrumentierte Eindringprüfung – Martenshärte

Die *instrumentierte Eindringprüfung* ist schnell und präzise. Das Verfahren ist *automatisierbar*. Gleichzeitig kann der *elastische Anteil der Verformung* berücksichtigt werden. Das erlaubt auch die Härteprüfung von hochelastischen Werkstoffen wie Gummi oder aber sehr spröden und harten Werkstoffen wie Keramik und Glas. Mit der instrumentierten Härteprüfung ist es möglich die Härte aller Werkstoffe mit einem Prüfverfahren zu bestimmen und direkt zu vergleichen.

Die instrumentierte Eindringprüfung (*registrierende Härteprüfung oder Universalhärte*) ist in der DIN EN ISO 14577 genormt. Bei diesem Prüfverfahren wird in der Regel eine *Vickerspyramide* rechnergesteuert und kontinuierlich in eine ebene, saubere, fett- und zunderfreie Oberfläche gedrückt. Die Geschwindigkeit des Eindringens kann entweder über die Kraftzunahme oder die Eindringtiefe geregelt werden. Die Kraft ist stoß- und erschütterungsfrei aufzubringen und eine definierte Zeit zu halten. Während der Be- und Entlastung wird die sich ändernde Prüfkraft $F$ und die zugehörige Eindringtiefe $h$ registriert. Ein Kraft-Eindringtiefe-Verlauf ist schematisch im Bild 12.2–24 dargestellt.

**Eindringkörper**: In der Regel wird, wie bei der Vickershärtemessung, eine Diamantpyramide mit quadratischer Grundfläche und einem Spitzenwinkel von $136°$ verwendet.

**Prüfkraft**: Die Prüfkraft wird von null bis zum Erreichen der Maximalkraft ständig registriert. Es werden drei Kraftbereiche unterschieden:
Makrobereich: $2\,N \leqq F \leqq 30\,kN$
Mikrobereich: $2\,N > F; h > 0,2\,\mu m$
Nanobereich: $h \leqq 0,2\,\mu m$

**Einwirkdauer**: Die Aufbring-, Halte- und Rücknahmezeit sind in der DIN EN ISO 14577 nicht festgelegt, liegen aber üblicherweise bei je 30 s.

**Anwendung der Martenshärte**:
- zur Härtemessung an praktisch allen Werkstoffen, auch an Gummi, Glas oder Keramik
- bei automatisierter Härtemessung insbesondere in der Massenproduktion

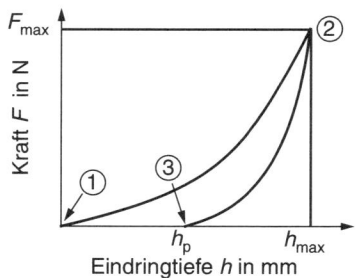

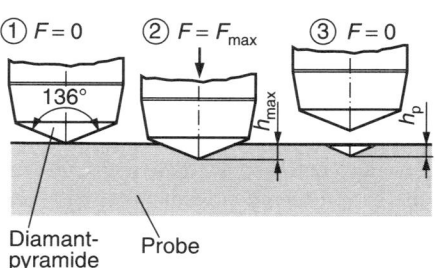

Bild 12.2–24 Prinzip der instrumentierten Eindringprüfung (Martenshärte) mit einem typischen Kraft-Eindringtiefe-Verlauf

Das Verhältnis der Prüfkraft $F$ zur momentanen Eindruckoberfläche $A_s$ wird als *Martenshärte* bezeichnet, wobei die Eindruckoberfläche eine Funktion der Eindringtiefe h ist und unter wirkender Prüfkraft bestimmt wird. Die verwendeten Kräfte werden in *Makro-, Mikro- und Nanobereich* unterteilt. Während der Makrobereich in erster Linie zur Bestimmung von gemittelten repräsentativen Härtewerten eingesetzt wird, wird der Mikro- und Nanobereich zur Bestimmung der Härte in dünnen Schichten oder in einzelnen Gefügebestandteilen verwendet. Die Aufbring-, Halte- und Rücknahmezeiten für die Prüfkraft sind in der DIN EN ISO 14 577 nicht festgelegt. Bei einem Vergleich unterschiedlicher Werkstoffe, die ein geschwindigkeitsabhängiges mechanisches Werkstoffverhalten zeigen, sollte auf gleiche Prüfzeiten geachtet werden. Als Nachteil kann die teure und aufwendige Prüftechnik angesehen werden. Außerdem hat die Oberflächenrauigkeit einen erheblichen Einfluss auf die Prüfergebnisse.

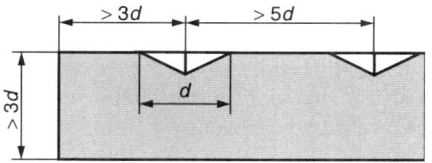

Bild 12.2–25 Abstände der Prüfeindrücke bei der instrumentierten Eindringprüfung

Die Martenshärte ist der Quotient aus der Prüfkraft $F$ und der momentanen, aus der Eindringtiefe h berechneten Fläche $A_s$ unter wirkender Prüfkraft.

$$HM = \frac{F}{A_s} = \frac{F}{26{,}43 \cdot h^2} \quad \text{in N/mm}^2$$

$F$    Prüfkraft in N
$h$    Eindringtiefe unter wirkender Prüfkraft in mm
$A_s$   Oberfläche des Härteeindruckes unter wirkender Kraft in mm$^2$

Härteangabe:
Beispiel: HM 0,5/20/20 $= 8\,700\,\text{N/mm}^2$ bedeutet, die Martenshärte bei einer Prüfkraft von 0,5 N, die in 20 s aufgebracht und weitere 20 s gehalten wurde, beträgt $8\,700\,\text{N/mm}^2$.

**Vorteile der instrumentierten Härteprüfung**:
- kein optisches Ausmessen der Härteeindrücke und damit kein Bedienereinfluss auf die Bestimmung des Härtewertes
- Berücksichtigung der elastischen und plastischen Verformungsanteile
- Härtebestimmung auch bei sehr elastischen Werkstoffen wie z. B. Gummi möglich
- automatisierbares Prüfverfahren

**Nachteile der instrumentierten Härteprüfung**:
- aufwendige Prüftechnik erforderlich
- hohe Oberflächenqualität des Prüfstückes notwendig

Anmerkung: Neben der Bestimmung der Härte können aus den Kraft-Eindringtiefen-Diagrammen Informationen zum elastischen Werkstoffverhalten oder zum Kriechverhalten der untersuchten Werkstoffe gewonnen werden. Außerdem werden in der DIN EN ISO 14 577 neben der Vickerspyramide weitere Eindringkörper zur instrumentierten Härteprüfung zugelassen, auf die an dieser Stelle nicht näher eingegangen wird.

**12.2.2.5  Umwerten von Härtewerten**

Sehr häufig kommt es in der Praxis vor, dass *Härtewerte* miteinander verglichen werden sollen. Aufgrund der zahlreichen in der Praxis verwendeten Härteprüfverfahren, liegen häufig die Werte in *unterschiedlichen Härteskalen* vor. Außerdem wird oft die Angabe der *Zugfestigkeit* von Werkstoffen verlangt, obwohl kein Material entnommen werden kann. In der DIN EN ISO 18 265 gibt es für metallische Werkstoffe Tabellen, die eine *Umwertung der Härtewerte* und eine *Abschätzung der Zugfestigkeit* $R_m$ erlauben. Bei den Härteprüfverfahren unterscheiden sich die Spannungsverteilung und der Spannungszustand. Außerdem sind die Härtewerte zum Teil lastabhängig. Deshalb gibt es keine einfachen mathematischen Zusammenhänge zwischen den einzelnen Härteskalen. Die in den Tabellen der Norm angegebenen Umwertungen beruhen auf Erkenntnissen, die durch Erfahrungen gewonnenen wurden. Die Umwertungen der Härtewerte unterliegen *erheblichen Streuungen*. Außerdem gelten die Umwertungen nur für ganz *bestimmte Werkstoffe/Werkstoffgruppen* und *Wärmebehandlungszustände*. Insbesondere die Ermittlung der Zugfestigkeit aus einem Härtewert kann erheblichen Fehlern unterliegen. Die Zugfestigkeit, die aus einem Härtewert ermittelt wurde, ist deshalb mehr als Richtwert bzw. als Abschätzung anzusehen. Die angegebenen Formeln sind lediglich als Faustformeln zu betrachten. Voraussetzung für eine solche Umwertung in eine Zugfestigkeit ist, dass der Werkstoff hinreichend zäh ist. Umgewertete Härtewerte sind grundsätzlich als solche zu kennzeichnen.

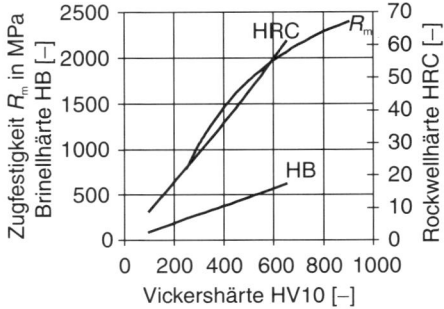

Bild 12.2–26  Zusammenhang zwischen HV, HRC, HB (Beanspruchungsgrad 30) und der Zugfestigkeit $R_m$ für unlegierte und niedrig legierte Stähle sowie Stahlguss (Quelle: DIN EN ISO 18 265)

Für die Umrechnung der Brinellhärte HB (Beanspruchungsgrad 30) in die Zugfestigkeit gelten folgende Faustformeln:
ferritische Stähle:      $R_m \approx 3{,}5 \cdot HB$
Al und Al-Legierungen:  $R_m \approx 3{,}7 \cdot HB$

Angabe einer umgewerteten Härte oder Zugfestigkeit

Beispiel 1:
DIN EN ISO 18 265 – 50,5 HRC – B.2 – HV
DIN EN ISO 18 265 – Norm, nach der umgewertet wurde
50,5 HRC – durch Umwertung ermittelter Härtewert (kann durch eine Angabe der Unsicherheit ergänzt sein (50,5 ± 1,0 HRC))
B.2 – verwendete Tabelle der Umwertung (Quelle: DIN EN ISO 18 265)
HV – Verfahren, nach dem die Härte ermittelt wurde (hier Vickersverfahren)

Beispiel 2:
DIN EN ISO 18 265 – 415 MPa – A.1 – HB
415 MPa – durch Umwertung ermittelte Zugfestigkeit $R_m$
A.1 – verwendete Tabelle der Umwertung (Quelle: DIN EN ISO 18 265)
HB – Verfahren, nach dem die Härte ermittelt wurde (hier Brinellverfahren)

**Übung 12.2–7**
Was versteht man unter der Härte eines Werkstoffes?

**Übung 12.2–8**
Weshalb ist das Härteprüfverfahren nach Brinell für gehärtete Stähle nicht geeignet?

**Übung 12.2–9**
Wie kann man die Härte dünner Bleche oder nitrierter Randzonen von Werkstücken zuverlässig ermitteln?

**Übung 12.2–10**
Wie unterscheidet sich das Prüfprinzip nach Rockwell (HRC) von den anderen klassischen Eindringverfahren nach Brinell und Vickers?

## 12.2.3 Zähigkeitsprüfung

**Lernziele**

Der Lernende kann ...
- das Bruchverhalten metallischer Werkstoffe bei schlagartiger Beanspruchung und unter Wirkung eines Kerbes erläutern,
- den Einfluss einer Kerbe auf den Spannungszustand im Bauteil beschreiben,
- das Versuchsprinzip des Kerbschlagbiegeversuches erklären,
- die Übergangstemperatur beim Kerbschlagbiegeversuch bestimmen.

### 12.2.3.0 Übersicht

Vom Zugversuch ist bekannt, dass sich ein Großteil der metallischen Werkstoffe plastisch verformen lässt. Ist der Zugstab gekerbt, sind die erreichbaren Bruchdehnungen in der Regel viel kleiner. Wird der Kerb schärfer, d. h. der Kerbradius kleiner, kann es sogar zum *spröden Versagen* kommen (*Sprödbruch*). Allein die Wirkung des Kerbes kann den Übergang vom gut verformbaren, zähen Werkstoffverhalten zum spröden Werkstoffversagen ohne Anzeichen einer plastischen Verformung führen. Verstärkt wird dieser Trend durch höhere Belastungsgeschwindigkeiten und niedrige Temperaturen. Typische Kerben in der Praxis sind Geometrieübergänge an kraft- und momentenübertragenden Bauteilen wie z. B. an Wellen (u. a. Passfedernuten). Die *schärfste Kerbform* in einem realen Bauteil ist ein *Anriss*. *Zähigkeitsuntersuchungen* sollen die Neigung eines Werkstoffes zum Sprödbruch unter gleichzeitiger Wirkung einer Kerbe/eines Anrisses untersuchen. Es soll festgestellt werden, ob ein Werkstoff in der Lage ist, Spannungsspitzen an der Rissspitze durch plastische Verformung abzubauen.

Wirkt auf einen geraden Zugstab eine Kraft in axialer Richtung, so sind die Kraftfeldlinien gerade und gleichmäßig verteilt (Bild 12.2–27a). Das hat zur Folge, dass auch die größte Normalspannung in der Ebene senkrecht zur angreifenden Kraft überall gleichgroß ist. Die Nennspannung $\sigma_{nenn}$ (Kraft bezogen auf den kleinsten Querschnitt) ist gleich der Maximalspannung $\sigma_{max}$. Da nur *eine* Normalspannung auftritt, spricht man von einem *einachsigen Spannungszustand*. Ist dagegen der Zugstab gekerbt, müssen die Kraftfeldlinien den Kerb umgehen (Bild 12.2–27b). Im Kerbgrund ist die Dichte der Kraftfeldlinien höher als im Kern des Zugstabes. Das hat *Spannungsspitzen* $\sigma_{max}$ im Kerbgrund in axialer Richtung zur Folge. Gleichzeitig werden die normalerweise axial verlaufenden Kraftfeldlinien in radialer Richtung nach Innen abgelenkt. Das führt zu einer *radialen Spannung*. Betrachtet man einen Schnitt im Kerbgrund (Bild 12.2–28), so wird deutlich, dass die Kraftfeldlinien nicht nur radial abgelenkt werden, sondern dass diese außerdem ihren Abstand in Umfangsrichtung (tangentiale Richtung) ändern müssen. Es tritt zusätzlich noch eine *tangentiale Spannung* auf. Obwohl nur eine einzige Kraft in axialer Richtung angreift, führt der Kerb zu drei wirkenden Spannungen. Solange sich der Werkstoff nicht plastisch verformt, führt die größere Dichte der Kraftfeldlinien im Kerbgrund zu Spannungsspitzen in allen drei Raumrichtungen. Dabei handelt es sich immer um Zugspannungen.

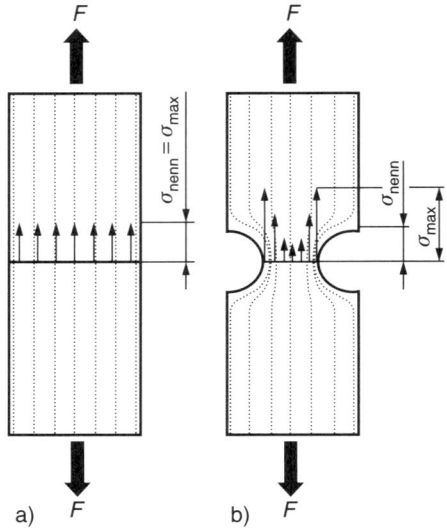

Bild 12.2–27 Verlauf der Kraftfeldlinien und Verteilung der axialen Spannung im
a) geraden und
b) gekerbten Zugstab

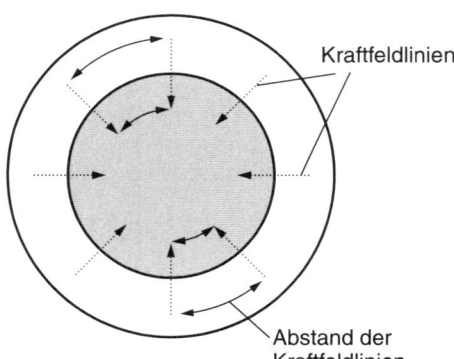

Bild 12.2–28 Schnitt im Kerbgrund einer Zugprobe – Im Kerb werden die Kraftfeldlinien in radialer Richtung abgelenkt und in Umfangsrichtung dichter zusammen gedrängt – Ursache für Radial- und Tangentialspannung im Kerbgrund

Bei der Beschreibung des Zugversuches wurde darauf hingewiesen, dass die Verlängerung der Probe mit der Abnahme des Querschnittes verbunden ist. Wird aber der Werkstoff, wie im Kerbgrund, allseitig auseinander gezogen, so kann er sich nicht mehr ohne weiteres plastisch verformen. Die *Querkontraktion wird behindert*. Wenn eine Probe/ ein Werkstück gekerbt ist, dann ist diese

Verformungsbehinderung die Ursache für die Versprödung eines Werkstoffes. Ist ein Werkstoff in der Lage, sich unter diesen Bedingungen trotzdem plastisch zu verformen, dann hat er eine hohe *Zähigkeit*. Er ist in der Lage, die *Spannungsspitzen* im Kerbgrund durch plastische Verformung abzubauen. Spröde Werkstoffe sind dazu nicht in der Lage. Der Riss breitet sich schlagartig aus, ohne dass das Bauteil/Werkstück ein Anzeichen von plastischer Verformung zeigt (Spröd- bzw. Trennbruch).

Kerben erhöhen die *Riss- und Sprödbruchgefahr*. Kerben an Maschinenbauteilen sind Bohrungen, Passfedernuten, Gewinde und Absätze. Sie können aber auch durch Bearbeitungsfehler (z. B. Schleifrisse, Drehriefen) entstehen. Materialfehler wie Lunker, spröde nichtmetallische Einschlüsse oder spröde Gefügebestandteile wirken wie innere Kerben und haben die gleiche versprödende Wirkung.

> *Zähigkeit* ist das Vermögen eines Werkstoffes, Spannungsspitzen im Kerbgrund/ an der Rissspitze durch plastische Verformung abzubauen. Durch Kerben in einem Bauteil werden die Zähigkeit und das Verformungsvermögen eines Werkstoffes beeinträchtigt.

### 12.2.3.1   Kerbschlagbiegeversuch nach Charpy

Der *Kerbschlagbiegeversuch* ist für die Ermittlung der *Sprödbruchneigung* an metallischen und hochpolymeren Werkstoffen gut geeignet. Der *Kerbschlagbiegeversuch nach Charpy* und die dazugehörigen Proben (Bild 12.2–29) sind in der DIN EN 10045 genormt. Die V-Kerb-Probe ist aufgrund der höheren Kerbwirkung zu bevorzugen.
Eine einseitig, in der Mitte gekerbte Probe wird auf zwei Auflager und mit der gekerbten Seite gegen zwei Widerlager gelegt (*Bild 12.2–30*). *Durch einen herabfallenden Pendelhammer* wird die Probe mit einem einzigen Schlag entweder durchgebrochen oder durch die Widerlager gezogen. Der Pendelhammer erreicht beim Auftreffen eine Schlaggeschwindigkeit von ca. 5 m/s.

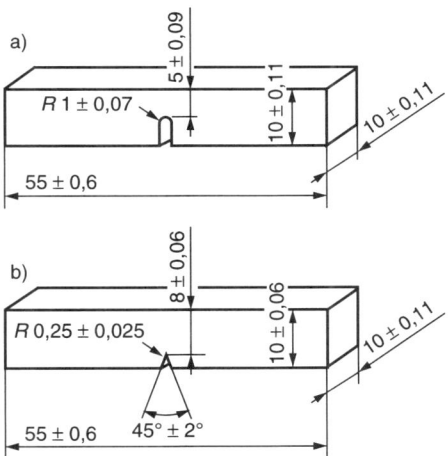

Bild 12.2–29   Kerbschlagbiegeproben nach DIN EN 10045
a) Probe mit U-Kerb; b) Probe mit V-Kerb

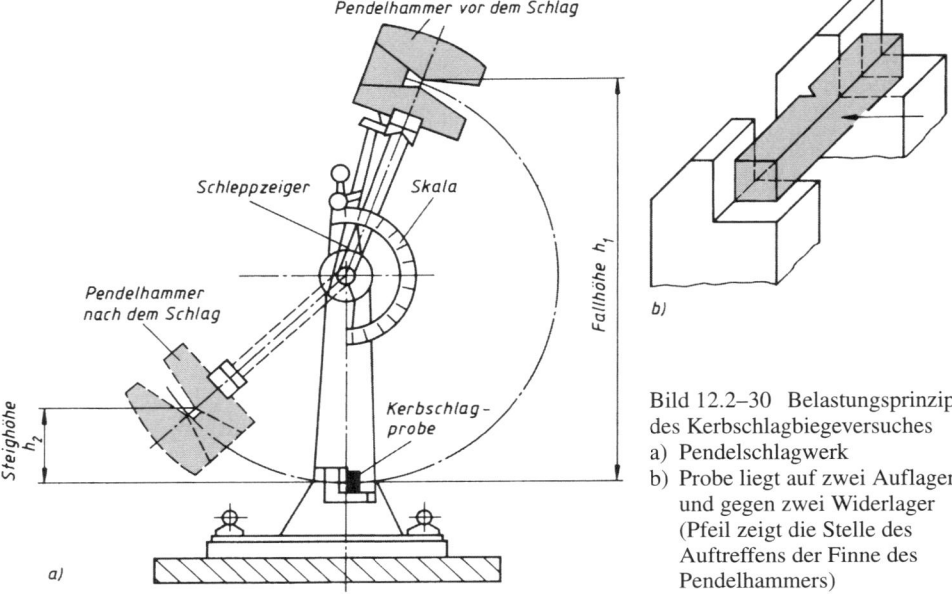

Bild 12.2–30 Belastungsprinzip
des Kerbschlagbiegeversuches
a) Pendelschlagwerk
b) Probe liegt auf zwei Auflager
und gegen zwei Widerlager
(Pfeil zeigt die Stelle des
Auftreffens der Finne des
Pendelhammers)

Beim Auftreffen der Finne wird die Probe gebogen. Bei der Biegung treten Druck- und Zugspannungen auf. Insbesondere im Kerbgrund der Probe liegen Zugspannungsspitzen vor. Diese Belastung wird durch die Spannungsmehrachsigkeit im Kerbgrund verschärft. Kann ein Werkstoff diese Belastung nicht durch plastische Verformung abbauen, kommt es sofort zur Rissbildung und zur schlagartigen Ausbreitung des Anrisses. Der Werkstoff versagt *spröd*. Es wird nur wenig *Schlagarbeit* zum Bruch benötigt. Die verbrauchte Schlagarbeit ist also ein Maß für den *Widerstand eines Werkstoffes gegen die schlagartige Beanspruchung* und die kerbbedingte mehrachsige Zugbelastung.
Vor dem Versuch hat der Hammer die potenzielle Energie $W_1 = m \cdot g \cdot h_1$ (*Fallarbeit*). In der Regel wird ein Hammer verwendet, der ein Arbeitsvermögen von 300 J hat (auch 100 J oder 150 J sind möglich). Während der Hammer einen Kreisbogen beschreibt, wird die potenzielle in kinetische Energie umgewandelt. Ein Teil dieser kinetischen Energie wird für das Zerschlagen der Probe benötigt.

> *Kerbschlagarbeit*
> = Fallarbeit − Steigarbeit
> $A_v = W_1 - W_2 = m \cdot g \cdot (h_1 - h_2)$

$m$  Masse des Pendelhammers in kg
$g$  Erdbeschleunigung in $m/s^{-2}$
$h_1$  Fallhöhe in m
$h_2$  Steighöhe in m

Angabe der Kerbschlagarbeit:

Beispiel 1: KV = 121 J bedeutet
- Arbeitsvermögen des Pendelschlagwerkes ist 300 J (muss nicht extra angegeben werden)
- Normalprobe mit V-Kerb
- beim Bruch verbrauchte Schlagarbeit (Kerbschlagarbeit) ist 121 J

Beispiel 2: KU 150 = 65 J bedeutet
- Arbeitsvermögen des Pendelschlagwerkes ist 150 J
- Normalprobe mit U-Kerb
- beim Bruch verbrauchte Schlagarbeit (Kerbschlagarbeit) ist 65 J

Das hat zur Folge, dass der Hammer nicht mehr die ursprüngliche Höhe erreichen kann. Die *Steigarbeit* ergibt sich mit $W_2 = m \cdot g \cdot h_2$. Die *Kerbschlagarbeit* $A_v$, die notwendig ist, um die Probe zu zerbrechen oder durch das Widerlager zu ziehen, lässt sich aus der Differenz der Fallarbeit $W_1$ und der Steigarbeit $W_2$ des Hammers berechnen. Pendelschlagwerke besitzen normalerweise eine Skala, auf der durch die Mitnahme eines Schleppzeigers direkt die von der *Steighöhe* $h_2$ abhängige *Kerbschlagarbeit* $A_v$ abgelesen werden kann. Viele Metalle verspröden mit sinkender Temperatur. Der Kerbschlagbiegeversuch nach Charpy erlaubt es, mit wenigen Versuchen die Temperatur zu bestimmen, bei der ein Übergang vom *duktilen* zum *spröden Werkstoffverhalten* stattfindet (*Temperaturkonzept*). Dazu ist es erforderlich, die Proben auf definierte Temperaturen zu erwärmen bzw. abzukühlen. Nach dem Kerbschlagbiegeversuch werden die einzelnen Schlagarbeiten in ein Kerbschlagarbeit-Temperatur-Diagramm eingetragen und eine Mittelwertkurve eingezeichnet (Bild 12.2–31).

**Vorteile des Kerbschlagbiegeversuches**:
- einfache und schnelle Probenfertigung und Versuchsdurchführung
- schnelle Aussage über Sprödbruchneigung möglich

**Nachteile des Kerbschlagbiegeversuches**
- die Kerbschlagarbeit ist eine *integrale Größe*, die nichts über die Rissentstehung und -ausbreitung aussagt
- die Ermittlung der Kerbschlagarbeit muss unter definierten Bedingungen erfolgen; sie ist nicht auf andere Versuchsbedingungen und in die Praxis übertragbar
- die Kerbschlagarbeit und das Bruchverhalten sind von der *Geometrie der Probe/des Kerbes* abhängig und damit ist die Kerbschlagarbeit kein Werkstoffkennwert

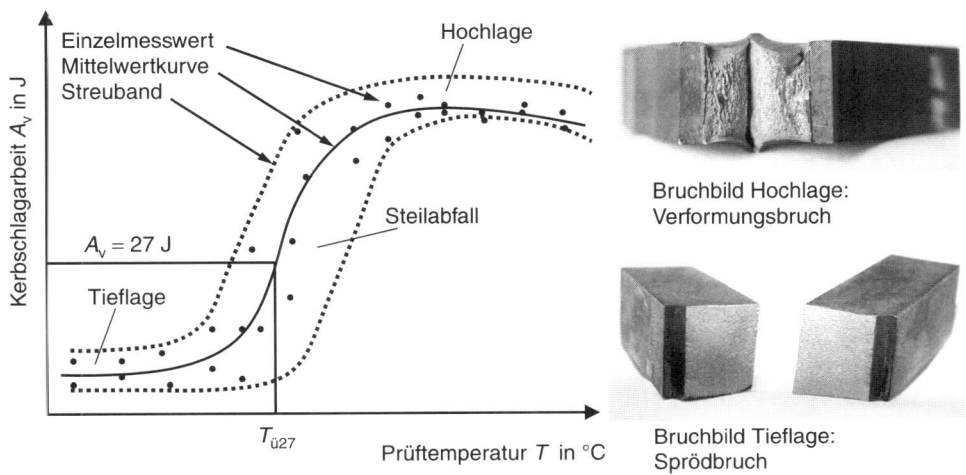

Bild 12.2–31 Kerbschlagarbeit-Temperatur-Kurve (schematisch); Übergangstemperatur $T_{\ddot{u}}$ bei einer bestimmten Kerbschlagarbeit $A_v$, z. B. 27 J

Insbesondere bei krz-Metallen (z. B. ferritisch-perlitischer Stahl, vergüteter Stahl) ergibt sich ein *charakteristischer Steilabfall* der Kurve. Er kennzeichnet den Übergangsbereich vom zähen (Hochlage) zum spröden Werkstoffverhalten (Tieflage). Die *Übergangstemperatur* $T_{\ddot{u}}$ gibt einen wichtigen Hinweis bis zu welcher Temperatur ein Werkstoff eingesetzt werden darf. Am häufigsten wird die Übergangstemperatur bei bestimmten vorgegebenen Kerbschlagarbeiten ermittelt. Übliche Werte sind 27 J, 40 J oder 60 J ($T_{\ddot{u}27}$; $T_{\ddot{u}40}$; $T_{\ddot{u}60}$). Aber auch die Kerbschlagarbeit, bei der im Bruchbild erstmals nur Verformungsbruch festgestellt wird ($T_{\ddot{u}\,Hoch}$), oder aber die Mitte des Steilabfalles ($T_{\ddot{u}\,1/2}$) können zur Bestimmung der Übergangstemperatur herangezogen werden.

Zunehmende Kerbschärfe, Dicke und Breite der Probe und eine ansteigende Schlaggeschwindigkeit führen genauso wie ein höherer Martensitgehalt, ein zunehmender Kaltumformgrad, Gefügeinhomogenitäten oder große nichtmetallische Einschlüsse zum *Ansteigen der Übergangstemperatur* und damit zur Versprödung des Werkstoffes. Bild 12.2–32 zeigt $A_v$-$T$-Kurven verschiedener Werkstoffgruppen, und Bild 12.2–33 von Stählen verschiedener Behandlungszustände.

Die Übergangstemperatur hängt nicht nur vom Werkstoffzustand, sondern auch von der *Geometrie* der Probe/des Kerbes ab. Deshalb kann sie auch nicht als Werkstoffkennwert betrachtet werden. Die Übergangstemperatur gibt einen Hinweis auf die *möglichen Einsatztemperaturen* eines Werkstoffes. Unter der Wirkung eines scharfen Risses kann sich der Werkstoff deutlich spröder verhalten. Aus diesem Grund wurde die bruchmechanische Werkstoffprüfung entwickelt (Abschnitt 12.2.4).

Der *Kerbschlagbiegeversuch* hat als Abnahmeversuch in der metallurgischen Industrie eine große Bedeutung. So werden alle allgemeinen Baustähle auf ihre Sprödbruchneigung untersucht.

**Anwendung des Kerbschlagbiegeversuches**:
- Nachweis möglicher Einsatztemperaturen
- qualitative Bewertung von Wärmebehandlungszuständen
- Untersuchung der Alterungsanfälligkeit von Werkstoffen
- Prüfung von Schweißverbindungen
- wichtiger Abnahmeversuch zur Bestimmung der Güte und Gleichmäßigkeit eines Werkstoffes bzw. seiner Behandlung in der metallurgischen Industrie und in Gießereien

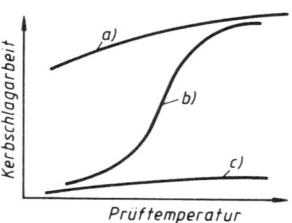

Bild 12.2–32 Kerbschlagarbeit-Temperatur-Kurve für verschiedene Werkstoffe
a) Al, Cu, Ni, austenitischer Stahl (kfz-Gitter)
b) ferritisch-perlitischer oder vergüteter Stahl (krz-Gitter)
c) Glas, Keramik, gehärteter und nicht angelassener Stahl (Martensit)

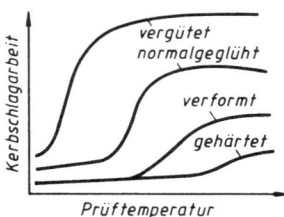

Bild 12.2–33 Kerbschlagarbeit-Temperatur-Kurven von Stählen in verschiedenen Behandlungszuständen (schematisch)

Nachteilig ist, dass man anhand des Wertes der Kerbschlagarbeit nicht erkennen kann, ob der Werkstoff spröd gebrochen ist oder nicht. Ein zäher Werkstoff mit einer sehr niedrigen Festigkeit kann die gleiche Kerbschlagarbeit wie ein hochfester, aber spröder Werkstoff aufweisen. Erst wenn die Schlagkraft über die Durchbiegung bestimmt wird, können zur Rissentstehung und zum Rissfortschritt genaue Aussagen getroffen werden (Bild 12.2–34). Die Fläche unter der *Kraft-Durchbiegung-Kurve* ist ein Maß für die Kerbschlagarbeit. Wird nicht nur die Kerbschlagarbeit, sondern auch die Schlagkraft-Durchbiegung-Kurve ermittelt, so handelt es sich um einen *instrumentierten Kerbschlagbiegeversuch*. Dieser ist in der DIN EN ISO 14 556 standardisiert.

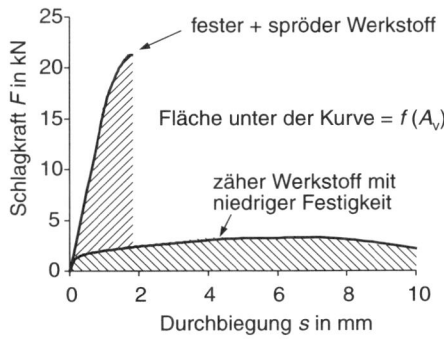

Bild 12.2–34   Vergleich von Schlagkraft-Durchbiege-Kurven

## 12.2.4 Bruchmechanische Werkstoffprüfung

Im vorangegangenen Abschnitt wurde darauf hingewiesen, dass die Kerbschlagarbeit kein Werkstoffkennwert ist, da sie von der Proben- und Kerbgeometrie abhängt. Das heißt, dass in der Praxis andere und unter Umständen härtere Bedingungen vorliegen. Geht man von unterschiedlich gekerbten Zugstäben aus, führt ein abnehmender Kerbradius zu immer größeren Spannungsspitzen $\sigma_{max}$ und einer *zunehmenden Spannungsmehrachsigkeit* im Kerbgrund (Bild 12.2–35). Die Spannungsspitzen sind dann am größten, wenn im Werkstück ein *scharfer Anriss* vorliegt. Obwohl in jedem Werkstoff Fehler vorhanden sind, kommt es in der Technik vergleichsweise selten zum Versagen. Versagen ist ein plötzlicher und unkontrollierter Rissfortschritt (*instabile Rissausbreitung*) bis zur Trennung des Werkstoffes. Bei zähen Werkstoffen verformt sich trotz der mehrachsigen Belastung der Werkstoff an der Rissspitze. Der Riss wächst nur langsam, und für die weitere Rissausbreitung ist eine zunehmende Belastung notwendig (*stabiler Rissfortschritt*). Aus diesen Beobachtungen lassen sich folgende Fragestellungen ableiten:

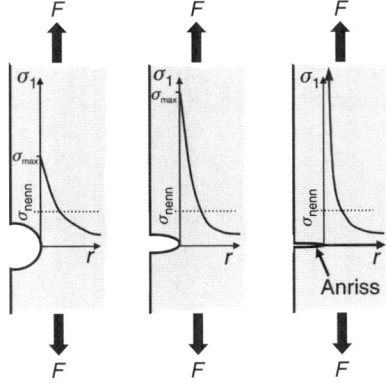

Bild 12.2–35   Einfluss des Kerbradius auf die größte Normalspannung im Kerbgrund bei rein elastischer Verformung

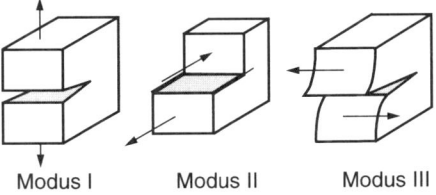

Bild 12.2–36   Grundbelastungsarten, die zum instabilen Risswachstum führen können

Gibt es eine *kritische Fehlergröße*, die bei einer vorgegebenen Spannung zum kritischen, instabilen Risswachstum führt? Diese Fehlergröße darf nur vom Werkstoff und den Belastungsbedingungen (Temperatur, Belastungsgeschwindigkeit) abhängen und muss *unabhängig von der Bauteilgeometrie* sein.

Gibt es eine *kritische Spannung*, die bei einer vorgegebenen Risslänge zum kritischen, instabilen Risswachstum führt? Diese kritische Spannung darf ebenfalls nur vom Werkstoff und den Belastungsbedingungen abhängen.

Weiterhin ist zu beachten, welche *Belastungsart* zum Versagen führt. Die für die Rissverlängerung infrage kommenden Belastungen sind im Bild 12.2–36 dargestellt. Die größte Belastung für einen rissbehafteten Werkstoff ist eine Zugbelastung senkrecht zur Rissebene (Bild 12.2–36, Modus I). Deshalb werden die bruchmechanischen Eigenschaften überwiegend nach Modus I ermittelt. Die dafür verwendeten Prüfverfahren sind der *Drei-Punkt-Biegeversuch* (Bild 12.2–37) und der *Zugversuch mit einer Kompakt-Zugprobe* (CT-Probe; engl.: Compact Tension Specimen; Bild 12.2–38). Beide Probenformen haben einen Kerb und zusätzlich, vom Kerb ausgehend, einen *eingeschwungenen Riss*. Während des Versuches wird die Kraft und die Kerbaufweitung gemessen.

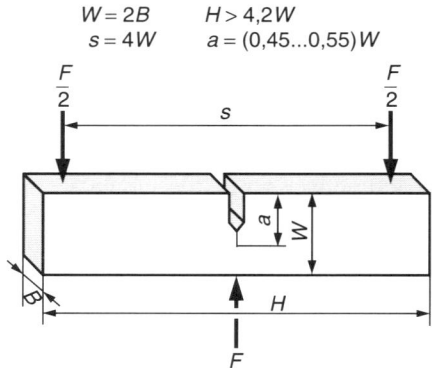

Bild 12.2–37  3-Punkt-Biegeprobe zur Bestimmung bruchmechanischer Werkstoffkennwerte nach ASTM E399

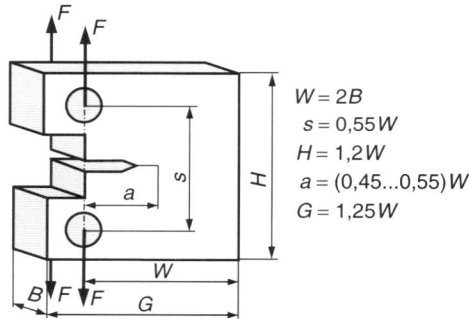

Bild 12.2–38  CT-Probe zur Bestimmung bruchmechanischer Werkstoffkennwerte nach ASTM E399

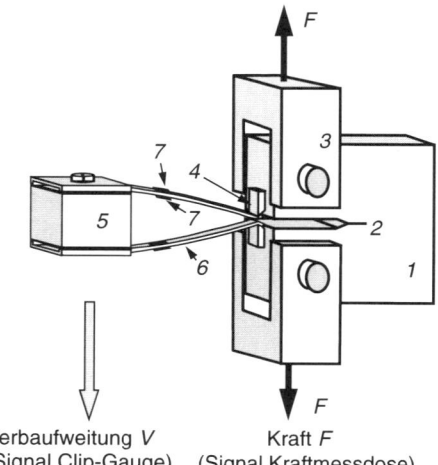

Bild 12.2–39  Versuchsprinzip bei der Prüfung von CT-Proben; *1* CT-Probe, *2* Anriss, *3* Zugvorrichtung, *4* Messschneide, *5* Wegaufnehmer mit Biegefeder (Clip-Gauge), *6* Biegefeder, *7* Dehnungsmessstreifen (DMS)

Im Bild 12.2–39 ist die Prüfanordnung für einen Zugversuch an der CT-Probe dargestellt. Die Kerbaufweitung wird über einen Wegaufnehmer (auch Clip-Gauge) bestimmt. Bei diesem sind zwei Biegefedern an einem Distanzstück befestigt. Auf der Ober- und Unterseite der Biegefedern befinden sich Dehnungsmessstreifen (DMS), mit denen die Kerbaufweitung $V$ in Abhängigkeit von der Durchbiegung der Federn gemessen werden kann. Der Wegaufnehmer wird in Messschneiden eingesetzt, die auf die Probe aufgeklebt oder angeschraubt werden. Der Verlauf der *Kraft-Kerbaufweitung-Kurve* wird für die bruchmechanische Auswertung benötigt.

Neben der Kraft-Kerbaufweitung-Kurve wird für die bruchmechanische Auswertung die *Risslänge a* benötigt. Sie kann erst nach dem Versuch anhand der Bruchflächen ermittelt werden. Im Bild 12.2–40 ist die Bruchfläche einer Drei-Punkt-Biegeprobe zu sehen. Da der Anriss in den seltensten Fällen gerade verläuft, wird der Mittelwert aus drei Messungen jeweils nach 1/4 der Probendicke $B$ verwendet.

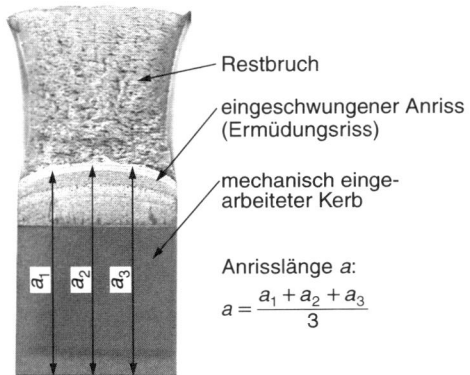

Restbruch

eingeschwungener Anriss (Ermüdungsriss)

mechanisch eingearbeiteter Kerb

Anrisslänge $a$:

$$a = \frac{a_1 + a_2 + a_3}{3}$$

Bild 12.2–40  Bestimmung der Risslänge $a$ an einer 3-Punkt-Biegeprobe nach dem Bruch

### 12.2.4.1  Linear elastische Bruchmechanik LEBM

Die Methode der *linear elastischen Bruchmechanik (LEBM)* gilt streng genommen nur für *sehr spröde Werkstoffe*, die nicht in der Lage sind, Spannungsspitzen an der Rissspitze durch plastische Verformung abzubauen. Die Rissverlängerung tritt plötzlich ein. Da sich der Werkstoff an der Rissspitze nicht verformt, kann keine Verformungsverfestigung eintreten. Außerdem folgt aus der Rissverlängerung, dass der tragende Querschnitt abnehmen muss. Das Wirken beider Effekte hat zur Folge, dass die Kraft bei beginnendem Rissfortschritt abrupt abfällt (Bild 12.2–41). Bis zum Erreichen dieser Maximalkraft wächst der Riss nicht. Die Ursache dafür ist in der Bildung von zwei neuen Oberflächen (*Oberflächen der beiden wachsenden Rissufer*) zu suchen. Für die Schaffung der Oberflächen ist jedoch die Arbeit $W_{OF}$ erforderlich.

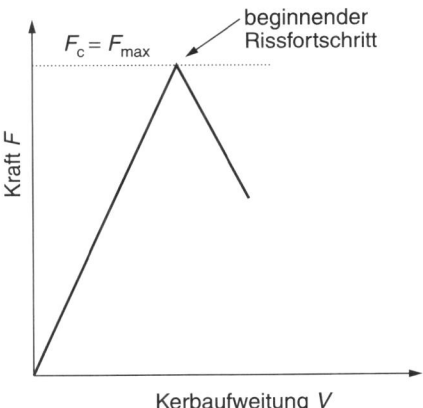

Bild 12.2–41  Ein für spröde Werkstoffe typisches Kraft-Kerbaufweitung-Diagramm

Gleichzeitig wird der Werkstoff mit zunehmender Belastung immer stärker elastisch gedehnt. Dadurch wird eine *elastische Energie* ($W_{el}$) gespeichert. Sobald gilt $W_{el} \geqq W_{OF}$, kommt es zur *instabilen Rissausbreitung*. Beide Größen sind vom Spannungsfeld um die Rissspitze abhängig. Dieses Spannungsfeld wird durch den *Spannungsintensitätsfaktor K* bzw. $K_I$ beim Prüfmodus I (Zugbeanspruchung senkrecht zum Riss) beschrieben. Der *Spannungsintensitätsfaktor* ist nur für unendlich große Platten geometrieunabhängig. Deshalb muss er mit dem Geometriefaktor $Y$ korrigiert werden. In Tabelle 12.2–4 sind für die Drei-Punkt-Biegeprobe und die CT-Probe die Werte für $Y$ in Abhängigkeit vom Verhältnis der Risslänge $a$ zur Probenbreite aufgeführt. Wird in der Probe die Kraft allmählich erhöht, führt das zwangsläufig auch zur Steigerung der Nennspannung $\sigma_N$ und zur Erhöhung des Spannungsintensitätsfaktors $K_I$.

Beim Erreichen der Prüfkraft $F_{max}$ setzt der *plötzliche instabile Rissfortschritt* ein. Die Nennspannung $\sigma_N$ erreicht bei $F_{max}$ den kritischen Wert der Bruchspannung $\sigma_c$. Der Spannungsintensitätsfaktor, bei dem es zum instabilen Rissfortschritt kommt, wird als *kritischer Spannungsintensitätsfaktor $K_c$* bezeichnet. Bei der Untersuchung des kritischen Spannungsintensitätsfaktors $K_c$ hat sich gezeigt, dass der Wert mit zunehmender Bauteildicke abnimmt (Bild 12.2–42). Bei dünnen Bauteilen kann sich der Werkstoff noch seitlich einschnüren. Je dicker das Bauteil ist, umso stärker wird die Verformung quer zum Anriss behindert (*ebener Dehnungszustand*). Die Bruchfläche liegt überwiegend in der Ebene der größten Normalspannung. Es handelt sich dann im Wesentlichen um einen Sprödbruch.

---

Der *Spannungsintensitätsfaktor $K_I$* beschreibt das Spannungsfeld an der Rissspitze unter dem Prüfmodus I und ist vom Produkt der Nennspannung $\sigma_N$ und der Quadratwurzel der Anrisslänge $a$ abhängig.

$$K_I = \sigma_N \cdot \sqrt{\pi \cdot a} \cdot Y \quad \text{in } N \cdot mm^{-2} \cdot mm^{1/2}$$

$\sigma_N$  Nennspannung; Spannung bezogen auf den gesamten Querschnitt einschließlich der Rissfläche
$a$  Risslänge
$Y$  Geometriefaktor, abhängig von der Proben- und Rissgeometrie, $f(a/W)$
$W$  Probenbreite

Für die CT-Probe und die 3-Punkt-Biegeprobe gelten folgende Gleichungen:

CT-Probe: $\quad K_I = \dfrac{F \cdot s}{B \cdot W^{1/2}} \cdot Y_{CT}$

3-Punkt-Biegeprobe: $\quad K_I = \dfrac{F \cdot s}{B \cdot W^{3/2}} \cdot Y_{3PB}$

$F$  Kraft
$s$  Auflagerabstand bzw. Abstand der Krafteinleitungspunkte
$B$  Probendicke
$W$  Probenbreite

---

Der *Spannungsintensitätsfaktor $K_I$* wird beim Einsetzen des instabilen Rissfortschrittes zum *kritischen Spannungsintensitätsfaktor $K_c$*.

$$K_c = \sigma_c \cdot \sqrt{\pi \cdot a_c} \cdot Y$$

$K_c$ nimmt mit zunehmender Probendicke ab und erreicht bei $K_{Ic}$ ein Minimum. $K_{Ic}$ wird als *Bruchzähigkeit* bezeichnet und ist ein geometrieunabhängiger Werkstoffkennwert. Solange $K_I < K_{Ic}$, ist ein Bauteil sicher gegen instabilen Rissfortschritt/Sprödbruch.

Wie aus Bild 12.2–42 hervorgeht, sinkt der *kritische Spannungsintensitätsfaktor* $K_c$, bis er den Grenzwert $K_{Ic}$ erreicht. Dieser Grenzwert wird als *Bruchzähigkeit* unter dem Belastungsmodus I bezeichnet. Es handelt sich dabei um einen *charakteristischen und geometrieunabhängigen Werkstoffkennwert*. Solange in einem Bauteil gilt $K_I < K_{Ic}$, ist das Bauteil sicher gegen einen instabilen Rissfortschritt, das heißt gegen Sprödbruch. Ist bei einem Bauteil die Bruchzähigkeit des Werkstoffes und die im Bauteil wirkende Spannung bekannt, kann die kritische Risslänge bestimmt werden. Es kann also für reale Bauteile eine Fehlergröße festgelegt werden, bis zu welcher das Bauteil unter gegebenen Belastungsbedingungen eingesetzt werden kann. Die Probendicke B, bei der der kritische Spannungsintensitätsfaktor $K_c$ den Wert der Bruchzähigkeit $K_{Ic}$ erreicht, kann näherungsweise mit

$$B_{Ic} = 2,5 \cdot \left( \frac{K_{Ic}}{R_e} \right)$$

abgeschätzt werden. Dabei ist $R_e$ die im Zugversuch bestimmte Streckgrenze.

Streng genommen gilt die *LEBM* nur für *ideal elastische Werkstoffe*, die im Versuch ohne plastische Verformung beim Erreichen einer kritischen Kraft $F_c$ durch instabilen Rissfortschritt versagen (Bild 12.2–41). Insbesondere bei metallischen Werkstoffen kommt es trotz vorhandenem Anriss zur plastischen Verformung. Die Rissspitze wird durch plastische Verformung abgestumpft oder es kommt zu einem stabilen Rissfortschritt, d. h. die Kraft nimmt bei Rissausbreitung stetig zu. Ist die plastische Verformung sehr klein, kann unter bestimmten Voraussetzungen trotzdem noch die LEBM angewendet werden (Bild 12.2–43). Im Fall (a) breitet sich der Anriss zunächst instabil aus. Dem Kraftabfall (*pop-in*) folgt ein Kraftanstieg, u. U. mit plastischer Verformung an der Rissspitze – die Kurve weicht von der elastischen Geraden ab. Die gespeicherte elastische Energie reicht nicht aus um die Probe zu zerbrechen. Zur Auswertung

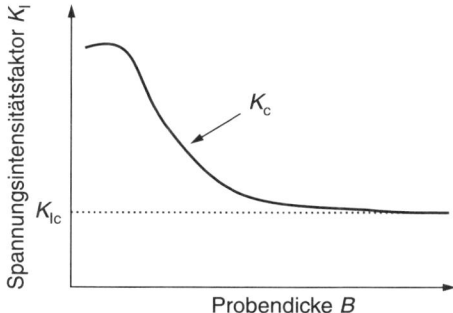

Bild 12.2–42 Zusammenhang von kritischem Spannungsintensitätsfaktor $K_c$ und der Probendicke $B$

Tabelle 12.2–4 Geometriefaktoren $Y$ zur Bestimmung des Spannungsintensitätsfaktors $K_I$

| $a/W$ | $Y_{CT}$ für CT-Probe | $Y_{3PB}$ für 3-Punkt-Biegeprobe |
|---|---|---|
| 0,45 | 8,34 | 2,29 |
| 0,455 | 8,46 | 2,32 |
| 0,46 | 8,58 | 2,35 |
| 0,465 | 8,7 | 2,39 |
| 0,47 | 8,83 | 2,43 |
| 0,475 | 8,96 | 2,46 |
| 0,48 | 9,09 | 2,5 |
| 0,485 | 9,23 | 2,54 |
| 0,49 | 9,37 | 2,58 |
| 0,495 | 9,51 | 2,62 |
| 0,5 | 9,66 | 2,66 |
| 0,505 | 9,81 | 2,7 |
| 0,51 | 9,96 | 2,75 |
| 0,515 | 10,12 | 2,79 |
| 0,52 | 10,29 | 2,84 |
| 0,525 | 10,45 | 2,89 |
| 0,53 | 10,63 | 2,94 |
| 0,535 | 10,8 | 2,99 |
| 0,54 | 10,98 | 3,04 |
| 0,545 | 11,17 | 3,09 |
| 0,55 | 11,36 | 3,14 |

wird die Kraft vor dem *Krafteinbruch* $F_c$ herangezogen.

Bevor es zum instabilen Rissfortschritt kommt, weicht der *Kraft-Kerbaufweitung-Verlauf* im Fall (b) geringfügig vom elastischen Anstieg (Tangente $BB'$) ab. Eine Sekante ($BB''$) mit einem um 5 % gegenüber der Tangente verringerten Anstieg schneidet die Kraft-Kerbaufweitung-Kurve erst nach dem Überschreiten der maximalen Kraft. Der kritische Wert $F_c$ entspricht der Maximalkraft $F_{max}$.

Im Fall (c) weicht die $F$-$V$-Kurve deutlich von der elastischen Geraden ($CC'$) ab. Der Riss wächst bis zum Kraftmaximum $F_{max}$ stabil. Dabei verformt und verfestigt sich der Werkstoff an der Rissspitze. Zur Auswertung wird eine Sekante $CC''$ mit einem um 5 % gegenüber der elastischen Geraden verminderten Anstieg verwendet. Das Kraftmaximum $F_{max}$ wird erst nach dem Schnittpunkt der Sekante mit der $F$-$V$-Kurve erreicht. Die Kraft $F_c$ beim Schnittpunkt der Sekante $CC''$ wird zur Auswertung herangezogen. Eine Auswertung nach dieser Methode ist aber nur dann zulässig, wenn gilt $F_{max} \leq 1{,}1 \cdot F_c$. Ansonsten ist der Anteil der plastischen Verformung zu groß und eine bruchmechanische Auswertung nach der Methode der LEBM ist nicht mehr zulässig. In diesem Fall ist auf die *Fließbruchmechanik* auszuweichen.

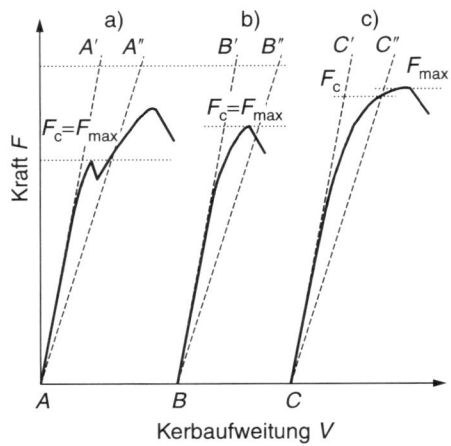

Bild 12.2–43  Ermittlung der kritischen Kraft zur Bestimmung von $K_{Ic}$ nach der Methode der LEBM bei Werkstoffen mit geringer plastischer Verformung an der Rissspitze

> Die Bestimmung der *Bruchzähigkeit* $K_{Ic}$ nach der Methode der *LEBM* kann bei sehr kleinen plastischen Verformungen an der Rissspitze auch auf weniger spröde Werkstoffe angewendet werden.

### 12.2.4.2  Fließbruchmechanik FBM

Wenn ein Werkstoff in der Lage ist, sich an der Rissspitze deutlich plastisch zu verformen, dann ist für eine bruchmechanische Beurteilung eine Methode der *Fließbruchmechanik (FBM)* anzuwenden. Ein solches Werkstoffverhalten ist dadurch gekennzeichnet, dass sich mit zunehmender Kraft zunächst die Rissspitze abstumpft (Bild 12.2–44). Der Kerb wird also um den Betrag $\delta$ an der ehemaligen Rissspitze aufgeweitet und der Riss verlängert sich um den Wert $\Delta a$.

> Ist ein Werkstoff in der Lage Spannungsspitzen an einer Rissspitze durch plastische Verformung abzubauen (zähes Werkstoffverhalten), dann ist zur bruchmechanischen Bewertung eine Methode der Fließbruchmechanik (FBM) anzuwenden. Die beiden wichtigsten Konzepte sind das *CTOD-Konzept* und das *J-Integral*.

Die Werkstoffbereiche werden um die Rissspitze deutlich plastisch verformt. Gleichzeitig können sich durch die plastische Verformung vor der Rissspitze Poren bilden. Wenn der Rissfortschritt und die Kerbaufweitung den *kritischen Wert* von $\Delta a_i$ bzw. $\delta_i$ erreicht haben, verbindet sich der Anriss mit den vor der Rissspitze liegenden Poren.

Aufgrund der plastischen Verformung um die Rissspitze verfestigt der Werkstoff (*Verformungsverfestigung*). Das heißt, es kann nur dann zum Rissfortschritt kommen, wenn die wirkende Kraft weiter zunimmt – stabiler Rissfortschritt.
Die beiden wichtigsten Konzepte, um dieses zähe Werkstoffverhalten zu beschreiben, sind das *CTOD-Konzept* (engl.: crack tip opening displacement – Rissspitzenverschiebung) und das *J-Integral*.
Das *CTOD-Konzept* geht davon aus, dass das Werkstoffverhalten von *der plastischen Verformung an der Rissspitze* bestimmt wird. Es gibt eine *kritische Rissöffnung* $\delta_c$, bei der es zum stabilen oder instabilen Rissfortschritt kommt. Diese kritische Rissöffnung $\delta_c$ ist nur von den *Belastungsbedingungen* (Temperatur, Belastungsgeschwindigkeit, Umgebungsmedium) und nicht von der Geometrie abhängig. Problematisch ist jedoch, dass die Rissöffnung $\delta$ in der Regel nicht direkt gemessen werden kann, sondern nur indirekt über die Kerbaufweitung $V$ (siehe Bild 12.2–39).
Dieses Problem kann mit dem *J-Integral* gelöst werden. Dabei werden die Vorgänge an der Rissspitze energetisch betrachtet. Das heißt, dass zur *Rissabstumpfung* die benachbarten Werkstoffbereiche elastisch und plastisch verformt werden müssen. Dazu ist eine *Energie* notwendig. Das J-Integral ist also *die sich ändernde Energie an der Rissspitze*, bezogen auf die neu geschaffene Rissfläche oder aber allgemein die Rissenergiedichte. Nimmt diese den kritischen Wert $J_c$ an, kommt es zur stabilen oder instabilen Rissausbreitung.

Das *CTOD-Konzept* geht davon aus, dass es eine kritische Rissöffnung $\delta_c$ gibt, bei der es zum stabilen oder instabilen Rissfortschritt kommt.
Beim *J-Integral* wird die Energie bestimmt, die zur elastischen und plastischen Verformung an der Rissspitze notwendig ist. Nimmt diese den kritischen Wert $J_c$ an, kommt es zur stabilen oder instabilen Rissausbreitung.

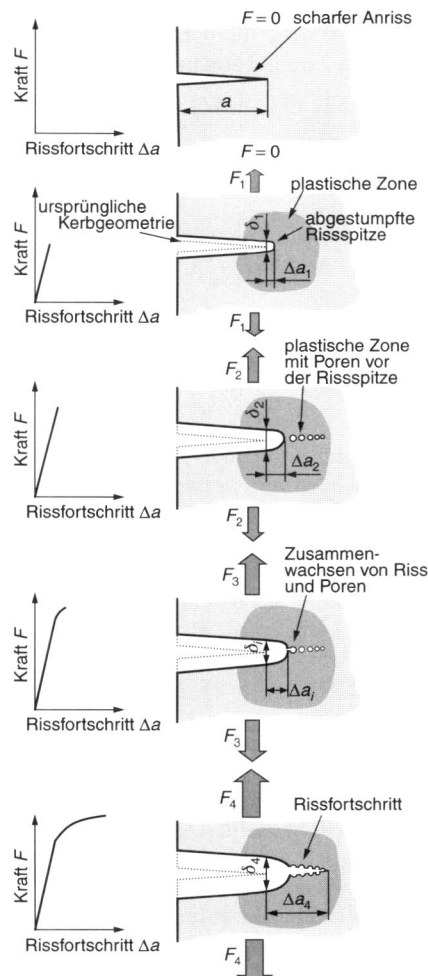

Bild 12.2–44 Prinzip des stabilen Rissfortschrittes

Für die experimentelle Bestimmung von $\delta_c$ und $J_c$ werden wiederum CT- oder 3-Punkt-Biegeproben verwendet, wobei nachfolgend nur auf CT-Proben mit der *Mehrprobentechnik* eingegangen wird. Die Prüfanordnung entspricht dem im Bild 12.2–39 dargestellten Versuchsaufbau. Gemessen wird die Kraft und die zugehörige Kerbaufweitung V in der Kraftwirkungslinie. Die Energie $U$, die zur Rissabstumpfung notwendig ist, ergibt sich aus der Fläche unter der *Kraft-Kerbaufweitung-Kurve* (Bild 12.2–45). Der J-Integralwert wird für die CT-Probe nach folgender Gleichung berechnet:

$$J = \frac{\left[2 + 0{,}522\left(1 - a/W\right)\right] \cdot U}{B \cdot (W - a)}$$

$a$   Risslänge
$W$   Probenbreite
$B$   Probendicke
$U$   Verformungsarbeit

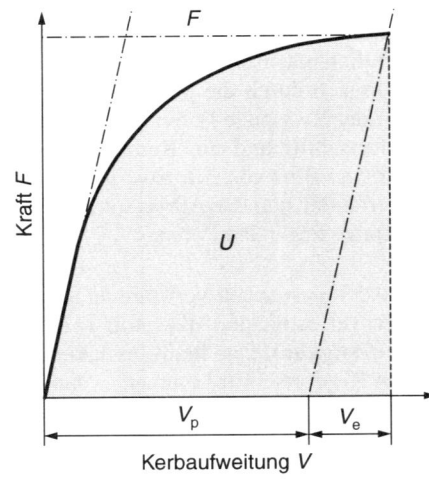

Bild 12.2–45  Schematische Kraft-Kerbaufweitung-Kurve zur Bestimmung der bruchmechanischen Kennwerte nach dem J-Integral- und dem CTOD-Konzept ($U$ Verformungsarbeit; $V_p$ plastische Kerbaufweitung; $V_e$ elastische Kerbaufweitung)

Die Risslänge $a$ und der zur bruchmechanischen Auswertung notwendige Rissfortschritt $\Delta a$ können erst nach dem Bruch durch Ausmessen an der Bruchfläche bestimmt werden (Bild 12.2–46).
Die *Rissöffnung* $\delta$ nach dem CTOD-Konzept setzt sich aus einem plastischen und einem elastischen Anteil zusammen:

$$\delta = \delta_p + \delta_e$$

Für die Berechnung des plastischen Anteiles $\delta_p$ muss die Verformung vor der Rissspitze berücksichtigt werden. Entsprechend der im Bild 12.2–47 dargestellten Skizze wird dafür der geradlinige Teil der Rissflanke bis zum Drehpunkt verlängert. Aus dem Strahlensatz lässt sich folgender Zusammenhang ableiten:

$$\frac{\frac{1}{n}(W - a) + a + z}{\frac{V_p}{2}} = \frac{\frac{1}{n}(W - a)}{\frac{\delta_p}{2}}$$

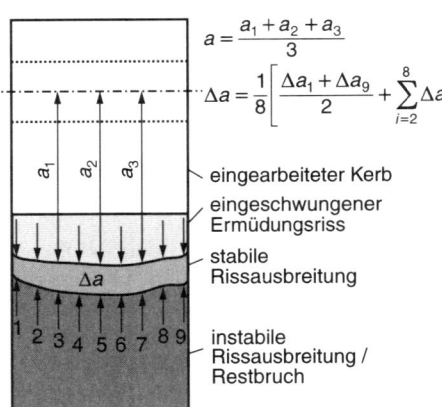

Bild 12.2–46  Ermittlung des Rissfortschrittes $\Delta a$ und der Risslänge $a$ an der Bruchfläche einer CT-Probe

bzw. nach Umstellung:

$$\delta_p = \cfrac{V_p}{1 + n\left(\cfrac{a+z}{W-a}\right)}$$

$V_p$ plastische Kerbaufweitung

$z$ Messschneidendicke

$n$ Rotationsfaktor (beschreibt die Lage des Drehpunktes im Restquerschnitt und hat in der Regel den Wert $n = 2,5$)

Die *plastische Kerbaufweitung* $V_p$ kann anhand der Kraft-Kerbaufweitung-Kurve bestimmt werden.

Der *elastische Anteil der Rissspitzenöffnung* $\delta_e$ berechnet sich wie folgt:

$$\delta_e = \frac{K^2(1 - v^2)}{2R_e E}$$

$K$ Spannungsintensitätsfaktor (siehe Abschnitt 12.2.4.1)

$v$ Querkontraktionszahl

$R_e$ Streckgrenze

$E$ Elastizitätsmodul

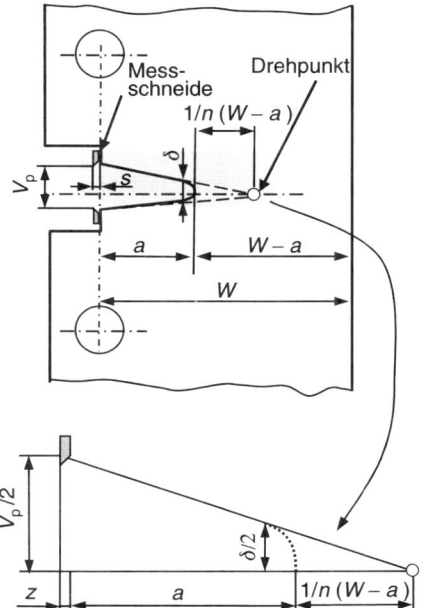

Bild 12.2–47  Geometrie der Rissöffnung einer CT-Probe

Für die bruchmechanische Untersuchung eines Werkstoffes wird häufig die *Mehrprobenmethode* angewendet. Dabei werden mehrere gleichartige Proben mit unterschiedlichen Kräften belastet, sodass sich natürlich auch ein unterschiedlicher (stabiler) Rissfortschritt $\Delta a$ ergeben muss. In der Regel beginnt man mit der Maximalkraft und stuft bei den folgenden Versuchen die Belastung ab (Bild 12.2–48). Aus den Kraft-Kerbaufweitung-Kurven werden die Kräfte $F_1$ bis $F_n$, die plastischen Kerbaufweitungen $V_{p1}$ bis $V_{pn}$ und die Flächen unter den Kurven $U_1$ bis $U_n$ bestimmt. Da die Belastung $F_1$ bis $F_n$ natürlich nicht zum Bruch geführt hat, muss jede Probe für die Bestimmung der *Risslänge* $a$ und des *Rissfortschrittes* $\Delta a$ (Bild 12.2–46) nachträglich gebrochen werden.

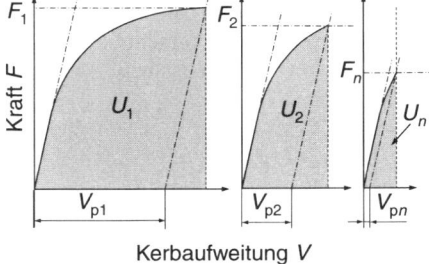

Bild 12.2–48  $F$-$V$-Kurven unterschiedlich belasteter CT-Proben zur Bestimmung der $J_R$- bzw. $\delta_R$-Risswiderstandskurve

Um die Bruchanteile richtig zuordnen zu können, wird die Probe vor dem Restbruch auf $300\,°C \ldots 600\,°C$ erwärmt. Dabei oxidiert die bei der bruchmechanischen Untersuchung gebildete Bruchfläche (Anlassfarbe entsprechend der Temperatur), sodass diese von der Restbruchfläche unterschieden werden kann. Nun ist es möglich, für jeden Einzelversuch entsprechend der oben genannten Zusammenhänge die Wertepaare $J - \Delta a$ bzw. $\delta - \Delta a$ zu bestimmen und eine $J_R$- bzw. $\delta_R$-Risswiderstandskurve zu konstruieren (Bild 12.2–49).

Sind die Belastungen sehr klein, kommt es nicht zu einem echten Rissfortschritt, sondern nur zu einer *Abstumpfung der Rissspitze (Rissabstumpfungslinie, engl.: blunting line)*. Erst nach dem Überschreiten des *Rissinitiierungswertes* $J_i$ bzw. $\delta_i$ beginnt stabiles Risswachstum. Bis zu einer Rissverlängerung von $\Delta a_{max}$ wird die $J_R$- bzw. $\delta_R$-Risswiderstandskurve entsprechend der $J - \Delta a$- bzw. $\delta - \Delta a$-Wertepaare interpoliert. $\Delta a_{max}$ ist dann erreicht, wenn gilt:

$J_R$-Kurve:  $\Delta a_{max} = 0,06\,(W - a)$

$\delta_R$-Kurve:  $\Delta a_{max} = 0,1\,(W - a)$

Häufig wird in der Praxis anstelle der kritischen $J_i$- bzw. $\delta_i$-Werte zur Bestimmung der Rissinitiierung $J_Q$ bzw. $\delta_Q$ verwendet. Dabei handelt es sich um die Schnittpunkte einer um 0,2 mm parallel verschobenen *Rissabstumpfungslinie* mit der $J_R$- bzw. $\delta_R$-Kurve (Bild 12.2–49).

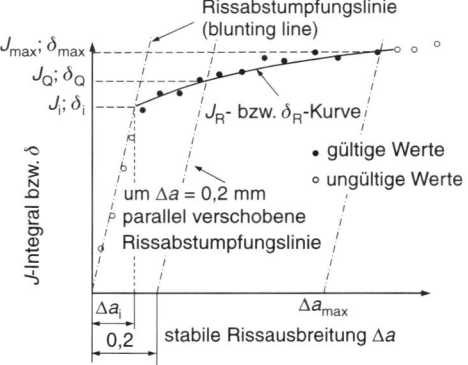

Bild 12.2–49  Bestimmung der $J_R$- bzw. $\delta_R$-Kurve; Ermittlung der Rissinitiierungswerte $J_i$ bzw. $\delta_i$ und der technischen Rissinitiierungswerte $J_Q$ bzw. $\delta_Q$

An dieser Stelle sei darauf hingewiesen, dass die bruchmechanischen Zusammenhänge und die Auswertemethode vereinfacht dargestellt wurden. Für die Vertiefung wird auf die einschlägige Fachliteratur verwiesen, z. B.:

*Heine, B.*: Werkstoffprüfung. Carl Hanser Verlag, 2003

*Blumenauer, H.; Pusch, G.*: Technische Bruchmechanik. WILEY-VCH, 1993.

**Übung 12.2–11**
Wie äußert sich die Sprödigkeit eines Werkstoffes?

**Übung 12.2–12**
Weshalb sind plötzliche Querschnittsänderungen, Rillen und kerbwirksame Einschnitte an beanspruchten Bauteilen konstruktiv möglichst zu vermeiden?

**Übung 12.2–13**
Welche wichtige Aufgabe hat die Bruchmechanik?

**Übung 12.2–14**
Welche Aussagen über das Werkstoffverhalten liefert der Kerbschlagbiegeversuch?

**Übung 12.2–15**
Für welche Werkstoffe gilt die LEBM bzw. die FBM?

## 12.2.5 Dauerschwingprüfung

**Lernziele**

Der Lernende kann ...
- das Wesen statischer und schwingender Beanspruchung erklären,
- die Ursachen und Einflussgrößen eines Dauerbruches nennen,
- die Entstehung einer Wöhlerkurve erläutern,
- Dauerfestigkeitswerte für gegebene Mittelspannungen aus Smith-Diagrammen entnehmen.

### 12.2.5.0 Übersicht

*Werkstoffkennwerte*, die im Zugversuch ermittelt werden, gelten nur für eine einmalige, allmählich ansteigende Zugbelastung. Die meisten Teile von Maschinen, Geräten, Fahrzeugen usw. sind häufig sich *wiederholenden Beanspruchungen* ausgesetzt. Die wirkende Belastung (Kraft, Moment) steigt an und fällt wieder ab (schwellende Belastung) oder es kommt zu einer Umkehr der Belastungsrichtung (z. B. sich abwechselnde Zug- und Druckbeanspruchung – wechselnde Belastung). Die auftretenden Belastungen werden als *mechanische Schwingungen* aufgefasst. In diesem Abschnitt wird das Werkstoffverhalten unter *schwingender Beanspruchung* beschrieben. Dazu notwendige Begriffe werden erläutert.
Sie lernen den *Dauerschwingversuch* nach DIN 50 100, seine Auswertung mithilfe der Wöhlerkurve und die Aufstellung eines klassischen *Dauerfestigkeitsdiagrammes* nach Smith kennen.

#### 12.2.5.1 Dynamische Beanspruchung und Werkstoffverhalten

Alle sich bewegenden Teile sind regelmäßigen oder unregelmäßigen Be- und Entlastungen ausgesetzt (*schwingende Belastung*). Die wirkenden Spannungen ändern sich *zeitlich*. In der Regel sind weder die mittleren Spannungen, die Maximalspannungen noch die Frequenz konstant. Es handelt sich dann um *instationäre stochastische (zufällige) Schwingungen*, wie sie z. B. bei Fahrzeugachsen und –federn auftreten (Bild 12.2–50). In der Praxis verändert sich die Spannung nur sehr selten gleichmäßig (*stationäre Schwingbelastung*; z. B. Turbinenwellen, Bild 12.2–51). Schwingend belastete Maschinenteile können unter Betriebsspannungen zu Bruch gehen, die weit unter der im Zugversuch ermittelten Festigkeit liegen. Die Ursache für die niedrigere Festigkeit ist eine durch die zyklische Belastung entstandene Werkstoffschädigung, die mit Rissbildung und Bruch enden kann. Dieser Vorgang wird als *Ermüdung* bezeichnet. Die Ermüdung beruht immer auf *sehr kleinen plastischen Verformungen*. Die Versetzungen werden durch die zyklische Beanspruchung hin- und herbewegt. Dabei konzentriert sich die Versetzungsbewegung auf wenige Gleitebenen (Ermüdungsgleitbänder). Die Wechselwirkung der Versetzungen untereinander bzw. mit anderen Hindernissen (Korngrenzen, Teilchen) führt zur dauerhaften Schädigung des Materials.

Werden die maximalen Spannungen nicht zu groß, so sind die meisten metallischen Werkstoffe in der Lage, diese Schwingungen beliebig oft zu ertragen. Dieser Grenzwert wird als *Dauerfestigkeit* oder *Dauerschwingfestigkeit* $\sigma_D$ bezeichnet, die aber deutlich unter der Streckgrenze und der Zugfestigkeit liegt.

*Belastungsbeispiele*:

| vorwiegend statisch (ruhend) belastet | dynamisch belastet |
|---|---|
| • Säulen, Ständer | • Getriebeteile (Wellen, Zahnräder) |
| • Gebäudefundamente | |
| • Rahmen, Gehäuse | • Kolbenstangen |
| | • Federn |
| | • Achsen |

> *Ermüdung* ist eine Werkstoffschädigung, hervorgerufen durch eine zyklische Beanspruchung. Sie ist immer mit einer lokal begrenzten plastischen Verformung verbunden und kann zum Bruch führen.

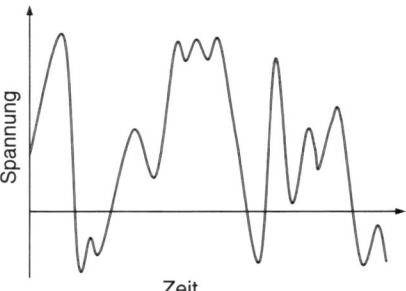

Bild 12.2–50 Spannung-Zeit-Verlauf einer instationären stochastischen Schwingbeanspruchung

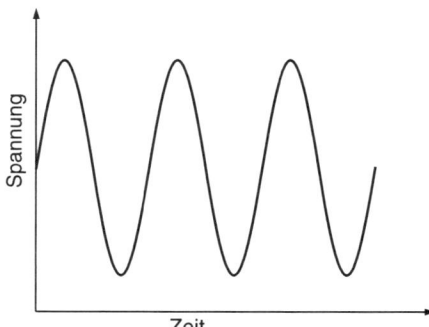

Bild 12.2–51 Spannung-Zeit-Verlauf einer stationären Schwingbeanspruchung

Der Bruch, der durch eine zyklische Belastung entsteht, wird als *Dauerbruch* bezeichnet (Bild 12.2–52). Wird die Dauerfestigkeit des Werkstoffes überschritten, so kommt es nach einer bestimmten Zeit (kann extrem unterschiedlich sein) zum Bruch der Probe. Der eintretende Dauerbruch ist meistens am typischen Aussehen der Bruchfläche zu erkennen. Das Bruchbild ist immer zweigeteilt und besteht aus einem *Ermüdungsbruch* und einem *Gewaltbruch*. Durch die schwingende Belastung kommt es zur zunehmenden Werkstoffschädigung und zu einem *allmählichen Rissfortschritt* (Ermüdungsbruch). Dieser Teil des Bruches ist glatt und bei einer unterbrochenen Schwingbelastung zeigen sich *Rastlinien*. Wird die Schwingbelastung nicht unterbrochen, so kann der Ermüdungsbruch anhand von *Schwingungslinien* im Rasterelektronenmikroskop nachgewiesen werden. Durch den allmählichen Rissfortschritt wird der Querschnitt immer mehr geschwächt. Letztendlich wird dadurch die wahre Spannung im Querschnitt zu groß und es kommt zum Rest- bzw. Gewaltbruch. Der Restbruch zeigt häufig ein grobkristallines und zerklüftetes Aussehen. Etwa 90 % aller Schäden an Maschinen und Fahrzeugen werden durch *Dauerbrüche* verursacht.

Die *Dauerfestigkeit* wird neben der Schwingbeanspruchung auch durch die Geometrie sowie durch *innere und äußere Kerben* stark beeinflusst. So haben scharfe Kerben immer eine Minderung der Dauerfestigkeit zur Folge.

Der Konstrukteur kann durch die Gestaltung der Bauteile ihr Dauerschwingverhalten positiv beeinflussen. Äußere Kerben sind in ihrer Wirkung zu mildern (z. B. scharfkantige Absätze vermeiden, Feinbearbeitung der Oberfläche fordern). Bewährt hat sich, durch geeignete Fertigungsverfahren (Kugelstrahlen, Prägepolieren, Randschichthärten) *Druck-Eigenspannungen* in der Randzone des Werkstückes zu erzeugen. Dadurch werden Spannungen, die durch äußere Belastungen entstehen, kompensiert.

*Dauerschwingfestigkeit* $\sigma_D$ (*Dauerfestigkeit*) ist der maximale Spannungsausschlag $\sigma_A$ (Zug, Druck, Biegung, Verdrehung usw.) um eine gegebene Mittelspannung $\sigma_M$, den eine Probe beliebig oft erträgt, ohne zu brechen und ohne sich unzulässig zu verformen.

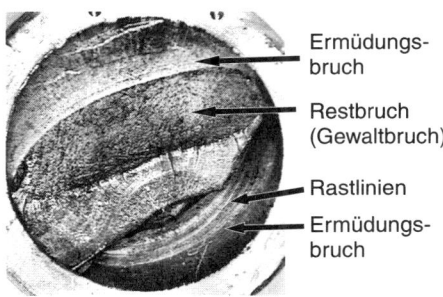

Bild 12.2–52  Bruchaussehen eines Dauerbruches (Biegewechselbeanspruchung)

Ursachen für Dauerbrüche sind:
• hohe Schwingbeanspruchung
• hohe Schwingspielfrequenzen (= Anzahl der Belastungsänderungen pro Zeit)
• hohe Versetzungskonzentration auf den Ermüdungsgleitbändern
• innere Kerben (spröde nichtmetallische Einschlüsse, Graphitlamellen bei Grauguss)
• äußere Kerben (Geometrieübergänge, Passfedernuten, Drehriefen, Schleiffrisse, Bohrungen, Gewinde)

Gestaltfestigkeit ist die Dauerfestigkeit eines fertigen Bauteiles (z. B. einer Schraube). Sie berücksichtigt alle konstruktiv bedingten und durch das Formgebungsverfahren erzeugten äußeren Kerben.

Für die Berechnung von schwingungsbeanspruchten Bauteilen muss demzufolge der Konstrukteur die Geometrie eines Bauteiles berücksichtigen. Das geschieht über die *Gestaltfestigkeit*, die eine Dauerfestigkeit für Bauteile ist. Mithilfe der Kerbwirkzahl $\beta_K$, dem Verhältnis der Dauerfestigkeit einer ungekerbten zur gekerbten Probe

$$\beta_K = \frac{\sigma_D \text{ (ungekerbt)}}{\sigma_D \text{ (gekerbt)}} > 1$$

kann die Gestaltfestigkeit eines Bauteiles $\sigma_{nD}$ berechnet werden:

$$\sigma_{nD} = \frac{\sigma_D}{\beta_K}$$

Die Dauerfestigkeit (metallischer Werkstoffe) erhöht sich durch:
- kerbarme Form und Fertigung
- Druckeigenspannungen im Bauteil (Kugelstrahlen, Prägepolieren z. B. von Wellen; Einsatzhärten oder Nitrieren z. B. von Zahnrädern, von Kolbenbolzen)

### 12.2.5.2 Dauerschwingversuch

Der *Dauerschwingversuch* ist in der DIN 50 100 genormt. Er dient zur Ermittlung des mechanischen Werkstoffverhaltens und der Werkstoffkennwerte unter (stationärer) *schwingender Belastung*. Die mit den Prüfmaschinen erzeugten Schwingungen lassen sich idealisiert als *Spannung-Zeit-Kurve* darstellen (Bild 12.2–53). Entsprechend Bild 12.2–54 lassen sich die Beanspruchungen in drei Bereiche einteilen:
a) *Zug-Schwellbereich*, $\sigma_o$ und $\sigma_u$ sind positiv und $\sigma_m \geq \sigma_a$
b) *Wechselbereich*, $\sigma_o$ und $\sigma_u$ haben unterschiedliche Vorzeichen und $\sigma_m < \sigma_a$
c) *Druck-Schwellbereich*, $\sigma_o$ und $\sigma_u$ sind negativ und $\sigma_m \geq \sigma_a$.

Neben den Beanspruchungsarten Zug und Druck kann der Werkstoff auch auf Biegung oder Torsion beansprucht werden. Die einzusetzenden Prüfmaschinen richten sich nach der gewünschten Beanspruchungsart. Übliche Prüfmaschinen für Dauerschwingprüfungen sind Zug-Druck-Pulsatoren, Biege-Schwingprüfmaschinen, Umlaufbiegemaschinen, aber auch servohydraulische Universalprüfmaschinen.

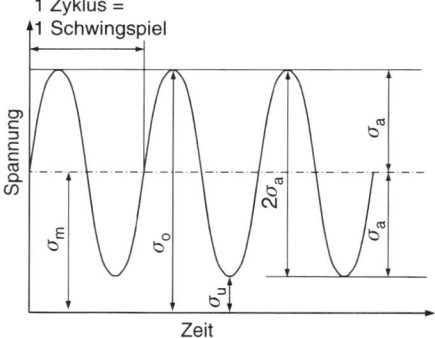

Bild 12.2–53 Spannung-Zeit-Kurve beim Dauerschwingversuch nach Wöhler
$\sigma_o$   Oberspannung (größter Wert der Spannung je Schwingspiel)
$\sigma_u$   Unterspannung (kleinster Wert der Spannung je Schwingspiel)
$\sigma_m$   Mittelspannung; $\sigma_m = 0{,}5 \cdot (\sigma_o + \sigma_u)$
$\sigma_a$   Spannungsausschlag bzw. -amplitude
      $\sigma_a = \pm 0{,}5 \cdot (\sigma_o - \sigma_u)$
$2\sigma_a$ Schwingbreite der Spannung
      $2\sigma_a = (\sigma_o - \sigma_u)$

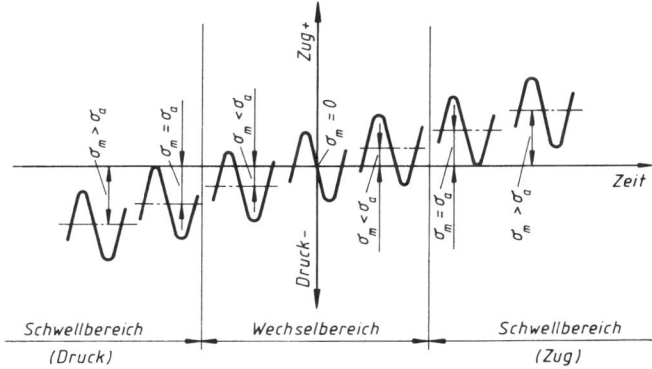

Bild 12.2–54 Bereiche der Schwingbeanspruchung

Bewährt hat sich der *Wöhlerversuch* (Einstufenversuch). Hierbei werden acht bis zwölf Proben im gleichen Beanspruchungsbereich, bei gleicher Mittelspannung $\sigma_m$, aber mit unterschiedlichen Amplituden $\sigma_a$ schwingend belastet. Die Probekörper müssen in Bezug auf Werkstoff, Form und Qualität der Oberfläche völlig gleichwertig sein. Es werden die *Schwingspielzahlen* ermittelt (Zählwerk), bei denen jeweils der Bruch der Probe eintritt. Schließlich wird die Beanspruchung gefunden, die unendlich oft ohne Bruch ertragen wird.

Die *Dauerschwingfestigkeit* wird mithilfe einer Wöhlerkurve bestimmt. Dazu ist es erforderlich, die Wertepaare $\sigma_a - N$ (Spannungsamplitude – ertragene Lastspielzahl) in das Wöhlerdiagramm einzutragen (Bild 12.2–55). Zu beachten ist, dass die Lastspielzahl $N$ logarithmisch aufgetragen wird. Die Einzelwerte können bei gleicher Spannungsamplitude erheblich streuen. Die Dauerfestigkeit ist dann erreicht, wenn die Proben nicht mehr brechen. Allgemein wird bei den meisten metallischen Werkstoffen davon ausgegangen, dass bei $2 \cdot 10^6 < N < 10^7$ ertragenen Lastspielen die Dauerfestigkeit erreicht ist. Dabei liegen Stähle eher im Bereich der unteren und Leichtmetalle eher an der oberen Grenze. Die entsprechende Lastspielzahl, bei der die Dauerfestigkeit erreicht wird, wird als *Grenzlastspielzahl* $N_G$ bezeichnet.

Bei den Formelzeichen für Spannungen ist folgende Unterscheidung üblich:
- Beanspruchungen (beliebig wirkende Spannungen) erhalten kleine Indizes, z. B. $\sigma_a$ Spannungsausschlag (Amplitude), $\sigma_m$ Mittelspannung
- Festigkeitswerte (Versuchsergebnisse) erhalten große Indizes, z. B. $\sigma_A$ Spannungsausschlag der Dauerfestigkeit, $\sigma_M$ Mittelspannung der Dauerfestigkeit

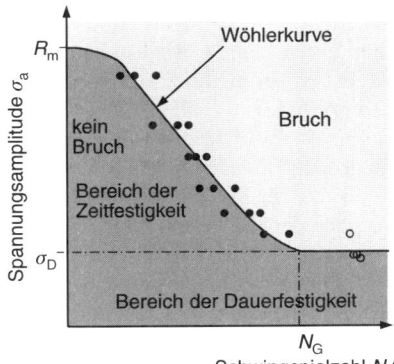

○ Probe nicht gebrochen
● Probe gebrochen

Bild 12.2–55 Schematisches Wöhlerdiagramm

> Die *Grenzspielzahl* $N_G$ gibt die Anzahl der Zyklen (Lastspielzahl) an, bei der die Dauerfestigkeit $\sigma_D$ erreicht wird.

Ist die Spannungsamplitude größer als $\sigma_D$ und kleiner als die Zugfestigkeit $R_m$, so erträgt der Werkstoff diese Belastung nur eine begrenzte Zeit bzw. Schwingspielzahl. Der entsprechende Werkstoffkennwert heißt Zeitschwingfestigkeit oder kurz Zeitfestigkeit.

Da das dynamische Werkstoffverhalten erheblich von den Belastungsbedingungen abhängt, sind bei der Angabe der Dauerfestigkeit folgende Punkte zu berücksichtigen:

- Belastungsart als Index zum $\sigma$ (Zug $\sigma_z$, Druck $\sigma_d$, Zug-Druck $\sigma_{zd}$, Biegung $\sigma_b$, Biege-Schwell-Beanspruchung $\sigma_{bSch}$, Biege-Wechsel-Beanspruchung $\sigma_{bW}$)
- u. U. wird anstelle des Index D für die Dauerfestigkeit auch der Belastungsbereich als Index zum $\sigma$ angegeben (Wechselbereich $\sigma_W$, Schwellbereich $\sigma_{Sch}$)
- die Mittelspannung $\sigma_m$ mit Vorzeichen (+ für Zug, − für Druck); wird diese nicht angegeben, handelt es sich um eine Wechselbeanspruchung mit $\sigma_m = 0$
- die Spannungsamplitude $\sigma_a$
- u. U. wird auch die Grenzschwingspielzahl als Index angegeben
- einzustellende Belastungen beim Versuch erhalten einen kleinen Buchstaben als Index (z. B.: $\sigma_a$ für die einzustellende Spannungsamplitude)
- ermittelte Werkstoffkennwerte werden mit einem großen Buchstaben als Index versehen (z. B. $\sigma_A$ für Spannungsamplitude bei der Angabe der Dauerfestigkeit)

Beim *erweiterten Wöhlerversuch* (Zweistufenversuch) wird eine Vorschädigung des Werkstoffes durch höhere Spannungsamplituden, die oberhalb von $\sigma_D$ liegen, untersucht (Bild 12.2–56). Die Lastspielzahlen bei der Vorbelastung sind klein, sodass die Vorbelastung (Einstufenversuch, Bild 12.2–53) im Bereich der Zeitfestigkeit liegt. Erreichen bei einer nachfolgenden Belastung mit $\sigma_D$ die Proben die *Grenzlastspielzahl* $N_G$ ohne Bruch, so liegen sie noch im Bereich II des erweiterten Wöhlerdiagrammes; brechen sie

Ist die Spannungsamplitude größer als die Dauerfestigkeit, aber kleiner als die Zugfestigkeit, so ist der Werkstoff nur eine begrenzte Zyklenzahl (Bruch-Schwingspielzahl) in der Lage, diese Spannungen zu ertragen (Zeitfestigkeit).

Angabe der Dauerfestigkeit

$\sigma_D = \sigma_M \pm \sigma_A$

$\sigma_M$ *Mittelspannung* bei Dauerfestigkeit
$\sigma_A$ *Spannungsamplitude* bei Dauerfestigkeit

Beispiele:

$\sigma_{zdW} = \pm 250\,\text{MPa}$;
die Zug-Druck-Wechselfestigkeit beträgt 250 MPa ($\sigma_A = \pm 250\,\text{MPa}$; $\sigma_m = 0$)

$\sigma_{dW} = -190 \pm 140\,\text{MPa}$;
die Druck-Dauerfestigkeit im Wechselbereich beträgt 140 MPa bei einer Mittelspannung von $\sigma_m = -190\,\text{MPa}$ ($\sigma_A = \pm 140\,\text{MPa}$)

$\sigma_{b\,Sch\,(10^7)} = +150\,\text{MPa} \pm 150\,\text{MPa}$;
die Biege-Schwellfestigkeit beträgt 150 MPa bei einer Grenzschwingspielzahl $N_G$ von $10^7$ ($\sigma_A = \pm 150\,\text{MPa}$; $\sigma_m = 150\,\text{MPa}$; $\sigma_U = 0$)

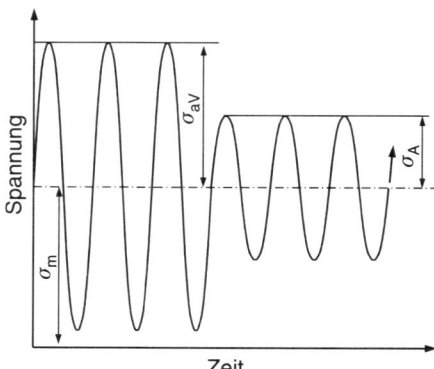

Bild 12.2–56 Spannung-Zeit-Verlauf beim erweiterten zweistufigen Wöhlerversuch
$\sigma_{aV}$ Spannungsamplitude bei der Vorbelastung
$\sigma_A$ Spannungsamplitude der Dauerfestigkeit (im Einstufenversuch)

jedoch, so liegen sie im Bereich I. Nach Wiederholung mit anderen Vorbelastungshöhen können dann die Bereiche I und II durch die *Schadenslinie* voneinander getrennt werden. Das erweiterte Wöhlerschaubild (Bild 12.2–57) zeigt dann drei Bereiche:

I. In diesem Bereich ist eine Werkstoffschädigung zu erwarten.

II. Schwingbeanspruchung mit höherem Spannungsausschlag ist durch die Schwingspielzahl begrenzt.

III. Schwingbeanspruchung ist zeitlich unbegrenzt möglich, ohne dass der Werkstoff zu Bruch geht.

Die *Schadenslinie* im Wöhlerdiagramm begrenzt für jede Schwingbeanspruchungshöhe oberhalb der Dauerfestigkeit $\sigma_D$ die Lastspielzahl, die ohne Schädigung des Werkstoffes ertragen werden kann. Wird der Werkstoff mit einer Belastung unterhalb der Schadenslinie kurzzeitig beansprucht, hat er anschließend immer noch die Dauerfestigkeit.

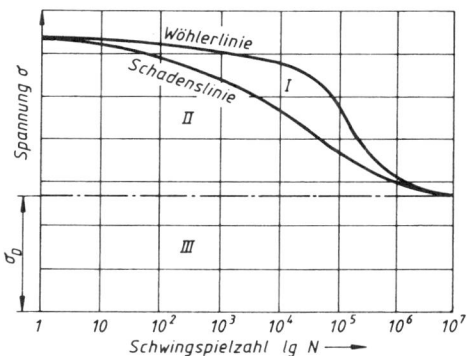

Bild 12.2–57 Erweitertes Wöhlerschaubild; Wöhler- und Schadenslinie (nach DIN 50 100)

I. Bereich der Überbeanspruchung mit Werkstoffschädigung

II. Bereich der Überbeanspruchung ohne Werkstoffschädigung

III. Bereich der Beanspruchung unter der Dauerfestigkeit

### 12.2.5.3 Das Dauerfestigkeitsdiagramm nach Smith

Eine Wöhlerkurve charakterisiert das Verhalten des Werkstoffes nur in einem bestimmten Bereich der Dauerschwingbeanspruchung (bei einer bestimmten Mittelspannung $\sigma_m$). Um das Verhalten im gesamten Bereich der Dauerschwingbeanspruchung zu erfassen, müssen mehrere Wöhlerkurven mit unterschiedlichem $\sigma_D$ ermittelt werden. Die erhaltenen Werte zeichnet man in ein *Dauerfestigkeitsdiagramm*.

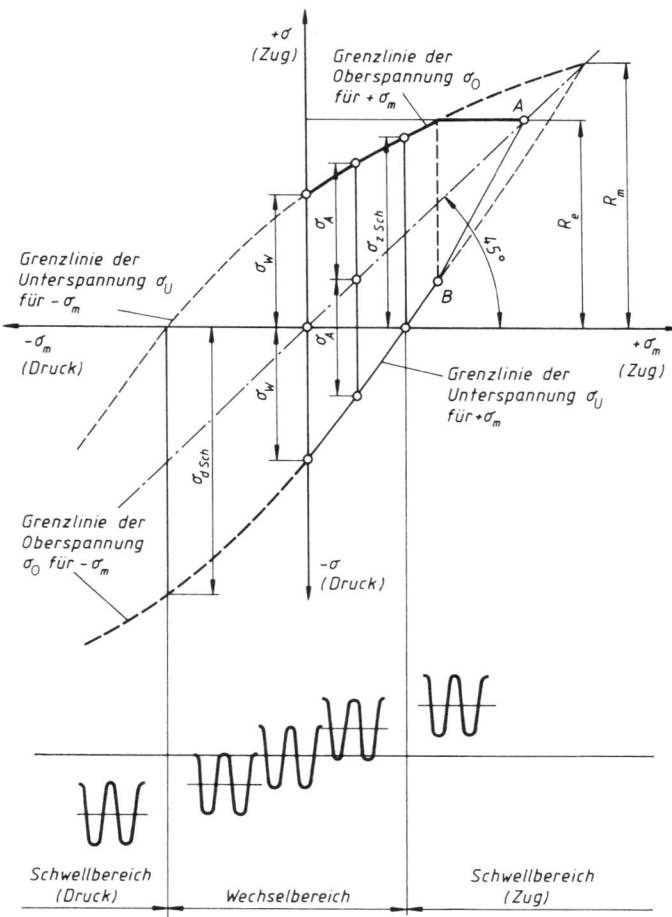

Bild 12.2–58 Dauerfestigkeitsdiagramm nach Smith (schematisch)

Aus dem Dauerfestigkeitsdiagramm lässt sich die *Dauerschwingfestigkeit* in Abhängigkeit von jeder vorgegebenen Mittelspannung ablesen.

Deshalb dienen die Diagramme dem Konstrukteur als Grundlage bei der Bemessung schwingend beanspruchter Teile.

Bild 12.2–58 zeigt ein Dauerfestigkeitsdiagramm in der Darstellungsweise nach Smith. Auf der Abszisse ist $\sigma_m$ und auf der Ordinate sind $\sigma_O$ und $\sigma_U$ in gleichem Maßstab aufgetragen. Durch die unter einem Winkel von 45° eingezeichnete Hilfslinie erscheinen die $\sigma_m$-Werte auch als Ordinatenwerte. Man kann sofort $\sigma_O$, $\sigma_U$, $\sigma_A$ und $\sigma_m$ aus dem Diagramm entnehmen. Zusammengehörige Werte von $\sigma_O$, $\sigma_U$, $\sigma_m$ liegen senkrecht übereinander. Die Werte für die *Wechselfestigkeit* ($\sigma_m = 0$) lassen sich auf der Abszissenachse, die *Schwellfestigkeit* am Schnittpunkt der $\sigma_U$-Kurve mit der Abszisse, also bei $\sigma_U = 0$, ablesen.

Theoretisch verläuft das Diagramm bis zur Zugfestigkeit $R_m$. Diesem gestrichelten Bereich kommt aber keine technische Bedeutung zu, da dort plastische Verformungen erfolgen. Deshalb begrenzt man das Diagramm durch die Waagerechte, die der statischen Streckgrenze $R_e$ entspricht. Ersetzt man die Kurven für die Ober- und Unterspannung durch eine Gerade, so entstehen genügend genaue vereinfachte Dauerfestigkeitsdiagramme (Bild 12.2–59).

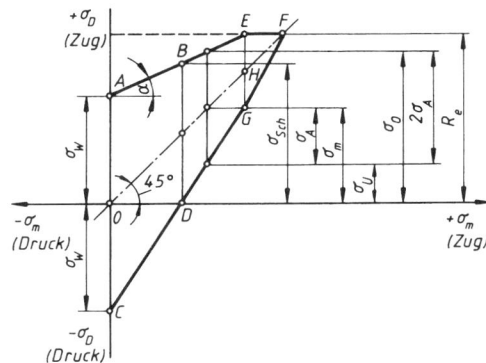

Bild 12.2–59  Vereinfachtes Dauerfestigkeitsdiagramm
(bei der Streckgrenze $R_e$ abgeschnitten)

| | |
|---|---|
| $\sigma_m$ | Mittelspannung |
| $\sigma_{Sch}$ | Schwellfestigkeit |
| $\sigma_A$ | Spannungsausschlag |
| $R_e$ | Streckgrenze |
| $\sigma_W$ | Wechselfestigkeit |
| $R_m$ | Zugfestigkeit |

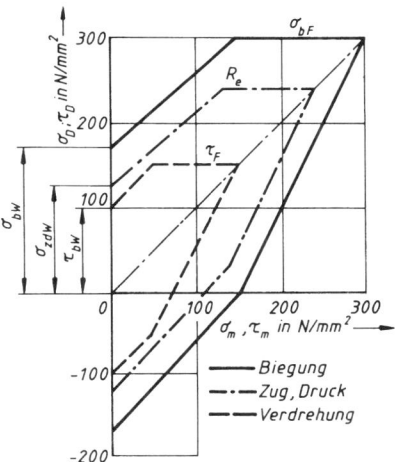

Bild 12.2–60  Dauerfestigkeitsdiagramm des Baustahles S235JR (St 37-2) für die Beanspruchungsarten Biegung, Zug (Druck) und Verdrehung (Torsion)

| | |
|---|---|
| $\sigma_{bW}$ | Biegewechselfestigkeit |
| $\sigma_{zdW}$ | Zug-/Druckwechselfestigkeit |
| $\tau_{tW}$ | Verdrehwechselfestigkeit |

**Übung 12.2–16**
Schildern Sie typische Merkmale eines Dauerbruches!

**Übung 12.2–17**
Wodurch entstehen Dauerbrüche?

**Übung 12.2–18**
Welcher metallkundliche Vorgang ist für die sinkende Festigkeit mit zunehmender Schwingspielzahl verantwortlich?

**Übung 12.2–19**
Bei welchen Bauteilen treten schwingende Beanspruchungen auf?

**Übung 12.2–20**
Was kann der Konstrukteur aus Dauerfestigkeitsdiagrammen entnehmen?

# 12.3 Zerstörungsfreie Werkstoffprüfung

**Lernziele**

Der Lernende kann ...
- die Aufgaben der zerstörungsfreien Werkstoffprüfung nennen,
- das Wesen von Röntgen- und Gammastrahlen charakterisieren und ihre Anwendung erläutern,
- das physikalische Prinzip der Fehlersuche mit Ultraschall erklären,
- die Anwendung von Ultraschallprüfköpfen beschreiben,
- die Entstehung eines magnetischen Feldes erklären (Wiederholung aus Physik, Abschnitt Magnetismus),
- das Prüfprinzip des Magnetpulververfahrens skizzieren und schildern,
- Tastspul-, Gabelspul- und Durchlaufpulverfahren gegenüberstellen und ihre Anwendung nennen.

## 12.3.0 Übersicht

Die Eigenschaften bzw. die Funktion der Werkstoffe/Bauteile werden durch die *zerstörungsfreien Prüfverfahren* nicht beeinträchtigt. Eine extra Probenentnahme und die anschließende mechanische Zerstörung zur Bestimmung der Eigenschaften ist in der Regel nicht erforderlich, sodass diese Verfahren auch zur *Prozess- und Produktüberwachung* eingesetzt werden können. Die zerstörungsfreien Prüfverfahren beruhen auf bekannten Wechselwirkungen verschiedener Energieformen mit dem Werkstoff/dem Werkstück, deren Grundprinzipien aus der Physik bekannt sind. Infrage kommen zunächst elektrische und magnetische Felder (Magnetpulververfahren, Wirbelstromprüfung), die Ausbreitung und Reflexion elastischer Wellen (akustische Prüfverfahren, z. B. Ultraschall) sowie die Wirkung energiereicher Strahlung (Isotopenprüfung, Rötgendurchstrahlungsprüfung). Während die herkömmliche Werkstoffprüfung konkret über Festigkeit, Härte, Zusammensetzung oder Gefügezustand eines Werkstoffes Auskunft gibt, zieht man bei den zerstörungsfreien Verfahren aus dem Verhalten der Werkstoffe gegenüber physikalischen Einflüssen verschiedenster Art Rückschlüsse auf den Werkstoffzustand bzw. auf Materialfehler.

**Aufgaben der zerstörungsfreien Werkstoffprüfung**
- Fehlersuche in der Produktkontrolle (Risse, Poren, Lunker, Dopplungen bei gewalzten Blechen, Bindefehler bei Schweißnähten usw.)
- Prüfung der Zusammensetzung und der Struktur (z. B. chemische Zusammensetzung, Homogenität, Gefüge und Struktur, siehe auch Abschnitt 12.4)
- Ermittlung von Geometriekenngrößen (z. B. Randschichtdickenmessung, Wanddickenmessung von Rohren, Blechdickenmessung während des Walzens)
- Ermittlung des Werkstoffzustandes über physikalische Größen (z. B. Eigenspannungsmessung, indirekte Härtemessung)

In diesem Abschnitt werden die wichtigsten Verfahren der zerstörungsfreien Materialprüfung vorgestellt. Es wird gezeigt, dass bestimmte physikalische Werkstoffeigenschaften (z. B. Absorption von Röntgen- und Gammastrahlen, Reflexion von Ultraschallwellen) zum Nachweis von Fehlern genutzt werden.

## 12.3.1 Durchstrahlungsprüfung

Für die *Durchstrahlungsprüfung* werden in erster Linie *Röntgen- und Gammastrahlen* genutzt. Dabei handelt es sich um elektromagnetische Wellen, die in der Lage sind, Festkörper zu durchdringen.

*Röntgenstrahlen* entstehen z. B. in Röntgenröhren (Bild 12.3–1). Die Erzeugung erfolgt in einer evakuierten Röhre mit Katode (Drahtwendel aus Wolframdraht) und Anode. Eine angelegte Hochspannung setzt aus der hocherhitzten Katode energiereiche Elektronen frei, die mit großer Geschwindigkeit auf die Anode auftreffen (Katodenstrahlen). Die Elektronen werden beim Auftreffen auf die metallische Anode stark abgebremst. Ein Teil der Energie wird in Röntgenstrahlen (*Bremsstrahlung*) umgewandelt, die aus einem Fenster der Röntgenröhre austreten und praktisch genutzt werden können. Die Wellenlänge der *Röntgenstrahlung* ist mit $10^{-12}$ m bis $10^{-8}$ m deutlich kurzwelliger als die bei sichtbarem Licht ($\lambda \approx 0{,}5 \cdot 10^{-6}$ m).

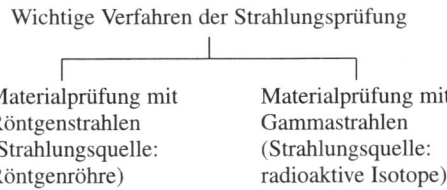

Wichtige Verfahren der Strahlungsprüfung

Materialprüfung mit Röntgenstrahlen (Strahlungsquelle: Röntgenröhre)

Materialprüfung mit Gammastrahlen (Strahlungsquelle: radioaktive Isotope)

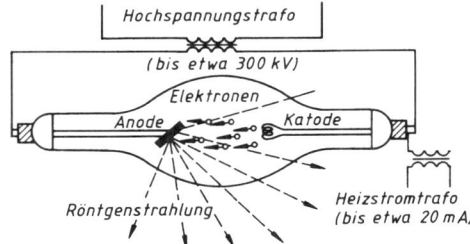

Bild 12.3–1 Röntgenröhre – Prinzip der Bremsstrahlung

In Abhängigkeit von der Beschleunigungsspannung zwischen Katode und Anode sowie der Heizspannung in der Katode ergibt sich ein typisches *Bremsspektrum* der Röntgenstrahlung (Bild 12.3–2). Eine höhere Heizspannung führt zur verstärkten Emission von Elektronen. Das Spektrum der Strahlung und die Lage des Maximums bleiben gleich. Die *Intensität der Strahlung* wird erhöht. Eine höhere Beschleunigungsspannung verschiebt das Röntgenspektrum zu kürzeren Wellenlängen und erhöht die Intensität – die *Härte der Strahlung* und damit das *Durchdringungsvermögen* wächst.

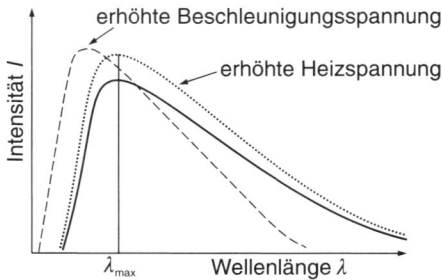

Bild 12.3–2  Einfluss der Beschleunigungs- und Heizspannung auf das Bremsspektrum

*Gammastrahlung* wird frei, wenn radioaktive (instabile) Isotope zerfallen. *Isotope* sind Atomarten eines chemischen Elementes mit gleicher Protonen-, aber unterschiedlicher Neutronenzahl. Das in der *Gammadefektoskopie* häufig verwendete Cobalt-60-Isotop wird in Reaktoren durch Neutronenbeschuss erzeugt (Bild 12.3–3). Das instabile Isotop zerfällt mehr oder weniger schnell, ohne dass von außen weitere Energie zugeführt wird. Es entsteht ein stabiler Atomkern, zum Beispiel Nickel 60. Beim radioaktiven Zerfall entsteht Gammastrahlung und häufig werden zusätzlich Elektronen abgegeben ($\beta$-Strahlung).

*Röntgen- und Gammastrahlen* sind elektromagnetische Wellen, die in der Lage sind, Festkörper zu durchdringen. Röntgenstrahlen entstehen beim Auftreffen energiereicher Elektronen auf Metalloberflächen. Gammastrahlen entstehen durch den Zerfall *radioaktiver Isotope*.

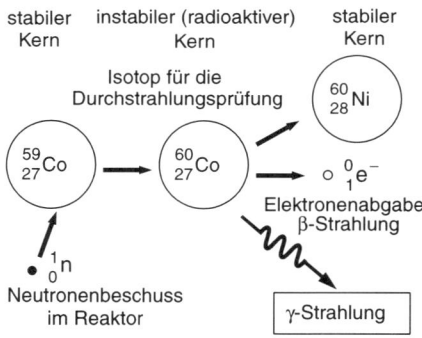

Bild 12.3–3  Entstehung der Gammastrahlung aus einem Cobalt-60-Isotop

Dringt die Röntgen- oder Gammastrahlung in einen Festkörper ein, so *wird die Strahlung geschwächt*, d. h. die eintretende Intensität der Strahlung ist größer als die austretende Intensität (Bild 12.3–4). Die *Durchdringungsfähigkeit* eines Bauteiles kann über die austretende Intensität charakterisiert werden. Sie hängt neben der Wellenlänge der Strahlung von der chemischen Zusammensetzung des Werkstoffes und der Dicke des Bauteiles ab. Ändert sich in einem Bauteil die chemische Zusammensetzung (z. B. Schlackeeinschluss im Stahl) oder aber im Inneren befindet sich ein Hohlraum (z. B. Poren, Lunker, offener Bindefehler in einer Schweißnaht), so wird sich die austretende Strahlungsintensität gegenüber dem homogenen Werkstoff ändern. Der Zusammenhang kann über das *Schwächungsgesetz* beschrieben werden:

$$I = I_0 \, e^{-\mu d}$$

$I$ Intensität der austretenden Strahlung
$I_0$ Intensität der eintretenden Strahlung
$d$ Bauteildicke
$\mu$ Schwächungskoeffizient
(Werkstoffkonstante)

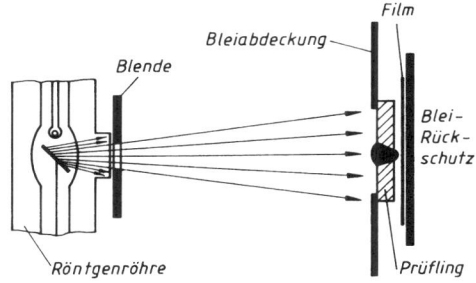

Bild 12.3–4 Röntgendurchstrahlung
(Prüfprinzip)

Hinter das Prüfobjekt wird ein Röntgenfilm gelegt. Eine unterschiedliche Intensität der austretenden Röntgen- oder Gammastrahlung führt zur unterschiedlichen *Schwärzung* des Filmes. Damit ist es möglich, die Inhomogenitäten oder Fehler in einem Werkstück aufzufinden (Bild 12.3–5). Durch Verstärkerfolien kann die Filmschwärzung erhöht werden. Auftretende Streustrahlen verringern den Kontrast und verschlechtern die Fehlererkennbarkeit. In erster Linie wird der Kontrast durch die Wellenlänge bestimmt. Die weicheren Röntgenstrahlen ergeben kontrastreichere Bilder als Aufnahmen mit Gammastrahlen. Darüber hinaus wird durch die Wahl des Filmes und seine Entwicklung der Kontrast beeinflusst. Die Bildschärfe wird durch Größe und Abstand der Strahlungsquelle bestimmt. Abstand und Belichtungszeiten entnimmt man für die gewählte Röhrenspannung bzw. entsprechend den Strahlungswerten des radioaktiven Isotopes den zur Prüfeinrichtung gehörenden Diagrammen.

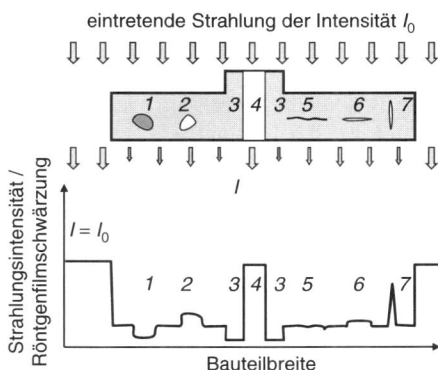

Bild 12.3–5 Einfluss der Bauteilgeometrie und der Materialfehler auf die Intensität der austretenden Strahlung bzw. die Schwärzung des Röntgenfilmes;
*1* Materialinhomogenität mit höherem Schwächungsindex $\mu$ als Grundwerkstoff
*2* Materialinhomogenität mit kleinerem Schwächungsindex $\mu$ als Grundwerkstoff
*3* größere Materialdicke $d$
*4* durchgehende Bohrung
*5* zugedrückter Querriss (z. B. Dopplung; schlecht nachweisbar)
*6* offener Querriss
*7* Längsriss

Neben der Abbildung auf Röntgenfilmen kommen auch weitere Bildgebungsverfahren infrage. Das sind die Verwendung von *Fluoreszenzschirmen* sowie ein System aus Fluoreszenzschirm, Röntgenbildverstärkern und digitaler Kamera. Die moderne digitale Bildverarbeitungstechnik erlaubt hochauflösende, rauscharme und kontrastreiche Durchstrahlungsbilder. Die aus der Medizin bekannte *Computertomographie* erlaubt sogar dreidimensionale Abbildungen. Dabei werden die Objekte aus mehreren Blickwinkeln „scheibchenweise" durchstrahlt und mithilfe einer Computersoftware ein räumliches Bild erzeugt.

> Die *Durchstrahlungstechnik* wird in erster Linie eingesetzt, um Fehler im Inneren der Werkstücke wie Gasblasen, Lunker, Dopplungen, Risse usw. festzustellen. Besonders wichtig sind diese Verfahren zur Prüfung von Schweißnähten.

Mit *Röntgen- und Gammastrahlen* kann man Fehler im Inneren der Werkstücke wie Gasblasen, Lunker, Dopplungen, Risse usw. feststellen. Besondere Verbreitung haben beide Verfahren bei der Prüfung von Schweißnähten erlangt (Bild 12.3–6). Wird die Probe von verschiedenen Seiten bestrahlt, lässt sich die Lage und Ausdehnung des jeweiligen Fehlers bestimmen. Für sehr dicke Werkstücke und auf Baustellen wird der transportable Gammastrahler eingesetzt. Die Röntgenanlage ist an das elektrische Netz gebunden und wird bei dünneren Wanddicken bzw. leicht durchstrahlbaren Stoffen eingesetzt.

Röntgen- und Gammastrahlen können aufgrund ihrer hohen Energie bei entsprechender Dosierung gesundheitliche Schäden verursachen. Nur ausgebildetes Fachpersonal darf unter Beachtung der Strahlenschutzverordnung bzw. Röntgenverordnung die Durchstrahlungsprüfung durchführen.

Neben der Röntgen- und Gammastrahlung können für eine Durchstrahlungsprüfung u. U. auch sichtbares oder infrarotes Licht (Glasprüfung) und Neutronen oder Elektronen eingesetzt werden.

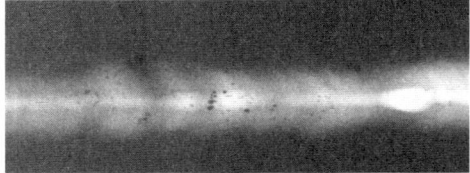

Bild 12.3–6   Röntgenbild einer Schweißnaht mit Poren

Tabelle 12.3–1   Vor- und Nachteile der Gammastrahlung

| Vorteile | Nachteile |
|---|---|
| keine äußere Energiezufuhr | geringe Intensität (höhere Belichtungszeiten, Spezialfilme) |
| komplizierte Formen prüfbar | höherer Strahlenschutzaufwand |
| dicke Schichten prüfbar | geringer Kontrast |
| allseitige Strahlenausbreitung (mehrere Werkstücke gleichzeitig prüfbar) | ständige Strahlung (auch bei Nichtbenutzung) |
| transportable Geräte | |

Tabelle 12.3–2   Eigenschaften radioaktiver Isotope (Nuklide)

| Nuklid | Halbwertszeit | Energie der $\gamma$-Strahlung MeV | durchstrahlbare Wandstärke mm Stahl |
|---|---|---|---|
| Cobalt $^{60}_{27}$Co | 5,25 a | 1,17; 1,33 | 50 ... 160 |
| Caesium $^{137}_{55}$Cs | 30 a | 0,67 | 30 ... 100 |
| Iridium $^{192}_{77}$Ir | 74 d | 0,3 ... 0,5 | 8 ... 80 |
| Thulium $^{170}_{69}$Tm | 128 d | 0,084 | $\leqq 4$ |
| Tantal $^{182}_{73}$Ta | 117 d | 0,040 ... 1,22 | 40 ... 125 |

## 12.3.2   Ultraschallprüfung

Im Gegensatz zu den elektromagnetischen Wellen handelt es sich bei den Schallwellen um *elastische (mechanische) Wellen*. Das heißt, die Teilchen des untersuchten Stoffes/Festkörpers werden in einem bestimmten Frequenzbereich selbst zum Schwingen angeregt. Werkstoffe werden in einem Frequenzbereich über 20 kHz geprüft. Diese hohen Frequenzen liegen über dem hörbaren Frequenzbereich (16 Hz bis 16 kHz) und werden als *Ultraschall* bezeichnet.

In einem elastischen, homogenen Stoff breitet sich der *Ultraschall* vom Erregerort nahezu ungehindert aus (Bild 12.3–7b). Durch einen äußeren Druckimpuls werden dabei die äußeren Teilchen *elastisch* zusammengedrückt. Diese Teilchen werden aus ihrer Ruhelage gebracht. Eine solche elastische Verformung hat eine Spannung zur Folge (siehe Hooke'sches Gesetz, Abschnitt 12.2.1). Nach dem Impuls bauen sich diese Spannungen wieder ab. Dadurch wird potenzielle Energie frei, was wiederum zum Auseinanderziehen der oberflächennahen Teilchen führt. Die Teilchen schwingen dann hin und her (Bild 12.3–7b). Da die oberflächennahen Teilchen im Festkörper über chemische Bindung mit den darunter liegenden Teilchen verbunden sind, überträgt sich diese abwechselnde Komprimierung – Dekomprimierung

Akustische Verfahren: Klangprüfung, Ultraschallprüfung, Schallemissionsverfahren

*Ultraschall* ist die Bezeichnung für (elastische) Wellen mit einer Frequenz oberhalb von 20 kHz. Die in der Ultraschallprüftechnik eingesetzten Frequenzen liegen zwischen 100 kHz und 100 MHz.

auf die Nachbarn. Die *Druckwelle* bewegt sich durch den Festkörper und wird als *Longitudinalwelle* bezeichnet. Die Teilchen (Moleküle, Atome) schwingen parallel zur Ausbreitungsrichtung der Welle. Die Strecke zwischen zwei Teilchen, die gleich stark zusammengedrückt sind, entspricht der *Wellenlänge* $\lambda$. Die *Frequenz f* ist die Anzahl der Schwingungen eines Teilchens in der Sekunde. Die *Schallgeschwindigkeit* c, mit der sich die elastische Welle ausbreitet, ist eine Werkstoffkonstante. Sie ist vom Elastizitätsmodul und der Dichte eines Werkstoffes abhängig. Zwischen Schallgeschwindigkeit, der Frequenz und der Wellenlänge besteht folgender Zusammenhang:

$$c = \lambda \cdot f$$

Festkörper können nicht nur Druck übertragen, sondern auch Schub. Das heißt, neben der Druckwelle (*Longitudinalwelle*) kann sich im Festkörper bei einer entsprechenden Anregung auch eine Schubwelle (*Transversalwelle*) ausbreiten (Bild 12.3–7c). Bei der *Transversalwelle* schwingen die Teilchen senkrecht zur Ausbreitungsrichtung. *Longitudinalwellen* sind etwa doppelt so schnell wie *Transversalwellen*. In Tabelle 12.3–3 sind die Schallgeschwindigkeiten und die Dichte einiger wichtiger Materialien aufgeführt. Für die Erzeugung/den Empfang der Schallwellen wird der piezoelektrische *Effekt* bzw. seine Umkehrung genutzt. Piezoelektrische Materialien (z. B. Quarz) sind in der Lage, einen von außen wirkenden Druck in eine elektrische Spannung umzuwandeln (Wellenempfang) bzw. beim Anlegen einer Wechselspannung mechanische Wellen (Schallwellen) zu erzeugen. Die piezoelektrischen Geber/Empfänger sind in die *Ultraschallprüfköpfe* integriert. Man unterscheidet im Wesentlichen drei Prüfkopfformen (Bild 12.3–8). Der *Senkrechtprüfkopf* (Normalprüfkopf) sendet und empfängt Schallwellen senkrecht zur Oberfläche. Er wird in erster Linie für die Blech-, Schmiedeteil- und Gussteilprüfung eingesetzt. Der *SE-Prüfkopf* hat

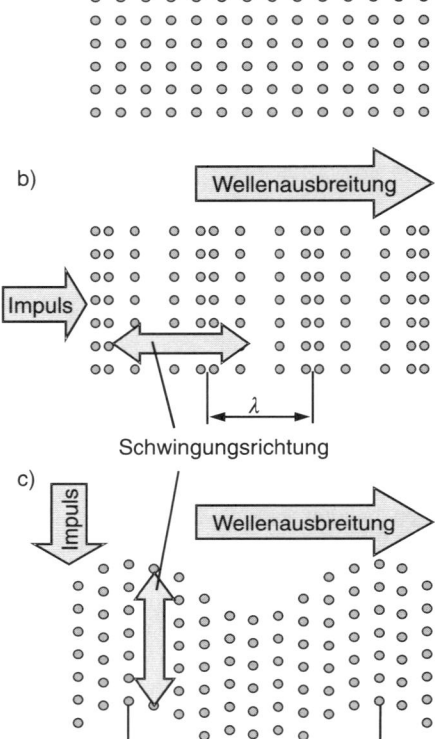

Bild 12.3–7　Ausbreitung von Schallwellen im Kristall
a) ungestörter Kristall in Ruhelage
b) Longitudinalwelle
c) Transversalwelle

*Longitudinalwellen* (Druckwellen) breiten sich parallel und *Transversalwellen* breiten sich senkrecht zur Schwingungsrichtung aus. Zur Erzeugung und zum Empfang von Ultraschallwellen wird der *piezoelektrische Effekt* genutzt. Piezoelektrische Materialien können bei einer von außen wirkenden mechanischen Spannung eine elektrische Spannung erzeugen.

jeweils eine getrennte Sende- und Empfangseinheit und wird für die Prüfung dünnwandiger Bauteile und zur Wanddickenbestimmung eingesetzt. Der *Winkelprüfkopf* sendet und empfängt die Schallwellen schräg zur Werkstückoberfläche. Insbesondere in der Schweißnahtprüfung findet er Anwendung.

Im Gegensatz zu den Durchstrahlungsverfahren wird der Ultraschall im Festkörper nur geringfügig geschwächt. Aus diesem Grund sind mit Ultraschall sehr große Materialdicken prüfbar. Trifft die Schallwelle auf eine Grenzfläche, z. B. die Oberfläche zu einem anderen Stoff mit anderer Dichte, wird die Welle aufgespalten. Trifft die Welle senkrecht zur Ausbreitungsrichtung auf die Grenzfläche, wird sie in eine reflektierte und eine durchgehende Welle aufgeteilt. Die Schallwelle wird reflektiert und gebrochen, wenn sie schräg auf die Grenzfläche trifft. Der Anteil der reflektierten bzw. durchgelassenen Wellen lässt sich durch das *Reflexionsgesetz* beschreiben:

$$R = (100 - D) \quad \text{in } \%$$

$R$ Reflexionsfaktor
$D$ Durchlässigkeitsfaktor

Die beiden Faktoren ergeben sich aus den Schallwiderständen $Z$ (auch Schallimpedanz) der beiden sich berührenden Medien:

$$R = \frac{Z_1 - Z_2}{Z_1 + Z_2}, \quad Z_1 = \varrho_1 \cdot c_1, \quad Z_2 = \varrho_2 \cdot c_2$$

$Z$ Schallwiderstand
$\varrho$ Dichte des Mediums
$c$ Schallgeschwindigkeit im Medium

Der *Schallwiderstand* von Stahl $Z_1$ ist viel größer als der Schallwiderstand von Luft $Z_2$. Dadurch wird eine Schallwelle an der Oberfläche eines Stahlwerkstückes überwiegend reflektiert.

Wellen ändern ihre Ausbreitung und Amplitude beim Auftreffen auf eine Grenzfläche. Aus diesem Umstand lassen sich die Ultraschallprüfmethoden ableiten.

Tabelle 12.3–3 Dichte und Schallgeschwindigkeit

| Werkstoff | Dichte in g/cm$^3$ | Schallgeschwindigkeit in km/s | |
|---|---|---|---|
| | | $c_l$ | $c_t$ |
| ferritischer Stahl | 7,7 | 5,95 | 3,23 |
| Gusseisen | 7,2 | 3,5…5,6 | 2,2…3,2 |
| Aluminium | 2,7 | 6,32 | 3,13 |
| Kupfer | 8,9 | 4,7 | 2,26 |
| Messing | 8,1 | 3,83 | 2,05 |
| Hartmetall | 11…15 | 6,8…7,3 | 4,0…4,7 |

$c_l$ Schallgeschwindigkeit der Longitudinalwellen
$c_t$ Schallgeschwindigkeit der Transversalwellen

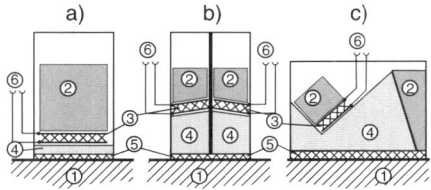

Bild 12.3–8 Prinzipieller Aufbau der Ultraschallprüfköpfe
a) Senkrechtprüfkopf
b) SE-Prüfkopf
c) Winkelprüfkopf

1 Prüfobjekt
2 Dämpfungskörper
3 piezoelektrischer Wandler (Schwinger)
4 Schallleiter/Schutzschicht
5 Koppelmedium
6 Elektroden

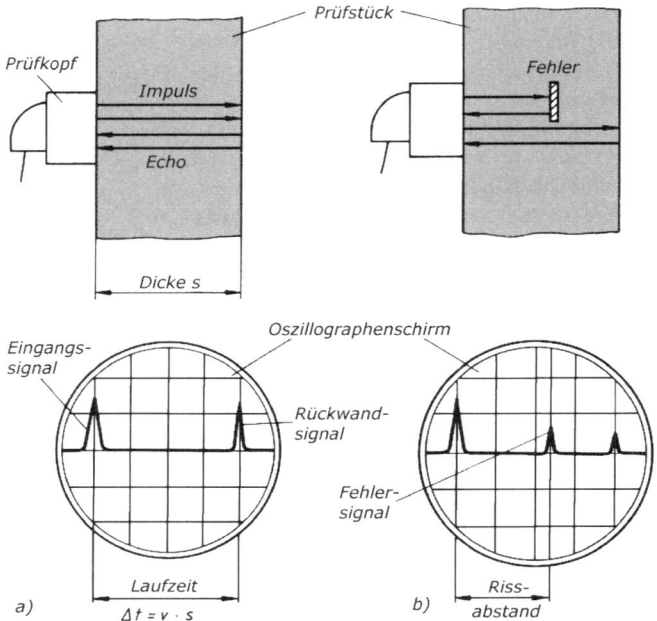

Das *Impuls-Echo-Verfahren* (Bild 12.3–9) beruht auf dem Reflexionsgesetz. Die Schallwelle wird beim Auftreffen auf eine Grenzfläche (z. B. Luftpolster an einer Fehlstelle) nahezu vollkommen reflektiert. Die reflektierten Wellen werden vom sendenden Schallprüfkopf wieder aufgenommen. Um ein eindeutiges Bild zu erhalten, werden Impulse ausgesendet, deren Laufzeit gemessen wird.

Bild 12.3–9  Prinzip des Impuls-Echo-Verfahrens
a) fehlerfreie Probe
b) Probe mit Materialfehler (z. B. Riss)

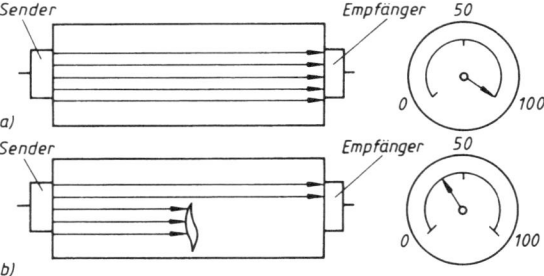

Beim *Durchschallungsverfahren* (Bild 12.3–10) befindet sich die Probe zwischen Sender und Empfänger. Durch Abtasten des Querschnittes unter gleich bleibenden Ankopplungsbedingungen misst man die

Bild 12.3–10  Prinzip des Durchschallungsverfahrens
a) fehlerfreie Probe
b) Probe mit Materialfehler (z. B. Riss oder Dopplung)

Tabelle 12.3–4  Fehlersuche mit Ultraschall

| | |
|---|---|
| **Fehlerfreies Bauteil**<br><br>Der Abstand von Sendeimpuls und Rückwandecho ist ein Maß für die Bauteildicke und kann zur zerstörungsfreien Bestimmung der Wandstärke genutzt werden. | 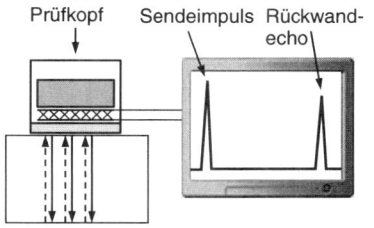 |
| **Großer Riss senkrecht zur Wellenausbreitung**<br><br>Die Schallwelle wird komplett reflektiert, sodass kein Rückwandecho entsteht. Die Laufzeit bis zum Rissecho ist ein Maß für den Abstand des Risses von der Oberfläche. Das zweite Rissecho entsteht durch die Hin- und Herbewegung der Welle zwischen Bauteil- und Rissoberfläche. Der Abstand zwischen Sendeimpuls und erstem Rissecho ist gleich groß wie zwischen erstem und zweitem Rissecho. | 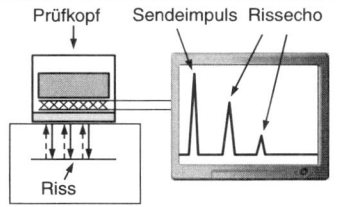 |
| **Großer Riss parallel zur Wellenausbreitung**<br><br>Die Schallwelle wird erst von der Rückwand reflektiert. Riss ist hier nicht nachweisbar! Die Verwendung eines Winkelprüfkopfes oder eine 90° gedrehte Schallung ist sinnvoll. | 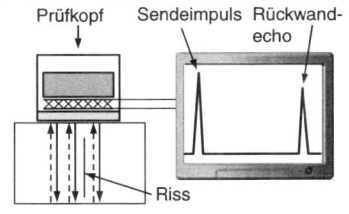 |
| **Großer Riss geneigt zur Schallwelle**<br><br>Die Schallwelle wird vom Riss reflektiert. Die reflektierte Welle erhält durch die Neigung des Risses eine andere Richtung. Das fehlende Rückwandecho weist den Fehler nach, gibt aber keine Auskunft über die Lage des Risses. Die Verwendung eines Winkelprüfkopfes ist auch hier sinnvoll. | 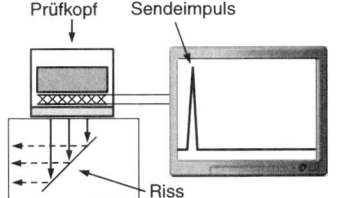 |
| **Kleiner unregelmäßiger Riss teilweise geneigt zur Schallwelle**<br><br>Die Schallwelle wird vom Riss nur teilweise reflektiert, sodass ein verkleinertes Rückwandecho entsteht. Der unregelmäßige Verlauf des Risses führt dazu, dass ein Teil der reflektierten Welle zum Prüfkopf zurückgelangt, sodass eine Abschätzung der Lage des Risses erfolgen kann. | 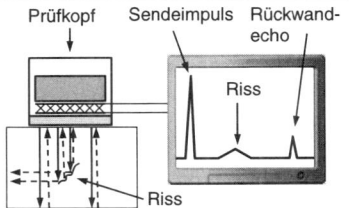 |
| **Fehler in einer Schweißnaht (Bindefehler, Poren)**<br><br>Die Schallwelle wird bei einer fehlerlosen Naht nicht zum Winkelprüfkopf reflektiert. Nur ein Fehler verursacht ein Reflexionsecho. | 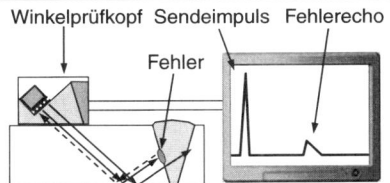 |

Schwankungen der Schallintensität, die von Inhomogenitäten im Werkstück herbeigeführt werden. Diese Intensitätsschwankungen können durch elektronische Wandlung sichtbar gemacht werden. Man erhält ein der Schnittstelle entsprechendes Bild mit sich dunkel abzeichnenden Störstellen (Schallbildverfahren).

In Tabelle 12.3–4 sind einige typische Materialfehler und ihr Nachweis mithilfe des Ultraschalles aufgeführt.

### 12.3.3 Magnetische Prüfverfahren

#### 12.3.3.1 Einführung

Außer der mechanischen und elektrostatischen Kraftwirkung kann in einem Festkörper ein *magnetisches Feld* auftreten (Bild 12.3–11). Wie in einem elektrischen Feld ziehen sich innerhalb eines magnetischen Feldes entgegengesetzt gerichtete magnetische Ladungen an und gleichgerichtete stoßen sich ab. Die magnetischen Ladungen werden als Magnetpole (Nord- und Südpol) bezeichnet. Das magnetische Verhalten der Stoffe kann auf die Elektronenkonfiguration der Stoffe zurückgeführt werden (siehe Abschnitt 1.1.1), wobei insbesondere die Nebenquantenzahlen eine Rolle spielen. Das magnetische Feld wird durch die *magnetische Feldstärke H* und die *magnetische Flussdichte B* beschrieben. Beide Größen sind über die *Permeabilität* $\mu$ verbunden:

$$B = \mu \cdot H = \mu_r \cdot \mu_0 \cdot H$$

$\mu$ absolute Permeabilität eines Stoffes

$\mu_r$ relative Permeabilität eines Stoffes (Materialkonstante)

$\mu_0$ Permeabilität des Vakuums (Induktionskonstante)

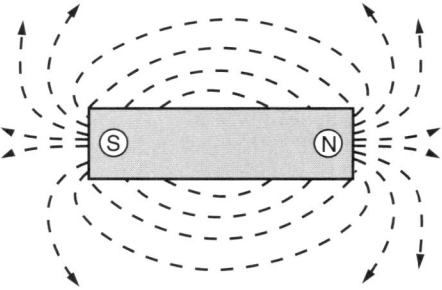

Bild 12.3–11 Verlauf der Kraftfeldlinien in einem Stabmagneten

Die *relative magnetische Permeabilität* $\mu_r$ kennzeichnet das Stoffverhalten gegenüber äußeren Magnetfeldern. Man unterscheidet dia-, para- und ferromagnetische Stoffe. Ferromagnetische Stoffe werden in ein äußeres Magnetfeld hineingezogen. Durch die Wirkung eines äußeren Magnetfeldes lassen sich ferromagnetische Stoffe magnetisieren.

Die magnetische Permeabilität $\mu_r$ kennzeichnet das Stoffverhalten gegenüber äußeren Magnetfeldern. Man unterscheidet:
*Diamagnetische Stoffe* (Edelgase, Cu, Ag) werden aus einem äußeren Magnetfeld herausgedrückt ($\mu_r < 1$).
*Paramagnetische Stoffe* (Cr, Mn) haben ein sehr kleines resultierendes, magnetisches Moment. Sie werden in ein äußeres Magnetfeld gezogen ($\mu_r > 1$).
*Ferromagnetische Stoffe* (Fe, Co, Ni, $Fe_2O_3$) haben ein großes magnetisches Moment und werden sehr stark in ein Magnetfeld hineingezogen ($\mu_r \gg 1$). Ferromagnetische Stoffe haben größere Materialbereiche, in denen die magnetischen Momente vieler Atome gleich orientiert sind (Weiß'sche Bezirke). Durch ein äußeres Magnetfeld lassen sich die magnetischen Momente gleich orientieren (Magnetisierung).
Aus diesen physikalischen Grundlagen wird deutlich, dass eine Änderung des Materiales (z. B. nichtmetallische Einschlüsse, Poren, Lunker, Risse) eine Änderung der Permeabilität und Richtungsänderung der Magnetfeldlinien zur Folge hat. Diese Eigenschaftsänderungen werden bei der *Wirbelstrom- und Magnetpulverprüfung* zur Fehlererkennung ausgenutzt.

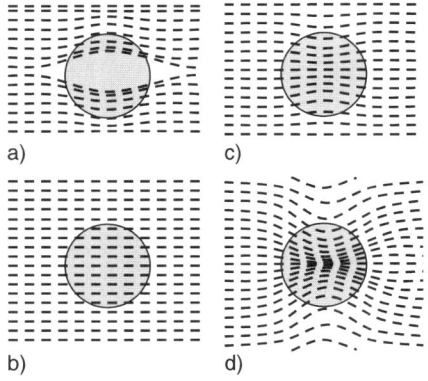

Bild 12.3–12  Einfluss des Werkstoffes auf ein äußeres homogenes Magnetfeld
a) diamagnetischer Werkstoff
b) Werkstoff mit $\mu_r = 0$
c) paramagnetischer Werkstoff
d) ferromagnetischer Werkstoff

Verändert sich in einem Werkstoff die Zusammensetzung (z. B. andere Phasen, nichtmetallische Einschlüsse) oder es liegen andere Materialfehler (Risse, Hohlräume) vor, so hat das Auswirkungen auf die *magnetischen Eigenschaften* des Stoffes. Gleichzeitig werden die Feldlinien eines überlagerten, äußeren Magnetfeldes verändert.

### 12.3.3.2  Magnetpulverprüfung

Das *Magnetpulververfahren* gestattet an *ferromagnetischen Proben* den Nachweis feiner Risse, Bindefehler und Fremdeinschlüsse. Allerdings müssen sich die Fehler unmittelbar an oder dicht unter der Oberfläche (Oberflächenabstand $\leq 5$ mm) befinden. Das *Magnetpulververfahren* nutzt die Streuung des Magnetfeldes an oberflächennahen Defekten aus (Bild 12.3–13).

Das Magnetpulververfahren repräsentiert eine Gruppe zerstörungsfreier Schnellprüfverfahren. Als Rissprüfverfahren bewährt es sich besonders bei größeren Stückzahlen. Mit dem Verfahren kann die Lage und Länge oberflächennaher Risse, aber nicht die Risstiefe bestimmt werden.

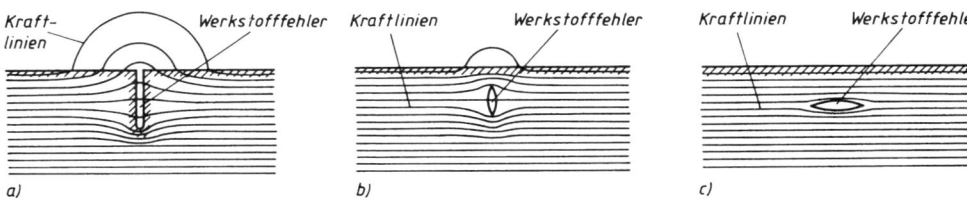

a)   b)   c)

Bild 12.3–13  Streuung magnetischer Kraftlinien
a)  Oberflächenriss, senkrecht
b)  Riss dicht unter der Oberfläche, senkrecht
c)  Riss deutlich unter der Oberfläche (nicht nachweisbar)

Voraussetzung für die Magnetpulverprüfung ist eine Ausrichtung des Magnetfeldes in der Probe (*Magnetisierung*). Diese ist nur an ferromagnetischen Stoffen (z. B. ferritische, perlitische oder martensitische Stähle, Ni, Co), jedoch nicht an para- oder diamagnetischen Stoffen möglich.

Das *Magnetpulververfahren* beruht auf der Entstehung von *magnetischen Streufeldern* an Rissen bzw. Werkstoffinhomogenitäten. Im Bereich des Streufeldes sammeln sich ferromagnetische Teilchen, die als Pulverraupen an der Oberfläche den Fehler im UV-Licht sichtbar machen.

In der magnetisierten Probe werden die Kraftfeldlinien des Magnetfeldes an Rissen oder nichtmetallischen Einschlüssen abgelenkt. Kleine freibewegliche, ferromagnetische Teilchen werden aufgesprüht, bewegen sich zu diesen *Streufeldern* und sammeln sich dort an (Bild 12.3–14). Ein einfacher visueller Nachweis ist somit möglich. Die Magnetpulver bestehen in der Regel aus feinsten Eisenspänen oder aus Eisenoxidpulver ($Fe_2O_3$ oder $Fe_3O_4$). Die Pulver können in einer Suspension verteilt sein und werden als handelsübliches Spray angeboten (i. R. Pulver-Öl-Suspension). Für eine bessere Kontrastierung werden die Pulver eingefärbt. Ebenfalls zu einer Verbesserung der Fehlererkennung führen Suspension aus ferromagnetischen Teilchen und einem fluoreszierenden Mittel. Bei einer Betrachtung unter UV-Licht heben sich die Fehlstellen als *Magnetpulverraupen* deutlich ab. Die Lage und die Länge von Rissen kann somit schnell und mit einfachen Mitteln bestimmt werden. Eine Aussage zur Risstiefe ist mit dem Magnetpulververfahren nicht möglich.

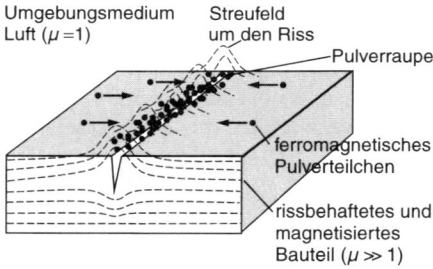

Bild 12.3–14  Prinzip der Magnetpulverprüfung

Da die Streufelder zwingend bis zur Oberfläche reichen müssen, können nur oberflächennahe Risse nachgewiesen werden. Nur wenn sich die Fehler senkrecht zu den Feldlinien befinden, kommt es zur Streuung des Magnetfeldes. Das heißt, Fehler, die parallel zu den Feldlinien angeordnet sind, können nicht nachgewiesen werden. Der Werkstoffprüfer hat aber über die Wahl des Magnetisierungsverfahrens die Möglichkeit, die Richtung der Magnetfeldlinien zu beeinflussen. Die üblichen *Magnetisierungsmethoden* sind nachfolgend aufgeführt.

*Jochmagnetisierung* (Fremderregung, Bild 12.3–15) – Das Werkstück wird mit den Polen des Elektromagneten unmittelbar in Berührung gebracht. Entsprechend dem Kraftlinienfluss werden vorzugsweise Querrisse sichtbar gemacht.

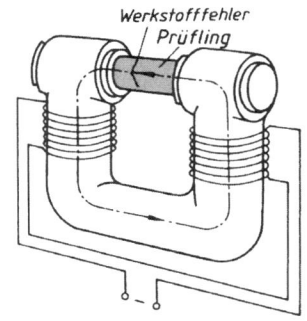

Bild 12.3–15   Jochmagnetisierung

*Selbstdurchflutung* (Selbsterregung, Bild 12.3–16) – Durch das Werkstück wird ein starker Strom geschickt, der ein ringförmiges, senkrecht zur Stromachse gerichtetes Feld erzeugt. Damit werden Längsrisse sichtbar gemacht.

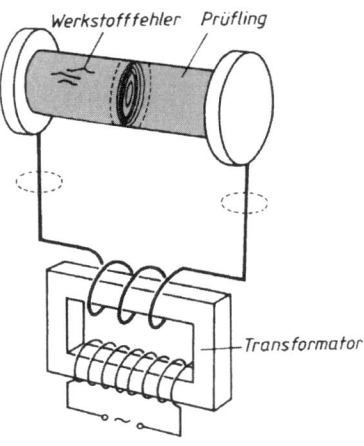

Bild 12.3–16   Selbstdurchflutung

*Hilfsdurchflutung* (Bild 12.3–17) – Für Rohre und andere Hohlkörper wird diese Art der Felderzeugung angewendet. Der Hilfsleiter ist ein von innen mit Kühlflüssigkeit durchflossenes Kupferrohr.

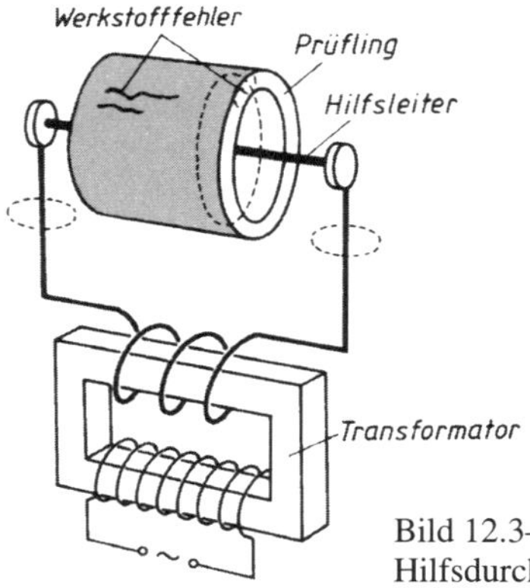

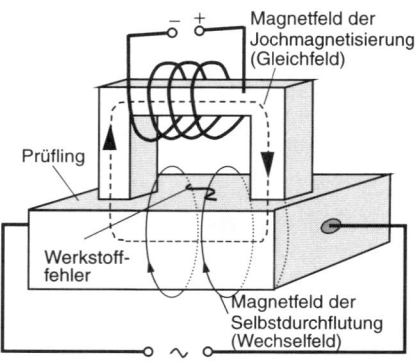

Bild 12.3–17
Hilfsdurchflutung

*Mischmagnetisierung* (Bild 12.3–18) – Bei dieser Magnetisierungsart handelt es sich um eine Kombination von Selbst- und Fremderregung. Es wird ein magnetisches Gleichfeld und senkrecht dazu ein Wechselfeld erzeugt. Die Mischmagnetisierung bietet den Vorteil, unterschiedlich orientierte Risse (Längs- und Querrisse) zu finden.
Da die Magnetisierung bei der Weiterverarbeitung oder beim späteren Einsatz der Bauteile nachteilig sein kann, müssen die geprüften Bauteile nach der Magnetpulverprüfung *entmagnetisiert* werden.

Bild 12.3–18  Mischmagnetisierung (Überlagerung eines Gleich- und Wechselfeldes durch Kombination von Jochmagnetisierung und Selbstdurchflutung)

### 12.3.3.3  Wirbelstromprüfung

Die *Wirbelstromprüfung*, auch *magnetinduktives Verfahren*, beruht auf der elektromagnetischen *Induktion*, also der gegenseitigen Beeinflussung von elektrischen und magnetischen Effekten. Gegenüber der Magnetpulverprüfung können Fehler auch in etwas größeren Tiefen (ca. 5 mm) noch nachgewiesen werden. Außerdem ist eine Aussage über die Größe der Fehler möglich. Mit der Wirbelstromprüfung lassen sich metallische oder nichtmetallische Schichtdicken bequem ermitteln. Ein entscheidender Vorteil der

Bei der *Wirbelstromprüfung* wird über ein magnetisches Wechselfeld in das zu prüfende Werkstück ein Wirbelstrom induziert. Der Wirbelstrom hat ein eigenes Magnetfeld, das dem primären Magnetfeld entgegengesetzt ist. Änderungen der Zusammensetzung, des Gefüges oder der Geometrie des Bauteiles bzw. Fehler im Werkstück führen zu einer Veränderung des Wirbelstromes. Ein veränderter Wirbelstrom beeinflusst den Wechselstromwiderstand $Z$ in der Empfängerspule.

*Wirbelstromprüfung* ist die gute Automatisierbarkeit. Voraussetzung für eine magnetinduktive Prüfung ist die elektrische Leitfähigkeit der Probe.

Eine von einem Wechselstrom durchflossene Spule (Primärspule) ist automatisch immer von einem *magnetischen Wechselfeld* (Primär- oder Erregerfeld) umgeben (Bild 12.3–19). Trifft dieses Wechselmagnetfeld auf ein elektrisch leitfähiges Material, wird dort ein Wirbelstrom *induziert*. Diese Wirbelströme in der Probe erzeugen wiederum ein eigenes Magnetfeld (sekundäres Magnetfeld), das entsprechend der *Lenz'schen Regel* dem primären Magnetfeld der Primärspule entgegengesetzt ist. Das hat zur Folge, dass das Magnetfeld der Primärspule geschwächt wird. In einer zweiten Spule (Sekundär- oder Empfängerspule) wird ein Strom induziert, der sich aus der Überlagerung der beiden Magnetfelder ergibt. Die Änderung des *Wechselstromwiderstandes Z (Impedanz oder Scheinwiderstand)* in der Sekundärspule ist die Messgröße beim Wirbelstromverfahren.

Der *Wechselstromwiderstand Z* setzt sich aus dem Ohm'schen Widerstand $R$ und dem induktiven Widerstand $X_L$ zusammen:

$$Z = \frac{U}{I} = \sqrt{R^2 + X_L^2}$$

$$= \sqrt{\left(\varrho \cdot \frac{l}{A}\right)^2 + (2 \cdot \pi \cdot f \cdot L)^2}$$

$U$ Spannung
$I$ Stromstärke
$\varrho$ spezifischer elektrischer Widerstand des Spulendrahtes
$l$ Länge des Spulendrahtes
$A$ Spulenquerschnitt
$f$ Frequenz des Wechselstromes
$L$ Induktivität der Spule mit $L = n^2 \cdot \mu \cdot A/l$
$n$ Windungszahl der Spule
$\mu$ Permeabilität des Werkstoffes

Der induktive Widerstand verursacht außerdem eine *Phasenverschiebung φ* zwischen Strom und Spannung, d. h. die Spannungs- und Stromspitzen sind zeitlich verschoben.

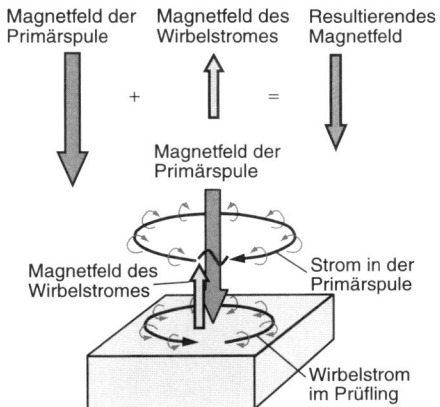

Bild 12.3–19 Entstehung des Wirbelstromes durch magnetische Induktion und Beeinflussung des Magnetfeldes durch den Wirbelstrom

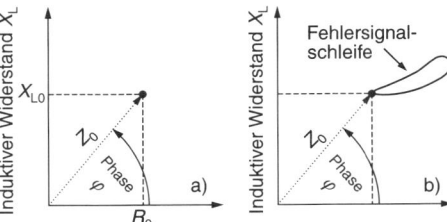

Bild 12.3–20 Darstellung der Prüfergebnisse bei der Wirbelstromprüfung – Impedanzebene
a) Der augenblickliche Wert des Messsignales führt zu einem Punkt, der seine Lage beibehält solange sich die induzierten Ströme nicht ändern (z. B. fehlerfreies Bauteil).
b) Treten in der Probe Fehler auf, ändert sich der Wirbelstrom. Daraus resultiert eine Änderung der Phase, des induktiven und des Ohm'schen Widerstandes (Bildung einer Fehlersignalschleife).

Für die Auswertung der Wirbelstromuntersuchungen bieten sich die Darstellungen des induktiven Widerstandes über den Ohm'schen Widerstand (*Impedanzebene*, Bild 12.3–20) oder die Darstellung der Widerstände über der Zeit an (Bild 12.3–21). Die Ausbreitung der Wirbelströme in der Probe wird von den elektrischen und magnetischen Eigenschaften (Widerstand, Permeabilität), der Bauteilgeometrie (Schichtdicke, Oberflächenrauheit), aber auch vom Spulenabstand und der Prüffrequenz beeinflusst. Die Prüffrequenz ist entscheidend für die Eindringtiefe des Wirbelstromes. Je niedriger die Frequenz ist, umso tiefer dringt der Wirbelstrom ein. Hohe Frequenzen sind dagegen sehr gut für die Untersuchung oberflächennaher Bereiche geeignet. Risse, Poren und nichtmetallische Einschlüsse beeinflussen den Stromfluss und führen zu einer geringeren Leitfähigkeit. Es fließen somit geringere Wirbelströme, was wiederum eine Veränderung der beiden Widerstände zur Folge hat.

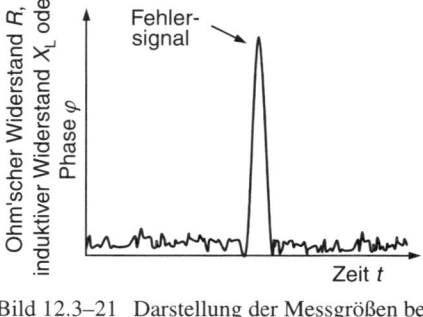

Bild 12.3–21  Darstellung der Messgrößen bei der Wirbelstromprüfung über der Zeit

## Haupteinflussgrößen bei der Wirbelstromprüfung:

Probe:
- elektrische Leitfähigkeit
- magnetische Permeabilität
- Abmessungen, Wandstärke

Prüfgerät:
- Frequenz des elektrischen Wechselfeldes
- Größe und Form der Spule
- Entfernung zwischen Spule und Prüfkörper

Für die Wirbelstromprüfung können verschiedene Spulenanordnungen gewählt werden:
Das *Tastspulverfahren* (Bild 12.3–22) ist ein häufig angewendetes Wirbelstromverfahren. Im einfachsten Fall wird nur mit einer Spule gearbeitet (Erregerspule = Empfängerspule). Die durch die Spule induzierten Wirbelströme wirken auf diese zurück und ändern ihre Impedanz. Bei Tastspulen mit einer Spulenkombination von Primär- und Sekundärspule wird in die Sekundärspule ein Strom induziert. Der induzierte Strom wird von der Probe im Wechselstromwiderstand und in der Phasenverschiebung beeinflusst. Diese Spulen werden zur Fehlersuche an ebenen Bauteilen, aber auch zur Schichtdickenmessung oder zur indirekten Härtebestimmung eingesetzt.

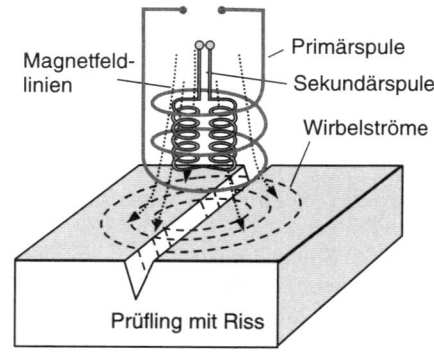

Bild 12.3–22  Prinzip des Tastspulverfahrens

Die *Durchlaufspule* wird vorwiegend zur automatisierten Prüfung von rotationssymmetrischen langen Halbzeugen (Rohre, Stangen) eingesetzt. Eine Sonderform sind die Durchlaufspulen mit *Differenzempfängerspule* (Bild 12.3–23). Diese haben zwei entgegengesetzt geschaltete Empfängerspulen. Alle gleichartigen Signale heben sich auf. Es wird nur dann ein Signal angezeigt, wenn die Werkstoff-/Bauteileigenschaften nicht übereinstimmen.

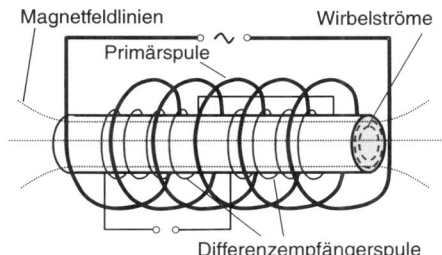

Bild 12.3–23 Durchlaufspule mit Differenzempfängerspule

**Einsatz der Wirbelstromprüfung**:
- Fehlerprüfung im oberflächennahen Bereich (Risse, Poren, Einschlüsse)
- indirekte Bestimmung von Werkstoffeigenschaften (Härte) bzw. der Gefügezusammensetzung
- Werkstoffsortierung
- Messung von Schichtdicken und z.T. Wandstärken

**Übung 12.3–1**
Welche Vorteile bietet eine zerstörungsfreie Materialprüfung für den Fertigungsprozess?

**Übung 12.3–2**
Wodurch unterscheiden sich Röntgen- und Gammastrahlen?

**Übung 12.3–3**
Wie bilden sich Hohlräume (Lunker, Gasblasen) und Schlackeneinschlüsse beim Durchstrahlen von Gussteilen auf dem Röntgenfilm ab? Begründen Sie Ihre Antwort!

**Übung 12.3–4**
Warum können mithilfe des Ultraschalles auch sehr dickwandige Teile geprüft werden?

**Übung 12.3–5**
Warum können Risse, die parallel zur Ausbreitungsrichtung der Ultraschallwelle liegen, nicht nachgewiesen werden?

**Übung 12.3–6**
Wodurch werden beim Magnetpulververfahren Oberflächenrisse sichtbar?

**Übung 12.3–7**
Wie kann man Längs- und Querrisse bei der Prüfung von Wellen ermitteln?

## 12.4   Gefügeanalyse – Materialographie

**Lernziele**

Der Lernende kann ...
- die Aufgaben der Gefügeanalyse aufführen,
- erklären, wie ein Gefügebild (Schliffbild) eines metallischen Werkstoffes entsteht,
- an einfachen Beispielen erläutern, dass der Behandlungszustand der Werkstoffe am Gefügebild erkennbar ist,
- den Unterschied zwischen Raster- und Transmissionselektronenmikroskop erläutern.

### 12.4.0   Überblick

In den vorangegangenen Abschnitten wurde immer wieder darauf hingewiesen, dass die Werkstoffeigenschaften entscheidend von der *Struktur* und vom *Gefüge* des Werkstoffes abhängig sind. Mit dem Begriff *Struktur* ist im Wesentlichen der *kristalline Aufbau* des Materiales (Kristallgittertyp, Gitterkonstanten) gemeint. Dagegen beschreibt das *Gefüge* die Art, die Menge, die Verteilung, die Form und die Größe der Gefügebestandteile bzw. Phasen sowie die Grenzflächen zwischen den einzelnen Gefügebestandteilen (Korn-, Zwillings- oder Phasengrenzen, Oberflächen). All diese Merkmale haben einen entscheidenden Einfluss auf die Eigenschaften des Werkstoffes (z. B. Festigkeit, Zähigkeit, Härte).

Die Gefügeanalyse umfasst die qualitative und quantitative Beschreibung des Gefüges (*Materialographie*). Zusammen mit anderen Werkstoffprüfverfahren dienen diese Untersuchungsmethoden der Forschung, der Qualitätsanalyse im Fertigungsprozess und der Aufklärung von Schadensfällen. Die Materialographie wird in die *Metallographie*, die *Plastographie* bzw. die *Keramographie* unterteilt.

Das gewählte Untersuchungsverfahren richtet sich nach der Auflösung, die erforderlich ist, um die entscheidenden Details des Gefüges/der Grenzflächen voneinander zu unterscheiden. Es gibt neben der *Makroskopie* (augenscheinliche Untersuchung, Vergrößerung bis 20 : 1) die *Mikroskopie* mit Lichtmikroskopen, Rasterelektronenmikroskopen (REM) oder Transmissionselektronenmikroskopen (TEM).

### 12.4.1   Makroskopische Untersuchungen

Einige wichtige Aussagen über den Werkstoffzustand lassen sich u. U. bereits durch eine *augenscheinliche Beurteilung* der Prüfobjekte treffen. Eine Vergrößerung wird also nicht unbedingt benötigt. Die mögliche Auflösung ist mit ca. 0,1 mm sehr begrenzt. Die Untersuchungsobjekte werden meist im Ausgangszustand beurteilt, aber auch ein metallographischer Schliff (siehe Abschnitt 12.4.2) ist möglich. Solche augenscheinlichen Untersuchungen werden z. B. eingesetzt zur:

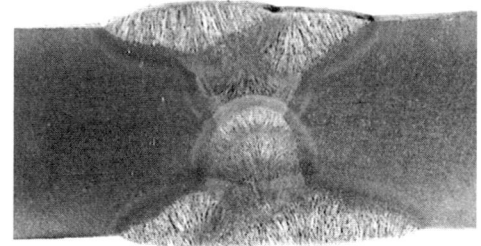

Bild 12.4–1   Mehrlagen-Schweißnaht, geätzt in 5%iger alkoholischer $HNO_3$, 1 : 1

- *Rissprüfung* (u. U. auch mit farblichen Kontrastierungsmitteln – Farbeindringprüfung = Penetrationsverfahren; wird auch zu den zerstörungsfreien Prüfverfahren gerechnet)
- Beurteilung von *Bruchflächen* (z. B. Spröd-, Verformungs- oder Dauerbruch)
- Beurteilung von *Randschichthärtezonen*
- *Schweißnahtbeurteilung* (Bild 12.4–1)
- Untersuchung von verformten Materialien (*Faserverlauf*; Bild 12.4–2)

Dokumentiert werden die Untersuchungen mit herkömmlichen fotografischen Aufnahmen. In den letzten Jahren hat sich dabei immer mehr die digitale Fotografie in Verbindung mit einer digitalen Speicherung und Archivierung durchgesetzt. Um verschiedene Bilder vergleichen zu können, gehört immer die Angabe der Vergrößerung oder ein Maßbalken zur Aufnahme.

Bild 12.4–2  Faserverlauf nach Kaltstauchung, geätzt in Oberhofer Ätzmittel, 1 : 1

## 12.4.2  Lichtmikroskopie

Mithilfe von Lichtmikroskopen kann man erheblich kleinere Werkstoffdetails $> 0{,}2\,\mu\text{m}$ auflösen. Dabei liegen die Vergrößerungen in einem Bereich zwischen 20 : 1 und 1 000 : 1. Die *lichtmikroskopischen Gefügeuntersuchungen* werden entsprechend dem untersuchten Material in *Metallographie, Keramographie* und *Plastographie* unterteilt.

Auflichtmikroskope haben eine geringe Tiefenschärfe, d. h. sie können nur die Bereiche scharf abbilden, die sich in einer Ebene befinden. Um die verschiedenen Gefügebestandteile voneinander unterscheiden zu können, ist in der Regel eine *Kontrastierung* zwingend notwendig. Damit wird deutlich, dass scharfe und kontrastreiche Gefügeabbildungen eine aufwendige Probenpräparation erfordern. Diese läuft in folgenden Schritten ab:

Die *Metallographie* ist ein Teilgebiet der Metallkunde. Die Metallographie beschäftigt sich mit der Untersuchung und Beschreibung des Gefüges metallischer Werkstoffe und stellt den Zusammenhang zu den Zustandsdiagrammen, den Eigenschaften und damit der Verwendung von technischen Legierungen her.

*Probenentnahme* – Das Gefüge darf beim Trennen (Sägen, Trennschleifen) und auch bei der weiteren Bearbeitung der Schlifffläche nicht beeinflusst werden. Es ist darauf zu achten, dass keine Verformungen oder unzulässigen Erwärmungen auftreten. Man erreicht dies mit geringen Schnittkräften bzw. durch Kühlen. Die entnommene Probe muss das Gefüge des untersuchten Werkstoffes repräsentativ wiedergeben. Die Lage und die Richtung der Probe ist zu dokumentieren (z. B. Längs-, Quer- oder Flachprobe bei gewalzten Blechen). Außerdem ist die Probe sofort nach der Entnahme mit einer Nummerierung/Bezeichnung zu versehen.

Bild 12.4–3  Gusseisen mit Lamellengraphit, ungeätzt, 100 : 1

*Einfassen der Probe* – Um Kantenabrundungen beim anschließenden Schleifen zu vermeiden bzw. um die Handhabung zu verbessern, werden die Proben eingefasst. Im einfachsten Fall geschieht das in einer Schliffklammer. Häufig werden die Proben in einem Polymer auf Epoxidharz-, Polyesterharz- oder Acrylbasis eingebettet. Soll der Schliff auch rasterelektronenmikroskopisch betrachtet werden, ist ein elektrisch leitfähiges Einbettmittel zu verwenden.

*Nassschleifen* und *Polieren* dienen dazu, die Bearbeitungsschicht, die durch das Trennen entstanden ist, zu beseitigen und gleichzeitig eine ebene Fläche mit sehr geringer Rautiefe herzustellen. Sie ist für eine einheitlich scharfe Gefügeabbildung im Auflichtmikroskop erforderlich. Zum Nassschleifen kommen vorwiegend Schleifpapiere mit Aluminiumoxid ($Al_2O_3$, Korund) oder Siliciumcarbid (SiC) als Schleifmittel in verschiedenen Körnungen zum Einsatz. Zum Polieren werden Sprays oder Pasten mit feinsten Diamantpartikeln ($0{,}25 \ldots 15\,\mu m$) verwendet. Diese werden auf Polierscheiben mit Poliertüchern (Baumwolle, Wolle, Filz, synthetische Fasern) aufgetragen. Das Schleifen und Polieren erfolgt heute meist in Maschinen, bei denen die Drehzahl der Schleif- und Polierscheiben, der Anpressdruck der Probe und die Polierzeit eingestellt werden können. Neben dem mechanischen gibt es auch noch chemisches und elektrolytisches Polieren.

*Reinigen und Trocknen* – Zwischen den Schleif- und Polierstufen sowie am Ende der Präparation müssen die Schliffe gereinigt werden. In erster Linie erfolgt das, um keine Reste der gröberen Schleifmittel in die nächste Bearbeitungsstufe einzutragen. Üblicherweise erfolgt die Reinigung in Wasser oder in Ethanol, gelegentlich in einem Ultraschallbad. Um Korrosion an der Schliffffläche zu vermeiden, sind die Proben sofort nach dem Reinigen zu trocknen.

*Kontrastierung* – Die meisten Gefügebestandteile eines metallischen Werkstoffes haben im polierten Zustand ein ähnliches Reflexionsverhalten, sodass eine Unterscheidung ohne Kontrastierung im Lichtmikroskop nicht möglich ist. Ausnahmen sind oxidische, silikatische und sulfidische Einschlüsse im Stahl oder Graphit im Grauguss (Bild 12.4–3). Das Kontrastieren dient zum Sichtbarmachen und Identifizieren aller unterschiedlichen Gefügebestandteile sowie der Korn- bzw. Phasengrenzflächen. Das wichtigste Verfahren zur Kontrastierung ist das *Ätzen*. Dabei wird die Oberfläche der Körner durch einen elektrochemischen Prozess je nach Zusammensetzung oder Orientierung der Kristalle unterschiedlich stark abgetragen (Kornflächenätzung, Bild 12.4–4). Bei der Korngrenzenätzung erfolgt der elektrochemische Angriff nur auf die Korngrenze (Bild 12.4–5). Die geeigneten Ätzmittel sind der Literatur bzw. entsprechenden Laborhandbüchern zu entnehmen. Für Stahl werden vorwiegend Lösungen aus Ethanol und 1 % bis 5 % Salpetersäure (alkoholische Salpetersäure) verwendet. Neben dem chemischen Ätzen gibt es noch das *elektrolytische Ätzen*. Die Proben werden durch das Wirken des Elektrolyten und das Anlegen einer bestimmten Stromdichte galvanisch abgetragen.

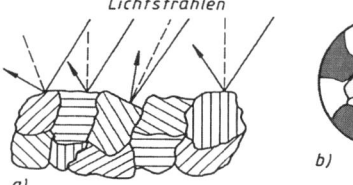

Bild 12.4–4 Kornflächenätzung
a) Schnitt durch die geätzte Fläche
b) mikroskopischer Bildausschnitt der geätzten Fläche

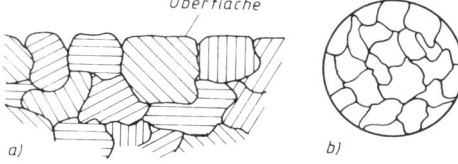

Bild 12.4–5 Korngrenzenätzung
a) Schnitt durch die geätzte Fläche
b) mikroskopischer Bildausschnitt der geätzten Fläche

Ein anschauliches Beispiel für eine kontrastreiche Gefügeabbildung zeigt Bild 12.4–6. Das perlitische Gefüge eines eutektoiden Stahles lässt die Zementitlamellen in der hellen, ferritischen Grundmasse sehr deutlich erkennen.

Bild 12.4–6  100 % Perlit in einem Stahl mit 0,8 % Kohlenstoff, geätzt mit 3%iger alkoholischer $HNO_3$, 100 : 1

Außer dem Ätzen können auch lichtoptische Kontrastierungsverfahren wie Phasen- oder Interferenzkontrast oder die Verwendung von polarisiertem Licht eingesetzt werden. Diese lichtoptischen Kontrastierungsverfahren erfordern entsprechende Zusatzeinrichtungen am Mikroskop. Zur optischen Kontrastierung ist auch die *Hell- und Dunkelfeldbeleuchtung* zu zählen (Bild 12.4–7). Beide unterscheiden sich im Strahlengang des Lichtes. Die Hellfeldbeleuchtung wird für die meisten Gefügeuntersuchungen genutzt. Die Dunkelfeldbeleuchtung ist besonders geeignet um die Korngrenzen hervorzuheben. Gleichzeitig kann im Dunkelfeld der Bearbeitungszustand des Schliffes (Kratzer) sehr gut beurteilt werden.

**Präparationsschritte für die lichtmikroskopische Gefügeanalyse:**
1. Probenentnahme
2. Einfassen der Probe
3. Ebnen (Schleifen)
4. Glätten (Polieren)
5. Reinigen und Trocknen
6. Kontrastieren

**Die lichtmikroskopischen Untersuchungen dienen zur:**
- Bestimmung der Gefüge (z. B. bei Stählen – ferritisches, ferritisch-perlitisches, perlitisches, bainitisches, austenitisches oder martensitisches Gefüge)
- Bestimmung der Gefügeanteile (z. B. Perlitanteil in einem Stahl)
- Bestimmung der Verteilung der Gefügeanteile
- Korngrößenbestimmung
- Beschreibung der Form der Gefügebestandteile (z. B. globularer oder lamellarer Graphit im Grauguss, Bild 12.4–3)
- Beschreibung des Wärmebehandlungszustandes
- Untersuchung von Korrosionsprodukten
- Schichtdickenbestimmung
- Beschreibung des Kaltverformungszustandes (z. B. Streckungsgrad der Körner)

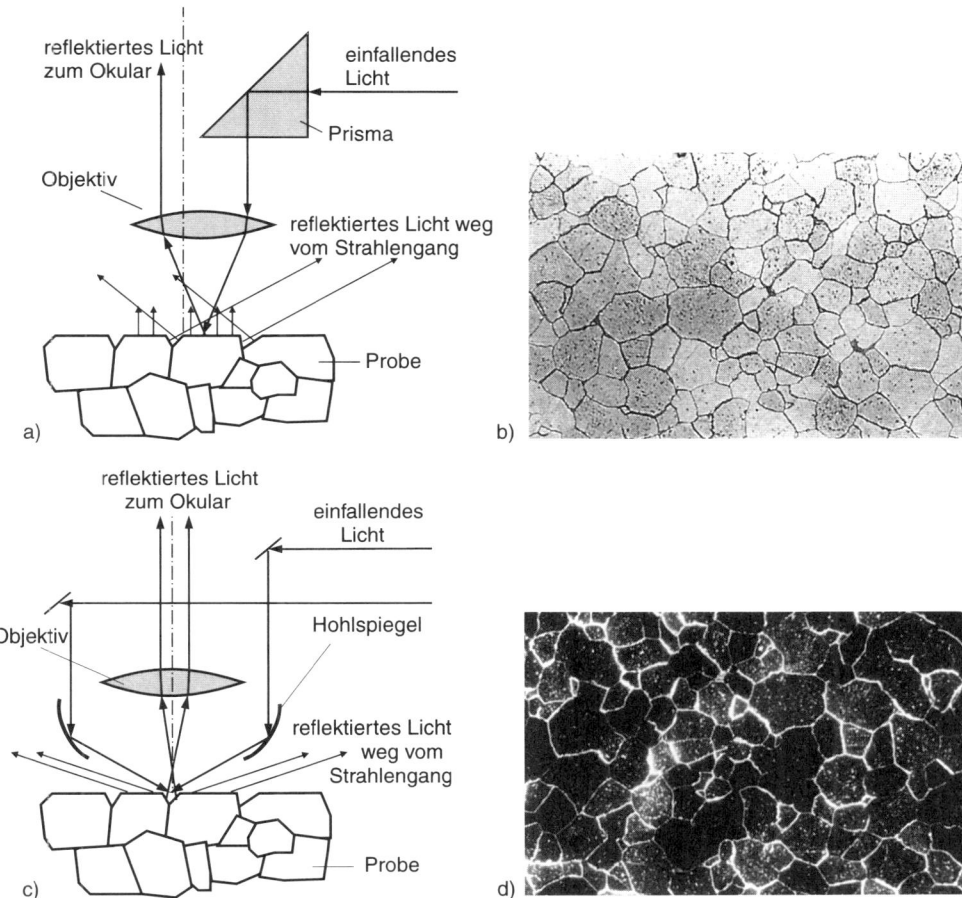

a)
b)
c)
d)

Für lichtmikroskopische Gefügeuntersuchungen werden i. Allg. *Auflichtmikroskope* verwendet (Bild 12.4–8). Für die Dokumentation und auch für eine spätere *quantitative Gefügeanalyse* (z. B. Bestimmung der Gefügeanteile oder der Korngröße) werden Gefügebilder angefertigt. Deshalb besitzen die Mikroskope häufig einen eigenen Strahlengang für fotografische Aufnahmen. Moderne Mikroskope sind mit Digitalkameras ausgestattet. Die digitalen Bilder werden mit entsprechenden Bildverarbeitungssystemen verarbeitet und archiviert. Häufig ist die Software mit einem Modul zur automatischen quantitativen Gefügeanalyse verbunden.

Bild 12.4–7 Möglichkeiten des Strahlenganges im Auflichtmikroskop
a) Prinzip der Hellfeldbeleuchtung
b) Gefügeausschnitt bei Hellfeldbeleuchtung
c) Prinzip der Dunkelfeldbeleuchtung
d) gleicher Gefügeausschnitt (b) bei Dunkelfeldbeleuchtung

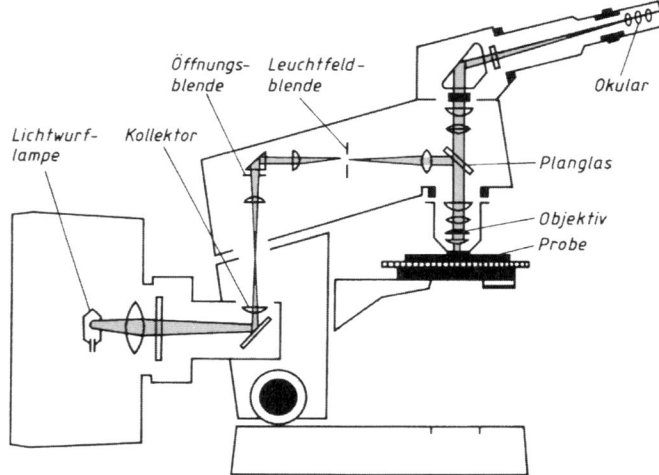

Bild 12.4–8  Schematischer Aufbau eines Auflichtmikroskopes

## 12.4.3  Rasterelektronenmikroskopie

Wie bereits o. g. ist bei einem Lichtmikroskop die Auflösung des zu untersuchende Werkstoffbereiches mit $0,2\,\mu m$, bedingt durch die Wellenlänge des sichtbaren Lichtes, begrenzt. Auch die geringe Tiefenschärfe der abgebildeten Objekte lässt eine Untersuchung von rauen Oberflächen (z. B. Bruchflächen) nicht zu. Eine erheblich höhere Auflösung ($> 10\,nm$) bei gleichzeitig verbesserter Tiefenschärfe erlaubt das *Rasterelektronenmikroskop* (REM). Mit dem REM ist es möglich, eine Oberfläche mittels eines Elektronenstrahles, der sehr fein gebündelt wird, abzutasten.

Schematisch ist der Aufbau eines REM im Bild 12.4–9 dargestellt. Durch das Erhitzen einer Wolframkatode werden Elektronen erzeugt, die durch die großen Spannungen zwischen Katode und Anode beschleunigt werden. Es entsteht ein *Elektronenstrahl*. Elektronen werden sehr stark von der umgebenden Materie in ihrer Beweglichkeit beeinflusst. Deshalb müssen die Rasterelektronenmikroskope evakuiert werden.

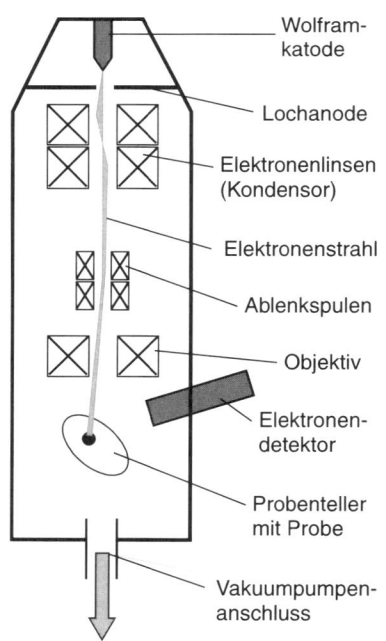

Bild 12.4–9  Schematischer Aufbau eines Rasterelektronenmikroskopes

Ähnlich wie das Licht in optischen Linsen wird der Elektronenstrahl durch elektromagnetische Linsen (Kondensor, Objektiv) fokussiert. Mithilfe der Ablenkspulen kann man die Richtung des Elektronenstrahles gezielt beeinflussen – also die Probe definiert in Zeilen abrastern. Durch das Auftreffen der Elektronen auf die Probe werden aus dem Material Sekundärelektronen emittiert. Wie viele Sekundärelektronen abgegeben werden, hängt entscheidend vom Auftreffwinkel des Elektronenstrahles ab. Dieser Effekt wird bei der Bildentstehung genutzt und führt zur Kontrastierung des Bildes. Die Sekundärelektronen können über einen Detektor gezählt werden. Zu jedem abgerasterten Punkt auf der Probe gehört also eine bestimmte Anzahl gemessener Sekundärelektronen. Beim Bildaufbau wird dann der Position des Elektronenstrahles auf der Probe und der Anzahl der Sekundärelektronen ein Grauwert zugeordnet, sodass sich am Ende ein Graustufenbild ergibt.

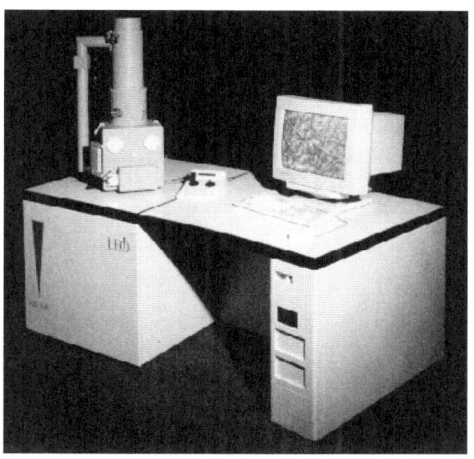

Bild 12.4–10 Rasterelektronenmikroskop LEO 440 (LEO Electron Microskopy Ltd./Cambridge)

Mit dem *Rasterelektronenmikroskop* ist es möglich, eine Oberfläche mittels eines Elektronenstrahles, der sehr fein gebündelt wird, abzutasten. Dabei werden Sekundärelektronen vom Probenmaterial abgegeben, deren Anzahl für die Bildentstehung genutzt wird.

Untersucht werden können entsprechend der Größe des REM nur sehr kleine Proben, die elektrisch leitfähig sein müssen. Die Proben müssen sauber, fett-, wasser- und ölfrei sein. Keramiken oder Kunststoffe müssen vor der Untersuchung mit einem leitfähigen Material (Au, C oder Au-Pd) bedampft werden. Metallografische Schliffe (Abschnitt 12.4.2) können nur dann untersucht werden, wenn ein leitfähiges Einbettmittel verwendet wurde.

**Vorteile der Rasterelektronenmikroskopie**:
- sehr große Auflösung
- hohe Tiefenschärfe
- über Zusatzgeräte kann die chemische Zusammensetzung und die Gitterstruktur des Werkstoffes auch lokal, z.B. an kleinsten Gefügebestandteilen ermittelt werden (z.B.: Elektronenstrahlmikroanalyse ESMA)
- auch Bruchflächen und andere nichtpräparierte Oberflächen können untersucht werden

Eingesetzt wird das REM bei:
- Gefügeuntersuchungen, insbesondere bei der Ausbildung von feinsten Körnern/Phasen (z. B. Untersuchung der Carbidausscheidungen von Vergütungsstählen)
- Bruchflächenuntersuchungen (Bild 12.4–11)
- Untersuchung von Oberflächen (z. B. Verschleiß- und Korrosionsschäden)

**Nachteile der Rasterelektronenmikroskopie:**
- sehr hohe Anschaffungs- und Wartungskosten
- Proben müssen elektrisch leitfähig, sehr sauber, fett-, wasser- und ölfrei sein
- nur Proben mit einer begrenzten Größe können untersucht werden

Neben den freigesetzten Elektronen wird beim Elektronenbeschuss auch *Röntgenstrahlung* frei. Ein Vorteil moderner Geräte dieser Art besteht darin, dass durch Kombination der Rasterelektronenmikroskopie und Röntgenmikroanalyse die chemische Zusammensetzung im Mikrobereich in sehr kurzer Zeit mit hoher Genauigkeit möglich ist (Elektronenstrahlmikroanalyse ESMA).

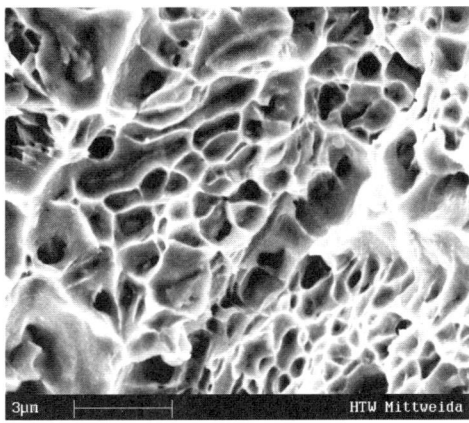

Bild 12.4–11  REM-Aufnahme der Bruchfläche des Stahles C45 nach Zugbeanspruchung (Verformungsbruch auch Wabenbruch)

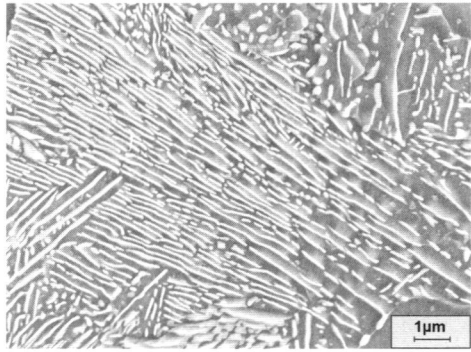

Bild 12.4–12  REM-Aufnahme eines perlitischen Gefügebestandteiles im Einsatzstahl 20MoCrS4

## 12.4.4 Transmissionselektronenmikroskopie

Wenn die untersuchten Objekte sehr dünn sind, können beschleunigte Elektronen das Material durchdringen. In Abhängigkeit vom untersuchten Werkstoff, seiner kristallinen Struktur und seinen Gitterbaufehlern kommt es zur Absorption, Beugung und Streuung der Elektronen. Dieser Effekt wird bei einem *Transmissionselektronenmikroskop* (TEM) ausgenutzt. In Abhängigkeit von der *Dichte* und der *Ordnungszahl* des Materiales, der *Dicke* der Probe sowie der *realen Struktur* der untersuchten Bereiche werden unterschiedlich viele Elektronen vom Material aufgenommen (absorbiert). Die hindurchgelassenen Elektronen werden gezählt und tragen ähnlich wie beim REM zur Bildentstehung bei. Prinzipiell funktioniert ein TEM ganz ähnlich wie ein REM, nur dass hier die Information aus den hindurchgelassenen (nichtabsorbierten) Elektronen gezogen wird.

> Beim *Transmissionselektronenmikroskop* werden dünnste Folien von Elektronen durchstrahlt. Durch die Wechselwirkung mit dem untersuchten Material werden die Elektronen absorbiert, gestreut oder gebeugt. Diese Wechselwirkungen sind messbar und werden in ein Bild umgewandelt. Das TEM eignet sich besonders gut zur Untersuchung von Gitterdefekten.

Die Probenpräparation für das TEM ist äußerst aufwendig. Durch elektrolytischen Abtrag oder durch einen Ionenstrahlabtrag werden dünnste Folien hergestellt. Die Folien müssen je nach Beschleunigungsspannung des TEM eine Dicke von 0,01 µm bis 0,3 µm haben.
Bei einer Auflösung von bis zu 0,5 nm können selbst kleine Gitterfehler wie Versetzungen, Kleinwinkelkorngrenzen und Stapelfehler (siehe Abschnitt 1.1.2.3) sichtbar gemacht werden. Neben der kristallinen Orientierung können also auch Aussagen über die Art, die Anzahl, die Größe und die Verteilung von Gitterdefekten sowie von feinsten Ausscheidungen getroffen werden.

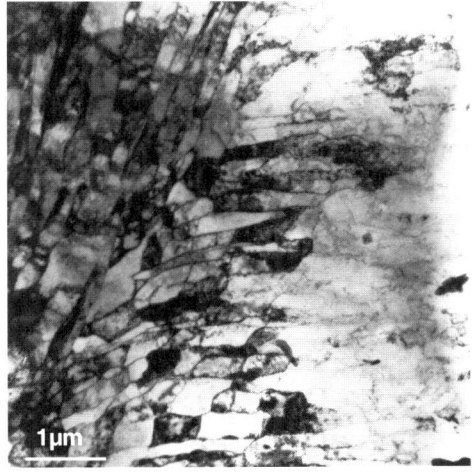

Bild 12.4–13 TEM-Aufnahme eines zyklisch verformten Einsatzstahles; Versetzungszellbildung in den ferritischen Gefügebereichen

**Übung 12.4–1**
Welche Bedeutung haben materialografische Untersuchungen?

**Übung 12.4–2**
Nennen Sie die Hauptarbeitsgänge für die Vorbereitung einer Probe für eine Betrachtung mit dem Auflichtmikroskop!

**Übung 12.4–3**
Welche Aufgabe hat die Elektronenmikroskopie?

# Lernzielorientierter Test zu Kapitel 12

1. Welche Eigenschaft (Ziel der Untersuchung) wird durch welche Prüfverfahrens-Hauptgruppe ermittelt? Ordnen Sie!

| Prüfverfahren (Hauptgruppe) | Ziel der Untersuchung |
|---|---|
| A mechanisch | G elektrische Leitfähigkeit |
| B zerstörungsfrei | |
| C metallographisch | H Zerspanbarkeit |
| D chemisch | I Schweißnahtkontrolle |
| E physikalisch | |
| F technologisch | K Härte |
| | L Korngröße des Gefüges |
| | M Fünfer-Analyse (C, Si, Mn, P, S) Stahl |

2. Das Formelzeichen für Normalspannung ist
   A $\varepsilon$
   B $\alpha$
   C $\sigma$
   D $A$
   E $R$

3. Die Dehnsteifigkeit (Widerstand gegen elastische Verlängerung bei Zugbeanspruchung) eines Stabes wird bestimmt durch
   A die Größe der Last $F$
   B den Elastizitätsmodul $E$
   C die Bruchdehnung $A_5$ bzw. $A_{10}$
   D die Querschnittsfläche des Stabes $S_0$
   E die Oberfläche des Stabes $S_m$

4. Die obere Streckgrenze $R_{eH}$ ist
   A eine Formänderungsgröße
   B eine Spannung
   C die größte Dehnung
   D messbar
   E nicht messbar

5. Im normalen Zugversuch (ohne Feindehnungsmessung) wird ermittelt
   A $R_m$
   B $HB$
   C $R_e$, $R_p$
   D $Z$
   E $A$

6. Für die Vickers-Härteprüfung ist typisch
   A Messung der Eindringtiefe
   B Messung der Diagonalen des quadratischen Eindruckes
   C Prüfung weicher Werkstoffe
   D Prüfung harter Werkstoffe
   E nur für dicke Werkstücke anwendbar
   F für dünne Bleche und Schichten geeignet

7. Zähe Werkstoffe (Stähle) zeichnen sich besonders durch folgende Eigenschaften aus:
   A wenig riss- und bruchanfällig
   B sie sind schwingungsdämpfend
   C sie haben niedrige Übergangstemperaturen
   D sie sind gut spanbar
   E sie werden durch Materialunterbrechungen (Kerben) spröder

8. Eine Zug-Druck-Schwingbeanspruchung liegt im Wechselbereich, wenn
   A $\sigma_m \geqq \sigma_a$; $\sigma_o$ und $\sigma_u$ negativ
   B $\sigma_m = \sigma_a$; $\sigma_o$ und $\sigma_u$ positiv
   C $\sigma_m < \sigma_a$; $\sigma_o$ und $\sigma_u$ verschiedene Vorzeichen
   D $\sigma_m > \sigma_a$; $\sigma_o$ und $\sigma_u$ positiv

9. $\sigma_D$ ist
   A eine Druckspannung
   B die Dauerschwingfestigkeit (Dauerfestigkeit)
   C die Druckfestigkeit des betreffenden Werkstoffes
   D $\sigma_m \pm \sigma_A$
   E eine Maßangabe für eine dynamische Belastung

10. Mit Röntgen- und Gammastrahlen lassen sich grobe Materialfehler nachweisen:
    A Strahlen werden, abhängig vom Material und der Art des Fehlers, unterschiedlich geschwächt
    B An der Werkstückoberfläche reflektieren die Strahlen stark
    C Die Strahlen schwärzen Filme wie sichtbares Licht
    D Elemente mit hoher Ordnungszahl sind schwer durchstrahlbar
    E Elemente mit niedriger Ordnungszahl sind schwer durchstrahlbar

# Lösungsteil

## Lösungen der Übungen

1.1–1  Atomhülle (-schale)

1.1–2  Atombindung (Elektronenpaarbindung)
Ionenbindung (Elektrovalenz)
Metallbindung
Zwischenformen und Nebenvalenzbindung

1.1–3  Elektronenabgabe, starke Bindungskräfte zwischen den „freien" Elektronen $(-)$ und den Metallionen $(+)$, Metallgitter, typische Metalleigenschaften, elektrisch leitend

1.1–4  wenn eine kristalline Struktur (Gitterstruktur) vorliegt

1.1–5  kleinste Volumeneinheit des Raumgitters mit allen Symmetriemerkmalen des Kristallsystems

1.1–6  Gitterkonstante, Achsenwinkel, Zahl der Atome pro Elementarzelle, Packungsdichte

1.1–7  Die Elementarzelle des kfz-Gitters ist ein Würfel; Atome (Metallionen) „sitzen" an den 8 Eckpunkten und in der Mitte der 6 Würfelflächen (Schnittpunkte der Flächendiagonalen)

1.1–8  dichtest besetzte Gitterebenen können unterschiedlich geschichtet (= gestapelt) sein:
hdP ... ABABABA...
kfz ... ABCABCA...

1.1–9  polymorphe Metalle existieren in verschiedenen Temperaturintervallen in unterschiedlichen Kristallstrukturen (z. B. Fe, Sn)

1.1–10  Realkristalle berücksichtigen Abweichungen vom idealen Aufbau (Gitterfehler oder Defekte) und die Einlagerung von Fremdatomen in das Metallgitter

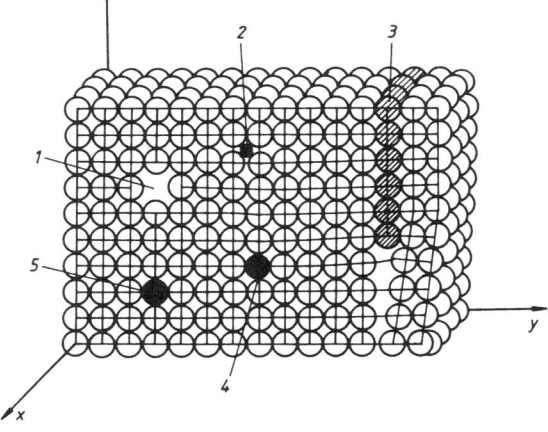

1  Leerstelle
2  Fremdatom auf Zwischen-gitterplatz
3  Versetzung
4  kleineres Fremdatom auf einem Gitterplatz
5  größeres Fremdatom auf einem Gitterplatz

1.1–11  das Gitter wird deformiert (Aufweitung bei zusätzlicher Einlagerung von Atomen, Verengung bei kleinerem Fremdatom auf Zwischengitterplatz)

1.1–12  haben Richtungssinn; können sich bewegen; können sich auflösen oder vermehren; sind Ursache für Eigenspannung und Verfestigung metallischer Werkstoffe

1.1–13  Innerhalb eines „Stapels" existieren verschiedene Gitterstrukturen (z. B. kfz und hdP)

1.1–14  Gleitebenen sind Ebenen dichtester Atomanordnung

1.1–15  Anisotropie

1.1–16  Umformen, Kristallisation aus der Schmelze unter bestimmten Abkühlbedingungen; teilweise bei Glühverfahren und elektrolytischer Abscheidung möglich

1.1–17 natürlich „gewachsener" oder „gezüchteter" Kristallit mit einheitlicher Gitterorientierung (wenig Gitterfehler und hohe Reinheit)

1.1–18 wegen polykristalliner Struktur; Kristallite haben verschiedene Gitterorientierung, richtungsabhängige Unterschiede heben sich damit auf

1.2–1 Phasen sind homogene Bestandteile eines stofflichen Systems; sie haben gleiche chemische und physikalische Eigenschaften;
Arten: gasförmige, flüssige und feste Phasen
Lösungs- und Verbindungsphasen

1.2–2 latente Wärme (Schmelzwärme, Verdampfungswärme) führt zu konstanter Temperatur bei Phasenumwandlung

1.2–3 Paarung zweier verschiedener Metalle führt zur Induzierung der Thermospannung (*Seebeck*-Effekt)

1.2–4 beispielsweise zur Herstellung sehr dünner Metallfolien

1.2–5 Erstarrung beginnt mit der Keimbildung, ausgehend von den Keimen wachsen die Kristalle räumlich bis zu ihrem „Zusammenschluss"; Schmelze ist völlig erstarrt; das metallische Gefüge liegt vor

1.2–6 feinkörniges Gefüge bewirkt günstige Festigkeitseigenschaften; hohe Keimzahl (evtl. durch „Impfen" der Schmelze); rasche Abkühlung

1.3–1 Spannung ist ein Maß für die mechanische Beanspruchung eines Werkstoffes; sie ist das Verhältnis aus Beanspruchungsgröße (Kraft, Moment) und Querschnittsgröße (Fläche, Widerstandsmoment)
Normalspannungen wirken senkrecht zur Querschnittsfläche des beanspruchten Bauteils; Tangentialspannungen wirken in dieser Ebene

1.3–2 Formänderung (Änderung von Maß und Form) tritt stets als Folge wirkender Spannungen auf; elastisch, d. h. solange eine Spannung wirkt; plastisch = bleibende Formänderung

1.3–3 es tritt keine Strukturveränderung ein; elastische Rückfederung nach Wegnahme der Last

1.3–4 Anhäufung und Stau von Versetzungen führt zur Erhöhung der Festigkeit bei der Kaltumformung

1.4–1 Platzwechsel und Wanderung von Atomen (Ionen) durch Wärmeenergiezufuhr

1.4–2 Aktivierungsenergie

1.4–3 Konzentrationsunterschied; Streben nach Ausgleich der chemischen Potenzialdifferenz

1.4–4 $D$ fällt mit abnehmender Temperatur; bei Raumtemperatur häufig keine Diffusion mehr möglich

1.4–5 $x^2 \sim t$
$x$ Eindringtiefe in cm
$t$ Diffusionszeit in s

1.4–6 Kaltumformung und anschließende Erwärmung (Rekristallisationsschwelle)

1.4–7 Kornneubildung bei kaltverformtem Gefüge, wenn der metallische Werkstoff auf $T > T_{R\,min}$ erwärmt wird

1.4–8 das Gefüge besitzt geringe Festigkeit, spröde; geringe Umformgrade, zu hohe und zu lange Glühungen vermeiden

1.4–9 Festigkeitsanstieg durch Umformen; bei der Rekristallisation stellen sich wieder niedrige Festigkeitswerte ein (Entfestigung)

1.4–10 Darstellung berücksichtigt den Einfluss der Zeit

2.1–1 Austauschmischkristall (Substitutionsmischkristall), Einlagerungsmischkristall, Überstruktur

2.1–2 komplizierte Gitterstruktur, hart, spröde

2.1–3 Gemisch zweier oder mehrerer fester Phasen (heterogener Gefügeaufbau)

2.2–1 Volumen $V$, Druck $p$ und Temperatur $T$

2.2–2 liquid = flüssig
Der Liquiduspunkt einer Legierung ist die Temperatur, oberhalb der nur eine flüssige Phase (Schmelze) vorliegt.

solid = fest
Der Soliduspunkt einer Legierung ist die Temperatur, unterhalb der nur feste (= kristalline) Phasen vorliegen.
Zwischen Solidus- und Liquidustemperatur existieren feste und flüssige Phasen nebeneinander.

2.2–3 Zwei Komponenten einer Legierung sind ineinander löslich, wenn sie in der Lage sind, beim Erstarren ein gemeinsames Raumgitter aufzubauen; d. h., eine Komponente ist im Gitter der anderen Komponente „gelöst"

2.2–4 Unter Freiwerden von Wärme entstehen aus der Schmelze zwei Kristallarten in feinkristallinem, meist schichtartig angeordnetem Gemenge

2.2–5 aus dem Verhältnis der abgewandten Hebelarme (Konodenabschnitte), Bild 2.2–11

2.2–6 Mischungslücke ist ein Konzentrationsbereich eines Legierungssystems, in dem zwei Mischkristallarten nebeneinander im Gleichgewicht existieren; sie tritt bei begrenzter Löslichkeit (im festen Zustand) auf

2.3–1 Durch die Bildung der Mischkristalle erhöht sich die Festigkeit (Kennwert: Streckgrenze)

2.3–2 feine Verteilung einer 2. Phase kann zu extremen, nichtlinearen Eigenschaftsänderungen führen (z. B. Aushärten, Martensithärten)

3.1–1 Bei Erwärmung geht oberhalb der Curie-Temperatur der Ferromagnetismus „verloren"; d. h., die Stoffe werden *paramagnetisch*; äußeres Merkmal: keine Kraftwirkung mehr; es handelt sich um eine physikalische Eigenschaft, die für Konstruktionswerkstoffe keine Bedeutung besitzt.

3.1–2 $\alpha$    krz bis   898 bzw.  911 °C
       $\gamma$   kfz   898 bzw.  911 bis 1 392 °C
       $\delta$ ($\alpha$) krz    1 392 bis 1 536 °C

3.1–3 Haltepunkte (A arrèt = halt); $A_3$ gibt, abhängig vom C-Gehalt, die unterste Austenittemperatur an
(c chauffage = Erwärmen; r refroidissement = Abkühlen)

3.2–1 gelöst (Mischkristall), gebunden ($Fe_3C$), als Graphit

3.3–1 *metastabiles System* Fe-$Fe_3$C:
Kohlenstoff liegt „gebunden" als $Fe_3$C vor;
*stabiles System* Fe-C:
Kohlenstoff liegt ungebunden als Graphit (bzw. Temperkohle) vor

3.3–2 langsame Abkühlung und „carbidzerlegende" Elemente (z. B. Si, Al)

3.4–1 Komponente Fe ist polymorph ($\alpha$-$\gamma$-$\delta$-Umwandlung);
Komponente $Fe_3$C (Zementit, Eisencarbid = „gebundener" Kohlenstoff) ist konzentrationsabhängig oberhalb bestimmter Temperaturen nicht beständig (metastabil, d. h. nicht stabil)

3.4–2 Ledeburit

3.5–1 Eine *Phase* hat gleiche chemische und physikalische Eigenschaften; *Gefüge* besteht aus einer (z. B. Ferrit, Austenit) oder mehreren Phasen (z. B. Perlit); die mechanischen Eigenschaften werden vorwiegend vom Gefügeaufbau bestimmt

3.5–2 krz-Gitter, weich, relativ gut verformbar, geringe C-Löslichkeit

3.5–3 Gitter ist kubisch-flächenzentriert

3.5–4 hoher Verschleißwiderstand (gute „Schneidhaltigkeit")

3.5–5

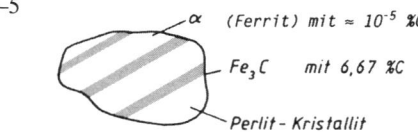

$\alpha$ (Ferrit) mit $\approx 10^{-5}$ %C
$Fe_3C$ mit 6,67 %C
Perlit-Kristallit

3.6–1 Einsatzstähle, Vergütungsstähle

3.6–2 2,06 % C (Ausnahme: einige chromlegierte Stähle)

3.7–1 bei grau erstarrtem Gusseisen

3.7–2 nein

3.7–3 beim Langzeitglühen von Stahl (z. B. Einsetzen = Aufkohlen = Zementieren)

4.1–1 Bearbeitbarkeit, Festigkeit und Zähigkeit der Bauteile, Verschleißwiderstand, Dauerfestigkeit usw.

4.1–2 thermische, thermochemische und thermomechanische Verfahren

4.1–3 es bilden sich Austenitkeime über $A_{c1}$, danach Auflösung des Perlits und Umwandlung des Ferrits, bei Austenittemperatur kommt es zur Auflösung restlicher Carbide

4.1–4 Korngröße des Austenits, Konzentration und Homogenität der $\gamma$-Mischkristalle, Menge und Verteilung der Carbide (Restcarbide)

4.1–5 $A_{c3}$ verschiebt sich zu höheren Temperaturen (z. B. höhere Härtetemperatur erforderlich)

4.1–6 es wird feinlamellarer, härter und fester (Perlit, Sorbit, Troostit)

4.1–7 Härtegefüge Martensit

4.1–8 durch chemische Zusammensetzung, Korngröße des Austenits (Temperatur, Haltezeit), Homogenität des Austenits

4.1–9 nach dem Härten noch vorhandener Austenit; besonders bei legierten Stählen zu beachten; weiche Stellen!

4.1–10 1. Austenitstufe
2. Perlitstufe
3. Zwischenstufe
4. Martensitstufe

4.1–11 Umwandlungsverhalten und Schweißbarkeit der Stähle, Behandlungsanleitung für Bainitisieren, Warmbadhärten u. a. Verfahren

4.2–1 „Zusammenbacken" zu wenigen, größeren Kristalliten (Körner); dieser Zustand wird angestrebt

4.2–2 Das Zweiphasengebiet Ferrit + Austenit wird beim Erwärmen und Abkühlen durchschritten; es kommt zu zweimaliger Keimbildung und „Umkörnung"

4.2–3 wenn ein grobkörniges und ungleichmäßiges Gefüge oder nadelige Gussstrukturen vorliegen (Beispiele: nach Gießen, Schweißen, fehlerhafter Wärmebehandlung)

4.2–4

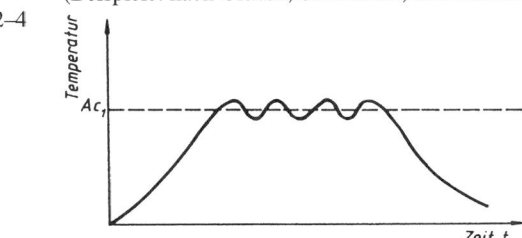

4.2–5 Spannungsarmglühen

4.2–6 häufig gefordert: hoher Verschleißwiderstand, hohe Festigkeit (Vergüten); gutes Dauerschwingverhalten (Randschichthärten)

4.2–7 hauptsächlich vom C-Gehalt

4.2–8 Diese Stähle haben eine hohe *kritische Abkühlgeschwindigkeit*; durch den Wärmestau im Innern des Werkstückes kann sie beim Abschrecken aus dem Austenitgebiet nur in der Randzone wirksam überschritten werden

4.2–9

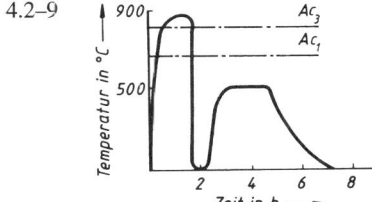

1. Härten (rasche Abkühlung aus dem Austenitgebiet)
2. Anlassen (Wiedererwärmen auf relativ hohe Temperaturen)

4.2–10 Die Festigkeit (Streckgrenze) wird erhöht; die Zähigkeit bleibt relativ hoch; vergütete Teile sind hoch dauerschwingbeanspruchbar

4.2–11 1. Wiedererwärmung auf Anlasstemperatur entfällt; weniger Energieverbrauch
2. Gefahr von Härtespannungen und -rissen wird vermieden
3. Aufbau des Zwischenstufengefüges Bainit bringt noch bessere Festigkeits- und Zähigkeitseigenschaften

4.2–12 höhere Erwärmung bringt weitere Annäherung an den Gleichgewichtszustand; die Eigenschaften ändern sich

4.2–13 Flammhärten, Induktionshärten, Laser- und Elektronenstrahlhärten, nach der Art der Wärmequelle

4.2–14 nach dem ZTA-Schaubild verschieben sich die Umwandlungstemperaturen bei sehr schneller Erwärmung zu höheren Werten

4.2–15 schnell, sauber, Oberfläche nahezu zunderfrei, automatisierbar

4.2–16 Eisenwerkstoffe mit ausreichendem C-Gehalt (C > 0,3 %)

4.3–1 Beschichten: Es wird eine Schicht auf das Werkstück aufgebracht; Diffusionszone ist möglich
Thermochemische Behandlung (TCB): Es wird die chemische Zusammensetzung der Randzone eines Werkstückes verändert; Diffusion ist Hauptprozess

4.3–2 • um sie härtbar zu machen
• um sie verschleißfester zu machen
• um sie chemisch beständiger zu machen usw.

4.3–3 1. Aufkohlen (Zementieren, Einsetzen)
2. Härten
3. Anlassen (Entspannen)

4.3–4 nach der Art der C-abgebenden Mittel:
1. Pulveraufkohlung
2. Badaufkohlung
3. Gasaufkohlung
nach dem Temperatur-Zeit-Verlauf:
1. Direkthärtung
2. Härtung nach langsamem Abkühlen (und evtl. spanender Bearbeitung)
3. Rand-, Kern-, Doppelhärtung usw.

4.3–5 *Eht* = Abstand vom Rand in das Werkstoffinnere bis zu einem Abfall der Härte auf 550 HV 1 (Grenzhärte)
HV Härte nach Vickers

4.3–6 durch Kernhärten, Doppelhärten („Kernrückfeinen")

4.3–7 auf der Bildung sehr harter, intermetallischer Phasen Metall-Stickstoff (Nitride)

4.3–8 maßbeständig, wesentlich höher temperaturbeständig als das Härtegefüge Martensit, sehr dünne Härtezonen möglich, hoher Verschleißwiderstand

4.4–1 Zielgerichtete Kombinationen von Umformung und Wärmebehandlung; man erhält Form und gewünschte Eigenschaften in besonders wirkungsvoller Weise

4.4–2 geringerer Energie- und Zeitaufwand (kostengünstiger), verzugsärmer

4.4–3 Nach Bild 4.4–3 folgt der Austenitumformung
• isotherme Umwandlung in der Zwischenstufe (man erhält Bainit) oder
• isotherme Umwandlung in der Perlitstufe (man erhält Ferrit/Perlit) oder
• Abschreckhärtung (man erhält Martensit)

5.1–1 Perlit besitzt hohe Festigkeit; ist gutes Ausgangsgefüge für eine nachfolgende Wärmebehandlung

5.1–2 lamellar, wurmförmig, kugelig (globular); geringe Oberfläche (ideal: kugelig), kleine Kristalle und gleichmäßige Verteilung des Graphits verbessern die Festigkeit

5.1–3 ein Abguss bringt unterschiedliche Eigenschaften im Gussteil, wenn die Wanddicken verschieden sind (Wanddicke beeinflusst die Abkühlgeschwindigkeit)

5.2–1    niedriger Preis, gut gießbar, gut spanbar

5.2–2    die heterogen eingelagerten Graphitlamellen wirken wie viele kleine „Stoßdämpfer" (die mechanische Schwingungsenergie wird in Wärme umgewandelt)

5.3–1    die kugelige Einlagerung des Graphits „stört" die Kraftübertragung im Grundgefüge unwesentlich; das Grundgefüge ist praktisch ein Stahlgefüge (Ferrit, Perlit)

5.3–2    wie bei Stahl: Streckgrenze erhöhen (Steigerung der Festigkeit bei relativ guter Zähigkeit)

5.4–1    Glühen von weißem Gusseisen (Temperrohguss) mit dem Ziel, $Fe_3C$ teilweise oder nahezu vollständig zu „zerlegen"; Bildung von Temperkohle nach dem stabilen System Fe-C

5.4–2    Erfolgt das Tempern in entkohlender Atmosphäre, so wird neben der allgemeinen Ausscheidung von Temperkohle in der Randzone der Kohlenstoff entzogen; es entsteht in diesem Bereich ferritisches Gefüge

5.4–3    dünnwandige, lange und schmale Teile, die dynamisch beansprucht werden, müssen ausreichend zäh sein; diese Forderung erfüllt Temperguss

5.5–1    Stahl, der sofort in Formen gegossen wird

5.5–2    das Gussgefüge (*Widmannstättensches Gefüge*) ist spröde und muss durch Normalisieren „umgewandelt" werden

5.7–1    Stängelkristalle bewirken ungünstige Festigkeitseigenschaften (Kerbwirkung, Versprödung)

5.7–2    Innenlunker sind Hohlräume, die bei der Erstarrung der Schmelze durch Schwindung im Inneren des Gussteiles entstehen

5.7–3    für gleichmäßige Abkühlung sorgen (möglichst niedrige Gießtemperatur, langsames Gießen, Erwärmen des Blockkopfes)

5.7–4    mit zusätzlichem Aufwand ja (Schmelzen und Gießen im Vakuum, niedrige Gießtemperaturen, langsames Erstarren, Gase chemisch binden)

5.7–5    Kristallseigerungen sind Entmischungen im Mischkristall; Blockseigerungen betreffen den „makroskopischen" Bereich, es sind Entmischungen im Block bzw. Gussteil

5.7–6    um die schädlichen Einflüsse möglichst niedrig zu halten

6.1–1    
| | | |
|---|---|---|
| S235JRG1 | S | Stahl für den Stahlbau; |
| | | Mindest-Streckgrenze 235 N/mm$^2$ |
| | JR | 27 Joule bei 20 °C |
| | G1 | unberuhigt vergossen |
| 16MnCr5 | 16 | 0,16 % Kohlenstoff, Einsatzstahl, niedrig legiert |
| | Mn 5 | 5/4 % Mangan = 1,25 % Mn |
| | Cr | Chromanteil geringer, nicht konkret angegeben |
| 42CrMo4QT | 42 | 0,42 % Kohlenstoff, Vergütungsstahl, niedrig legiert |
| | Cr 4 | 4/4 % Chrom = 1 % Cr |
| | Mo | Molybdänanteil geringer, nicht konkret angegeben |
| | QT | Behandlungszustand: Vergütet |
| X8Ni9 | X | Hochlegierter Stahl |
| | 8 | 0,08 % Kohlenstoff |
| | Ni 9 | 9 % Nickel |
| HS2-9-2-8 | HS | Schnellarbeitsstahl (= hochlegierter Werkzeugstahl) |
| | | 2 % Wolfram, 9 % Molybdän, 2 % Vanadium, 8 % Cobalt |

6.1–2    +A   weichgeglüht
+C   kaltverfestigt
+N   normalisiert oder normalisierend gewalzt
+U   unbehandelt

6.1–3    Erfassung und Verarbeitung in Computern möglich

6.1–4    die $\gamma$-$\alpha$-Umwandlung ist unterdrückt; damit sind diese Stähle weder härtbar noch normalisierbar

6.1–5    P und S bewirken nachteilige Werkstoffeigenschaften;
P: Kaltversprödung, Kaltbrüchigkeit
S: Warmbrüchigkeit (Rotbrüchigkeit)

6.2–1    Cr-, Cu- und Ni-legierte Baustähle; bilden an der Luft passivierende Rostschichten

6.2–2    durch Einsatz hochfester Stähle

6.2–3    wenn verschleißfeste Oberfläche und zäher Kern gefordert sind

6.2–4    1. Welche Querschnitte sollen durchvergütet werden?
2. Welche Festigkeits- und Zähigkeitswerte sind gefordert?

6.2–5    Cr-Fe-Mischkristalle mit über 12 % Cr sind bei homogener Struktur der Kristalle resistent (edelmetallähnliches Verhalten, Passivierung)

6.2–6    dicht, fest haftend

6.2–7    Kaltarbeitsstähle: Für Arbeitstemperaturen nicht wesentlich über 200 °C
Warmarbeitsstähle: Für Arbeitstemperaturen, die z. T. wesentlich über 300 °C liegen; für die Bearbeitung von Stahl im rotwarmen Zustand (z. B. Schmieden)

6.2–8    bei richtiger Härtetemperatur trifft das zu; nach dem Abschreckhärten ist noch Restaustenit vorhanden (bis etwa 25 % des Gefüges); die nachträgliche Umwandlung in Martensit ist der Hauptgrund für die Härtesteigerung

6.2–9    Zur Erhöhung der Streckgrenze; Verbesserung der Federeigenschaften

7.2–1    geringe Dichte, gute Korrosionsbeständigkeit, gut legierbar, sehr gut umformbar, hohe elektrische Leitfähigkeit, polierbar, verfestigend bei Umformung

7.2–2    Ja, unter Schutzgas oder mit Flussmittel (Oxidbildung muss vermieden werden)

7.2–3    chemische Beständigkeit, Deckschichtbildung (Passivierung)

7.2–4    *Gussgefüge* („Primärgefüge"); meist grob, spitznadelig, wenig zäh
*Knetgefüge* („Sekundärgefüge", rekristallisiertes Gefüge): rundliche Kristallite, fest und zäh, gut umformbar,
Unterscheidung gilt für alle metallischen Werkstoffe;
Gusslegierungen: gut geeignet zur Herstellung von Gussteilen;
Knetlegierungen: Halbzeuge zur Weiterverarbeitung

7.2–5    Festigkeit, Härte        Aushärtbarkeit
Wärmedehnzahl            Korngröße (Veredeln)
Leitfähigkeit            usw.
chem. Beständigkeit
Umformbarkeit

7.2–6    „Veredeln" wird bei Al-Gusslegierungen zur Erhöhung der Festigkeit durchgeführt (z. B. mit Na); ein „Impfen" der Schmelze führt zu Feinkornbildung

7.2–7    240 bis 300 °C

7.2–8    • Mischkristall mit temperaturabhängiger (fallender) Löslichkeit
• Intermetallische Verbindung bei Gleichgewicht
• Elemente, die Vorgang begünstigen und Ergebnis stabilisieren (z. B. Mg)

7.2–9    Legieren, Kaltumformen, Vergüten, Aushärten

7.2–10

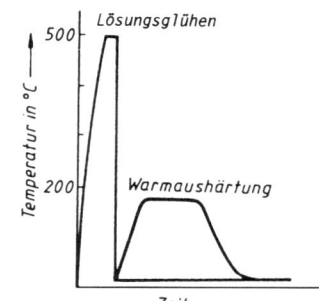

Für Teile aus AlMgSi gilt:
1. Lösungsglühen bei etwa 530 °C
2. Abschrecken auf Raumtemperatur
3. Erwärmen auf etwa 180 °C, es erfolgt die Aushärtung

7.3–1    • gute Leitfähigkeit für Wärme und Elektrizität
• chemische Beständigkeit
• hervorragend umformbar

- schlecht gießbar
- bedingt schweißbar

7.3–2 Sauerstofffreies Kupfer verwenden; Glühen und Schweißen nur unter Schutzgas durchführen

7.3–3 Kupfer besitzt kfz-Gitter, diese Kristallstruktur hat viele Gleitsysteme (Gleitebenen und -richtungen), daher gut umformbar

7.3–4 Kupferlegierungen mit bis zu 45 % Zn und 3 % Pb

7.3–5 Kupfer-Zink-Legierung mit 40 % Zn, Mn- und Pb-haltig

7.3–6 zunehmender Zinkanteil vermindert die Gießtemperatur; gut gießbar

7.3–7 Der große Temperaturbereich bei der Erstarrung fördert die Ausbildung von Zonenmischkristallen

7.3–8 Federwerkstoffe, Bronzen für verschleißbeanspruchte sowie korrosionsgefährdete Teile

7.3–9 Kupfer-Zinn-Legierung mit 12 % Sn (Zinnbronze), Schleuderguss

7.4–1 *Hauptanwendungsgebiete Blei*:
Akkumulatoren, Strahlenschutzwände und -materialien, Kabelummantelungen
*Hauptanwendungsgebiete Zinn*:
Weißblechproduktion, Lötzinn, als Legierungselement in den Weißmetallen, in Bronze und in Rotguss

7.4–2 die weichen Gefügebestandteile gestatten ein gutes Anpassen der Lagerschalen an die Wellenzapfen (gutes Einlaufverhalten)

7.4–3 Zn-Legierungen, Al-Legierungen, Rotguss, Sondermessing (Lagerwerkstoffe)

7.5–1 Titan ist mechanisch, thermisch und chemisch außergewöhnlich hoch beanspruchbar

7.5–2 chemische Industrie, Luft- und Raumfahrtindustrie

7.5–3 es sind Streckgrenzen bis über $1\,000\ \text{N/mm}^2$ erreichbar

8.1–1 Gießen: Metall bzw. Legierung flüssig, wird in eine Form gegossen und erstarrt zu kompaktem Körper
Sintern: Feststoffpulver bzw. -gemisch wird verdichtet und durch eine Wärmebehandlung zu einem mehr oder weniger porösen Körper „zusammengebacken" (Sintern = „Brennen")

8.1–2 hoher Pressdruck bewirkt (bereits vor dem Sintern) hohe Dichte; Pulverkörner haften schon gut aneinander

8.1–3 durch die Verringerung des Porenvolumens

8.2–1 Notlaufeigenschaften („Selbstschmierung" der Lager, indem Öl aus den Poren auf die Gleitflächen abgegeben wird) vorteilhaft

8.2–2 durch die Carbide WC, TaC, TiC

8.2–3 Hartstoffe sind Oxide (z. B. $SiO_2$, $Al_2O_3$), Carbide (z. B. WC, TaC, TiC) und Nitride (z. B. CBN); sie sind sehr hart und schmelzen bei hohen Temperaturen

8.2–4 Schneidkeramik, Fadenführungselemente, Ziehsteine

9.1–1 Streben nach Rückkehr in den energieärmeren (thermodynamisch stabileren) Zustand

9.1–2 trockene Gase, Schmelzen, organische Substanzen

9.1–3 Si, Cr, Al

9.1–4 Auflösung, Quellung, Rissbildung z. B. durch organische Lösungsmittel

9.1–5 ein galvanisches Element aus Anode, Katode, Ionenstrom im Elektrolyten und Elektronenstrom im Metall

9.1–6 *Wasserstoffkorrosion*: in sauren Elektrolyten, $H^+$ wird reduziert;
*Sauerstoffkorrosion*: in neutralen Elektrolyten: $O_2$ wird reduziert

9.1–7 $1/2\,O_2 + H_2O + 2e^- \rightarrow 2OH^-$

9.1–8 Ursache ist die Passivierung (es bildet sich eine Schutzschicht aus)

9.1–9 Korrosionselement auf kleinstem Raum; z. B. zwei verschiedene Mischkristallarten plus Elektrolyt

9.2–1   siehe Bilder 9.2–2, 9.2–3 und 9.2–6

9.2–2   durch unterschiedliche Sauerstoffkonzentration kann sich ein Belüftungselement ausbilden; durch Kapillarwirkung wird Elektrolyt lange festgehalten (starke örtliche Korrosion)

9.2–3   die Korrosion beim Kontakt verschiedener Metalle (das unedlere Metall löst sich auf)

9.2–4   • un- und niedrig legierte Stähle plus Alkalilaugen bei hoher Temperatur
        • austenitische nicht rostende Standardstähle plus chloridhaltige Lösungen
        • CuZn-Legierungen plus Ammoniak

9.2–5   wenig Korrosionsprodukte (schwer erkennbar), plötzliches Versagen (Gewaltbruch) möglich

9.2–6   *Erosionskorrosion:* Abtrag von Schutzschichten durch schnell strömende Medien (evtl. zusätzlich mit abrasiven Partikeln);
        *Kavitationskorrosion:* Schädigung der Oberfläche als Folge der Kavitation (implodierende Gasblasen)

9.2–7   keine Dauerfestigkeit mehr vorhanden, nur noch „Korrosionszeitfestigkeit"

9.3–1   *aktiver Korrosionsschutz:* Eingriff in die Reaktion durch Änderung der Bedingungen, des Werkstoffs oder des Mediums
        *passiver Korrosionsschutz:* Trennschicht schaffen zwischen Elektrolyt und Metalloberfläche und dadurch die Reaktion verhindern (Beschichten)

9.3–2   *KKS mit Opferanoden:* Verbinden des zu schützenden Metalls mit einem unedleren Metall; dieses liefert die Elektronen für die Katodenreaktion
        *KKS mit Fremdstrom:* Verbinden des zu schützenden Metalls mit dem Minuspol einer Gleichstromquelle; diese liefert die Elektronen für die Katodenreaktion

9.3–3   reaktionshemmende Zusätze zum Elektrolyten

9.3–4   Pigmente, Bindemittel, Lösungsmittel, Zusatzstoffe

9.3–5   *Schleuderverfahren:* Kunststoffpulverteichen werden auf die erwärmte Oberfläche geschleudert und schmelzen dort auf;
        *Elektrostatisches Pulverspritzen:* Pulverteilchen und Werkstück werden gegensinnig elektrostatisch aufgeladen, Pulver wird vom Werkstück angezogen und bleibt haften

9.3–6   100 %ige Rohstoffausnutzung, umweltfreundlich, hochwertige Beschichtungen

9.3–7   *Schmelztauchen:* Eintauchen des Bauteils in eine Schmelze des Überzugsmetalls;
        *Galvanisieren:* Elektrochemische Abscheidung des Überzugsmetalls aus einem Elektrolyten, Werkstück als Katode geschaltet

9.3–8   Eintauchen von Stahlteilen in eine Zinkschmelze; Schichtdicken von $120\dots150\,\mu m$

9.3–9   an Poren oder Oberflächenverletzungen würde sich ein Lokalelement ausbilden und der (unedlere) Stahl verstärkt angegriffen (Kontaktkorrosion)

10.1–1  Schmierstoffe mit öllöslichen Zusätzen (auch Additive genannt), um Eigenschaften zu beeinflussen (z. B. um Oxidation zu bremsen, d. h. Alterung des Öles zu verringern)

10.1–2  Mineralöle sind Erdölfraktionen, synthetische Öle sind organische Hochpolymere („flüssige Kunststoffe")

10.1–3  40 °C

10.1–4  Kühlschmierstoffe werden beim Spanen und teilweise beim Umformen von Werkstoffen zum Kühlen und Schmieren eingesetzt (Wärmeabfuhr und Verringerung der Reibung)

10.2–1  Metallseifen, seltener Gele oder organische Hochpolymere, werden mit Mineralölen (selten Syntheseölen) „aufgequollen"

10.2–2  der Tropfpunkt (diese Temperatur darf praktisch nie erreicht werden)

10.3–1  Ihre Schichtgitter-Struktur (Lamellen, Sandwich-Struktur) ermöglicht in einigen Fällen ein leichtes Abgleiten der „Kristallpakete" in Längsrichtung

10.3–2  Graphit (Kohlenstoff in Schichtgitter-Struktur)

11.1–1  Kunststoffe sind hochmolekulare organische Werkstoffe, die aus Makromolekülen aufgebaut sind. Die Makromoleküle entstehen durch chemische Verkettungsreaktionen von Monomeren (niedermolekulare Verbindungen). Sie werden in die drei Hauptgruppen Thermoplaste, Elastomere und Duroplaste eingeteilt.

11.1–2 Ein Monomer ist eine niedermolekulare organische Verbindung, ist also, im Gegensatz zu Polymeren, ein kurzkettige Verbindung (in der Regel kurzkettige Kohlenstoff-, meist Kohlenwasserstoffverbindung).

11.1–3 Polymerisation, Polyaddition, Polykondensation

11.1–4 Bei Copolymeren sind die Makromoleküle aus unterschiedlichen Monomeren hergestellt. Die Polymerblends, auch Kunststofflegierungen, bestehen aus unterschiedlichen Arten von Polymeren, sind demzufolge aus unterschiedlichen Makromolekülen zusammengesetzt.

11.1–5 Duroplastische Kunststoffe sind über Hauptvalenzbindungen sehr stark räumlich vernetzt. Sie sind deshalb sehr fest, spröd und nicht schmelzbar.
Thermoplastische Kunststoffe sind unvernetzt. Der Zusammenhalt der Makromoleküle wird durch mechanische Verschlaufungen und durch Nebenvalenzbindungen (z. B. Dipolkräfte) erreicht. Die Nebenvalenzbindungen können oberhalb der Glasübergangstemperatur $T_g$ gelöst werden. Bei $T > T_g$ sind Thermoplaste zäh und reagieren auf eine Spannung überwiegend viskoelastisch. Thermoplaste sind schmelzbar.

11.1–6 Ein Vernetzungsknoten ist eine Hauptvalenzbindung zwischen den Makromolekülen. Er hat die räumliche Vernetzung zur Folge.

11.1–7 Ein teilkristalliner Thermoplast ist ein Kunststoff, der aus fadenartigen Makromolekülen besteht. Die Makromoleküle ordnen sich ganz definiert und regelmäßig an. Es entsteht, wie bei Kristallen, eine bestimmte geometrische Abfolge von Molekülen. Die regelmäßige Anordnung beruht auf der Ausbildung von Ladungsschwerpunkten. Neben den kristallinen Bereichen liegen im Kunststoff aber immer auch ungeordnete teilkristalline Bereiche vor.

11.1–8 Hilfs- und Zusatzstoffe verbessern die Verarbeitungs- und Gebrauchseigenschaften von Kunststoffen oder machen bestimmte Erzeugnisformen erst möglich. Zu den Hilfs- und Zusatzstoffen gehören die Weichmacher (Vermindern der Glasübergangstemperatur), Füll- und Verstärkungsstoffe (Festigkeitssteigerung, ökonomische Gründe), Treibmittel (Herstellung von Schaumstoffen), Farbstoffe (dekorative Gründe), Antistatika (Vermeidung von statischer Aufladung) und Stabilisatoren (Verbesserung der UV-Beständigkeit).

11.2–1 Bei der Glasübergangstemperatur kommt es zu einem Übergang von energieelastischer Verformung zur visko- bzw. entropieelastischen Verformung. Obwohl bei den Kunststoffarten erhebliche Unterschiede bestehen, kann bei allen Kunststoffen bei Temperaturen oberhalb der Glasübergangstemperatur eine Verminderung der Festigkeit und ein Anstieg der Dehnung festgestellt werden.

11.2–2 Duroplaste sind fest und spröd, weil die räumliche Vernetzung über Hauptvalenzbindungen kein Abgleiten der Moleküle zulässt.

11.2–3 Amorphe Thermoplaste sind oberhalb der Glasübergangstemperatur überwiegend viskoelastisch. Sie sind zäh, haben eine deutlich niedrigere Festigkeit und einen kleineren Elastizitätsmodul als bei $T > T_g$.

11.2–4 Unter Viskoelastizität wird eine zeitabhängige reversible Verformung verstanden. Wird ein Bauteil/eine Probe belastet, so steigt bei gleich bleibender Last die Dehnung allmählich an. Bei Entlastung geht der Körper nicht sofort, sondern auch erst nach einer gewissen Zeit in seine Ausgangslage zurück.

11.2–5 Die Ursache für dieses viskoelastische Materialverhalten liegt in örtlich unterschiedlich großen zwischenmolekularen Bindungskräften, die vom Molekülabstand abhängen. Der Molekülabstand kann durch Eigenbewegung der Moleküle (ab $T_g$ verstärkt möglich) verändert werden, sodass der Widerstand, den die Nebenvalenzbindung der Verformung entgegensetzt, zeitlich veränderlich ist.

11.2–6 Da bei Duroplasten die räumliche Vernetzung ein Abgleiten der Moleküle verhindert, ist die Viskoelastizität weniger stark ausgeprägt als bei Thermoplasten.

11.3–1 Welcher technologische Ablauf ist erforderlich, wenn man aus Thermoplasten Formteile herstellen möchte?

1. Plastifizieren des Thermoplasts durch Temperaturerhöhung über die Schmelztemperatur
2. Formfüllen mit plastifiziertem Thermoplast unter Berücksichtigung der Viskoplastizität (Form wird zeitverzögert gefüllt)
3. Abkühlen des Thermoplasts in der Form, bis Formstabilität erreicht ist, bei amorphen Thermoplasten bis $T < T_g$, bei teilkristallinen kann die Entnahme schon bei Temperaturen über $T_g$ erfolgen

11.3–2 Nach der Vernetzung kann ein Duroplast nicht mehr aufgeschmolzen werden.

11.3–3 Bei der spangebenden Formgebung von Thermoplasten entsteht durch Reibung sehr viel Wärme. Da Thermoplaste eine schlechte Wärmeleitfähigkeit besitzen, kommt es zu örtlich sehr hohen Temperaturen. Das kann zum Aufschmelzen des Kunststoffs führen, die Form verändern und damit den Verlust der Gebrauchseigenschaften zur Folge haben.

12.1–1 Sprödbrüche breiten sich sehr schnell aus (etwa Schallgeschwindigkeit). Das Versagen deutet sich nicht mit einer plastischen Verformung an.

12.1–2 Beispiele für das kombinierte Wirken mehrerer Beanspruchungen:
- Spannungsrisskorrosion (mechanische und korrosive Beanspruchung)
- Versprödung von Kunststoffen unter starker Sonneneinstrahlung (mechanische Beanspruchung und UV-Strahlung)
- Versprödung von ferritisch-perlitischen Stählen mit sinkender Temperatur (thermische und mechanische Beanspruchung)

12.2–1 Bei beiden Proben ist im Gebiet der Einschnürung mit der gleichen Verlängerung zu rechnen. Da aber die Ausgangslängen $L_0$ unterschiedlich sind, hat die lokal begrenzte Verlängerung im Gebiet der Einschnürung bei kürzeren Proben einen stärkeren Einfluss auf die Bruchdehnung.

12.2–2 $R_e$ ist die Streckgrenze. Sie kennzeichnet den Übergang vom elastischen zum plastischen Werkstoffverhalten. $R_{p0,2}$ ist die Dehngrenze bei einer vorgegebenen plastischen Dehnung von 0,2 %. Der Werkstoff ist also bereits um einen kleinen Betrag bleibend verformt.

12.2–3 Der Elastizitätsmodul $E$ ist der Anstieg der Hooke'schen Geraden. Er ist ein Maß für die Steifigkeit eines Werkstoffes. Im Bereich der elastischen Verformung entspricht er dem Verhältnis von Spannung zu Dehnung $E = \Delta\sigma/\Delta\varepsilon$. Er beträgt für ferritisch-perlitische Stähle 210 GPa.

12.2–4

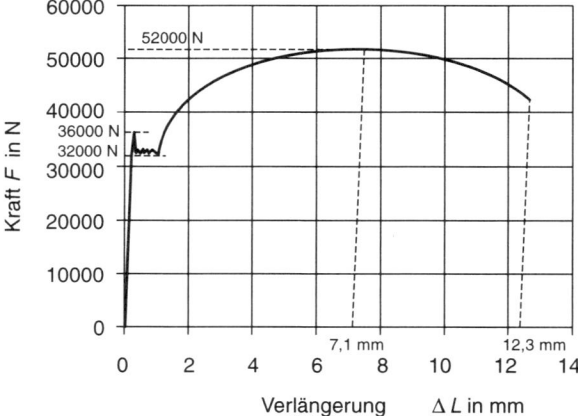

Anfangsquerschnitt: $S_0 = \dfrac{\pi}{4}d_0^2 = 78{,}54\,\text{mm}^2$

untere Streckgrenze: $R_{eL} = \dfrac{32\,000\,\text{N}}{78{,}54\,\text{mm}^2} = 407\,\text{MPa}$

obere Streckgrenze: $R_{eH} = \dfrac{36\,000\,\text{N}}{78{,}54\,\text{mm}^2} = 458\,\text{MPa}$

Zugfestigkeit: $R_m = \dfrac{52\,000\,\text{N}}{78{,}54\,\text{mm}^2} = 662\,\text{MPa}$

Achten Sie darauf, dass bei der Bestimmung der Gleichmaß- und Bruchdehnung die Hooke'sche Gerade parallel zu verschieben ist!

Gleichmaßdehnung: $A_g = \dfrac{7{,}1\,\text{mm}}{50\,\text{mm}} \cdot 100\,\% = 14{,}2\,\%$

Bruchdehnung: $A = \dfrac{12{,}3\,\text{mm}}{50\,\text{mm}} \cdot 100\,\% = 24{,}6\,\%$

12.2–5 Die Bruchdehnung einer Probe mit einer Probenlänge von $L_0 = 11{,}3 \cdot \sqrt{S_0} = 10 \cdot d_0$ beträgt $A_{11,3} = 25\,\%$.

12.2–6 Da bei der wahren Spannung die momentane Kraft auf den momentanen Querschnitt bezogen wird und dieser mit zunehmender Dehnung stetig abnimmt, liegt die wahre Spannung über der technischen Spannung.

12.2–7 Härte ist der Widerstand, den ein Werkstoff dem Eindringen eines anderen (härteren) Körpers entgegensetzt.

12.2–8 Eindringkörper ist eine Kugel, die sich plastisch verformen würde. Die Tiefe des Eindruckes ist zu gering, sodass die Kanten des Eindruckes nicht deutlich erkennbar wären.

12.2–9 mit dem Härtemessverfahren nach Vickers im Kleinkraftbereich

12.2–10 HRC unterscheidet sich im verwendeten Eindringkörper (Diamantpyramide), der Prüfkraft und der Auswertung. Im Gegensatz zu den anderen beiden Verfahren wird nicht die Oberfläche des Härteeindruckes bestimmt, sondern die Eindringtiefe des Prüfkörpers. Sie ist proportional zur Härte.

12.2–11 Der Werkstoff ist gering plastisch verformbar sowie bruchempfindlich, besonders bei schlagartiger Beanspruchung.

12.2–12 Es treten Spannungsspitzen auf; Riss- und damit Bruchgefahr!

12.2–13 Die Bruchmechanik gibt Auskunft über die Belastung, die ein rissbehaftetes Bauteil erträgt, ohne zu versagen bzw. erlaubt einen Rückschluss auf die kritische Fehlergröße.

12.2–14 Der Kerbschlagbiegeversuch gibt Auskunft über die Sprödbruchneigung eines Werkstoffes. In Verbindung mit unterschiedlichen Prüftemperaturen (Temperaturkonzept) lassen sich mögliche Einsatztemperaturen für den Werkstoff festlegen.

12.2–15 LEBM: spröde Werkstoffe, die sich nicht oder nur sehr wenig an der Rissspitze verformen. FBM: zähe, gut verformbare Werkstoffe, die Spannungsspitzen an der Rissspitze durch plastische Verformung abbauen können.

12.2–16 Anriss, Ermüdungsbruchfläche (Rastlinien), Restbruchfläche (Gewaltbruch)

12.2–17 durch schwingende bzw. wechselnde Beanspruchung; Kerben

12.2–18 Ermüdung

12.2–19 z. B. bei Achsen, Wellen, Zahnrädern

12.2–20 für die vorliegende Beanspruchungsart: Dauerschwingfestigkeit in Abhängigkeit einer vorgegebenen Mittelspannung ($\sigma_A$, $\sigma_W$, $\sigma_{Sch}$) und die statische Kenngröße Fließgrenze (Streckgrenze)

12.3–1 Teile sind ohne Beeinträchtigung weiter bearbeitbar, Prüfprozess lässt sich vielfach ohne zusätzlichen Aufwand eingliedern und automatisieren; zeitsparend

12.3–2 Die Strahlungsquellen sind verschieden, Gammastrahlen sind kurzwelliger (härter).

12.3–3 Hohlräume sind dunkler, Schlackeneinschlüsse heller, geschwächte Strahlung schwärzt Röntgenfilm weniger.

12.3–4 Der Schall wird im Festkörper nur wenig geschwächt.

12.3–5 Solche Fehler reflektieren die Schallwelle nicht. Eine Schallung in 45°-Richtung ist erforderlich.

12.3–6 An Fehlstellen (Rissen) tritt das Magnetfeld als Streufeld auf; ferromagnetische Pulverteilchen werden angezogen („Raupen" bilden sich)

12.3–7 durch kombinierte Quer- und Längsdurchflutung der Wellen (Jochmagnetisierung und Selbstdurchflutung)

12.4–1    Sie ermöglichen Gefügebeurteilung, Qualitätssicherung in der Fertigung, Aufklärung von Schadensfällen.

12.4–2    Probenentnahme, Einfassen der Probe, Ebnen (Schleifen), Glätten (Polieren), Reinigen und Trocknen, Kontrastieren (z. B. Ätzen)

12.4–3    Abbildung von feinsten Gefügebestandteilen, die mit dem Lichtmikroskop nicht mehr auflösbar sind; Untersuchung von Bruchflächen (hohe Tiefenschärfe; Abbildung von feinsten Kristallgitterfehlern (Versetzungen, Ausscheidungen, Phasengrenzflächen)

# Lösungen der Testaufgaben

## Zu Kapitel 1

1. B  C  D
2. B  D
3. C  D
4. B  D  E
5. C  E
6. A  C
7. A  C  E
8. B  C  D
9. B  C  E
10. A  D  E
11. B  D  E
12. B  D  E

## Zu Kapitel 2

1. A  AuCu, AuCu$_3$, Fe$_3$Al, FeCo, Ni$_3$Fe
   B  Cu-Ni, $\gamma$-Fe-Ni, Ag-Au, Au-Pt, Co-Ni, Al-Cu
   C  Cu-Ag, Cu-Zn, Ni-Ag
   D  WC, W$_2$C, Mo$_2$C, VC, TiC, TiN, Mo$_2$N, Fe$_4$N, Mg$_2$Pb, Mg$_2$Cu, Al$_2$Cu
2. B  D
3. B  C  E
4. B  D  E

## Zu Kapitel 3

1. A  C  E
2. B  C  E
3. A  gelöst (Mischkristall)
   B  gebunden (intermetallische Phase)
   C  frei (reiner C)
4. A  C  E
5. A  0,02 % (fast reines Fe)
   B  2,06 % (ca. 100fach)
   C  6,67 % (mehr als 300fach)
   D  unbegrenzt
6. A  Ferrit + Perlit
   B  Perlit (Eutektoid)
   C  Perlit + Sekundärzementit
   D  Perlit + Ledeburit + Sekundärzementit
   E  Ledeburit (Eutektikum)
   F  Primärzementit + Ledeburit
7. B  C  E

8. A  Primärzementit  } Eisencarbid
   B  Sekundärzementit } Fe$_3$C

## Zu Kapitel 4

1. B  C  E
2. A  C  D
3. B  C  D
4. A  C  E
5. A  Diffusionsglühen (Homogenisierungsglühen)
   B  Normalisieren
   C  Rekristallisationsglühen
   D  Spannungsarmglühen
6. A  Anwärmen (Vorwärmen)
   B  Durchwärmen (Temperaturausgleich Rand/Kern)
   C  Halten
   D  Abkühlen
7. B  C  E
8. A  C
9. B  C  E
10. A  Einsatzhärten
    B  Randschichthärteverfahren mit intensiv wirkender Wärmequelle (Flammhärten, Induktionshärten, Elektronenstrahlhärten, Laserstrahlhärten)
    C  Nitrieren
11. B  D
12. A  Härte nach Brinell
    B  kritische Abkühlgeschwindigkeit
    C  Aufkohlungstiefe
    D  Einsatzhärtetiefe
    E  Hochtemperaturthermomechanische Behandlung
    F  Zeit-Temperatur-Auflösung (-Diagramm)

## Zu Kapitel 5

1. A  D  E  F
2. B  C  E
3. A  Grau erstarrtes Gusseisen mit Lamellengraphit
   B  Grau erstarrtes Gusseisen mit Kugelgraphit

C Temperguss, nicht entkohlend geglüht
D Stahlguss
4. A  C
5. B  C  E

## Zu Kapitel 6

1. B
2. C
3. 0,1 % Kohlenstoff, legierter Einsatzstahl
   2,75 % Chrom
   0,10 % Molybdän
4. hochlegiert
   0,15 % C
   Chrom
   13 % Cr
   Molybdän
   (rostbeständiger Stahl, für Turbinenschaufeln)
5. B  C  E
6. A  C  E
7. A-4, B-9, C-6, D-8, E-7, F-3, G-1, H-5, I-2

## Zu Kapitel 7

1. C
2. B
3. Fe, Al, Cu, Pb, Sn
4. A  C  E
5. B  C  E
6. A  D  E
7. A  B  D  E
8. C
9. A  C  D
10. B
11. B  D  E
12. A  C

## Zu Kapitel 8

1. A  C  D
2. B  C  E

3. A  C  E
4. A  C  E

## Zu Kapitel 9

1. B  C  E
2. D
3. B  D
4. B  D
5. B  D
6. A  B  C  D  E

## Zu Kapitel 10

1. B  D  E
2. A  C  E
3. A  C  E
4. A  B  C  D
5. B  C  E
6. A  B

## Zu Kapitel 11

1. B  C  D
2. A  E
3. C
4. B
5. A  B  C  D
6. D

## Zu Kapitel 12

1. A-K, B-I, C-L, D-M, E-G, F-H
2. C  E
3. B  D
4. B  D
5. A  C  D  E
6. B  D  F
7. A  C  E
8. C
9. B  D  E
10. A  C  D

# Bildquellen

Fotos stellten freundlicherweise zur Verfügung:

Dipl.-Ing. Martina Mangler, Institut für Keramische Werkstoffe, TU Bergakademie Freiberg
Dr.-Ing. Manfred Merkel, Leipzig
Prof. Dr.-Ing. Frank Müller, Hochschule für Technik und Wirtschaft Mittweida (FH)
Dr.-Ing. Wolfgang Uhlig, Chemnitz

DYNA-MESS Prüftechnik GmbH Aachen
LEO Electron Microscopy Ltd Cambridge/England
Volkswagen AG
TIRA WPM Leipzig GmbH
Fonds der Chemischen Industrie, Folienserie 8, Korrosion/Korrosionsschutz

# Weiterführende Literatur

*Bargel/Schulze*: Werkstoffkunde. Springer Verlag, 2000

*Bergmann*: Werkstofftechnik. Teil 1, Teil 2. Carl Hanser Verlag, 2003, 2002

*Blumenauer*: Werkstoffprüfung. Deutscher Verlag für Grundstoffindustrie, 1996

*Blumenauer/Pusch*: Technische Bruchmechanik. WILEY-VCH, 1993

*Fischer/Hofmann/Spindler*: Werkstoffe in der Elektrotechnik. Carl Hanser Verlag, 2006

*Friedrich*: Tabellenbuch Metall- und Maschinentechnik. Dümmlers Verlag, 2003

*Hellerich/Haenle/Harsch*: Werkstoff-Führer Kunststoffe – Eigenschaften – Prüfungen – Kennwerte. Carl Hanser Verlag, 2004

*Heine*: Werkstoffprüfung. Carl Hanser Verlag, 2003

*Grellmann/Seidler*: Kunststoffprüfung. Carl Hanser Verlag, 2005

*Hornbogen*: Werkstoffe. Springer Verlag, 2006

*Menges*: Werkstoffkunde Kunststoffe. Carl Hanser Verlag, 1998

*Merkel/Thomas*: Taschenbuch der Werkstoffe. Fachbuchverlag Leipzig im Carl Hanser Verlag, 2003

*Möller*: Schmierstoffe im Betrieb. VDI-Verlag 1987

*Riehle/Simmchen*: Grundlagen der Werkstofftechnik. Wiley-VCH, 2000

*Saechtling*: Kunststoff-Taschenbuch. Carl Hanser Verlag, 2005

*Schatt/Worch*: Werkstoffwissenschaft. Deutscher Verlag für Grundstoffindustrie, 1996

*Schatt/Wieters*: Pulvermetallurgie und Sintervorgänge. Springer Verlag, 1997

*Schaumburg (Hrsg.)*: Keramik. Teubner Verlag, 1994

*Schumann*: Metallographie. Deutscher Verlag für Grundstoffindustrie, 1991

*Tietz*: Technische Keramik. Springer Verlag, 1994

DIN-Taschenbuch 19: Materialprüfnormen. Beuth-Verlag, 2006

DIN-Taschenbuch 218: Wärmebehandlung metallischer Werkstoffe. Beuth-Verlag, 2001

DIN-Taschenbuch 219: Korrosion und Korrosionsschutz. Beuth-Verlag, 2003

DIN-Taschenbuch 454: Gießereiwesen 1. Beuth-Verlag, 2004

DIN-Taschenbuch 455: Gießereiwesen 2. Beuth-Verlag, 2005

# Werkstoffauswahl

Die gezielte, funktionsgerechte Auswahl der Werkstoffe für beliebige Bauteile erfolgt in der Phase der *Konstruktion* von Maschinen, Anlagen, Geräten und Fahrzeugen.

Folgende Faktoren bestimmen die Entscheidung des Ingenieurs:

- Tragfähigkeit des Bauteiles (Steifigkeit, Streckgrenze, 0,2-%-Dehngrenze, Dauerschwingfestigkeit, Kerbwirkung usw.)
  - für eine vorgegebene Lebensdauer
  - mit hinreichender Sicherheit
- Werkstoffherstellungsverfahren
  (Verwendung von Halbzeugen oder urgeformten Teilen oder Schichtverbunden u. a.)
- erforderliche Verarbeitungseigenschaften
  (z. B.: Umformbarkeit, Spanbarkeit, Vergütbarkeit, Aushärtbarkeit, Eignung für bestimmte Beschichtungsverfahren)
- spezifische Oberflächenbeanspruchungen (z. B. Verschleiß, Korrosion)
  - Beschichtung (metallische oder nichtmetallische Überzüge, Kombinationen)
  - Veränderung der Eigenschaften der Randschicht (z. B. Chemisch-thermische Behandlung)
- Kostenminimierung
- Wiederverwertbarkeit zum Zwecke der Rohstoffsicherung (Recycling) bei Massenteilen.

Die Werkstoffauswahl ist heute eine anspruchsvolle Optimierungsaufgabe. Wenn die Eigenschaften eines Bauteiles in hohem Maße vom Werkstoff abhängen, lässt sich die Werkstoffauswahl unter Anwendung der elektronischen Datenverarbeitung aus gespeicherten Eigenschaftsmerkmalen verwirklichen.

Mehrere Institute haben sich auf Werkstoffanwendungsberatung spezialisiert und verfügen über herstellerunabhängige Datenbanken und Informationssysteme. Dem Anwender steht eine Fülle von Informationsmöglichkeiten zur Verfügung.

# Auskunfts- und Beratungsstellen

- Stahl-Informations-Zentrum
  Postfach 104842, 40039 Düsseldorf
  Internet: www.stahl-info.de
- Deutsches Kupferinstitut
  Am Bonneshof 5, 40474 Düsseldorf
  Internet: www.kupferinstitut.de
- Aluminium-Verlag
  Aachener Straße 172, 40223 Düsseldorf
  Internet: www.alu-verlag.de
- Süddeutsches Kunststoff-Zentrum
  Frankfurter Straße 15, 97082 Würzburg
  Internet: www.skz.de
- IMA Materialforschung und Anwendungstechnik GmbH
  Technische Werkstoffinformation: Werkstoffdatenbanken und Informationssysteme,
  Werkstoffanwendungsberatung
  Postfach 80 01 44, D-01101 Dresden
  Internet: www.ima-dresden.de
- Dr. Sommer Werkstofftechnik GmbH
  Anwendungsinstitut zur Einsatzoptimierung von Werkstoffen, Verfahren,
  Wärmebehandlung
  Hellenthalstraße 2, D-47661 Issum-Sevelen
  Internet: www.werkstofftechnik.com

# Sachwortverzeichnis